高等院校材料类创新型应用人才培养规划教材

# 高分子材料分析技术

主　编　任　鑫　胡文全
副主编　薛维华　王晓亮

## 内容提要

本书介绍了高分子材料研究中常用的近代测试分析技术，包括常规鉴别法、化学分析法、红外光谱法、紫外吸收光谱法、核磁共振法、X射线法、波谱分析方法、黏度分析法、凝胶渗透色谱法、热分析法和显微分析法等，在对它们的基本原理、仪器的简单构成及实验技术进行简明阐述的基础上，通过一些典型实例及结果分析，着重介绍了上述分析测试技术在高分子研究领域的应用。每章后附有习题，以帮助读者更好地理解和应用所学过的分析测试技术。

本书条理清晰、实用性强，文字通俗易懂、概括精炼，可作为高等院校高分子材料相关专业的本科生教材，也可供相关行业的科研、生产、分析技术人员参考使用。

**图书在版编目(CIP)数据**

高分子材料分析技术/任鑫，胡文全主编．—北京：北京大学出版社，2012.10
(高等院校材料类创新型应用人才培养规划教材)
ISBN 978-7-301-21340-7

Ⅰ．①高…　Ⅱ．①任…②胡…　Ⅲ．①高分子材料—化学分析—高等学校—教材　Ⅳ．①TB324.22

中国版本图书馆CIP数据核字(2012)第236470号

**书　　　名**：高分子材料分析技术
**著作责任者**：任　鑫　胡文全　主编
**责 任 编 辑**：童君鑫
**标 准 书 号**：ISBN 978-7-301-21340-7/TG·0037
**出　版　者**：北京大学出版社
**地　　　址**：北京市海淀区成府路205号　100871
**网　　　址**：http://www.pup.cn　http://www.pup6.cn
**电　　　话**：邮购部 010-62752015　发行部 010-62750672　编辑部 010-62750667
**电 子 邮 箱**：编辑部 pup6@pup.cn　总编室 zpup@pup.cn
**印　刷　者**：北京虎彩文化传播有限公司
**发　行　者**：北京大学出版社
**经　销　者**：新华书店
787毫米×1092毫米　16开本　22印张　512千字
2012年10月第1版　2024年7月第5次印刷
**定　　　价**：66.00元

---

## 高等院校材料类创新型应用人才培养规划教材

# 编审指导与建设委员会

### 成员名单 （按拼音排序）

# 前　言

高分子材料在日常生活及生产领域上的应用极为广泛，大到工业、农业、航空航天，小到办公商务、衣食住行，随处可见。无论在企业、高校还是科研单位，无论是聚合过程研究、高分子设计、老品种改性还是新产品开发都离不开高分子材料的分析技术。高分子材料分析是一门非常实用的技术，掌握它非常有必要。如日常生活中，辨别食品袋是否有毒；买衣服时，辨别织物纤维，考虑一些高分子制品破损后如何修补；工业生产中，做原料及产品分析、生产过程分析；对使用中的商品作跟踪分析（老化问题）、同行竞争产品分析；高分子废料回收再利用，老品种改性及新产品开发；学生在毕业设计中，完成指导实验及实验数据分析等。

现有教材对以上内容涉及较多，各种分析方法种类繁多，但由于教学课时所限，不可能全部讲解；而且很多方法在“高分子物理”等课程中已学习过，重复度较高。因此本书对很多内容进行了取舍，去掉了那些在其他课程中已经讲解过的和那些在工程实际中极少用的方法，内容简明扼要，更适合本科教学使用。虽然内容有了选择，但本书体系依然完整，条理依然清晰，并不影响完整性和连贯性。本书在介绍每种方法的原理后，着重介绍了它们的实验技术和实际应用，以激发学生的学习兴趣。

本书由辽宁工程技术大学任鑫和胡文全主编。其中绪论、第5章、第6章和第8章由任鑫编写，第1章、第3章和第11章由胡文全编写，第2章、第9章和第10章由辽宁工程技术大学薛维华编写，第4章、第7章和第12章由辽宁工程技术大学王晓亮编写。

本书在编写过程中参考了大量文献，在此对相关作者表示诚挚的感谢。由于水平有限，书中难免有疏漏和不妥之处，敬请读者和同行批评指正。

编　者

2012年8月

# 目　录


绪论 ………………………………………… 1

第 1 章　高分子材料的常规鉴别 ……… 8

1.1　高分子材料的外观和用途 ………… 9
1.1.1　高分子材料的外观 ……… 9
1.1.2　高分子材料的用途 ……… 12
1.2　燃烧试验和干馏试验 …………… 14
1.2.1　燃烧试验 ……………… 14
1.2.2　干馏试验 ……………… 19
1.3　密度试验 ……………………… 22
1.3.1　初步鉴别 ……………… 22
1.3.2　测定方法 ……………… 23
1.4　显色试验 ……………………… 26
1.4.1　塑料的显色试验 ………… 26
1.4.2　橡胶的显色鉴别 ………… 29
1.4.3　化纤的特殊显色试验 …… 30
习题 ………………………………… 32

第 2 章　化学分析法 ………………… 33

2.1　概述 …………………………… 34
2.2　化学分析的具体方法 …………… 35
2.2.1　滴定分析法概论 ………… 35
2.2.2　酸碱滴定法 …………… 38
2.2.3　络合滴定法 …………… 44
2.2.4　氧化还原滴定法 ………… 47
2.2.5　沉淀滴定法 …………… 49
2.2.6　重量分析法简介 ………… 51
2.3　高分子材料的化学分析 ………… 51
2.3.1　高分子材料分析的实验准备 …………… 51
2.3.2　高分子材料的化学成分分析 …………… 53
2.3.3　高分子材料的官能团分析 … 58
2.4　化学分析法的应用 ……………… 60
2.4.1　高分子材料的鉴别 ……… 60
2.4.2　高分子材料添加剂的分析 …………… 61
2.4.3　高分子结构与性能的分析 …………… 62
2.4.4　高分子反应的研究 ……… 63
习题 ………………………………… 63

第 3 章　红外光谱法 ………………… 65

3.1　基本原理 ……………………… 67
3.1.1　概述 …………………… 67
3.1.2　分子振动及偶极矩 ……… 68
3.1.3　红外光谱的产生 ………… 71
3.2　实验技术 ……………………… 72
3.2.1　红外光谱仪 …………… 72
3.2.2　样品制备 ……………… 78
3.3　红外吸收光谱图 ……………… 83
3.3.1　谱图的表示方法 ………… 83
3.3.2　谱图解析三要素 ………… 83
3.3.3　影响频率位移的因素 …… 85
3.3.4　影响谱带强度的因素 …… 87
3.4　各类化合物的红外光谱特征 …… 88
3.4.1　烃类化合物 …………… 88
3.4.2　醇、酚及醚 …………… 91
3.4.3　胺和铵盐 ……………… 93
3.4.4　羰基化合物 …………… 94
3.4.5　有机卤化物 …………… 97
3.4.6　叁键和累积双键基团 …… 98
3.4.7　其他化合物 …………… 99
3.5　红外光谱法的应用 …………… 103
3.5.1　红外光谱的定性鉴别 …… 103
3.5.2　红外光谱的定量分析 …… 117
3.5.3　红外光谱的结构分析 …… 118

习题 …………………………………… 124

第4章 激光拉曼光谱法 ………… 125

4.1 激光拉曼光谱法分析基础 ……… 126
4.1.1 激光拉曼光谱法简介 …… 126
4.1.2 激光拉曼光谱在有机化学方面的应用 ……… 127
4.2 拉曼散射的理论及处理 ………… 130
4.3 仪器设备实验技术 …………… 133
4.3.1 激光拉曼分光光度计的总体结构 ……………… 133
4.3.2 五个构成部分 ………… 133
4.3.3 信号的产生 …………… 138
4.3.4 信号的检出 …………… 139
4.3.5 拉曼谱线特性的测定 …… 141
4.3.6 退偏度的测定 ………… 142
4.4 谱图表示及谱图解析 ………… 143
4.4.1 拉曼谱图的频率位移单位 ……………… 143
4.4.2 拉曼特征频率的规律 …… 143
4.4.3 各类有机官能团的频率区域 ……………… 145
习题 …………………………………… 152

第5章 紫外—可见分光光度法 …… 153

5.1 基本原理 ……………………… 154
5.1.1 电子跃迁类型 ………… 154
5.1.2 吸收带类型 …………… 156
5.1.3 发色基与助色基 ……… 157
5.1.4 溶剂的影响 …………… 157
5.2 实验技术 ……………………… 158
5.2.1 紫外—可见分光光度计 … 158
5.2.2 基本操作 ……………… 160
5.3 谱图表示及谱图解析 ………… 164
5.3.1 图谱表示及特点 ……… 164
5.3.2 图谱解析 ……………… 165
5.4 紫外—可见分光光度法的应用 ……………………… 165
5.4.1 定性分析 ……………… 165
5.4.2 定量分析 ……………… 166
5.4.3 结构分析 ……………… 168
习题 …………………………………… 168

第6章 核磁共振法 ……………… 170

6.1 核磁共振基本原理 …………… 172
6.1.1 原子核磁矩和自旋角动量 …………………… 172
6.1.2 拉莫尔进动 …………… 173
6.1.3 核磁共振的产生 ……… 174
6.1.4 屏蔽作用与化学位移 …… 175
6.1.5 自旋—自旋耦合 ……… 177
6.2 实验技术 ……………………… 181
6.2.1 核磁共振仪 …………… 181
6.2.2 样品制备 ……………… 183
6.2.3 去耦技术 ……………… 184
6.3 $^{1}H$ 核磁共振谱 ……………………… 185
6.3.1 谱图表示 ……………… 185
6.3.2 谱图解析 ……………… 186
6.3.3 高分辨氢谱的应用 …… 186
6.4 $^{13}C$ 核磁共振谱 ……………………… 190
6.4.1 谱图表示 ……………… 190
6.4.2 谱图解析 ……………… 191
6.4.3 高分辨碳谱的应用 …… 192
习题 …………………………………… 197

第7章 X射线法 ………………… 199

7.1 X射线法分析基础 …………… 201
7.1.1 X射线衍射简介 ……… 201
7.1.2 X射线衍射方法简介 …… 209
7.2 大角度衍射法 ………………… 210
7.2.1 大角度衍射的基本原理 … 210
7.2.2 大角度衍射方法 ……… 210
7.2.3 大角度衍射的应用 …… 220
7.3 小角度衍射法 ………………… 229
7.3.1 小角度衍射的基本原理 … 229
7.3.2 小角度衍射的应用 …… 233
习题 …………………………………… 237

第8章 元素分析的波谱方法 ……… 238

8.1 X射线荧光光谱法 …………… 240

8.1.1 基本原理 …………………… 240
8.1.2 实验技术 …………………… 241
8.1.3 应用 ………………………… 241
8.2 X射线光电子能谱 …………… 243
8.2.1 基本原理 …………………… 243
8.2.2 实验技术 …………………… 245
8.2.3 应用 ………………………… 246
8.3 电子探针微区分析 …………… 251
8.3.1 基本原理 …………………… 252
8.3.2 实验技术 …………………… 254
8.3.3 应用 ………………………… 255
习题 ………………………………… 257

**第9章 流变学分析法** ………………… 258

9.1 流变学分析基础 ……………… 259
9.1.1 流变学简介 ………………… 259
9.1.2 高分子材料的流变性质 … 260
9.1.3 高分子流体的黏度 …… 260
9.2 流变学分析实验技术 ………… 262
9.2.1 旋转流变仪 ………………… 262
9.2.2 毛细管黏度计 ……………… 264
9.2.3 转矩流变仪 ………………… 265
9.3 流变学分析法的应用 ………… 266
9.3.1 用乌氏黏度计研究高分子形态 ………………… 266
9.3.2 用旋转流变仪研究涂料流变性能 ……………… 267
9.3.3 用毛细管流变仪测定高分子材料熔体黏度的应用 …… 267
9.3.4 高分子熔体黏弹性的研究 ………………………… 270
9.3.5 用转矩流变仪优化高分子材料的生产过程 ……… 271
习题 ………………………………… 273

**第10章 凝胶渗透色谱法** ……………… 274

10.1 色谱法概述 ………………… 275
10.2 凝胶渗透色谱基本原理 ……… 276
10.2.1 凝胶渗透色谱简介 …… 276
10.2.2 分离原理 ……………… 276
10.2.3 分子量标定原理 ……… 278
10.3 凝胶渗透色谱实验技术 ……… 279
10.3.1 凝胶渗透色谱仪 ……… 279
10.3.2 填料和溶剂的选择 …… 280
10.3.3 实验数据处理 ………… 281
10.4 凝胶渗透色谱法的应用 ……… 284
10.4.1 高分子材料中小分子物质的测定 ………………… 284
10.4.2 高分子材料生产或加工过程中的监测 ………… 285
10.4.3 共聚物组成分布的测定 ………………… 286
习题 ………………………………… 287

**第11章 热分析法** …………………… 288

11.1 差热分析法和差示扫描量热法 ……………………… 290
11.1.1 基本原理 ……………… 290
11.1.2 实验技术 ……………… 292
11.1.3 DTA/DSC的应用 …… 294
11.2 热重法 ……………………… 302
11.2.1 基本原理 ……………… 302
11.2.2 实验技术 ……………… 303
11.2.3 TG的应用 …………… 305
习题 ………………………………… 312

**第12章 显微分析法** ………………… 313

12.1 光学显微镜分析 …………… 316
12.1.1 基本原理 ……………… 316
12.1.2 常见光学显微镜及应用 ………………… 320
12.2 电子显微镜分析 …………… 326
12.2.1 电子显微镜的基本原理 ……………… 326
12.2.2 电子衍射 ……………… 330
12.2.3 扫描电子显微镜(SEM) ……………… 332
12.3 高分子材料的制样方法 ……… 334
12.3.1 金属载网和支持膜 …… 334
12.3.2 高聚物薄膜制备法 …… 335
12.3.3 超薄切片及电子染色 … 335

12.3.4 复型及投影 …………… 336

12.3.5 离子减薄法 …………… 337

12.3.6 扫描电镜样品制备 …… 338

12.4 电子显微镜在聚合物上的应用 … 338

12.4.1 高分子材料的电子束辐照损伤 …………… 338

12.4.2 聚合物形态结构观察 … 338

12.4.3 分子量及分子量分布的测定 ………………… 339

习题………………………………… 339

**参考文献** ………………………… 340

# 绪　论

一、高分子材料科学

1. 高分子材料科学的定义

材料是人类一切活动的物质基础。各种各样的材料通常归分三大范畴：金属材料、无机材料和高分子材料(polymer material)。

高分子物质在自然界是广泛存在着的。从人类出现之前已存在了亿万年的各种各样的动植物，到人类本身，都是由高分子——蛋白质、核酸、多糖(淀粉、纤维素)等为主构成的。自有人类以来，人们的衣、食、住、行就一直在利用着这些天然高分子：人们吃的肉、蛋、粮食、蔬菜；人们穿的，由原始人借以遮身的兽皮、树叶到后来的棉、麻、毛、丝；人们住房建筑用的茅草、木材、竹材；制作交通工具用的木材、竹材、油漆，还有天然橡胶等；以上都是高分子。此外人类历史上早就使用的石棉、石墨、金刚石等也是高分子——天然的无机高分子。显然，高分子物质对人类有着特别重要的意义和作用。

虽然人类一直在加工、利用这些天然高分子材料，但是，由于受科学技术发展的限制，长期以来，人们对其本质可以说是毫无所知。高分子材料工业和高分子科学的发展是很晚才起步的。对天然高分子的化学改性只是从19世纪中叶才刚刚开始(橡胶硫化，硝化纤维等)。真正人工合成高分子产品的问世是20世纪的事。而在科学上，现代高分子概念在20世纪30年代才确立并获得公认，至今仅80余年。

自此之后，尤其自20世纪50年代以来，伴随着石油化工的发展，合成高分子工业的发展迅猛异常，高分子材料的应用越来越广泛，越来越重要。至20世纪80年代初，全世界整个合成高分子材料［塑料(plastics)、合成纤维(synthetic fiber)、合成橡胶(synthetic rubber)等］的产量已达一亿吨以上，在体积上超过了所有金属材料的总和。今天，从最普通的日常生活用品到最尖端的高科技产品都离不开高分子材料。高分子材料是三大材料范畴中发展迅速的一类。一种材料的使用和发展，往往是某一时代生产力发展水平的标志。过去有石器时代、铜器时代和铁器时代的提法，现在也有人把20世纪下半叶称为高分子时代。

与此同时，伴随着高分子工业的发展，研究高分子的合成途径、基本理论、化学反应、改性和防老化的高分子化学，研究高分子的表征、结构和性能间关系的高分子物理以及研究高分子的生产工艺和高分子产品的加工工艺的高分子工艺学，也在其他科学技术发展的基础上得到了充分的发展。高分子科学，包括上述三个方面，至今已成为一门相当完整、相对独立的基础科学分支了。

高分子材料科学是研究有机及生物高分子材料的制备、结构、性能和加工应用的高新技术专业，既是一门应用学科，也是一门基础学科。它是在有机化学、物理化学、生物化学、物理学和力学等学科的基础上逐渐发展而形成的一门新兴学科。

高分子材料的迅速发展，说明了社会对它的需求的迅速增加。高分子材料首先用作绝缘材料，用量至今仍很大，特别是新型高绝缘材料。如涤纶薄膜远比云母片优越；硅漆等用作电线绝缘漆，与纱包绝缘线性能不可相提并论。由于种种新型、优异的高分子介电材料的出现，电子工业以及计算机、遥感等新技术才能建立和发展起来。

高分子作为结构材料，在代替木材、金属、陶瓷、玻璃等方面的应用日新月异。在农业、工业和日常用途上，它的优点很多，如质轻、不腐、不蚀、色彩绚丽等，可用作机械零件、车船材料、工业管道容器、农用薄膜，包装用瓶、盒、纸，建筑用板材、管材、棒材等，不但价廉物美，而且拼装方便。还可用于医疗器械，家用器具，文化、体育、娱乐用品，儿童玩具等，大大丰富和美化了人们的生活。

合成纤维的优越性，如轻柔、不皱、强韧、挺括、不霉等，也为天然纤维如棉、毛、丝、麻等所不及。尤其重要的是它们不与粮食争地，一个工厂生产的合成纤维，可以相当于上百万亩农田所能生产的天然纤维。天然橡胶的生产，受地区的限制，产量也不能适应日益增长的需求。但合成橡胶可不受这种限制，而且其品种各有比天然橡胶优良之处。

一般认为高分子材料强度不高、耐热不好，这是从常见的塑料而得到的印象。但现在最强韧的材料不是钢，不是钍，也不是铍，而是一种用碳纤维和环氧树脂复合而成的增强塑料。耐热高分子已经可以长期在300℃下使用。

特别应当提及的是，在航天技术中，火箭或人造卫星壳体从外部空间返回到大气层时，因速度高，表面温度可达5000～10000℃，没有一种天然材料或金属材料能经受这种高温，但增强塑料却可以胜任，因为它遇热燃烧分解，放出大量挥发气体，吸收了大量热能，使温度不致过高。同时，塑料不传热，仍可保持壳体内部的人员和仪器正常工作及生活所需要的温度。好的烧蚀材料，外层只损坏3～4cm即可保全内部，完成回地任务。

不过现有高分子材料也有不少弱点，必须开展研究以加以克服。比如易燃烧，大量使用高分子材料时，防火是一个大问题，必须使高分子不易燃烧，才能安全使用；易老化，不经久，但用作建筑材料，要求至少有几十年的寿命；用于其他方面，也尚未具备耐久性。

目前，高分子材料已被广泛应用于生活、生产、科研和国防等各个领域，已由传统的有机材料向具有光、电、磁、生物和分离效应的功能材料延伸，高分子结构材料正朝着高强度、高韧性、耐高温、耐极端条件的高性能材料发展，为航天航空、近代通信、电子工程、生物工程、医疗卫生和环境保护等各个方面提供着各种新型材料，成为我国科学研究的一个重点领域。

2. 高分子材料科学的分类

高分子科学分为三大部分：高分子化学、高分子物理和高分子工艺学。具体说来，高分子科学包括研究高分子的合成途径、基本理论、化学反应、改性和防老化的高分子化学，研究高分子的表征、结构和性能间关系的高分子物理以及研究高分子的生产工艺和高分子产品的加工工艺的高分子工艺学。其中，高分子化学又分为高分子合成、高分子化学反应和高分子物理化学；高分子物理研究高聚物的聚集态结构和本体性能；高分子工艺学又分为高聚物加工成型和高聚物应用。

3. 高分子材料科学的研究内容

1）高分子化学

高分子化学作为化学的一个分支，同样也是从事制造和研究分子的科学，但其制造和研究的对象都是大分子，即由若干原子按一定规律重复地连接成具有成千上万甚至上百万分子量的、最大伸直长度可达毫米级的长链分子，常称为高分子、大分子、聚合物或高聚物。既然高分子化学是制造和研究大分子的科学，则制造大分子的反应和方法，显然是高分子化学的最基本的研究内容。因此，高分子化学是研究高分子化合物的合成、化学反应、物理化学、加工成型、应用等方面的一门新兴的综合性学科。

早在19世纪中叶高分子就已经得到了应用，但是当时并没有形成长链分子这种概念。主要通过化学反应对天然高分子进行改性，所以现在称这类高分子为人造高分子。比如1839年美国人Goodyear发明了天然橡胶的硫化；1855年英国人Parks由硝化纤维素(guncotton)和樟脑(camphor)制得赛璐珞(celluloid)塑料；1883年法国人deChardonnet发明了人造丝rayon等。可以看到正是由于采用了合适的反应和方法对天然高分子进行了化学改性，使得人类从对天然高分子的原始利用，进入到有目的地改性和使用天然高分子。

回顾过去一个多世纪高分子化学的发展史，可以看到高分子化学反应和合成方法对高分子化学的学科发展所起的关键作用，对开发高分子合成新材料所起的指导作用。比如20世纪70年代中期发现的导电高分子，改变了长期以来人们对高分子只能是绝缘体的观念，进而开发出了具有光、电活性的被称之为“电子聚合物”的高分子材料，有可能为21世纪提供可进行信息传递的新功能材料。因此当我们探讨21世纪的高分子化学的发展方向时，首先要在高分子的聚合反应和方法上有所创新。对大品种高分子材料的合成而言，起码是今后10年左右，metallocene催化剂特别是后过渡金属催化剂将会是高分子合成研究及开发的热点。活性自由基聚合，由此而可能发展起来的“配位活性自由基聚合”，以及阳离子活性聚合等是应用烯类单体合成新材料(包括功能材料)的重要途径。对支化、高度支化或树枝状高分子的合成及表征，将会引起更多的重视，因为这类聚合物的结构不仅对其性能有显著的影响，而且也可能开发出许多新的功能材料。

高分子化学作为材料科学的一个支撑学科，其发展事实已经表明，化学方法制造出来的聚合物，当其作为高分子材料使用时，其作用和功能的发挥，不只是单靠由化学合成决定的一级结构，即分子链的化学结构，还要靠其高级层次上的结构，即靠高分子聚集体中由物理方法得到的、非化学成键的分子链间的相互作用的支撑和协调。有时候这种高分子聚集体和这些高级结构，如相态结构和聚集态结构，对高分子材料尤其是高分子功能材料的影响更为明显。这种物理方法得到的非化学成键的、分子链间的相互作用的形成，可以通过所谓的物理合成或物理组合的方法来实现，即用物理方法将一堆分子链依靠非化学成键的物理相互作用，联系在一起而成为特定结构，如超分子结构的高分子聚集体，从而显示出特定的性质。因此21世纪的高分子化学除了制造和研究一个分子链，还应包括制造和研究“一堆”分子链，在化学合成之外包括物理合成，在分子层次的研究之外还要有分子以上层次的研究。

因而以精确设计和精确操作为基本思路来发展和完善化学同物理的这种结合，也是21世纪的高分子化学研究，尤其是高分子材料研究中一种值得注意的方向。

2) 高分子物理

高分子物理课程建立在物理化学、高分子化学、固体物理、材料力学等课程的基础之上，同时又是高分子材料、高分子成型加工等课程的基础，是高等学校高分子材料科学与工程专业最重要的专业基础课程之一。

概括起来，高分子物理的内容主要由三方面组成。第一方面是高分子的结构，包括单个分子的结构和聚集态的结构；这是很重要的方面，因为结构是对材料的性能有着决定性影响的因素。第二方面是高分子材料的性能，其中主要是黏弹性，这是高分子材料最可贵之处，也是低分子材料所缺乏的性能。研究黏弹性可以借助于力学方法、电学方法以及其他手段。那么，结构和性能之间又是通过什么内在因素而联系起来的呢？这就是分子的运动。因为高分子是如此庞大，结构又是如此复杂，它的运动形式千变万化，用经典力学研究高分子的运动有着难以克服的困难，只有用统计力学的方法才能描述高分子的运动。通过分子运动的规律，把微观的分子结构与宏观的物理性质联系起来。因此，对分子运动的统计学研究是高分子物理的第三个方面，它与高分子材料的合成、加工、改性、应用等都有非常密切的内在联系，为设计合成预定性能的聚合物提供理论指导，是沟通合成与应用的桥梁，只有掌握了高分子结构与性能之间的内在联系及其规律，才能有的放矢地指导高分子的设计与合成，合理地选择和改性高分子材料，并正确地加工成型各种高分子制品。

在最近二十年间，高分子物理这门学科仍旧在迅速地发展。目前，有些理论还不够完善，有些实验技术还需要改进，这有待于广大高分子科学工作者继续研究和探讨。

3）高分子工艺学

高分子工艺学研究高分子成型加工的原理与工艺。高分子成型加工是将聚合物(有时加入各种添加剂、助剂或改性材料)转变为制品或实用材料的一种工程技术，它的任务是研究各种成型加工方法和技术，研究产品质量与各种因素之间的关系，其影响因素包括：聚合物本身的性质，各种加工条件参数，设备和模具的结构尺寸。

尽管各种高分子材料均有独特的成型方法，如化学纤维的熔体纺丝、干法纺丝和湿法纺丝等，塑料的注塑和挤塑等，而且每一种制品的原料准备和后成型操作也各不相同，但是如果把高分子材料加工作为一门工程学科，根据基本的工程和科学原理，则可以将高分子材料的加工工序以及所涉及学科按下图进行分类。

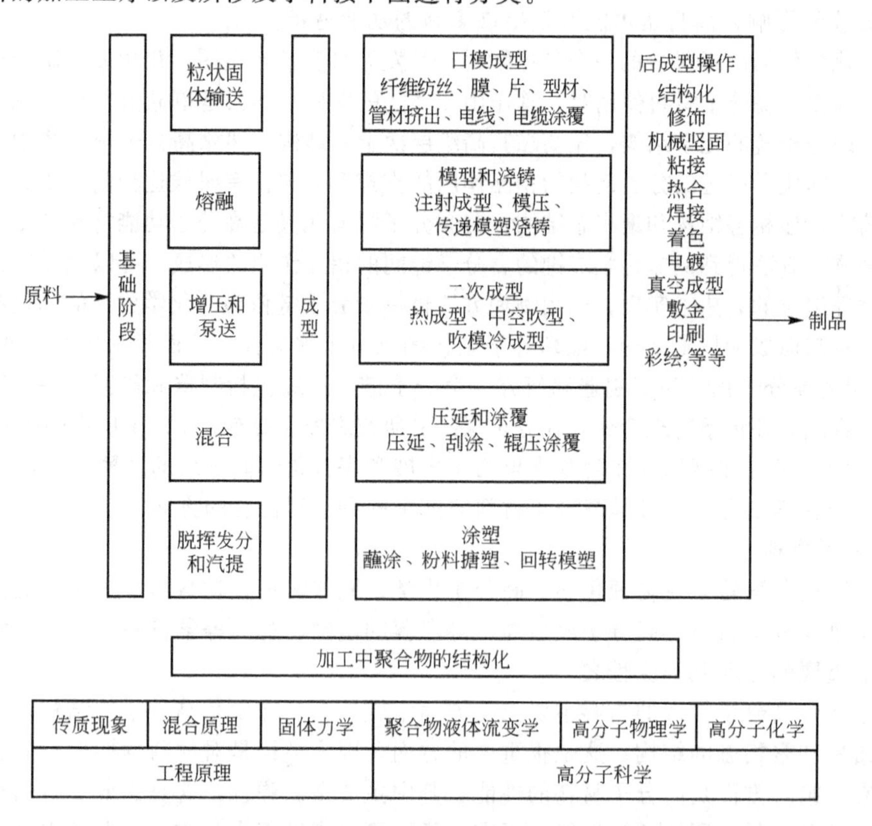


**图1 高分子材料加工中工序和原理的分类**

由上图可知，高分子材料加工的基础阶段为成型准备了原料。基础阶段可以先于成型，或与成型同时进行。“结构化”贯穿这些过程的始终并在这些过程之后进行，结构化之外的后成型操作可以跟在其后。而主要的工艺操作是建立在若干工程基础之上的，特别是建立在传质现象、聚合物流体流变学、混合以及高分子物理学和化学的基础上的。

(1) 高分子材料加工的基础阶段

由于聚合物原材料通常以颗粒形式供给加工者，因此高分子材料的成型应在一系列的准备性操作之后才进行。这些操作的性质在很大程度上决定了加工机械的形状、尺寸、复杂程度和价格。这些准备性操作通常为一种或多种，我们称其为高分子材料加工的“基础阶段”，主要包括固体粒子的处理，熔融或溶解，增压和泵送，混合，脱挥发分和汽提。

考虑到固体颗粒系统具有的独特性质，有必要把“固体颗粒的处理”定义为一个基础阶段。为了保证合理地设计加工设备，必须很好地了解以下内容：颗粒的装填、集聚、料斗中的应力分布、重力流动、架拱、压实和机械引起的流动。在处理固体的某种操作之后和成型之前，必须将聚合物溶解、熔融或加热软化。为了进行成型，例如流经口模或进入模具，必须泵送熔融或溶解的聚合物，这一过程通常产生压力。被称作“增压和泵送”的阶段完全是受聚合物流体的流变特性支配的，并对加工机械的结构设计产生深刻的影响。增压和熔融可以同时进行，它们通常相互影响，而且对聚合物流体也有混合作用。当加入的物料是由混合物组成而不是单纯的聚合物时，为了使流体的温度和组成均匀，必须对流体进行混合；对不相容聚合物分散体系在宽范围内的混合操作，即打碎结块和填料等操作也都属于“混合”这一阶段。脱挥发分和汽提虽然也是常用的方法(如在排气挤出机中的脱挥发分)，但在后反应器进行加工中尤为重要。

(2) 高分子材料的成型方法

虽然高分子材料的品种繁多，而且各有其传统的成型方法，但正如前面所述，根据基本的工程和科学原理，可以将所有高分子材料的成型方法归纳为以下五种：

① 压延和涂覆，这是一种稳定的连续过程，它是在橡胶和塑料工业中广泛应用的最古老的方法之一。它包括传统的压延以及各种连续涂覆操作，如刮涂和辊涂。

② 口模成型，成型操作包含使聚合物流体通过口模的过程，其中有纤维纺丝，薄膜和板(片)的成型，管和异型材成型，以及电线和电缆绝缘包皮的涂覆。

③ 膜涂，蘸涂、粉料搪塑、粉料涂覆和旋转膜塑等加工方法均属于膜涂，所有这些方法都涉及到在模具内表面或外表面敷上一层相对比较厚的涂层。

④ 模塑和铸塑，它们包括用热塑性塑料或热固性聚合物为模具“供料”的所有方法。这些方法包括了常见的注射成型、传递模塑和模压，以及单体或低分子量聚合物的普通浇铸和“原位”聚合。

⑤ 二次成型，顾名思义，这一成型方法是指已预成型的聚合物的进一步成型。纤维的拉伸，塑料的热成型、吹塑和冷成型等可以归为二次成型操作。

二、高分子材料的分析技术

1. 对高分子材料分析的目的

高分子材料分析技术是指应用近代实验技术，特别是各种近代仪器分析方法，分析测试高分子材料的组成、微观结构、微观结构和宏观性能之间的内在联系、高聚物的合成反应及在加工过程中结构的变化等。

随着现代科学技术的迅速发展，对于新材料之一的高分子材料，提出了更新更高的要求。以前那种仅仅停留在研究合成方法，测试其物理、化学性质，改善加工技术，开发新的应用途径的模式，已不能适应当今的要求，代之而来的新技术是：以合成反应与结构、结构与性能、性能与材料加工之间的各种关系，得出大量的实验分析数据，从而找出其内在的基本规律，按照事先指定的性能进行材料设计，并提出所需的合成方法与加工条件。在这样的研究循环中，高聚物近代仪器分析方法所起的作用就越来越重要了。另外，随着现代科学的发展，精密仪器的制造技术迅速提高，再加上计算机技术的引入，使近代分析仪器的功能和精度不断提高，为开辟高分子材料近代分析方法的新领域创造了很好的条件。

2. 高分子材料分析技术的内容

高分子材料一般是指高聚物，或以高聚物为主要成分加入各种有机或无机添加剂后经过加工成型的材料，其中所含高聚物的结构和性能是决定该材料结构和性能的主要因素。当然，在某些情况下，即使是同一种高聚物，由于加入的助剂或加工成型条件不同，也能得到不同结构和性能的材料，而且可以有不同的用途。仅仅依靠一般化学分析方法来研究高分子材料是很困难的，只有采用近代仪器分析的方法才能完成下述分析任务：

1）聚合物链结构的表征

(1) 高分子的化学结构，包括结构单元的化学组成、序列结构、支化与交联、结构单元的立体构型和空间排布等。

(2) 高分子的平均分子量及其分布。

通过这二项表征可确定高分子链中原子和基团之间的几何排列及其链的长短。它们是决定高聚物基本性质的主要因素。

2）高分子的聚集态结构

包括晶态、非晶态、液晶态、高聚物的取向及共混或共聚高聚物的多相结构等。这是决定高分子材料使用性能的重要因素。

3）高分子材料的力学状态和热转变温度

高分子材料的宏观物理性能几乎都是由此决定的。通过这种研究可以了解材料内部分子的运动，揭示高聚物的微观结构与宏观性能之间的内在联系。

4）高聚物的反应和变化过程

上述研究对象，特别是前两种，只是研究高分子材料的已有状态，而在实际中往往需要进行过程研究，即研究在特定外界条件下高分子材料结构的变化规律。例如对高分子反应过程(包括聚合反应过程、固化过程、各种老化过程和成型加工过程等)中不同阶段进行分析，掌握变化过程的规律。随着近代仪器分析方法的发展，不仅加快了分析速度，而且分析灵敏度也有了很大的提高，因此可进行在线(即原位)的连续测定，为了解高分子反应与结构之间的关系提供了强有力的手段。

本书的分析技术部分包括常规鉴别、化学分析、仪器分析，选择了高分子研究中最常用的几种近代测试分析技术，包括化学分析法、红外光谱法、激光拉曼光谱法、紫外-可见分光光度法、核磁共振波谱法、X射线衍射法、黏度分析法、凝胶渗透色谱法、热分析法、显微分析法等，在对它们的基本原理、仪器的简单构成及实验技术进行简明阐述的基础上，通过一些典型实例及结果分析，着重介绍了上述各种测试分析技术在高分子研究中的应用。

3. 高分子材料分析技术的应用领域

高分子材料在日常生活及工业生产上的用处极为广泛，随处可见。高分子材料及其成品的性能与其化学、物理组成，结构以及加工条件密切相关。为了表征性能与组成、结构和加工参数之间的关系，分析测试技术将起到唯一的决定作用。另外，由于高分子材料的品种多、产量大、用途广、效益高，所以各行各业都有可能涉及高分子材料的制备，物性表征和测定，以及材料的加工和应用等。因而，对高分子材料进行分析与测试是一门非常实用的技术。

# 第1章 高分子材料的常规鉴别

## 本章知识框架

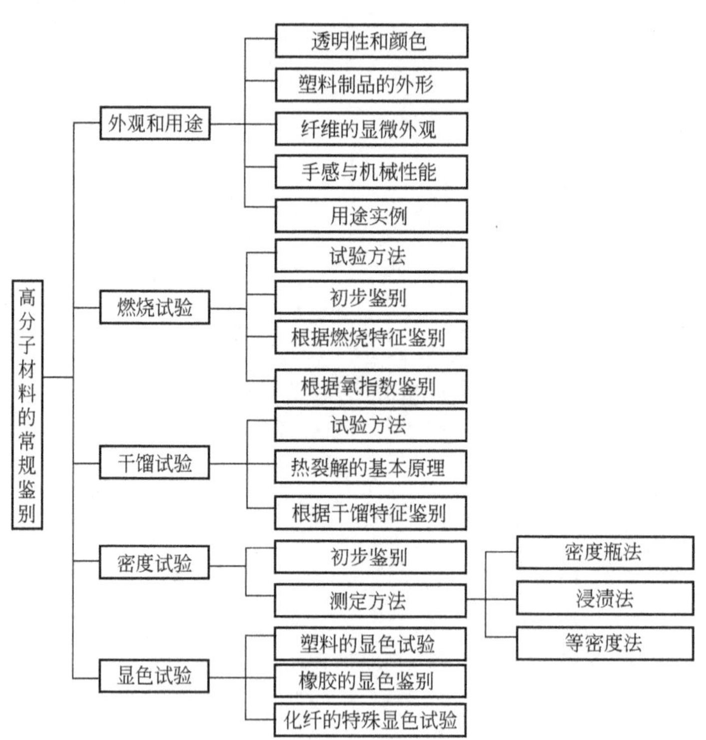


## 本章教学目标与要求

1. 熟悉高分子材料的外观，掌握常见高分子材料的手感和机械性能，了解其用途。
2. 掌握燃烧试验和干馏试验的试验方法及鉴别方法。
3. 了解密度的初步鉴别方法，掌握密度瓶法和浸渍法的测定方法。
4. 熟悉塑料、橡胶的显色鉴别方法，了解化纤的特殊显色试验。

**废塑料分类鉴别实用知识**

废塑料品种很多，花样形式也很多，来源于不同的行业。塑料按其结构、性能可分为热塑性和热固性两大类。目前我国能回收利用的大都是热塑性塑料，因为它是可熔、可塑的。

废塑料的来源不同，造成废塑料的利用程度不同，价格也不同。首先是因为颜色，颜色越浅(甚至无色透明)则利用范围越广，如白色既可调成多种其他颜色，也可做回白色产品，因而价也高。其次是因为产品的需要在原料中加入了各种成分。

目前从国内市场上看，主要是 $CaCO_3$（石粉)含量决定废塑料的利用价值，$CaCO_3$ 含量越多，价越低。从肉眼上看，产品不鲜艳、无光泽(亚光除外)则 $CaCO_3$ 含量便多，从手感上也会感觉到重，用火烧，则烧的部分会发红，熄后成灰。另外还要注意增强(指玻纤)产品，目前能利用的增强产品仅 PA、PBT、PP 等几种，价格都不高。还有一种合金料，目前国内有销路仅 ABS+PC 一种，其他的都不行。再根据原料的密度来判断该互混的料能否回用，目前问题最多的是 ABS 和 PS 互混，PC 和 PMMA 互混，PVC 片料(瓶料)和 PET 片料互混，PE 和 PP 各半互混，这几种料互混后，因密度差别不大，很难直接利用。常用一定方法分离，所以，互混的料不能是粉碎料，否则价格会很低，甚至无人要。

一般鉴别废塑料有以下几个步骤：

(1) 看颜色；

(2) 看光亮度(透明料此步可去掉)；

(3) 手感(感重量、感光滑度)；

(4) 点燃(观火焰颜色是否冒烟，是否会离火燃烧或根本不燃)；

(5) 闻气味(各种塑料味都不相同，包括阻燃剂等)；

(6) 拉丝($CaCO_3$ 多的拉丝肯定不好，增强的也拉不出丝)。

**资料来源**：http://www.qydsj.com/news/1/news_info_863.html，2011

# 1.1 高分子材料的外观和用途

对未知的高分子试样进行常规的简单定性鉴别时，首先是眼看、手摸，从其外观上初步判断是属于哪一类。如果有可能，还要了解其来源，尽可能多地知道使用情况。这两方面信息对引导下一步的剖析方向是很重要的，常常可以少走不必要的弯路。但这两方面的信息主要是经验性的，需在实践的基础上逐步积累。

## 1.1.1 高分子材料的外观

1. 透明性和颜色

1）透明性

透明性与试样的厚薄、结晶性、共聚组成和添加剂有关。

通常，高分子材料越厚越不透明，越薄越透明。结晶度高的高分子材料不透明，结晶度低的透明。典型例子：PET 结晶度低时是透明的，结晶度高时成为白色。高分子材料的共聚组成也主要通过影响结晶度来影响透明度。如 EVA，当 VA 含量小于 15%时，结晶度高，不透明；当 VA 含量大于 15%时，结晶度低，完全透明。此外，高分子材料中添加剂越多，越不透明。

大部分塑料由于部分结晶或有填料等添加剂，呈半透明或不透明，大多数橡胶也因为有填料而不透明，因而较少遇到完全透明的橡塑制品。常见用作透明制品的高分子材料主要有：丙烯酸酯和甲基丙烯酸酯类(特别是聚甲基丙烯酸甲酯)，聚碳酸酯。其他还有聚酯、聚苯乙烯、聚氯乙烯及其共聚物、EVA(VA 含量大于 15%)等。

2) 颜色

大多数塑料制品和化纤可以自由着色，只有少数有相对固定的颜色。如 PF 常为棕色或黑色，PPO 也常着色为黑色，PTFE 为乳白色，聚三氟氯乙烯为乳白色或棕色，ABS 常为乳白色或米黄色，尼龙为淡黄色或浅棕色，硬 PVC 常为深灰色，EP 为黄至棕色。

橡胶制品大多数由于有炭黑填充而为黑色，彩色橡胶多半是聚氨酯、氯磺化聚乙烯。注意民用品比工业用品有更多的颜色变化，从而更不易判断。

### 2. 塑料制品的外形

塑料制品种类繁多，形状各异。但比较常见的几种制品的塑料品种是有限的，现对这几大类型进行简单介绍。这有助于大家对塑料制品的组成进行初步判断。

1) 塑料薄膜

塑料薄膜可用吹塑、压延和流延等方法制造。塑料薄膜主要用于包装和农业生产，这两项占塑料薄膜总产量的 90%以上。

常见的品种有聚乙烯膜、聚氯乙烯膜、聚丙烯膜、玻璃纸(醋酸纤维素膜)、聚对苯二甲酸乙二醇酯膜、聚乙烯醇膜、聚苯乙烯膜、尼龙膜等。为了提高包装薄膜的强度、阻隔性和耐热性等，已有各种复合薄膜，如 PP、LDPE 和 HDPE 之间相互复合而成的复合膜，聚烯烃/尼龙复合膜。

有些薄膜通过单轴或双轴拉伸提高了强度。单轴拉伸薄膜主要有聚乙烯和聚丙烯，双轴拉伸薄膜主要有聚丙烯和聚对苯二甲酸乙二醇酯。单轴拉伸膜用于包扎带等；双轴拉伸的聚丙烯膜(BOPP)用于香烟包装等，PET 膜用于磁带、胶卷等。

此外，尼龙、聚四氟乙烯、聚酰亚胺等特殊薄膜主要用于密封、电容器、线圈绝缘等。

2) 塑料板材

塑料板材主要是以聚氯乙烯或酚醛树脂为粘合剂，用纤维做填充材料经加热加压制成。

(1) PVC 硬板，由聚氯乙烯树脂、填充材料和约 5%增塑剂经热压而成。厚度为 2～20 mm，主要用于耐腐蚀化工设备。

(2) 塑料贴面板，将有图案的特制纸张浸以酚醛树脂或蜜胺树脂，经热压制成塑料纸板，再将其粘贴在胶合板、纤维板、刨花板或木板等板面上制成。塑料贴面板主要用作家具等木板表面的装饰材料。

(3) 酚醛层压纸板，俗称胶木板，将硫酸盐浸渍过的纸浸以酚醛树脂，经热压制成。主要用做电绝缘材料。

(4) 酚醛玻璃布板，用无碱玻璃布浸以酚醛树脂热压而成，用做一般绝缘结构零件。

3）塑料管材

塑料管材通过挤出成型制造。用做管材的树脂有聚乙烯、聚氯乙烯、聚丙烯、尼龙、ABS、聚碳酸酯、聚四氟乙烯等，适用于建筑、城市公共设施、化工、石油、农业等。聚氯乙烯等软管可经玻璃纤维或玻璃布填充提高强度。环氧酚醛层压玻璃布管是经卷压烘焙而成，适宜做绝缘结构零件。

4）泡沫塑料

泡沫塑料是多孔性塑料。根据软硬程度不同，可分为软质、半硬质和硬质泡沫塑料；根据结构的不同，可分为开孔和闭孔泡沫塑料。软质泡沫塑料有弹性，主要用做座垫、床垫、服装衬里、运动器材等。半硬质和硬质泡沫塑料主要用做隔热(冷藏或保温)、隔音和防振包装材料。硬质泡沫强度较高，可用做垫圈、轮胎、辊筒、鞋底等结构材料。从另一角度来说，开孔型泡沫宜做隔音、过滤材料，而闭孔型泡沫宜做隔热、浮料(救生器材等)和绝缘材料。泡沫塑料的主要品种有如下几种：

(1) 聚苯乙烯泡沫，这是应用最广的硬质闭孔型泡沫塑料。由于它是将经低沸点液体(如液化气)浸渍后的可发性小珠粒，预发泡再热压成型的，因而一般的聚苯乙烯泡沫体由许多白色泡沫圆粒组成，用手可以轻易掰开。

(2) 聚氨酯泡沫，聚氨酯泡沫分为软质、半硬质和硬质三种。软质聚氨酯泡沫塑料外观像海绵，刚出厂时为白色，但很易氧化变黄。有时聚氨酯软泡沫表面有一层耐冲击的硬质皮层，实际上与内层具有同一组成，只不过是在加工中，通过控制一定条件而形成了这种稠密表皮和泡沫内部的双重结构，这种聚氨酯软泡沫称为结皮聚氨酯泡沫。硬质和半硬质品种主要用于工业上。

其他用于制造泡沫塑料的树脂还有：聚氯乙烯、聚乙烯、EVA、聚丙烯、聚乙烯醇缩甲醛、酚醛树脂、脲醛树脂、环氧树脂、有机硅、丙烯腈和丙烯酸酯共聚物、ABS、聚酯、尼龙、乙基纤维素、聚乙烯基咔唑、聚酰亚胺等。

### 3. 纤维的显微外观

纤维是唯一以形状来分类的高分子材料，因而从外形上立刻可以与其他材料区分开来。如果用高倍放大镜或显微镜，再配合以切片制样，可以从纵向外观和横断面形状上鉴别纤维。各种常见纤维的显微外观见表1-1。

**表1-1 常见纤维的显微外观**

| 纤维 | 纵向外观 | 横断面形状 |
|---|---|---|
| 涤纶、尼龙 | 表面光滑，平直丰满 | 呈圆形 |
| 腈纶 | 一般表面光滑 | 呈圆形或哑铃形 |
| 维纶 | 扁平状，在纤维方向有条纹 | 呈肾形，中间有核层 |
| 丙纶 | 表面光滑 | 呈圆形 |
| 氯纶 | 表面光滑 | 呈圆形或蚕豆形 |
| 羊毛 | 鳞片状 | 呈圆形或椭圆形 |
| 蚕丝 | 表面光滑透明 | 呈近似三角形 |
| 亚麻 | 沿纤维方向有线条，呈竹节状 | 呈多角形 |

应用实例：把哺乳动物的毛发放在手心，用手指按住，并沿毛发长度方向来回搓动，如果毛发只朝一个方向移动，则可确定这是哺乳动物的毛发。

4. 手感与机械性能

用手拉、挤压、敲打或扳弯样品，可以感知材料的大概强度和韧性；用指甲划痕(或借助钉子等工具)可以判断材料的硬度。这些都可用来初步鉴别高分子材料的大致类型。橡胶有特殊的高弹性，从而易与塑料区别。以下列出某些常见塑料的手感特征及鉴别方法：

HDPE、PP、PA：表面光滑、较硬，强度较大，其中尼龙的强度显著优于聚烯烃。

LDPE、PTFE、EVA：表面较软、光滑、有蜡状感，拉伸时易断裂，弯曲时有一定韧性。

硬 PVC、PMMA：表面光滑、较硬，但无蜡状感，弯曲会断裂。

软 PVC、PU：有橡胶般的弹性。

PS：质硬、有金属感，落地有清脆的金属声。

ABS、POM、PC、PPO 等工程塑料：质地硬，强韧，弯曲时有强弹性。

### 1.1.2 高分子材料的用途

1. 定性鉴别的重要性

完全没有背景信息的定性鉴别是十分困难的。但如果已知试样的来源以及使用情况等背景，则可大大缩小鉴别范围。

比如，要剖析一个不碎内胆的塑料保温杯，从它的三个组成部分的各自用途出发，可以进行如下分析：首先内胆和内盖必须耐温，排除了聚乙烯的可能性，而聚丙烯耐热也嫌不够；聚苯乙烯不满足不碎的要求；普通聚氯乙烯和 ABS 的残留单体氯乙烯和丙烯腈有毒，不宜直接接触饮品；再从对透明性的要求(因背面镀铝)可以推断很可能是聚碳酸酯或高抗冲聚苯乙烯等(实际上是聚碳酸酯)。其次中间夹层的保温材料多半是聚苯乙烯或聚氨酯闭孔型泡沫塑料(实际上是聚氨酯硬质泡沫)。第三从外壳来看，它只需耐热 80℃，有一定硬度、不脆、美观即可。所以在通用塑料中，很快可以找到聚丙烯和 ABS 符合要求(实际上用的是较便宜的聚丙烯)。

2. 高分子材料用途实例

高分子材料在日常生活和国民经济中应用广泛，下面简单列举一些例子。

1) 聚烯烃类

LDPE：薄膜、管子、食品袋、人造花、线带等。

HDPE：水桶、啤酒桶、各种型号管材、机械零件等。

PP：编织袋、包扎带、电器外壳、输液管、注射器、塑料板等。

2) 苯乙烯类

PS：梳子、汤匙、肥皂盒、圆珠笔、瓶、光学仪器、透镜、透明模型等。

ABS：行李箱、乐器、玩具、钟表、化妆品容器等。

3) 含卤素类

PVC：农业薄膜、人造革、地板、防腐管道、建材等。

PTFE：密封材料、阀、衬垫、代用血管、人工心脏、宇航服等。

4）其他碳链高分子材料

聚乙烯醇：胶粘剂、助剂、涂料、薄膜、胶囊、化妆品等。

丙烯酸酯类：仪表箱、电话机、笔、扣子、粘合剂、光学配件等。

PMMA：灯罩、仪表板、防护罩、医疗器械、文具、装饰品等。

PC：有机玻璃、安全帽、绘图仪、餐具、打火机等。

PAN：纤维、药品的容器等。

EVA：一次性手套、充气玩具、人造草皮、模特、轮胎、热熔胶等。

5）杂链高聚物

PA：降落伞、传送带、球拍、网袋、牙刷、绳索、管材、纤维等。

聚乙二醇：水溶性包装薄膜、织物上浆剂、保护胶体等。

6）树脂

EP：胶粘剂、涂料、清漆、玻璃钢等。

PF：汽车制动器、厨房用具把柄、涂料、层压板、粘接剂、纸张上胶剂等。

UF：电器旋钮、开关、文具、钟表外壳、黏合剂、涂料、层压板等。

PU：建材、电器、化工管路、钓竿、滑雪板、高尔夫球、雪橇、雕塑、胶泥等。

7）橡胶

天然橡胶、异戊橡胶、丁苯橡胶、顺丁橡胶：轮胎、胶管、胶带、制鞋、电线电缆绝缘皮、减振制品、医疗制品、胶粘剂、运动器材等。

氯丁橡胶：阻燃制品、消防器材、井下运输皮带、电缆绝缘、耐热运输带等。

丁腈橡胶：耐油制品、输油管、工业用胶辊、储油箱、耐油运输带、化工衬里等。

**塑料瓶底数字的意思**

“1号”为PET：矿泉水瓶、碳酸饮料瓶等。

饮料瓶不要循环使用，也不宜装热水。其仅可耐热至70℃，只适合装暖饮或冻饮，装高温液体或加热则易变形，有对人体有害的物质溶出。并且科学家发现，1号塑料制品用了10个月后，可能释放出致癌物DEHP，对睾丸具有毒性。因此，饮料瓶等用完了就丢掉，不要再用来做水杯，或者用来做储物容器盛装其他物品，以免引发健康问题得不偿失。

“2号”为HDPE：清洁用品、沐浴产品等。

清洁不彻底建议不要循环使用。其可在小心清洁后重复使用，但这些容器通常不好清洗，会残留原有的清洁用品，变成细菌的温床，最好不要循环使用。

“3号”为PVC：目前很少用于食品包装。

最好不要购买。这种材质高温时容易产生有害物质，甚至连制造的过程中它都会释放，有毒物随食物进入人体后，可能引起乳癌、新生儿先天缺陷等疾病。目前，这种材料的容器已经较少用于包装食品。如果仍在使用，千万不要让它受热。

“4号”为LDPE：保鲜膜、塑料膜等。

保鲜膜别包着在食物表面进微波炉。其耐热性不强，通常合格的PE保鲜膜在温度超过110℃时会出现热熔现象，会留下一些人体无法分解的塑料制剂。并且，用保鲜膜包裹食物加热，食物中的油脂很容易将保鲜膜中的有害物质溶解出来。因此，食物入微波炉时，先要取下包裹着的保鲜膜。

“5号”为PP：微波炉餐盒。

放入微波炉时，把盖子取下。这是唯一可以放进微波炉的塑料盒，可在小心清洁后重复使用。需要特别注意，一些微波炉餐盒，盒体的确以5号PP制造，但盒盖却以1号PE制造，由于PE不能抵受高温，故不能与盒体一并放进微波炉。为保险起见，容器放入微波炉前，应先把盖子取下。

“6号”为PS：碗装泡面盒、快餐盒。

别用微波炉煮碗装方便面。此种材料又耐热又抗寒，但不能放进微波炉中，以免因温度过高而释出化学物。也不能用于盛装强酸(如柳橙汁)、强碱性物质，因为会分解出对人体不好的聚苯乙烯，容易致癌。因此，要尽量避免用快餐盒打包滚烫的食物。

“7号”为其他未列出的树脂和混合料：水壶、水杯、奶瓶等。

这些数字能告诉我们制成饮料瓶的化学品。我们知道，有些被使用的化学品是有毒的，有些被使用的化学品会过滤塑料或者是把塑料带进饮料中。在很多场合，你或你的朋友会说：“我不喜欢喝这种饮料，它的味道像塑料。”这正是说明你或者你的朋友正在喝着塑料了。以上号码中最有毒的是3、6和7号。如果在瓶底上出现了这三个数字，千万不要喝这些饮料。

**资料来源**：http：//bbs. plastic. com. cn/thread - 40917 - 1 - 1. html，2011

# 1.2 燃烧试验和干馏试验

## 1.2.1 燃烧试验

根据高分子材料受热时行为来完成的鉴别，是初步定性分析中最主要的一种。由于高分子材料燃烧现象十分丰富，特别是每一种高分子材料几乎都能释放独特的气味，因而非常有利于有经验的人员进行鉴别。

对高分子材料受热行为可以有两种不同的试验方法：一种是燃烧试验，又称火焰试验，试样与火焰直接接触；另一种是干馏试验，又称热解试验，试样与火焰不直接接触。

1. 试验方法

火焰试验的方法很简单，用镊子或刮匙支持一小块试样，用煤气灯小火焰直接加热。一般先让试样的一角靠近火焰边缘，对于易点燃的试样可以先区分出来，然后再放在火焰上灼烧，时而移开以判断离火是否继续燃烧。

主要观察以下现象：

(1) 可燃性：试样能否点燃？能否燃烧？是否自熄？

(2) 火焰特征：火焰是何颜色？是亮是暗？是清净或有烟炱？是否有火星溅出？

(3) 试样变化：试样是否变形、龟裂、熔融、挥发、滴落？滴落物是否继续燃烧？是否结焦？残留物形态如何？

(4) 声响和气味：是否有噼啪声？气体味道如何？

实验过程中的注意事项：

(1) 有个别材料如硝酸纤维素、赛璐珞燃烧十分猛烈，几乎有爆炸危险，必须小心操作，用样量要少。

(2) 释放的气体如氯化氢、氟化氢、氰化氢、丙烯腈、苯乙烯等都具有刺激性，多半有毒甚至有剧毒，因而要注意防护。

(3) 注意滴落物可能引燃易燃的实验台等，应先垫放不燃材料。

#### 2. 初步鉴别

1) 可燃性

高分子材料的可燃性与其所含元素有关。

常见的可燃元素有碳、氢、硫等，这些元素含量越高，材料越易燃。难燃元素有卤素、磷、氮、硅、硼等，这些元素含量越高，材料阻燃性越好。根据材料中元素组成不同，可将高分子材料分为三类：

(1) 不燃的：含氟、硅的高分子和热固性树脂，如 PF、UF 等。

(2) 难燃自熄的：含氯高分子，如 PVC；含氮高分子，如 PA。

(3) 易燃的：含碳、氢、硫的高分子材料，如 PE、PP 等。

2) 发烟规律

影响高分子材料发烟的因素较多，其中主要规律如下：

(1) 含氯量、含磷量越高的高分子材料发烟量越大。

(2) 交联密度越大的发烟量越小。

(3) 脂肪族高分子材料一般不发烟。芳香族高分子材料常发烟，但芳香侧基与主链的芳香基团对发烟性有不同的影响。

主链具芳香基团的，为中等发烟量，如 PC、PPO、PSF 等。随着主链中芳香性的增加(即结构的刚性增加)，发烟量下降。

侧基具有芳香基团的，易发烟，有大量黑色烟炱，如 PS 等。

3) 火焰颜色

高分子材料燃烧时，火焰呈现不同的颜色，这与其所含元素有关。

只含碳、氢的高分子材料火焰呈黄色；含氧的高分子材料常带蓝色；含氯的高分子材料有特征性的绿色；燃烧激烈的，如硝酸纤维素等，火焰颜色很亮，看上去更像白色。

4) 气味

气味是高分子材料裂解时形成的挥发性小分子产生的。不同材料气味都很独特。有经验的人有时只根据气味即可判别高聚物成分。

#### 3. 根据燃烧特征鉴别

1) 塑料、橡胶的鉴别

(1) 按流程图鉴别(图 1.1)；

(2) 按表鉴别

流程图的容量有限，用表(表 1-2)则能包括更多品种并更全面描述燃烧现象。需要说明的是：现在许多材料都加有阻燃剂，需注意其影响。

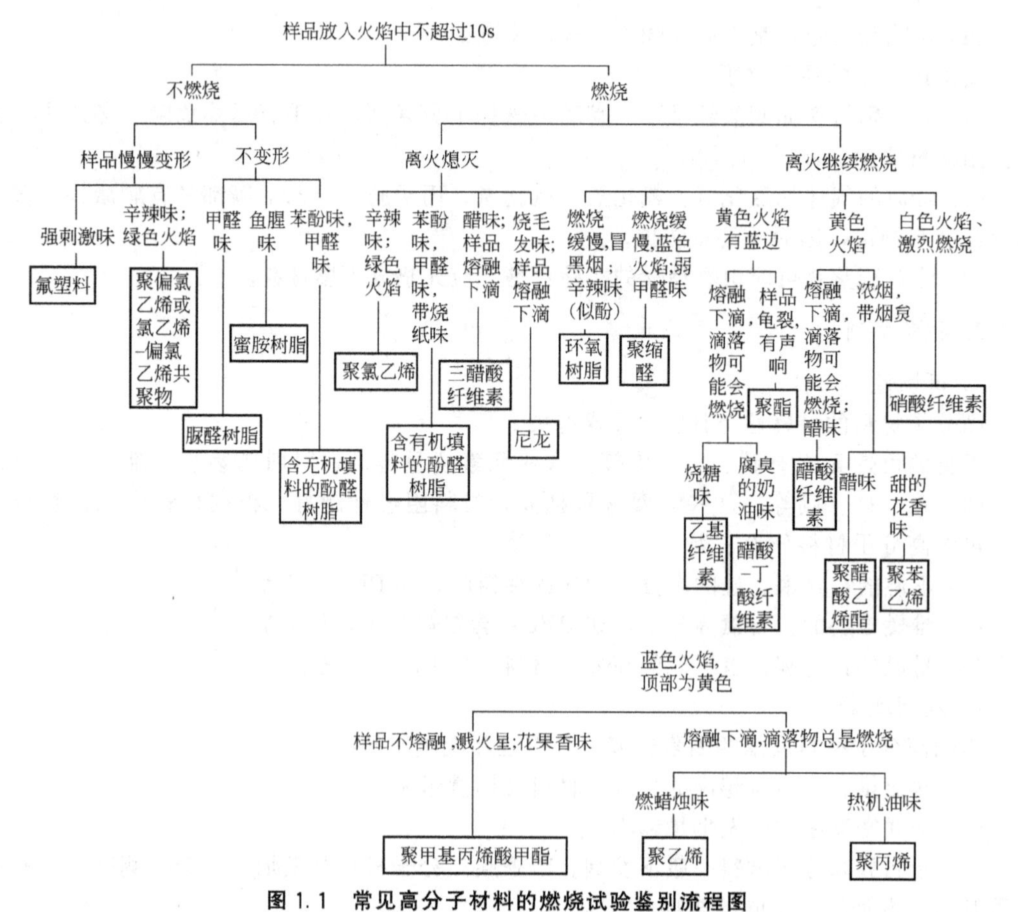


**图 1.1 常见高分子材料的燃烧试验鉴别流程图**

**表 1-2 部分常见高分子材料的燃烧特征表**

| 可燃性 | 试样变化 | 火焰特征 | 气味 | 高聚物 |
| --- | --- | --- | --- | --- |
| 不燃 | 不变或慢慢炭化 | — | 红热时挥发，有 HF 气味 | PTFE |
| | 软化 | — | 红热时挥发，有 HF 气味 | 聚三氟氯乙烯 |
| 难燃，离火熄灭 | 外形不变，膨胀、龟裂，慢慢炭化 | 亮黄色，有烟 | 苯酚和甲醛的气味 | PF |
| 在火焰上燃烧，离火熄灭难以点着 | 先软化，然后分解成棕黑色 | 黄-橙色带绿底，白烟 | 强辛辣味(HCl) | PVC |
| | 先熔融，然后炭化 | 黄色，有烟炱 | 类似于苯酚的气味 | 聚碳酸酯 |
| 在火焰上燃烧，离火后慢慢熄灭 | 软化，转为棕色，分解 | 明亮 | 涩味，刺激喉咙 | 聚乙烯醇 |
| 在火焰中燃烧，离火后继续燃烧 | 熔融成清液，下滴，可以抽成丝 | 暗黄-橙色，有烟炱 | 花香般微甜气味 | PET |
| 燃烧，且离火后继续燃烧 | 熔融下滴，滴落物继续燃烧 | 清亮、黄色带蓝底 | 熄灭的蜡烛气味 | PE |
| | | | 热润滑油味 | PP |

（续）

| 可燃性 | 试样变化 | 火焰特征 | 气味 | 高聚物 |
| --- | --- | --- | --- | --- |
| | | 黄色，有黑烟 | 类似苯酚味 | EP |
| 在火焰中燃烧，离火后继续燃烧，易于点着 | 软化 | 明亮，带浓烟 | 微甜的花香味 | 聚甲基苯乙烯 |
| | 软化，燃烧区发黏 | 暗黄色，有烟炱 | 烧橡皮的臭味 | 天然橡胶 |
| | 软化，略炭化 | 明亮，黄色带蓝底，稍有烟炱，有爆响声 | 略甜的水果味 | PMMA |
| | 熔融，分解 | 很暗的蓝色 | 甲醛味 | POM |
| | 熔融，分解 | 明亮 | 淡淡的烧橡皮味 | 聚异丁烯 |
| | 熔融下滴，快速燃烧伴随炭化 | 黄-橙色，灰色的烟 | 强刺激性气味(异氰酸酯) | PU |
| | 快速燃烧 | 明亮 | 烧纸味 | 赛璐玢 |
| 在火焰中燃烧，离火后继续燃烧，非常易于点着 | 猛烈、完全的燃烧 | 明亮的白色火焰，棕色蒸气 | 氧化氮气味 | 硝酸纤维素 |
| | | | 樟脑味 | 赛璐珞 |

2）纤维的鉴别

纤维由于其细长的形状，与火焰接触的相对面积较大，所以燃烧特征更丰富。很容易观察到引燃的快慢、收缩后的形态、灰烬的颜色、相对强度等，更利于研究人员鉴别。

从织物上取出几根经纱和纬纱，再从这几根纱线里分别抽取一些单根纤维，用火柴点燃，观察它们在火焰上的行为。然后按下面给出的特征予以分辨。

(1) 尼龙(聚酰胺)：燃烧时没有火焰，稍有芹菜气味，纤维迅速卷缩、熔融成黏性物，趁热可以拉成丝，冷后成为坚韧的褐色硬球，不易捻碎。

(2) 涤纶(聚对苯二甲酸乙二醇酯)：点燃时纤维先卷缩、熔融，然后再燃烧。火焰呈黄白色、很亮、无烟，但不延燃，有芳香化合物气味，灰烬成黑色硬块，但用手指可压碎。

(3) 腈纶(聚丙烯腈)：点燃后能燃烧，但比较慢。火焰旁边的纤维先软化、熔融，然后再起燃。火焰呈白色、明亮，有时略有黑烟，有辛酸气味，烧后成脆性小黑硬球。

(4) 丙纶(聚丙烯)：燃烧时发出明亮的黄色火焰。并迅速卷缩、熔融。燃烧后几乎无灰烬。如不待其燃尽，冷却后可成为不易研碎的硬块，趁热也可将熔融的黏性体拉成丝。

(5) 氯纶(聚氯乙烯)：接近火焰时发生收缩，离火熄灭，冒烟，并发出刺鼻性气味。灰烬为不规则黑色硬块。

(6) 棉(纤维素)：燃烧很快，黄色火焰，有烧纸般的气味，灰烬少、细软、呈浅灰色。

(7) 麻(纤维素)：燃烧比棉花慢，黄色火焰，有烧纸般的气味。灰烬少、草灰末状、颜色比棉花稍深。

(8) 丝(蛋白质)：燃烧比较慢，缩成一团，有烧毛发的臭味，烧后成黑褐色小球，用手指一压就碎。

(9) 毛(蛋白质)：不燃烧，冒烟起泡，有烧毛发的臭味。灰烬多，烧后成为有光泽的黑色脆块，用手指一压就碎。

4. 根据氧指数鉴别

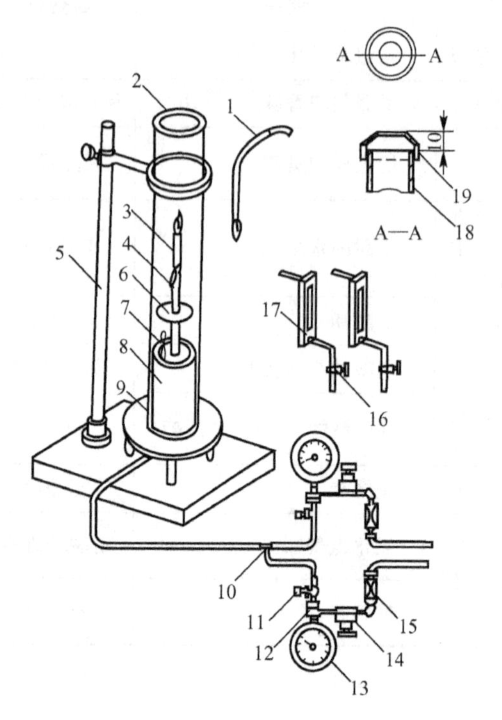


**图 1.2 氧指数测定仪器示意图**

1—点火器；2—玻璃燃烧筒；3—试样；4—试样夹；5—燃烧筒支架；6—金属网；7—测温装置；8—装有玻璃珠的支架；9—基座架；10—气体预混合结点；11—截止阀；12—接头；13—压力表；14—精密压力控制器；15—过滤器；16—针阀；17—气体流量计；18—玻璃燃烧筒；19—限流盖

氧指数是表征可燃性更准确的物理参数。

1）定义

着火后刚能维持试样燃烧的氧在氧/氮混合气体中的最小体积分数，称为氧指数，又称限氧指数(limited oxygen index，LOI 或 OI)。

2）实验设备(图 1.2)

3）方法原理

将试样直接固定在燃烧筒中，使氧氮混合气流由下向上流过，点燃试样顶端，同时计时和观察试样燃烧长度，与规定的依据相比较。在不同的氧浓度中试验一级试样，测定塑料刚维持平稳燃烧时的最低氧体积分数，用混合气中氧含量的体积百分数表示。

4）可燃性分类

氧指数以空气中氧的体积分数(21%)为分界点，将材料的可燃性分为以下三类。

OI<0.21：易燃，如 PE(OI=0.18)。

OI=0.22～0.26：自熄性材料，如 PA6(OI=0.22)。

OI>0.27：难燃，如 PTFE(OI=0.95)。

5）常见高分子材料的氧指数(表 1-3)

**表 1-3 某些高分子材料的氧指数**

| 高分子材料 | OI 值 | 高分子材料 | OI 值 |
|---|---|---|---|
| 聚甲醛 | 0.15 | 尼龙 6 | 0.22 |
| 聚甲基丙烯酸甲酯 | 0.17 | 聚氟乙烯 | 0.225 |
| 聚丙烯腈 | 0.18 | 硅橡胶 | 0.26 |
| 聚乙烯 | 0.18 | 聚碳酸酯 | 0.27 |
| 聚丙烯 | 0.18 | 聚苯醚 | 0.29 |
| 天然橡胶 | 0.185 | 聚砜 | 0.30 |
| 纤维素 | 0.19 | 酚醛树脂 | 0.35 |
| 环氧树脂 | 0.20 | 氯丁橡胶 | 0.40 |
| PET | 0.21 | 聚偏二氯乙烯 | 0.60 |
| 聚乙烯醇 | 0.22 | 聚四氟乙烯 | 0.95 |

### 1.2.2 干馏试验

1. 试验方法

干馏试验是检验材料在不与火焰接触下加热的行为。将少量试样装入裂解管(普通试管也可)中，用试管夹夹住上部，在试管口放上一片经湿润的pH试纸，在某些情况下，在试管口塞上一团用水或甲醇湿润过的棉花或玻璃棉，如图1.3(a)所示。用煤气灯调成小火加热试管，注意戴好安全眼镜，试管口不要朝人。加热要慢，从而使样品的变化和裂解出的气体的气味能被观察及闻到。如有气体馏出，改用图1.3(b)所示的装置让馏出的气体在硝酸银溶液中鼓泡，检验是否有氯离子。

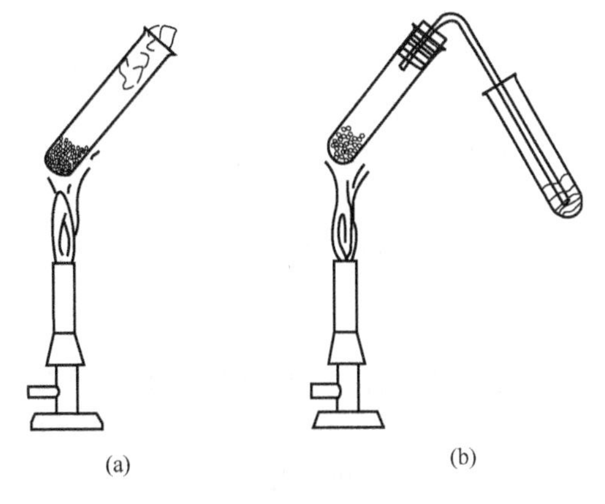


图1.3　干馏装置示意图

注意观察以下现象：

(1) 加热时试样形状是否有变化？是否熔化？熔体能否自由流动？最终形态怎样？

(2) 气体的颜色和气味(气味同前一节燃烧试验)。

(3) 气体的酸碱性(用pH试纸检测)。

(4) 热试管壁上是否有凝聚物？冷试管内是否有白色沉淀生成？

2. 热裂解的基本原理

高分子材料结构各不相同，共价键断裂的能量也不同，因而分解温度有明显差异(表1-4)。

表1-4　某些高分子材料的分解温度

| 高分子材料 | 分解温度/℃ | 高分子材料 | 分解温度/℃ |
|---|---|---|---|
| 聚甲基丙烯酸甲酯 | 180～280 | 尼龙6 | 300～350 |
| 聚氯乙烯 | 200～300 | 尼龙66 | 320～400 |
| 聚丙烯腈 | 250～350 | 聚丙烯 | 320～400 |
| 纤维素 | 280～380 | 聚乙烯 | 340～440 |
| 聚苯乙烯 | 300～400 | 聚四氟乙烯 | 500～550 |

热裂解主要有三种反应：

(1) 主链不断裂，侧基发生消除反应。如PVC热裂解后脱去HCl而生成共轭双键，HCl脱除率可大于95%，进一步的交联反应将使材料变硬变脆：

$$\left[ CH_2 - \underset{\underset{Cl}{|}}{CH} \right]_n \longrightarrow \left[ CH = CH \right]_n + nHCl$$

类似地，聚醋酸乙烯酯脱去醋酸，聚偏氯乙烯脱去氯化氢，而聚甲基丙烯酸叔丁酯产生异丁烯。

(2) 主链断裂生成单体。这种反应相当于聚合反应的逆反应，即解聚反应。

聚甲基丙烯酸甲酯(单体生成率大于90%)、聚甲基苯乙烯(单体生成率大于90%)、聚异丁烯(单体生成率为20%～50%)等高分子材料倾向于这种反应。

通常在高分子链节结构中含有季碳原子的，单体产率较高。原因是热分解反应一般是自由基反应，当带有独电子的碳原子是季碳原子时，自由基只能发生内部歧化反应，这就是连锁解聚反应。

(3) 主链无规断裂。如聚乙烯、聚丙烯、聚丙烯腈、聚丙烯酸甲酯等，单体生成率小于1%，其他为分子较大的碎片。

上述热裂解反应固态残留物在较高温度下还会进一步逐渐炭化。

3. 鉴别表

根据逸出气体使pH试纸发生的颜色变化，可将试样分成三组，见表1-5。第一组为强酸性，第二组为中性到弱酸性，第三组为碱性。注意有时同种高分子材料由于组成不同会出现在不同的组里，如酚醛树脂和聚氨酯。而表1-6则描述了某些高分子材料在干馏时的行为以供进一步鉴别。

表1-5 某些高分子热解逸出气体的pH

| pH分组 | 高分子材料 |
|---|---|
| 0.5～4.0 | 含卤素高分子、聚乙烯基酯类、PET、纤维素酯类、硬化纸板、线型酚醛树脂、不饱合聚酯、聚氨酯弹性体、聚硫橡胶 |
| 5.0～5.5 | 聚烯烃、苯乙烯类聚合物、聚乙烯醇及其缩醛、聚乙烯基醚类、PMMA、聚甲醛、聚碳酸酯、甲基纤维素、酚醛树脂、环氧树脂、天然橡胶、顺丁橡胶、丁基橡胶、硅树脂和硅橡胶 |
| 8.0～9.5 | ABS、聚丙烯腈、尼龙、甲酚-甲醛树脂、氨基树脂 |

表1-6 某些高分子材料干馏时的行为

<table>
<tr><th>高分子材料</th><th>试样的形态</th><th>特征行为</th></tr>
<tr><td>聚甲基丙烯酸甲酯</td><td rowspan="2">起初不变色，大部分转变为气体，最后变黄</td><td>气泡有响声</td></tr>
<tr><td>聚苯乙烯</td><td>热试管壁无凝聚液</td></tr>
<tr><td>聚氯乙烯</td><td rowspan="7">逐渐分解，最后焦(炭)化</td><td>硝酸银溶液有白色沉淀</td></tr>
<tr><td>氯丁橡胶</td><td>硝酸银溶液有白色沉淀</td></tr>
<tr><td>醋酸纤维素</td><td>硝酸银溶液有白色沉淀</td></tr>
<tr><td>酚醛树脂</td><td>硝酸银溶液有白色沉淀</td></tr>
<tr><td>脲醛树脂</td><td>熔化</td></tr>
<tr><td>尼龙</td><td>气泡有响声</td></tr>
<tr><td>聚乙烯</td><td>呈无色油状物</td></tr>
<tr><td>聚乙烯醇</td><td>最后变黑</td><td>有色烟雾</td></tr>
<tr><td>天然橡胶</td><td>最后变褐</td><td>变为液体</td></tr>
</table>

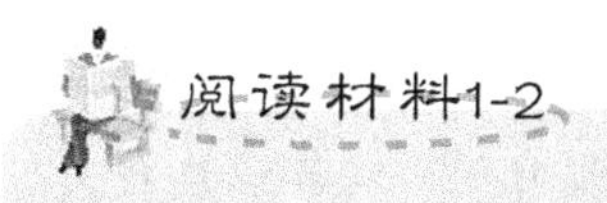


## 浅谈用氧指数法测试塑料燃烧性

由于塑料具有质轻、耐潮、耐腐蚀、电绝缘性好、可一次加工成型、原料来源广泛等特点，所以塑料制品被广泛应用于国防工业、交通运输、建筑、家用电器、日用家具等各个领域，在国民经济发展中占有重要地位。但由于塑料一般具有易燃的缺点，尤其是电气用的塑料部件因发热、放电等原因酿成火灾事故屡见不鲜，在某种程度上又影响其广泛应用。因此世界各国对塑料的燃烧性的测试与阻燃技术的研究都极为重视。

目前，国内外对塑料燃烧性的测试已提出多种方法，如氧指数法、水平燃烧法、垂直燃烧法、直接燃烧法等；并制定了有关塑料燃烧性能的测试标准，如GB/T 2406—2008、GB/T 2408—2008、GB/T 2407—2008、GB/T 4610—2008等。

用氧指数来表征塑料的燃烧特性，能用数字具体表示，具有分辨率高、重复性好、测试方便等特点。该法不仅可作为塑料燃烧性的测试手段，而且可作为一种研究工具，从而对高聚物的燃烧过程获得较好的认识，广泛应用于塑料阻燃技术的研究工作。

1. 设备和试样的安装

试验装置应放置在温度(23±2)℃的环境中。选择起始氧体积分数，可根据类似材料的结果选取，也可观察试样在空气中的点燃情况，如果试样迅速燃烧，选择起始氧体积分数约为18%，如试样缓慢燃烧或不稳定燃烧，选择的起始氧体积分数约为21%，如试样在空气中不连续燃烧，选择的起始氧体积分数至少为25%，这取决于点燃的难易程度或熄灭前燃烧时间的长短。

确保燃烧筒处于垂直状态，将试样垂直安装在燃烧筒的中心位置，使试样的顶端低于燃烧筒顶口至少100mm，同时试样的最低点的暴露部分要高于燃烧筒基座的气体分散装置的顶面100mm。

调整气体混合器和流量计，使氧/氮气体在(23±2)℃下混合，氧体积分数达到设定值，并以(40±2)mm/s的流速通过燃烧筒。

在点燃试样前至少用混合气体冲洗燃烧筒30s，确保点燃及试样燃烧期间气体流速不变。

2. 点燃试样

根据试样的形状，选择一种点燃方式。

1) 顶面点燃法

顶面点燃法是在试样顶面使用点火器点燃。将火焰的最低部分施加于试样的顶面，施加火焰30s，每隔5s移开一次，移开时恰好有足够时间观察试样的整个顶面是否处于燃烧状态。在每增加5s后，观察整个试样顶面持续燃烧，立即移开点火器，此时试样被点燃并开始记录燃烧时间和观察燃烧长度。

2) 扩散点燃法

扩散点燃法是使点火器产生的火焰通过顶面下移到试样的垂直面。下移点火器把可见火焰施加于试样顶面并下移到垂直面近6mm，连续施加火焰30s，包括每5s检查试样的燃烧中断情况，直到垂直面处于稳定燃烧或可见燃烧部分达到支撑框架的上标线为止。

3. 单个试样燃烧行为的评价

当试样按照顶面点燃法或扩散点燃法点燃时，开始记录燃烧时间，观察燃烧行为。如果燃烧中止，但在1s内又自己再燃，则继续观察和记时。

如果试样的燃烧时间和燃烧长度未超过规定的相关值，记作“○”反应。如果燃烧时间或燃烧长度两者任何一个超过规定的相关值，记下燃烧行为和火焰的熄灭情况，此时记作“×”反应。材料的燃烧情况，包括滴落、焦糊、不稳定燃烧、灼热燃烧或余辉等。当不需要测定材料的准确氧指数，只是为了与规定的最小氧指数相比较时，则使用简化的步骤。试验三个试样，评价每个试样的燃烧行为，如果三个试样至少有两个在超过相关判据以前火焰熄灭，则材料的氧指数不低于指定值，相反，材料的氧指数就低于指定值。

总之，氧指数值能够提供材料在某些受控实验室条件下燃烧特性的灵敏度尺度，可用于质量控制，但不能用于描述或评定某种特定材料或特定形状在实际着火情况下材料所呈现的着火危险性，只能作为评价某种火灾危险性的一个要素。虽然氧指数法并不是唯一的判定条件和检测方法，但它具有准确性较高、重复性好、再现性好、测试方便等优点，因而应用非常广泛，已经成为评价燃烧性能级别的一种有效测试手段。

**资料来源：陈立君. 浅谈用氧指数法测试塑料燃烧性. 广西：广西轻工业，2010，6.**

## 1.3 密度试验

密度很少单独用于高分子材料的鉴别，因为许多加工过的塑料含有孔洞或缺陷，而各种添加剂的加入更会使测定值出现在较宽的范围内。但由于密度测定很容易，因而是快速缩小高分子材料品种判别范围的好方法。

### 1.3.1 初步鉴别

准备以下四种溶剂(或溶液)，后两种溶液的配制无需称量，加氯化镁或氯化锌直至得到饱和溶液：

(1) 乙醇(密度为0.79g/cm³)；

(2) 水(密度为1g/cm³)；

(3) 饱和 $MgCl_2$ 溶液(密度为1.34g/cm³)；

(4) 饱和 $ZnCl_2$ 溶液(密度为2.01g/cm³)。

四种液体分别装在四个烧杯里，将试样裁成小块经浸润后放入第一种液体中，观察是沉下、悬浮或是浮起。然后改变液体，从而定出试样的密度范围。从沉下或浮起的速度还可以大致判断密度差值的大小。密度很大程度上取决于其所含元素的种类和含量。

$\rho<0.8$，即密度比乙醇小的，多为泡沫制品，如泡沫塑料、泡沫橡胶(注意：气泡会引起偏差)。

$0.8<\rho<1$，即密度比水小的，多为只含碳、氢的(含芳环除外)，如PE、PP、PB、NR、SBR等。

$1<\rho<1.34$，多为含有氧及其他杂原子的。此密度范围内的高分子材料种类繁多，需

借助其他方法鉴别。

$1.34<\rho<2.01$，多为含氯、氟、硫等较重原子的，如聚酯、PF、UF、含填料较多的。

$\rho>2.01$，多半是含氟很多的聚合物(氟的原子量虽然并不很大，但由于原子体积小，使其密度增大)。如PTFE、聚三氟氯乙烯。

### 1.3.2 测定方法

众所周知，密度＝质量/体积(即 $\rho=m/V$)。质量容易测定，关键是体积的测定。

对于实心固体且具有简单几何形状的样品，体积容易求得(注意：对于泡沫材料，用此法求得的是表观密度)。

而对于粉末、颗粒、纤维和薄膜等形状的试样，其体积测定须采用以下三种方法，即利用体积置换的密度瓶法(又称比重法)，利用阿基米德原理的浸渍法(又称韦氏天平法)，利用已知液体密度的等密度法(如密度梯度管法)。

1. *密度瓶法*

密度瓶(见图1.4)有带温度计和不带温度计两种形式。

称量密度瓶得质量 $m_1$。把高分子样品(粉末、粒料、纤维等)加入瓶内并再次称重得 $m_2$。然后用已知密度的置换液体充满密度瓶，盖上毛细管瓶塞，注意不要有气泡留在瓶内(先抽真空再加液体有助于排除气泡)。将密度瓶放在标准温度(如20℃)下恒温，达到温度后根据需要补充液体，然后用滤纸迅速擦去盖上瓶塞时从毛细管流出的多余液体，再次称重得 $m_3$。倒出密度瓶内的液体和试样，重新装上置换液并称重为 $m_4$。利用试样体积等于被置换出的那部分液体体积的关系，按下式计算试样密度 $\rho$：

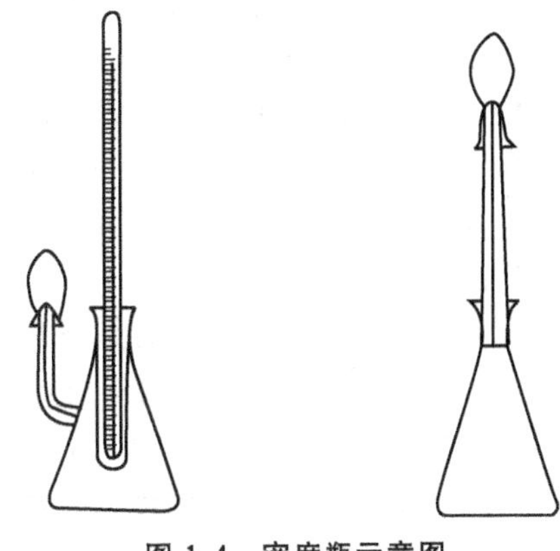

**图1.4 密度瓶示意图**

$$\rho=\frac{(m_2-m_1)\times\rho_{液}}{(m_4-m_1)-(m_3-m_2)}$$

式中，$\rho_{液}$ 为置换液体的密度。

注意：置换液体不能使聚合物溶解或溶胀，并应不易挥发。一般采用水，23℃时水的密度为0.9976g/cm$^3$。

2. *浸渍法*

当物体全部浸入液体时，它所受的浮力或所减轻的质量等于物体所排开液体的质量。根据液体的密度就可算出所排开的液体的体积，它相当于物体的体积。

将一根质量为 $m_1$ 的细金属丝吊在天平的一端。然后用这根细金属丝悬挂固体高分子材料试样，于空气中称量得质量 $m_2$。将标准温度的浸渍液体注入适当的容器中，将其放置在合适的支架上，使之不得与天平活动部分相接触。将与金属丝连接的试样浸入浸渍液中，使试样浸于液面下1cm深处，称重得 $m_3$，则试样密度 $\rho$ 用下式计算：

$$\rho=\frac{m_2-m_1}{m_2-m_3}\times\rho_{液}$$

式中，$\rho_{液}$ 为浸渍液体的密度。浸渍液通常可以用水。

如果试样的密度小于浸渍液，则应在细金属丝上连接一个重锤，此时计算公式如下：

$$\rho=\frac{m_2-m_1}{m_2-(m_5-m_4)}$$

式中，$m_4$ 为重锤在浸渍液中的质量；$m_5$ 为带重锤的试样在浸渍液中的质量。

3. 等密度法

该法利用待测固体在已知密度的液体中悬浮，此时 $\rho_{液}=\rho_{物}$。

1）密度滴定法(又称沉浮法)

此为最简单方法。选择两种能互相混溶的液体，使试样在一种液体中下沉而在另一种液体中上浮。用烧杯装入其中一种液体，并放入试样，试样将下沉或上浮。用另一种液体滴定，不断搅拌，不时停下静止片刻以便观察，直至试样悬浮在液体中。有时会滴过头，可用第一种液体反滴。最后测定混合液的密度。此法费时较长。

2）密度梯度管法

取两种能互相混溶且密度适当的液体，在容器(可用带盖量筒)中形成一个密度连续改变的梯度管。向管内投入 4～6 个已准确标定密度的玻璃小球(直径 4～5mm)，玻璃小球在管中的相对高度反映了液体密度的梯度分布。如果以密度对管的高度作图，通常可以得到一条直线。在梯度管中投入一小块预先浸润过的高分子试样，至少 10min 以后测定试样悬浮的高度，从校正曲线上即可查得其密度值。此法特别适宜要同时或在一段时间内测定多个样品的场合。

配制密度梯度管的方法有如下几种：

(1) 直接添加法。在量筒中先加入密度较大的液体(简称重液)，再沿量筒内壁慢慢加入密度较小的液体(简称轻液)。用玻璃棒在水平方向上轻轻搅动(不要上下搅动)以破坏界面，静置一至数天就能形成稳定的密度梯度。

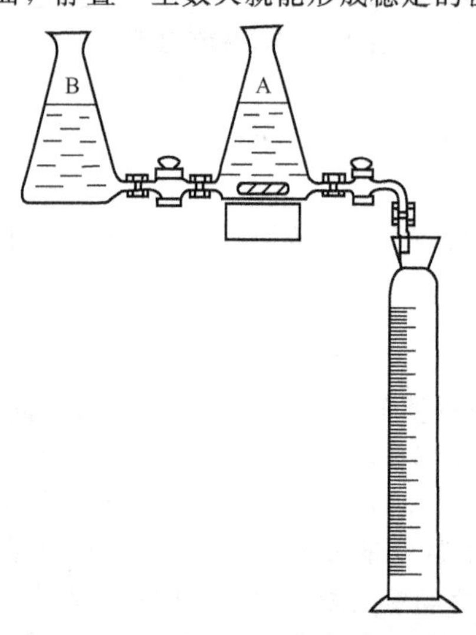

图 1.5　密度梯度管的配置

(2) 分段添加法。将重液和轻液配成密度间隔一定的一系列不同比例但等量的混合物，由重到轻分层慢慢加到量筒中，6h 可达到稳定状态。

(3) 连续注入法。这是一种快速平衡的配制方法，可以即配即用，装置如图 1.5 所示。

A 瓶放重液(密度比试样预计最高密度高约 30%)，B 瓶放轻液(密度比试样预计最低密度低约 20%)。轻液高度要比重液高出一些，使旋塞两边的压力基本平衡。打开 A 瓶的电磁搅拌和两瓶间的连接旋塞。在压力平衡建立后打开放液旋塞(带毛细管以减慢流速)，在 2h 内装满梯度管。盖好量筒盖，小心移到恒温槽中。如果操作小心，梯度管可在几个月内保持稳定。

样品要求无气泡、无表面缺陷，应先经 45℃ 真空干燥 2h，再在干燥器中 0.5h 后使用。薄膜样品厚度不得小于0.127mm，否则会受到界面张力的影响。纤维样品应在乙醚中萃取2h脱油，打成直径为2mm的小球，干燥后在2mL轻液中用2000r/min离心机脱泡2min。

## 竹炭改性涤纶与常规涤纶的鉴别方法

竹炭有“黑钻石”的美誉，含有大量对人体有益的微量元素。竹炭是以丰富的老竹为原料，经过60—100℃预干燥，100—150℃干燥，150—270℃预炭化，270—450℃炭化，450—1000℃煅烧精心烧制成。其分子结构呈六角形，炭质致密，密度大，孔隙多，矿物质含量丰富，碳含量93%～96%，还含有钾、镁、钙、铝、锆、锰等物质，且表面积高达700$m^2$/g，具有较强的吸附分解、吸湿干燥、消臭抗菌以及远红外发射、抗紫外线、负离子发射功能。

把竹炭研磨成竹炭粉，使其粒径达到0.5$\mu$m以下，然后用硅表面活性剂处理，在高温下与聚酯切片混熔制得母粒，再将母粒与聚酯切片混熔，可以通过传统涤纶纺丝工艺制得竹炭改性涤纶。一般竹炭粉含量为2%～3%。

由于竹炭粉的加入，纤维颜色呈深狄色。竹炭改性涤纶与其他纤维之间的相互鉴别可用常规涤纶与其他纤维的差异来进行。竹炭改性涤纶与常规涤纶的相互鉴别则是一个新问题，需要发现其中的特性，用于鉴别。

1. 鉴别方法

1）密度法

普通涤纶密度为1.38g/$cm^3$。竹炭改性涤纶由于竹炭粉的加入，密度明显增大，比普通涤纶增加10%以上，为≥1.52g/$cm^3$。

2）脱色法

用保险粉作脱色剂。普通染色涤纶脱色后颜色较浅，竹炭改性涤纶由于灰色不能脱掉，颜色较深。

3)显微镜观察法

用显微镜观察普通涤纶和竹炭改性涤纶，竹炭改性涤纶由于竹炭粉的加入，在纤维内部呈现连续分布的黑点，而普通涤纶没有。

4）溶解法

普通涤纶和竹炭改性涤纶都可以溶解在加温复沸的二甲基甲酰胺中。普通涤纶溶解后颜色呈乳白色，竹炭改性涤纶溶解后颜色呈深灰色。

5）比电阻法

普通涤纶的体积比电阻为$10^8$～$10^9\Omega\cdot$cm。竹炭改性涤纶由于竹炭粉的加入，吸附性能增强，吸水率增大，且由于竹炭粉中含有金属离子，导电性能增加，体积比电阻在$10^3\Omega\cdot$cm以下。

6）扫描电镜和X射线能谱法

用扫描电镜对竹炭改性涤纶进行扫描拍照，可以清晰看见纤维的表面状态和细微结构。同时在纤维表面取点，用X射线能谱仪测试元素含量。大量测试表明：竹炭改性涤纶表面C元素有明显高出其他元素的X射线能谱。

2. 结论

竹炭改性涤纶由于竹炭粉的加入，密度明显增大；由于炭粉为强的消光剂，纤维颜色呈灰色，化学处理不能脱色；由于竹炭粉的加入，在纤维内部呈现连续分布的黑点；用二甲基甲酰胺溶解纤维，竹炭改性涤纶溶解后颜色呈深灰色；由于竹炭粉的加入，竹炭改性涤纶吸附性能增强，吸水率增大，且由于竹炭粉中含有金属离子，竹炭改性涤纶导电性能增加，体积比电阻显著下降；用X射线能谱仪测试表明：竹炭改性涤纶表面C元素有明显高出其他元素的X射线能谱。依据以上特性，可以对竹炭改性涤纶加以鉴别。

**资料来源：王其．竹炭改性涤纶与常规涤纶的鉴别方法．《合成纤维》．2007年01期**

# 1.4 显色试验

显色试验是在微量或半微量范围内用点滴试验来定性鉴别高分子材料的方法。一般添加剂通常不参与显色反应，所以可以直接采用未经分离的高分子材料。但添加剂的存在会降低显色反应的灵敏度，如果有条件，最好能预先予以分离。

## 1.4.1 塑料的显色试验

1. Lieberman Storch－Morawski显色试验

取几毫克试样于试管中，令其溶于2mL热乙酐中，待冷后加3滴50%硫酸，立即观察颜色变化。10min后以及用水浴加热至约100℃(比沸点略低)后，再次观察记录颜色变化。试剂的温度和浓度必须稳定，否则同一种聚合物会观察到不同的颜色。这个试验并非特征试验，有时是不可重现的，但作为鉴定的旁证往往是很有用的。表1－7列出了某些高分子材料的颜色变化情况。对该试验无显色反应的高分子材料有：苄基纤维素、纤维素酯类、脲醛树脂、密胺树脂、聚烯烃、聚四氟乙烯、聚三氟氯乙烯、聚丙烯酸酯类、聚甲基丙烯酸酯类、聚丙烯腈、聚苯乙烯、聚氯乙烯、氯化聚氯乙烯、聚偏氯乙烯、氯化聚乙烯、饱和聚酯、聚碳酸酯、聚甲醛、尼龙等。

表1－7 高分子材料的Lieberman Storch－Morawski显色试验

| 高分子材料 | 立即观察 | 10min后观察 | 加热至100℃后观察 |
| --- | --- | --- | --- |
| 聚乙烯醇 | 无色或微黄色 | 无色或微黄色 | 绿至黑色 |
| 聚醋酸乙烯 | 无色或微黄色 | 无色或蓝灰色 | 海绿色然后棕色 |
| 氯乙烯-醋酸乙烯 | 无色 | 无色 | 不鲜明的棕色 |
| 聚乙烯基醚 | 蓝色，然后蓝绿色 | 红棕色 | 暗棕色 |
| 乙基纤维素 | 黄棕色 | 暗棕色 | 暗棕色至暗红色 |
| 酚醛树脂 | 红紫、粉红或黄色 | 棕色 | 红黄-棕色 |
| 不饱和聚酯 | 无色，不可溶部分为粉红色 | 同左 | 无色 |

（续）

| 高分子材料 | 立即观察 | 10min 后观察 | 加热至 100℃后观察 |
|---|---|---|---|
| 马来酸树脂 | 紫红色然后橄榄棕 | 橄榄棕 | — |
| 环氧树脂 | 无色至黄色 | 无色至黄色 | 无色至黄色 |
| 聚氨酯 | 柠檬黄 | 柠檬黄 | 棕色，带绿色荧光 |
| 聚丁二烯 | 亮黄色 | 亮黄色 | 亮黄色 |
| 氯化橡胶 | 黄棕色 | 黄棕色 | 红黄-棕色 |

2. 对二甲胺基苯甲醛显色试验

在试管中小火加热 5mg 左右试样令其裂解，冷却后加 1 滴浓盐酸，然后加 10 滴 1%对二甲胺基苯甲醛的甲醇溶液，放置片刻，再加入 0.5mL 左右的浓盐酸，最后用蒸馏水稀释，观察整个过程中颜色的变化。不同高分子材料与对二甲胺基苯甲醛的显色实验见表 1-8。

表 1-8 高分子材料的对二甲胺基苯甲醛显色试验

| 高分子材料 | 加浓盐酸后 | 加 1%对二甲胺基苯甲醛溶液后 | 再加浓盐酸后 | 加蒸馏水后 |
|---|---|---|---|---|
| PE | 无色至淡黄色 | 无色至淡黄色 | 无色 | 无色 |
| PP | 淡黄色至黄褐色 | 鲜艳的紫红色 | 颜色变淡 | 颜色变淡 |
| PS | 无色 | 无色 | 无色 | 乳白色 |
| PMMA | 黄棕色 | 蓝色 | 紫红色 | 变淡 |
| PET | 无色 | 乳白色 | 乳白色 | 乳白色 |
| PC | 红至紫色 | 蓝色 | 紫红至红色 | 蓝色 |
| POM | 无色 | 淡黄色 | 淡黄色 | 更淡的黄色 |
| PF | 无色 | 微浑浊 | 乳白至粉红 | 乳白色 |
| 尼龙 66 | 淡黄色 | 深紫红色 | 棕色 | 乳紫红色 |
| 醋酸纤维素 | 棕褐色 | 棕褐色 | 棕褐色 | 淡棕褐色 |
| 氯化橡胶 | 橄榄绿至橄榄棕 | 暗红棕色 | 暗红棕色 | |

3. 吡啶显色试验鉴别含氯高分子

1）与冷吡啶的显色反应

取少许无增塑剂的高分子试样，加入约 1mL 吡啶，放置几分钟后加入 2～3 滴质量分数约 5%的 NaOH 的甲醇溶液，立即观察产生的颜色，过 5min 和 1h 后分别再次观察并记录颜色变化。聚氯乙烯粉末与冷吡啶的显色反应见表 1-9。

表 1-9 聚氯乙烯粉末与冷吡啶的显色反应试验

| 高分子材料 | 立即观察 | 5min 后观察 | 1h 后观察 |
|---|---|---|---|
| PVC 粉末 | 无色至黄色 | 亮黄色至红棕色 | 黄棕色至暗红色 |

2. 与沸腾的吡啶的显色反应

取少许无增塑剂的高分子试样，加入约 1mL 吡啶煮沸，将溶液分成两部分。

第一部分：重新煮沸，小心加入 2 滴质量分数为 5%的 NaOH 的甲醇溶液，分别记录立即观察和 5min 后观察到的颜色变化。

第二部分：在冷溶液中加入 2 滴质量分数为 5%的 NaOH 的甲醇溶液，分别记录立即观察和 5min 后观察到的颜色变化。

用沸腾的吡啶处理不同的含氯高分子材料的显色反应实验见表 1-10。

表 1-10　用沸腾的吡啶处理含氯高分子材料的显色反应试验

| 高分子材料 | 在沸腾溶液中 | | 在冷溶液中 | |
|---|---|---|---|---|
| | 立即观察 | 5min 后观察 | 立即观察 | 5min 后观察 |
| 聚氯乙烯 | 橄榄绿 | 红棕色 | 无色或微黄色 | 橄榄绿 |
| 氯化聚氯乙烯 | 血红色至棕红色 | 血红色至棕红色 | 棕色 | 暗红棕色 |
| 聚偏二氯乙烯 | 棕黑色沉淀 | 棕黑色沉淀 | 棕黑色沉淀 | 棕黑色沉淀 |
| 聚氯丁二烯 | 无反应 | 无反应 | 无反应 | 无反应 |
| 氯化橡胶 | 暗红棕色 | 暗红棕色 | 橄榄绿 | 橄榄棕 |

4. 一氯或二氯醋酸显色试验鉴别单烯类高分子材料

取几毫克粉碎了的试样于试管中，加入约 5mL 二氯醋酸或熔化了的一氯醋酸，加热至沸腾约 1～2min，观察颜色变化。不同物质显色反应的颜色变化见表 1-11。

表 1-11　单烯类高分子与一氯或二氯醋酸的显色反应试验

| 高分子材料 | 一氯醋酸 | 二氯醋酸 |
|---|---|---|
| 聚氯乙烯 | 蓝色 | 红色至紫色 |
| 氯化聚氯乙烯 | 无色 | 无色 |
| 聚醋酸乙烯 | 红色至紫色 | 蓝色至紫色 |
| 聚氯代醋酸乙烯 | 蓝色至紫色 | 蓝色至紫色 |
| 聚乙烯基甲基醚 | 绿色 | 蓝色至紫色 |
| 聚乙烯基咔唑 | 亮绿色 | 蓝色 |

5. 铬变酸显色试验鉴别含甲醛高分子材料

取少量试样放于试管中，加入 2mL 浓硫酸及少量铬变酸，在 60～70℃下加热 10min，静置 1h 后观察颜色，出现深紫色表明有甲醛，同时做一空白试验。

该试验灵敏度很高，鉴定限度是 0.03μg 甲醛。因此可以在气相中鉴定，操作方法如下：将一小块试样放入试管，加入 1～2 滴浓硫酸，在玻璃塞下部的小凹面处蘸一滴新制备的铬变酸的硫酸溶液，塞好玻璃塞。然后在 170℃油浴中加热试管，隔 1～10min 后，根据挥发出的甲醛量多少而呈现或深或浅的紫色。如果将玻璃塞上的液滴移到白色点滴板上，很浅的颜色也容易辨认。

铬变酸试验对高分子材料鉴别非常重要，因为诸如酚醛树脂、呋喃树脂、脲醛树脂、硫脲甲醛树脂、密胺树脂、苯胺甲醛树脂、酪朊甲醛树脂、聚甲醛、聚乙烯醇缩甲醛、聚甲基丙烯酸甲酯等许多高聚物裂解时都有甲醛放出。

另外一些高分子材料在这一试验中也会呈现其他颜色。如硝酸纤维素、聚醋酸乙烯、高取代度的醋酸纤维素、聚乙烯醇缩乙醛、聚乙烯醇缩丁醛和天然树脂松香，会出现红色；聚砜呈现紫色；松香改性的香豆酮树脂呈现橙色。

6. 吉布斯靛酚显色试验鉴别含酚高聚物

在试管中加热少许试样不超过1min，用一小片浸有2，6-二氯(或溴)苯醌-4-氯亚胺的饱和乙醚溶液的滤纸盖住管口。试样分解后，取下滤纸置于氨蒸气中或滴上1～2滴稀氨水，若有蓝色的靛酚蓝斑点出现表明有酚(包括甲酚、二甲酚)。

吉布斯靛酚试验对于鉴别在加热时能释放苯酚或酚的衍生物的高分子材料是很有用的，这类高分子材料有酚醛树脂、双酚A型的聚碳酸酯和环氧树脂。香豆酮-茚树脂和某些醇酸树脂也有反应。注意某些添加剂也可能分解出酚类，如磷酸苯酯、磷酸甲苯酯等。

### 1.4.2 橡胶的显色鉴别

1. 试剂制备

用温热将1g对二甲胺基苯甲醛和0.01g对苯二酚溶解在100mL甲醇中，加入5mL浓盐酸和10mL乙二醇，在25℃下用甲醇或乙二醇调节溶液的密度到0.851g/cm$^3$。反应试剂在棕色瓶中可保存几个月。

2. 测定步骤

在试管中裂解0.5g试样(如果必要，用丙酮萃取)，将裂解气通入1.5mL的反应试剂中。冷却后，观察在反应试剂中的裂解产物的颜色。氯磺化聚乙烯的裂解产物会浮在液面上，丁基橡胶的裂解产物会悬浮在密度为0.851g/cm$^3$的该液体中，而其他橡胶的裂解产物或者溶解或者沉淀在底部。进一步试验是将裂解产物用5mL甲醇稀释，并煮沸3min，观察颜色，与表1-12进行比较。

**表1-12 橡胶的Burchfield显色反应试验**

| 橡胶 | 裂解产物 | 加甲醇和煮沸后 |
| --- | --- | --- |
| 空白 | 微黄 | 微黄 |
| 天然橡胶、异戊橡胶 | 红棕色 | 红色或紫色 |
| 聚丁二烯橡胶 | 亮绿 | 蓝绿 |
| 丁苯橡胶 | 黄色至绿色 | 绿色 |
| 丁腈橡胶 | 橙色至黄色 | 红色至红棕色 |
| 丁基橡胶 | 黄色 | 蓝色至紫色 |
| 聚氯丁二烯橡胶 | 黄色至绿色 | 微黄绿色 |

（续）

| 橡胶 | 裂解产物 | 加甲醇和煮沸后 |
| --- | --- | --- |
| 氯磺化聚乙烯 | 黄色 | 黄色 |
| 硅橡胶 | 黄色 | 黄色 |
| 聚氨酯弹性体 | 黄色 | 黄色 |

### 1.4.3 化纤的特殊显色试验

化学纤维和天然纤维受到特殊试剂作用后，纤维的色泽、膨润情况会有所不同。对于有色纤维，必须经过褪色处理后才能试验。一般采用次氯酸钠溶液，先加入稀醋酸调节pH到4～5，然后浸入纤维进行脱色，洗净、干燥后备用。

1. 特殊试剂配制

1）甲液

将3g碘化钾溶解在60mL水中，加入1g碘和40mL水，几分钟后，用滤纸滤去过剩的碘。

2）乙液

混合2份甘油和1份水，再慢慢加入3份浓硫酸。

2. 试验方法

以2∶1混合甲液和乙液。将纤维浸入，观察色泽及溶解情况，取出用水洗后色泽会更加清楚，然后利用表1-13进行鉴别。

表1-13 纤维的特殊显色试验

| 纤维名称 | 颜色和现象 |
| --- | --- |
| 尼龙(聚酰胺) | 深棕色，稍有溶解，纤维硬结 |
| 腈纶(聚丙烯腈) | 不上色，不溶解 |
| 维纶(聚乙烯醇缩甲醛) | 黑褐色或深灰色，不溶解 |
| 醋酸纤维(醋酸纤维素) | 棕黄色，稍微膨胀 |
| 棉、麻(纤维素) | 不上色，稍微溶解 |
| 粘胶纤维(再生纤维素) | 浅绿或浅蓝色，不溶解 |
| 羊毛(蛋白质) | 淡黄色，不溶解 |
| 蚕丝(蛋白质) | 淡黄色，不溶解 |

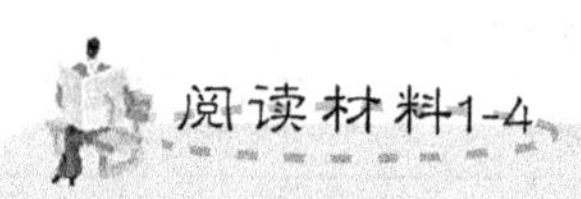


**磺胺二甲嘧啶残留快速显色方法**

一、技术领域

本发明涉及一种动物血液检测方法，特别是作为一种能快速通过显色来检测畜产品血浆中兽药(磺胺二甲嘧啶)残留的方法。

二、技术背景

随着农业和畜牧业的发展，饲料添加剂的使用范围及其用量不断地增加，从而提高了畜牧业的产量。特别是抗生素类饲料添加剂在改善动物生产性能方面和预防疾病的效果是其他任何饲料添加剂都无法比拟的。然而，大量、长期在饲料中使用兽药，不可避免地造成兽药在畜产品中的残留。畜产品中兽药残留不仅危害人类健康，同时也影响畜产品品质，造成经济损失。

动物性食品中抗生素残留问题是当今生活最为关注的一个现实问题，已引起人们的高度重视。磺胺二甲嘧啶属于我国现在允许使用的兽药范围内，已建立了国家标准检测方法，但在快速现场残留检测方面还存在着空缺。这就在客观上要求改进传统的检测方法，寻求一种快速、精确的检测方法，使得结果更加准确、可靠。

三、发明内容

本发明提供一种磺胺二甲嘧啶残留快速显色方法，利用磺胺二甲嘧啶的特殊结构，与某些物质发生显色反应，根据颜色深浅判断其残留量大小，具有检测快速、精确、可靠的特点。

具体方法如下：

此种磺胺二甲嘧啶残留快速显色方法，建立了磺胺二甲嘧啶的化学重氮-耦合反应，血浆中不同残留浓度的磺胺二甲嘧啶经过反应后，呈现不同的颜色，借助分光光度计，就能得出血浆中磺胺二甲嘧啶残留的浓度，实现了磺胺二甲嘧啶残留的活体检测。

磺胺二甲嘧啶为白色或微黄色粉末，无臭，基本无味，易溶于盐酸、碱溶液，溶于热乙醇，不溶于水和乙醚。其分子结构为

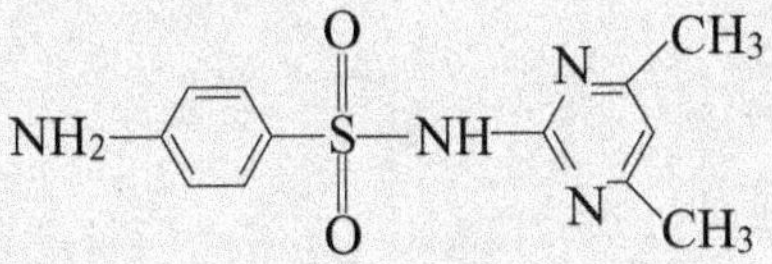

从磺胺二甲嘧啶结构图中可以看出，氨基是一个活泼的基团，在进行显色反应时首先要考虑从氨基的特殊性入手，偶氮化合物一般都有颜色。该反应能生成猩红色的重氮-耦合产物，磺胺二甲嘧啶与盐酸萘乙二胺在酸性条件下能生成有色的重氮-耦合产物：

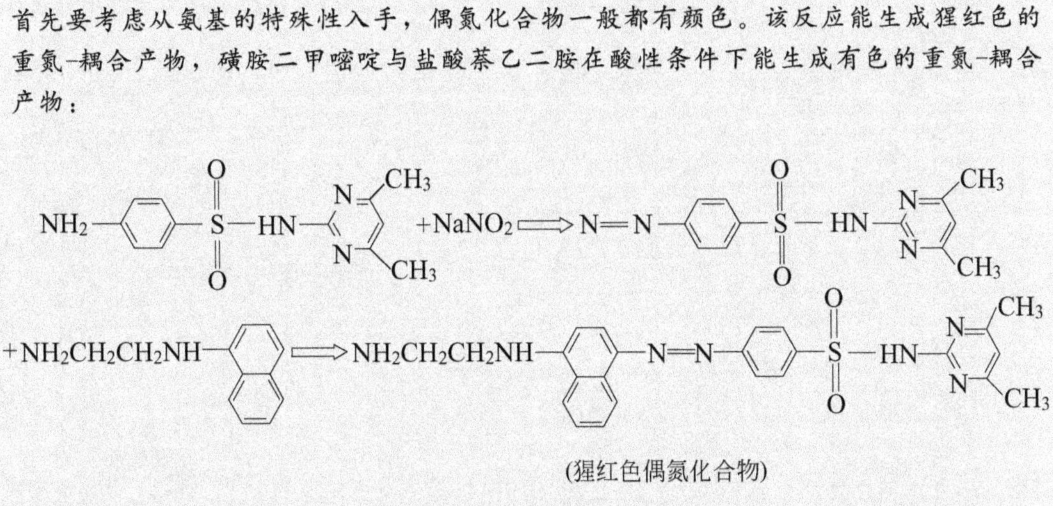

(猩红色偶氮化合物)

资料来源：张曦．发明专利申请公布说明书．申请号 200710066347.6 公开号 CN 101430325A

1. 常见的塑料制品的外形有哪些?

2. 找一些日常高分子用品，验证其手感及机械性能是否与本书所讲一致。

3. 燃烧试验和干馏试验的实验过程有哪些注意事项?

4. 有一个未知试样可能是酚醛树脂或聚氯乙烯，试用燃烧试验和干馏试验分别加以鉴别，并写出详细的试验方法。

5. 在进行显色试验时，为什么先进行分离提纯后再进行显色效果更好?

6. 为什么在 Lieberman Storch - Morawski 显色试验中要求试剂的温度和浓度必须稳定?

7. 有一个未知试样可能是聚乙烯或聚氯乙烯，试用显色试验加以鉴别。

8. 通过对本章的学习，请自行设计整理出一套你认为能较全面并很方便地对高分子材料进行全方面分析鉴定的鉴定流程方案。

# 第2章 化学分析法

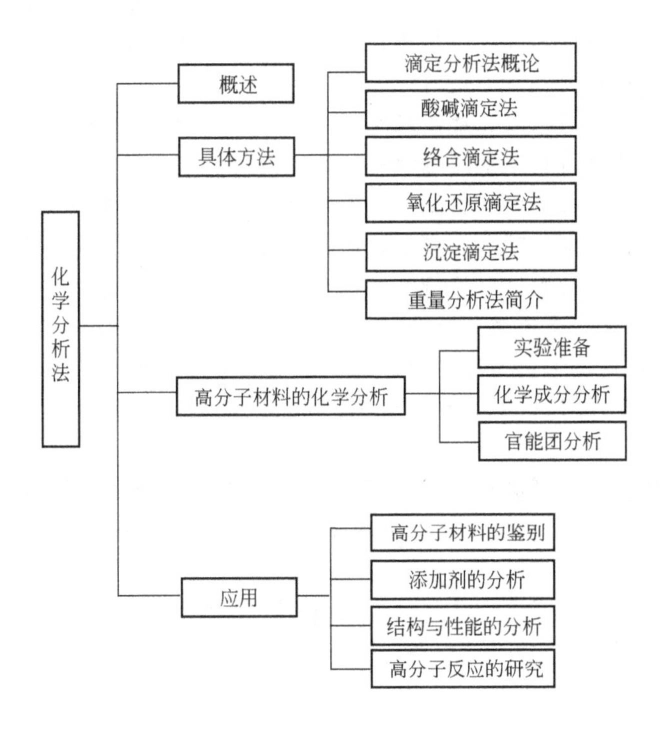


## 本章教学目标与要求

1. 了解化学分析法的概念和基本原理。
2. 熟悉滴定分析法，熟悉各种滴定法的基本分析过程，了解重量分析法。
3. 熟悉高分子材料的化学分析，掌握高分子材料研究的化学分析法。

## 导入案例

**坏习惯让塑料容器变“凶器”**

长年“潜伏”在台湾的“塑化剂食品”曝光后，引起了轩然大波。济南的韩芹对果汁饮料下了“逐客令”，可“过日子”的老公却说指甲油的塑化剂比果汁还多，让她把指甲油也一起扔了。这让爱美的韩芹很纠结，指甲油里真的有塑化剂吗?。

“塑化剂在我国大陆地区一般叫增塑剂，是一种增加塑料材料柔韧性等特性的添加剂。由于聚乙烯、聚丙烯、PVC等塑料有一定的脆性，不利于加工、使用，因此在塑料加工时需要添加塑化剂等，有时添加量会超过10%。”山东大学郝爱友教授说，在化妆品中，有些指甲油的塑化剂含量是很高的。添加了塑化剂的指甲油，成膜性更好，看起来也更加润滑有质感，冬天不容易发脆，夏天不容易分层。用涂了指甲油的手拿食物吃，确实有将塑化剂送入口中的危险。

郝爱友介绍，不仅仅是指甲油，我们日常接触的塑料制品通常都无法避开塑化剂，塑料制品不添加塑化剂是很难加工使用的。像塑料袋、塑料儿童玩具、塑料餐具、塑料手机外壳中一般都含有塑化剂。回收料加工的塑料产品，如塑料袋等，塑化剂的含量更高。塑化剂就隐藏在我们的身边，想要和它“绝缘”很难。或许正是我们一些不良的生活习惯，将更多塑化剂带入我们体内。

夏天，很多车主都有在车里放矿泉水的习惯，觉得这样可以随时补充水分很方便。其实，做矿泉水瓶子的材料是聚酯类材料，和一般聚乙烯等聚烯烃塑料是不一样的。但这类材料在加工时通常也会加入少量塑化剂等以提高产品的加工性能。塑化剂的溶出率与温度成正相关性。在常温下比较安全的矿泉水瓶，随着车内温度的升高也会变成“毒瓶”，制造“毒水”。随着微波炉的普及，很多人都喜欢用微波炉加热食品，觉得这样又环保又快捷。这却给“非微波炉专用容器”和价格低廉的PVC保鲜膜中“怕”油、“怕”高温的塑化剂创造了溶出的机会。还有那些用非食用塑料袋盛装滚烫的食物、戴着塑料手套吃麻辣小龙虾的行为等，这些“方便”都有可能将原本无害的食物变成了“毒物”。

塑化剂或称增塑剂，产品种类多达百余种，但使用最普遍的是邻苯二甲酸酯(DEHP)类化合物。请思考：如何应用化学方法分析塑料制品中添加塑化剂(增塑剂)的多少?

**资料来源：半月谈，2011年第12期，记者 李亚红**

## 2.1 概　　述

以化学反应为基础的分析方法称为化学分析法，它主要采用简单的仪器对物质的化学组成进行分析，是分析化学的一部分。对高分子材料进行化学分析可以确定其成分、研究其结构与性能、分析高分子的反应。

化学分析中，被分析的物质称为试样(或样品、供试品)，与试样起反应的物质称为试剂。按照化学反应判断的对象和分析目的，化学分析可分为化学定性分析(或定性化学分析，简称定性分析)和化学定量分析(或定量化学分析，简称定量分析)。其中根据反应的现象和特征鉴定物质的化学组成的分析为化学定性分析，根据反应中试样和试剂的用量，测定物质组成中各组分的相对含量的分析为化学定量分析。

定性化学分析根据化学反应的现象来判断试样中某种成分的有无，鉴定试样由哪些元素、基团或化合物组成。为能简便、可靠地完成定性分析的工作，定性鉴别中所应用的都是些伴随有明显的外观特征的化学反应，如颜色改变、沉淀生成或溶解、气体产生、特殊气味产生等；反应必须灵敏而迅速，应该通过合理的条件控制和选择合适的观察方法以提高灵敏度。在适当的反应条件下，如实验结果不甚明显，很难作出肯定的判断时，则应采用对比的方法，用空白实验或对照实验加以验证。

在一定条件下，某一定性化学反应只能与某些离子作用而产生特征现象的性质称为定性化学反应的选择性。在大多数情况下，一种鉴定用的试剂能和许多种离子起作用，显然，提高反应的选择性对试样的定性是大有帮助的。通过控制反应条件以及进行掩蔽或分离处理，降低干扰离子的浓度，能够提高定性化学反应的选择性。若反应的选择性特别强，在专属条件下就能完成鉴定任务，则称这种分析为分别分析法。大部分的鉴定不能达到这种效果，但可以将共存的离子按一定顺序分离开来，依次进行鉴定，这种分析鉴定的方式称为系统分析法。

测定试样中某组分的含量，则是定量分析的任务。化学定量分析又分为称重分析法(重量分析法)和滴定分析法(容量分析法)。例如，某定量分析化学反应为

$$\underset{x}{aA} + \underset{V}{bB} \rightarrow \underset{w}{A_aB_b}$$

式中，A为试样，B为试剂。可根据生成物 $A_aB_b$ 的量 $w$，或与组分A反应所需的试剂B的量 $V$，求出组分A的量 $x$。如果用称量方法求得生成物 $A_aB_b$ 的质量 $w$，这种方法称为重量分析或称重分析法。如果从与组分反应的试剂B的浓度和体积求得组分A的含量，这种方法称为滴定分析或容量分析法。重量分析和滴定分析是化学定量分析法的两个组成部分。由于这两种方法是最早用于定量分析的方法，故称为经典分析方法。化学分析法所用仪器简单，结果准确，因而应用范围广泛。

## 2.2 化学分析的具体方法

### 2.2.1 滴定分析法概论

滴定分析法是将一种已知准确浓度的试剂溶液，滴加到待测物质的溶液中，直到所加的试剂与待测物质按化学计量定量反应为止，然后根据试剂溶液的浓度和消耗的体积，计算待测物质含量的化学分析方法。因为这类方法是以测量标准溶液的体积为基础的方法，故也被称为容量分析法。滴定分析法所用的主要仪器有滴定管、容量瓶、移液管等，不需要使用昂贵的精密仪器，一般相对误差可小于0.2%，具有操作简便、分析速度快、测定准确度较高的特点，目前仍是一种应用广泛的定量分析方法。

这种已知准确浓度的试剂溶液就是“滴定剂”。将滴定剂从滴定管加到待测物质溶液

中的过程称为“滴定”。当化学反应按计量关系完全作用，即加入的标准溶液与待测定组分定量反应完全时，称反应达到了化学计量点，也称为达到了等当点。“等当点”一般依据指示剂的变色来确定。在滴定过程中，指示剂正好发生颜色变化的转变点称为“滴定终点”。滴定终点与等当点不一定恰好符合，由此而造成的分析误差称为“终点误差”。

根据所利用的化学反应类型的不同，常用的滴定分析法可分为酸碱滴定法、沉淀滴定法、络合滴定法和氧化还原滴定法等。多数滴定分析在水溶液中进行，当待测物质因在水中的溶解度小或因其他原因不能以水为溶剂时，可采用水以外的溶剂为滴定介质，称为非水溶液滴定法。

1. 滴定基本条件

用于滴定分析的化学反应应具备以下几个条件：

(1) 反应必须定量完成，即待测物质与标准溶液之间的反应要严格按一定的化学计量关系进行，反应的定量完全程度要达到99.9%以上。这是定量计算的基础。

(2) 反应能迅速完成。对于速度较慢的反应，有时可通过加热或加入催化剂等方法来加快反应速率。

(3) 共存物质不干扰主要反应，或有适当的方法可以消除其干扰。

(4) 必须有适宜的指示剂或其他简便可靠的方法确定终点。

凡能满足上述要求的反应都可应用于直接滴定中，即用标准溶液直接滴定待测物质。

2. 滴定方式

直接滴定法是滴定分析法中最常用和最基本的滴定方法。所谓直接滴定，就是指化学反应能满足滴定基本要求，可直接用标准溶液滴定待测物质的滴定方法，如用盐酸标准溶液滴定氢氧化钠试样溶液。

有的化学反应不符合以上滴定基本条件的要求，这时可选用下述几种间接滴定方式进行滴定。

(1) 返滴定法。返滴定法又称剩余滴定法或回滴定法。当反应速率较慢或者反应物是固体时，滴定剂加入样品后反应无法在短时定量完成，此时可先加入一定量过量的标准溶液，待反应定量完成后用另外一种标准溶液作为滴定剂滴定剩余的标准溶液。如对固体碳酸钙的测定，可先加入一定量的过量盐酸标准溶液至试样中，加热使样品完全溶解，冷却后再用氢氧化钠标准溶液返滴定剩余的盐酸。

有时采用返滴定法是由于某些反应没有合适的指示剂。如在酸性溶液中用硝酸银滴定氯离子，缺乏合适的指示剂，此时可先加过量的硝酸银标准溶液，再以三价铁盐作指示剂，用 $NH_4SCN$ 标准溶液返滴定过量的银离子，出现淡红色 $[Fe(SCN)]^{2+}$ 即为终点。

(2) 置换滴定法。有些物质不能直接滴定，则可以通过它与另一种物质起反应，置换出一定量能被滴定的物质来，然后用适当的滴定剂进行滴定，称为置换滴定法。如硫代硫酸钠($Na_2S_2O_3$)不能直接滴定重铬酸钾($K_2Cr_2O_7$)或其他强氧化剂，因为强氧化剂能将 $S_2O_3^{2-}$ 氧化成 $S_4O_6^{2-}$ 和 $SO_4^{2-}$ 的混合物，化学计量关系不确定。若在酸性重铬酸钾溶液中加入过量 KI，使 $K_2Cr_2O_7$ 还原并置换出定量的 $I_2$，再用 $Na_2S_2O_3$ 标准溶液滴定生成的 $I_2$，即可定量测定重铬酸钾及其他氧化剂。

(3) 其他间接滴定法。除了返滴定法和置换滴定法，对本身不参加滴定反应的物质有时可应用其他的化学反应间接进行测定。如将 $Ca^{2+}$ 沉淀成草酸钙($CaC_2O_4$)后，用 $H_2SO_4$ 溶解，再用 $KMnO_4$ 标准溶液滴定与 $Ca^{2+}$ 结合的 $C_2O_4^{2-}$ 从而间接测定 $Ca^{2+}$。

3. 标准溶液的配制与表征

标准溶液是浓度准确已知的溶液。在滴定分析中，不论采用何种滴定方式，都离不开标准溶液。标准溶液的配制分为直接法和间接法。

准确称取一定量试剂，溶解后配成一定准确体积的溶液，根据所称取试剂的质量和溶液的体积即可计算出该标准溶液的准确浓度。这种使用试剂直接配制标准溶液的方法，称为直接法。能应用直接法配制标难溶液的试剂称为基准物质。基准物质应该符合下列条件：

(1) 试剂组成和化学式完全相符；

(2) 试剂的纯度一般应在99.9%以上且稳定，不发生副反应；

(3) 试剂最好有较大的分子量，以减少称量误差。

用于配制标准溶液的常用基准物质有重铬酸钾、氯化钠、硝酸银等。

有许多试剂由于不易提纯和保存，或组成并不恒定，都不能用直接法配制标准溶液，需要采用间接法。例如，固体 NaOH 试剂极易吸收空气中的 $CO_2$ 和水，因此不能用直接法配制 NaOH 标准溶液。这种情况下可先以这类试剂配制成一种近似于所需浓度的溶液，然后以基准物质通过滴定来确定它的准确浓度。这一处理称为标定，如此配制标准溶液的方法称为标定法。邻苯二甲酸氢钾、无水碳酸钠、重铬酸钾、氧化锌等可制得基准物质用于标定标准溶液。NaOH 标准溶液就可通过滴定邻苯二甲酸氢钾溶液的方法来标定其浓度。

用另外一种标准溶液滴定一定量的配制溶液或用该溶液滴定另外一种标准溶液确定其浓度的方法称为比较法。例如，用已知准确浓度的 HCl 标准溶液滴定配制的 NaOH 溶液确定其准确浓度。比较法一般不及标定法应用得普遍。

标准溶液的浓度一般采用物质的量浓度表示。溶质 B 的物质的量浓度为

$$c_B=\frac{n_B}{V_B} \tag{2-1}$$

式中，$V_B$ 为溶液的体积，L 或 mL；$n_B$ 为溶液中溶质 B 的物质的量，mol 或 mmol；$c_B$ 为溶质 B 的物质的量浓度，mol/L 或 mmol/mL。

若溶质 B 的质量为 $m_B$(g)，其摩尔质量为 $M_B$(g/mol)，则

$$n_B=\frac{m_B}{M_B} \tag{2-2}$$

所以

$$c_B=\frac{m_B}{M_BV_B}$$

或

$$m_B=c_BM_BV_B$$

在生产上进行例行分析时，常采用某种确定的标准溶液测定对应的组分。此时，为简化计算，常以待测组分 A 的质量 $m_A$ 与所用标准溶液 B 的体积 $V_B$ 之比，作为标准溶液组成的标度，称为滴定度，即

$$T_{A/B}=\frac{m_A}{V_B} \tag{2-3}$$

式中，滴定度 $T_{A/B}$ 的单位为 g/mL 或 mg/mL。滴定度与消耗标准溶液的体积的乘积即为待测组分的质量。

4. 滴定分析的计算

滴定分析计算的主要依据是反应达到化学计量点时，所消耗的反应物的物质的量彼此相等。这个原则称为等物质的量原则。溶液的稀释也遵循这个原则。

对于任一滴定反应

$$aA+bB \rightarrow A_aB_b$$

式中，A 为待测物质，B 为滴定剂，当滴定反应达到化学计量点时，反应物的化学计量数之比为

$$n_A : n_B = a : b$$

则

$$n_A=\frac{a}{b}n_B \quad 或 \quad n_B=\frac{b}{a}n_A \tag{2-4}$$

设待测物质和滴定剂溶液的体积分别为 $V_A$、$V_B$，浓度为 $c_A$、$c_B$，根据式(2-1)可导出达到化学计量点时物质的量之间关系的计算式为

$$c_AV_A=\frac{a}{b}c_BV_B \tag{2-5}$$

根据式(2-2)，有

$$m_A=\frac{a}{b}c_BV_BM_A \tag{2-6}$$

若待测物质 A 为试样的一部分，则被测物质 A 占试样的质量分数 $w_A$ 为

$$w_A=\frac{ac_BV_BM_A}{bm}\times 100\% \tag{2-7}$$

式中，$m$ 为试样质量。

### 2.2.2 酸碱滴定法

酸碱滴定法是利用酸标准溶液或碱标准溶液以酸碱中和反应为基础的滴定分析法，又称中和滴定法。酸碱中和反应有反应速度快、反应过程简单、有很多指示剂可供选用等特点，符合滴定分析对反应的要求。一般的酸碱以及能与酸碱直接或间接发生反应的物质，几乎都能用酸碱滴定法进行测定，因此，许多材料的分析与检验，包括生产过程的控制与分析都广泛使用酸碱滴定法。

1. 酸碱平衡概述

按照酸碱质子理论，凡是能给出质子($H^+$)的物质就是酸，如 HCl、HAc、$NH_4^+$、$HPO_4^{2-}$ 等；凡是能接受质子的物质就是碱，如 $Cl^-$、$Ac^-$、$NH_3$、$PO_4^{3-}$ 等。这种理论不仅适用于以水为溶剂的体系，而且也适用于非水溶剂体系。酸失去一个质子而形成的碱称为该酸的共轭碱；而碱获得一个质子后就生成了该碱的共轭酸。由得失一个质子而发生共轭关系的一对酸碱称为共轭酸碱对(简称酸碱对)，例如

$$HAc \rightleftharpoons H^+ + Ac^- \tag{2-8}$$

式中，HAc 为 $Ac^-$ 的共轭酸，$Ac^-$ 为 HAc 的共轭碱。酸碱质子理论中没有盐的概念。

酸碱反应的实质是质子的转移，质子的转移通过溶剂合质子来实现，对于式(2-8)而言，与溶剂水之间通过水合质子 $H_3O^+$ 发生质子转移，形成完整的酸碱反应。水合质子也常常简写作 $H^+$。

水分子与水分子之间也有质子转移作用，称为水的质子自递作用。这个作用的平衡常数称为水的质子自递常数，用 $K_w$ 表示，即

$$K_w=[H_3O^+][OH^-] \tag{2-9}$$

[ ] 是某种离子平衡浓度的表示方法，式中，$[H_3O^+]$、$[OH^-]$ 分别为水中的 $H_3O^+$ 和 $OH^-$ 的平衡浓度，而常数 $K_w$ 就是水的离子积，在 25℃时约等于 $10^{-14}$，于是 $pK_w=14$ ($pK_w$ 表示 $K_w$ 值的负对数 $-\lg K_w$)。

溶液中，酸碱的强度用它们的平衡常数来衡量。对于酸 HA 而言，其在水溶液中的离解反应与平衡常数是

$$HA + H_2O \rightleftharpoons H_3O^+ + A^-$$

$$K_a=\frac{[H_3O^+][A^-]}{[HA]} \tag{2-10}$$

平衡常数 $K_a$ 称为酸的离解常数，它是衡量酸强弱的参数，$K_a$ 越大，表明该酸的酸性越强，强酸的 $K_a$ 大于弱酸的 $K_a$。与此类似，对于碱 $A^-$ 而言，它在水溶液中的离解反应与平衡常数是

$$A^- + H_2O \rightleftharpoons HA + OH^-$$

$$K_b=\frac{[HA][OH^-]}{[A^-]} \tag{2-11}$$

式中，$K_b$ 为碱的离解常数。一定温度下，$K_a$、$K_b$ 均为常数。

根据式(2-10)和(2-11)，共轭酸碱对的 $K_a$、$K_b$ 值之间满足

$$K_aK_b=\frac{[H_3O^+][A^-]}{[HA]}\times\frac{[HA][OH^-]}{[A^-]}=[H_3O^+][OH^-]=K_w \tag{2-12a}$$

或

$$pK_a+pK_b=pK_w \tag{2-12b}$$

因此，对于共轭酸碱对来说，酸的酸性越强，则其对应共轭碱的碱性则越弱；反之亦然。

对于化学分析中所使用的弱酸或弱碱试剂而言，由于它们的离解常数较小，因而溶液中未离解的 HA(对于酸而言)或 $A^-$(对于碱而言)具有一定的浓度，即弱酸或弱碱溶液的平衡体系中存在着多种型体，如冰醋酸溶液就存在着 HAc 分子和 $Ac^-$ 两种型体。

弱酸弱碱溶液中各种型体的分布依赖于溶液的酸度。酸度和酸的浓度在概念上是不同的。酸度是指溶液中 $H^+$ 的浓度(严格地来说应是活度)，常用 pH 值表示。酸的浓度是指在一定体积溶液中含有某种酸溶质的量，即酸的分析浓度。不同的酸碱物质，其酸度与酸(碱)的浓度的关系也不同，有不同的计算公式，在此不详述。

2. 酸碱指示剂

酸碱滴定终点确定需要酸碱指示剂来进行指示。酸碱指示剂是在某一特定 pH 值区间，随介质酸度条件的改变，颜色能明显变化的物质。常用的酸碱指示剂一般是一些有机弱酸或弱碱，其酸式型体与共轭碱式型体具有不同的颜色。当溶液 pH 值改变时，酸碱指示剂获得质子转化

为酸式，或失去质子转化为碱式，产生颜色变化。下面以最常用的甲基橙、酚酞为例来说明。

甲基橙是一种有机弱碱，是一种双色指示剂，它在溶液中的离解平衡可表示为

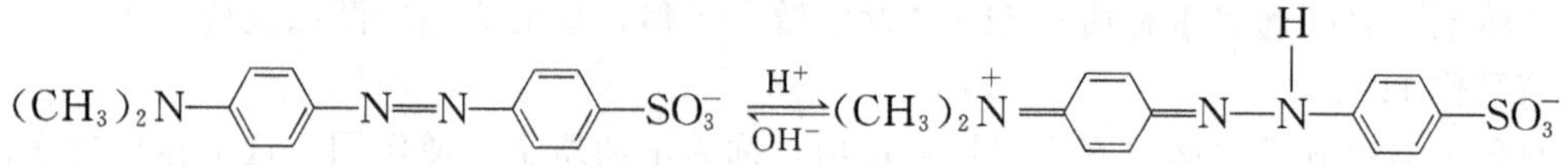

$$(CH_3)_2N-C_6H_4-N{=}N-C_6H_4-SO_3^- \underset{OH^-}{\overset{H^+}{\rightleftharpoons}} (CH_3)_2\overset{+}{N}{=}C_6H_4{=}N-\overset{H}{N}-C_6H_4-SO_3^-$$

黄色（偶氮式）　　　　红色（醌式）

由平衡关系可以看出：当溶液中［$H^+$］增大时，反应向右进行，此时甲基橙主要以醌式存在，溶液呈红色；当溶液中［$H^+$］降低，而［$OH^-$］增大时，反应向左进行，甲基橙主要以偶氮式存在，溶液呈黄色。

酚酞是一种有机弱酸，它在溶液中的电离平衡如下所示：

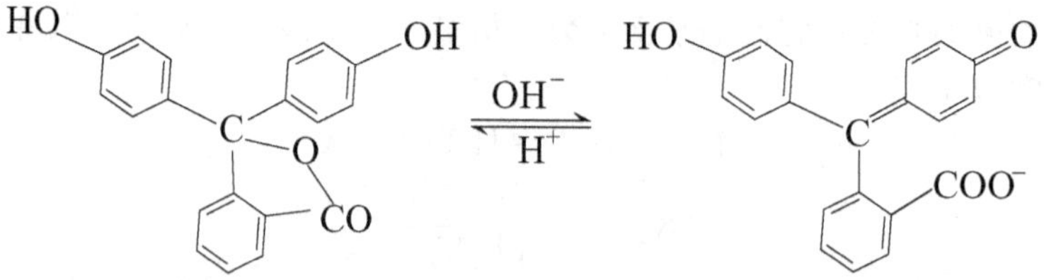

HO　OH　C　O　CO　$\underset{H^+}{\overset{OH^-}{\rightleftharpoons}}$　HO　O　C　$COO^-$

无色(羟式)　　　　红色(醌式)

在酸性溶液中，平衡向左移动，酚酞主要以羟式存在，溶液呈无色；在碱性溶液中，平衡向右移动，酚酞则主要以醌式存在，因此溶液呈红色。

由此可见，当溶液的 pH 发生变化时，由于指示剂结构的变化，颜色也随之发生变化，因而可通过酸碱指示剂颜色的变化来确定酸碱滴定的终点。

一般来说，当指示剂的两种型体的浓度差别超过 10 倍时，人眼看到的就是高浓度的型体的颜色，这在理论上说明了指示剂的变色范围为 2 个 pH 单位，但指示剂的变色范围不是计算出来的，而是依据人眼观察出来的。由于人眼对各种颜色的敏感程度不同，加上两种颜色之间的相互影响，因此实际观察到的各种指示剂的变色范围并不都是 2 个 pH 单位，而是略有上下，常用的酸碱指示剂的变色范围见表 2－1。

**表 2－1　几种常用酸碱指示剂在室温下水溶液中的变色范围**

| 指示剂 | 变色范围 pH 值 | 颜色变化 | 理论变色点 pH 值 | 指示剂溶液浓度 | 用量/(滴/10mL 试液) |
|---|---|---|---|---|---|
| 百里酚蓝 | 1.2—2.8 | 红—黄 | 1.7 | 1g/L 的 20％乙醇溶液 | 1～2 |
| 甲基黄 | 2.9—4.0 | 红—黄 | 3.3 | 1g/L 的 90％乙醇溶液 | 1 |
| 甲基橙 | 3.1—4.4 | 红—黄 | 3.4 | 0.5g/L 的水溶液 | 1 |
| 溴酚蓝 | 3.0—4.6 | 黄—紫 | 4.1 | 1g/L 的 20％乙醇溶液或其钠盐水溶液 | 1 |
| 溴甲酚绿 | 4.0—5.6 | 黄—蓝 | 4.9 | 1g/L 的 20％乙醇溶液或其钠盐水溶液 | 1～3 |
| 甲基红 | 4.4—6.2 | 红—黄 | 5.0 | 1g/L 的 60％乙醇溶液或其钠盐水溶液 | 1 |
| 溴百里酚蓝 | 6.2—7.6 | 黄—蓝 | 7.3 | 1g/L 的 20％乙醇溶液或其钠盐水溶液 | 1 |
| 中性红 | 6.8—8.0 | 红—黄橙 | 7.4 | 1g/L 的 60％乙醇溶液 | 1 |
| 苯酚红 | 6.8—8.4 | 黄—红 | 8.0 | 1g/L 的 60％乙醇溶液或其钠盐水溶液 | 1 |
| 酚酞 | 8.0—10.0 | 无色—红 | 9.1 | 5g/L 的 90％乙醇溶液 | 1～3 |
| 百里酚酞 | 9.4—10.6 | 无色—蓝 | 10.0 | 1g/L 的 90％乙醇溶液 | 1～2 |

在某些酸碱滴定中，为了提高滴定终点的准确度，可考虑采用混合指示剂。混合指示剂是利用颜色之间的互补作用，使变色范围变窄，从而使终点时颜色变化敏锐。

3. 酸碱滴定法的基本原理

为了表征滴定反应过程的变化规律性，通过实验或计算方法记录滴定过程中 pH 随标准溶液体积或反应完成程度变化，绘制成图形即得到滴定曲线。滴定曲线在滴定分析中不但可从理论上解释滴定过程的变化规律，对指示剂的选择更具有重要的实际意义。下面介绍几种基本类型的酸碱滴定过程中 pH 的变化规律及指示剂的选择方法。

1) 强酸(强碱)的滴定

这种类型的酸碱滴定，其反应程度是最高的，也最容易得到准确的滴定结果。下面以浓度为 0.1000mol/L 的 NaOH 标准溶液滴定 20.00mL 浓度为 0.1000mol/L 的 HCl 为例来说明滴定过程，滴定曲线如图 2.1 所示。如果用浓度为 0.1000mol/L 的 HCl 标准溶液滴定 20.00mL 浓度为 0.1000mol/L 的 NaOH，其滴定曲线如图 2.1 中的虚线所示。

滴定开始时曲线比较平坦。而在化学计量点附近，加入 1 滴 NaOH 溶液(相当于 0.04mL，即从溶液中剩余 0.02mL 的 HCl 到过量 0.02mL 的 NaOH)就使溶液的酸度发生巨大的变化，溶液也由酸性突变到碱性。从图 2.1 可看到，在化学计量点前后 0.1%，此时曲线呈现近似垂直的一段，表明溶液的 pH 有一个突然的改变，这种 pH 的突然改变称为滴定突跃，而突跃所在的 pH 范围也称为滴定突跃范围。此后，再继续滴加 NaOH 溶液，则溶液的 pH 变化便越来越缓，曲线又趋平坦。

滴定突跃的大小还与被滴定物质及标准溶液的浓度有关。一般说来，酸碱浓度增大 10 倍，则滴定突跃范围就增加 2 个 pH 单位；反之，若酸碱浓度减小 10 倍，则滴定突跃范围就减少 2 个 pH 单位。如用 1.000mol/L 的 NaOH 滴定 1.000mol/L 的 HCl 时，其滴定突跃范围就增大为 3.30～10.70；若用 0.01000mol/L 的 NaOH 滴定 0.01000mol/L 的 HCl 时，其滴定突跃范围就减小为 5.30～8.70。不同浓度的强碱滴定强酸的滴定曲线如图 2.2 所示。滴定突跃具有非常重要的意义，它是选择指示剂的依据。

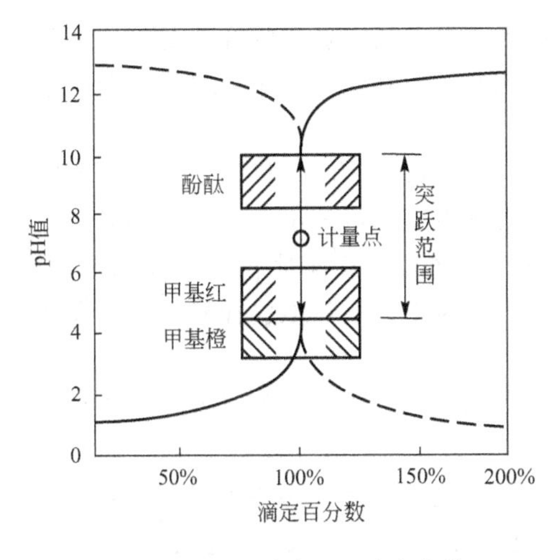


图 2.1 NaOH 滴定 HCl 滴定曲线

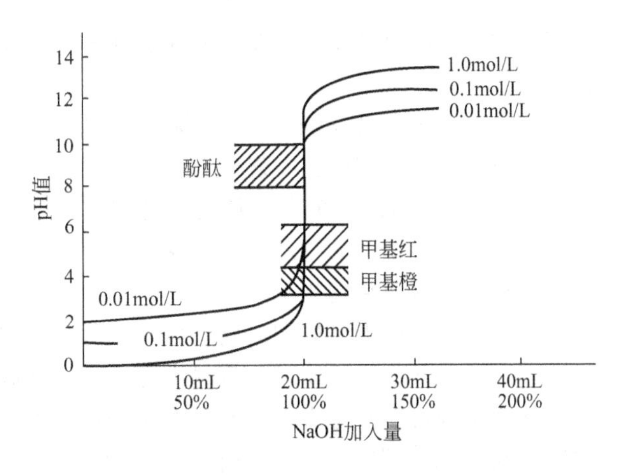


图 2.2 不同浓度 NaOH 滴定 HCl 的的滴定曲线

选择指示剂的原则一是指示剂的变色范围全部或部分地落入滴定突跃范围内，二是指示剂的变色点尽量靠近化学计量点。例如用 0.1000mol/L 的 NaOH 滴定 0.1000mol/L 的 HCl，其突跃范围为 4.30～9.70，则可选择甲基红、甲基橙与酚酞作指示剂。实际分析时，为了更好地判断终点，通常选用酚酞作指示剂，滴定终点时，其颜色由无色变成浅红色，容易辨别。如果用 0.1000mol/L 的 HCl 标准溶液滴定 0.1000mol/L 的 NaOH 溶液，则可选择酚酞或甲基红作为指示剂。实际分析时，为了进一步提高滴定终点的准确性，以及更好地判断终点，通常选用混合指示剂溴甲酚绿-甲基红，终点时颜色由绿经浅灰变为暗红，容易观察。

2) 一元弱酸(碱)的滴定

这类滴定反应的完全程度比强酸强碱类差。下面以 0.1000mol/L 的 NaOH 标准溶液滴定 20.00mL 浓度为 0.1000mol/L 的 HAc 和用 0.1000mol/L 的 HCl 滴定 20.00mL 浓度为 0.1000mol/L 的 $NH_3$ 溶液为例，说明这一类滴定过程。

NaOH 滴定 HAc 的滴定曲线如图 2.3 和图 2.4 所示。

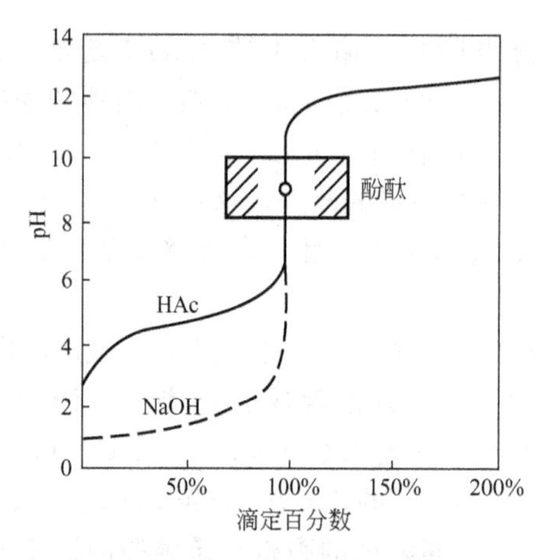


图 2.3　0.1000mol/L 的 NaOH 滴定 0.1000mol/L 的 HAc 的滴定曲线

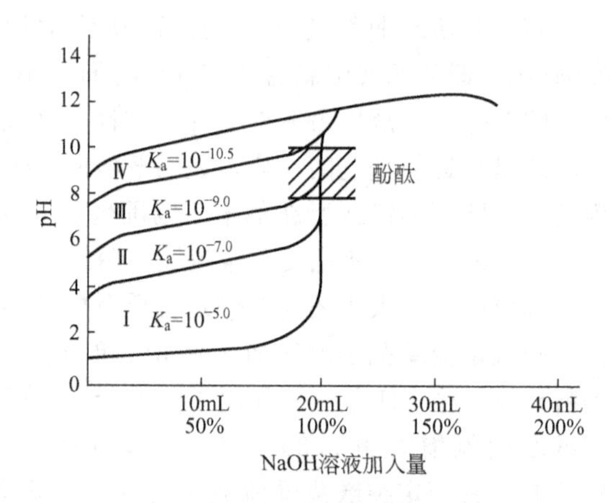


图 2.4　NaOH 溶液滴定不同 $K_a$ 弱酸溶液的滴定曲线

由图 2.3 和图 2.4 可以看出，在相同浓度的前提下，强碱滴定弱酸的突跃范围比强碱滴定强酸的突跃范围要小得多，且主要集中在弱碱性区域，在其化学计量点时，溶液呈弱碱性。

在强碱滴定一元弱酸中，由于滴定突跃范围变小，因此指示剂的选择便受到一定的限制，但其选择原则还是与强碱滴定强酸时一样。对于用 0.1000mol/L 的 NaOH 滴定 0.1000mol/L 的 HAc 而言，其突跃范围为 7.76～9.70(化学计量点时 pH 为 8.73)，因此，在酸性区域变色的指示剂如甲基红、甲基橙等均不能使用，而只能选择酚酞、百里酚蓝等在碱性区域变色的指示剂。

酸的强弱和浓度是影响滴定突跃范围大小的两个因素。由图 2.4 比较不同 $K_a$ 值弱酸的滴定，可以知道酸越弱($K_a$ 值越小)，突跃范围越小。

从滴定分析误差考虑，若允许指示剂误差在 0.1%～0.2%之间，考虑人眼分辨的不确定性为 0.3pH 变化(滴定突跃相当 0.6pH)，指示剂法确定终点，要求 $c_aK_a \geqslant 10^{-8}$，这就是弱酸在水溶液中准确滴定的可行性判断标准。

HCl滴定 $NH_3$ 溶液的滴定曲线如图 2.5 所示。其总体规律与弱酸的滴定完全相同，只不过其突跃范围集中在弱酸性区域，因此它只能选择酸性范围变色的指示剂如甲基红、溴甲酚绿等。与弱酸的滴定类似，要求 $c_b K_b \geqslant 10^{-8}$，这是弱碱在水溶液中准确滴定的可行性判断标准。

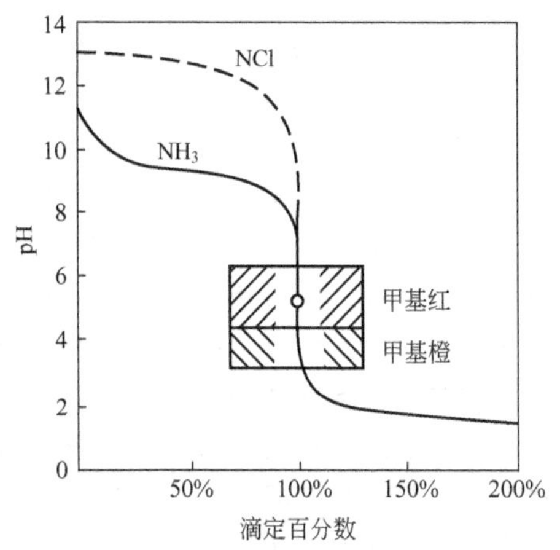


**图 2.5　0.1000mol/L 的 HCl 滴定 0.1000mol/L 的 $NH_3$ 的滴定曲线**

3）多元酸(碱)的滴定

常见的多元酸多数是弱酸，在水溶液中分步解离，因此能否选择合适的指示剂进行分步滴定是值得考虑的问题。大量的实验证明，多元酸的滴定可按下述原则判断：

（1）当 $c_a K_{a_1} \geqslant 10^{-8}$时，这一级离解的 $H^+$ 可以被直接滴定；

（2）当相邻的两个 $K_a$ 的比值大于或等于 $10^5$ 时，较强的一级离解的 $H^+$ 先被滴定，出现第一个滴定突跃，较弱的一级离解的 $H^+$ 后被滴定。但能否出现第二个滴定突跃，则取决于酸的第二级离解常数值能否满足 $c_a K_{a_2} \geqslant 10^{-8}$；

（3）如果相邻的两个 $K_a$ 的比值小于 $10^5$ 时，滴定时两个滴定突跃将混在一起，这时只出现一个滴定突跃。

例如，对于 0.1mol/L 的 $H_3PO_4$ 的滴定，$K_{a_1}=6.9\times10^{-2}$、$K_{a_2}=6.2\times10^{-8}$、$K_{a_3}=4.8\times10^{-13}$，因 $c_a K_{a_1}>10^{-8}$、$c_a K_{a_2}>10^{-8}$、$c_a K_{a_3}<10^{-8}$，因此，有 2 个 $H^+$ 可被直接滴定；$K_{a_1}/K_{a_2}=10^5$，$K_{a_2}/K_{a_3}=10^5$，则 $H_3PO_4$ 可分步准确滴定至 $H_2PO_4^-$、$HPO_4^{2-}$，滴定曲线有两个突跃，如图 2.6 所示。两个突跃可分别选用甲基橙和百里酚酞作为指示剂。

多元碱的滴定与多元酸类似，在此不详述，具体实例如 HCl 滴定 $Na_2CO_3$，其滴定曲线如图 2.7 所示。

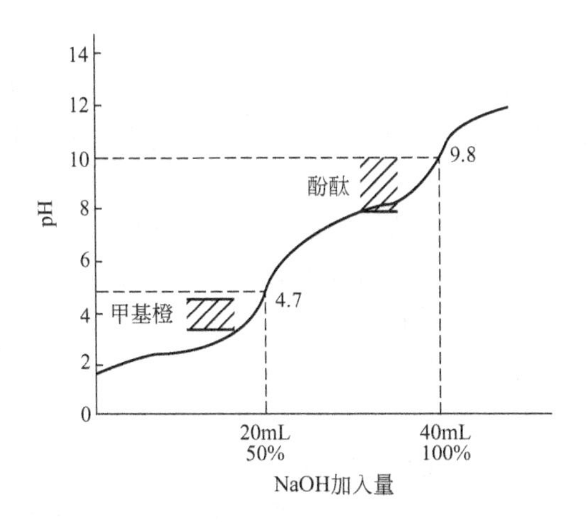


**图 2.6　NaOH 滴定 $H_3PO_4$ 的滴定曲线**

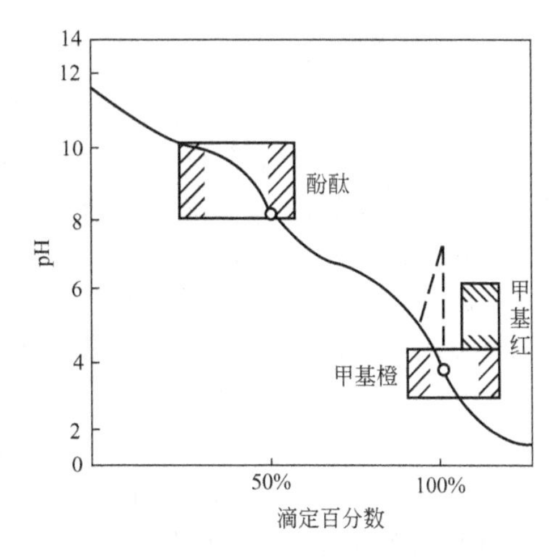


**图 2.7　0.1mol/L 的 HCl 滴定 0.05mol/L 的 $Na_2CO_3$ 的滴定曲线**

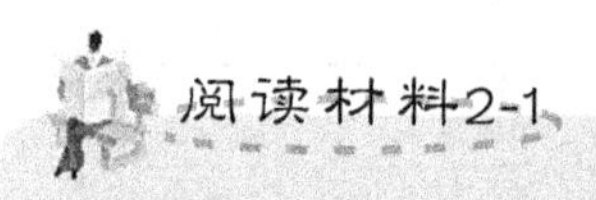


**非水溶液中的酸碱滴定**

酸碱反应一般是在水溶液中进行。但是，以水作为介质，有时会遇到困难：①酸度小于 $10^{-7}$ 的弱酸或弱碱，一般不能准确滴定；②许多有机化合物在水中的溶解度小，使滴定无法进行；③由于水的拉平效应，使强酸或强碱不能分别进行滴定等。这些困难的存在，使得在水溶液中进行酸碱滴定受到一定限制。如果采用各种非水溶剂作为滴定介质，常常可以克服这些困难，从而扩大酸碱滴定的应用范围。

在非水溶液中进行滴定的原理与水溶液的滴定是一致的，只是由于改变了溶剂，一些被滴定物质的溶解度或其他化学性质有所变化，其变化的趋势和程度的大小则因选用的溶剂不同而有差异。

非水溶液酸碱滴定中，多以溶剂的酸碱性质为依据分为质子溶剂和非质子溶剂。质子溶剂是能发生质子自递反应的一类溶剂。在这类溶剂中，规定水为中性溶剂。如甲醇、乙醇等酸碱性与水相差不多的，即同水归为一类。酸性强于水者，如硫酸、蚁酸、醋酸等，称为酸性溶剂；碱性强于水者，如液氨、乙二胺等，称为碱性溶剂。

非质子溶剂的质子自递反应极其微弱，或没有这种作用。非质子溶剂按其与溶质的相互作用关系，也可分为三类。其一是既不进行质子自递反应，也不与溶质发生溶剂化作用的，如氯仿、四氯化碳、苯等，称为惰性溶剂；其二是具有较高的极性，但没有明显的解离，是良好的络合溶剂，如乙腈、吡啶、甲基异丁基酮等，称为极性络合溶剂；其三是具有很高的极性，能进行阴离子的自递反应(通常称之为自解离反应)，如 $BrF_5$、$POCl_3$ 和 $(CH_3)_2SO$ 等，称为高极性自解离溶剂。

在实际工作中，为取得某种效果，有时也将可互溶的几种溶剂混合使用，通称为混合溶剂。这在高分子材料的溶剂选择与分析上特别有用。

**资料来源：葛兴. 分析化学，北京：中国农业大学出版社，2004.**

### 2.2.3 络合滴定法

络合滴定法又称配位滴定法，是以形成络合物的化学反应为基础的滴定分析法。20世纪40年代，以氨羧络合剂为代表的有机络合剂开始用于滴定分析，络合滴定法从此迅猛发展，成为应用最广泛的滴定分析方法之一。

氨羧络合剂是以氨基二乙酸［$—N(CH_2COOH)_2$］为基体的络合物，目前应用最广的是乙二胺四乙酸(EDTA)，常用 $H_4Y$ 表示。EDTA 在水溶液中离解时，2个氨基上的氮结合质子形成六元酸 $H_6Y^{2+}$，以双偶极离子结构存在，其结构式为

```
HOOCH2C                     CH2COO-
       \H                 H/
        N—CH2—CH2—N
       /+                 +\
-OOCH2C                     CH2COOH
```

当 EDTA 与金属离子发生反应时，由于 EDTA 分子含有2个氨基氮和4个羧基氧，共有6个配位原子，因而易与金属离子形成多基络合的络合物。此外，EDTA 几乎能与所有金属离子络合，络合反应速率快，生成的络合物络合比是 1∶1，水溶性大，大多数为无

色，这些都给络合滴定提供了有利条件。EDTA 法成为目前最常用的络合滴定法。

1. 络合平衡

若以 $M^{n+}$ 表示金属离子，以 $Y^{4-}$ 表示 EDTA 阴离子($Y^{4-}$ 是水溶液中真正能与金属离子络合的型体)，对于 1∶1 型的络合物 MY 来说，其络合反应式如下(为简便起见，略去电荷)：

$$M+Y \rightleftharpoons MY$$

反应的平衡常数为

$$K_{MY}=\frac{[MY]}{[M]\cdot[Y]} \tag{2-13}$$

$K_{MY}$ 为金属-EDTA 络合物的绝对稳定常数。对于具有相同配位数的络合物或配位离子，此值越大，络合物越稳定。常用金属离子与 EDTA 络合物的稳定常数 $\lg K_{MY}$ 值如表 2-2 所示。

**表 2-2 EDTA 络合物的稳定常数**

| 阳离子 | $\lg K_{MY}$ | 阳离子 | $\lg K_{MY}$ | 阳离子 | $\lg K_{MY}$ |
|---|---|---|---|---|---|
| $Na^{+}$ | 1.66 | $Fe^{2+}$ | 14.3 | $Sn^{2+}$ | 18.3 |
| $Li^{+}$ | 2.79 | $Al^{3+}$ | 16.3 | $Cu^{2+}$ | 18.8 |
| $Ag^{+}$ | 7.32 | $Co^{2+}$ | 16.3 | $Hg^{2+}$ | 21.7 |
| $Ba^{2+}$ | 7.86 | $Cd^{2+}$ | 16.5 | $Cr^{3+}$ | 23.4 |
| $Mg^{2+}$ | 8.79 | $Zn^{2+}$ | 16.5 | $Fe^{3+}$ | 25.1 |
| $Ca^{2+}$ | 10.7 | $Pb^{2+}$ | 18.0 | $Bi^{3+}$ | 27.8 |
| $Mn^{2+}$ | 13.9 | $Ni^{2+}$ | 18.6 | $Co^{3+}$ | 41.4 |

由表 2-2 可以看出，金属离子与 EDTA 络合物的稳定性随金属离子的不同而差别较大。根据分析可知，在适当条件下，$\lg K_{MY}>8$ 就可以较准确地进行滴定分析，因此大多数金属离子可以通过 EDTA 法滴定。

络合滴定中所涉及的化学平衡比较复杂，除了被测金属离子 M 与滴定剂 Y 之间的主反应外，还存在各种副反应，对主反应产生影响。这些副反应主要有金属离子与其他络合剂的络合反应、金属离子与水的水解反应、由于溶液中 $H^{+}$ 产生的络合剂的酸效应和络合剂与其他共存金属离子反应产生的共存离子效应等。副反应的作用可用副反应系数来进行表征，副反应系数有金属离子络合效应系数 $\alpha_{M(L)}$、络合剂的酸效应系数 $\alpha_{Y(H)}$、络合剂的共存离子效应系数 $\alpha_{Y(N)}$ 等。下面主要讨论络合剂的酸效应系数。

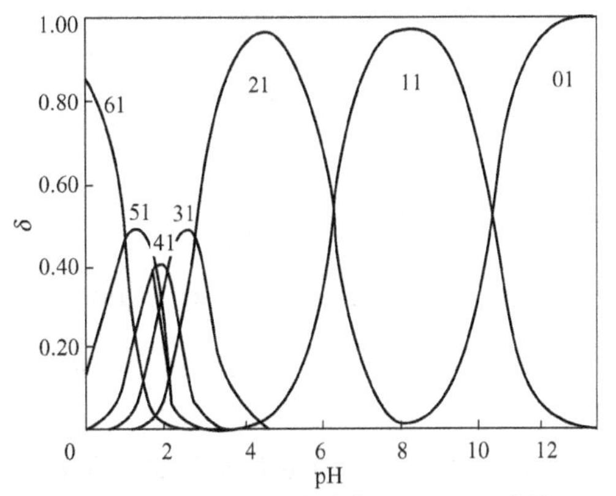


**图 2.8 乙二胺四乙酸分布图(δ-pH 曲线)**

61—$H_6Y^{2+}$ 的分数；51—$H_5Y^{4}$ 的分数；41—$H_4Y$ 的分数；31—$H_3Y$ 的分数；21—$H_2Y^{2-}$ 的分数；11—$HY^{3-}$ 的分数；01—$Y^{4-}$ 的分数

EDTA 在水溶液中以 $H_6Y^{2+}$、$H_5Y^{+}$、$H_4Y$、$H_3Y^{-}$、$H_2Y^{2-}$、$HY^{3-}$ 和 $Y^{4-}$ 这 7 种型体存在，这些型体在溶液中的分布受溶

液 pH 的影响，如图 2.8 所示（$\delta$ 表示某一型体的浓度占总浓度的比值）。

真正能与金属离子络合的是 $Y^{4-}$ 离子，随着溶液酸度的降低，$Y^{4-}$ 离子的浓度将提高，其浓度大小表征着溶液酸度对络合滴定的影响。定义络合剂的酸效应系数 $\alpha_{Y(H)}$ 为溶液中 EDTA 未同金属离子络合时各型体的总浓度与 $Y^{4-}$ 离子浓度之比，当 $\alpha_{Y(H)}=1$ 时，EDTA 全部以 $Y^{4-}$ 离子型体存在，$\alpha_{Y(H)}$ 越大，表示酸效应副反应越严重。酸效应对络合滴定的影响较大，多数情况下 $\alpha_{Y(H)}$ 数值都是比较大的，只有 pH 大于 12 时，$\alpha_{Y(H)}$ 才接近于 1。

在存在副反应的条件下，稳定常数 $K_{MY}$ 已不能表征主反应进行的程度，为此引入条件稳定常数 $K'_{MY}$，它表示在有副反应存在时，络合反应进行的程度。若不考虑其他副反应，仅考虑 EDTA 的酸效应，则

$$\lg K'_{MY}=\lg K_{MY}-\lg\alpha_{Y(H)}$$

对于其他副反应，也可按照相应的方法对稳定常数进行修正。在确定的实验条件下，条件稳定常数 $K'_{MY}$ 也是一个常数。

2. 络合滴定曲线

在络合滴定中，若被滴定的是金属离子，则随着 EDTA 的加入，游离金属离子浓度不断减小，到达化学计量点附近时，溶液的 pM′值（$-\lg$ [M′] 值）发生突变，产生滴定突跃。此时可以选用适当的指示剂来指示滴定终点。

根据不同 $\lg K'_{MY}$ 及不同 $c_M$ 计算滴定过程中的 pM′，得到络合滴定曲线如图 2.9 与图 2.10 所示。

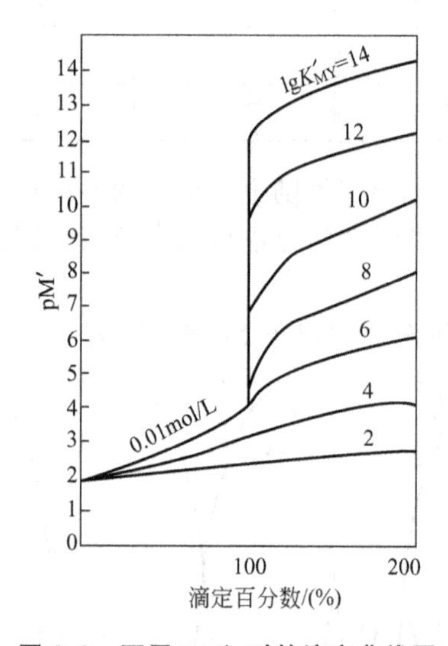


图 2.9 不同 $\lg K'_{MY}$ 时的滴定曲线图

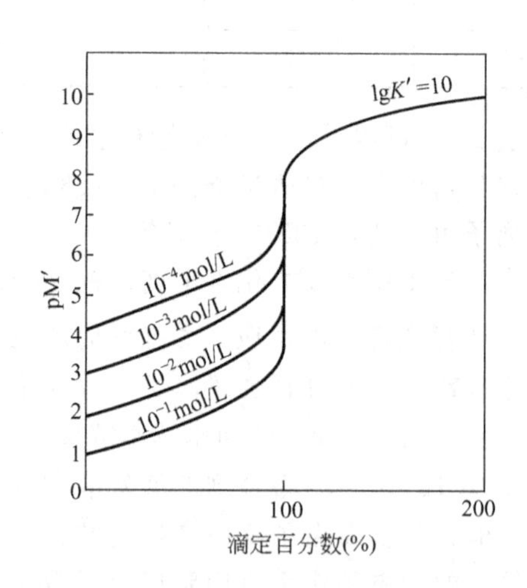


图 2.10 不同浓度金属离子的滴定曲线

从图 2.9 与图 2.10 可见，络合滴定的滴定突跃大小取决条件稳定常数和金属离子的浓度两个因素，在浓度一定的条件下，$K'_{MY}$ 越大，突跃也越大。在 $K'_{MY}$ 一定的条件下，金属离子的浓度越低，滴定曲线的起点越高，滴定突跃越小。

络合滴定中化学计量点的 pM′值是选择指示剂的依据，它可以通过 $K'_{MY}$ 进行计算。

3. 金属指示剂

络合滴定中所用的指示剂通常是能与金属离子生成有色络合物的有机染料显色剂，称

为金属离子指示剂，简称金属指示剂。

下面以铬黑T为例(用In表示它的络合基团)说明金属指示剂的作用原理。当pH值为8～11时，铬黑T本身呈蓝色。在滴定前加入金属指示剂，则In与待测金属离子M发生如下反应(省略电荷)：

$$\underset{\text{蓝色}}{M+In}\rightleftharpoons\underset{\text{酒红色}}{MIn}$$

这时溶液呈酒红色。当滴入EDTA溶液后，Y先与游离的M结合。至化学计量点附近，Y夺取MIn中的M：

$$MIn+Y\rightleftharpoons MY+In$$

使指示剂游离出来，溶液由酒红色变为蓝色，指示滴定终点的到达。

作为金属指示剂必须具备以下条件：

(1) 金属指示剂与金属离子形成的络合物的颜色，应与金属指示剂本身的颜色有明显的不同，这样才能借助颜色的明显变化来判断终点的到达；

(2) 金属指示剂与金属离子形成的络合物MIn要有适当的稳定性，反应要迅速，变色可逆，这样才便于滴定；

(3) 金属指示剂应易溶于水，不易变质，便于使用和保存。

金属指示剂的颜色转变点的pM′值可以根据它的稳定常数和酸效应系数来进行计算。常用的金属指示剂有铬黑T(EBT)、二甲酚橙(XO)、PAN、钙指示剂等。

由于EDTA能和大多数金属离子形成稳定的络合物，因而在滴定时被滴定试液中的金属离子彼此之间可能发生干扰。在实际滴定中，可以采用控制溶液的酸度、掩蔽和解蔽、化学分离法和选用其他络合滴定剂等方法减少或消除多种离子之间的干扰。

### 2.2.4 氧化还原滴定法

氧化还原滴定法是以氧化还原反应为基础的一种滴定方法。一般来说，氧化还原反应机理都比较复杂、反应速率慢、常伴有副反应发生，因此，在制定氧化还原滴定法时必须创造适宜的条件，并在实验中严加控制，才能保证反应按确定的计量关系定量、快速地进行。

各种不同的氧化剂和还原剂的氧化还原能力的大小可以用电极电位来衡量，对于一个可逆氧化还原电对，在一定温度下，其电极电位与氧化态和还原态的浓度有关，这就是氧化还原滴定的基础。

与酸碱、络合滴定法一样，氧化还原滴定法也可以画出一条滴定曲线，用以表示滴定过程中被测物质浓度的变化情况。由于滴定过程中氧化剂和还原剂浓度发生改变，电对的电极电位也随之改变，故氧化还原滴定曲线通常是以反应电对的电极电位为纵坐标，以加入滴定剂的体积或百分数为横坐标绘制，如图2.11所示。

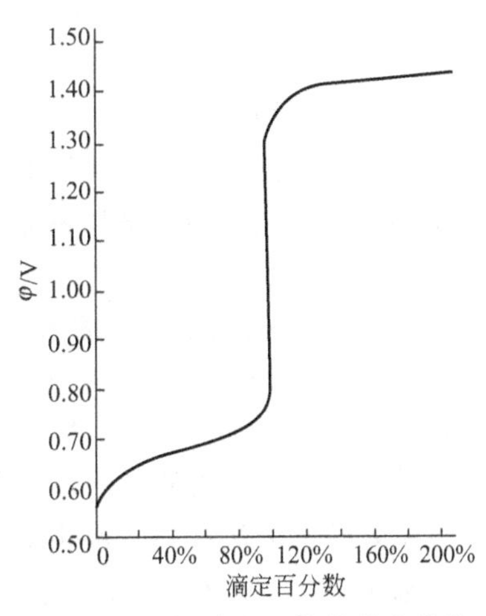


图2.11 $Ce^{4+}$滴定$Fe^{2+}$的滴定曲线

氧化还原滴定中所用的指示剂有自身指示剂、显色指示剂和氧化还原指示剂三种。有些滴定剂本身有很深的颜色，而滴定产物为无色或颜色很浅，在这种情况下，滴定时可不必另加指示剂。如 $KMnO_4$ 本身显紫红色，用它来滴定 $Fe^{2+}$、$C_2O_4^{2-}$ 溶液时，反应产物 $Mn^{2+}$、$Fe^{3+}$ 等颜色很浅或是无色，滴定到化学计量点后，只要 $KMnO_4$ 稍微过量半滴就能使溶液呈现淡红色，指示滴定终点的到达。显色指示剂本身并不具有氧化还原性，但能与滴定剂或被测定物质发生显色反应，而且显色反应是可逆的，因而可以指示滴定终点。这类指示剂最常用的是淀粉，如可溶性淀粉与碘溶液反应生成深蓝色的化合物，当 $I_2$ 被还原为 $I^-$ 时，蓝色就突然褪去。氧化还原指示剂本身是氧化剂或还原剂，它的氧化态和还原态具有不同的颜色。在滴定过程中，指示剂状态变化时，溶液颜色随之发生变化，从而指示滴定终点。

氧化还原滴定法通常按滴定剂(氧化剂)的名称命名，如碘量法、溴量法、铈量法、高锰酸钾法等。

1. 高锰酸钾法

高锰酸钾法以 $KMnO_4$ 作滴定剂。$KMnO_4$ 是一种强氧化剂，它的氧化能力和还原产物都与溶液的酸度有关。在强酸性溶液中，$KMnO_4$ 被还原为 $Mn^{2+}$；在弱酸性、中性或弱碱性溶液中，$KMnO_4$ 被还原为 $MnO_2$；在强碱性溶液中，$KMnO_4$ 被还原为 $MnO_4^{2-}$。

由于 $KMnO_4$ 在强酸性溶液中有更强的氧化能力，同时生成无色的 $Mn^{2+}$，便于滴定终点的观察，因此一般都在强酸性条件下使用。但是，在碱性条件下，$KMnO_4$ 氧化有机物的反应速率比在酸性条件下更快，所以用高锰酸钾法测定有机物时，大都在碱性溶液中进行。

应用高锰酸钾法，可直接滴定许多还原性物质，如 $Fe^{2+}$、$As^{3+}$、$Sb^{3+}$、$H_2O_2$、$C_2O_4^{2-}$、$NO_2^-$ 等，也可用返滴定法测定 $MnO_2$ 的含量；此外，对于某些非氧化还原性物质，如 $Ca^{2+}$，可用间接滴定法进行测定。

高锰酸钾法的优点是氧化能力强，应用广泛，可直接或间接测定许多无机物和有机物，在滴定时 $KMnO_4$ 自身可作指示剂。高锰酸钾法的主要缺点是 $KM_nO_4$ 试剂常含有少量杂质，使溶液不够稳定，又由于 $KM_nO_4$ 的氧化能力过强，可以和很多还原性物质发生作用，所以干扰也比较严重。

2. 碘量法

碘量法是利用 $I_2$ 的氧化性和 $I^-$ 的还原性来进行滴定的方法。由于固体 $I_2$ 在水中溶解度很小且易于挥发，因此通常将 $I_2$ 溶解于 KI 溶液中，此时它以 $I^{3-}$ 形式存在。

$I_2$ 是较弱的氧化剂，能与较强的还原剂作用；$I^-$ 是中等强度的还原剂，能与许多氧化剂作用，因此碘量法可以用直接或间接的两种方式进行。

用 $I_2$ 配成的标准滴定溶液可以直接测定还原性物质，如 $S^{2-}$、$SO_3^{2-}$、$Sn^{2+}$、$S_2O_3^{2-}$、维生素 C 等，这种碘量法称为直接碘量法，又称碘滴定法。直接碘量法不能在碱性溶液中进行滴定。

氧化能力较强的物质在一定的条件下，用 $I^-$ 还原，然后用 $Na_2S_2O_3$ 标准溶液滴定释放出的 $I_2$，这种方法称为间接碘量法，又称滴定碘法。利用这一方法可以测定很多氧化性物质，如 $Cu^{2+}$、$Cr_2O_7^{2-}$、$IO_3^-$、$BrO_3^-$、$AsO_4^{3-}$、$ClO^-$、$NO_2^-$、$H_2O_2$、$MnO_4^{2-}$ 和 $Fe^{3+}$ 等。间接碘量法多在中性或弱酸性溶液中进行。

碘量法用淀粉作指示剂。$I_2$ 与淀粉呈现蓝色，其显色灵敏度除与 $I_2$ 的浓度有关以外，还与淀粉的性质、加入的时间、温度及反应介质等条件有关，滴定时需要注意调整这些条件。

3. 重铬酸钾法

$K_2Cr_2O_7$ 是一种常用的氧化剂之一，它具有较强的氧化性，在酸性介质中 $Cr_2O_7^{2-}$ 被还原为 $Cr^{3+}$。

重铬酸钾的氧化能力不如高锰酸钾强，因此重铬酸钾可以测定的物质不如高锰酸钾广泛，但与高锰酸钾法相比，它有自己的如下优点：

(1) $K_2Cr_2O_7$ 易提纯，可以制成基准物质。$K_2Cr_2O_7$ 标准溶液相当稳定，保存在密闭容器中，浓度可长期保持不变。

(2) 室温下，当 HCl 溶液浓度低于 3mol/L 时，$Cr_2O_7^{2-}$ 不会诱导氧化 $Cl^-$，因此 $K_2Cr_2O_7$ 法可在盐酸介质中进行滴定。

$Cr_2O_7^{2-}$ 的滴定还原产物是 $Cr^{3+}$，呈绿色，滴定时须用指示剂指示滴定终点。常用的指示剂为二苯胺磺酸钠。

4. 铈量法

铈量法又称硫酸铈法，是一种应用 $Ce^{4+}$ 标准溶液作滴定剂的滴定法。$Ce^{4+}$ 在碱性条件下易于水解，因此，铈量法要求在酸性溶液中进行。$Ce^{4+}$ 在酸性溶液中与还原剂作用被还原成 $Ce^{3+}$。

$Ce^{4+}$ 标准溶液可用硫酸铈、硫酸铈铵或硝酸铈铵配制。硫酸铈铵易于提纯，最为常用，可以直接用来配制标准溶液，不必标定。

硫酸铈法采用邻二氮菲-Fe(II)为指示剂，终点敏锐。它可以直接测定一些金属的低价化合物，过氧化氢，以及某些有机还原性物质如甘油、甘油醛、丙二酸、酒石酸等。一些氧化剂，如过硫酸盐等，可通过加入已知过量的硫酸亚铁标准溶液，然后用 $Ce^{4+}$ 标准溶液进行剩余量滴定法测定。一些还原剂，如羟胺等，直接滴定时，反应速率不够快，可通过加入已知过量的硫酸铈标准溶液，然后用 $Fe^{2+}$ 等还原剂的标准溶液进行剩余量滴定法测定。

### 2.2.5 沉淀滴定法

沉淀滴定法是以沉淀生成反应为基础的滴定分析方法。虽然许多反应都能生成沉淀，但符合滴定分析要求，适用于沉淀滴定法的沉淀反应并不多。目前最常用的是利用生成难溶银盐的反应的方法，这种方法称为银量法。银量法主要用于测定 $Cl^-$、$Br^-$、$I^-$、$Ag^+$、$CN^-$、$SCN^-$ 等离子及含卤素的有机化合物。

根据滴定方式的不同，银量法可分为直接法和间接法。直接法是用 $AgNO_3$ 标准溶液直接滴定待测组分的方法。间接法是先于待测试液中加入一定量的 $AgNO_3$ 标准溶液，再用 $NH_4SCN$ 标准溶液来滴定剩余的 $AgNO_3$ 溶液的方法。根据确定滴定终点所采用的指示剂不同，银量法可分为莫尔法、佛尔哈德法和法扬司法。

1. 莫尔法——铬酸钾作指示剂法

莫尔法是以 $K_2CrO_4$ 为指示剂，在中性或弱碱性介质中用 $AgNO_3$ 标准溶液测定卤素混合物含量的方法。以测定 $Cl^-$ 为例，$K_2CrO_4$ 作指示剂，用 $AgNO_3$ 标准溶液滴定，其反应为

$$Ag^+ + Cl^- = AgCl\downarrow \quad (白色)$$
$$2Ag^+ + CrO_4^{2-} = Ag_2CrO_4\downarrow \quad (砖红色)$$

这个方法的依据是多级沉淀原理，由于 AgCl 的溶解度比 $Ag_2CrO_4$ 的溶解度小，因此在用 $AgNO_3$ 标准溶液滴定时，AgCl 先析出沉淀，当滴定剂 $Ag^+$ 与 $Cl^-$ 达到化学计量点时，微过量的 $Ag^+$ 与 $CrO_4^{2-}$ 反应析出砖红色的 $Ag_2CrO_4$ 沉淀，指示滴定终点的到达。

应用莫尔法必须注意下列滴定条件：

(1) 要严格控制 $K_2CrO_4$ 指示剂的用量。$K_2CrO_4$ 指示剂的用量为 $5\times10^{-3}$ mol/L 为宜，浓度过高或过低会导致滴定终点提前或滞后。

(2) 滴定应在中性或弱碱性介质中进行。因为在酸性溶液中，$CrO_4^{2-}$ 转化为 $Cr_2O_7^{2-}$，影响 $Ag_2CrO_4$ 的生成。如果溶液碱性太强，将析出 $Ag_2O$ 沉淀。莫尔法适宜的酸度条件是 pH 为 6.5～10.5。

(3) 莫尔法可用于测定 $Cl^-$ 或 $Br^-$，但不能用于测定 $I^-$ 和 $SCN^-$。

2. 佛尔哈德法——铁铵矾作指示剂

佛尔哈德法是在酸性介质中，以铁铵矾 $[NH_4Fe(SO_4)_2\cdot12H_2O]$ 作指示剂来确定滴定终点的一种银量法。根据滴定方式的不同，佛尔哈德法分为直接滴定法和返滴定法两种。

1) 直接滴定法

在含有 $Ag^+$ 的 $HNO_3$ 介质中，以铁铵矾作指示剂，用 $NH_4SCN$ 标准溶液直接滴定，当滴定到化学计量点时，微过量的 $SCN^-$ 与 $Fe^{3+}$ 结合生成红色的 $[FeSCN]^{2+}$ 即为滴定终点。其反应为

$$Ag^+ + SCN^- = AgSCN\downarrow \quad (白色)$$
$$Fe^{3+} + SCN^- = [FeSCN]^{2+} \quad (红色)$$

滴定应在酸性溶液中进行，它可用来直接测定 $Ag^+$。

2) 返滴定法

佛尔哈德法测定卤素离子(如 $Cl^-$、$Br^-$、$I^-$ 和 $SCN^-$)时应采用返滴定法，即在酸性($HNO_3$ 介质)待测溶液中，先加入已知过量的 $AgNO_3$ 标准溶液，再用铁铵矾作指示剂，用 $NH_4SCN$ 标准溶液回滴剩余的 $Ag^+$($HNO_3$ 介质)。

用佛尔哈德法测定 $Cl^-$ 时，要采取措施避免 AgCl 转化为 AgSCN。在测定 $Br^-$、$I^-$ 和 $SCN^-$ 时，滴定终点十分明显，不会发生沉淀转化，但是在测定碘化物时，必须加入过量 $AgNO_3$ 溶液之后再加入铁铵矾指示剂，以免 $I^-$ 对 $Fe^{3+}$ 的还原作用而造成误差。

3. 法扬司法——吸附指示剂法

法扬司法是以吸附指示剂确定滴定终点的一种银量法。吸附指示剂是一类有机染料，它的阴离子在溶液中易被带正电荷的胶状沉淀吸附，吸附后结构改变，从而引起颜色的变化，指示滴定终点的到达。现以 $AgNO_3$ 标准溶液滴定 $Cl^-$ 为例，说明指示剂荧光黄的作用原理。

荧光黄是一种有机弱酸，用 HFI 表示，在水溶液中可离解为荧光黄阴离子 $FI^-$，呈黄

绿色，在化学计量点前，生成的 AgCl 沉淀在过量的 $Cl^-$ 溶液中，AgCl 沉淀吸附 $Cl^-$ 而带负电荷，形成的(AgCl)·$Cl^-$ 不吸附指示剂阴离子 $FI^-$，溶液呈黄绿色。达化学计量点时，微过量的 $AgNO_3$ 可使 AgCl 沉淀吸附 $Ag^+$ 形成(AgCl)·$Ag^+$ 而带正电荷，此带正电荷的（AgCl)·$Ag^+$ 吸附荧光黄阴离子 $FI^-$，结构发生变化呈现粉红色，使整个溶液由黄绿色变成粉红色，指示终点的到达。

应用法扬司法应掌握以下几个条件：

（1）必须控制适当的酸度，使指示剂呈阴离子状态。

（2）保持沉淀呈胶体状态。

（3）指示剂吸附性能要适当。胶体微粒对指示剂的吸附能力要比对待测离子的吸附能力略小，否则指示剂将在化学计量点前变色，但如果太小，又将使颜色变化不敏锐。

### 2.2.6 重量分析法简介

重量分析法是通过称量物质的质量，确定被测组分含量的一种定量分析方法。在重量分析中，一般先采用适当的方法使被测组分以单质或化合物的形式与样品中其他组分分离，然后转化为一定的称量形式进行称量，由称得的质量计算该组分的含量。重量分析的过程实质上包括了分离和称量两个过程。根据分离的方法不同，重量分析法又可分为沉淀法、挥发法和萃取法。

沉淀法是重量分析法中的主要方法，挥发法是利用物质的挥发性质，通过加热或其他方法使被测组分从试样中挥发逸出，然后根据挥发前后试样质量之差计算被测组分的含量。

萃取法是利用被测组分与其他组分在互相混溶的两种溶剂中分配比不同，加入某种提取剂使被测组分从原来的溶剂中定量转移至提取剂中而与其他组分分离，除去提取剂，通过称量干燥提取物的质量来计算被测组分的含量。

由于重量分析法是直接通过称量而获得分析结果，不需要与标准试样或基准物质进行比较，因此准确度比较高，但是操作较烦琐、费时。不过，对于某些常量元素如硅、硫、钨和水分、灰分及挥发物等含量的测定，仍在采用重量分析法。

## 2.3 高分子材料的化学分析

### 2.3.1 高分子材料分析的实验准备

实际应用的高分子材料绝大多数都是在高分子化合物基础上加入各种添加剂(如增塑剂、增强剂、填料、颜料)以及加工助剂(如稳定剂、抗氧剂、润滑剂等)制得的。对于材料的常规鉴别而言，这些添加物对分析不会有太大的影响，但在对高分子化合物进行定性分析确认、化学成分的确定、官能团的分析以及用红外、核磁等仪器进行结构分析时却有比较大的影响。为获得准确的实验结果，在高分子材料分析前需要进行适当的实验准备，初步准备包括高分子材料试样的分离和纯化，进一步的处理则需根据分析项目有针对性地进行。若是对高分子材料的添加物进行分析，则更需要通过实验前的处理，将这些添加物提取出来。高分子材料的分离与纯化是高分子材料精确分析前非常重要的实验准备工作。

1. 高分子材料的分离与纯化方法

材料的基本分离方法有溶解—沉淀、萃取和真空蒸馏三种，其中，最常见的是用溶剂和沉淀剂进行溶解—沉淀分离，另外是用溶剂对试样进行萃取。真空蒸馏是将一小片试样(直径约5cm，厚约4mm)悬挂在一个加热的容器内，这个容器通过一个玻璃冷凝器和接收器与真空系统相连，沸点相对较低的增塑剂等就可收集在接收器内而分离。

假如只需要分析高分子材料的无机填料、颜料等添加成分而不必分析高分子化合物，则简单地通过溶解或焙烧除去高分子化合物即可。如果要分析的高分子材料是乳液状态(如橡胶乳液、涂料、胶黏剂等)，则必须先予以破乳才能进行分离操作。高分子复合材料指高分子化合物与其他材料通过物理或机械方法复合在一起而形成的新材料。由于通常情况下高分子复合材料的一种组分是不溶于有机溶剂的纤维素、金属、玻璃纤维等，因而只需用一种适当的溶剂就可以把涂敷或复合的高分子物溶解下来而得到分离。

分离后的高分子必须彻底除去溶剂，干燥到恒重才可进行分析。干燥应在高分子的玻璃化温度或以上进行，在选择萃取法或溶解—沉淀法所用溶剂时要尽可能选择沸点较低的，以便在低温真空下就可以脱除。

2. 溶解—沉淀法分离过程

对于可溶性高分子材料，可以选择一种适当的溶剂将高分子材料进行完全溶解；先通过过滤或离心的方法分离出不溶解的无机填料、颜料等，然后加入过量(5～10倍)的一种沉淀剂使高分子化合物沉淀，将一些可溶性添加成分留在溶液中；再通过过滤或离心分离得到高分子沉淀后，蒸去溶剂而回收有机添加成分。进行溶解—沉淀分离所选的溶剂应当能溶解有机添加成分，而所选的沉淀剂须与该溶剂无限互溶，溶剂和沉淀剂的选取可参考高分子分子量分级所用的溶剂—沉淀对，它们一般也适用于分离和纯化。

溶解—沉淀分离时有可能存在分离不完全的现象，一是分离出来的添加剂中带有低分子量的聚合物(齐聚物)，因为它们也溶于溶剂，虽然它们量不大，但如果分离物接着要进行红外等仪器分析，则这种“污染”的影响会较大。对其进行纯化的方法是进一步用沉淀剂萃取。

另一种分离不完全的现象是沉淀分离出的高分子化合物残留有少量的添加剂，这时可以用重复溶解—沉淀的步骤来纯化。有些添加剂会与聚合物形成某种络合物而结合牢固，只有经过多次溶解—沉淀过程后才会分离完全。

3. 萃取法分离与纯化过程

萃取法的目的是从固体高分子材料中抽提出添加成分(通常是增塑剂等有机化合物)。它实际上是一个扩散过程，扩散会进行到建立浓度平衡为止。

萃取主要可用两种方法，一种是回流萃取，另一种是用索氏萃取器(又称为脂肪抽取器)连续萃取。如果高分子材料中的可溶性添加物含量较少，用回流萃取的方法较便利快速，有时甚至不用加热回流，只需与溶剂混合后静置，或经常给予振摇即可。但如果添加物含量大，回流萃取常不完全，因为溶解会达到饱和而终止，这时可利用索氏萃取器。

萃取的第一步是选择溶剂，这一步非常重要，因为如果选错了溶剂，测定结论可能完全错误。但这一步对于定性鉴别又往往是困难的，因为此时高分子材料的种类未知。所以最好先进行高分子材料的初步常规鉴定后再进行萃取分离。实际上，若万一用错了溶剂，在分离后鉴别了高分子化合物便会发现，这时如果必要的话还可回过头来重新用正确的溶剂进行分离。所选溶剂还应避免与试样中的有关组分反应，同时也应避免部分溶解高分子或被高分子强烈吸附。

样品分离与纯化前的制备也是很重要的，要尽可能增大试样的比表面积，以增加与萃取剂的接触。制备方法可以是球磨、粉碎、切片等，必要时(对较软的试样)可与干冰一起研磨。如果没有设备也可以用剪刀、刀片等切碎试样，至少要能过 14 目筛(1.41mm)。要注意研磨过程中会有降解和氧化的危险，从而对测定产生影响。未交联的橡胶试样在萃取时可能会发黏而聚在一起，可以用滤纸将压成片状的试样隔开。

虽然萃取法主要用来从高分子材料中抽取添加剂，但有时也可用来分离高分子共混物。例如，丙烯腈-苯乙烯和丙烯腈-丁二烯的共混物就可以用丙酮来分离，因为前者可以被丙酮萃取。类似地，聚氯乙烯中少量的氯化聚乙烯可以用四氯化碳萃取出来而得到测定。

萃取通常在高温下进行，所以最好在氮气保护下以防止高分子氧化。为了加速萃取，也可利用超声波(市售的超声波清洗槽就可以用)。另外萃取时采用适当减少溶剂的办法可减少齐聚物被抽提出来的可能性。

溶解—沉淀法和萃取法兼而施之可以使同时添加有无机填料和有机助剂的复杂的高分子材料得以分离和纯化。首先用萃取法抽提出高分子材料中的有机添加剂，第二步再用溶解—沉淀的方法回收高分子，同时分离出无机添加剂。

### 2.3.2 高分子材料的化学成分分析

高分子材料的化学成分分析实际上包括高分子化合物的成分分析与高分子材料添加物的成分分析。作为高分子化合物和有机的高分子添加物而言，其除了含碳、氢元素外，还可能含有氧、氮、氯、氟、硫、硅、磷、硼等元素，同时也可能含有微量的钛、铝等催化剂的成分残留。

对高分子材料进行化学成分分析时首先应设法将高分子试样分解，使其中元素转变成无机离子，然后再分别予以测定。系统的方法主要有两种，一种是钠熔法，主要用于定性分析，另一种是氧瓶燃烧法，可以应用于定量分析。除了上述两种系统方法以外，对高分子材料中的典型元素还有一些非系统性的化学分析方法，它们都有各自的针对性，可以进行定性或定量分析。

高分子材料在进行化学成分分析时，不管是聚合物本身还是添加剂，都应该进行分离提纯处理，否则，有可能得到的是错误的结论。

#### 1. 钠熔法

钠熔法采用熔化的金属钠分解高分子试样。在试管中放入约 50～100mg 分散均匀的高分子试样和一颗豌豆大小的钠(或钾)，小心地在煤气灯上加热至金属熔化。把此灼热的试管放入装有 10～15mL 蒸馏水的小烧杯中。试管炸裂后反应产物溶于水中。未反应的金属钠也会与水反应，用玻璃棒小心搅拌直至无反应发生。过滤此接近无色的液体或用移液管小心吸取液体，留下玻璃碎片和炭化残渣。该原始液体称为试液，将其分成几份供以下试验。其反应原理主要是钠在熔融状态下与高分子中的元素生成 $NaCN$、$NaCl$、$Na_2S$ 等。检测这些化合物就能确定材料的成分。

(1) 氮的测定。加一小勺硫酸亚铁于1mL试液中，迅速煮沸。如果有硫存在，就会形成硫化铁沉淀。过滤，令溶液冷却，加几滴1.5%氯化铁溶液，用稀盐酸酸化至氢氧化铁恰好溶解。若有氮存在，溶液会慢慢变成蓝绿色，片刻会生成普鲁士蓝沉淀。若试样中氮含量很少，则产生微绿色溶液，静置几小时后才产生沉淀。若样品中无氮，溶液仍为黄色。

该试验不能用来检测含硝基和氮杂环的化合物。

(2) 氯、溴、碘的测定。取1mL试液与稀硝酸一起煮沸以除去$H_2S$、HCN等，加入少量硝酸银溶液。若出现白色片状沉淀且加入过量氨水后溶解，表明有氯；若出现浅黄色沉淀，且难溶于过量氨水，表明有溴。若出现黄色沉淀，且不溶于氨水，表明有碘。

(3) 氟的测定。取1mL试液用稀盐酸或醋酸酸化，加热至沸腾1min，冷却后加入2滴饱和氯化钙溶液。如果有凝胶状沉淀(氟化钙)表明有氟存在。

(4) 硫的测定。取1mL试液与约1%亚硝基铁氰化钠溶液反应，若出现深紫色表示有硫存在。还可以用醋酸酸化试液后用几滴2mol/L的醋酸铅溶液或醋酸铅试纸试验，有黑色沉淀生成或试纸变黑(PbS生成)，表明有硫存在。

(5) 磷的测定。取1mL试液用浓硝酸酸化，加入几滴钼酸铵溶液，加热1min，若有黄色的磷钼酸铵沉淀表明有磷存在。钼酸铵溶液应按照下述方法配制：溶解30g钼酸铵于约60mL热水中，冷却后稀释至100mL，然后慢慢加入用10g硫酸铵和100mL 55%硝酸配成的溶液。静置24h，小心倒出上层清液封存于暗处。

(6) 溴的测定。在小试管中混合1mL试液、1mL冰醋酸和几毫克二氧化铅。用一张以1%荧光黄的乙醇溶液浸湿的滤纸盖住试管口。若荧光黄变为品红色说明有溴，碘则使荧光黄变为棕色。

2. 氧瓶燃烧法

氧瓶燃烧法能用于定性或定量地分析卤素、硫、磷、硼等元素，该法操作简便，已在有机分析中广泛应用，也适用于高分子材料的分析。它采用燃烧的方法分解高分子材料。

用一只配有磨口塞的300mL或500mL的硬质锥形瓶作燃烧瓶，塞底焊接一段直径为0.8mm的铂丝，丝的长度以伸到瓶的中部为宜。铂丝的下端弯成钩形，如图2.12(a)所示，将高分子试样(约10～50mg)用小块定量滤纸包好，夹入铂丝钩中。在锥瓶的底部注入5mL浓度为1mol/L的氢氧化钠溶液为吸收液。然后将氧气用橡皮管送到瓶中。经30～60s后，锥瓶中空气全部被氧气取代。在通氧的最后阶段，同时取火点燃滤纸的尾部，拉出橡皮管，插入并盖紧磨口瓶塞，将锥瓶小心倾斜如图2.12(b)所示。已被点燃的滤纸因为有丰富的氧气助燃，试纸充分燃烧，试样随滤纸在氧气中获得完全分解(在燃烧初期，瓶中压力骤增，应握紧瓶盖不使冲出)。整个燃烧过程在数秒钟内即完成，然后使锥瓶恢复原来直立位置，静置15min，不时振荡以保证吸收完全。最后打开锥瓶，加入20mL蒸馏水淋洗瓶塞和铂丝，得到25mL测试液。为了比较，还可同时做一个空白的燃烧试验。

(1) 氯的测定。移取5mL试液到50mL烧杯中，加入1mL硫酸铁铵溶液(120g/L)混匀。然后加入1.5mL硫氰酸汞溶液(4g/L)。如果样品中含有氯，溶液将变为橘红色。

(2) 硫的测定。移取5mL试液于试管中，加入2滴过氧化氢(分析纯)和1.2mL的盐酸(1mol/L)，混匀后在摇动下加入2.0mL沉淀剂。如果试样中含有硫，混合液会出现局部混浊，而空白试样应完全透明。

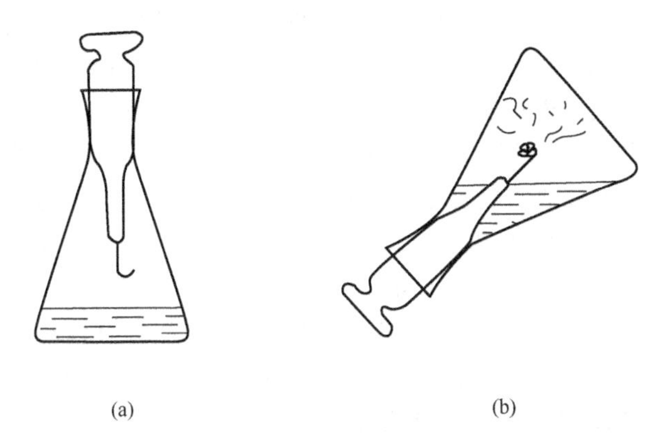


图 2.12 燃烧瓶及其使用方法

沉淀剂按下述方法配制：①将 0.2g 胨溶解在 50mL 浓度为 1%的氯化钡($BaCl_2 \cdot 2H_2O$)溶液中，用 0.02mol/L 的盐酸中和至 pH 值为 5.0，加入 10g 分析纯氯化钠并稀释至 100mL。在水浴上加热 10min，然后加入几滴氯仿，必要时过滤，配制成沉淀剂甲液。②将 0.4g 印度胶通过微热溶解在 200mL 蒸馏水中。加入 2.0g 氯化钡($BaCl_2 \cdot 2H_2O$)，必要时过滤，配制成沉淀剂乙液。甲液和乙液分开存放。使用前将 10mL 甲液用 100mL 乙液稀释成最后的沉淀剂。

(3) 氮的测定。称取 0.1g 间苯二酚放入 50mL 烧杯中，用 0.5mL 冰乙酸溶解，加入 5mL 试液，混匀后加入 0.1g 硫酸铁铵。如果试样有氮，溶液应成为绿色，而空白试样为灰黄色。

(4) 磷的测定。移取 2mL 试液于 100mL 烧杯中，加入 40mL 蒸馏水和 4mL 钼酸铵溶液，混匀后加入 0.1g 抗坏血酸，煮沸 1min。在流水中冷却 10min，用蒸馏水稀释至 50mL。当试样中含有磷时，溶液将变为蓝色，而空白试样应为灰黄色。

钼酸铵溶液应按照下述方法配制：溶解 10g 钼酸铵 [$(NH_4)_6Mo_7O_{24} \cdot 4H_2O$] 于约 70mL 水中，然后稀释至 100mL，再在搅拌下加入到 300mL 的 1∶1 硫酸里。

(5) 氟的测定。移取 20mL 蒸馏水和 2.4mL 作为缓冲的茜素络合物溶液到 50mL 烧杯中，加入 1mL 试液，然后离心该混合溶液。最后加入 2mL 浓度为 0.0005mol/L 的硝酸铈溶液后再次混匀。如果试样中存在氟，溶液应为紫红色，而空白试样为粉红色。

茜素络合物溶液按下述方法制备：称取 40.1mg 的 3-氨基甲基茜素-*N*，*N*-二乙酸于烧杯中，加入 1 滴 1mol/L 的 NaOH 溶液和约 20mL 蒸馏水，温热之使试剂溶解，然后冷却并稀至 208mL。在另一烧杯中称取 4.4g 乙酸钠($NaAc \cdot 2H_2O$)并用水溶解，再加入 4.2mL 冰醋酸并稀释至 42mL。将此乙酸钠溶液倒入茜素络合物溶液中，混匀即得到最终溶液。

以上各种成分的测定仅为定性分析，用氧瓶燃烧法也可以进行定量或半定量分析。上述测定方法中，可以直接通过分光光度计进行半定量的分析。如果要提高某一元素的定量准确性，则须重新燃烧，吸收在 5mL 浓度为 0.2mol/L 的 NaOH 中，不经稀释直接测定，并且用标准物质做校准曲线。

3. 典型元素非系统性鉴别方法

(1) 氧。溶解 5g 硫氰酸钾于 20mL 水中，溶解 4g 氯化铁于 20mL 水中。混合这两个溶液，并用乙醚萃取，以乙醚溶液为反应试剂。制备高分子试样的氯仿饱和溶液，取 1 滴该溶液放在小试管中，用一根头部带硫氰酸铁的细玻璃棒搅拌(细玻璃棒头部预先浸入乙醚溶液反应试剂中，然后空气干燥)，玻璃棒头部有亮到暗的红色出现说明是含氧高分子。

(2) 氮。加入少量试样于试管底部，用碱石灰盖住，厚度约 2～3cm。加热试管底部，如果试样中有氮存在就会放出氨气，在试管口用湿润的 pH 试纸或石蕊试纸检测。

(3) 氯。在煤气灯上加热直径 0.5～1mm 的铜线的一端直至火焰无色。冷却后令线端沾上一点被测试样并在火焰的外部加热。开始时碳在燃烧，火焰明亮，最后火焰变为亮绿色表明有氯。这是由于氯化铜挥发产生的。

(4) 氟。取约 0.5g 试样放入一小试管中，在煤气灯火焰中热解，冷却后加入几毫升浓硫酸。氟存在的证据是试管壁不挂液珠(最好用已知含氟试样对照试验)，这是由于氟化氢腐蚀玻璃壁产生了洁净的新表面所导致的。

(5) 硅。将约 30～50mg 试样与 100mg 干碳酸钠和 10mg 过氧化钠混合于白金或镍坩埚中，用火慢慢熔化。冷却后用几滴水溶解，迅速煮沸，并用稀硝酸中和或稍微酸化(形成硅酸)。加 1 滴钼酸铵溶液(同钠熔法中磷的测定)，加热至几乎沸腾。冷却后，加 1 滴联苯胺溶液(50mL 联苯胺溶于 10mL 的 50%醋酸，加水至 100mL)，然后加 1 滴饱和醋酸钠溶液，溶液出现蓝色(硅钼酸铵)表明有硅。最好做空白实验进行比较。

(6) 磷。将 1g 试样、3mL 浓硝酸和几滴浓硫酸于小试管中煮沸，冷后用水稀释，加入几滴钼酸铵溶液(如前)，加热 1min，有黄色沉淀表明有磷。

(7) 硼。配制 1，1′-二蒽醌亚胺溶液(溶解 0.1g 的 1，1′-二蒽醌亚胺于 25mL 浓硫酸中)。将试样、碳酸钠、硝酸钠和钠放在白金坩埚或石英试管里，加入 0.5mL 上述试剂(以 5mL 溶液加 5mL 浓硫酸稀释)，在 90℃烘箱中加热 3h，试剂由绿色变为蓝色，3h 后转为深蓝色，表明试样中有硼。

#### 4. 典型元素非系统性定量分析方法

非系统性的定量分析是用各种合适的方法将高分子材料进行分解，将欲分析的元素以能检测的形式分离出来，然后用化学定量分析的方法进行定量测量。

(1) 碳、氢、氧的测定。用重量分析法进行分析。将试样在氧气流中和催化剂存在下燃烧。燃烧后生成的二氧化碳和水分别用碱石棉及吸水剂(如氯化钙或高氯酸镁)吸收后称量计算。氧含量通常通过测完其他元素后用减量法推算。

(2) 氮的测定。在凯氏烧瓶中混合 0.3～0.4g 试样、40mL 浓硫酸、1g 五水硫酸铜、0.7g 氧化汞、0.5～0.7g 汞和 9g 无水硫酸钠，慢慢加热煮沸 1h，将有机氮全部转化为铵盐。然后将其转移到水蒸气蒸馏装置中，加入过量的 40% NaOH 溶液(其中加有 7g 硫代硫酸钠)，蒸馏出氨气随水蒸气冷凝，用一个装有 50mL 浓度为 0.1mol/L 的硫酸的接收器接收。用 0.2mol/L 的 NaOH 溶液滴定接收液，并做一空白试验。氮含量按下式计算

$$w(\mathrm{N})=\frac{14c(V_0-V)}{1000m}\times 100\%$$

式中，$w(\mathrm{N})$为氮的质量分数；$V_0$ 为空白实验滴定所需 NaOH 溶液体积，mL；$V$ 为滴定试样所需的 NaOH 溶液体积，mL；$c$ 为 NaOH 溶液浓度，mol/L；$m$ 为试样质量，g。

## “三鹿奶粉”事件与凯氏定氮法

2008年6月28日，解放军第一医院收治了首例患“肾结石”病症的婴幼儿，据家长反映，孩子从出生起就一直食用三鹿婴幼儿奶粉。7月中旬，甘肃省卫生厅接到医院婴儿泌尿结石病例报告后，随即展开了调查，并报告卫生部。截至9月11日，除甘肃省外，陕西、宁夏、湖南、湖北、山东、安徽、江西、江苏等地都有类似案例发生。

9月11日，卫生部通报了相关病例，高度怀疑石家庄三鹿集团股份有限公司生产的三鹿牌婴幼儿配方奶粉受到三聚氰胺污染。9月13日，卫生部在“三鹿牌婴幼儿配方奶粉”重大安全事故情况发布会上指出，三鹿牌部分批次奶粉中含有的三聚氰胺，是不法分子为增加原料奶或奶粉的蛋白含量而人为加入的。

随着事件的曝光和处理，相应责任人受到法律的最严厉追究，三鹿集团破产。这一事件波及到了整个中国的乳制品行业，并在世界上产生了严重的不良影响。这是近年来最大的一起食品安全领域的事故。

不法分子向原料奶或奶粉中添加三聚氰胺以提高蛋白检出量的直接原因，在于乳制品的蛋白含量检测主要依靠凯氏定氮法，这种方法通过检测样品中的含氮量来计算蛋白含量。由于三聚氰胺（三嗪环结构式：环上三个N，三个取代基 $NH_2$、$H_2N$、$NH_2$）的氮含量高，来源方便且比较便宜（三聚氰胺最主要的用途是作为生产三聚氰胺甲醛树脂（MF）的原料，还可以作阻燃剂、减水剂、甲醛清洁剂等），因此被不法分子看上。这也说明，在进行检测时，对样品进行分离与纯化是一个必需的步骤。

(3) 硫的测定。称量0.1～0.3g试样放入干燥洁净的镍弹（帕尔弹）中，并加入6～8滴乙二醇，最后用至多10～12g过氧化钠覆盖。将镍弹盖好，用小煤气火焰加热（必须有防护措施）。经10～30s后电子点火，将产生轻微的爆炸声。反应1min后用水冷却镍弹，然后打开弹盖，用蒸馏水淋洗弹盖。把弹内物质和淋洗液都收集在400mL的烧杯中，当熔融物全部溶解后补加蒸馏水至200mL。然后，加入50mL浓盐酸煮沸，慢慢加入10mL的10%氯化钡溶液，进一步煮沸10min，静置过夜，析出硫酸钡沉淀。用粗漏斗过滤出沉淀，经水洗，转移至瓷坩埚中于800℃马弗炉中灼烧20～30min至恒重。按下式计算硫的含量：

$$w(S)=13.74\times\frac{m_1}{m}\times100\%$$

式中，$w(S)$为硫的质量分数；$m_1$为硫酸钡的质量，g；$m$为试样质量，g。

(4) 氯的测定。用上述硫测定中的方法制备试液，试液中加入浓 $HNO_3$ 酸化，慢慢加入50.0mL浓度为0.1mol/L的硝酸银并加热至沸腾。冷却后，用4号玻璃砂漏斗过滤沉淀，用弱酸性（硝酸）的水溶液洗涤沉淀，然后将沉淀与5mL冷的饱和硫酸铁铵的弱酸性（硝酸）溶液混合。用0.1mol/L的硫氰酸铵溶液回滴溶液中过量的银，以微粉红色为终点。

按下式计算氯的含量：

$$w(\mathrm{Cl})=\frac{35.46c(V_1-V_2)}{1000m}\times100\%$$

式中，$w(\mathrm{Cl})$为氯的质量分数；$V_1$ 为硝酸银溶液的体积，mL；$V_2$ 为硫氰酸铵溶液的体积，mL；$m$ 为试样质量，g。

(5) 氟的测定。称取 0.15g 试样和约 3 倍于试样质量的金属钠一起放在镍坩埚里，小心用强火加热 90min。冷却后加入 10mL 无水乙醇，用热蒸馏水洗涤，再转入 100mL 容量瓶中。然后用 15mL 蒸馏水煮沸坩埚共 3 次，煮沸液并入容量瓶，补充蒸馏水到容量瓶刻线，混合均匀。移取 20mL 该溶液经过一个阳离子交换柱，用总量 100mL 蒸馏水淋洗，再用 0.1mol/L 的氢氧化钾滴定洗出液，以甲基红(125mg)和亚甲基蓝(85mg)的甲醇(100mL)溶液作为混合指示剂指示终点。

当有氯存在时，可用弱硝酸溶液中和，以 0.1mol/L 的 $AgNO_3$ 测定氯含量，计算公式如下：

$$w(\mathrm{F})=\frac{19\times5\times(V_1c_1-V_2c_2)}{1000m}\times100\%$$

$$w(\mathrm{Cl})=\frac{35.46\times5\times V_2c_2}{1000m}\times100\%$$

式中，$w(\mathrm{F})$为氟的质量分数；$w(\mathrm{Cl})$为氯的质量分数；$V_1$ 为氢氧化钾溶液的体积，mL；$V_2$ 为硝酸银溶液的体积，mL；$c_1$ 为氢氧化钾溶液的浓度，mol/L；$c_2$ 为硝酸银溶液的浓度，mol/L；$m$ 为试样质量，g。

磷、硅、硼等元素也有相应的定量分析方法，在此不一一详述。

### 2.3.3 高分子材料的官能团分析

官能团测定在有机定量分析中已成为常规方法，其中许多方法可以直接用于高分子材料的测定。它们的优点是可以测定混合物样品中的某一官能团含量，而无须事先将样品加以分离和提纯(如果样品中所含的其他组分对所选择的测定方法不发生干扰作用的话)。这对于常常混有各种添加剂的高分子材料的分析是很方便的，而且能适合于生产所需要的快速控制分析。对于有机化合物，官能团分析能测得分子中所含的某官能团的个数，从而解决分子结构方面的问题；而对于高分子材料，一般不用于结构分析，因为所测的官能团在每个高分子链中并不具有相同的分布，只能测得平均单位质量样品中官能团的数量。官能团通常直接以所消耗的反应试剂的量来表示，如羟基的含量用羟值(即 mgKOH/g 试样)来表示。在聚氨酯泡沫的制造过程中，根据聚醚多元醇的羟值，就可以严格算出聚醚多元醇与二异氰酸酯的原料配比。又比如，聚乙烯分子链上约 1000 个碳原子中会有 2～3 个不饱和双键存在，双键数目取决于聚合历程，根据碘值可以区别不同厂家由不同聚合技术生产的聚乙烯。在某些情况下，官能团的定量分析也可用于结构测定，如共聚物的两组分中若有一个组分含可测官能团，就可以用来测定共聚组成比。

1. 酸值

酸值是指中和 1g 试样所消耗氢氧化钾的毫克数，它表征了试样中游离酸的总量。虽然它不直接表示高分子材料中官能团的数目，但很多官能团的测定与其相关。

酸值测定方法如下：准确称取 5～50g 高分子材料试样，溶解在 50mL 苯和乙醇的等体积混合液中。待其完全溶解后，立即用0.1mol/L氢氧化钾的乙醇溶液以酚酞为指示剂进行滴定，滴定至浅粉红色出现为终点。同时做一空白试验。酸值按下式计算：

$$酸值=56.1\times\frac{(V-V_0)c}{m}$$

式中，$V$为滴定试样所消耗的KOH的体积，mL；$V_0$为滴定空白试样所消耗的KOH的体积，mL；$c$为KOH的浓度，mol/L；$m$为试样质量，g。

如果试样不溶解，可改选其他惰性溶剂，如丙酮、二氧杂环己烷等。有些高分子为碱性(如氨基树脂)，可以用负酸值(碱值)来表征。

2. 皂化值

高分子材料中酯基的测定可以通过皂化反应来实现。皂化值定义为与1g试样中的酯(包括游离酸)反应所需的氢氧化钾的毫克数。即将试样在氢氧化钾存在下加热回流，酯基水解成酸和醇，然后以酸标液滴定剩余的氢氧化钾。该法适用于酯类树脂和含有酯类添加剂的高分子材料。

需要注意的是，这种方法得到的皂化值包括了酸值，所以酯基真正消耗的氢氧化钾的毫克数应为皂化值减去酸值。

3. 碘值

碘值指与100g试样反应所消耗碘的克数，是高分子材料不饱和程度的量度。

高分子材料的不饱和程度是利用氯化碘或溴对不饱和键进行加成来测定的，特别是碳碳双键和三键。其中利用氯化碘加成的方法称为韦氏(Wijs)法，利用溴加成的方法称为考夫曼(Kaufmann)法。需要注意的是，在进行加成实验时，并不是直接加入氯化碘或溴，而是将韦氏试剂或考夫曼试剂与高分子溶液混合进行加成。

氯化碘或溴有很强的氧化性，因此，用间接碘量法对其进行滴定。

4. 羟值

高分子材料中羟基的含量通常用醋酐的吡啶溶液进行乙酰化测定。过量的醋酐用水分解，水解和乙酰化过程中所生成的醋酸用碱滴定。该法适用于伯醇和仲醇的羟基和酚羟基的测定，醛以及伯胺和仲胺会干扰测定，用苯酐代替醋酐可以避免这一干扰，而且苯酐反应较缓和，它只与醇反应，可用于在有酚存在时醇羟基的测定。

试样中的游离酸显然会增加碱的耗量，但可以通过单独测定酸值而扣除。

5. 环氧值

环氧值可以利用环氧基与氯化氢或溴化氢的加成反应来测定。以氯化氢为加成试剂的方法分盐酸吡啶法、盐酸丙酮法、盐酸二氧杂环己烷法三种。氯化氢加成后，剩余的盐酸用碱进行滴定。

盐酸吡啶法是经典的方法，通常反应要在加热回流的情况下进行，操作较麻烦，而且吡啶刺激性气味大。盐酸丙酮法可在室温反应，终点敏锐，但分子量高的环氧树脂，由于在丙酮中溶解性差而无法测定。盐酸二氧杂环己烷法较为理想，反应可在室温下进行，且二氧杂环己烷是环氧树脂的良溶剂，测定范围宽，但由于商品二氧杂环己烷质量不稳定，需经纯化处理。

以溴化氢为加成试剂的高氯酸滴定法是目前最理想的方法，它在室温下反应迅速，试剂也易于制备。此法已成为国际标准，其具体实验过程是在冰醋酸-氯仿溶液中，先将试样与溴化四乙铵混合，然后在结晶紫指示剂存在下逐滴加入高氯酸标准溶液，高氯酸与溴化四乙铵作用生成的初生态溴化氢立即与环氧基反应。终点时，过量的高氯酸使结晶紫由紫色变为绿色。

无论哪种方法，当试样有酸值时，计算时必须考虑进去。

6. 羰值

测定高分子中羰基的常用方法是羟胺法(又称肟化法)。此法适合于测定醛和酮类，但不适用于羧基、酯基或酰氨基中的羰基。该法的原理是将羰基与羟胺盐酸盐进行缩合反应，根据羟胺的消耗量计算出试样的羰值。为了使平衡向生成肟的方向移动，必须用过量的盐酸羟胺。测定所消耗的羟胺量一般有两种办法，一种办法是酸碱滴定法，即配制羟胺溶液时加入过量的氢氧化钾乙醇溶液，用以中和缩合反应所放出的盐酸，剩余的氢氧化钾再用盐酸标液回滴；第二种办法是氧化还原滴定法，用氧化剂如铁氰化钾溶液或碘溶液滴定反应后剩下的羟胺。

## 2.4 化学分析法的应用

### 2.4.1 高分子材料的鉴别

根据高分子材料的化学分析结果可以对高分子材料进行鉴别。

虽然根据化学成分定性分析结果只能将高分子材料粗略地分类，进一步鉴别还需依据其他方法，但它往往是其他分析方法很好的佐证。比如红外光谱对官能团的分析有时会出现混淆，结合了化学成分定性分析结果才可以给出明确的结论。

通过杂原子对高分子材料进行初步分类是一种非常有效的方法。杂原子的分析结果可以提供高分子材料所属类别的线索，例如，若材料中不存在杂原子，则它们有可能是聚烯烃、聚苯乙烯或非硫化橡胶等；若含氯，则主要是聚氯乙烯和一些弹性体；含氮的话，有可能是聚酰胺、氨基塑料、聚丙烯腈和聚氨酯等；含硫的主要是橡胶和聚砜。当一种高分子材料同时具有两种以上杂原子时，范围就缩得很小了，比如同时含氮、硫、磷的高分子材料只有酪朊树脂。

根据成分定性分析结果对高分子材料分类的系统性方法是按照杂原子进行分组，其中，含氯或氟的为一组，含氮的为一组，含硫的为一组，没有可鉴别杂原子的高分子材料(但包括有氧)为一组。每一组再按一些简单方法进行综合分析，就可以鉴别出某些常见的高分子材料。

这里需要注意的是一般来说高分子化合物的元素含量至少在百分位，而微量甚至痕量元素多半来自添加剂或杂质。比如在一个聚烯烃试样中发现有0.2%的氯，这不可能是聚氯乙烯或其他含氯高分子，而很可能只是来自聚烯烃中残余的催化剂。高分子化合物所含元素的可能性按顺序为：碳、氢、氧、氮、氯、氟、硫、硅、磷，其他则很可能来自添加剂。这也说明了对高分子材料进行成分定量分析的必要性。

将经仔细分离和纯化的高分子材料试样的化学成分定量分析结果，即碳、氢、氧、氮、氯、氟和硫七种元素的百分含量(氧可用减量法计算)，与从分子式计算的理论相比较就可得到高分子的鉴别结论。元素查找顺序就按照上述的排列顺序，即首先根据实验的$w$(C)，考虑到实验误差，在某一范围内(根据实验精度)找到与理论值相近的若干种高分子材料。然后进一步核对$w$(H)，直至所有元素都一一相符。如果还存在疑问，应当通过背景知识或其他鉴别方法予以区别。有个别高分子材料有不同的结构却具有相同的元素组成，如聚乙烯和聚丙烯、聚乙烯醇和聚乙二醇、聚甲基丙烯酸甲酯和聚丙烯酸乙酯、聚α-甲基苯乙烯和聚间甲基苯乙烯、聚丙酸乙烯酯和聚丙烯酸乙酯等，这种情况也只有采用其他方法加以鉴别。另外，要注意此方法只对结构单元明确的高分子才有效，酚醛树脂等组成复杂且不确定的高分子难以用此法鉴定。

高分子材料的官能团分析不仅能提供定量结果，而且也往往是定性鉴别的辅助手段之一。

相对于上述通用方法，各类高分子材料还有一些特殊的定性鉴别与定量分析的方法。相关方法可以参考有关手册或标准文献，可以根据分析的目的，有选择性地加以应用。

### 2.4.2 高分子材料添加剂的分析

添加剂指被物理地分散在高分子母体中不明显影响高分子结构的物质。添加剂按其作用可分为加工添加剂和功能添加剂两大类，又可细分为加工稳定剂、加工助剂、稳定化添加剂和改性剂四小类。高分子材料中使用的添加剂种类繁多，往往一个产品内同时含有多种添加剂，又由于添加剂的浓度大多较低，所以添加剂的剖析有较大难度。添加剂绝大多数是小分子化合物，在高分子材料中将其分离出来之后，用化学分析方法进行鉴别是非常有效的方法，以下对部分增塑剂和抗氧剂的分析方法加以举例介绍。

增塑剂是改善高分子材料的柔性、延伸性和加工性的添加剂，以高沸点的酯类应用最为普遍，最常用的是邻苯二甲酸、磷酸、己二酸、癸二酸、壬二酸或脂肪酸的酯。

对于酯类的增塑剂来说，测定其皂化值显然是对其进行鉴别的首选方法，将测得的皂化值与理论值加以比较，一般就可以初步确定增塑剂的成分。

利用成分分析方法对增塑剂进行检测，确定除碳、氢、氧外是否还有氮、硫、氯、磷等杂原子的存在，如果有则能提供增塑剂类别的很重要的信息。

抗氧剂可以分为主抗氧剂与辅助抗氧剂。主抗氧剂又称自由基吸收剂，是受阻酚类或芳香二级胺类。辅助抗氧剂又称过氧化物分解剂，常见的有硫醚、亚膦酸酯等。橡胶行业中一般把抗氧剂称为防老剂。

抗氧剂都是小分子化合物，很容易溶于普通有机溶剂。因而通常可用萃取法与聚合物分离后再进行测定。聚烯烃中的抗氧剂的分离，也常用甲苯溶解后再用乙醇沉淀聚合物的方法。

聚乙烯中的抗氧剂$N$，$N'$-二(β-萘基)对苯二胺的测定可按如下方法进行分离与测试：称取约1g聚乙烯试样于50mL圆底烧瓶中，加入2g碎玻璃，再加入10mL甲苯。用水浴加热回流，摇晃烧瓶直至溶解。用15～20mL乙醇洗冷凝管，取出烧瓶塞好，然后剧列摇动，令聚合物沉淀出来。冷后过滤，滤液放入100mL容量瓶，加乙醇到刻度。移取20mL此液到试管中，加入2mL $H_2O_2$的$H_2SO_4$溶液，混匀静置后用分光光度计测定其浓度。

### 2.4.3 高分子结构与性能的分析

高分子结构包括分子结构与聚集态结构两个大的层次，用化学分析法可以对高分子的分子结构进行分析，例如利用官能团的定量分析结果进行高分子的平均分子量的测定等。高分子材料的性能包括多个方面，用滴定的方法可以测定高分子的溶度参数，这是一个与高分子溶解性能相关的参数，关系到高分子溶剂的选择等，有很重要的实用价值。

1. 端基滴定法测定高分子的数均分子量

假若聚合物的化学结构是明确的，每个高分子链的末端有一个可以用化学方法作定量分析的基团，那么在一定质量的试样中末端基团的数目就是分子链的数目，所以从化学分析的结果可以计算分子量。例如尼龙 6 的化学结构式为

$$H_2N(CH_2)_5CO{-}\!\!\left[NH(CH_2)_5CO\right]\!\!{}_{n}NH(CH_2)_5COOH$$

这个线型分子的一端是氨基，另一端是羧基，而在链的中间部位并没有氨基和羧基，用酸碱滴定法滴定氨基或羧基的数目就可知道试样中高分子链的物质的量，从而可计算出聚合物的数均分子量 $M_n$

$$M_n=\frac{m}{n}$$

式中，$m$ 为试样质量，$n$ 为通过滴定测定的高分子的物质的量。若每个高分子中含有 $x$ 个可分析端基，则

$$M_n=\frac{xm}{n}$$

显然，若要测分子量，每个分子中所含的可分析基团的数目 $x$ 值必须事先知道，假若分子结构不清楚，则此法得不到分子量的数值。一般缩聚的高聚物均由具有可反应性基团的单体缩合而成，每个高分子链的末端仍有反应性基团，且聚合物的分子量一般不大，因此端基分析对缩聚物的分子量测定应用较广。

另外，如果将端基分析法和其他测定分子量的方法相结合，则可研究高分子的支化情况。例如，利用渗透压法测得样品的分子量，再用端基分析测得端基总含量，就可以计算出每一条高分子链上的端基数目，了解支化情况。

2. 浊度滴定法测高分子的溶度参数

溶度参数是表示物质混合能否相互溶解的参数，它与物质的内聚能有关。高分子的溶度参数一般只能借助于它在不同溶剂中的溶解能力进行测定。根据相似相溶原理，高分子与溶剂的溶度参数越接近，则高分子越有可能溶解在溶剂中。在选择高分子的溶剂时除了使用单一溶剂外还可使用混合溶剂，有时混合溶剂对高分子的溶解能力甚至比单独使用任一溶剂时还要好。混合溶剂的溶度参数 $\delta$ 大致可以按下式进行调节：

$$\delta=\phi_1\delta_1+\phi_2\delta_2$$

式中，$\phi_1$ 和 $\phi_2$ 分别表示两种纯溶剂的体积分数，$\delta_1$ 和 $\delta_2$ 是两种纯溶剂的溶度参数。这也是浊度滴定法测定高分子溶度参数的原理。

进行浊度滴定时，将高分子溶于某一溶剂中，然后用沉淀剂(能与该溶剂混溶)来滴定，直至溶液开始出现混浊为止，此时的混合溶剂的溶度参数即为该聚合物的溶度参数。

一般应分别用两种沉淀剂滴定，以定出聚合物溶度参数的上、下限。

浊度滴定法不是严格意义上的化学分析，但其实验方法却完全来源于化学定量分析。

### 2.4.4 高分子反应的研究

通过高分子的化学分析可以研究高分子的反应过程，以达到对高分子生产和实验过程进行监控的目的。下面仅以一例加以说明。

对高分子进行改性处理是开发新型高分子材料、拓展高分子应用领域的重要的方法。改性的具体方法可以分为物理改性和化学改性，化学改性中又包括共聚、接枝等多种方法。

接枝改性是指通过化学反应，在高分子的主链上接上组成、结构不同的支链的过程。接枝改性中的接枝率是一个重要的参数，它表征着接枝反应的程度，标志着接枝改性效果的好坏。为此，对高分子材料进行接枝改性时，需要了解接枝率的情况，以控制反应的条件，形成性能优良的改性产物。

某些情况下，高分子接枝率可采用化学分析的方法进行测定。如聚苯乙烯(PS)或聚乙烯醇(PVA)接枝马来酸酐(顺丁烯二酸酐，MAH)后与淀粉共混用作农药的缓释载体的试验中，就可以采用化学分析法测定接枝率的大小。其原理在于接枝的马来酸酐是具有酸性基团的分子链，可以用酸碱滴定法确定其数量，从而可以计算接枝率。

具体实验过程如下：

(1) 配制氢氧化钾乙醇溶液：称取 0.1g 氢氧化钾溶于 10mL 乙醇溶液中，配制出浓度为 0.1786mol/L 的氢氧化钾乙醇溶液；

(2) 配制冰醋酸二甲苯溶液：量取 5mL 冰醋酸，与 45mL 二甲苯混合，配制出浓度为 0.62mol/L 的乙酸二甲苯溶液；

(3) 将 1g 接枝样品溶解于适量的二甲苯中，加热并搅拌，当试样全部溶解后，加入浓度为 0.1786mol/L 的氢氧化钾乙醇溶液 10mL，用浓度为 0.62mol/L 的乙酸二甲苯溶液滴定，用酚酞作指示剂，待中和后按以下公式计算接枝率：

$$M=\frac{(0.1/56-0.62V/1000)\times 98.06}{2m}\times 100\%$$

式中，$V$ 为滴定的乙酸/二甲苯溶液的体积，mL；$m$ 为试样质量，g；0.1 为 KOH 质量，g；0.62 为乙酸/二甲苯溶液的浓度，mol/L；56、98.06 为 KOH、马来酸酐的摩尔质量，g/mol。

除以 2 的原因是每个马来酸酐分枝上有两个可供分析的羧基。

1. 简述化学分析的主要内容。
2. 何谓滴定分析法？按照反应类型，滴定分析主要有哪些方法？
3. 说明酸碱滴定法、络合滴定法、氧化还原滴定法和沉淀滴定法所依赖的反应及特点。
4. 滴定分析法有哪几种滴定方式？各举一例说明。
5. 综合分析各种指示剂的特点、应用与选择原则。

6. 何谓滴定的突跃范围？酸碱滴定突跃范围的大小与哪些因素有关？
7. 对高分子材料进行分析前要做哪些准备工作？目的是什么？
8. 思考用化学分析法测定高分子材料的化学成分的系统性和非系统性方法的区别。
9. 设计一个实验，用化学分析法鉴别 PE、PVC 和 PAN。
10. 思考化学分析法在高分子材料研究中还有哪些应用。

# 第3章 红外光谱法

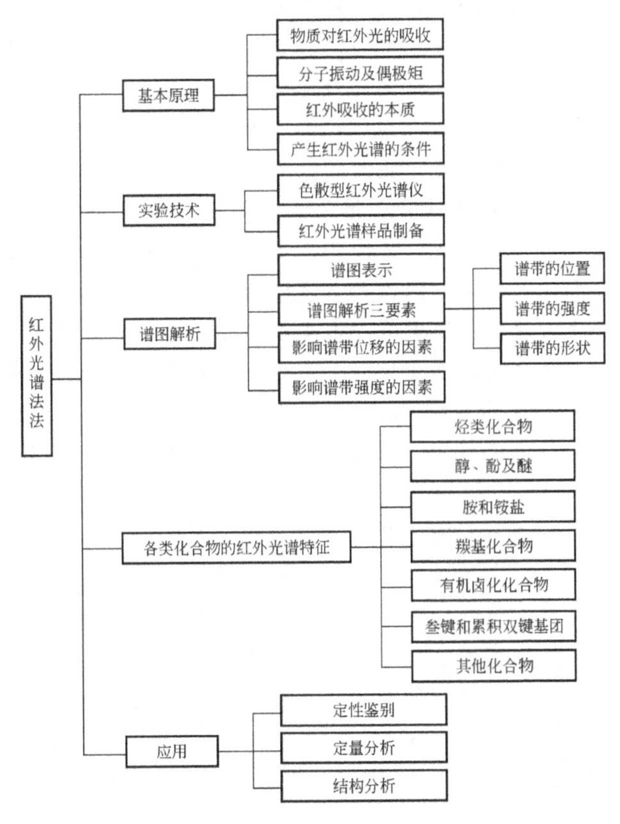


## 本章教学目标与要求

1. 了解物质对光的吸收，熟悉分子振动形式，掌握分子偶极矩及红外吸收的本质，掌握红外光谱产生的条件。
2. 了解傅里叶红外光谱仪的结构及操作，掌握典型的红外光谱样品制备技术。
3. 掌握谱图的表示方法，掌握谱图解析三要素，掌握影响谱带位移和谱带强度的因素。
4. 熟悉各类化合物的红外光谱特征，掌握典型官能团的特征吸收频率。
5. 熟悉红外光谱法在高分子材料研究中的应用。

## 导入案例

### 应用红外光谱进行纺织纤维鉴别

随着人们生活水平的提高，人们对纺织面料的要求也越来越高，不同的纺织纤维织成的纺织面料具有不同的纺织特性，比如棉织物具有吸湿性好、手感柔软、耐碱、光泽柔和、有自然美感等特点；麻织物具有透气、凉爽感、出汗不粘等特点；毛织物的光泽柔和自然、保暖性好、吸汗及透气性较好，穿着舒适；丝织物的特点是富有光泽，有独特“丝鸣感”，手感滑爽，穿着舒适，高雅华贵；天丝织物的特点是色彩鲜艳，穿着舒适。随着化学工业和纺织工业的发展，市场上出现了越来越多的新型衣料，这些衣料中有的是用棉、毛、丝、麻等天然纤维织成的，有的是用人造纤维或合成纤维织成的，还有的是用几种纤维混纺而成的。纤维成分是决定服装纺织品商品价值的一项主要指标，也是消费者投诉率较高的项目，因此是技术监督部门监督检查的主要项目之一。

纤维鉴别包括形态特征鉴别和理化性质鉴别。形态特征鉴别常用显微镜观察法；理化性质鉴别的方法很多，有燃烧法、溶解法、试剂着色法、X射线衍射法等。上述多数纤维成分的鉴别方法只适用于在实验室对纤维进行分析鉴别，这些鉴别方法通常要求对样品进行前处理，属于破坏性试验。因此，为了避免对纤维成分合格的服装和纺织品的损坏，需要一种快速、非破坏性的、实时的检测方法。

现代光谱分析技术，可充分利用全谱段或多波长下的光谱数据进行定性或定量分析。由于光谱分析技术具有速度快、效率高、成本低、非破坏性、实时性、无损检测等特点，已经广泛应用于各个领域。国内外很多学者利用光谱技术进行品种鉴别，如苹果品种、酸奶品种、大黄品种、中药材等。本文提出了一种基于组成分分析与最小二乘支持向量相结合的模式识别方法，用可见和近红外光谱技术研究纤维品种的鉴别。

从超市和厂家获得5种(棉、麻、毛、丝、天丝)纤维，每种纤维的样本都是白色单纤维集合体，每种纤维制备50个样本，将纤维样品放在样品架上，采用漫反射模式采集可见/近红外光谱，光谱扫描稳定后进行光谱数据的采集，扫描次数设为30。保存3条光谱曲线，以其平均光谱作为最终的反射光谱。从全部250个样本中，每个品种随机选择10个共50个样本作为预测集，其余每个品种40个共200个样本作为定标集。

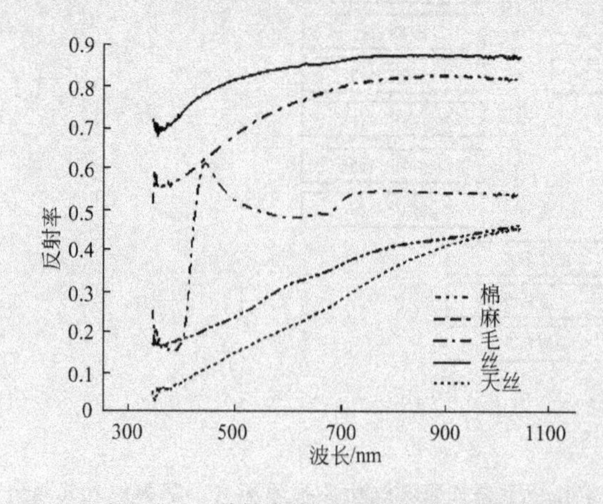


图3.1 5种纤维的可见/近红外光谱图

5种纤维的可见/近红外光谱图如图所示。每种纤维随意选取一条光谱。图中横坐标为光谱波长，采用纤维光谱波长范围350～1050nm，纵坐标为反射率。从图中可以看到各种纤维的可见/近红外光谱特征存在着明显的差别，丝、棉纤维的反射率较高，而毛和麻纤维的反射率比较低，天丝的反射率处于中间，并且它的光谱反射率曲线形状明显地不同于其他4种纤维。

资料来源：吴桂芳．应用可见/近红外光谱进行纺织纤维鉴别的研究．《光谱学与光谱分析》．2010年2月

# 3.1 基本原理

红外光谱(infrared spectroscopy，IR)是研究分子运动的吸收光谱，又称分子光谱。通常，红外光谱是指波长2～25μm的吸收光谱，这段波长范围反映出分子中原子间的振动和变角运动。分子在振动运动的同时还存在转动运动，虽然转动运动所涉及的能量变化较小，处在远红外区，但转动运动影响到振动运动产生偶极矩的变化，因而在红外光谱区实际所测得的谱图是分子的振动与转动运动的加合表现，因此红外光谱又称分子振转光谱。

红外光谱可以应用于化合物分子结构的测定、未知物鉴定以及混合物成分分析。根据光谱中吸收峰的位置和形状可以推断未知物的化学结构；根据特征吸收峰的强度可以测定混合物中各组分的含量；应用红外光谱可以测定分子的键长、键角，从而推断分子的里体构型，判断化学键的强弱等。因此，对于化学工作者来说，红外光谱已经成为一种不可缺少的分析工具。

## 3.1.1 概述

1. 红外光的发现

1800年，英国天文学家F. W. Herschel用温度计测量太阳光可见光区内、外温度时，发现红色光以外“黑暗”部分的温度比可见光部分高，从而意识到在红色光之外，还存在有一种肉眼看不见但具有热效应的光，因此称之为红外光，又称红外线，而对应的这段光区便称为红外光区。

2. 物质对红外光的选择性吸收

接着，Herschel在温度计前放置了一个水溶液，结果发现温度计的示值下降，这说明溶液对红外光具有一定的吸收。然后，他用不同的溶液重复了类似的实验，结果发现不同的溶液对红外光的吸收程度是不一样的。Herschel意识到这个实验的重要性，于是，他固定用同一种溶液，改变红外光的波长做类似的实验，结果发现，同一种溶液对不同的红外光也具有不同程度的吸收，也就是说，对某些波长的红外光吸收得多，而对某些波长的红外光却几乎不吸收，所以说，物质对红外光具有选择性吸收。

显然，如果用一种仪器把物质对红外光的吸收情况记录下来，这就是该物质的红外吸收光谱图，横坐标是波长，纵坐标为该波长下物质对红外光的吸收程度。

由于物质对红外光具有选择性的吸收，因此，不同的物质便有不同的红外吸收光谱图，所以，我们便可以从未知物质的红外吸收光谱图反过来求证该物质究竟是什么物质。这正是红外光谱定性的依据。

3. 红外吸收光谱区域

红外区是电磁波总谱中的一部分，它在可见光区和微波区之间，波长范围为0.75～1000μm。根据实验技术和应用的不同，红外区又可进一步分成三个区。

(1) 近红外区：此区波长范围为0.75～2μm，适于天然有机物(油、糖、蛋白质、氨基酸、天然橡胶等)的定量分析。主要用于测定含—OH，—NH 或—CH 的水、醇、酚、胺及不饱和碳氢化合物。

(2) 中红外区：此区波长范围为 2～25μm，又称基频红外区，在有机结构和组成分析中用得最多，地位非常重要。绝大多数有机化合物和无机化合物的基频吸收都落在这一区域。

(3) 远红外区：此区波长范围为 25～1000μm，适于元素有机物(除 H、O、N、S 和 X 以外元素与 C 直接结合成键的有机化合物)的分析。主要用于测定骨架弯曲振动及有机金属化合物等重原子振动。

### 3.1.2 分子振动及偶极矩

1. 分子振动

1) 分子振动方程式

分子振动可以近似地看作是分子中的原子以平衡点为中心，以很小的振幅做周期性的振动，这种分子振动的模型可以用经典的力学方法模拟，如图 3.2 所示。对双原子分子而言，可以把它看成一个失重的弹簧连着两个质量分别为 $m_1$ 和 $m_2$ 的小球，弹簧的长度代表分子化学键的长度。这个体系的振动频率取决于弹簧的强度，即化学键的强度和小球的质量。其振动是在连接两个小球的键轴方向发生的。根据经典力学原理，此简谐振动遵循胡克定律。

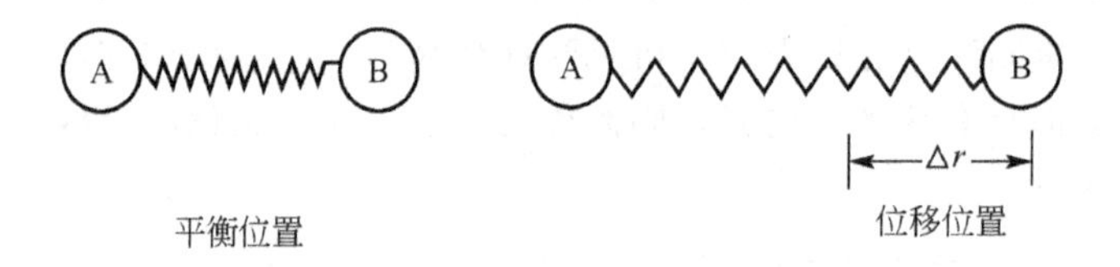


图 3.2 双原子分子振动时原子的位移

由胡克定律有

$$F=-kx \tag{3-1}$$

式中，$k$ 为弹簧的力常数；$x$ 为谐振子位移的距离。

对分子来说，$k$ 就是化学键的力常数，$x$ 是原子位移的距离。根据牛顿第二定律有

$$F=ma=m\frac{\mathrm{d}^2x}{\mathrm{d}t^2} \tag{3-2}$$

将式(3-1)代入式(3-2)，得

$$m\frac{\mathrm{d}^2x}{\mathrm{d}t^2}=-kx \tag{3-3}$$

解此微分方程，得

$$x=A\cos(2\pi\nu t+\phi) \tag{3-4}$$

式中，$A$ 为振幅；$\nu$ 为振动频率。

将式(3-3)对 $t$ 积分两次再代入式(3-2)，可解出

$$\nu=\frac{1}{2\pi}\sqrt{\frac{k}{m}} \tag{3-5}$$

对于双原子分子来说，用折合质量 $\mu$ 代替 $m$，得

$$\nu=\frac{1}{2\pi}\sqrt{\frac{k}{\mu}} \tag{3-6}$$

式中，$\mu$ 为折合质量，$\mu=\frac{m_1 m_2}{m_1+m_2}$；$k$ 为化学键力常数(相当于弹簧的胡克常数)，单位为 $N\cdot m^{-1}$ 或 $g\cdot s^{-2}$；$\nu$ 为振动频率。

一般来说，单键的 $k=(4\times10^5\sim6\times10^5)g\cdot s^{-2}$；双键的 $k=(8\times10^5\sim12\times10^5)g\cdot s^{-2}$；叁键的 $k=(12\times10^5\sim20\times10^5)g\cdot s^{-2}$。

2）简正振动

双原子分子的振动只发生在连接两个原子的直线上，并且只有一种振动方式，而多原子分子则有多种振动方式。假设分子由 $n$ 个原子组成，每一个原子在空间都有 3 个自由度，则分子有 $3n$ 个自由度。非线性分子的转动有 3 个自由度，线性分子则只有 2 个转动自由度，因此非线性分子有 $3n-6$ 种基本振动，而线性分子有 $3n-5$ 种基本振动。

分子中任何一个复杂振动都可以看成是不同频率的简正振动的叠加。简正振动是指这样一种振动状态，分子中所有原子都在其平衡位置附近做简谐振动，其振动频率和位相都相同，只是振幅可能不同，即每个原子都在同一瞬间通过其平衡位置，且同时到达最大位移值，每一个简正振动都有一定的频率，称为基频。$H_2O$ 和 $CO_2$ 的简正振动如图 3.3 和图 3.4 所示。

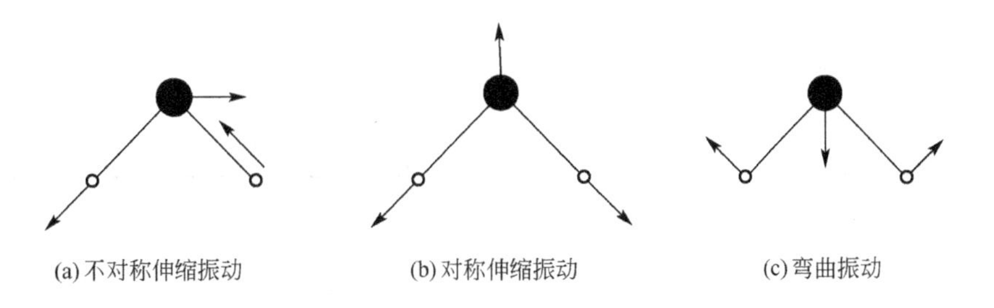


**图 3.3 $H_2O$ 分子的三种简正振动方式**

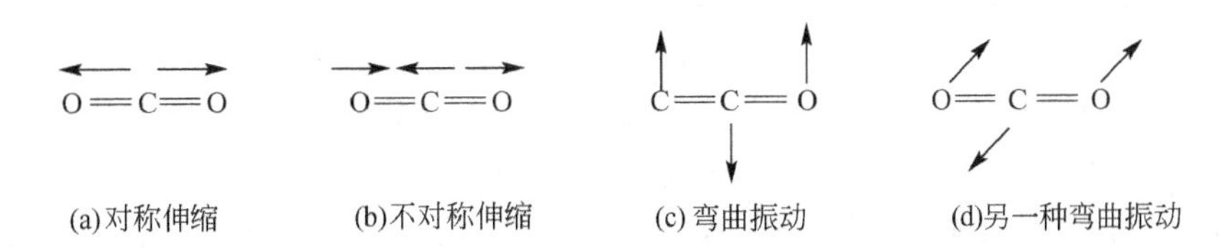


**图 3.4 $CO_2$ 分子的四种简正振动方式**

3）分子的振动形式

分子的基本振动形式有六种，以亚甲基为例列于表 3-1 中。

表 3-1 亚甲基的基本振动形式

| 振动模式 | | 代号 | | 示意图 | 亚甲基键的变化 |
| --- | --- | --- | --- | --- | --- |
| 伸缩 | 对称伸缩 | $\nu$ | $\nu_s$ | 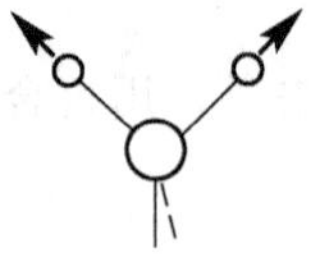 | 改变键长 |
| | 不对称伸缩 | | $\nu_{as}$ | 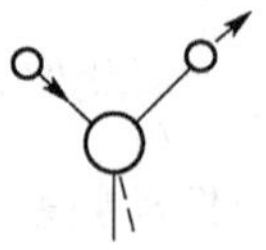 | |
| 弯曲(变形) | 面内弯曲(剪式) | $\delta$ | $\delta$ | 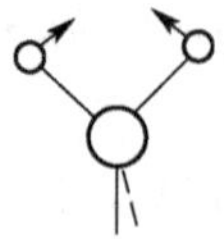 | 改变键角 |
| | 面外弯曲(扭绞) | | $t$ | 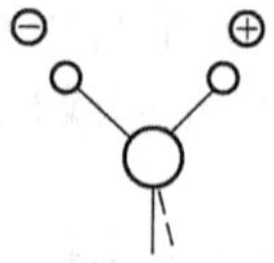 | |
| 摇摆 | 面内摇摆 | $r$ | $r$ | 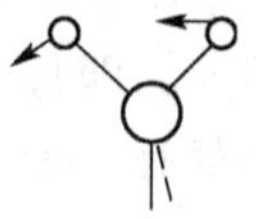 | 键长和键角都不变 |
| | 面外摇摆 | | $w$ | 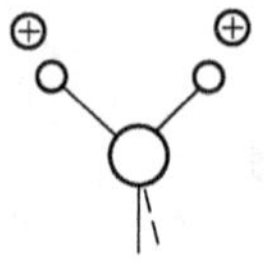 | |

2. 偶极矩

分子从整体而言，呈电中性。由于构成分子的各原子的电负性(原子在分子中对成键电子的吸引能力)不同，因此，分子呈现不同的极性(指一根共价键或一个共价分子中电荷分布的不均匀性)，以偶极矩表示，其计算公式为

$$\mu = r \times q \tag{3-7}$$

即偶极矩 $\mu$ 是正负电荷中心间距离 $r$ 与电荷所带电量 $q$ 的乘积，单位为 D(德拜)。它是一个矢量，可用它表示极性大小。通常偶极矩越大，极性越强。

偶极矩又分键偶极矩和分子偶极矩。分子偶极矩是键偶极矩经矢量相加后得到的。

根据偶极矩还可判断分子的空间构型。如：同属 $AB_2$ 型分子，$CO_2$ 的 $\mu=0$，可判断其结构对称，是直线型的；而 $H_2O$ 的 $\mu\neq0$，可判断其结构不对称，是折线型的。

### 3.1.3 红外光谱的产生

1. 红外吸收的本质

分子内原子不停地振动，振动时，正负电荷所带电量不变，但其中心距离发生变化，因此分子偶极矩发生变化。对称分子由于正负电荷中心重叠，$r=0$，因此对称分子中原子振动不会引起偶极矩的变化。

当用波长连续变化的红外光照射分子时，与分子振动频率相同的特定波长的红外光被吸收，即产生了共振。光的辐射能通过分子偶极矩的变化传递给分子，此时，分子中某种基团就吸收了相应频率的红外辐射，从基态振动能级跃迁到较高的振动能级，即从基态跃迁到激发态，从而产生红外吸收。如果红外光的振动频率和分子中各基团的振动频率不符合，该部分的红外光就不会被吸收。

红外光照射到样品时，分子吸收的红外光能量为

$$E_{吸}=h\nu=hc/\lambda$$

将红外光 $\lambda=(0.75\sim1000)\mu m$，$c=3\times10^{8}m/s$，$h=6.63\times10^{-34}J\cdot s=4.1\times10^{-15}eV\cdot s$ 代入上式得

$$E_{吸}=hc/\lambda=1.2\times10^{-3}eV\sim1.6eV$$

分子吸收光子后，依光子能量的大小可引起分子转动、振动和电子能阶的跃迁等。电子跃迁的能量 $E_{e}=(1\sim20)eV$，分子振动的能量 $E_{v}=(0.05\sim1)eV$，分子转动的能量 $E_{r}=(10^{-4}\sim0.05)eV$。由此可看出，红外光谱就是由分子的振动和转动引起的，因而又称振-转光谱。

正常情况下，分子振动大多处于基态，被红外辐射激发后，跃迁到第一激发态，这种跃迁所产生的红外吸收称为基频吸收。在红外吸收光谱中，大部分吸收都属于基频吸收。

除了基频振动外，还可能得到其他频率的吸收，它们来自：

(1) 合频频率 $\nu_{m}+\nu_{n}$，同时激发了两个基频到激发态。合频又称组频。

(2) 差频 $\nu_{m}-\nu_{n}$，一个振动模式由基态到激发态，同时另一个振动模式从激发态回到基态。

(3) 倍频 $2\nu$，$3\nu\cdots$，由基态到第二激发态、第三激发态…的跃迁。由于跃迁是量子化的，所以吸收的频率是基频的整数倍。

合频和倍频属同一数量级，出现在高频区；而差频很弱，不易观察。

2. 产生红外光谱的条件

显然，并不是每种振动都能和红外辐射发生相互作用而产生红外吸收光谱。那么，要产生红外吸收必须具备哪些条件呢？实验证明，红外光照射分子，引起振动能级的跃迁，从而产生红外吸收光谱，必须具备以下两个条件：

(1) 红外辐射应具有恰好能满足能级跃迁所需的能量，即物质的分子中某个基团的振动频率应正好等于该红外光的频率。因为分子运动的能量是量子化的，所以被分子吸收的光子其能量必须等于分子动能的两个能级之差，否则不能被吸收。或者说，当用红外光照射分子时，如果红外光子的能量正好等于分子振动能级跃迁时所需的能量，则可以被分子

所吸收，这是红外光谱产生的必要条件。

(2) 物质分子在振动过程中应有偶极矩的变化，也就是说，只有能引起分子偶极矩变化的振动才能产生红外吸收光谱，这是红外光谱产生的充分条件。因此，只有极性分子才有红外吸收光谱，非极性分子没有红外吸收光谱。因为对称分子如 $N_2$、$O_2$、$CO_2$ 等，其正负电荷中心重叠，原子振动没有偶极矩变化，故不吸收红外辐射，不产生吸收光谱。

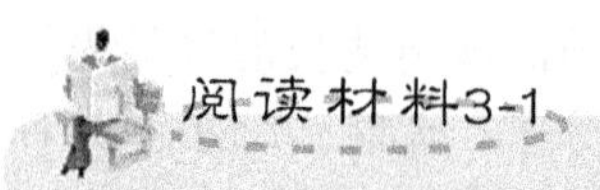


**红外技术在砂塑复合材料研究中的应用**

红外光谱是物质分子受红外光照后，分子吸收部分红外光，使分子中原子的振动能级和转动能级跃迁而产生的分子吸收光谱。红外技术在有机物结构测定中获得广泛应用，原因之一就是因为红外光谱对有机或无机化合物的定性分析具有鲜明的特征性。每一功能基和化合物都具有其特异的光谱，其谱带的数目、频率、带形和强度均随化合物及其聚集态的不同而异，因此根据化合物的光谱，就可以像辨认人的指纹一样，找出该化合物或其功能基。

砂塑复合材料是利用铸造废砂、废塑料制造的一种新型材料。用偶联剂处理填料表面，可以使复合材料的强度得到提高。偶联剂是具有两性结构的物质，其分子中的一部分基团可与无机填料表面的各种官能团反应，形成强有力的化学键合；另一部分基团可与有机高分子发生某些化学反应或物理缠绕，从而把两种性质差异很大的材料牢固结合起来，形成综合性能比较好的复合材料。偶联剂作用于填料或基体表面，如果发生化学反应，则必然伴随着基团或结构的变化，或者产生新的化学物质。通过红外光谱，这些变化可以很方便地显示出来。红外光谱为研究偶联剂的作用提供了一种很方便的手段。

在红外光谱图中，波数 4000～1333$cm^{-1}$ 区域称为基团频率区或官能团吸收频率区，在此区域内显示的吸收谱带，能反映某些官能团的存在。在 1333～650$cm^{-1}$ 一段则反映化学结构，化学结构不同，光谱也不同，这一段称为“指纹区”，在此区域内，也有一些重要的基团频率出现，可以判属其种类。总之，某些基团如果由于化学反应而产生或消失，在红外光谱图中可以看到其特征吸收峰的产生或消失，通过对比钛酸酯偶联剂和硅烷偶联剂与 $SiO_2$ 作用后的谱图，根据某些特征吸收峰的产生或消失，可以了解偶联剂和 $SiO_2$ 之间是否产生了化学反应，进而证明偶联剂对填料的作用。

➡ 资料来源：罗仕威．红外技术在砂塑复合材料研究中的应用．昆明工学院学报．1991.10.

## 3.2 实验技术

### 3.2.1 红外光谱仪

目前生产和使用的红外光谱仪主要有色散型和干涉型两大类。

1. 色散型红外光谱仪

色散型红外光谱仪的主要缺点是扫描速度太慢，信号弱，痕量组分的分析困难。

1）工作原理

色散型红外光谱仪，又称传统红外光谱仪或经典红外光谱仪，它主要由光源、样品池、单色器、检测器、放大器及记录装置五个部分组成，如图 3.5 所示。

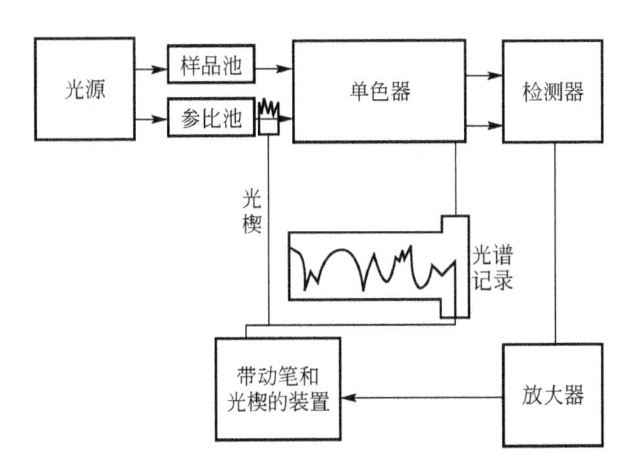


图 3.5　双光束红外分光光度计简图

从光源发出的红外光分为两束，一束通过参比池，然后进入单色器内有一个以一定频率转动的扇形镜，扇形镜每秒旋转 13 次，周期性地切割两束光，使样品光束和参比光束每隔 1/13s 交替进入单色器的棱镜或光栅，经色散分光后最后到检测器。随着扇形镜的转动，检测器就交替地接受两束光。

光在单色器内被光栅或棱镜色散成各种波长的单色光，从单色器发出波长为某频率的单色光。假定该单色光不被样品吸收，此两束光的强度相等，则检测器不产生交流信号。改变波长，若该波长下的单色光被样品吸收，则两束光强度就有差别，就在检测器上产生一定频率的交流信号(其频率决定于扇形镜的转动频率)，通过放大器放大，此信号带动可逆电动机，移动光楔进行补偿。样品对某一频率的红外光吸收越多，光楔就越多地遮住参比光路，即把参比光路同样程度地减弱，使两束光重新处于平衡。

样品对于各种不同波长的红外光吸收有多少，参比光路上的光楔也相应地按比例移动，以进行补偿。记录笔是和光楔同步的，记录笔就记录下样品光束被样品吸收后的强度——百分透射比，作为纵坐标直接被描绘在记录纸上。

单色器内的光栅或棱镜可以移动以改变单色光的波长，而光栅或棱镜的移动与记录纸的移动是同步的，这就是横坐标。这样在记录纸上就描绘出纵坐标(透光度)对横坐标(波长或波数)的红外吸收光谱图。

2）主要部件

(1) 光源

红外光源应是能够发射高强度的连续红外光的物体。常用的光源如表 3－2 所示。下面介绍最常用的两种红外光源：能斯特灯和硅碳棒。

表 3-2　红外光谱的常见光源

| 名称 | 适用波长范围/$cm^{-1}$ | 说明 |
|---|---|---|
| 能斯特(Nernst)灯 | 5000～400 | $ZrO_2$、$ThO_2$ 等烧结而成 |
| 碘钨灯 | 10000～5000 | — |
| 硅碳棒 | 5000～200 | FTIR，需用水冷或风冷 |
| 炽热镍铬丝圈 | 5000～200 | 风冷 |
| 高压汞灯 | <200 | FTIR，用于远红外光区 |

① 能斯特灯。能斯特灯是一直径为 1～3mm，长为 2～5cm 的中空棒或实心棒，由稀有金属锆、钇、铈或钍等氧化物的混合物烧结制成，在两端绕有铂丝及电极。此灯的特性是室温下不导电，加热至 800℃变成导体，开始发光，因此工作前需预热，待发光后立即切断预热器的电流，否则容易烧坏。能斯特灯的优点是发出的光强度高，工作时不需要用冷水夹套来冷却；缺点是机械强度差，稍受压或扭动会损伤。

② 硅碳棒。硅碳棒光源一般制成两端粗中间细的实心棒，中间为发光部分，直径约为 5cm，长约 5cm，两端粗是为了降低两端的电阻，使之在工作状态时两端呈冷态。和能斯特灯相比，其优点是坚固、寿命长、发光面积大。另外，由于它在室温下是导体，工作前不需预热。其缺点是工作时需要水冷却装置，以免放出大量热影响仪器其他部件性能。

(2) 样品池

红外光谱仪的样品池一般为一个可插入固体薄膜或液体池的槽，如果需要对特殊的样品(如超细粉末)进行测定，则需要装配相应的附件。

(3) 单色器

单色器由狭缝、准直镜和色散元件(光栅或棱镜)通过一定的排列方式组合而成，它的作用是把通过吸收池而进入入射狭缝的复合光分解成为单色光照射到检测器上。

① 棱镜。早期的仪器多采用棱镜作为色散元件。棱镜由红外透光材料如氯化钠、溴化钾等盐片制成。盐片棱镜由于盐片易吸湿而使棱镜表面的透光性变差，且盐片折射率随温度增加而降低，因此要求在恒温、恒湿房间内使用。近年来已逐渐被光栅所代替。

② 光栅。在金属或玻璃坯子上的每毫米间隔内刻画数十条甚至上百条的等距离线槽而构成光栅。当红外光照射到光栅表面时，产生乱反射现象，由反射线间的干涉作用而形成光栅光谱。各级光栅相互重叠，为了获得单色光必须滤光，方法是在光栅前面或后面加一个滤光器。

(4) 检测器

红外分光光度计的检测器主要有高真空热电偶、测热辐射计。此外还有可在常温下工作的硫酸三甘肽(TGS)热电检测器和只能在液氮温度下工作的碲镉汞(MCT)光电导检测器等。下面只介绍前两种。

① 高真空热电偶。它是根据热电偶的两端点由于温度不同产生温差热电势这一原理，让红外光照射热电偶的一端。此时，两端点间的温度不同，产生电势差，在回路中有电流通过，而电流的大小则随照射的红外光的强弱而变化，为了提高灵敏度和减少热传导的损失，热电偶是密封在一个高真空的容器内。

② 测热辐射计。它是以很薄的热感元件做受光面，装在惠斯特电桥的一个臂上，当

光照射到受光面上时，由于温度的变化，热感元件的电阻也随之变化，以此实现对辐射强度的测量。但由于电桥线路需要非常稳定的电压，因而现在的红外分光光度计已很少使用这种检测器。

（5）放大器及记录装置

由检测器产生的电信号是很弱的，如热电偶产生的信号强度约为 $10^{-9}$ V，此信号必须经电子放大器放大。放大后的信号驱动光楔和马达，使记录笔在记录纸上移动。

色散型红外分光光度计按照其结构的简繁、可测波数范围的宽窄和分辨本领的大小，可分为简易型和精密型两种类型。前者只有一只氯化钠棱镜或一块光栅，因此测定波数范围较窄，光谱的分辨率也较低。为克服这两个缺陷，较早的大型精密红外分光光度计一般备有几个棱镜，在不同光谱区自动或手动更换棱镜，以获得宽的扫描范围和高的分辨能力。目前精密型红外分光光度计已采用闪耀光栅作色散元件，利用数块光栅自动更换，可使测定的波数范围扩大到微波区，而且获得了更高的分辨率。

2. 傅里叶变换红外光谱仪

傅里叶变换红外光谱仪(FTIR)是红外光谱仪器的第三代。早在20世纪初，人们就意识到由迈克尔逊干涉仪所得到的干涉图，虽然是时域(或距离)的函数，但这一时域干涉图却包含了光谱的信息。到20世纪50年代由P. Fellgett首次对干涉图进行了数学上的傅里叶变换计算，把时域干涉图转换成了人们常见的光谱图。由于傅里叶变换的数学计算量太大，从而限制了这一新技术的应用。直到1964年，由库得利、图基两人研究并得到了傅里叶变换的快速计算方法后，才使傅里叶变换红外光谱仪迅速变成了商品仪器。

傅里叶变换红外光谱仪具有大能量输出、高信噪比、高波数精度及快速扫描等优点，现已得到相当广泛的应用。

1）工作原理

FTIR仪器主要由迈克尔逊干涉仪和计算机两部分组成。FTIR仪器整机原理如图3.6所示。

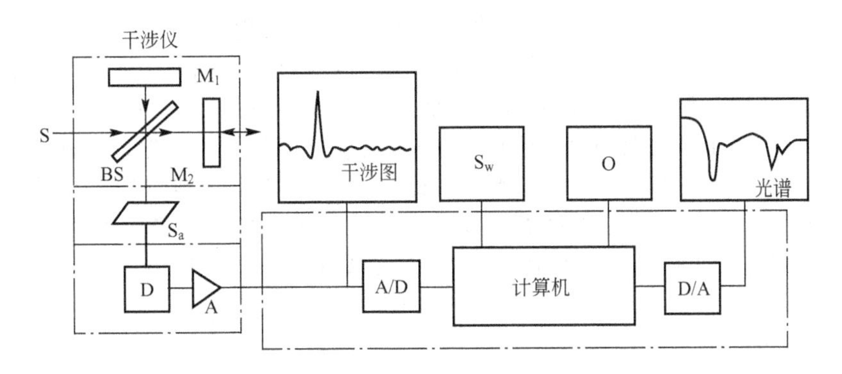


**图3.6 傅里叶变换红外光谱仪工作原理示意图**

S—光源；$M_1$—定镜；$M_2$—动镜；BS—分束器；D—探测器；$S_a$—样品；

A—放大器；A/D—模数转换器；D/A—数模转换器；$S_w$—键盘；O—外部设备

由红外光源S发出的红外光经准直为平行红外光束进入干涉仪系统，经干涉仪调制后得到一束干涉光。干涉光通过样品 $S_a$，获得含有光谱信息的干涉信号到达探测器D上，由D将干涉信号变为电信号。此处的干涉信号是一时间函数，即由干涉信号绘出的干涉图，其横坐标是动镜移动时间或动镜移动距离。这种干涉图经过A/D转换器送入计算机，由计算机进行傅里叶变换的快速计算，即可获得以波数为横坐标的红外光谱图。然后通过D/A转换器送入绘图仪从而绘出人们十分熟悉的标准红外光谱图。

目前FTIR仪器基本上为双光道单光束仪器，即干涉光反射镜可分为前光束光道和后光束光道，使用时仅用一光道。由于干涉信号是时域函数，加之计算机快速采样后，将样品光束信号同参比光束信号(可以空白参比，也可加入人为参比)进行快速比例计算，可以获得类似于双光束光学零位法的效果。

2）主要部件

(1) 光源

傅里叶变换红外光谱仪要求光源能发射出稳定、能量强、发散度小的具有连续波长的红外光。通常使用能斯特灯、硅碳棒或涂有稀土化合物的镍铬旋状灯丝。

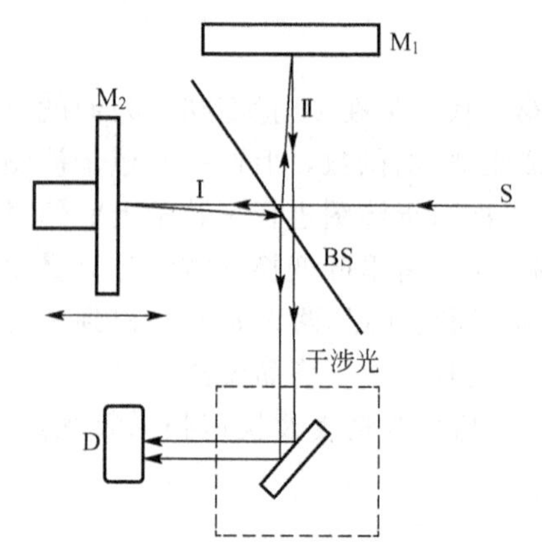


图3.7　迈克尔逊干涉仪示意图

(2) 迈克尔逊干涉仪

FTIR仪器的核心部分是迈克尔逊干涉仪，如图3.7所示。它由定镜、动镜、分束器和探测器组成。定镜和动镜相互垂直放置，定镜$M_1$固定不动，动镜$M_2$可沿图示方向平行移动，再放置一呈45°角的分束器BS(由半导体锗和单晶KBr组成)，BS可让入射的红外光一半透光，另一半被反射。当S光源的红外光进入干涉仪后，透过BS的光束Ⅰ入射到动镜表面，另一半被BS反射到定镜上称为Ⅱ，Ⅰ和Ⅱ又被动镜和定镜反射回到BS上(图上为便于理解绘成双线)。同样原理又被反射和透射到探测器D上。

如果进入干涉仪的是波长为$\lambda$的单色光，开始时，因$M_1$和$M_2$与分束器BS的距离相等(此时$M_2$又称零位)，Ⅰ光束和Ⅱ光束到达探测器时位相相同，发生相长干涉，亮度最大。当动镜$M_2$移动到入射光的$1/4\lambda$距离时，则Ⅰ光的光程变化为$1/2\lambda$，在探测器上两光束的位相差为180°，则发生相消干涉，亮度最小。当动镜$M_2$移动$1/4\lambda$的奇数倍，即Ⅰ光和Ⅱ光的光程差$X$为$\pm 1/2\lambda$，$\pm 3/2\lambda$，$\pm 5/2\lambda$，…，时(正负号表示动镜由零位向两边的位移)，都会发生这样的相消干涉。同样，动镜$M_2$移动$1/4\lambda$的偶数倍时，则会发生相长干涉。因此，当动镜$M_2$匀速移动时，也就是匀速连续改变两光束的光程差，就会得到如图3.8所示的干涉图。当入射光为连续波长的多色光时，便可得到如图3.9所示有极大中心并向两边衰减的对称干涉图。

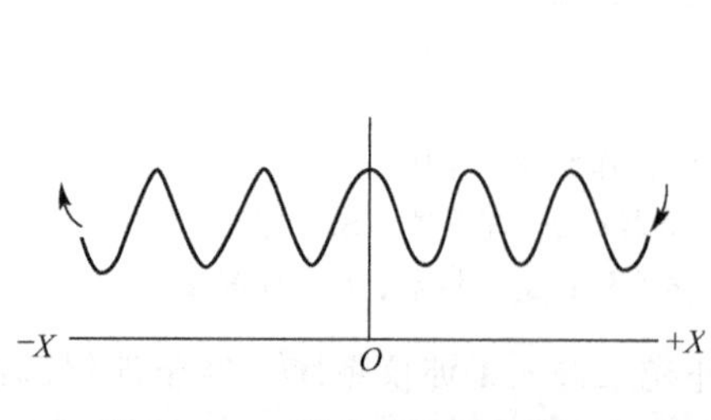


图3.8　单色光的干涉图

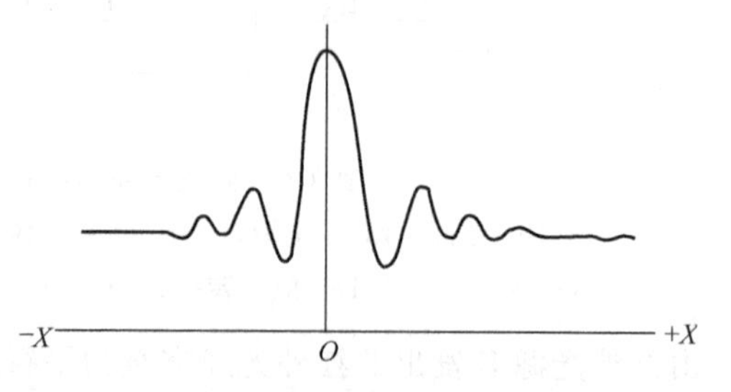


图3.9　多色光的干涉图

在迈克尔逊干涉仪中，核心部分是分束器，简称BS，其作用是使进入干涉仪中的光一半透射到动镜上，一半反射到定镜上。然后再返回到BS上，形成干涉光后送到样品上。不同红外光谱范围所用的BS不同。BS价格昂贵，使用中要特别予以保养。

（3）检测器

一般可分为热检测器和光检测器两大类。热检测器的工作原理是：把某些热电材料的晶体放在两块金属板中，当光照射到晶体上时，晶体表面电荷分布变化，由此可以测量红外辐射的功率。热检测器有氘化硫酸三甘钛(DTGS)、钽酸锂($LiTaO_3$)等类型。

光检测器的工作原理是：某些材料受光照射后，导电性能发生变化，由此可以测量红外辐射的变化。最常用的光检测器有锑化铟、汞镉碲(MCT)等类型。

（4）记录系统(红外工作软件)

傅里叶变换红外光谱仪红外谱图的记录、处理一般都是在计算机上进行的。目前国内外都有比较好的工作软件，如美国PE公司的Spectrum v3.01，它可以在软件上直接进行扫描操作，可以对红外谱图进行优化、保存、比较、打印等。此外，仪器上的各项参数可以在工作软件上直接调整。

3）FTIR的优点

（1）具有扫描速度极快的特点，一般在1s内即可完成光谱范围的扫描，扫描速度最快可以达到60次/s；

（2）光束全部通过，辐射通量大，检测灵敏度高；

（3）具有多路通过的特点，所有频率同时测量；

（4）具有很高的分辨能力，在整个光谱范围内分辨率达到0.1$cm^{-1}$是很容易做到的；

（5）具有极高的波数准确度，若用He－Ne激光器，可提供0.01$cm^{-1}$的测量精度；

（6）光学部件简单，只有一个可动镜在实验过程中运动。

### 3. 红外光谱仪的使用及日常维护

目前国内外的红外光谱仪有多种型号，性能各异，但实际操作步骤基本相似。下面以PE公司Spectrum XIFTIR为例说明红外光谱仪的使用。

1）使用方法

（1）接通电源，预热20min；

（2）恢复出厂设置(press restore＋setup＋factory)；

（3）扫描背景(press scan＋backg＋1)；

（4）扫描样品(press scan＋X＋1)；

（5）打印红外图谱(press plot or print)(或将其存入软盘，然后在计算机上处理图谱)；

（6）恢复出厂设置(press restore＋setup＋factory)；

（7）关闭电源；

（8）清理实验台，填写仪器使用记录。

2）日常维护

（1）红外光谱实验室要求温度适中，湿度不得超过60%，为此，要求实验室应装配空调和除湿机。

（2）仪器应放在防振的台子上或安装在振动甚少的环境中。

（3）仪器使用的电源要远离火花发射源和大功率磁电设备，采用电源稳压设备，并应设置良好的接地线。

(4) 仪器在使用过程中，对光学镜面必须严格防尘、防腐蚀，并且要特别防止机械摩擦。

(5) 光源使用温度要适宜，不得过高，否则将缩短其寿命；更换、安装光源时要十分小心，以免光源受力折断。

(6) 各运动部件要定期用润滑油润滑，以保持运转轻快。

(7) 仪器长期不用，再用时要对其性能进行全面检查。

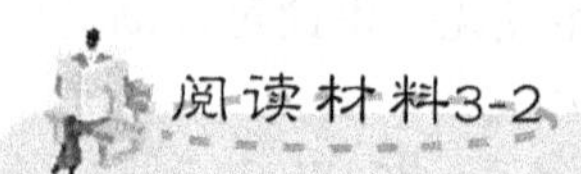


**用傅里叶变换红外光谱技术研究聚合物表面结构**

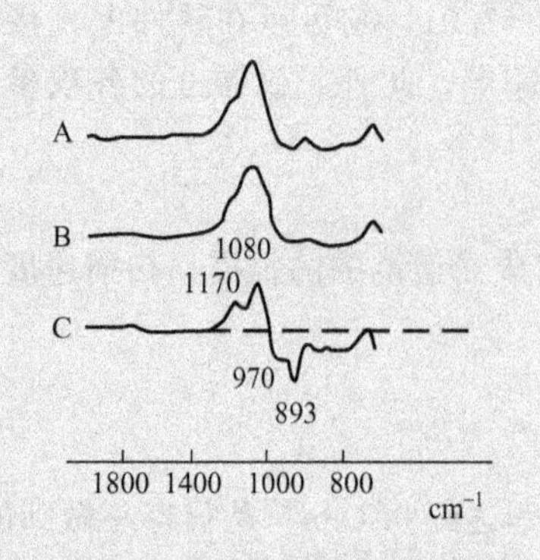


**图 3.10 用硅氧烷偶联剂水解体处理的 Cab—O—Si 的 FTIR 光谱图**

A—Cab—O—Si 与乙烯基三甲氧基硅水解体的混合物；

B—对样品加热至 150℃，保持 30min；

C—差减谱(B－A)

对于透明的样品，透射光谱仍然是最常用的表征方法。为了消除样品本体的贡献，可以用 FTIR 的程序进行光谱相减。图 3.10 所示为将此项技术应用于研究硅烷偶联剂与硅石界面上发生的化学反应。尽管二氧化硅对红外光有强烈的吸收，而参加界面反应的分子数又极少，但差减谱仍然显示了反应前后结构的差别。

由于加热前后的硅石、偶联剂的数量都没有改变，所以图 3.10 中光谱 A 与 B 似乎没有区别。但差减谱 C 中的负的吸收峰，清楚地表明了硅石表面的 SiOH($970cm^{-1}$)与偶联剂的 SiOH($830cm^{-1}$)已经参加了反应，正的吸收峰(1170 和 $1080cm^{-1}$)显示了在界面上的 Si—O—Si 键，从而证实了偶联剂与硅石之间存在着化学键合。

**资料来源：薛奇．用傅里叶变换红外光谱技术研究聚合物表面结构．高分子材料科学与工程．**

### 3.2.2 样品制备

1. 样品制备的要求

(1) 试样应该是单一组分的纯物质，纯度应大于98%或符合商业标准。多组分样品应在测定前用分馏、萃取、重结晶、离子交换或其他方法进行分离提纯，否则各组分光谱相互重叠，难以解析。

(2) 试样中应不含游离水。水会产生极大的红外吸收，严重干扰试样谱图，还会浸蚀吸收池的盐窗。

(3) 试样厚度(浓度)应选择适当。如果试样太薄，产生的红外光谱的吸收峰会很弱，有些峰甚至会被基线噪声所掩盖。反之，如果试样太厚，吸收峰变高、变宽，甚至会产生截顶。

理想的谱图应有2～3个强峰接近100%的吸收，大多数峰的透射比在10%～80%范围内。相应的样品适当厚度为10～30μm。根据不同的高分子，所控制的样品厚度会有所不同，比如含氧基团的吸收很强，因而含氧高分子的厚度不应超过30μm；另一方面饱和聚烯烃则可以稍厚一些，控制在300μm以下，才有理想的谱图。

(4) 试样表面对红外光应无反射。一般表面反射的能量损失为百分之几，但在强谱带附近可达15%以上。尤其是低频一侧，由于样品的折射率变得很大，从而使折射和反射大为增加。为了改进光谱质量，可以在参比光路中放入一个组分相同但厚度薄得多的样品，这样可以有效地补偿由于反射而引起的谱带变形。

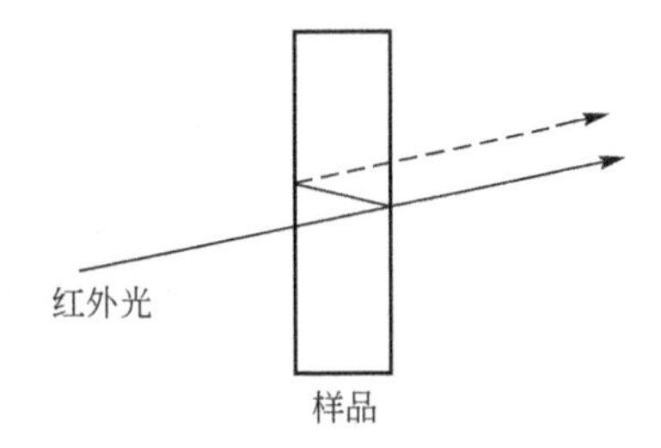

图3.11 干涉条纹产生原因示意图

反射对光谱的另一种干扰是干涉条纹。由于样品直接透射的光和经样品内、外表面两次反射后再透射的光存在光程差，从而在光谱中出现等波数间隔的干涉条纹，如图3.11所示。这种影响在长波(即低频)区尤为突出。消除干涉条纹的常用方法是使样品表面变粗糙，可用楔形薄膜或在样品表面涂上一层折射率相近的红外“透明”物质(如石蜡油和全氟煤油)。

2. 样品的预处理

由于高分子材料的复杂性，经常要将试样进行预处理后才能按上述各方法进行制样。预处理的方法大致可分为以下三类。

1) 分离和纯化

一般情况下必须先用溶解—沉淀法、萃取法、真空蒸馏法等方法对高分子样品进行分离和纯化，或利用气相色谱、凝胶渗透色谱等仪器分离样品，然后再分别测定高分子和添加剂。

当添加剂含量很少时，有时不分离也可直接测定；少数情况下不分离也可测定添加剂。一个成功的例子是测定聚乙烯中的抗氧剂2-羟基-4-正辛氧基苯酮(含0.1%～1%)，方法是用无添加剂的聚乙烯楔形样品在参比光路上做补偿。在傅里叶变换红外光谱仪上，利用差示光谱技术也能方便地测定未分离高分子样品中的添加剂，如聚氯乙烯中的增塑剂。

2) 热裂解

对于不溶不熔的高分子材料，如交联的树脂、橡胶以及高度填充的聚合物，有时不得不用热裂解的方法。由于很多高聚物裂解产物的红外光谱与原高聚物的红外光谱相似，因此仍可辨认。但也有许多完全不一样的，必须用标准样品的光谱图进行比较。

裂解可在一般试管中进行，取试管上部冷凝的裂解液体分析。试样若能预先进行适当分离，如橡胶用丙酮萃取过，可减少干扰。

3) 化学处理

高分子薄膜经化学处理后再用红外检测，若某官能团(如羟基、羰基、胺基、酰胺基、腈基、酯基、羧基、芳基、亚甲基、叔丁基或端乙烯基等)的吸收峰，在化学处理后的红外光谱中消失或被其他官能团的吸收峰取代，可以证明该官能团的存在。例如图3.12显示了丙烯酸-偏氯乙烯共聚物暴露于氨蒸气后红外光谱的变化。羧酸羰基伸缩振动的 $1715cm^{-1}$ 和 $1740cm^{-1}$ 消失了，而出现的羧酸盐的谱带是 $1570cm^{-1}$，这一变化足以表明共聚物中含有羧酸基团。

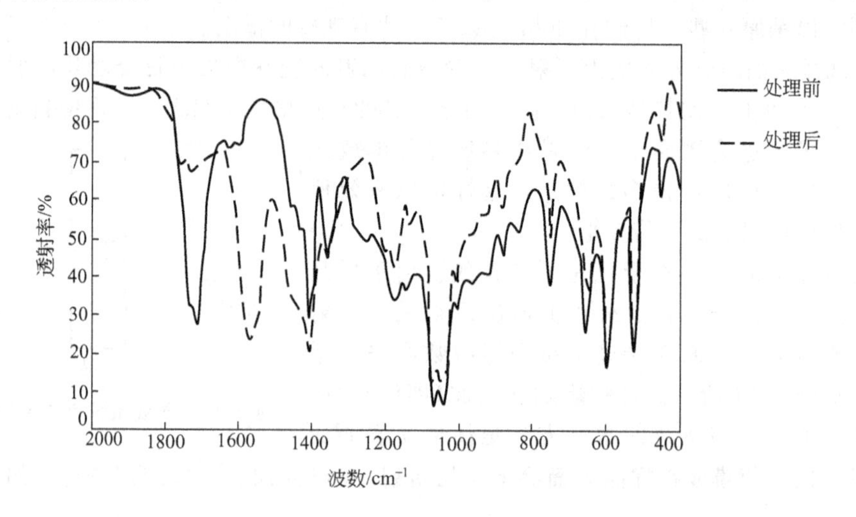


图 3.12 丙烯酸-偏氯乙烯共聚物用氨蒸气处理前后的红外光谱

3. 制样方法

1）直接采用法

有些透明的塑料薄膜虽然稍厚，但具有塑性，只需轻轻拉伸使之变薄后就可使用。厚度适当的透明薄膜可直接使用。

2）热压成膜法

热压成膜法适于热塑性或不易溶解的高聚物，对 PE、PP、PVC 等尤为合适。橡胶由于具有高弹性，不适于用此法。

较薄的样品的厚度靠样品量和温度来控制，较厚样品则要用模型板来限制厚度。一般在 10t 压机上，加热温度应在聚合物实测的熔点或软化温度以上 30℃左右。参考温度：PS 为 130℃；PVC 为 190℃；ABS、SBS 为 160℃。

热压法的优点是可以改变不同的热处理条件（如熔融温度、时间和冷却介质）以观察结构等的变化，还可以在熔化时测定颜料、填料或其他不熔添加物的性质、颗粒尺寸及分布等。此法快速简便，但有以下缺点：①由于降解，会产生一些非代表性结构，尤其在边缘与空气接触的地方；②薄膜中的结晶结构，与实际制品在同样的加工温度下得到的结构可能不一样，主要是由于薄膜的表面成核和熔体取向保留下来的结构。

3）流延薄膜法

此法又称溶液铸膜法。先将高分子样品溶解在适当的溶剂中，再将溶液均匀地浇在平滑的物体（玻璃板、PTFE 板）表面，待溶剂干后，揭下薄膜。薄膜的厚度由溶液的浓度控制。

这种方法非常有用，但要注意溶剂可能残留在薄膜中而带来假象。因而选择适当溶剂和干燥彻底是很重要的。

溶剂使用最多的是四氢呋喃，它号称“万能溶剂”，能溶解许多高分子，但要注意四氢呋喃在储存时有被氧化的可能。甲苯和1，2-二氯乙烷也可用作一些高分子的溶剂。二甲基甲酰胺虽是好溶剂但难以挥发，可以用水洗的方法除去。类似地尼龙可用甲酸溶解，用水洗除甲酸。水溶性高分子可以水作溶剂。

干燥速度要慢，以避免气泡产生，另一方面通常要加热到高分子的玻璃化温度以上才能把溶剂赶尽。所以建议先在室温挥发，最后在红外灯下干燥以除去残留溶剂，干燥速度可通过样品与红外灯的距离来控制。

4）溴化钾压片法

这是红外光谱常用的制样方法，适用于固体粉末样品。

取少许粉末样品与100～200倍质量的溴化钾在玛瑙研钵中研磨成细粉。如果高分子样品不是粉末，也可用低温研磨预先制备粉末样品，橡胶不能热压，常采用这种方法。

样品粉末要与溴化钾研磨得很均匀，避免由于颗粒不均匀产生散射而造成基线不平。由于溴化钾极易吸潮，故应在红外灯下充分干燥后才能压片，否则会在约1640cm$^{-1}$和3300cm$^{-1}$出现水的吸收。

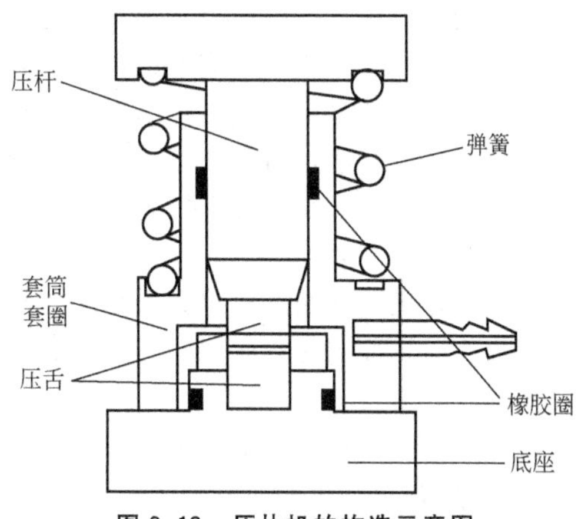


**图3.13　压片机的构造示意图**

压片机的构造如图3.13所示，它由压杆和压舌组成。压舌的直径为13mm，两个压舌的表面光洁度很高，以保证压出的薄片表面光滑。因此，使用时要注意样品的粒度、湿度和硬度，以免损伤压舌表面的光洁度。

简单介绍一下压片过程。将其中一个压舌放在底座上，光洁面朝上，并装上压片套圈，研磨并干燥后的样品放在这一压舌上，将另一压舌光洁面向下轻轻转动以保证样品平面平整，顺序放压片套筒、弹簧和压杆，加压10t，持续3min。拆片时，将底座换成取样器(形状与底座相似)，将上、下压舌及中间的样品和压片套圈一起移到取样器上，再分别装上压片套筒及压杆，稍加压后即可取出压好的薄片。

5）切片法

切片首先要选用适当的切片机。比如对韧性的高分子或大面积切片应使用滑板型切片机，对较易切的高分子用旋转型切片机即可。通常使用钢刀，刀刃有碳化钨更好。

(1) 切片方法

各种聚合物的硬度和韧性相差很大，因而必须采用不同的切片方法。硬度和韧性适中的试样，在室温下易于切片；太易于变形的试样，则需低温切片；质地坚硬的试样，只能升温切片或像金属那样研磨加工。

理想的无定形高分子的最佳切片温度稍低于$T_g$，但结晶、交联、添加剂会改变切片温度。聚乙烯是结晶度影响切片温度的典型例子。LDPE在室温下切片易发生变形，切片会留有应力而报废，只有冷冻至－120℃附近才能切片；而HDPE由于结晶度高在室温下就较硬而能切片，实际上HDPE冷冻(－50℃)切片更为有利。如果切片机没有冷冻装置时，用干冰冷却切片机样品台是可行的办法。

颜料、稳定剂、润滑剂等一般并不大影响切片性能，但填料如 $CaCO_3$、$TiO_2$、玻纤等会使材料变硬而有利于切片；相反增塑剂可使聚氯乙烯的 $T_g$ 从 80℃降至室温以下而必须冷冻切片。

硬度和韧性适中的高分子可切成约 10μm 厚的切片，如需要更薄的切片也需冷冻。而且如果允许切片面积减小到最大限度，则可能得到更薄的切片。与冷冻切片相反，对于太硬或太韧的聚合物，适当升温则利于切片，较便利的方法是用理发吹风机给样品吹热风。

(2) 切片的质量

好的切片要求：①没有由于刀刃缺陷的刮痕(沿切片长度方向)和高矮的波动(沿垂直方向)；②没有应力(有残余应力的切片会卷曲或发皱)。

切片缺陷主要是由于钝刀片引起的，因而提高切片质量的最好办法是仔细打磨刀片。先将刀具经砂轮粗磨，再用 0.25μm 的膏状金刚砂研磨剂，在平板玻璃上打磨至无缺陷。刀刃的平整性可以用显微镜直接观察。另一种方法是减少切片厚度，可以减少由于分子取向梯度引起的切片卷曲。

如果切片已经翘曲，使应力松弛的补救办法是热处理或化学处理。例如，令切片浮在热的甘油表面，或用沾有溶剂的小刷子刷切片表面。但这些处理均可能引起结构变化，要小心使用。

红外光谱法制样一般不采用切片法，只是当其他方法失效时才用。

6) 液膜法

(1) 溶液法

将高分子溶液在卤化物晶片上涂上薄薄一层液膜，就可以进行测定。如果溶液黏度很小，可夹在两片卤化物晶片之间测定。

这个方法很少用于高分子样品，因为绝大部分有机溶剂都有较强的吸收。虽然有少数溶剂吸收较少，如四氯化碳适合于 1350～4000$cm^{-1}$，二硫化碳适合于 200～1350$cm^{-1}$，但是只有少数非极性高分子能溶解于这两种溶剂中。四氢呋喃、氯仿、二氧杂环己烷、二甲基甲酰胺和丙酮等极性溶剂虽能溶解不少高分子，但只能在很窄的波数范围内测定，这些溶剂往往用于定量分析。有时在四氯化碳或二硫化碳中加入极性溶剂，可以帮助溶解某些极性较弱的高分子。

为了消除样品溶液中溶剂的吸收谱带，可以采用补偿技术，就是在参比池内放入纯溶剂，而且令参比池内的溶剂量和样品池内的溶剂量相同，但操作起来比较麻烦。在傅里叶变换红外光谱仪上，计算机可以将试样的光谱与溶剂的光谱相减，直接得到无溶剂谱带的差示光谱图。

最常用的卤化物晶片是氯化钠晶片，它适用于 700～5000$cm^{-1}$。有的样品需观察 350～700$cm^{-1}$这一段，可采用溴化钾晶片。对于含水溶液，即便水量很少也会腐蚀溴化钾或氯化钠晶片的表面，此时应改用耐水的氟化钙或氯化银晶片。

(2) 悬浮法

将极细的固体颗粒悬浮在尽可能少的石蜡油或全氟煤油中(这两类介质可以互相补充，在某个频率区域里，一种介质可能有吸收，而另一种介质却没有)，研磨成糊状物，然后涂在氯化钠晶片上使用。高分子材料分析很少用这种方法。

# 3.3 红外吸收光谱图

## 3.3.1 谱图的表示方法

### 1. 横坐标

红外吸收光谱图的横坐标一般有两种表示方法。

1）波长

波长即相邻两个波峰(波谷)的距离，用 $\lambda$ 表示，单位为 $\mu$m。它通常出现在谱图的上方。

2）波数

如果对波长取倒数，则称之为波数，用 $\bar{\nu}$ 表示，$\bar{\nu}=\frac{10^4}{\lambda}=\frac{\nu}{c}$。它的含义是每 cm 中包含的波的数目，单位 $cm^{-1}$。波数通常出现在谱图的下方。

波长和波数可同时标在同一张谱图上。

由于光谱图横坐标表示各种振动频率，而波数与频率有正比关系，即$\bar{\nu}=\frac{\nu}{c}$，所以用波数表征振动频率更直观。

### 2. 纵坐标

红外吸收光谱图的纵坐标也有两种表示方法。

1）透光度

透光度 $T$ 定义为

$$T=\frac{I}{I_0}\times 100\%$$

式中，$I_0$ 为入射光强度；$I$ 为入射光被样品吸收后透过的光强度。

2）吸光度

吸光度 $A$ 定义为

$$A=\lg\frac{1}{T}=\lg\frac{I_0}{I}$$

透光度和吸光度不能同时出现在同一张谱图上。

## 3.3.2 谱图解析三要素

在红外光谱图中会有许多峰(又称谱带)，它们分别对应于分子中某个或某些基团的吸收，因而红外光谱主要提供了基团的信息。

在拿到一个红外光谱图后，首先要审核的是谱带的位置(谱图横坐标上的波数)，其次是谱带的强度(峰的高度或面积)，然后是谱带的形状(如宽度、劈裂等)。这三个方面都能提供分子结构的信息，称为谱图解析三要素。

### 1. 谱带的位置

具有相同官能团的一系列化合物，近似的有一个共同的吸收频率范围，而分子中其他部分对其吸收频率的影响较小，这种能代表某种基团存在并具有较高强度的吸收峰，称为基团的特征吸收峰。这个峰所在的频率位置称为基团的特征吸收频率。

谱带的位置即谱图上横坐标的值，它反映的就是基团(或化学键)的特征吸收频率，这是红外光谱法的最重要的数据，是定性鉴别和结构分析的依据。通过它，可确定聚合物类型。

重要的官能团如 OH、NH、 C═O 等的强特征吸收出现在 $650\sim903\text{cm}^{-1}$ 和 $1300\sim4000\text{cm}^{-1}$，称为官能团吸收区。而 $903\sim1300\text{cm}^{-1}$ 部分称为指纹区(因为这部分的吸收常是相互作用的振动引起的，对不同试样可能都是独特的，故称为指纹区)。

要注意的是，基团的特征吸收频率会因分子中基团所处的不同状态以及分子间的相互作用而有所变动，比如氢键的形成会使吸收频率位移。这些内容以后会详细讲解。

下面介绍一些出峰的规律：

$$\nu=\frac{1}{2\pi}\sqrt{\frac{k}{u}}$$

由上式看出，基团的振动频率与键力常数 $k$ 成正比，与折合质量 $u$ 成反比。利用它，可帮助记忆：

(1) C、N、O 相对原子质量相近，因此它们的 $\nu$ 主要取决于 $k$。

三键 $k$ 最大，故 $\nu$ 最大，吸收峰常出现在 $2100\sim2400\text{cm}^{-1}$，如 C≡C 出峰位置在 $2222\text{cm}^{-1}$。双键 $k$ 次之，吸收峰常出现在 $1900\sim1500\text{cm}^{-1}$，如 C═C 出峰位置在 $1667\text{cm}^{-1}$。单键 $k$ 最小，吸收峰通常出现在 $1300\text{cm}^{-1}$ 以下，如 C—O 出峰位置在 $1280\text{cm}^{-1}$。

(2) C—C、C—N、C—O，$k$ 相近，但 $u$ 不同，故出峰位置 C—C>C—N>C—O，分别为 $1429\text{cm}^{-1}$、$1330\text{cm}^{-1}$、$1280\text{cm}^{-1}$。

(3) H 原子质量最小，故 C、N、O 与 H 形成的基因的振动通常出现在高波数区，一般吸收峰在 $2700\text{cm}^{-1}$ 以上。

### 2. 谱带的强度

谱带的强度即谱图纵坐标的值，它与分子数(基团数)有关，常用来做定量计算。

谱带的强度还与分子振动的对称性(分子极性)有关。对称性越高，振动中分子偶极矩变化越小，谱带强度也就越弱。

比如苯在 $1600\text{cm}^{-1}$ 的谱带比较弱，是由于它的振动是对称的，但取代苯在 $1600\text{cm}^{-1}$ 附近有较强的谱带。一般来说，极性较强的基团在振动时偶极矩的变化大，吸收峰强。

### 3. 谱带的形状

谱带的形状包括谱带的宽窄，尖锐还是平坦，是否有分裂等。多用于研究分子的对称性、旋转异构、互变异构等。此外，在指证官能团时也能起到一定作用，可以按其吸收峰的宽度来区别在同一特征吸收频率处出峰的不同官能团。

比如，酰胺的 $\nu$(C—O) 和烯的 $\nu$(C—C) 均在 $1650\text{cm}^{-1}$ 附近有吸收，但由于酰胺基团的羰基大都形成氢键，其峰较宽，故很容易和烯类相区别。

### 3.3.3 影响频率位移的因素

分子中各基团的振动不是孤立的，是受到分子其他部分以及测定状态、外部条件影响的。因此，同一基团的振动在不同结构或不同环境中其吸收频率都或多或少有所移动。了解频率位移的影响因素及其规律，对鉴定工作很有用处。

1. 外部因素

1）物理状态的影响

同一样品不同的相态，光谱差别很大。原因：气态时，分子伸缩振动频率高，液态次之，固态最小。

2）溶剂的影响

同一物质在不同溶剂中，由于溶质和溶剂的相互作用不同，测得的吸收光谱也不同。通常，极性基团的伸缩振动频率随溶剂极性增大而向低频移动。

3）粒度的影响

粒度越大，基线越高，峰越宽而强度越低。随粒度变小，基线下降，强度增高，峰变窄。通常要求粒度大小必须小于测定波长。

2. 内部因素

基团处于分子中某一特定的环境，因此它的振动不是孤立的。基团确定后，相邻的原子或其他基团可以通过电子效应、空间效应等影响化学键的键力常数，从而使其振动频率发生位移。同一种官能团的吸收振动总是出现在一个窄的波数范围内，但它不是出现在一个固定波数上，具体出现在哪一波数是与基团在分子中所处的环境有关，这也是红外光谱用于有机分子结构分析的依据。影响频率位移的内部因素主要是分子结构上的原因。

1）电子效应

(1) 诱导效应。当基团旁连有电负性不同的原子或基团时，通过静电诱导作用，引起分子中电子云密度的变化，从而引起基团化学键的键力常数变化，影响了基团的频率位移，这种作用称为诱导效应。如在一些化合物中，羰基伸缩振动频率($\upsilon_{C=O}$)，随着取代基电负性增大，吸电子诱导效应增加，使羰基双键性加大，$\upsilon_{C=O}$向高波数移动如下所示：

(2) 共轭效应。当两个或更多的双键共轭时，因 π 电子离域增大，即共轭体系中电子云密度平均化，使双键的键强降低，双键基团的振动频率随之降低，仍以 $\upsilon_{C=O}$为例来示意如下：

R—C(=O)—R′ 1715cm$^{-1}$　　R—C(=O)—C$_6$H$_5$ 1690cm$^{-1}$　　C$_6$H$_5$—C(=O)—C$_6$H$_5$ 1665cm$^{-1}$

而对共轭体系中的单键而言，则键强有所增强，相应的振动频率增大。如脂肪醇的红外光谱中，C—O—H 基团中的 C—O 反对称伸缩振动频率($\upsilon_{asC-O}$)位于 1150～1050$cm^{-1}$，在酚中，因为氧与芳环的 p-π 共轭，使 C—O 键强增大。其 $\upsilon_{C-O}$ 蓝移到 1230～1200$cm^{-1}$。

有时，诱导效应和共轭效应同时存在，应具体分别哪一种效应的影响更大。例如酰胺 R—CO—$NH_2$，氮原子上的孤对电子与羰基形成 p-π 共轭，使 $\upsilon_{C=O}$ 红移；氮的电负性比碳大，吸电子诱导效应使 $\upsilon_{C=O}$ 蓝移，因共轭效应大于诱导效应，总结果是 $\upsilon_{C=O}$ 红移到 1689$cm^{-1}$ 左右，而在脂肪族酯中也同时存在共轭和诱导两种效应，但诱导效应占主导地位，所以酯的 $\upsilon_{C=O}$ 出现在较高频率处。

2）空间效应

(1) 空间位阻。共轭体系具有共平面的性质，如果因邻近基团体积大或位置太近而使共平面性偏离或破坏，就使共轭体系受到影响。原来因共轭效应而处于低频的振动吸收向高频移动，仍以 $\upsilon_{C=O}$ 为例，当苯乙酮的苯环邻位有甲基或异丙基存在时，$\upsilon_{C=O}$ 发生蓝移，如下所示：

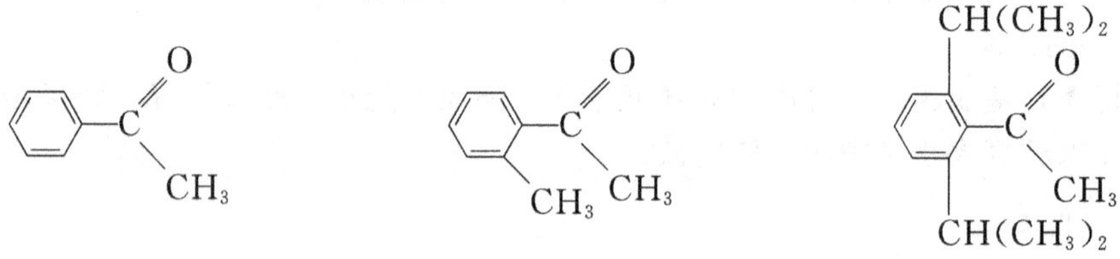

1663$cm^{-1}$　　　　1686$cm^{-1}$　　　　1693$cm^{-1}$

(2) 环的张力。环张力的大小会影响环上有关基团的振动频率。基本规律是随着环张力增大，环外基团伸缩振动频率增加，而环内基团振动频率反而下降。表 3-3 列出了一些典型例子。

**表 3-3　环的张力对基团振动频率的影响**

| 类型 | 基团 * | 六元环 | 五元环 | 四元环 | 三元环 |
|---|---|---|---|---|---|
| 环外基团 | 环酮 $\upsilon_{C=O}$ | 1715$cm^{-1}$ | 1745$cm^{-1}$ | 1780$cm^{-1}$ | 1850$cm^{-1}$ |
| | 环外烯 $\upsilon_{C=C}$ | 1651$cm^{-1}$ | 1657$cm^{-1}$ | 1678$cm^{-1}$ | 1781$cm^{-1}$ |
| | 环烷烃 $\upsilon_{C-H}$ | 2925$cm^{-1}$ | — | — | 3050$cm^{-1}$ |
| 环内基团 | 环内烯 $\upsilon_{C=C}$ | 1639$cm^{-1}$ | 1623$cm^{-1}$ | 1566$cm^{-1}$ | — |

* 注：环酮如 =O；环外烯如 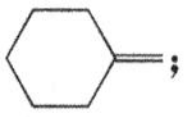 ；环烷烃如 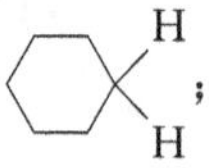 ；环内烯如  。

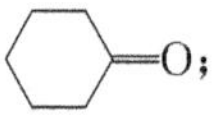

3）耦合效应

当两个频率相同或相近的基团连接在一起时，会发生耦合作用，分裂成两个峰，一个比原来吸收峰的 ν 高些，另一个则低些。

4）氢键效应

氢键的形成使参与形成氢键的原有化学键的键力常数降低，吸收频率向低频移动。氢键形成程度不同，对键力常数的影响不同，使吸收频率有一定范围，即吸收峰展宽。形成氢键后，相应基团振动时偶极矩变化增大，因此吸收强度增大。

如醇、酚的 $\upsilon_{O-H}$，当分子处于游离状态时，其振动频率为 3640$cm^{-1}$ 左右，呈现一个中等强度的尖锐吸收峰；当分子因氢键而形成缔合状态时，振动频率红移到

3300cm$^{-1}$附近，谱带增强加宽。胺类化合物的 $NH_2$ 或 NH 也能形成氢键，有类似现象。除伸缩振动外，OH、NH 的弯曲振动受氢键影响也会发生谱带位置的移动和峰形展宽。还有一种氢键是发生在 OH 或 NH 与 C═O 之间的，如羧酸以这种方式形成二聚体：

```
        O----HO
       //        \
R—C              C—R
       \        //
        OH----O
```

这种氢键比 OH 自身形成的氢键作用更大，不仅使 $\upsilon_{O-H}$ 移向更低到 3200～2500cm$^{-1}$ 区域，而且也使 $\upsilon_{C=O}$ 红移。游离羧酸的 $\upsilon_{C=O}$ 约为 1760cm$^{-1}$，而在缔合状态(如固、液体)时，因氢键作用 $\upsilon_{C=O}$ 移到 1700cm$^{-1}$附近。

氢键对振动频率的影响是能用实验证明的。如在气相或非极性的稀溶液中测定醇或酸的红外光谱，得到的是游离分子的红外光谱，此时没有氢键的影响。如果以液态的纯物质或浓溶液测定，得到的是由氢键缔合分子的红外光谱，两者有较大的差别(图 3.14)。有些化合物能形成分子内氢键，如邻羟基苯甲酸，其 $\upsilon_{O-H}$、$\upsilon_{C=O}$ 不会受到浓度变化的影响。

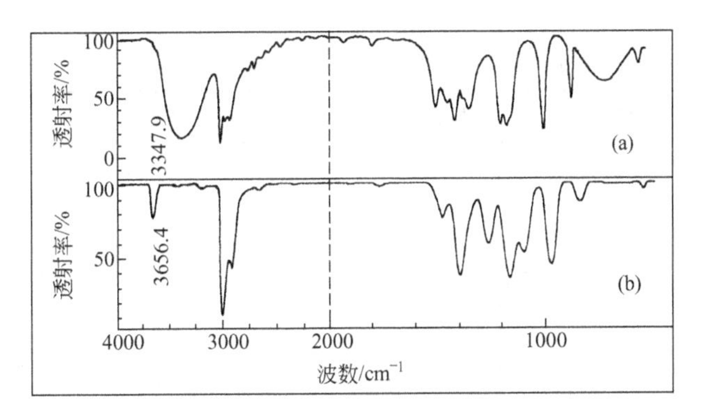


**图 3.14　异丙醇的液膜(a)和气相(b)红外光谱**

### 3.3.4　影响谱带强度的因素

谱带强度与基团振动时偶极矩变化的大小有关，偶极矩变化越大，谱带强度越大。偶极矩没有变化，谱带强度变为 0，即为红外非活性。而偶极矩的变化和分子（或基团）本身固有的偶极矩有关，极性较强的基团，振动中偶极矩变化较大，对应的吸收谱带也较强。如 C═O 和 C—C 伸缩振动频率相差不大，都在双键区，但吸收强度差别很大，C═O 的吸收很强，而 C═C 的吸收较弱。单键也一样，C—O、C—X(X 为卤素原子)这样的极性基团在谱图中总是产生强吸收，而 C—C 基团的吸收峰较弱。

基团的偶极矩还与结构的对称性有关，对称性越强，振动时偶极矩变化越小，吸收谱带越弱。如 C═C 在下面三种结构中，吸收强度差别很明显(ε 为摩尔吸光系数)：

$$R—CH═CH_2(\varepsilon=40)\quad R—CH═CH—R'(顺式\ \varepsilon=10，反式\ \varepsilon=2)$$

端烯烃的对称性较差，顺式烯烃其次，反式烯烃的对称性最强，因此它们的 C═C 吸收峰强度依次递减，在反式烯烃中常常检测不到。

# 3.4 各类化合物的红外光谱特征

## 3.4.1 烃类化合物

1. 烷烃

烷烃的结构简单，直链烷烃分子中只有甲基($CH_3$)和亚甲基($CH_2$)，支链烷烃中还可能有次甲基(CH)或季碳原子存在。这些基团的伸缩振动和弯曲振动产生的吸收峰是烷烃红外光谱的主要吸收峰，它们大体在三个区域内。

饱和C—H的伸缩振动位于氢键区3000～2800$cm^{-1}$，其中包括$CH_3$、$CH_2$不对称和对称伸缩振动以及CH基团的伸缩振动。它们的振动频率相差不大，在分辨率低时发生重叠，在谱图上只能见到两个吸收峰。表3-4列出了各基团不同振动方式的具体频率，由这些数据可知，同一基团的不对称伸缩振动比对称伸缩振动频率高，而对同一类型的振动而言，甲基频率最高，在高分辨率的谱图中，通过检测2960～2950$cm^{-1}$的峰可以推测分子中是否有$CH_3$存在。

表3-4 烷烃类化合物的特征基团频率

| 基团 | 振动形式 | 吸收峰位置/$cm^{-1}$ | 强度* | 备注 |
|---|---|---|---|---|
| —$CH_3$ | $\upsilon_{asCH}$ | 2962±10 | s | 异丙基和叔丁基在1380$cm^{-1}$附近劈裂为双峰 |
| | $\upsilon_{sCH}$ | 2872±10 | s | |
| | $\delta_{asCH}$ | 1450±10 | m | |
| | $\delta_{sCH}$ | 1370～1380 | s | |
| >$CH_2$ | $\upsilon_{asCH}$ | 2926±5 | s | — |
| | $\upsilon_{sCH}$ | 2853±10 | s | |
| | $\delta_{CH}$ | 1465±20 | m | |
| —CH(三价) | $\upsilon_{sCH}$ | 2890±10 | w | — |
| | $\delta_{CH}$ | ～1340 | w | |
| —$(CH_2)_n$— | $CH_2$的$\delta_{CH}$ | ～720 | w | $n\geqslant4$ |

*吸收强度表示：vs为很强，s为强，m为中强，w为弱。以下各表类同。

$CH_3$、$CH_2$的弯曲振动频率位于1500～1300$cm^{-1}$。其中$\delta_{asCH3}$和$\delta_{asCH2}$都出现在1460$cm^{-1}$附近，$\delta_{CH3}$在1380$cm^{-1}$附近，这是甲基的又一个特征峰。当分子中有异丙基时，因振动耦合作用使1380$cm^{-1}$的峰发生裂分，在1375$cm^{-1}$和1385$cm^{-1}$左右出现强度接近的两个峰(见图3.15)，叔丁基也会有类似现象发生，但出现的两个分裂峰强度不等，其中处于低波数的峰强度约为高波数的两倍。

当分子中含有四个以上—$CH_2$—所组成的长链时，在720$cm^{-1}$附近出现较稳定的$(CH_2)_n$面内摇摆振动弱吸收峰，峰强度随相连的$CH_2$个数增加而增强。正癸烷的红外光谱如图3.16所示。

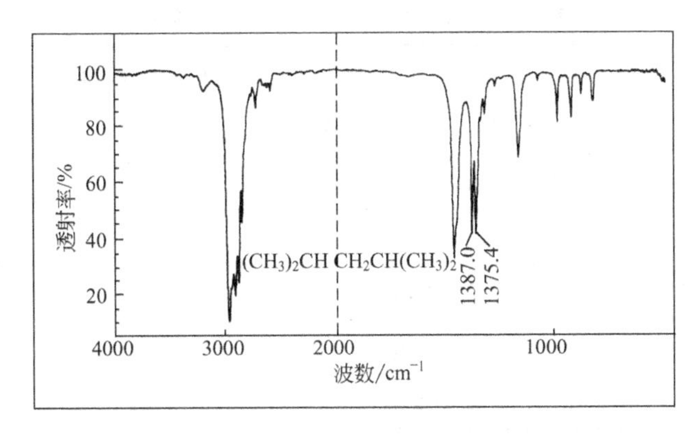


图 3.15　2，4-二甲基戊烷的红外光谱

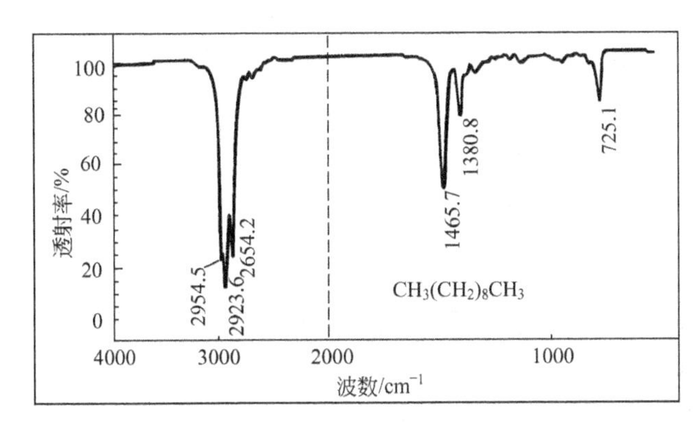


图 3.16　正癸烷的红外光谱

2. 烯烃

烯烃与烷烃的结构差别只是前者多了一个或几个 C═C 双键，所以烯烃与烷烃的红外光谱主要差别均与 C═C 有关，主要有三个特征：

(1) C═C 双键的伸缩振动($\upsilon_{C=C}$)位于双键区 1680～1600cm$^{-1}$区域。不同类型烯烃的$\upsilon_{C=C}$稍有差别，见表 3-5。共轭的 C═C，振动频率较低，靠近 1600cm$^{-1}$。C═C 伸缩振动是一个中等强度或较弱的吸收峰，其强度受分子对称性影响。在一个完全对称的结构中，C═C 伸缩振动时没有偶极矩的变化，是红外非活性的，因此在这区域不出现$\upsilon_{C=C}$吸收峰。

(2) 不饱和 C—H 的伸缩振动($\upsilon_{=C-H}$)，即烯碳原子上的 C—H 伸缩振动位于 3100～3000cm$^{-1}$，比烷烃中的饱和 C—H 伸缩振动频率稍高。一般以 3000cm$^{-1}$为界线来区分饱和 C—H 和不饱和 C—H。

(3) 不饱和 C—H 的面外弯曲振动($t_{=C-H}$)位于 1000～650cm$^{-1}$区域。虽然位于指纹区，但它们的强度大，特征性较强，吸收峰的位置与烯烃的取代类型密切相关(见表 3-6)，是鉴别烯烃类型的最重要信息。

上述烯烃的特征吸收峰在 1-辛烯的红外光谱中(图 3.17)均十分明显。同时在谱中还可见到烷基链产生的各吸收峰。

表 3-5 烯烃类化合物的特征基团频率

| 烯烃类型 | $\upsilon_{=C-H}/cm^{-1}$(强度) | $\upsilon_{C=C}/cm^{-1}$(强度) | $t_{=C-H}/cm^{-1}$(强度) |
|---|---|---|---|
| $R-CH=CH_2$ | 3080(m)，2975(m) | 1645(m) | 990(s)，910(s) |
| $R_2C=CH_2$ | 3080(m)，2975(m) | 1655(m) | 890(s) |
| $RCH=CHR'$(顺式) | 3020(m) | 1660(m) | 760～730(m) |
| $RCH=CHR'$(反式) | 3020(m) | 1675(w) | 950～1000(m) |
| $R_2C=CHR'$(三取代) | 3020(m) | 1670(m) | 840～790(m) |
| $R_2C=CR'_2$(四取代) | 3020(m) | 1670(m) | 无 |

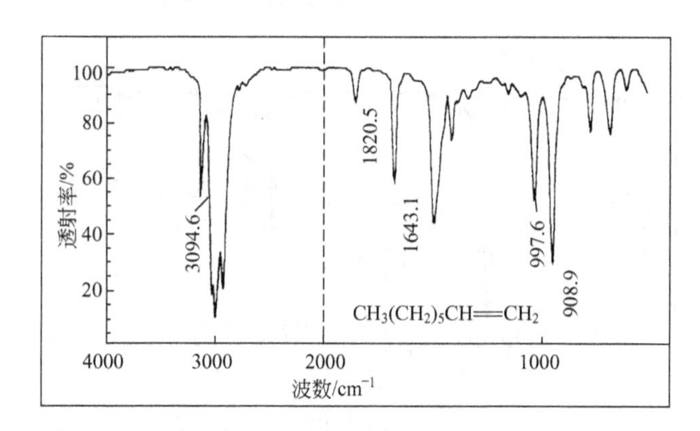


图 3.17 1-辛烯的红外光谱

3. 炔烃

炔烃的红外光谱比较简单。端基炔烃有两个主要特征吸收峰，一是叁键旁的不饱和C—H伸缩振动 $\upsilon_{\equiv C-H}$ 约在 $3300cm^{-1}$ 处产生一个中强的尖锐峰，二是C≡C伸缩振动 $\upsilon_{C\equiv C}$ 吸收峰位于 $2140\sim2100cm^{-1}$(图 3.18)。C≡C位于碳链中间的炔烃红外光谱更为简单，只有 $\upsilon_{C\equiv C}$ 在 $2200cm^{-1}$ 左右的一个尖峰，强度较弱，在对称结构中该峰不出现(图 3.19)。

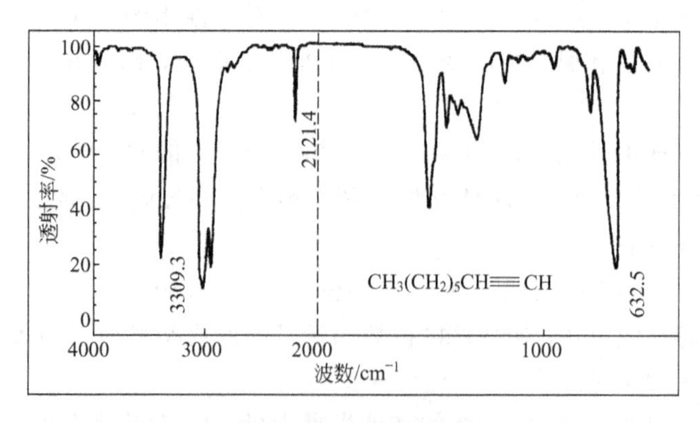


图 3.18 1-辛炔的红外光谱

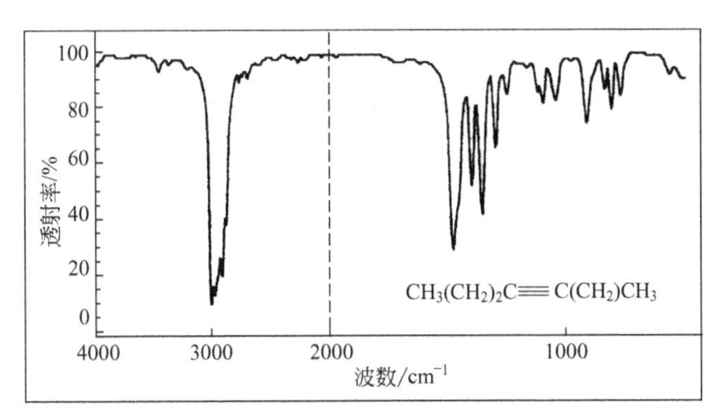


图 3.19 4-辛炔的红外光谱

4. 芳烃

芳烃的红外吸收光谱与烯烃类似，有以下特征吸收：

(1) 芳环的骨架振动($\upsilon_{C=C}$)在 1650～1450cm$^{-1}$出现 2～4 个吸收峰。由于芳环是一个共轭体系，所以其 C=C 伸缩振动频率位于双键区的低频一端。

(2) 芳环上的 C—H 伸缩振动($\upsilon_{=C-H}$)与烯烃的不饱和 C—H 伸缩振动类似，出现在 3100～3000cm$^{-1}$，但常常有数个吸收峰。

(3) 芳环上 C—H 的面外弯曲振动($t_{=C-H}$)在 900～650cm$^{-1}$有强吸收。这一区域的吸收峰位置与芳环上取代基性质无关，而与芳环上相连 H 的个数有关，相连的 H 越多，振动频率越低，吸收强度越大。因此，它们能用于鉴别芳环的取代类型。这点也与烯烃类似。图 3.18 中 731cm$^{-1}$和 694cm$^{-1}$的峰，可鉴别为芳环的单取代类型。

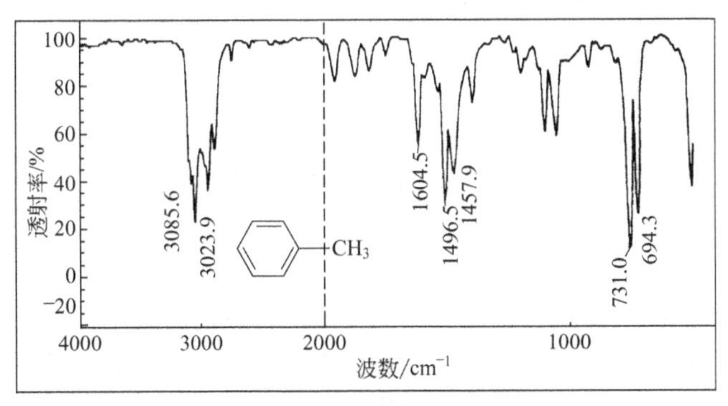


图 3.20 甲苯的红外光谱

## 3.4.2 醇、酚及醚

1. 醇和酚

在氢键区的$\upsilon_{O-H}$是醇、酚红外光谱最显著的特征，游离 OH 伸缩振动出现在较高频的 3600cm$^{-1}$，是一尖峰。形成氢键缔合状态的 OH 则在 3300cm$^{-1}$左右呈现一个又宽又强的吸收峰(图 3.12)。

醇和酚第二个主要吸收峰$\upsilon_{C-O}$位于 1250～1000cm$^{-1}$，通常是谱图中的最强吸收峰之一。伯、仲、叔醇的$\upsilon_{C-O}$频率有些差别，而酚的则处于较高频(表 3-6)。这是因为在酚中芳环与羟基的氧有 p-π 共轭，使 C—O 键的力常数增大。

**表 3-6　羟基化合物的特征基团频率**

| 基团 | 振动形式 | 吸收峰位置/$cm^{-1}$ | 强度 | 备注 |
|---|---|---|---|---|
| OH | $\upsilon_{O-H(游离)}$ | 3600 | m | 峰形尖锐 |
| OH | $\upsilon_{O-H(缔合)}$ | 3300 | s | 宽峰 |
| C—OH(伯醇) | $\upsilon_{C-O}$ | 1050 | s | 峰形较宽 |
| C—OH(仲醇) | $\upsilon_{C-O}$ | 1100 | s | 峰形较宽 |
| C—OH(叔醇) | $\upsilon_{C-O}$ | 1150 | s | 峰形较宽 |
| C—OH(酚) | $\upsilon_{C-O}$ | 1200～1300 | s | 峰形较宽 |

另外，醇和酚的 OH 面内弯曲振动 $\delta_{OH}$ 在 1500～1300$cm^{-1}$，面外弯曲振动 $t_{OH}$ 在 650$cm^{-1}$左右产生吸收峰。由于氢键缔合作用的影响，峰形宽而位置却变化大，因此在结构鉴定时用处不大。图 3.21 所示为 2-乙基苯酚的红外光谱。图中 756$cm^{-1}$峰位是苯环上邻位二取代的特征峰。

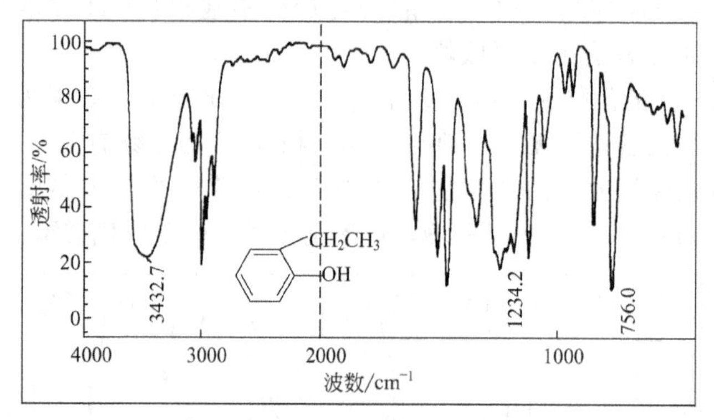


**图 3.21　2-乙基苯酚的红外光谱**

2. 醚

醚类的特征是含有 C—O—C 的结构，有对称和反对称两种伸缩振动吸收，均位于指纹区。由于氧的质量和碳的质量很接近，使醚键的 C—O 伸缩振动吸收位置和 C—C 的接近，但 C—O 的振动时偶极距变化较大，因此吸收强度较大，有利于与 C—C 键的区别，但任何含有 C—O 键的分子(如醇、酚、酯、酸等)都对醚键的特征吸收产生干扰，因此用红外光谱确定醚键的存在与否是比较困难的。与酚类似，芳香醚的 $\upsilon_{C-O-C}$频率比脂肪族的醚高，表 3-7 是醚的特征吸收峰频率数据。图 3.22 所示为正丁醚的红外光谱。

**表 3-7　醚的特征吸收峰频率**

| 基团 | 振动形式 | 吸收峰位置/$cm^{-1}$ | 强度 | 备注 |
|---|---|---|---|---|
| R—O—R′ | $\upsilon_{asC-O-C}$ | 1210～1050 | s | 特征性不强 |
| $C_6H_5$—O—R | $\upsilon_{asC-O-C}$ | 1300～1200 | s | 特征性不强 |
|  | $\upsilon_{sC-O-C}$ | 1055～1000 | m | 特征性不强 |

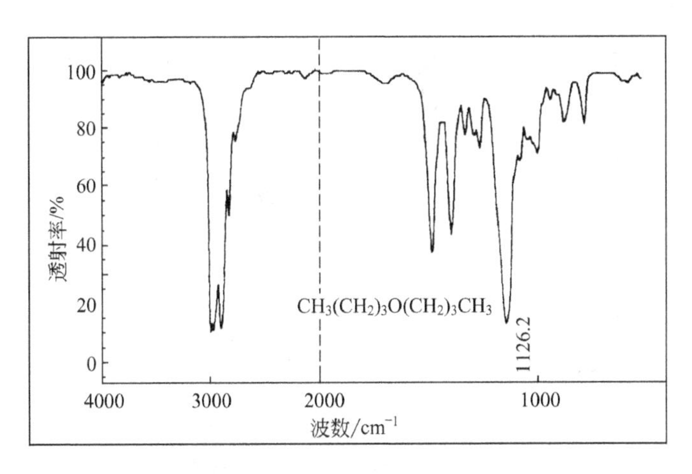


图 3.22 正丁醚的红外光谱

### 3.4.3 胺和铵盐

胺分为伯胺、仲胺和叔胺三类，它们的红外光谱有较大差别。伯胺和仲胺分子中有 $NH_2$ 或 NH 基团，红外吸收类似于醇，主要为由 $\upsilon_{N-H}$、$\delta_{N-H}$ 和 $\upsilon_{C-N}$ 三种振动产生的吸收峰，但重要性各不相同。对于伯胺，$NH_2$ 伸缩振动有对称和反对称两种，一般在 3500～3300$cm^{-1}$ 出现双峰；其面内弯曲振动在 1600$cm^{-1}$ 附近，面外弯曲振动在 900～650$cm^{-1}$，特征性均较强(图 3.23)。仲胺除了 $\upsilon_{N-H}$ 在 3400$cm^{-1}$ 出现一个峰之外，NH 弯曲振动特征性差，很少利用；$\upsilon_{C-N}$ 位于指纹区与 $\upsilon_{C-C}$ 重叠，难以辨别。叔胺与醚类似，因无 N—H 基团，在官能团特征频率区没有吸收峰；C—N 键的极性不很大，不像 C—O—C 能产生强吸收，所以叔胺的红外光谱没有明显特征。

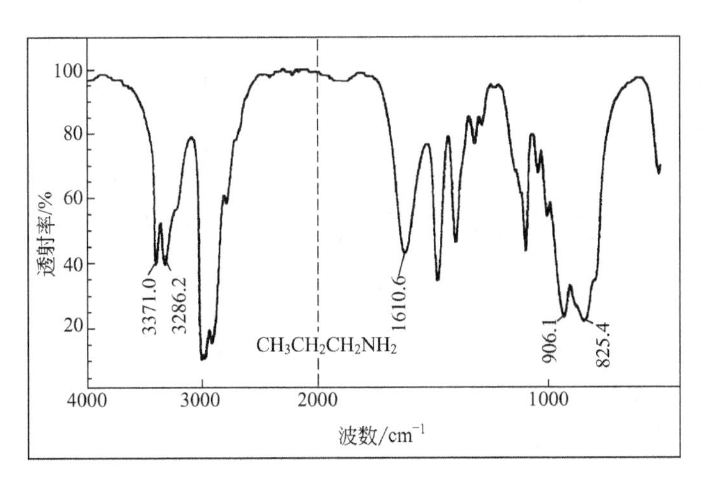


图 3.23 丙胺的红外光谱

胺的碱性较强，易与酸形成铵盐，成盐之后，伯胺和仲胺的 $\upsilon_{N-H}$ 均向低频移动，叔胺盐因有了 N—H 基团而在氢键区 2700～2250$cm^{-1}$ 出现吸收峰，同样 $\delta_{N-H}$ 也有变化(图 3.24)。

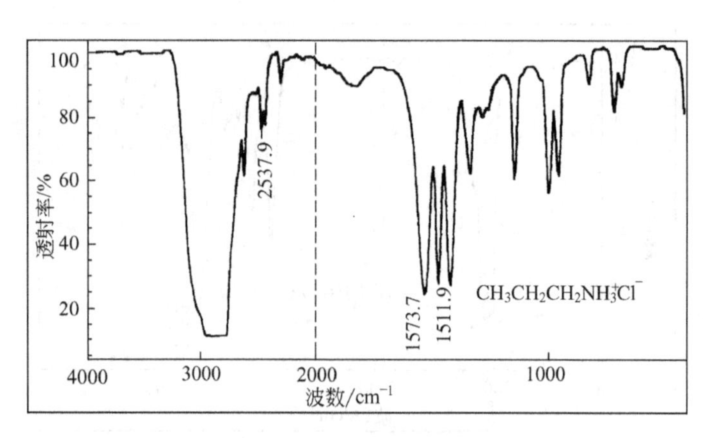


图 3.24 丙胺盐酸盐的红外光谱

### 3.4.4 羰基化合物

羰基化合物的种类很多，有酮、醛、羧酸、酯、酰胺、酰卤、酸酐等。它们的红外光谱有一个共同特征，在双键区 $1700cm^{-1}$ 附近有强的 $\upsilon_{C=O}$ 吸收峰，因此含羰基的化合物用红外光谱非常容易识别。不同类型的羰基化合物中，C═O 所处的化学环境不同，受邻近原子或基团的电子效应、空间效应或氢键缔合的影响 $\upsilon_{C=O}$ 的频率各有差异。另外不同羰基化合物中其他基团还有各自的特征吸收峰，结合 $\upsilon_{C=O}$ 的频率，可以将它们相互分开。

1. 酮

酮的 $\upsilon_{C=O}$ 吸收峰通常是谱带的第一强峰，几乎是酮的唯一特征峰。典型的脂肪酮 $\upsilon_{C=O}$ 为 $1715cm^{-1}$，芳酮或 α、β 不饱和酮的 $\upsilon_{C=O}$ 向低频位移 $20\sim40cm^{-1}$。酮羰基旁的碳的骨架振动在 $1100\sim1300cm^{-1}$ 有数个吸收峰，但与其他单键伸缩振动较难区别。图 3.25 所示为丙酮的红外光谱图。

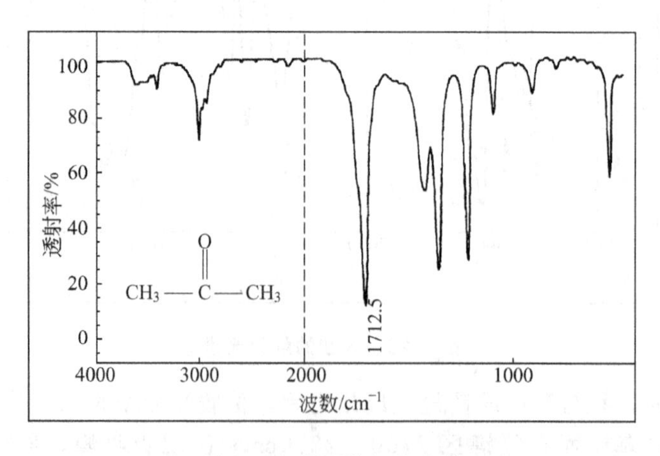


图 3.25 丙酮的红外光谱

2. 醛

醛的 $\upsilon_{C=O}$ 比相应酮的吸收峰高 10cm$^{-1}$左右。单凭这点差别，不足以区别醛酮。所幸醛基碳氢的伸缩振动 $\upsilon_{C-H}$ 和弯曲振动 $\delta_{C-H}$ 的倍频在 2850 和 2740cm$^{-1}$ 出现双峰。该双峰的强度不大，却有较大的鉴定价值，因为一般的 $\upsilon_{C-H}$ 均在 2800cm$^{-1}$ 以上，不会干扰它们的识别，这是醛区别于其他羰基化合物的特征吸收峰。图 3.26 所示为丙醛的红外光谱。

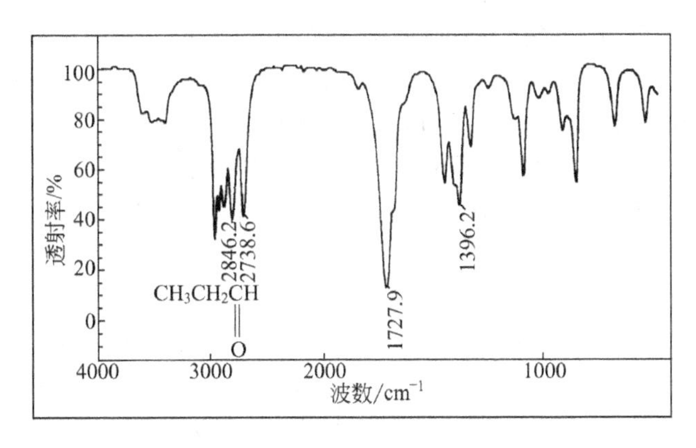


**图 3.26 丙醛的红外光谱**

3. 酯

酯的特征吸收峰是酯基中 C═O 及 C—O—C 吸收。酯羰基的伸缩振动频率高于相应的酮类约 20cm$^{-1}$，也是强吸收峰。在 1000～1300cm$^{-1}$ 区有 C—O—C 的不对称伸缩振动(1150～1300cm$^{-1}$附近较强峰)和对称伸缩振动(1030～1140cm$^{-1}$附近较弱峰)，此两个峰与酯羰基吸收峰是判断化合物是否具有酯类结构的重要依据，图 3.27 所示为丁酸乙酯的红外光谱图。

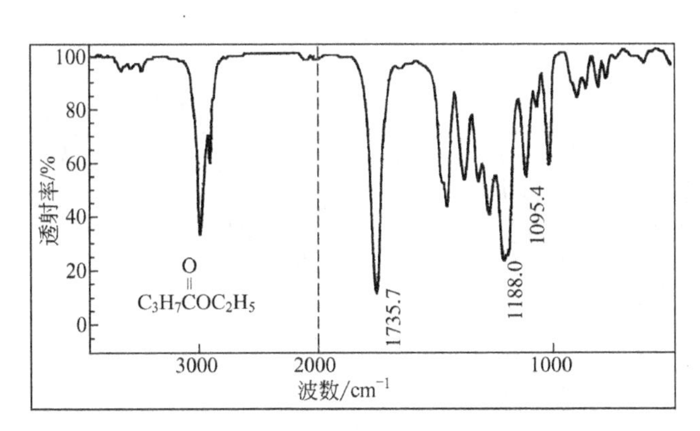


**图 3.27 丁酸乙酯的红外光谱图**

4. 酰胺

酰胺的红外光谱兼有胺和羰基化合物的特点。其谱图特征与测定条件密切相关。

酰胺红外光谱的特征主要由 $\upsilon_{C=O}$、$\upsilon_{N-H}$、$\delta_{N-H}$、$\upsilon_{C-N}$ 产生。其中位于 1650～1690cm$^{-1}$ 的

$\upsilon_{C=O}$强吸收峰是各种酰胺都有的特征峰，常称为“酰胺Ⅰ带”，其频率低于相应的酮，原因是N和C═O的p-π共轭使C═O的键力常数减少。

$\upsilon_{N-H}$位于3500～3050cm$^{-1}$。伯酰胺在此区域有两个吸收峰，分别对应于$NH_2$的反对称和对称伸缩振动；仲酰胺在此区域会出现多重谱带，这是因为仲酰胺中的氮与羰基能形成p-π共轭，使C—N键旋转受阻，因此会出现顺反异构现象的关系，顺式易缔合为二聚体，而反式易形成多聚体。叔酰胺在此区域没有吸收峰。

$\delta_{N-H}$产生的吸收峰常常称为“酰胺Ⅱ带”，不同类型的酰胺吸收峰位置不同。游离态的伯酰胺在1600cm$^{-1}$附近，缔合态时蓝移到1640cm$^{-1}$附近，常被酰胺Ⅰ带覆盖。而仲酰胺不论是游离态还是缔合态，它的$\delta_{N-H}$吸收都在1600cm$^{-1}$以下，所以仲酰胺的酰胺Ⅰ峰和Ⅱ峰能够分开。利用此特点，可以区别伯、仲酰胺。

$\upsilon_{C-N}$(酰胺Ⅲ峰)仅伯酰胺在1400cm$^{-1}$有比较强的吸收峰。仲、叔酰胺的$\upsilon_{C-N}$频率无实际使用价值。图3.28和图3.29所示分别为丙酰胺和N-甲基酰胺的红外谱图。

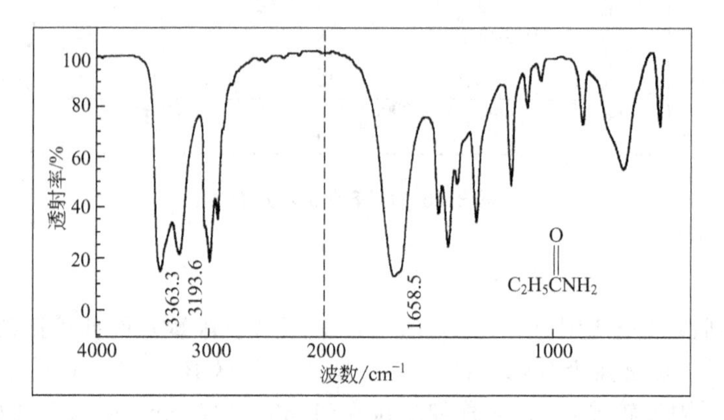


图3.28　丙酰胺的红外谱图

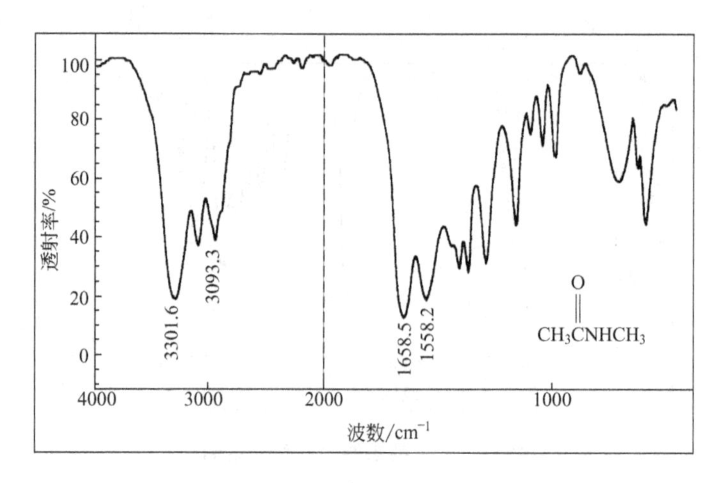


图3.29　N-甲基酰胺的红外谱图

常见羰基化合物的特征吸收频率归纳于表3-8。其中$\upsilon_{C=O}$的频率是常见的脂肪族化合物的数据，若羰基与芳环或C═C处于共轭位置时，$\upsilon_{C=O}$会向低波数移动。

表 3-8 常见羰基化合物的特征吸收频率

| 化合物 | $\upsilon_{C=O}$/cm$^{-1}$ | 其他基团的特征吸收频率/cm$^{-1}$ | 备注 |
|---|---|---|---|
| 脂肪酮 | 1700～1730 | — | $\upsilon_{C=O}$为第一强吸收峰 |
| 脂肪醛 | 1720～1740 | 醛基 C—H 费米共振<br>两个峰 2740、2850 | — |
| 羧酸 | 1680～1720(缔合) | $\upsilon_{OH}$：2500～3200<br>$\delta_{OH}$：～930 | — |
| 羧酸盐 | — | —$CO_2^-$ 的 $\upsilon_{as}$：1550～1650<br>—$CO_2^-$ 的 $\upsilon_s$：1350～1440 | — |
| 酯 | 1730～1750 | C—O—C 的 $\upsilon_{as}$和 $\upsilon_s$：<br>1000～1300 两个峰 | $\upsilon_{asC-O-C}$为第一强吸收峰 |
| 酸酐 | 1815～1825<br>1745～1755 | — | — |
| 酰胺 | 1650～1690 | $\upsilon_{NH}$：3050～3500 双峰<br>$\delta_{NH}$：1570～1649 | 叔酰胺无 $\upsilon_{NH}$和 $\delta_{NH}$ |
| 酰卤 | 1790～1819 | — | $\upsilon_{C=O}$位于高频只有一个峰 |

### 3.4.5 有机卤化物

卤素原子质量较大，碳卤键的伸缩振动出现在小于 1400cm$^{-1}$的低波数处。一般来说，如果碳原子上只有一个卤素原子，C—X 键的伸缩振动频率较低，当同一个碳原子上连有多个卤素原子时，则随着卤素原子数的增加，该峰向高波数方向移动。如四氯化碳的 C—Cl 吸收峰出现在 797cm$^{-1}$处。图 3.30 所示为 1-氟戊烷的红外光谱图。

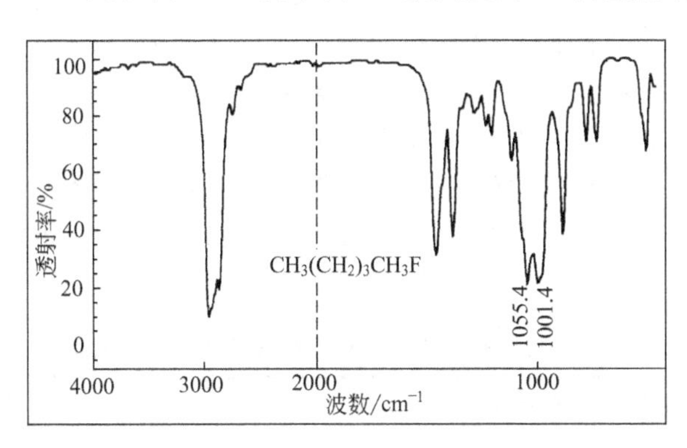


图 3.30 1-氟戊烷的红外光谱图

由于卤素原子的电负性较强，因而与其相连的其他官能团红外频率往往发生移动。例如当卤素与脂肪族化合物相连时，—$CH_2X$ 中，—$CH_2$—的面内弯曲振动产生的红外吸收频率为：—$CH_2$—Cl 处于 1250～1300cm$^{-1}$，—$CH_2$—Br 在 1230cm$^{-1}$附近，—$CH_2$—I 在 1170cm$^{-1}$附近。当卤原子直接和芳环相连时，由于 C—X 的伸缩振动和芳环振动相互作用，故看不到单纯的芳 C—X 键的伸缩振动吸收峰，而只能看到包含 C—X 键伸缩振动吸收的环振动峰。例如：

氟苯 1100～1250cm$^{-1}$　　氯苯 1100～1250cm$^{-1}$　　溴苯 1100～1250cm$^{-1}$

常见碳卤化合物的特征基团频率见表 3-9。

表 3-9　常见碳卤化合物的特征基团频率

| 基团 | 振动形式 | 吸收峰位置/cm$^{-1}$ | 强度 |
|---|---|---|---|
| C—F | $\upsilon_{as}$ | 1050～1150 | s |
| | $\upsilon_s$ | 1000～1100 | s |
| $CF_2$、$CF_3$ | $\upsilon_{as}$ | 1200～1350 | s |
| | $\upsilon_s$ | 1080～1200 | s |
| C—Cl | $\upsilon$ | 700～750 | s |
| $CCl_2$ | $\upsilon_{as}$ | 790～840 | s |
| | $\upsilon_s$ | 620 | m |
| C—Br | $\upsilon$ | 400～670 | m |
| C—I | $\upsilon$ | 400～550 | m |

### 3.4.6　叁键和累积双键基团

叁键和累积双键的频率范围一般在 1900～2500cm$^{-1}$，由于这一区域主要来自于 X≡Y或 X═Y═Z 型基团的吸收，没有其他吸收峰的干扰，解析比较容易，但应注意 2340cm$^{-1}$左右空气中 $CO_2$ 的吸收峰。在这一区域中比较常见的基团除了炔烃 C≡C 基团外，还有 N═C═O(异氰酸酯)、$N≡N^+$(重氮盐)、C═C═C(丙二烯)、C═C═O(烯酮)、C≡N(腈类)等基团。它们的振动频率及峰形特点见表 3-10。图 3.31 和图 3.32 所示分别为对甲苯异氰酸酯和邻甲基苯腈的红外光谱图，图中 2276cm$^{-1}$和 2221cm$^{-1}$分别为 N═C═O 和 C≡N 的伸缩振动，它们之间不仅峰位置有差异，而且峰形状完全不同。另外图中 817.7cm$^{-1}$和 763.7cm$^{-1}$分别指示了芳环的对位和邻位的取代类型。

表 3-10　常见叁键和累积双键基团的吸收频率

| 基团 | 振动形式 | 吸收峰位置/cm$^{-1}$ | 强度 | 备注 |
|---|---|---|---|---|
| N═C═O | $\upsilon$ | 2250～2275 | vs | 强度高、峰形宽 |
| $N≡N^+$ | $\upsilon$ | 2260±20 | m | 受配对的负离子影响大 |
| C═C═C | $\upsilon$ | 1930～1950 | s | 与—COOH、—COR 等相连时易发生裂分 |
| C═C═O | $\upsilon$ | 2150 附近 | vs | 强度高、峰形宽 |
| C≡N | $\upsilon$ | 2200～2210 | 变化 | 峰形尖细 |

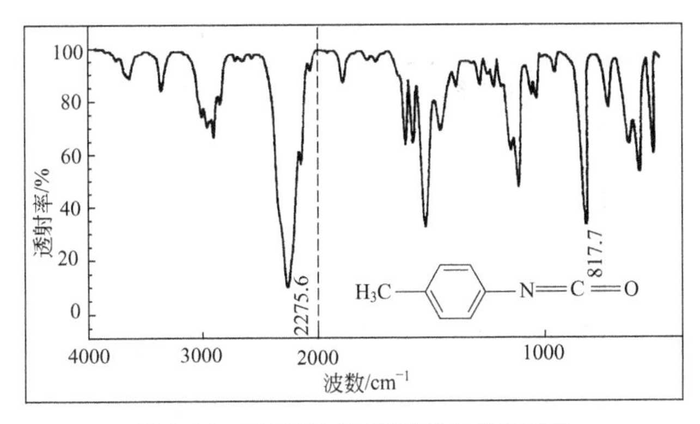


图 3.31　对甲苯异氰酸酯的红外光谱图

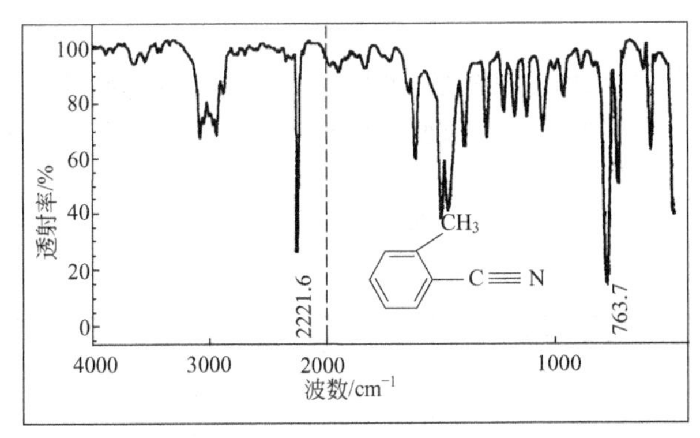


图 3.32　邻甲基苯腈的红外光谱图

### 3.4.7　其他化合物

1. 硝基化合物

硝基($—NO_2$)有对称和反对称伸缩振动，强度较高，在红外光谱图中比较容易识别。对于脂肪族的硝基化合物，$NO_2$ 的对称伸缩振动位于 1300～1370cm$^{-1}$之间，反对称伸缩振动则位于 1500～1600cm$^{-1}$，通常后者强于前者。在芳香族硝基化合物中，因共轭作用其对称和反对称伸缩振动频率均低于脂肪族硝基化合物，两者强度相差不大(见图 3.33)。当硝基的邻位有大取代基时，由于位阻效应降低了硝基与苯环共轭，其伸缩振动向高波数移动。常见的硝基化合物的特征基团频率见表3-11。

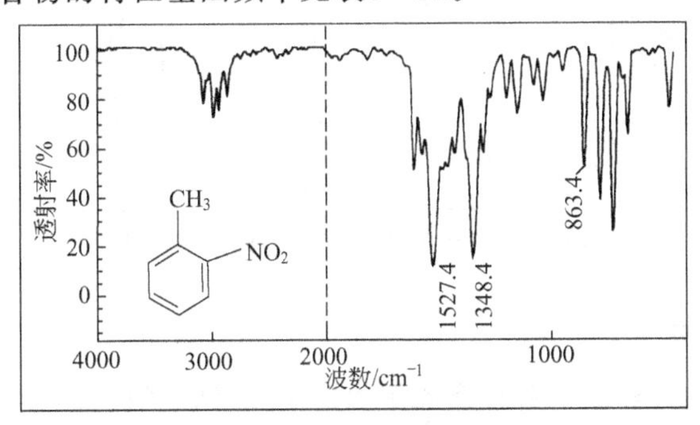


图 3.33　邻硝基甲苯的红外光谱图

表 3-11 硝基化合物的特征基团频率

| 基团 | 振动形式 | 吸收峰位置/$cm^{-1}$ | 强度 |
| --- | --- | --- | --- |
| R—$NO_2$(脂肪族) | $\upsilon_{asNO_2}$ | 1500～1600 | s |
| | $\upsilon_{sNO_2}$ | 1300～1370 | s |
| | $\upsilon_{C-N}$ | 830～900 | w |
| $C_6H_5$—$NO_2$(芳香族) | $\upsilon_{asNO_2}$ | 1500～1530 | s |
| | $\upsilon_{sNO_2}$ | 1330～1360 | s |
| | $\upsilon_{C-N}$ | 845～880 | s |

2. 有机硅化合物

有机硅化合物红外光谱的特征吸收强度特别大，通常可达到碳氢化合物对应吸收的 5 倍左右。除形成氢键外，吸收峰的波数变化很小，不受物态的影响，故其红外光谱被充分利用于有机硅化合物的研究工作中，并推动了有机硅材料工业的成熟和发展。有机硅化合物主要吸收峰见表 3-12，图 3.34 所示为六甲基二硅氧烷的红外光谱。

表 3-12 有机硅化合物特征基团的频率

| 基团 | 振动形式 | 吸收峰位置/$cm^{-1}$ | 强度 |
| --- | --- | --- | --- |
| Si—H | $\upsilon$ | 2095～2157<br>800～947 | vs<br>vs |
| Si—C | $\delta$ | 840～670 | s |
| $Si(CH_3)_3$ | $\upsilon$ | 755，840 | s |
| Si—O | $\upsilon$ | 920～1090 | s |
| Si—F | $\upsilon$ | 800～1000 | s |
| Si—Cl | $\upsilon_{as}$ | 500～650 | s |

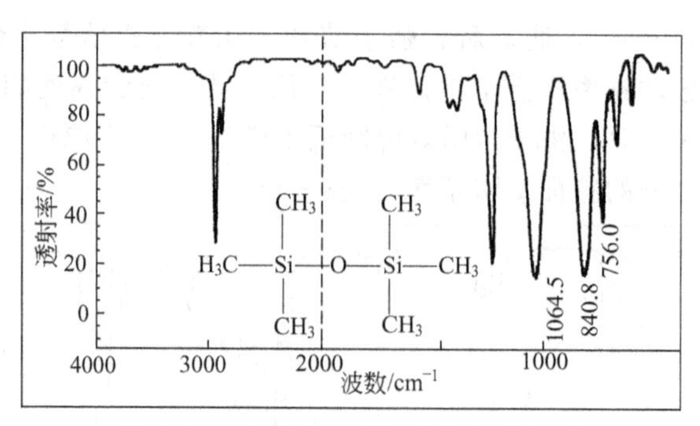


图 3.34 六甲基二硅氧烷的红外光谱

3. 有机含硫化合物

有机含硫化合物种类较多，各种含硫基团的主要吸收峰见表 3-13。图 3.35 所示为对甲苯磺酸甲酯的红外光谱图。

表 3-13 主要含硫基团的特征基团频率

| 基团 | 振动形式 | 吸收峰位置/$cm^{-1}$ | 强度 |
| --- | --- | --- | --- |
| 亚砜 $R_1—SO—R_2$ | $\upsilon_{SO}$ | 1000～1110 | s |
| 亚磺酸 $R_1—SO—OH$ | $\upsilon_{SO}$ | ～1090 | s |
| 亚磺酸酯 $R_1—SO—OR_2$ | $\upsilon_{SO}$ | 1125～1135 | s |
| 亚硫酸酯 $R_1—O—SO—OR_2$ | $\upsilon_{SO}$ | ～1200 | s |
| 砜 $R_1—SO_2—R_2$ | $\upsilon_{as}$<br>$\upsilon_s$ | 1300～1350<br>1120～1160 | s<br>m |
| 磺酸 $R_1—SO_2—OH$ | $\upsilon_{as}$<br>$\upsilon_s$ | 1345±5<br>1155±5 | s<br>s |
| 磺酸酯 $R_1—SO_2—OR_2$ | $\upsilon_{as}$<br>$\upsilon_s$ | 1335～1370<br>1170～1200 | s<br>m |
| 硫酸酯 $R_1—O—SO_2—OR_2$ | $\upsilon_{as}$<br>$\upsilon_s$ | 1380～1415<br>1165～1200 | s<br>m |

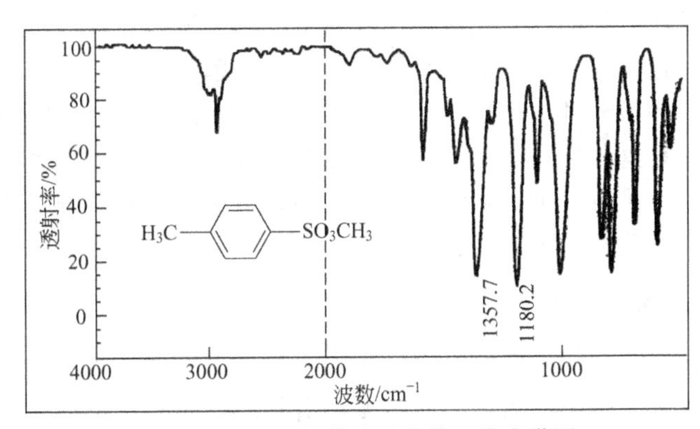


图 3.35 对甲苯磺酸甲酯的红外光谱图

4. 有机磷化合物

有机磷化合物在生物化学、农用化学等领域的应用十分重要，现将重要的有机磷基团的红外吸收峰列于表 3-14。图 3.36 所示为二苯基膦酸酯的红外光谱图。

表 3-14 主要含硫基团的特征基团频率

| 基团 | 振动形式 | 吸收峰位置/$cm^{-1}$ | 强度 | 备注 |
| --- | --- | --- | --- | --- |
| 膦酸酯 $(RO)_2—P(=O)—H$ | $\upsilon_{P—H}$<br>$\upsilon_{P=O}$ | 2420～2450<br>1160～1315 | w<br>m | 常出现双峰 |
| 亚膦酸酯 $RO—P(=O)H_2$ | $\upsilon_{P—H}$<br>$\upsilon_{P=O}$ | 2280～2380<br>1180～1220 | w<br>m | 常出现双峰 |
| 膦氧化物 $R—P(=O)H_2$ | $\upsilon_{P—H}$<br>$\upsilon_{P=O}$ | ～2327<br>1150～1185 | w<br>m | 常出现双峰 |

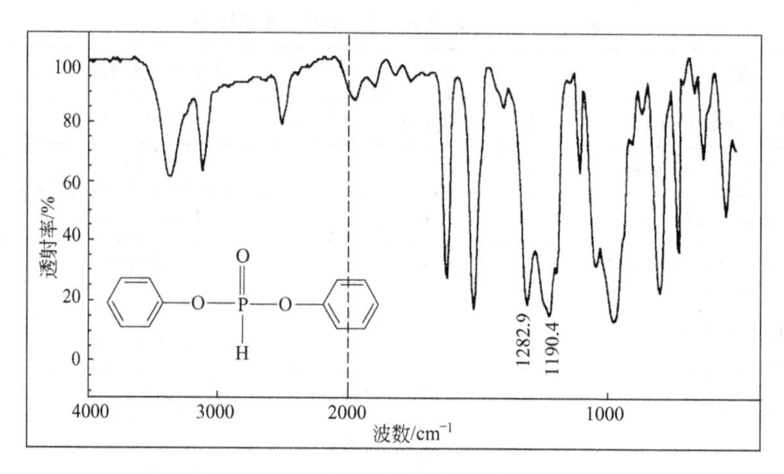


图 3.36　二苯基膦酸酯的红外光谱图

5. 高分子化合物

高分子化合物的分子量较大，似乎应有非常大数目的振动形式和复杂的红外光谱。但实际上大多数高分子化合物的红外光谱却比较简单。例如聚苯乙烯的红外光谱并不比苯乙烯的红外光谱复杂。这是因为高分子链是由许多重复的单元组成，每个重复单元的原子振动几乎都相同，对应的振动频率也相同，故对于重复单元的每一个基团的振动可以近似地按低分子来考虑。正是这些特点，加上高分子化合物分子量比较大，其他的分析仪器如质谱仪、核磁共振仪等很难对其进行检测，所以红外光谱法在研究高分子化合物的组成结构方面有广泛的应用。这将在下节进行详细介绍。

6. 无机化合物的红外光谱

与有机物相比无机化合物的红外光谱中吸收峰数目少得多，峰形大多较宽。无机化合物在中红外区的吸收主要是由阴离子的晶格振动引起的，与阳离子的关系不大。阳离子的质量增加仅使吸收峰位置稍向低波数方向移动。如 $K_2SO_4$ 的两个吸收峰位于 1118cm$^{-1}$ 和 617cm$^{-1}$ 处，而 $CaSO_4$ 的吸收峰在 1103cm$^{-1}$ 和 609cm$^{-1}$ 处。常见的无机盐阴离子的特征频率见表 3－15。

表 3－15　常见的无机盐阴离子的特征频率

| 基团 | 吸收峰位置/cm$^{-1}$ | 强度 |
| --- | --- | --- |
| $CO_3^{2-}$ | 1410～1450、860～880 | vs、m |
| $HCO_3^-$ | 650、700、850、1000、2400～2600 | w、m、m、m、m |
| $SO_3^{2-}$ | 900～1000、625～700 | s、vs |
| $SO_4^{2-}$ | 1050～1150、575～650 | s、m |
| $ClO_3^-$ | 900～1000、600～650 | m→s、s |
| $ClO_4^-$ | 1025～1100、575～650 | s、m |
| $NO_3^-$ | 1350～1380、815～840 | vs、m |

# 3.5 红外光谱法的应用

## 3.5.1 红外光谱的定性鉴别

对一张未知高分子的红外光谱进行定性鉴别的主要方法可归纳为以下四种：

(1) 将整个谱图当作“分子指纹”，与标准谱图对照；

(2) 按高分子的元素组成分组分析；

(3) 以最强峰为线索分组分析；

(4) 按流程图分析。

以下分别介绍这些方法。

1. 将整个谱图当作“分子指纹”来与标准谱图作对照

1) 分析依据

一个分子的红外光谱是由各原子基团的吸收峰组成的，反过来通过这些吸收峰确定原子基团，可以分析出分子的化学组成。对每个吸收峰进行归属常常是烦琐和困难的，尤其对高分子材料更是如此。一种简单的方法是将测得的未知物红外光谱整个地与已知红外光谱相对照，如果完全吻合，就可直接确定分子的归属。理论上峰的位置和强度都必须吻合，但实际上主要看峰的位置。而峰强度常难以一致，它与样品的厚度有关，在某种程度上还取决于所用仪器的种类。所以即使把谱图转换成每厘米厚的吸收为标尺，也难以应用到分析中，仅能作为一种参考。

2) 标准谱图集种类

目前已出版了许多种有关高分子材料剖析方面的红外光谱书籍和谱图集，常用的有以下两种：

(1) 萨特勒谱图集。由美国费城萨特勒(Sadtler)研究室编制。它分为两大类，一类为纯度在98%以上的化合物的红外光谱，另一类为商品(工业产品)光谱，其中包括单体和聚合物、橡胶、纤维、增塑剂、颜料等与高分子有关的光谱，还包括了聚合物裂解光谱。

萨特勒标准图谱有四种索引。对于已知物，可查阅分子式索引和字母顺序索引。对于已知大概类型和可能的官能团，可按化学分类索引查找，该索引以官能团类别为序。对于未知物，依据谱线索引检索，该索引以第一强峰为序。

(2) 树脂及添加剂的红外分析谱图集。由赫梅尔(Hummel)和肖勒(Scholl)等著。英文名为《*Infrared Analysis of polymers, Resins and Additives, An Atlas*》，该书已出版了三册。第一册为聚合物的结构与红外光谱图，第二册为塑料、橡胶、纤维及树脂的红外光谱图和鉴定方法，第三册为助剂的红外光谱图和鉴定方法。

随着计算机技术的进步，当代的一些红外光谱仪已能用计算机检索，如珀金—埃尔默(Perkin-Elmer)红外工作站的软件就提供了大量高分子红外光谱作查索对照。

3) 高分子结构的复杂性。

在利用分子指纹图法进行对照时，要注意由于高分子结构的复杂性，即使是简单的均聚物，也不能期望它们有完全相同的指纹图。高分子的不均一性表现在以下几方面：

(1) 分子长短不一。即使是规则的线型分子(不用说支化或网状分子)也存在分子长短的分布，从而端基的数量(甚至结构)就会有差别，而端基的化学结构与链的结构单元是不同的。

(2) 高分子不同的构型会引起不同的指纹图。如二烯烃有 1，2 加成、顺 1，4 加成和反 1，4 加成等不同的加成方式，单烯烃则可能有全同、间同和无规等不同的立体结构。

(3) 分子的不同构象也对谱图有影响。无定形态和结晶态高分子可能就有不同的特征峰。由于高分子总是处于半结晶状态，因而结晶高分子的红外光谱应是无定形和结晶两部分光谱的叠加。

对于共聚物，由于序列分布引起的分子结构差异，以及分子堆砌方式或分子形状的影响等多种因素叠加在一起，将使谱图解析更为困难。因此，在高分子谱图对照时，难以做到像小分子谱图对照那样精细。

4) 分析注意事项

用红外光谱进行结构判断时，要特别注意以下几点：

(1) 由不同分辨率仪器得到的谱图，质量相差很大，吸收峰的位置有可能相差 $10cm^{-1}$，峰的形状也会有些许变化。

(2) 聚合物加工、制样、分离提纯时的操作差异，均有可能引起红外谱图的细小差别。要分析差异原因，并结合其他分析数据得出可靠结论。

(3) 有些不同种类的高聚物，分子中含有相同的结构单元，红外光谱图差异不大，要格外注意(如酰胺和酮，均含有 C═O，$1680cm^{-1}$)。

(4) 当共聚物中某种单体组分的含量小于 5%时，红外光谱中结构特征表现不明显，不要遗漏。

(5) 当样品纯度不好时，会出现不相关的异常峰，特别是有无机填料存在时，会出现宽而强的吸收峰。

(6) 如果找不到相同或相近的红外图，则有可能是新型高聚物材料。新型高聚物材料一般价格较高，多应用于高科技领域，普通民用商品材料中十分罕见。所以，在做出“新型高聚物材料”的结论时，必须考虑到材料的用途和价值，此外，样品红外光谱图是否可靠，样品的纯度如何，是否有杂质干扰等问题也必须考虑周全。

5) 常见高分子材料的红外光谱图及主要特征

高分子品种繁多，记住全部谱图是不可能的，但熟悉常见品种的红外光谱却很有必要，对于鉴别会有很大帮助。以下介绍一些常见高分子的红外光谱，并扼要叙述它们的主要特征。

(1) 聚乙烯。图 3.37 所示为聚乙烯的红外光谱，这是最简单的高分子红外光谱图。

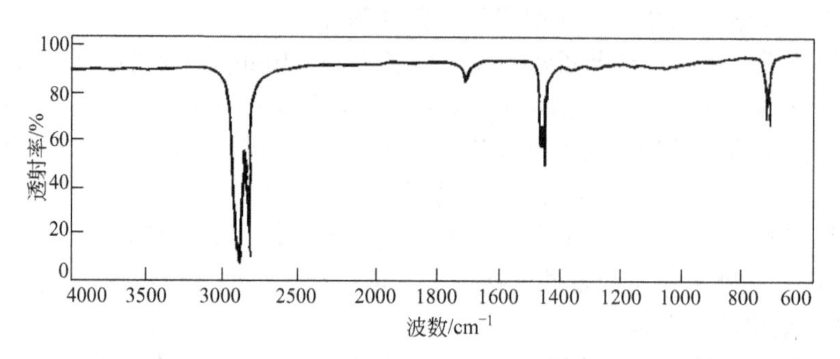


**图 3.37 聚乙烯的红外光谱图**

其典型特征是在约2950、1460 和 720/730$cm^{-1}$处有三个很强的吸收峰，它们分别归属于C—H的伸缩、弯曲和摇摆振动。720/730$cm^{-1}$是双重峰，其中 720 是无定形聚乙烯的吸收峰，730 是结晶聚乙烯的吸收峰。由于实际聚乙烯很少是完全线型的，特别是低密度聚乙烯有许多支链，因而在 1378$cm^{-1}$处能观察到甲基弯曲振动谱带。在乙丙共聚物中也会有类似的现象。由于聚乙烯中少量烯端基的存在，在 909 和 990$cm^{-1}$有时能看到弱谱带，分别对应于 $RCH=CH_2$ 中反式 CH 面外弯曲振动及 $CH_2$ 面内弯曲振动；在 1720$cm^{-1}$处的小峰是由于含羰基的添加剂引起的，不是聚乙烯本身的峰。

(2) 聚丙烯。聚丙烯中每两个碳就有一个甲基支链，因而除了 1460$cm^{-1}$的 $CH_2$ 弯曲振动外，还有很强的甲基弯曲振动谱带出现在 1378$cm^{-1}$。$CH_3$ 和 CH 的伸缩振动与 $CH_2$ 的伸缩振动叠加在一起，出现了 2800～3000$cm^{-1}$的多重峰。聚丙烯谱图的另一个主要特点是在 970 和 1155$cm^{-1}$处呈现的 $[CH_2CH(CH_3)]_n$ 的特征峰。图 3.38 所示为全同聚丙烯的红外光谱图。全同聚丙烯与无规聚丙烯的主要区别是，全同聚丙烯除了上述五条谱带外，在 841、998 和 1304$cm^{-1}$等处还存在一系列与结晶有关的谱带，而无规聚丙烯不能结晶，故不存在这些谱带。

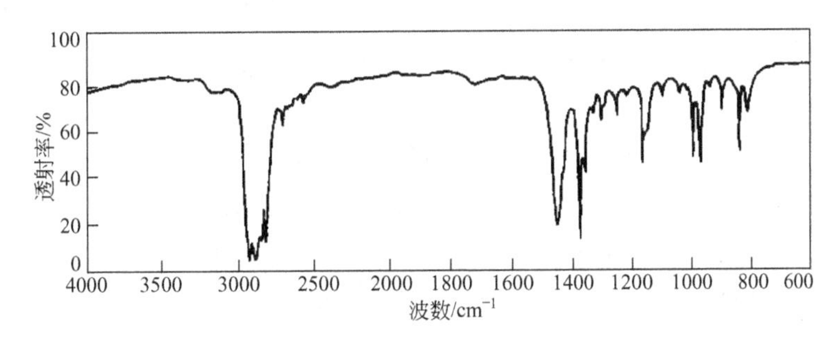


**图 3.38 全同聚丙烯的红外光谱图**

(3) 聚苯乙烯及相关共聚物。图 3.39 所示为聚苯乙烯的红外光谱。由于其吸收峰很尖锐，聚苯乙烯谱图常作为标准谱图。在 3000$cm^{-1}$附近有丰富的谱带，可分辨出 2849、2923、3000、3025、3060 和 3082$cm^{-1}$等锐峰。2800～3000$cm^{-1}$的谱带是饱和 C—H 或 $CH_2$ 的伸缩振动，而 3000～3100$cm^{-1}$的谱带属于苯环上 C—H 的伸缩振动。1600$cm^{-1}$的强峰是苯环的骨架振动。700 和 760$cm^{-1}$是苯环上 H 的面外弯曲振动，它们的倍频和组频出现在 1670、1740、1800、1870 和 1940$cm^{-1}$处，都有力地证明了存在单取代苯。

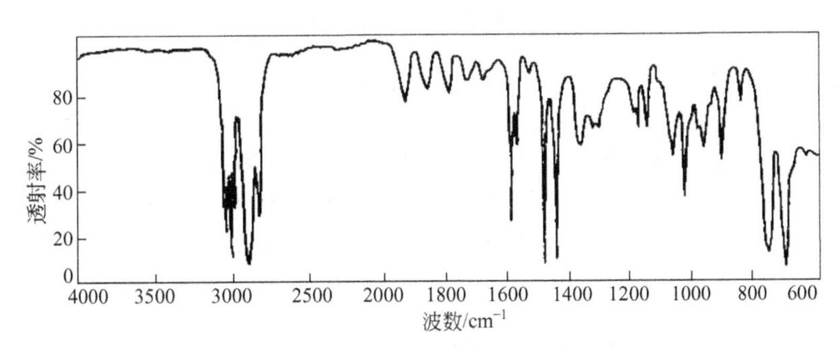


**图 3.39 聚苯乙烯的红外光谱图**

对于丁二烯-苯乙烯共聚物，910 和 967$cm^{-1}$两个峰增强到与 1030、1070$cm^{-1}$两峰的强度相仿。特别是 967$cm^{-1}$强峰表明存在反式丁二烯(顺式丁二烯没有可辨认的峰)。同时在 1640$cm^{-1}$出现峰表明存在不饱和键。

ABS 可以根据在 2240$cm^{-1}$处出现腈基的特征峰而得到证实。

(4) 聚氯乙烯。图 3.40 所示为聚氯乙烯的红外光谱。2900$cm^{-1}$附近的谱带说明 $CH_2$ 的存在。由于受到邻近氯原子的影响，$CH_2$ 的弯曲振动谱带从 1460$cm^{-1}$向低频位移至 1430$cm^{-1}$，同时强度增加。而 1250$cm^{-1}$的 C—H 弯曲振动和 1330$cm^{-1}$的 CH 弯曲与 $CH_2$ 摇摆的合频振动，也由于有氯原子在同一碳原子上而得到增强。在 600～700$cm^{-1}$内出现 C—Cl 伸缩振动的吸收峰是另一个显著特征。此外在 960$cm^{-1}$有 $CH_2$ 面内摇摆谱带，在 1100$cm^{-1}$有 C—C 伸缩振动谱带。

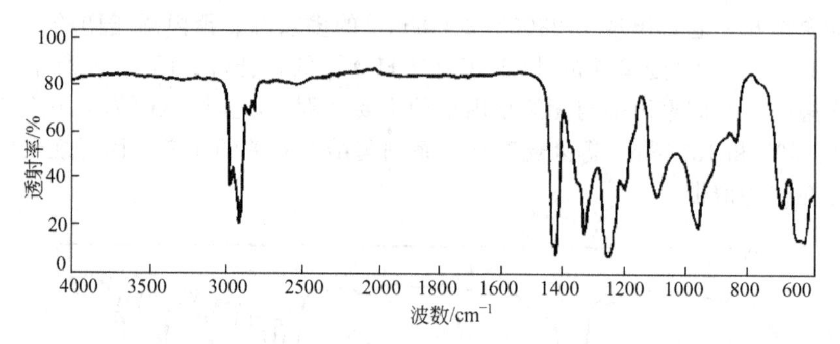


图 3.40 聚氯乙烯的红外光谱图

(5) 聚四氟乙烯。图 3.41 所示为聚四氟乙烯的红外光谱。在 1100～1250$cm^{-1}$有 2～3 条极强的谱带，这是 $CF_2$ 的伸缩振动。有时在 2350$cm^{-1}$可观察到它们的倍频。500～850$cm^{-1}$内有一系列谱带，来源于聚四氟乙烯的非晶区。

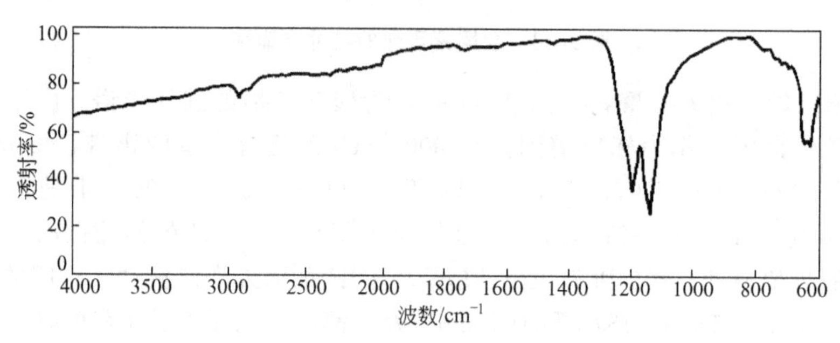


图 3.41 聚四氟乙烯的红外光谱图

(6) 聚乙烯醇。图 3.42 所示为聚乙烯醇的红外光谱。在 3000～3500$cm^{-1}$内有能形成氢键的 O—H 伸缩振动强吸收峰，在 1100$cm^{-1}$附近有 C—O 伸缩振动吸收峰。由于工业上聚乙烯醇是由聚醋酸乙烯皂化而来的，皂化不完全而残留的乙酰基会使谱图中存在 1740$cm^{-1}$和 1370$cm^{-1}$的弱峰。这是聚乙烯醇的一个显著标志。

(7) 聚醋酸乙烯。图 3.43 所示为聚醋酸乙烯的红外光谱。由羰基伸缩振动产生的 1740$cm^{-1}$谱带最强。而其特征是位于 1020 和 1240$cm^{-1}$的两条谱带，分别属于 $-\overset{\overset{\displaystyle O}{\|}}{C}-O-CH$ 基团中 $-\overset{\overset{\displaystyle O}{\|}}{C}-O-$ 和—O—CH—的伸缩振动，两者和 1740$cm^{-1}$谱带结合起来可指示酯类的存

在。位于1370cm$^{-1}$的谱带是甲基的变形振动，由于与羰基相连而使强度显著增加，可以指示醋酸酯的存在。

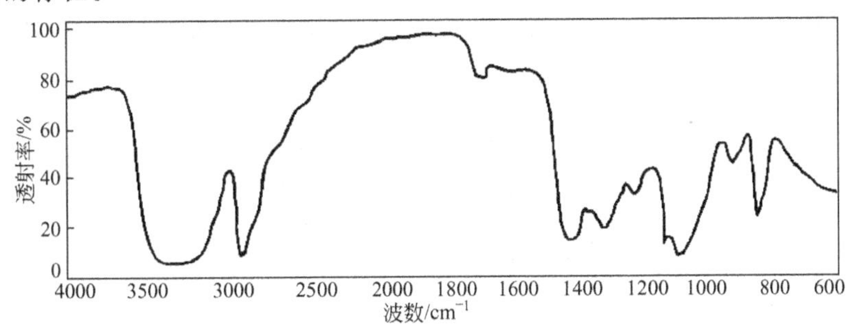


图3.42　聚乙烯醇的红外光谱图

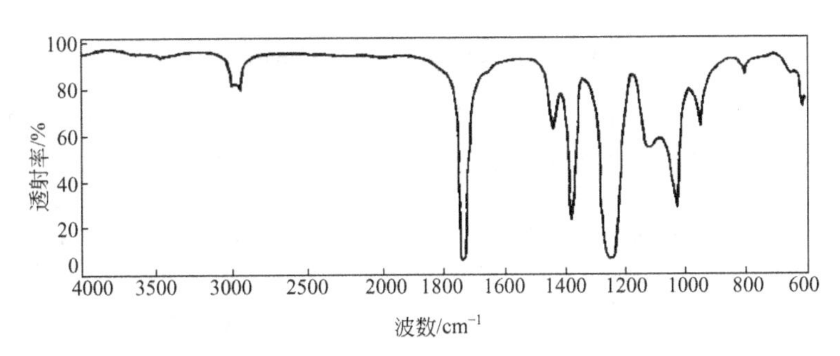


图3.43　聚醋酸乙烯的红外光谱图

在聚醋酸乙烯中由于含氧基团的谱带强度极大，使2900cm$^{-1}$附近的$CH_2$伸缩振动谱带变得很弱，所以如果谱图中既有上述聚醋酸乙烯各谱带，又有强的$CH_2$伸缩振动吸收，说明无疑是EVA共聚物。其中聚醋酸乙烯含量只要有15%左右，含氧基团谱带的强度就会与$CH_2$伸缩振动谱带差不多。从它们的相对强度比可以估计共聚组成比。

(8) 聚甲基丙烯酸甲酯。图3.44所示为聚甲基丙烯酸甲酯的红外光谱。特征谱带是1730cm$^{-1}$的C═O伸缩振动以及1150、1190、1240和1268cm$^{-1}$的C—O—C伸缩振动。在C—O—C这四个峰的低波数侧有一个1060cm$^{-1}$小峰，这是间同立构峰，虽然样品是无规立构体，但总含有少量间同立构体。2900cm$^{-1}$附近甲基和次甲基的伸缩振动有明显的多

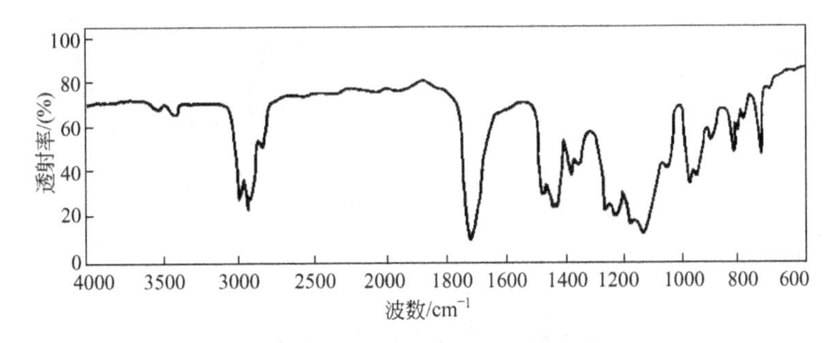


图3.44　聚甲基丙烯酸甲酯的红外光谱图

峰，可以观察到较高波数的$CH_2$峰比较低波数的$CH_2$峰高，而且按结构单元中氢原子数目它们的强度比大致为3∶1。

(9) 聚丙烯腈。图 3.45 所示为聚丙烯腈的红外光谱。最特征的谱带是 $2240cm^{-1}$ 的 C≡N伸缩振动。在共聚物中这一锐峰也是识别是否有腈基的最好标志。这一谱带如此尖锐说明氰基振动是与分子其他部分的振动不耦合的。此外 $1447cm^{-1}$ 的 C—H 弯曲振动也是比较尖锐的强谱带。

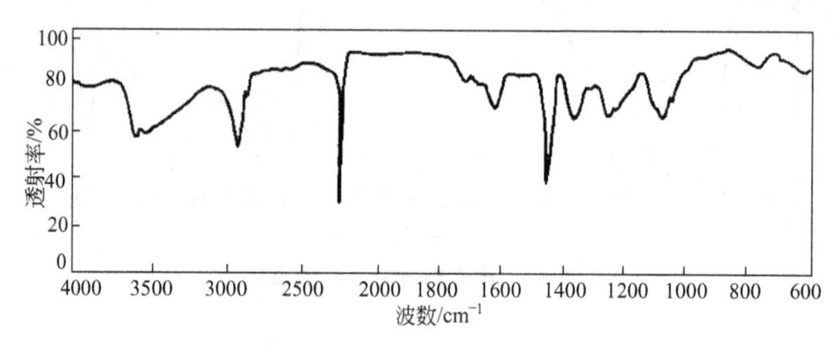


图 3.45 聚丙烯腈的红外光谱图

(10) 聚甲醛。图 3.46 所示为聚甲醛的红外光谱。特征谱带是 $900cm^{-1}$ 和 $935cm^{-1}$ 的很强的双峰，来自 C—O—C 的伸缩振动与 $CH_2$ 摇摆振动的合频。

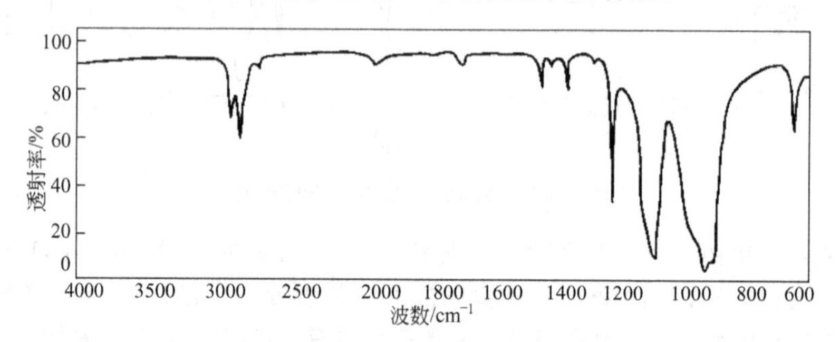


图 3.46 聚甲醛的红外光谱图

(11) 聚乙二醇。图 3.47 所示为聚乙二醇的红外光谱。特征谱带是 $1080\sim1150cm^{-1}$ 的强吸收峰，归属于 C—O—C 伸缩振动。在 $3200\sim3600cm^{-1}$ 范围内的吸收是形成氢键的端羟基的伸缩振动引起的。

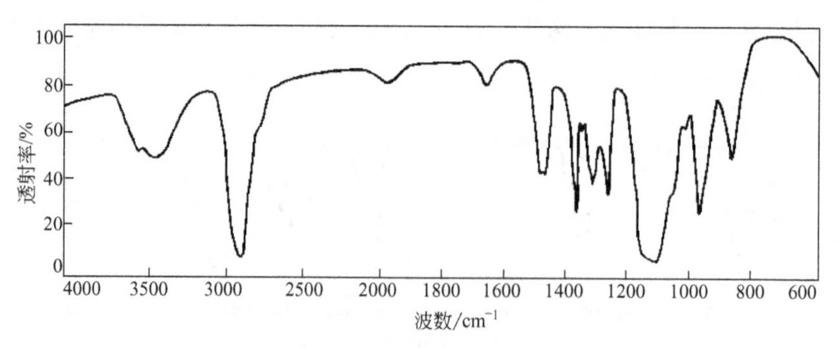


图 3.47 聚乙二醇的红外光谱图

(12) 聚对苯二甲酸乙二醇酯。图 3.48 所示为聚对苯二甲酸乙二醇酯的红外光谱。特征谱带有三个，$1730cm^{-1}$ 处的 C═O 伸缩振动，1130 和 $1260cm^{-1}$ 处的 C—O—C 伸缩振动，它们共同表明酯类的存在。1130 和 $1260cm^{-1}$ 处强度相似的两个强峰是对苯二甲酸基团的特征峰。700～900cm$^{-1}$区有丰富的吸收峰说明存在苯环。730cm$^{-1}$是对位双取代苯环上氢的面外弯曲振动吸收，虽然不很典型，但也是对苯二甲酸基团的另一个证据。830cm$^{-1}$谱带属于芳环上两个相邻的C—H的面外弯曲振动。苯环在1450～1620cm$^{-1}$区间内还应有多个吸收峰，但图3.48中这些谱带较弱可能与分子的对称性有关。3540cm$^{-1}$弱谱带来自未反应羟基的伸缩振动。

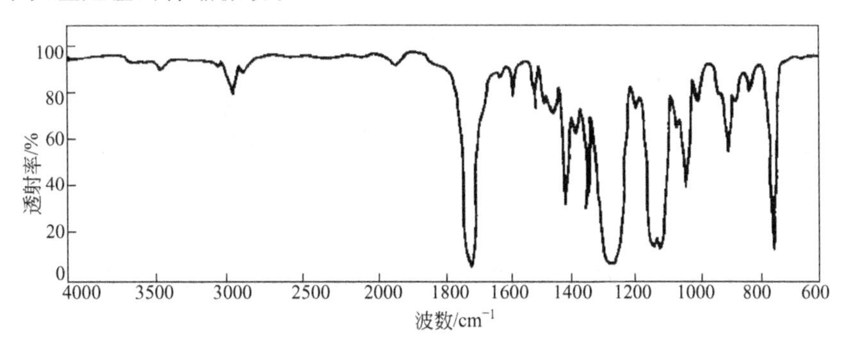


**图3.48 聚对苯二甲酸乙二醇酯的红外光谱图**

(13) 尼龙。图3.49所示为尼龙66的红外光谱。其特征谱带如下：酰胺Ⅰ谱带：1640cm$^{-1}$处的羰基伸缩振动；酰胺Ⅱ谱带：1550cm$^{-1}$处的N—H弯曲和C—N伸缩振动的组合吸收；酰胺Ⅲ谱带：1260cm$^{-1}$处的C—N—H的组合吸收。此外，还有690cm$^{-1}$处的N—H的面外摇摆，3090cm$^{-1}$处的酰胺Ⅱ谱带的倍频以及3300cm$^{-1}$处的N—H伸缩振动。不同尼龙品种的区分主要依据800～1400cm$^{-1}$间弱峰的差别。

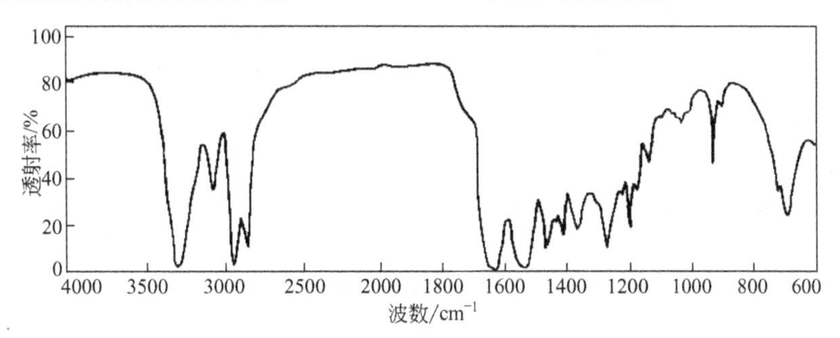


**图3.49 尼龙66的红外光谱图**

(14) 聚碳酸酯。图3.50所示为双酚A型聚碳酸酯的红外光谱。最强峰是出现在

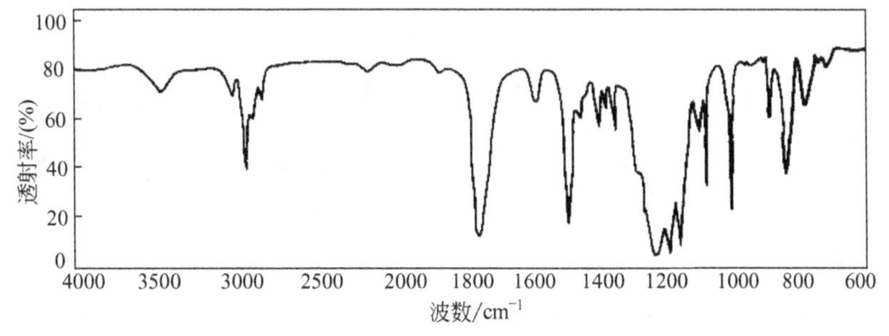


**图3.50 双酚A型聚碳酸酯的红外光谱图**

1240cm$^{-1}$处的C—O的伸缩振动，与1780cm$^{-1}$处C═O伸缩振动的吸收共同指示酯类。

$1450\sim1620cm^{-1}$区间的吸收峰表明存在苯环。另一个特征是$830cm^{-1}$有C—H弯曲振动的中等吸收。

(15) 硝酸纤维素。图3.51所示为硝酸纤维素的红外光谱。硝酸酯的特征谱带是1285、1660和$845cm^{-1}$。同时应当存在纤维素的谱带，即$1050cm^{-1}$强峰及周围的一系列肩峰以及$3400cm^{-1}$附近的宽峰，归属于C—O和OH的吸收。

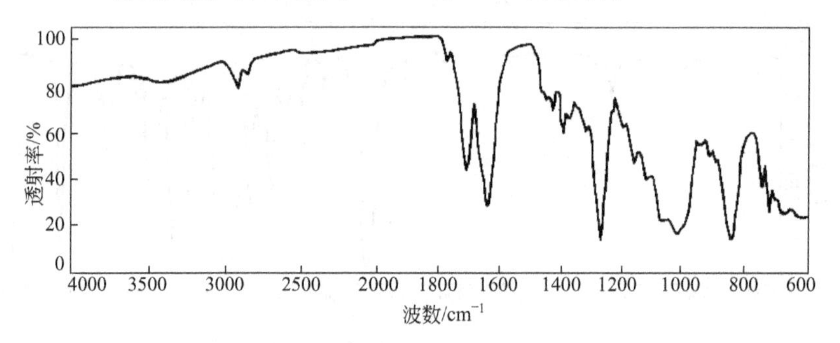


图3.51 硝酸纤维素的红外光谱图

(16) 乙基纤维素。图3.52所示为乙基纤维素的红外光谱。它的最强谱带位于$1100cm^{-1}$是醚键的伸缩振动。在$3400cm^{-1}$处还有残存羟基吸收而产生的谱带。在885和$920cm^{-1}$有两个弱峰，可以用来与甲基纤维素相区别，因为后者只有$945cm^{-1}$一个峰。

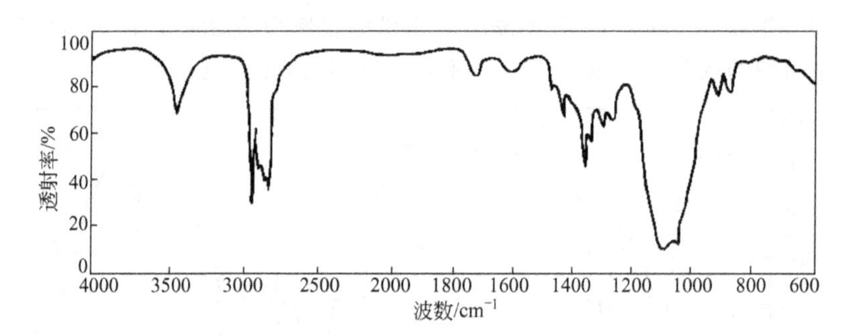


图3.52 乙基纤维素的红外光谱图

乙基纤维素的红外光谱与聚乙二醇很类似，区别主要是聚乙二醇在$1100cm^{-1}$附近的峰的峰形很对称，$1050cm^{-1}$处没有吸收；相反乙基纤维素不对称，且在$1050cm^{-1}$处有强烈吸收。

(17) 酚醛树脂。图3.53所示为用六亚甲基四胺固化的线型酚醛树脂的红外光谱图。

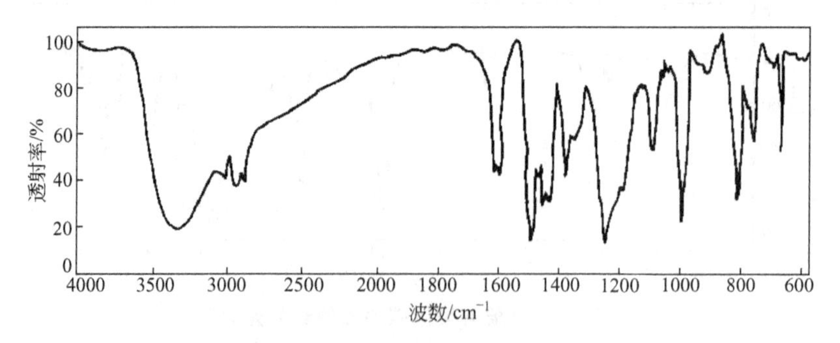


图3.53 酚醛树脂的红外光谱图

3350和1230$cm^{-1}$分别对应于酚羟基和芳香族醚键的吸收。1600$cm^{-1}$双峰是苯环骨架的振动。760和820$cm^{-1}$的双峰表明主要是邻、对位连接。六亚甲基四胺在1000$cm^{-1}$处有尖锐的峰。

另有一类酚醛树脂加热即可固化，称为可熔性酚醛树脂。未固化的这类树脂在1010$cm^{-1}$处有$CH_2OH$基团的强峰，但与六亚甲基四胺的峰比较，它较宽且平滑，很易区分。此外在3300$cm^{-1}$的谱带也变得更强，这是两种羟基谱带叠加在一起的结果。固化后1010$cm^{-1}$峰基本消失，3300$cm^{-1}$峰也明显减弱，同时1450$cm^{-1}$的—OH弯曲振动峰也显著减弱。交联生成的亚甲基醚桥—$CH_2$—O—$CH_2$对应的谱带出现在1050$cm^{-1}$处。

(18) 环氧树脂。图3.54所示为双酚A型环氧树脂的红外光谱。由于具有芳香结构，其谱带十分丰富。830$cm^{-1}$谱带归属于对位取代苯环上两个相邻氢原子的面外弯曲振动，极具特征性。1250$cm^{-1}$谱带对应于苯醚的吸收，1040$cm^{-1}$谱带对应于脂肪族醚的吸收。915$cm^{-1}$谱带是由于端环氧基的吸收而产生的，可用来测定未反应的环氧基数量。1360和1380$cm^{-1}$处一对双峰来自于双酚A中双甲基的对称弯曲振动。

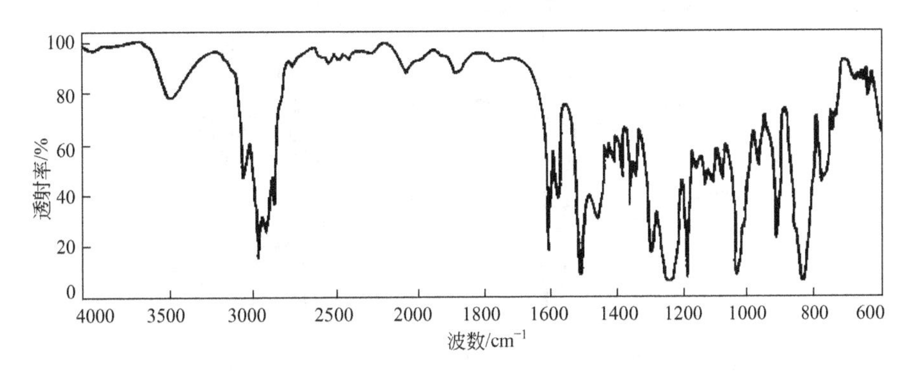


**图3.54 双酚A型环氧树脂的红外光谱图**

(19) 橡胶。图3.55所示为八种常见橡胶的红外光谱，分别说明如下。

① 天然橡胶和合成的异戊二烯橡胶。两者有相同的结构，都是顺式1，4-聚异戊二烯，特征吸收峰是1372$cm^{-1}$处甲基的变形振动和835$cm^{-1}$处双键上C—H的面外弯曲振动。

两者的区别，天然橡胶中因为含有少量蛋白质，在1638$cm^{-1}$（酰胺Ⅰ谱带）和1540$cm^{-1}$（酰胺Ⅱ谱带）出现弱吸收，合成异戊二烯橡胶则由于可能含有少量高级脂肪酸（如润滑油类），而在1710$cm^{-1}$和720$cm^{-1}$有吸收峰。

② 顺丁橡胶。主要特征吸收是1646$cm^{-1}$（双键的伸缩振动）、775、774、738和690$cm^{-1}$，其中738$cm^{-1}$最强，对应于双键上C—H的面外弯曲振动。当存在少量反式1，4-聚丁二烯时，会出现967$cm^{-1}$（双键上C—H的面外弯曲）吸收峰。当存在少量1，2加成聚丁二烯时，会出现910、990$cm^{-1}$一对特征吸收峰。

③ 丁苯橡胶。该谱图是对应均聚物谱图的叠加。对应于苯乙烯链段的特征吸收是1600、1592$cm^{-1}$（苯环骨架振动）、3000～3100$cm^{-1}$（苯环上C—H的伸缩振动）和700、760$cm^{-1}$（苯环上氢的面外弯曲振动）。对应于丁二烯链段的特征吸收是967和910、990$cm^{-1}$分别产生自反1，4和1，2加成的聚丁二烯，顺1，4加成物没有可供鉴别的峰。

④ 丁腈橡胶。该谱图也是对应均聚物谱图的叠加。对应于丙烯腈链段的特征吸收是

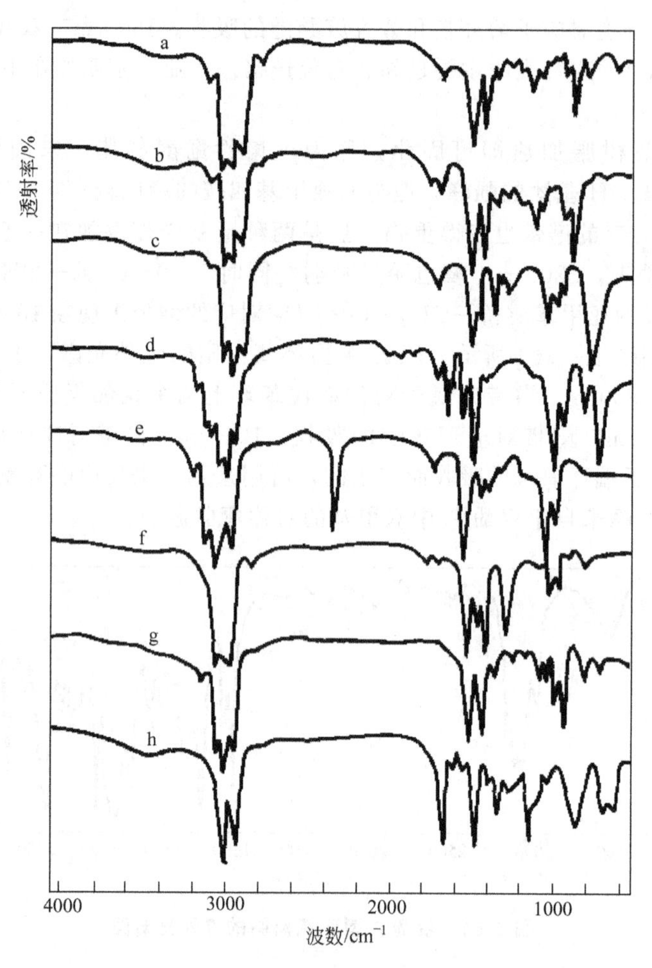


**图 3.55 八种常见橡胶的红外光谱图**

a—天然橡胶；b—异戊橡胶；c—顺丁橡胶；d—丁苯橡胶；
e—丁腈橡胶；f—丁基橡胶；g—乙丙橡胶；h—氯丁橡胶

2240$cm^{-1}$(腈基的伸缩振动)和 1447$cm^{-1}$($CH_2$ 的弯曲振动)，对应于丁二烯的吸收也是 967 和 910、990$cm^{-1}$。

⑤ 丁基橡胶。由于丁基橡胶是异丁烯和少量异戊二烯或其他二烯(如环戊二烯、丁二烯)的共聚物，所以其光谱与聚异丁烯很相似，即出现与异丙基相对应的一组特征吸收峰；1368、1388$cm^{-1}$(甲基弯曲振动，因振动耦合而出现双峰)，1460$cm^{-1}$($CH_2$ 的弯曲振动)。若有 1235$cm^{-1}$吸收峰，它来源于聚异戊二烯链段。

为了判断共聚物中的其他二烯组分，可采用聚异丁烯作差示谱图分析。

⑥ 乙丙橡胶。乙丙橡胶中两单体的摩尔百分比接近，所以呈非晶结构，不存在与结晶有关的吸收峰，其红外光谱为无规聚丙烯与非晶聚乙烯光谱的叠加。存在 970 和 1155$cm^{-1}$吸收峰，说明聚丙烯分子链段中存在头尾相接的结构。

⑦ 氯丁橡胶。工业品以反 1，4 构型为主(约占 87%)。光谱中出现四个强的特征峰，即 1667$cm^{-1}$(双键的伸缩振动)，1430$cm^{-1}$(锐峰，邻接氯原子的 $CH_2$ 的面内弯曲振动)，1110$cm^{-1}$(宽峰，碳链骨架振动)和 826$cm^{-1}$(宽峰，双键上 C—H 面外弯曲振动)。另外，

在 600～670cm$^{-1}$出现了与 C—Cl 伸缩振动相应的强吸收峰。

(20) 聚二甲基硅氧烷。图 3.56 所示为聚二甲基硅氧烷的红外光谱。Si—O—Si 伸缩振动出现在 1000～1100cm$^{-1}$。1260 和 1410cm$^{-1}$谱带分别是由 Si—$CH_3$ 基团的 $CH_3$ 面内和面外弯曲振动引起的。800cm$^{-1}$谱带归属于 Si—C 伸缩振动和 $CH_3$ 面内摇摆。O—Si—$CH_3$ 和 Si—O—Si 弯曲振动分别出现在更低波数的 390 和 490cm$^{-1}$。

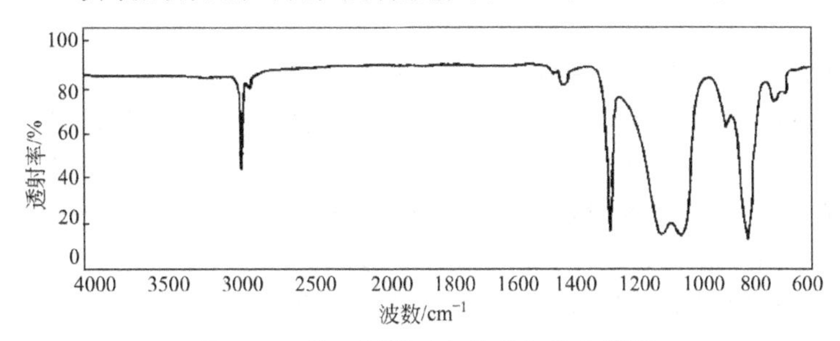


**图 3.56 聚二甲基硅氧烷的红外光谱图**

2. 按高分子元素组成的分组分析

如果从化学分析已经初步知道未知高分子所含的元素，就可以根据这个线索将高分子分成五组。

1) 只含 C、H 或只含 C、H、O 的高分子

首先判断未知物是否含氧。除简单的过氧基团—C—O—O—C—没有吸收外，其他含氧基团都产生至少中等强度的吸收峰。若在 O—H 或 C═O 区域内有一个或更多个中等以上强度的吸收峰存在，则说明未知物含氧。另一方面从 C—O 峰也能判断。C—O 峰总是很强，若 900～1350cm$^{-1}$出现的峰强度超过 2900 或 1400cm$^{-1}$附近 CH 峰的强度，则表明有氧存在。O—H、C═O、C—O 等三种含氧基团的波数范围和强度情况列于表 3-16。

**表 3-16 C、H、O 化合物中含氧基团的吸收峰**

| 基团 | 吸收峰位置/cm$^{-1}$ | 备注 |
|---|---|---|
| O—H | 3150～3550 或 3550～3700 | 弱、锐 |
| C═O | 1550～1825 | 强、宽 |
| C—O | 900～1350 | 强、多峰 |

(1) 只含 C、H 的高分子。所有饱和烃高分子都在 2940cm$^{-1}$左右和 1430～1470cm$^{-1}$出峰(经常是多峰)，大多数烃还含有甲基，在 1370cm$^{-1}$左右有吸收。环烷烃没有特殊的规律，只是在 770～1430cm$^{-1}$范围内有几个中强的锐峰。

不饱和烃一般在 670～1000cm$^{-1}$有特征峰。由于这些谱带受邻近基团的影响很大，所以利用价值有限。

芳烃在 670～900cm$^{-1}$有一些相对较强的峰，可表征苯环及各种取代苯环，它们用于鉴定烃基苯、氯代苯和酚都很可靠。但对另一些化合物，特别是苯环与羰基共轭时，这些峰会有些变化而失去可靠性，虽然仍可以由此确定芳烃。多数芳烃在 1430～1670cm$^{-1}$有若干弱的锐峰，是苯环骨架振动的吸收。在 1600～2000cm$^{-1}$内，对应于不同的取代苯类型会出现一系列弱的但很特征的谱带，归属于苯环上 C—H 面外弯曲振动

的倍频与合频。

(2) 只含C、H、O的高分子。

① 含C═O高分子。主要特征是1550～1825$cm^{-1}$的C═O伸缩振动峰。

脂肪酯与醛、酮的羰基峰位置差别很小，难以区分。许多醛和酮在910～1330$cm^{-1}$有强的吸收峰，但易与酯的C═O吸收峰相混淆。大多数醛在2720$cm^{-1}$有C—H的吸收峰可以区别开来。

在酸中由于羧基与羟基形成很强的氢键，使得羟基在3330$cm^{-1}$的峰难以观察。但如果C—H在2900$cm^{-1}$的峰加宽，以及C═O峰向低波数位移，则是酸的有利证据。

② 含O—H高分子。羟基吸收峰在3130～3700$cm^{-1}$。对于任何情况下都不形成氢键的"自由"状态羟基(如酚羟基附近有大的取代基时)，在3570～3700$cm^{-1}$有宽峰。多数羟基化合物的分子间会形成氢键，从而在3130～3570$cm^{-1}$出现强的宽峰。这类化合物若在惰性溶剂的稀溶液中测定，羟基峰变得很锐利，且落入3570～3700$cm^{-1}$范围。如果在稀溶液中测定也没有变化，说明羟基与分子的其他极性基团形成氢键，羟基间不存在氢键。形成分子内氢键时羟基吸收峰是3130～3570$cm^{-1}$的锐峰。3130～3700$cm^{-1}$区域的谱带对于指示羟基的存在是很可靠的，尤其是酚。但要注意水的干扰以及N—H和C═O伸缩振动的倍频的干扰。

③ 醚类高分子。在910～1330$cm^{-1}$范围出现最强吸收峰的化合物可能是醚。但脂肪醚易与醇混淆，而芳香醚类似于酚或某些芳香酯。因此在确定醚之前必须证实是否有羰基和羟基的存在。

2) 含氮高分子

(1) 酰胺基团。二级酰胺在1560～1640$cm^{-1}$有两个强度相等的峰，是谱图中的主峰。830～1670$cm^{-1}$间的峰是复杂的，一般聚酰胺在这个区域有很多峰，峰的位置和强度受结晶态的影响较大。而脲醛树脂和天然蛋白质内的酰胺峰则通常较宽而且不确定。一级酰胺只在1640$cm^{-1}$附近有一个峰，通常形状复杂但非常强。

(2) 聚酰亚胺。聚酰亚胺最有用的吸收峰是酰亚胺环上羰基的1720和1780$cm^{-1}$双峰。1780$cm^{-1}$是弱的锐峰，而1720$cm^{-1}$则较宽和较强。

(3) 聚酰胺酰亚胺。它的谱图中酰胺和酰亚胺的吸收峰并存。因而在1670$cm^{-1}$附近有四个强峰表明未知物是聚酰胺酰亚胺，很可靠。

(4) 聚氨酯。存在二级酰胺的一对峰，但位置在1540和1690$cm^{-1}$。

(5) 腈类和异氰酸酯。这两类基团都在2270$cm^{-1}$。附近有一个特征峰，由于此峰离其他峰较远，较易识别。但这两类基团间的区别是困难的，差别表现在异氰酸酯的峰很强，约是腈类的100倍，形状也经常是双重的或不规则的。

(6) 其他含氮高分子。共价硝酸酯和硝基化合物产生易识别的峰(见表3-11)，1，3，5-三嗪(如在三聚氰胺甲醛树脂中)在1540和1560$cm^{-1}$有强峰，同时在830$cm^{-1}$有弱峰。

3) 含氯高分子

C—Cl基团产生中强、较宽的峰，但位置变化太大而用处有限。聚偏二氯乙烯的$CCl_2$基团在1060$cm^{-1}$的强峰很有用，在结晶聚合物中分裂成锐利的双峰，是很有意义的特征峰。

4) 含硫、磷或硅的高分子

S—S、S—C没有特征峰，S—H峰也很弱。但是S═O峰很强，例如在高聚物中遇到的硫酸盐、二芳砜、磺酸酯和磺酰胺等的峰都是很强的。1110～1250cm$^{-1}$间的强峰可以说明硫的存在。如果化学试验中发现有氮，则在1320cm$^{-1}$处应有吸收峰，表明是磺酰胺。

和硫类似，磷的有用的吸收峰来自P—O键。P—H基团是例外，在2380cm$^{-1}$附近有中强的特征峰。磷在高分子中常以磷酸酯的形式存在，其P—O—C基团在970cm$^{-1}$有吸收，在1030cm$^{-1}$有一个更强且宽的峰。

硅出现许多有用的吸收峰。Si—H峰在2170cm$^{-1}$非常突出，很易识别。Si—O在1000～1110cm$^{-1}$之间有强的复杂的宽峰。Si甲基和Si苯基分别在1250和1430cm$^{-1}$出现尖锐的峰。Si—OH峰类似于醇的OH基峰。

5）含金属的高分子

这类高分子主要是羧酸盐，在1540～1590cm$^{-1}$有非常强的吸收，其位置更多地取决于金属阳离子而不是羧酸。该峰十分尖锐，有时有双重峰。在低浓度时羧酸盐的峰与芳环的峰有些相混淆。

### 3. 按最强谱带的分组分析

一般地，较强的谱带对应的基团浓度较大，所以在鉴定上特别重要。如果高分子中含有极性基团，对应于极性基团的谱带往往是最强的；一些杂原子如硅、硫、磷、卤素等也有显著的谱带，能够很特征地反映这种高分子的结构。

按高分子红外光谱中的第一吸收，可将谱图从1800到600cm$^{-1}$分为六组即六个区，含有相同极性基团的同一类高分子的吸收峰大都在同一个区内。需要说明的是，有些高分子的第一吸收出现在此范围外，如聚乙烯在2900～3000cm$^{-1}$，酚类、醇类可能在3200～3500cm$^{-1}$等，这些区域易受水分、溴化钾压片的散射等外界因素的干扰，因此对于这种情况按第二吸收来分组。

表3-17 按最强吸收峰的分组

| 组别 | 最强吸收峰位置/cm$^{-1}$ | 可能的高分子材料 |
|---|---|---|
| 1区 | 1700～1800 | 聚酯、聚羧酸、聚酰亚胺等 |
| 2区 | 1500～1700 | 聚酰胺、脲醛树脂、密胺树脂等 |
| 3区 | 1300～1500 | 聚烯烃、有氯、氰基等取代的聚烯烃，某些聚二烯烃(天然橡胶等) |
| 4区 | 1200～1300 | 聚芳醚、聚砜、一些含氯聚合物等 |
| 5区 | 1000～1200 | 脂肪族聚醚、含羟基聚合物、含硅和氟的高分子 |
| 6区 | 600～1000 | 苯乙烯类高分子、聚丁二烯等含不饱和双键高分子，一些含氯聚合物(氯含量较高者) |

### 4. 按快速指南图鉴别

图3.57所示为高分子材料的红外光谱中主要谱带的波数与结构的关系图，用作高分子材料鉴定的快速指南。

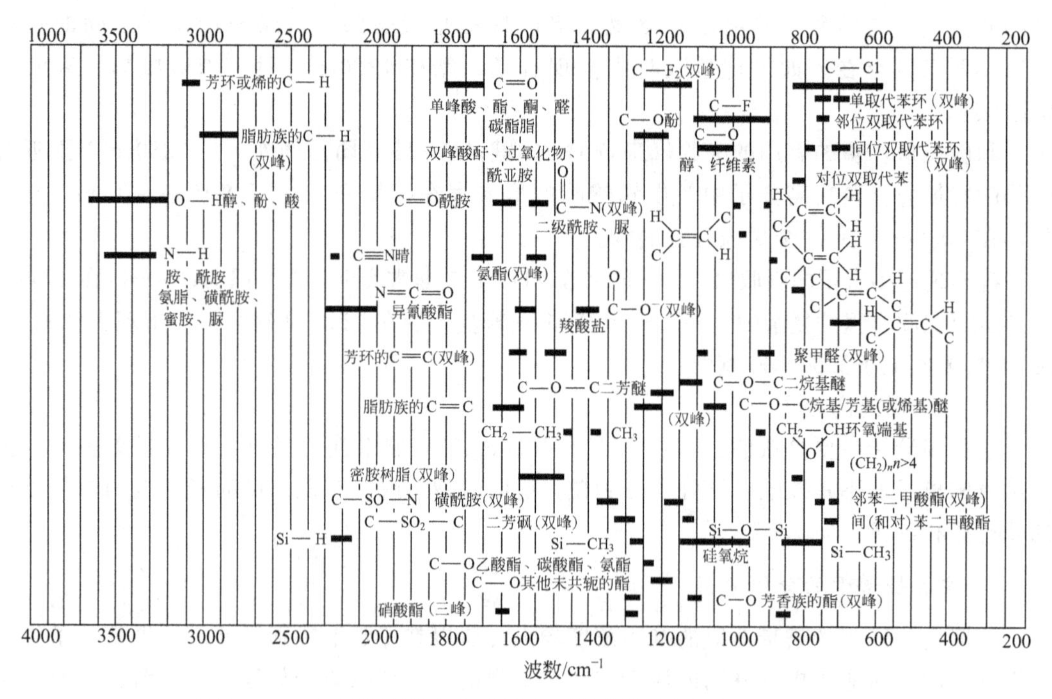


**图 3.57　高分子材料的红外光谱主要谱带的波数与结构的关系图**

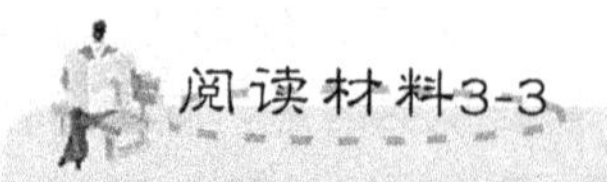


## 红外光谱在高分子材料研究中的应用

1. 高聚物的相转变研究

当高分子材料结晶时，在红外光谱中往往会产生聚合物在非晶态时所没有的新吸收带。这些吸收带是“结晶性的”。目前对于高聚物的红外光谱中产生结晶性吸收带的原因，人们一般认为这和高聚物晶胞中分子内原子之间或分子之间的相互作用有关。此外，还有一种“非结晶性”的吸收带，其强度会随晶粒熔融而增加。对于非结晶性吸收带的来源，可以用相应于非晶区的内旋转异构体在晶粒熔融时含量增多来解释。

2. 高分子材料的共混相容性研究

聚合物的共混改性研究是高分子材料科学与工程领域中的一个重要分支，采用物理或化学的方法将不同种类的聚合物共混，不仅可以明显改善原聚合物的性能，而且还可以形成具有优异性能的聚合物体系。聚合物共混物的相容性可以借助红外光谱方法来表征。可以近似地作以下假设，如果高分子共混物的两个组分完全不相容，则可以认为这两个组分是分相的，所测共混物光谱应是两个纯组分光谱的简单组合；但如果共混物的两个组分是相容的，则可以认为该共混体系是均相的。由于不同分子链之间的相互作用，和纯组分相比，共混物光谱中许多对结构和周围环境变化敏感的谱带会发生频率位移或强度变化。

3. 热重—红外联用方法在高分子材料研究中的应用

热重—红外联用方法的原理是，将样品放在热重分析仪中进行测量，得到样品的热重曲线，然后对样品因加热而产生的分解产物或挥发产物(溶剂等)不做任何处理而直接进行红外光谱测定。根据样品的热重曲线和分解产物的红外光谱，可以对样品的热分解过程进行定量评价。与传统的热重分析方法相比，热重-红外联用方法的最大优点是，它结合了热重分析仪的定量分析功能与红外光谱的定性分析功能。因此，该方法可以应用于各种方面：物质的热稳定性研究及其分解产物的定量/定性分析；共混物的组成与含量测定；自由水和结合水的测定及结晶水的研究；体系溶剂含量测定；矿物组成的定量/定性测定；氧化反应及其动力学研究；分解反应及其动力学研究；高聚物化学热老化寿命估算和老化性能评价；高分子材料中无机填料和增塑剂含量的测定；材料的剖析和鉴定。

资料来源：翁秀兰．红外光谱在高分子材料研究中的应用．红外．2011

### 3.5.2 红外光谱的定量分析

1．定量分析的基础

红外光谱定量分析的基础是朗伯—比耳(Lambert－Beer)定律。

$$A=\lg\frac{I_0}{I}=\varepsilon cl$$

式中，$A$为吸光度；$I_0$、$I$为入射光和透射光强度；$\varepsilon$为吸光系数或消光系数；$c$为物质浓度；$l$为试样厚度。

选择合适的分析谱带是定量分析的一个首要问题。要选择吸收强度大(透射率25%～50%为宜)且不受其他组分干扰的特征谱带。

吸光度的测定一般采用基线法(即峰高法)。峰高法虽然简便，但不能反映峰的宽窄(即吸收能量的差别)，很多仪器操作条件因素都会导致定量误差。因而更准确的方法是用积分强度法(即峰面积法)，所测数据能通用于各型号仪器。

2．吸收峰的选择

吸收峰的选择原则如下：

(1) 选择被测物质的特征吸收峰。

(2) 所选的吸收带应有较大的吸收强度，且周围尽可能无其他吸收峰干扰。

(3) 所选吸收峰处强度与被测物质浓度有线性关系。

3．计算方法

1) 校正曲线法

由于样品厚度是可准确测量的，因而只需用一个已知浓度的标准样品测定吸光度$A$就可求出比例常数吸光系数$\varepsilon$。

由于红外狭缝较宽，单色性较差，朗伯—比耳定律有时会有偏差。当浓度变化范围较大时，吸光度可能与浓度不成线性关系，此时应当测定一系列已知浓度的标准样品的吸光度，画出工作曲线，然后在相同的实验条件下利用工作曲线分析未知物浓度。这种方法很可靠，但也费事，一般应用于重复性的常规分析中。

2）比例法

这是利用吸光度的比值求出样品组分含量的方法。对二元体系，若两组分特征谱带不重迭，则根据朗伯—比尔定律得到：

$$A_1=\varepsilon_1 c_1 l$$

$$A_2=\varepsilon_2 c_2 l$$

$$c_1+c_2=1$$

两谱带的吸光度比值为

$$R=\frac{A_1}{A_2}=\frac{\varepsilon_1 c_1}{\varepsilon_2 c_2}=\varepsilon\frac{c_1}{c_2}$$

利用已知浓度比的样品求出 $\varepsilon$ 值，再反过来利用已知的 $\varepsilon$ 值计算未知样品的浓度 $c_1$ 和 $c_2$。这种方法不需要测量样品厚度，对于高分子薄膜、涂膜或溴化钾压片等样品特别方便，因而在高分子共混物或共聚物等的定量分析中最常用。

类似地，当浓度变化范围较大，$\varepsilon$ 值不是常数时，可利用工作曲线。这个方法也可推广到三元体系，不过需要做两条工作曲线。

4. 应用

利用朗伯—比尔定律可进行共聚物或共混物的组成测定。

首先对每一组成必须选择一条比较尖锐的特征谱带。例如乙丙共聚物中，可选择聚乙烯的 720cm$^{-1}$谱带，聚丙烯的 1150cm$^{-1}$谱带。EVA 中对聚乙烯用 720cm$^{-1}$，对聚醋酸乙烯用 1235 或 1740cm$^{-1}$。ABS 中苯乙烯用 1600cm$^{-1}$，丙烯腈用 2240cm$^{-1}$，丁二烯用 967cm$^{-1}$。样品厚度应调节到使吸收尽可能与浓度成线性关系。以乙丙共聚或共混物为例，计算公式如下：

$$\frac{PE\%}{PP\%}=\varepsilon\frac{720\text{cm}^{-1}\text{的吸收峰强度}}{1150\text{cm}^{-1}\text{的吸收峰强度}}$$

为了更加准确，应当用溶液代替固体薄膜样品。

### 3.5.3 红外光谱的结构分析

1. 全同聚丙烯立体规整性的测定

全同聚丙烯没有立体规整性谱带，但有 975 和 998cm$^{-1}$两条构象规整性谱带，由于 998cm$^{-1}$谱带与 11～13 个重复单元有关，可能受结晶的影响，因而多半用作结晶谱带计算结晶度。而 975cm$^{-1}$与较短的重复单元有关，可用来测定等规度。

$$\text{等规度}=K\frac{A_{975}}{A_{1460}}$$

1460cm$^{-1}$是不受等规度影响的 $CH_2$ 弯曲振动谱带，在这里用作测量薄膜厚度的内标。$K$ 值可利用庚烷萃取的样品(等规度接近 100%)测得。

2. 双烯高分子立体构型的测定

用红外光谱可以测定聚丁二烯中各种几何异构体的含量。已知各异构体谱带的吸收率见表3-18。

表3-18 聚丁二烯各异构体谱带的吸收率($L \cdot mol^{-1}m^{-1}$)

| 异构体 | $910cm^{-1}$ | $967cm^{-1}$ | $738cm^{-1}$ |
|---|---|---|---|
| 纯1，2 | 14400 | 447 | 125 |
| 纯反1，4 | 0 | 12600 | 0 |
| 纯顺1，4 | 57.8 | 329 | 3090 |

分别选择910，967和$738cm^{-1}$谱带作为1，2、反1，4和顺1，4异构体的分析谱带。由于各组分的分析谱带互相干扰，所以采用联立方程法，即

$$A_{910}=(K_{11}c_1+K_{12}c_2+K_{13}c_3)l$$

$$A_{967}=(K_{21}c_1+K_{22}c_2+K_{23}c_3)l$$

$$A_{738}=(K_{31}c_1+K_{32}c_2+K_{33}c_3)l$$

式中，$c_1$、$c_2$、$c_3$依次代表各异构体的浓度，且$c_1+c_2+c_3=1$。

其中各分析谱带的吸收系数均预先用已知纯样求出。测定未知物时，前三个方程两两相除消去1，实得两个方程，再与第四个浓度方程联立，求出三个未知数$c_1$、$c_2$和$c_3$。

3. 聚乙烯支化度的测定

只要测定聚乙烯端甲基的浓度就可以计算支化度。一般以$1378cm^{-1}$甲基对称弯曲振动谱带作为分析谱带，但这个谱带受附近的$CH_2$面外摇摆(1353和$1368cm^{-1}$)的干扰。排除干扰的方法是差示光谱技术。聚乙烯样品放在测试光路上，而在参比光路上放入投有支化的线型聚乙烯或特别合成的聚亚甲基的楔形薄膜。调整楔形薄膜的厚度，使得1366和$1400cm^{-1}$有相同的吸收(约70%透射率处)。由于在$1400cm^{-1}$处两者都无吸收。这样就可将$1366cm^{-1}$调成基线，从而可以得到单—$CH_3$振动谱带的差示光谱，如图3.58所示。然后仍需用已知$CH_2$浓度的聚亚甲基标准样品来求得吸收系数$K$。

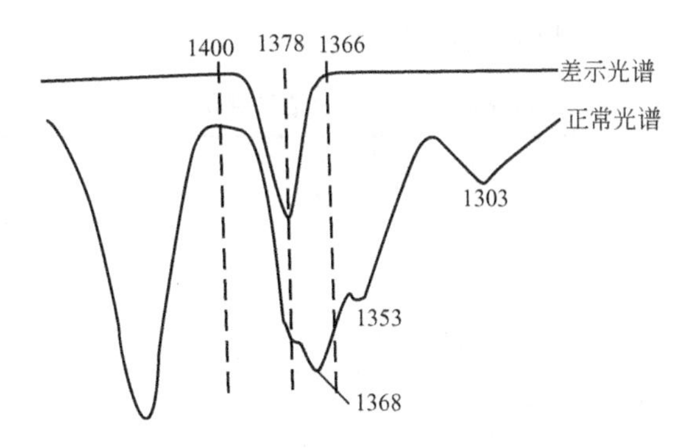


图3.58 差示光谱技术测定聚乙烯支化度

另一种方法是测定相应$CH_3$和$CH_2$的两种谱带的吸收比，再根据两种基团中氢的比例就可以推算出支化度。

4. 共聚物序列和序列分布的测定

通常，嵌段和接枝共聚物的红外光谱与混合物的红外光谱几乎没有区别，但无规共聚物则可能有些区别，原因是不同的三单元组(如 AAA、ABA、AAB、BAB 等)可能有不同的吸收频率。对于甲基丙烯酸甲酯丙烯腈共聚物，情况有些不同。在嵌段共聚物中，对应的甲基丙烯酸甲酯在 1149、1190 和 1240、1270$cm^{-1}$分别出现一对双峰，这同均聚甲基丙烯酸甲酯相同。但在无规共聚物中，在此位置只有 1140 和 1220$cm^{-1}$两个单峰。这说明在无规共聚物中，短的甲基丙烯酸甲酯序列不能形成聚甲基丙烯酸甲酯(主要是间同结构)那样的螺旋结构，而上述峰的分裂是由于螺旋链段中相邻基团振动的耦合引起的。

乙丙共聚物链由于$\text{-}\!(CH_2)\!\text{-}_n$链节的 $n$ 值不同，会有不同的 $CH_2$ 摇摆振动的特征吸收 $n=1$ 时是 770$cm^{-1}$，$n=2$ 时是 752$cm^{-1}$，$n=3$ 时是 733$cm^{-1}$，$n=4$ 时是 730$cm^{-1}$。根据这些谱带的强度可推知乙烯和丙烯单体在链上的分布情况。

5. 高分子结晶度的测定

选择合适的晶带或非晶带就可以测定结晶度。以晶带为分析带，优点是一般峰形尖锐而且强度大，因而测量灵敏度较高。缺点是必须用其他方法如 X 光衍射法预先核准标准样品的结晶度，所以结果是相对的。

用非晶带的主要优点是容易得到完全非晶态高分子，例如用淬火或将熔体以 β 射线辐射交联后再冷却等方法，均可避免结晶。但不能直接用熔体，因为谱带的吸收率会随温度而变化。

以聚氯丁二烯为例，当以 953$cm^{-1}$结晶谱带作分析谱带时，可用对结晶不敏感的 2940$cm^{-1}$C—H 缩振动谱带作为衡量薄膜厚度的内标，其结晶度计算式如下：

$$结晶度=K\frac{A_{953}}{A_{2940}}$$

又如聚对苯二甲酸乙二醇酯，可用非晶带 898$cm^{-1}$作分析带，795$cm^{-1}$为内标，结晶度计算式为：

$$结晶度=1-K\frac{A_{898}}{A_{795}}$$

某些常见高分子材料的结晶和非晶谱带见表 3-19。

**表 3-19　常见高分子材料的结晶谱带和非晶谱带**

| 高分子材料 | 结晶谱带/$cm^{-1}$ | 非晶谱带/$cm^{-1}$ |
|---|---|---|
| 聚乙烯 | 731 | 1303，1353，1368 |
| 全同聚丙烯 | 841，998，1304 | |
| 间同聚丙烯 | 867，977，1005 | 1131，1199，1230 |
| 全同聚苯乙烯 | 898，920，985，1055，1080，1185，1194，1261，1297，1312，1365 | |
| 聚氯乙烯 | 603，633 | 615，690 |
| 聚偏二氯乙烯 | 752，885，1045，1070 | |
| 聚偏二氟乙烯 | 614，763，794，975 | |

（续）

| 高分子材料 | 结晶谱带/$cm^{-1}$ | 非晶谱带/$cm^{-1}$ |
| --- | --- | --- |
| 聚三氟氯乙烯 | 440，490，1290 | 657 |
| 聚四氟乙烯 | — | 640，770 |
| 聚对苯二甲酸乙二醇酯 | 848，972，1350 | 790，898，1020 |
| 尼龙6 | 930，959 | 1130 |
| 尼龙66 | 935 | 1140 |
| 聚1，4-反式丁二烯 | 1053，1120，1235，1340 | 1310，1345 |
| 反式聚1，4-异戊二烯 | α型：807，865，886<br>β型：754，802，880 | |
| 氯丁橡胶 | 953 | |

6. 高分子取向度的测定

高分子取向程度的测定可利用红外二向色性，即红外吸收的各向异性。如果没有取向，红外吸收是各向同性的，取向后分子链沿拉伸方向排列，但完全取向是不可能的，因而存在一定取向度，两个相互垂直的方向上红外吸收对同一频率存在差异。

将红外偏振光的电矢量分别平行或垂直于样品的拉伸方向，测得吸光度 $A_{/\!/}$ 和 $A_{\perp}$，其比值 $R=A_{/\!/}/A_{\perp}$ 定义为该谱带的二向色性比。利用已知取向度的样品作出取向度对 $R$ 的工作曲线，反过来以这条曲线为标准，测量未知样品的取向度。如果晶区和非晶区有不同的特征谱带，则可以分别测得晶区和非晶区的取向。

例如对取向的聚丙烯腈纤维，以 C≡N 的 2245$cm^{-1}$为分析谱带，这是垂直谱带。如图3.59所示，C≡N 的跃迁距垂直于分子轴，当红外偏光垂直于样品的取向方向时会产生最大吸收。相反平行时吸收最小，取向度越大时二向色性比 $R$ 越小。取向测定结果见表3-20，说明 $R$ 与 $X$ 光的取向角一样，可以很好地表征取向程度。

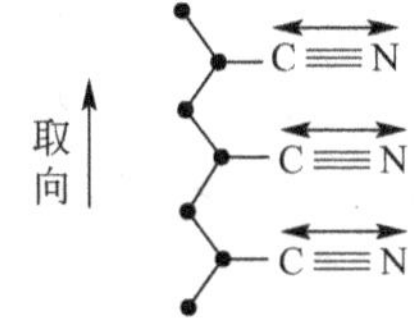


图3.59 聚丙烯腈中C≡N吸收的二向色性行为成因示意图

表3-20 拉伸聚丙烯腈的取向测定结果

| 牵伸比 | 1 | 2.5 | 4 | 6 | 8 | 10 | 16 |
| --- | --- | --- | --- | --- | --- | --- | --- |
| 二向色性比 $R$ | 0.92 | 0.59 | 0.50 | 0.42 | 0.38 | 0.36 | 0.32 |
| $X$ 光取向角 | 120 | 36 | 22 | 21 | 19 | 17 | 15 |

再如，用红外二向色性研究芳香聚酯的取向膜的液晶条带织构。织构中分子以锯齿形排列，因而分子与取向方向存在一个平均取向角。由于羰基与分子方向的夹角可以根据结构中各键长键角计算出来，因此只要测定 1730$cm^{-1}$羰基伸缩振动的吸收出现最大值时偏振方向(等于羰基的方向)与取向方向间的角度，就可以推算出分子在织构中的平均取向角 α，如图3.60所示。

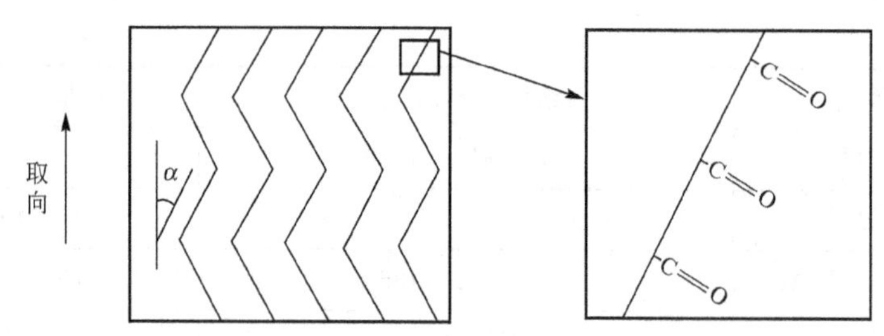


图 3.60　红外二向色性测定液晶聚芳酯取向膜条带织构中分子取向角示意图

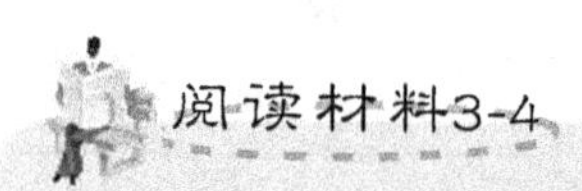


## 煤与 PVC 共热解固体产物的红外光谱分析

与煤共热解是废塑料处理的一个比较好的方法，但混合废塑料中都存在不同含量的 PVC，通过研究 PVC 与煤共热解固体产物(焦炭)中氯的残留量，发现低温(低于 600℃)下热解的焦比不加 PVC 的焦炭中氯的含量高的多。含氯量高的焦炭在加热或燃烧时，其中的氯会以某种形式释放出来，对设备产生腐蚀，也会对大气产生污染。

本文对共热解的固体产物进行红外光谱分析，并与不加 PVC 的焦炭进行比较；通过加热、溶解等方法，使其中的氯在一定条件下释放，然后再进行红外分析，找出处理前后样品红外吸收曲线的不同，从而推断热解固体产物(焦炭)中氯的赋存形态和释放特性。

1. 不同温度下热解产物的红外光谱比较

将 PVC 添加量为 3%的配煤在 400℃，600℃，800℃下进行热解，固体产物的红外光谱叠加，如图 3.61 所示。从图 3.60 可以看出：400℃热解的半焦还存在一些有机基团，693.81$cm^{-1}$为有机氯的 C—Cl 键的吸收峰。而 600℃热解的半焦，有机基团减少，540.95$cm^{-1}$、693.8$cm^{-1}$处的吸收峰明显消失，说明已无机氯的 C—Cl 键存在。800℃(1000℃同 800℃)时 200$cm^{-1}$～1300$cm^{-1}$已不存在任何明显的吸收峰，1401.16$cm^{-1}$，1384.55$cm^{-1}$为无机盐类的吸收峰，同时注意到 1401.16$cm^{-1}$左边的肩峰随温度的提高逐渐变小，800℃后完全消失。这说明无机盐随热解温度的升高，不断发生分解。

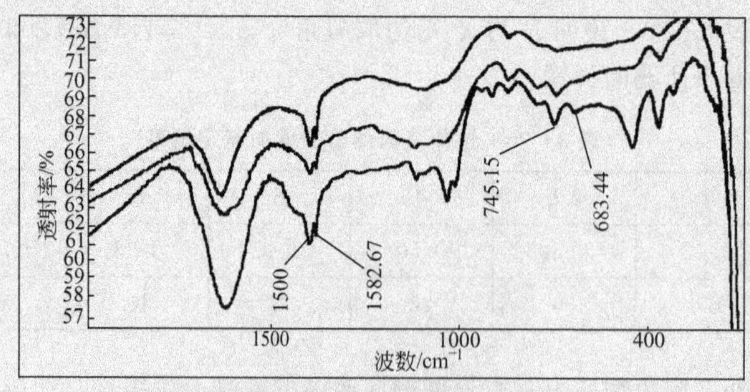


图 3.61　配煤＋PVC 在不同温度下热解固体产物的红外光谱分析结果

(从上到下，配煤＋PVC：400℃，600℃，800℃)

2. 添加 PVC 焦炭与配煤焦炭的比较

如图 3.62 所示，在热解温度都是 400℃的条件下，加入 PVC 的固体产物与配煤的

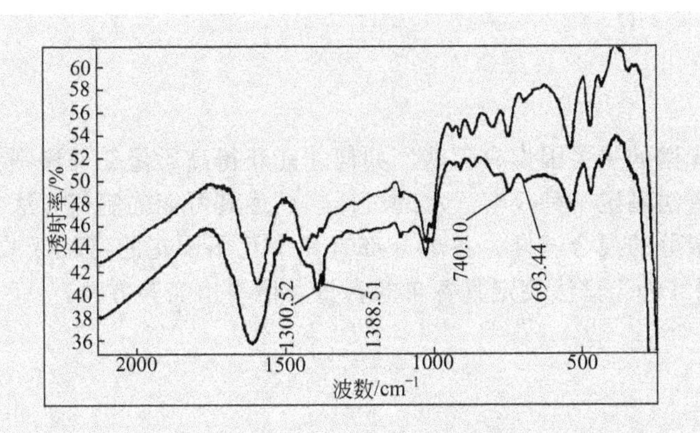


图 3.62　400℃热解、添加 PVC(下)焦炭与配煤焦炭(上)的比较

固体产物的红外光谱有明显的区别。在 1401.10cm$^{-1}$，1380.4cm$^{-1}$两处，配煤焦的吸收明显低于添加 PVC 的焦，说明该处的吸收来自 PVC 的热分解。1450cm$^{-1}$处有配煤焦芳环的吸收峰，而 693.81cm$^{-1}$处有机氯的吸收峰差别不大，说明热解产物的有机氯来自煤，不是 PVC 的分解产物。

3. 水溶解实验残渣的红外光谱

图 3.63 所示为加 3% PVC 400℃热解的焦和经水溶解后的样品、配煤 400℃热解的焦的红外光谱图，从图中可以看出，水溶解掉了部分无机盐，使在 1401.10cm$^{-1}$，1380.42cm$^{-1}$处的吸收明显降低，经测定，溶液中含有 $Cl^-$，说明热解产物中的氯主要以氯化物存在，和其他盐类一起被溶解下来。

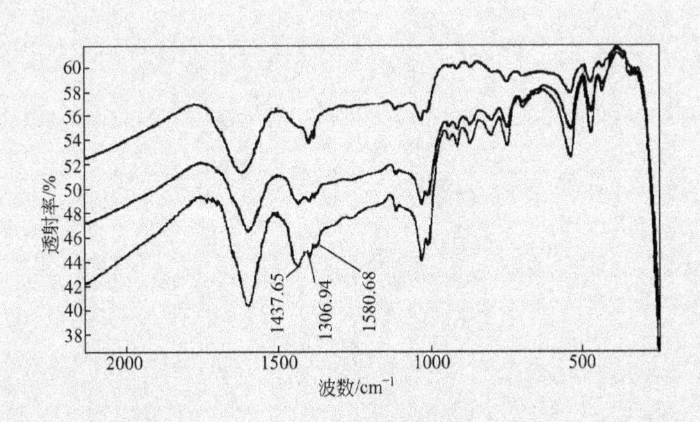


图 3.63　400℃加 PVC(上)，水溶解(中)残留物，配煤焦(下)的红外光谱比较

通过对红外光谱的分析可以断定，煤与 PVC 共热解温度低于 500℃的固体产物中存在少量的有机氯；600℃以上温度热解的产物不再存在有机氯，氯的存在形式为无机盐类。

水溶解实验表明，热解产物中的无机氯可以通过水洗的方法除掉一部分，热解温度越高得到的焦氯的去除率也越高，1000℃热解的焦炭的脱除率达到了 73.99%。但由于这些固体中有很多微孔，有些是封闭的，不可能通过水洗除掉全部的氯。

资料来源：李震等．煤与 PVC 共热解固体产物的红外光谱分析．泰山学院学报．2007

## 习　题

1. 影响红外光谱的主要因素有哪些？如何才能获得高质量红外谱图？

2. 用红外光谱法测定一种仅溶于水的试样，试述其可能的制样方法。

3. 现有两个组分的混合试样，各组分都有一个互不干扰的特征吸收峰，欲用 KBr 压片法制备试样，用红外光谱法测定其各自的含量，请写出实验方案。

# 第4章
# 激光拉曼光谱法

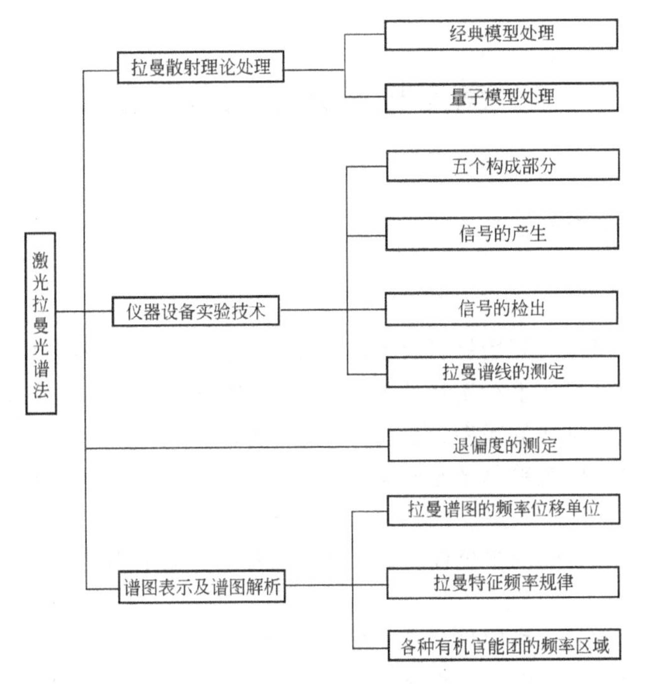


## 本章教学目标与要求

1. 掌握激光拉曼光谱法的特点、谱图解析方法及应用。
2. 熟悉激光拉曼光谱法的基本原理。
3. 了解激光拉曼光谱仪的结构。

导入案例

**激光拉曼光谱法——拉曼光谱仪与红外光谱仪的异同**

与红外光谱一样，拉曼光谱也是用来检测物质分子的振动和转动能级，所以这两种光谱俗称姊妹谱。但两者的理论基础和检测方法存在明显的不同。我们说，物质分子总在不停地振动，这种振动是由各种简正振动叠加而成的。当简正振动能产生偶极矩的变化时，它能吸收相应的红外光，即这种简正振动具有红外活性；具有拉曼活性的简正振动，在振动时能产生极化度的变化，它能与入射光子产生能量交换，使散射光子的能量与入射光子的能量产生差别，这种能量的差别称为拉曼位移(Raman Shift)，它与分子振动的能级有关，拉曼位移的能量水平也处于红外光谱区。

资料来源：http：//www. hudong. com/wiki/

# 4.1 激光拉曼光谱法分析基础

## 4.1.1 激光拉曼光谱法简介

1. 激光拉曼光谱的特点

激光拉曼光谱之所以一开始就引起重视，除上述情况外，还因它具有与红外光谱同样的被测波长范围，而且操作手续比红外光谱方便。与红外光谱作对照，它有如下优点：

拉曼光谱是将照射试样的频率 $\nu_0$ 改变为 $\nu$ 的一种散射光谱，频率位移差 $\Delta\nu=\nu\pm\nu_0$ 不受单色光源频率的限制，因此单色光源的频率可根据样品颜色而有所选择。红外光谱的光源不能任意调换。

用激光器为光源，激光的单色性很好，激光拉曼光谱峰很陡、分辨性好。而红外谱峰往往很宽。

激光拉曼光谱的常规试样用量为 2～2.5$\mu$g，微量操作时用量可为 0.05$\mu$g。对固体试样不需任何处理，可装于毛细管内直接测定。红外光谱的常规用量为 100$\mu$g，微量操作用量为 0.1$\mu$g。红外光谱测量同体样品时需要一定的处理，如压片制成石蜡糊等。使用添加剂后，往往造成一些影响。

激光拉曼光谱可用于单晶的低频晶格频率及高频分子频率的研究。这是由于晶格内的分子排列一定，偏振参数不像液体那样是空间平均化的。在振动频率的归属上能应用与排列有关的偏振数据。单晶的偏振数据包括同位素取代，潜峰轮廓(band contour)，可用简正坐标分析法(normnal coordinate calculation)计算频率归属。而红外光谱不能做这些单晶的数据。

激光拉曼光谱可测水溶液，而红外光谱不适用于水溶液的测定。这是由于水分子的不对称性，在拉曼光谱中没有伸缩振动频率谱带及其他的变形，剪切等振动频率谱带很弱。因此，水的拉曼谱图比较简单。而水的红外光谱图谱线数很多，影响了溶质谱图的分析。

对醇类溶液，激光拉曼光谱也有同样的优点。

激光拉曼光谱的测频范围可为 $20\sim4000cm^{-1}$（$500\sim2.5\mu m$）。一般红外光谱的测频范围目前只能为 $200\sim4000cm^{-1}$（$50\sim2.5\mu m$）。$200cm^{-1}$（$50\mu m$）以下需用远红外光谱。

激光拉曼光谱对 C═C、C≡C、S—S、C═S、P—S 等红外弱谱峰很灵敏，能出现强峰，对易产生偏振的一切重元素(过渡金属，超铀元素)的络合键均可出现拉曼强峰。

拉曼活性的谱线是基团极化率随简正振动改变的关系，而红外活性的谱线是基团偶极矩随简正振动改变的关系。故拉曼光谱中只有少量的倍频(overtones)及组频(combinations)。在红外光谱上，易出现倍频和组频。所以，在激光拉曼光谱上谱峰清楚，线数较少，往往仅出现基频谱钱，比红外光谱更容易分析。

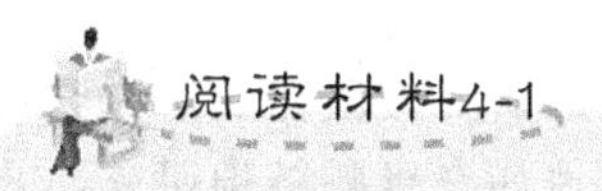


**拉曼散射的发展历史**

1928 年，印度物理学家拉曼用水银灯照射苯液体，发现了新的辐射谱线：在入射光频率 $\omega_0$ 的两边出现呈对称分布的，频率为 $\omega_0-\omega$ 和 $\omega_0+\omega$ 的明锐边带，这是属于一种新的分子辐射，称为拉曼散射，其中 $\omega$ 是介质的元激发频率。拉曼因发现这一新的分子辐射和所取得的许多光散射研究成果而获得了 1930 年诺贝尔物理奖。与此同时，前苏联的兰茨堡格和曼德尔斯塔报导在石英晶体中发现了类似的现象，即由光学声子引起的拉曼散射，称之为“并合散射”。法国罗卡特，卡本斯以及美国伍德证实了拉曼的观察研究的结果。20 世纪 30 年代，我国物理学家吴大猷等在国内开展了原子分子拉曼光谱研究。1934 年，普拉坎克比较详尽地评述了拉曼效应，对振动拉曼效应进行了较系统的总结。20 世纪 30 年代至 20 世纪 60 年代，拉曼散射的研究处于一个低潮时期，主要的原因来自激发光源太弱的问题。尽管 1940 年第一个商用产品双单色仪已经用到光谱仪中，但是由于使用的激发光源大部分为水银弧光灯和碳弧灯，其功率密度低，激发的拉曼散射信号非常弱，人们难以观测研究较弱的拉曼散射信号，更谈不上测量研究二级以上的高阶拉曼散射效应。1960 年，红宝石激光器的出现，使得拉曼散射的研究进入了一个全新时期。由于激光器的单色性好，方向性强，功率密度高，用它作为激发光源，大大提高了激发效率。1962 年，珀托和伍德首次报道了运用脉冲红宝石激光器作为拉曼光谱的激发光源来开展拉曼散射的研究。从此激光拉曼散射成为众多领域在分子原子尺度上进行振动谱研究的重要工具。

**资料来源**：http: //www. bb. ustc. edu. cn/jpkc/guojia/dxwlsy/kj/part3/student%20works/sw28. html

### 4.1.2 激光拉曼光谱在有机化学方面的应用

众所周知，红外光谱在有机化学和高分子材料的日常分析中应用最普遍。有机化学工作者都熟悉各种有机基团的振动频率。从激光拉曼的发展趋势看，将来有可能与红外光谱并驾齐驱。红外光谱的一些谱图知识有时可直接应用于拉曼谱图上。因此，对有机化学工作者来说，熟悉并掌握激光拉曼光谱不是一件难事。然而由于红外和拉曼两种谱线的强弱不同，拉曼散射光的强度太弱，仅是瑞利散射光强度的 $10^{-6}$～$10^{-8}$倍。因此，有时必须考虑它们二者对基团频率测定的灵敏度。使红外、拉曼二者相互补充，对确定基团频率的归属有利。

单晶的研究用X射线衍射光谱需要较长时间，还需耗用大量人力和物力。同时，所用的单晶要有相当的大小和比较好的质量。如果改用激光拉曼光谱研究有机化合物的单晶，不仅可以得到珍贵的结晶信息，而且可大大节约时间。例如，在现代的液晶及球晶的分子研究方面，激光拉曼光谱已经受到人们的重视。

在有机高分子结构鉴定上，激光拉曼光谱有着一系列特点。例如可直接用于单丝的研究、浑浊样品水溶液的测定等。还可用于高分子空间构型间规和等规的测定。也可直接用于高分子的偏振测定。到目前为止，用激光拉曼光谱研究过的高分子为数很多，其中极大部分是有成效的。所以用激光拉曼光谱对高分子结构进行研究是一个方向。

目前，激光拉曼光谱正进一步推广到生物活性的有机物结构的研究方面，如对核糖核酸、蛋白质和多肽的螺旋结构、硫键的连接等都可加以说明。其他如有机膦结构研究，苯胺、氯醛等的研究也都进行了工作。

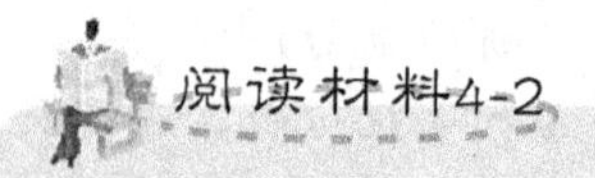


**拉曼光谱的应用实例**

通过对拉曼光谱的分析可以知道物质的振动转动能级情况，从而可以鉴别物质，分析物质的性质。下面举几个例子：

1. 区别天然鸡血石和仿造鸡血石

天然鸡血石和仿造鸡血石的拉曼光谱有本质的区别，前者主要是地开石和辰砂的拉曼光谱，后者主要是有机物的拉曼光谱，利用拉曼光谱可以区别二者。

天然鸡血石的拉曼光谱如图4.1所示。

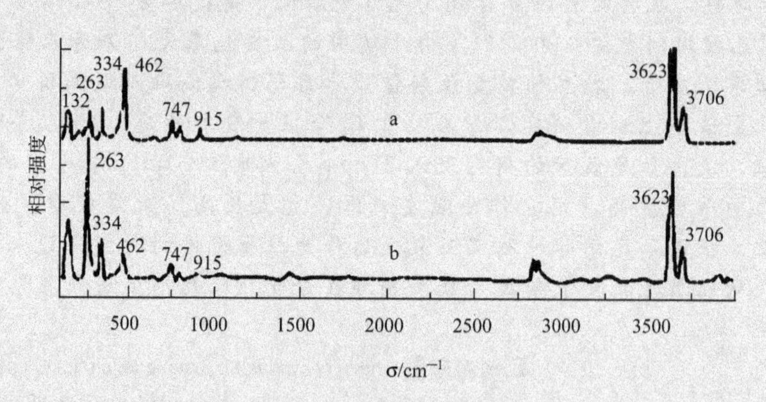


**图4.1　天然鸡血石的拉曼光谱**

仿造鸡血石的拉曼光谱如图4.2所示。

上两个图中，a是地(黑色)，b是血(红色)。

查阅资料，对不同物质的拉曼光谱进行比对，可以知道，天然鸡血石“地”的主要成分为地开石，天然鸡血石样品“血”既有辰砂又有地开石，实际上是辰砂与地开石的集合体。仿造鸡血石“地”的主要成分是聚苯乙烯—丙烯腈，“血”与一种名为PermanentBordo的红色有机染料的拉曼光谱基本吻合。

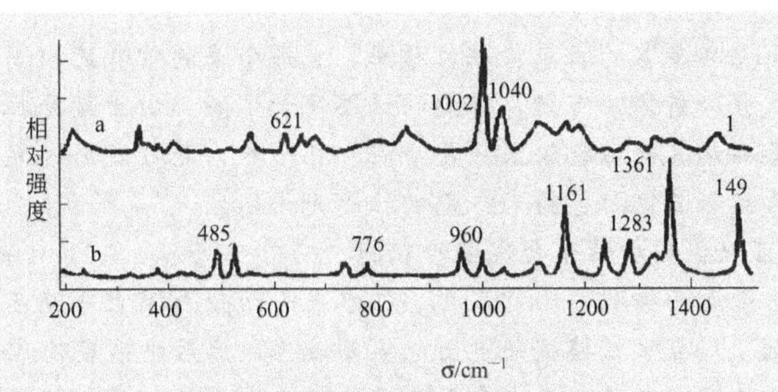


图 4.2 伪造鸡血石的拉曼光谱

2. 鉴别毒品

使用拉曼光谱法对毒品和某些白色粉末进行了分析，结果如图 4.3 所示。

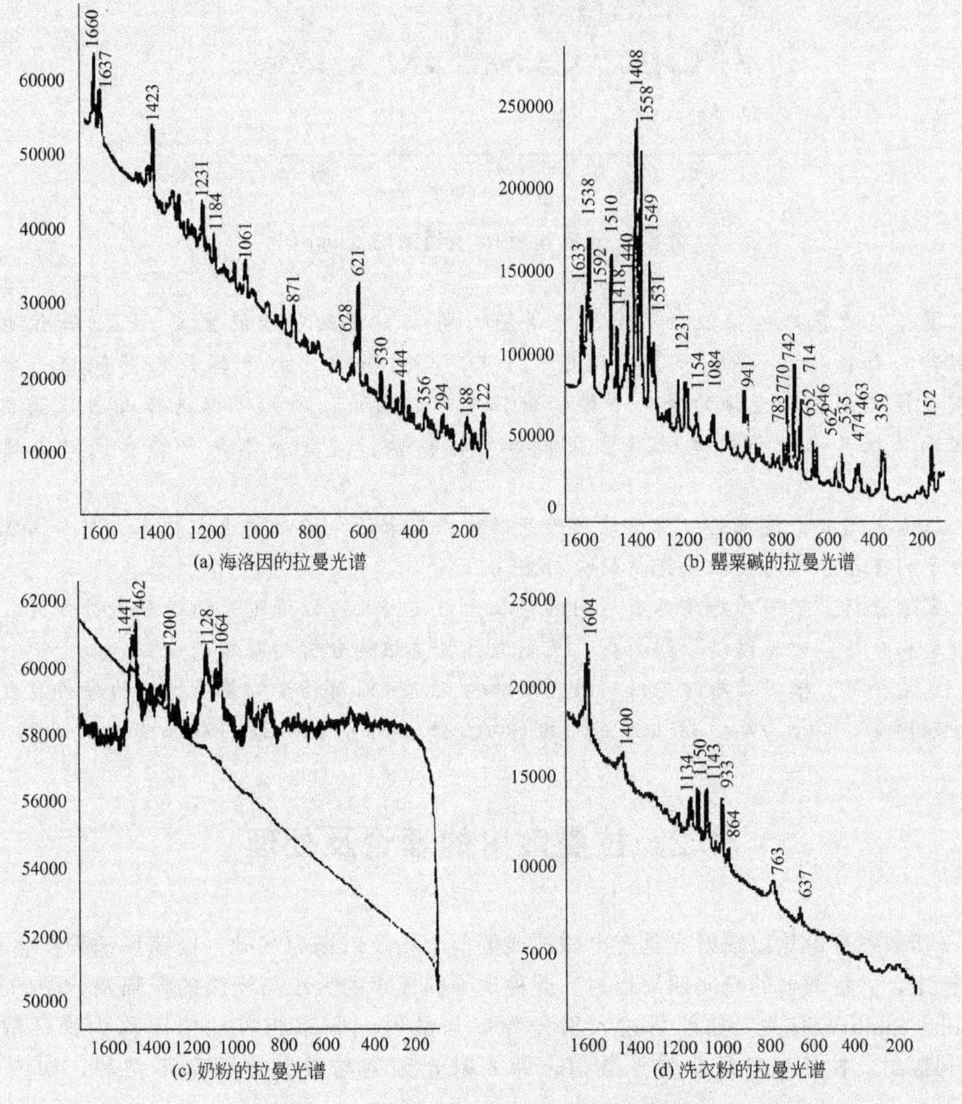


图 4.3 对某些物质的拉曼光谱检测谱图

常见毒品均有相当丰富的拉曼特征位移峰，且每个峰的信噪比较高，表明用拉曼光谱法对毒品进行成分分析方法可行，得到的谱图质量较高。由于激光拉曼光谱具有微区分析功能，即使毒品和其他白色粉末状物质混和在一起，也可以通过显微分析技术对其进行识别，得到毒品和其他白色粉末分别的拉曼光谱图。

3. 拉曼光谱可以监测水果表面残留的农药

在处理好的水果表面撕取一小片果皮，在水果表面分别滴上一滴不同的农药，农药就会浸润到果皮上。用吸水纸擦拭果皮上的农药液体，然后把残留有农药的果皮压入铝片的小槽中，保证使残留农药的果皮表面呈现在铝片小槽的外面，然后把压出来的汁液用吸水纸擦拭干净。光谱如下：

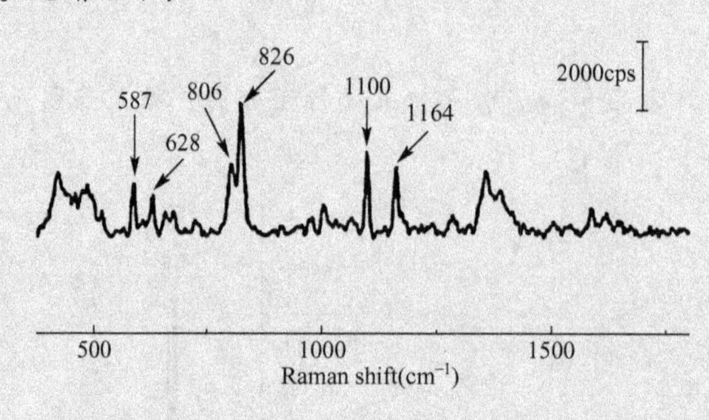


图 4.4　氟硅唑 SERS 光谱图(2.85mg/L)

图 4.4 是氟硅唑溶液的 SERS 光谱图，图 4.4 中氟硅唑的主要 SERS 峰位也清晰可辨，如：587，628，806，826，1100，1164$cm^{-1}$。由于各种农药的分子结构不同，检测到拉曼光谱的峰的个数和峰位也不太相同。因此可以选择每种农药信号最强而又跟其他农药的峰位不重叠的峰为特征峰，对混合体系中的农药种类进行识别。

拉曼光谱分析技术是以拉曼效应为基础建立起来的分子结构表征技术，其信号来源于分子的振动和转动。拉曼光谱的分析方向有：

定性分析：不同的物质具有不同的特征光谱，因此可以通过光谱进行定性分析。

结构分析：对光谱谱带的分析，又是进行物质结构分析的基础。

定量分析：根据物质对光谱的吸光度的特点，可以对物质的量有很好的分析能力。

**资料来源**：http：//www.bb.ustc.edu.cn/jpkc/guojia/dxwlsy/kj/part3/student%20works/sw28.html

## 4.2　拉曼散射的理论及处理

一切散射理论均以辐射光具有电磁波或振荡电场及磁场为基础。振荡场诱导产生分子的偶极矩，并将散射的光向四周辐射。此种诱导偶极矩的大小与光波的振幅及分子的极化率(polarizability)有关。如前所述入射光频率与散射光频率相等的情况称为弹性散射，如瑞利散射。拉曼散射是非弹性散射，即入射光频率与散射光频率不相等，如图 4.5 所示。

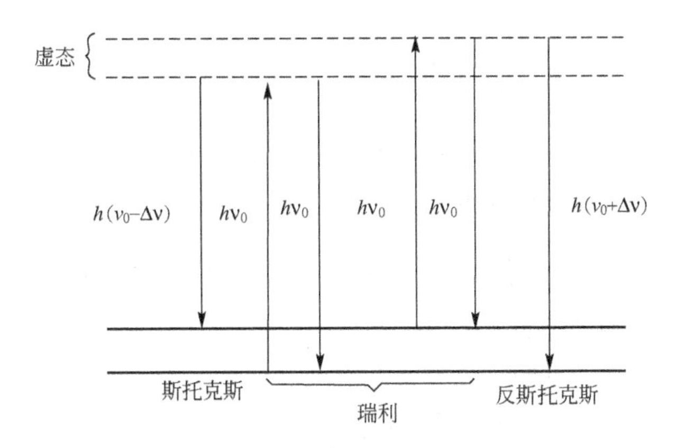


**图 4.5　瑞利散射与拉曼散射**

在拉曼散射中会产生斯托克斯(Stokes)及反斯托克斯(Anti－Stokes)两种散射效应。所谓斯托克斯线是入射光的频率比散射光的频率大，散射光频率为 $\nu_0-\Delta\nu$。反斯托克斯线与前相反，散射光频率为 $\nu_0+\Delta\nu$，其中 $\Delta\nu$ 为频率差，称为拉曼位移。斯托克斯及反斯托克斯两种方式是统计引力学对能量的集居(Population)排布的结果。在常态下高能态与低能态是并存的，由于分子的能量遵守波尔兹曼定律，故高低两能态上有一定百分数的分子集居，但高能态上分子数目总是较低能态上分子数目少。处于高能态的分子的跃迁形成反斯托克斯线，而处于低能态的分子的跃迁形成斯托克斯线。

拉曼散射效应是光子撞击分子产生分子极化而造成的。这种极化是分子内核外电子云的变形。我们可用下列两种模型处理之。

1. 经典模型的处理

当入射光波到达物质表面时，物质内部的分子发生振荡，形成偶极子的极化作用。对弹性散射来说，诱导偶极矩 $P$ 与极化度 $\alpha$ 可以表示为

$$P=\alpha E \tag{4-1}$$

式中，$E$ 为所加电场。入射光束电场 $E$ 与时间 $t$ 的关系可写成

$$E=E_0\cos\omega_0 t \tag{4-2}$$

式中，$E_0$ 为电场振幅，$\omega_0$ 为频率，等于 $2\pi\nu_0$；$t$ 为时间。将式(4－2)代入式(4－1)得

$$P=\alpha E_0\cos\omega_0 t \tag{4-3}$$

在频率很小时极化率用泰勒级数展开如下：

$$\alpha=\alpha_0+\left(\frac{\partial\alpha}{\partial Q}\right)_0 Q+\text{高次} \tag{4-4}$$

式中，$Q$ 为简正坐标，相当于振动位移坐标；$\alpha_0$ 为分子平衡构型的极化度；为在平衡构型下极化度随键长及键角改变的变量。由于高次项相当于倍频及组频，强度很小，故可略去不计。$Q$ 是时间的函数，在谐振子近似下可得关系式

$$Q=Q_0\cos\omega_M t \tag{4-5}$$

式中，$\omega_M$ 为分子的基频振动。

将式(4－5)代入到式(4－4)得

$$\alpha=\alpha_0+\left(\frac{\partial\alpha}{\partial Q}\right)_0(Q_0\cos\omega_M t) \tag{4-6}$$

将式(4-6)代入式(4-3)得

$$P=\left[\alpha_0+\left(\frac{\partial\alpha}{\partial Q}\right)_0 Q\cos\omega_M t\right]E_0\cos\omega_0 t$$

$$=\alpha_0 E_0\cos\omega_0 t+\left(\frac{\partial\alpha}{\partial Q}\right)_0 E_0 Q\cos\omega_0 t\cos\omega_M t \quad (4-7)$$

式(4-7)第二项用三角函数解出

$$P=\alpha_0 E_0\cos\omega_0 t+\frac{1}{2}\left(\frac{\partial\alpha}{\partial Q}\right)_0 E_0 Q\ [\cos(\omega_0+\omega_M)+\cos(\omega_0-\omega_M)t] \quad (4-8)$$

从上式可得到下列两种情况：

$\omega=\omega_0$，$P=\alpha_0 E_0\cos\omega_0 t$　瑞利散射

$\omega=\omega_0\pm\omega_M$，$P=\frac{1}{2}E_0 Q\left(\frac{\partial\alpha}{\partial Q}\right)_0\ [\cos(\omega_0\pm\omega_M)t]$

此式相当于拉曼散射，其中 $\omega_0+\omega_M$ 相当于反斯托克斯线，而 $\omega_0-\omega_M$ 相当于斯托克斯线。

由此证明：瑞利散射强度与平衡的极化度 $\alpha_0$ 有关，而拉曼散射强度与极化度随平衡距的差值变动速率 $\left(\frac{\partial\alpha}{\partial Q}\right)_0$ 有关。

2. 量子模型的处理

在量子力学上光子与分了撞击发生核外电子云的变形，称为微扰。分子发生微扰从 $k$ 态跃迁到 $n$ 态，跃迁矩 $P_{nk}$ 可用下式表示。

$$P_{nk}=\langle\psi_n'|M|\psi_k'\rangle \quad (4-9)$$

式中，$\psi_n'$ 和 $\psi_k'$ 为 $n$ 态及 $k$ 态上微扰体系的时间无关波函，$M$ 为电偶极算符。

平面偏振辐射下受 $\omega_0$ 电磁场的微扰关系式为

$$E=\alpha AX\cos\omega_0 t \quad (4-10)$$

与式(4-2)相比较可得

$$2AX=E_0 \quad (4-11)$$

最近，对拉曼跃迁矩的求解用密度矩阵(density matrix)

$$P_{nk}=\sum_{\mu,\gamma}\langle\psi_n|\rho^{\langle\mu\rangle}M\rho^{\langle\gamma\rangle}|\psi_k\rangle \quad (4-12)$$

式中，$\mu$ 及 $\gamma$ 为密度算符的近似级数。因此，拉曼散射可用一级跃迁矩表示如下：

$$P_{nk}{}^{(1)}=\langle\psi_n|\rho^{(1)}M\rho^{(0)}|\psi_k\rangle+\langle\psi_n|\rho^{(0)}M\rho^{(1)}|\psi_k\rangle \quad (4-13)$$

此处 $\mu+\gamma=1$(即 $\mu=1$，$\gamma=0$ 及 $\mu=0$，$\gamma=1$)拉曼散射的 $P_{nk}{}^{(1)}$ 内项相应于真实偶极。

$$C_{nk}\exp\{-i(\omega_{kn}+\omega_n t)\}+C_{nk}\exp\{i(\omega_{kn}+\omega_n t)\} \quad (4-14)$$

上式的条件是 $\omega_{kn}+\omega_n>0$。式中 $\omega_{kn}=\omega_k-\omega_n$，斯托克斯的 $\omega_{kn}$ 为负值，而反斯托克斯的 $\omega_{kn}$ 为正值。

矢量 $C_{nk}$ 的 $x$ 分量为

$$[C_x]_{nk}=\sum_y[\alpha_{xy}]_{nk}A_y \quad (4-15)$$

式中，$[\alpha_{xy}]_{nk}$ 为跃迁 $k\rightarrow n$ 的二级张量的分量，用量子力学方法可得

$$[\alpha_{xy}]_{nk}=-\frac{1}{h}\sum_\gamma\left[\frac{[M_y]_{\gamma k}[M_x]_{n\gamma}}{(\omega_{\gamma k}-\omega_0-i\Gamma_{\gamma k})}-\frac{[M_x]_{\gamma k}[M_y]_{n\gamma}}{(\omega_{\gamma n}-\omega_0-i\Gamma_{\gamma n})}\right] \quad (4-16)$$

式中，$[M_x]_{n\gamma}$，及 $[M_x]_{\gamma k}$ 分别为 $n$ 态和 $\gamma$ 及 $\gamma$ 态和 $k$ 态的直接吸收或发射的跃迁矩 $x$ 分量，

$[M_y]_{n\gamma}$和 $[M_y]_{\gamma k}$分别为 $n$ 态和 $\gamma$ 态，$\gamma$ 态和 $k$ 态的直接吸收或发射的跃迁矩 $y$ 分量。

## 4.3 仪器设备实验技术

定型的拉曼光谱分光光度计是1939年开始商品化的。当时的光源是汞灯，以后又改用冰冷却的汞弧灯。汞弧灯的背景较大，到1952年改为螺旋硬质玻璃管的汞弧灯(构造见图4.6(a))后，英国Hilger公司出售的E625型拉曼分光光度计及美国Varian公司出售的Cary81型拉曼分光光度计，又用一种新的氦气放电射频灯。氦气放电射频灯分为四根，试样插于中央(参见图4.6(b))。这类拉曼分光光度计虽然比以往的装备好些，但分子散射的强度仍只及激发光强度的$10^{-5}$左右(包括玻璃散射)，而且只能用于液体样品。

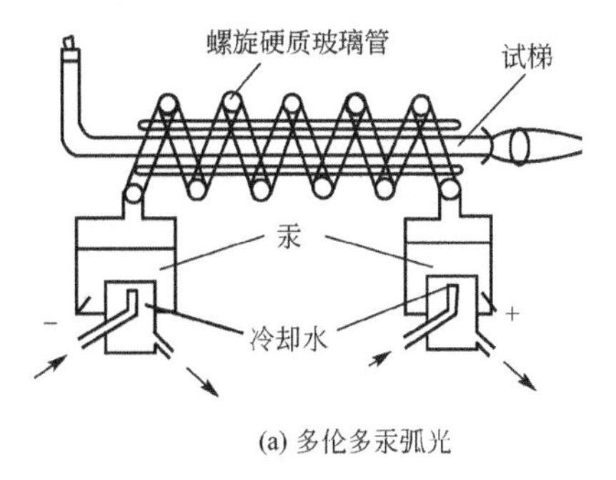


(a) 多伦多汞弧光

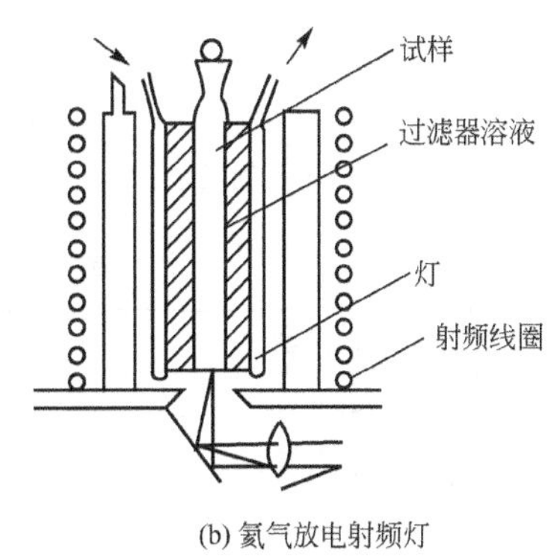


(b) 氦气放电射频灯

**图4.6 两种拉曼光源**

自1960年发现激光技术以后，不久就被引进拉曼分光光度计作为光源。开始时大多使用红宝石脉冲激光器为光源，至少要用50～100个脉冲才能产生拉曼效应，所以需要液氮冷却。有些有机化合物样品在此种条件下会分解。另一方面，大量不要的能量进入单色仪内，又会使仪器具有不良的拉曼集功率(Raman Lighthering Power)。自从1963年使用He-Ne气体激光器后，拉曼光源有了很大的改进。第一台LR-1型激光拉曼分光光度计就是利用这种He-Ne激光源的。以后，又有$Ar^+$激光器，$Kr^+$激光器，$Cd^+$激光器作为光源。

目前市售的激光拉曼分光光度计已有20多种，此类仪器设备已达成型阶段。

下面将扼要介绍一下激光拉曼光谱设备的各个部分。

### 4.3.1 激光拉曼分光光度计的总体结构

图4.7所示为激光拉曼分光光度计的示意图。该仪器分为激光源、外光路系统、单色仪、放大系统及检测系统(包括记录仪)五个部分。外光路系统包括聚焦透镜，多次反射镜，试样台，退偏器等，这个部分的变化较多，是化学分析工作者最感兴趣的。

### 4.3.2 五个构成部分

1. 激光源

常用的几种激光源及其波长见表4-1。各种激光光源有共性，也有个性。如He-Ne激光源适用于吸收红色区光的试样；$Ar^+$激光源适用于吸收绿色区光的试样，红宝石脉冲激光源适用于深色试样，其他激光源可按贡献的波长类推。

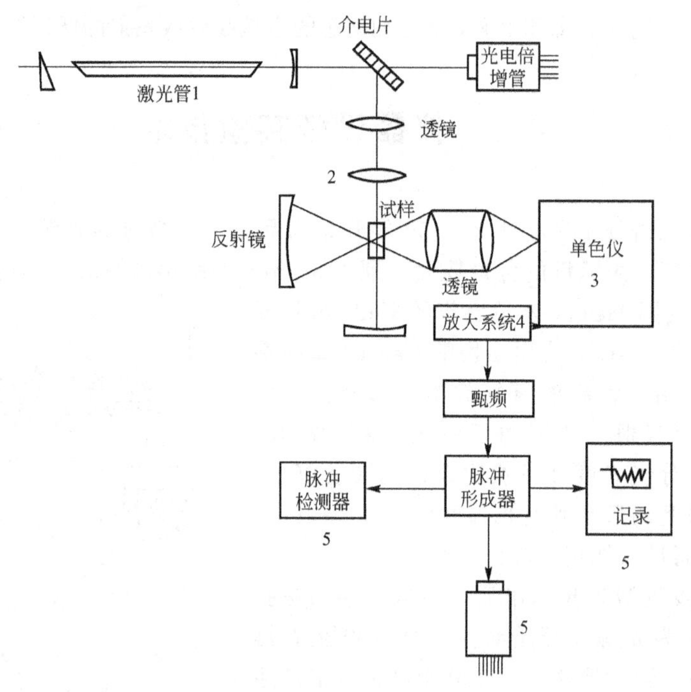


**图 4.7 激光拉曼分光光度计的示意图**

1—激光源；2—外光路系统；3—单色仪；4—放大系统；5—检测系统

**表 4-1 几种常见激光光源的波长及功率**

| 激光源 | 贡献波长(Å) | 标准功率(W) |
| --- | --- | --- |
| He-Ne | 6328 | 0.080 |
| 红宝石脉冲 | 6943 | 1 |
| $Ar^+$ | 4880 | 0.5～1 |
| $Kr^+$ | 5145 | 0.5～1 |
|  | 5682 | 0.5 |
|  | 6471 | 0.5 |
| $Cd^+$ | 4416 | 0.2 |

激光器的光束强度比汞弧灯的强度要大得多。从实用的角度来看，激光束的单色性优良，而且可聚焦到极小的面积($10^{-5}$～$10^{-6}$ $cm^2$)，时间相干性也是优良的。由此不难想到对超微量数量级(1μg 左右)的试样很适用。此外，激光器的时间稳定性很好，可以在数十分钟内不变。当然，激光器用作光源也有其缺点，如对有些有机化合物试样会产生荧光，以及功率超过 1W 易使试样发生分解。

2. 外光路系统

JRS-01S 型激光拉曼分光光度计，如图 4.8 所示，有复杂的外光路系统，它包括激光束的聚焦、加强和试样台前后的一切光学设备，其中还有退偏器。换言之，外光路系统是从激光光源后面到单色仪前面的一切设备。其中试样台的设计是最重要的一环。它有激光束和散射光束的加强设备，此外，还需有光学的聚焦和放大的设计。

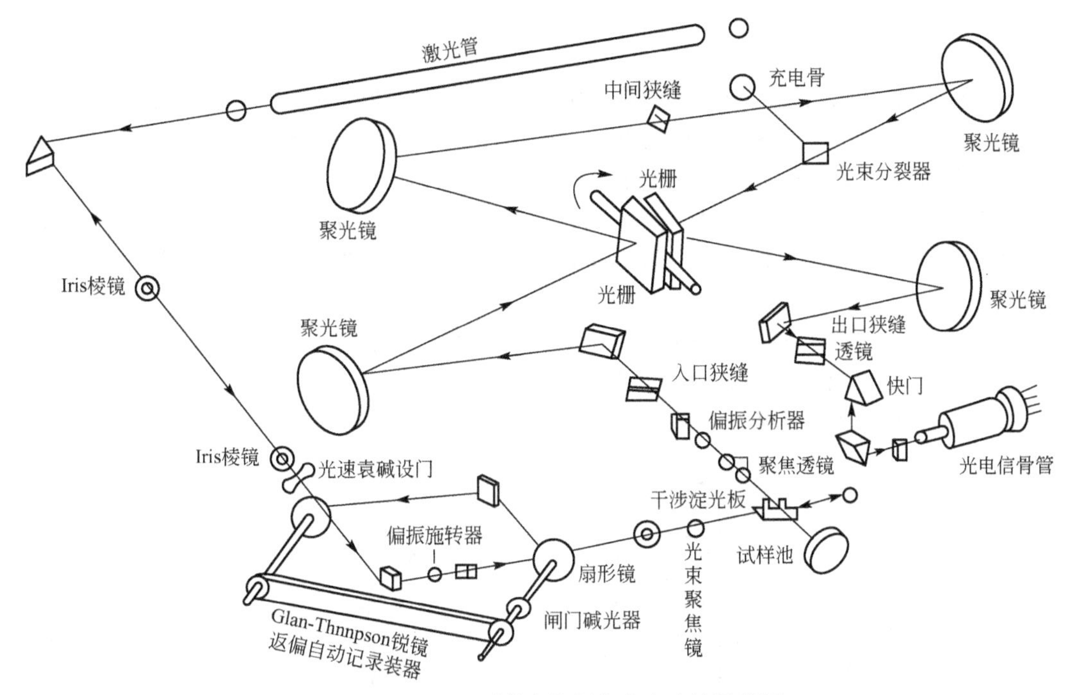


图 4.8 JRS－01 型激光拉曼分光光度计示意图

在试样架上装有前后左右可任意移动的台基，以使激光光束能聚焦于试样极小的面积。激光束照射在试样上有两种方式，一种是 90°的方式，另一种是 180°的同轴方式。两种方式各有特点，现分述如下：

(1) 90°方式的特点

① 可以进行极准确的偏振测定；

② 改进拉曼与瑞利两种散射的比值，因此使低频振动的测量变得容易些。

(2) 180°方式的特点

① 获得最大的激发效率；

② 适用于浑浊样品和微量样品的测定。

从两种方式的比较看出，90°方式比较有利些。同轴 180°方式虽然对微量的毛细管测定比较好，但极大降低了拉曼光谱的偏振特点，因为从试样池壁出来的拉曼射线由于有反射产生一定的退偏化。一般的激光拉曼分光光度计都采用 90°方式，也有少数装置采用 90°及 180°两种方式。

JRS－01S 型设备中装有退偏自动记录装置，当激光束用扇形镜转动及交替透光时，反射光束及激光器处于平行的偏振面上。透过光束经半波板及格兰—汤姆逊棱镜便产生一个垂直偏振面。此种透过光束与反射光束强度之比即为退偏比。这样，在拉曼谱图上，拉曼谱线与退偏谱线可同时记录下来。

Cary82 型激光拉曼分光光度计是用两个棱镜以一定角度排列，有效地消除了非激光束的干扰(图 4.9)。两个棱镜的角度随不同波长的激光进行调节。这种利用光学特性的装置能很巧妙地过滤激光束。

上述只是外光路系统的例子，在实际上各种激光拉曼分光光度计各有特点，许多改进装置往往是测试工作者根据自己的要求而自行设计的。

3. 单色仪

在激光拉曼分光光度计中单色器是心脏部分，要求它杂光最小和色散性好。但棱镜单色仪达不到此要求，一般用光栅单色仪。光栅单色仪有下列三种类型。

(1) 利特罗型(Littrow Type)光栅

其排布如图 4.10 所示，$S_1$ 及 $S_2$ 为入口及出口狭缝。$M_1$ 为转动球面凹镜，可以调节入射和散射两种光束达到最强。$M_2$ 是反射镜，G 为光栅。这种光栅单色仪比较简单，有些仪器采用它。

(2) 切尔萘—特纳类型(Czerny - Turner Type)光学系统

其排列如图 4.11 所示。$S_1$ 及 $S_2$ 为入口和出口狭缝。$M_1$ 及 $M_2$ 为球面凹镜，用于光束的反射。G 为转动的光栅。此种光学系统在商品的激光拉曼分光光度计上用得最多。

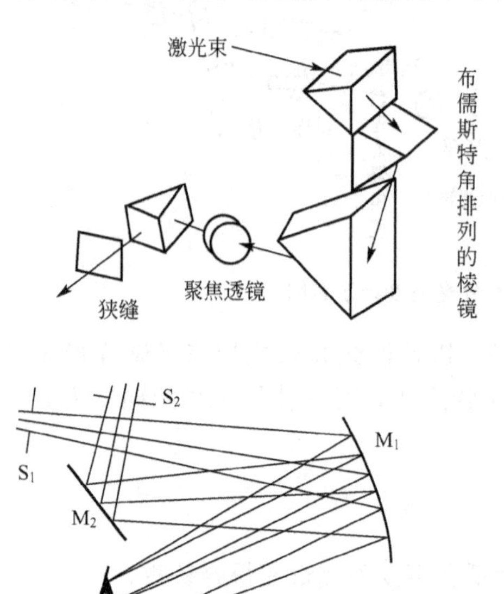


图 4.9 Cary82 型所用的激光过滤器

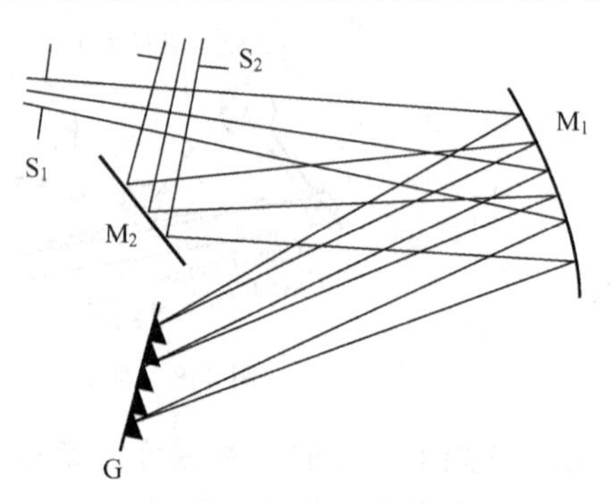


图 4.10 利得罗型光学系统

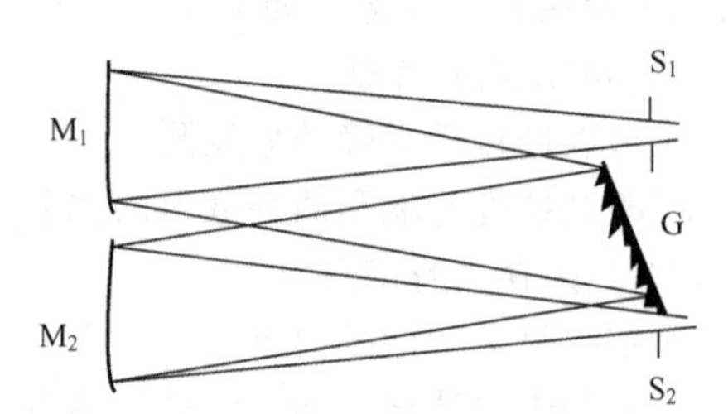


图 4.11 切尔萘—特纳类型光学系统

(3) 埃伯特型(Ebert Type)

如图 4.12 所示，$S_1$ 及 $S_2$ 为入口及出口狭缝。M 为大球面凹镜，G 为转动光栅。本型号光学系统所用的大球面凹镜是较贵的，它不过是切尔萘—特纳型光学系统的一种改良形式。仪器只用单色仪光学体系的还不多。

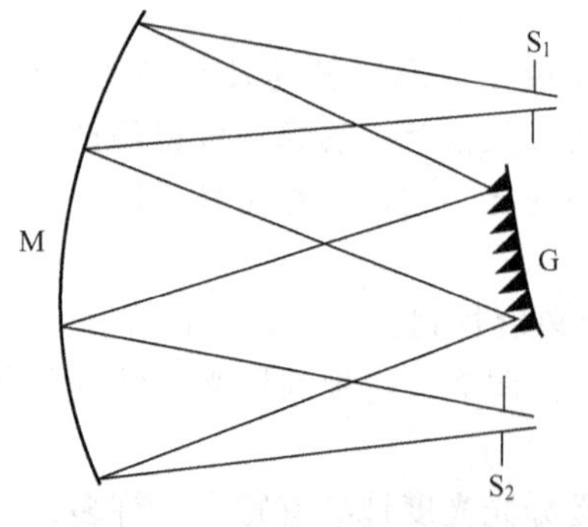


图 4.12 埃伯特型光学系统

上述一个光栅的单色仪不能将杂散光完全除去，因而一般使用两个光栅或三个光栅组合的单色仪。一般两个光栅组合的单色仪已经将杂散光减少到许可的程度。从实际测定的数值可知双光栅单色仪能使杂散光与激光之比达 $10^{-9}$，优良者可达 $10^{-13}$。在双光栅单色仪中两个光栅要耦合极好，才可避免随纹误差(tracking error)。

单色仪的第一个主要指标是鉴别杂散光的能力(dis

-crimination of mono chrometer)。所谓鉴别杂散光的能力是指在激光束的瑞利散射频率附近($\nu\pm 50$)$cm^{-1}$位置上的谱线强度比 $I_\nu/I_{\nu0}$ 双光栅单色仪的杂散光鉴别能力为 $10^{-9}$ $\sim 10^{-11}$。

单色仪的第二个指标是色散度。较高的线性色散需应用小孔径的单色仪。一般条件是4000～8000Å之间的线色散为5Å/mm。光栅的刻线数为1200～1600线/mm，光栅大小为80×80mm，镜面焦距为600mm。

单色仪的效率是用单色元件的吸收和散射造成的能量损失阐明，它是以狭缝高度及焦距长度为参数的。很多仪器所用狭缝范围为0～2mm。在单色仪内镜面造成的误差需用狭缝减到最小来消除，一般要用曲线刀口狭缝。如果用最大1cm高度的直线狭缝，会造成分辨率的降低。

4. 放大系统

这是纯电子线路的问题，在此不作重点介绍，如有兴趣可参阅有关书刊。一般可用下列三种放大系统：

(1) 简单的直流。

(2) 参比信号的锁相(lock-in)或同步(synthronous)放大器，在固定位置上将激光遮蔽起来。

(3) 光子计数放大器。现在用得最多是此种。此种光子计数器的最大优点是信号直接输入计算机而获得数据。

5. 检测及显示系统

对于光学信号的检测及显示可用摄谱装置及光电记录装置。摄谱装置虽然比较廉价，但需要冲洗，耗时较多。同时，谱峰强度的测定又需要黑度计及测微仪等附属设备，对日常工作不太理想。在光电记录装置中用光电倍增管检测输出信号，然后再通过放大系统放大，在记录仪上录下。

近年来，光电倍增管的质量提高，促进了拉曼光谱仪的发展。对拉曼这样弱的信号来说，在选择光电倍增管时必须注意下列两点：

(1) 量子效率要高。所谓量子效率是指光阳极每秒出现的信号脉冲与每秒到达光阴极的光子数之比值。量子效率与波长有关。

(2) 热离子暗电流要小。所谓热离子暗电流是在光束断绝后光阴极产生的一些热激发电子。为了说明暗电流与温度的关系，我们举RCA7102型的光电倍增管的数据为例(表4-2内列出)。

**表4-2 RCA7102型光电倍增管的暗电流随温度下降的数据**

| 温度(℃) | 一般 | 0(℃) | -10(℃) | -25(℃) |
|---|---|---|---|---|
| 信号($\times 10^{-9}$A) | 0.4 | 0.04 | 0.04 | 0.04 |
| 暗电流($\times 10^{-9}$A) | 7000 | 220 | 30 | 7 |
| $\frac{S}{N}$ | 0.06 | 1.5 | 18 | 67 |

常用的光电倍增管商品型号有：$S_{11}$-EMI、6256SA、$S_{20}$-ITTFW130、Bendix-

BX754 三种。

上述两个因素的相互关系——光电倍增管的总量子效率用离开阳极的光电子脉冲数与达到阴极的光子数之比。每秒离开阴极的光电子脉冲数为

$$N=\phi n \tag{4-17}$$

式中，$\phi$ 为量子效率，$n$ 为每秒达到阴极的光子数。如果 $N_0$ 为每秒的暗脉冲，信噪比为

$$\frac{S}{N}=\frac{\phi n}{(N_0+\phi n)^{1/2}} \tag{4-18}$$

如果 $n$ 很大，暗脉冲数对信噪比的影响就不大了。在此种场合下最希望用量子效率高的光阴极表面，如果 $n$ 比 $N$ 小得多，$S/N$ 与 $\phi/\sqrt{N}$ 有关。例如有两种光电表面 A 和 B，A 的量子效率比 B 大二倍，而 A 的暗电流比 B 大五倍。此时 B 的信噪比就较 A 大得多。

为了减少暗电流，优良的光电倍增管是采取小的光阴极面积并使用冷却套。此时，必须注意出口狭缝与光阴极的匹配。光电倍增管在通电时，不能暴露于光下，必要时需将电源切断，否则会造成光电倍增管的损坏或效率降低。

### 4.3.3 信号的产生

光电倍增管的输出信号即每秒的平均电子脉冲数与每秒达到阴极的光子数目成正比。一般有下列四种方法检出光电倍增管的输出脉冲数。下面分别介绍各种方法的优缺点。

#### 1. 直流放大

在光电倍增管的阳极及地线之间接一个负载电阻。光电流通过负载电阻产生的电压降用高阻抗电源计读数，并用记录仪接于输出器上。当输出信号较大时，这个简单方法是适用的。由于应用直流记录仪，所以产生两个缺点。第一个缺点是对弱信号不灵敏。在低压气体的拉曼光谱研究上不能用。另一个缺点是直流放大易于产生飘移，记录仪的零点不稳定。

#### 2. 同步检出

这个方法用一个很稳定的放大器系统。在同步检出中激光束被周期性的遮断。从遮光器出来的参比信号及光电管的负载电阻的输出信号均送入锁相(lock - in)放大器。锁相放大器只对遮光频率及与之同相约频率是灵敏的。所以，大部分未遮断的暗电流被放大器弃去。

同步检出的主要缺点是要花一半时间测激光束。与其他方法相比较，信噪比降低$\sqrt{2}$倍。同时放大器的电子系统也引进了一定的噪声。

#### 3. 噪声电压测定

这是弱信号输出所用的一个新方法。它的特点可从下列事实说明。如果将信号平均值看作直流电，它的统计偏离看作交流电，则对弱信号来说，交流成分的时间平均值比直流成分大得多。用高速过滤器(high pass filter)抽出信号内的 1000Hz 以上的频率，将所得的低频信号放大并积分。

#### 4. 脉冲计数

这个方法实际上用得最多。它的特点是信噪比较好和对弱信号的检出灵敏度很高。方

法的原理是将光电管输出的光电子脉冲通过放大、调制，再用脉冲计数器(scaler)计数，最后进行记录。

在此方法中，对光电倍增管阳极出现的个别光电子脉冲进行加工和放大，然后再通过调整器(adjustable discriminator)消除某指定高度下的脉冲。调整器出来的脉冲，可像一个脉冲发生器一样用来触发，在输出处产生一个标准的矩形脉冲。这个矩形脉冲可用脉冲器计数。最直接的方法是用一架“模—数”变换器。在“模—数”计数器中产生与前阶段一定时间间隔下脉冲计数成比例的一个输出电压。输出电压送往记录仪，录成谱图。如果用电阻—电容线路积分脉冲计数电子装置输出，则必须十分注意，否则会导致谱图变形。最新的方法是将脉冲计数电子装置用磁带记录，然后再用计算机进行数据的最小二乘法计算。

### 4.3.4 信号的检出

1. 摄谱法

此法具有两个优点，即波数位置准确及操作快速。由于这些优点，摄谱法通常用于高分辨气体拉曼谱图测定，相转变过程及化学反应机制的研究上。由于摄得谱线的强度必须用显微黑度计测定，手续比较麻烦，在定量工作上多避免使用。

摄谱法的操作步骤为：

(1) 选择适用于某波区的底片。如红色渡区可用 Kodak $\mathrm{I}_{a\text{-}E}$底片，绿色波区用 Kodak 1032-0，$\mathrm{II}_{a\text{-}0}$，$\mathrm{II}_{a\text{-}J}$，$\mathrm{III}_{a\text{-}S}$底片。

(2) 底片在拍摄后显影和定影。再用水冲洗清楚。

(3) 用显微黑度计(vicrodensi-tometer)测定谱线强度和以 Fe 或 Ne 的发射谱线为标准定出波长或波数位置。

照相底片是溴化银粒子悬浮于动物胶内并涂于玻璃片的面层上制成的。当光接触底片时部分溴化银粒子被活化。粒子被活化部分与达到底片的每平方厘米的能量及光的波长不成直线函数关系。在一定的波长下，对已知曝光能密度来说，光密度与曝光能量的底片特性曲线关系。一张未曝光底片经常指明用 $\gamma\log A$ 代表雾化度。底片一经曝光，赢到某一能量 $I_0$，方可显像。极限能量 $I_0$ 称为惯量。超过惯量，光密度与曝光能量对数近乎线性关系，其斜率为 $\gamma$。最后，在曝光能量 $I_m$ 位置上底片达到饱和，这时，

$$D=\gamma\log A \tag{4-19}$$

$$I_0<I<I_m,\ D\simeq\gamma\log I+\gamma\log\left(\frac{A}{I_0}\right) \tag{4-20}$$

$$I_m<I,\ D=D_m \tag{4-21}$$

式中，$D$ 为光密度，$I$ 为曝光能密度 erg/cm$^2$。用上述方程式可求雾化以上的光密度为

$$D=\gamma\log\left(\frac{I}{I_0}\right),\ (I_0<I<I_m)$$

至于在底片上的拉曼谱峰的信噪比可说明为：信号即是光密度，噪声是背景上光密度偏离的标准误差。信噪比($S/N$)只能直接测量，很难将摄影所得信噪比与其他方法获得的信噪比进行对照。假设正巧只有一个光谱的分辨因子，如果能够知道分辨因子中的光子通量和光电管的量子效率，便可以计算光电倍增管阳极上出现的每秒脉冲数。对拉曼谱峰下面的背景也可进行同样的计算。但目前对于照相底片尚无计算背景上噪声的方法。

在使用双联单色仪扫描谱图时，带通(band pass)累积的脉冲数可由每一带通每秒脉冲数除以每秒带通的扫描速率之商求得。用光电倍增管的量子效率除以所用狭缝面积可得每平方厘米上的光子能量密度，也可从相片直接获得光子能量密度。如果此能量密度(erg/cm$^2$)小于底片的惯量 $I_0$，则底片的信噪比为零。对很弱的信号来说，摄谱法不及光电倍增管检出法灵敏。如果光电倍增管的输出供给了一个脉冲计数器计数，此种计数的累加速率($dN/dt$)为一常数。底片上光密度随曝光时间的增加($dD/dt$)而减少，最后变为零。

摄谱法除了在气体的高分辨拉曼光谱上有合适的用处之外，在瞬变现象的研究上也有很大的价值。例如，用脉冲激光激发的毫秒级化学反应上，用摄谱法可获得过渡态的活化络合物。但是，由于要用极快的速度传动双联单色仪，目前还不能做到。

2. 光放大管

光放大管(light amplifier tubes)的记录技术目前是在发展阶段。它的优点是不需消耗很多底片和有可能同时记录。光放大器基本上包括一个光阴极，一些放大部件和一个荧光屏。每段时间内从光阴极射出的光电子在荧光屏上的相应位置出现闪光。这样，在激光拉曼光谱仪的荧光屏上便可读出信号。谱图上的每个分辨因子 $J$ 可用闪光测量，并且能有效地贮藏在多势道分析器内。荧光屏上的信号可摄成相片或者用电视照相机观察。这个方法有可能推广到毫秒级化学反应的研究上。

3. 同时记录与顺序记录的比较

有人曾经对光放大管和光电倍增管的比较设想了一个模拟的实验。设有一台激光拉曼分光光度计，其双联单色仪的出口狭缝上放一个光电倍增管，而中间狭缝处放一个光学照相机的平台。将此平台朝用光电倍增管同一平面的光放大管的方向。光放大管的读数可以对谱图的每一分辨因子 $J$，进行闪光计数，而且还能将计数贮藏在多频道分析器中。现在，假设光放大管在指定拉曼光谱上消耗了 $y$ 分，以后又用同样的 $y$ 分传动单色仪及光电倍增管扫描全谱。如果一个谱图的指定分辨因子用光电倍增管累积了 $N$ 个计数，则它用光放大管记录就累积了 $JN$ 个计数($J$ 为谱图上分辨因子的数目)。如果第一个单色仪上背景的主要来源为瑞利杂光，则拉曼谱峰下的背景计数的数目将与此峰背景以上的信号计数的数目成比例。已知比例常数为 $a$，这时光电倍增管的记录仪上出现的拉曼谱峰信噪比为

$$S_{PM}=\left(\frac{N}{a}\right)^{1/2} \tag{4-22}$$

如果光放大管的常数为 $a'$，它绘出了较大的背景和信号之比值。这是由于光放大管置于中间狭缝的位置上只与第一个单色仪的杂光有关。这时，光放大管的信噪比为

$$S_{LA}=\frac{JN}{(J/Na')^{1/2}} \tag{4-23}$$

二者相比较得

$$\frac{S_{LA}}{S_{PM}}=\left(\frac{Ja}{a'}\right)^{1/2} \tag{4-24}$$

这是用光放大管读出的理想状态数据。

如果光放大管的记录背景主要来源于光电暗电流或荧光，则

$$\frac{S_{LA}}{S_{PM}}=f^{1/2} \tag{4-25}$$

由此可知，光放大管记录仪在一定时间内会比光电倍增管容易提高信噪比。但实际上不能做到。然而，用摄谱法与光放大管同时记录还有可能实现。

### 4.3.5 拉曼谱线特性的测定

拉曼谱线宽度、强度和形状是与狭缝宽度有关的。假设将 He－Ne 激光束(6328Å)射入 0.5mm 宽的狭缝(色散为 5Å/mm)。随着谱图扫描，在 6325.5Å 及 6330.5Å 两种波长位置上信号消失(图 4.13)。由此可见，半宽度为 0.01Å 左右激光线能产生 2.5Å 半宽度的拉曼散射谱线。这点指出拉曼谱线的半宽度与光谱仪的狭缝大小和色散度有关。图 4.13 的三角形曲线称为狭缝函数。这是理想的绘法，真实的狭缝函数受衍射效应而呈图中实线状。

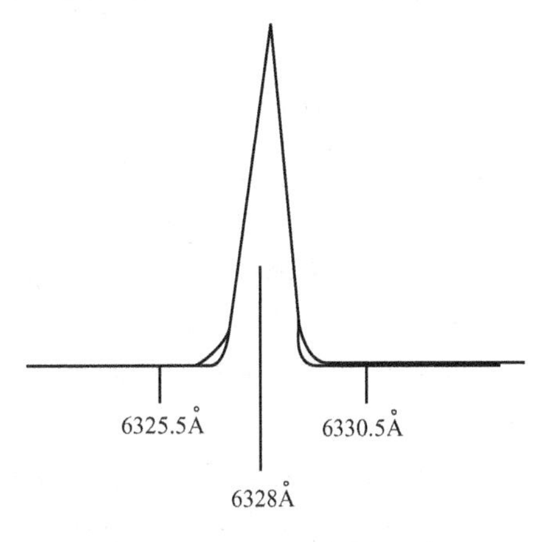


**图 4.13 光谱仪的狭缝函数**

当拉曼谱线的半宽度比扫描的狭缝函数半宽度大时，每一个无限小的频率因子也受狭缝函数的影响。由此在 $\omega_0$ 频率处的外观拉曼谱峰强度可用下式表示

$$I(\omega_0)=\int_0^{\infty}F(\omega)S(\omega-\omega_0)\mathrm{d}\omega \tag{4-26}$$

式中，$F(\omega)$为拉曼谱峰的真实外形，$S(\omega-\omega_0)$为在 $\omega_0$ 处的光谱仪的狱缝函数。$F(\omega)$可用傅里叶积分变换法从实测 $I(\omega_0)$求出。

实际上，拉曼谱线半宽度的优良结果可通过一系列的狭缝外观半宽度测量而获得。方法为将外观半宽度与狭缝宽度作图，得一直线，再外推到狭缝零点，得真正的半宽度。真实的半宽度不能很大，否则不准确。

拉曼谱线与其他谱线相同，也有下列两种外形：

(1) 高斯(Gaussian)外形

$$F(\omega)=F_0\exp\left(\frac{\omega-\omega_0}{a}\right)^2 \tag{4-27}$$

(2) 洛伦茨(Lorentzian)外形

$$F(\omega)=\frac{b}{c+(\omega+\omega_0)^2} \tag{4-28}$$

式中，$a$、$b$、$c$ 均为常数。

两种曲线的外形均是谱峰频率 $\omega_0$ 周围对称的。在式(4－27)上峰高为 $F_{\max}=F_0$，而在式(4－28)上峰高为 $F_{\max}=\frac{b}{c}$。从 $F_{1/2}=\frac{1}{2}F_{\max}$解出 $\Delta\nu_{1/2}$ 便可计算半高度。真实的拉曼谱峰的两翼往往不好。也有一些更精密的关系式，但应用困难。通常对指定的拉曼光谱仪可作出的 $I(\omega)$标准图表。利用此种 $I(\omega)$的标准图表能直接读出准确的峰高及半宽度。这类函数也用于积分强度的测量。然而，如果应用式(4－27)及式(4－28)计算，两种曲线的强度较实测更加准确。

实测拉曼谱图上出现的峰往往是复杂的，有的是两个或几个峰重叠而成。图 4.14 所示为绘出两个重叠峰的分离手续。

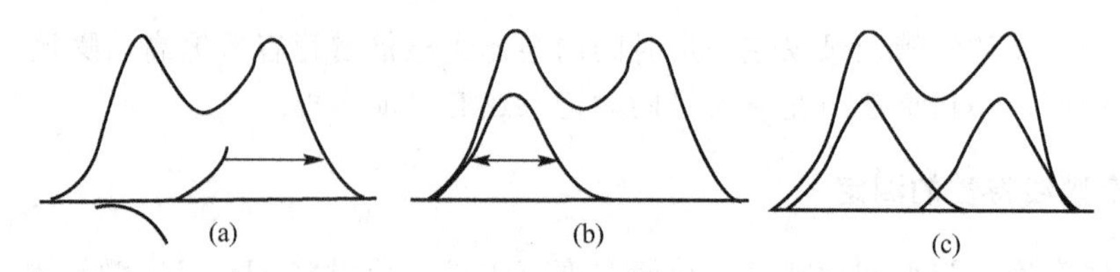


图 4.14　两个重叠峰的图解分离

### 4.3.6　退偏度的测定

退偏度也是对谱峰形状有影响的一个因素，但它不是对各种谱都有影响的。对旧式的拉曼光谱仪来说，退偏度的测定需费一定的操作手续。然而，在新型的激光拉曼光谱仪上装有现成的退偏度测定设备(称为退偏器)，大大简化了操作手续。退偏器是一个石英楔或方解石楔，它装于狭缝入口处，通过它能完全退偏。

退偏度的测定方式有下列两种。一种方式是不用检偏器(polaroid)，只改变激光束的电矢量方向(图 4.15(a))。这样一个方向是电矢量与狭缝面相平行，即⦶场合，另一个方向是电矢量与狭缝面相垂直。另一种方式是用检偏振器(图 4.15(b))。即激光束电矢量不变，但用偏振器分离平行与垂直两种偏振组分。实际上，均用后一种方式。

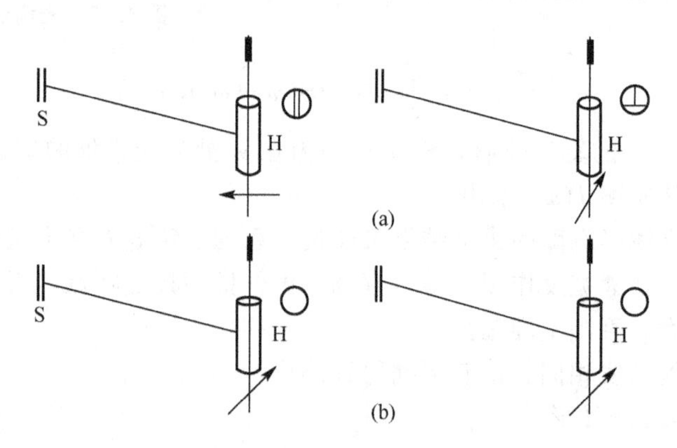


图 4.15　两种退偏度测定方式

在理论上，退偏度可用拉曼谱线的两个偏振组分的积分强度之比求出。在实际测定中常用峰高比值。由于测定退偏度利用各种非偏振的光源，故检偏振器或退偏楔在条件不良时常会引起系统误差。因此，实验上不能只测定一次，需进行多次测定。单晶、液体及气体的退偏度可直接测定。固体粉末(或是晶体粉末)有扰偏振的作用，故它的退偏度测定没有意义。如果将固体粉末浸入与它有相近的折射指数的液体中，就能测定此固体粉末的退偏度。此种数据代表晶轴的平均退偏度，而不是固体分子的平均退偏度。

此外，由于激光拉曼分光光度计在近年来的不断发展和改进。从 T800 型采用三联光栅单色仪到 HG2S 型联凹面全息光栅单色仪，1976 年发展的分子微探针凹面全息光栅的双光栅单色仪，直至后来德莱教授设计出了 RT130 型全对称三联光栅单色仪。RT130 型全对称三联光栅单色仪的性能是波段范围宽、分辨率高、波数精密度高、波数重复性好、杂散光含量低、灵敏度高，可用计算机进行数据处理与程序控制，并有光谱图屏幕显示。它的光谱范围为 2400～8700Å，现由法国迪劳尔公司生产，是当前较为理想的仪器。其他如美国斯派克司(Spex)公司生产 Raman Lug b 型 1403 型等仪器，这里不一一列举。

# 4.4 谱图表示及谱图解析

激光拉曼光谱图与红外光谱图一样，是以基团及某种键出现的频率位置为基础的。拉曼谱图从 $10\sim4000\text{cm}^{-1}$($2.5\sim1000\mu\text{m}$)，比一般的中红外光谱图($200\sim4000\text{cm}^{-1}$)的范围要大些，因此有利于我们对分子及化合物的分析。各种基团及键的频率区域可列成表格，给谱图分析者作为识别的参考。

虽然拉曼光谱峰可按群论的对称分类后用简正坐标分析法计算，但在一般分析工作中用处不大。对化学分析工作者还是用谱图的基团频率表格比较便利些。本章主要阐述各种基团的频率范围。

## 4.4.1 拉曼谱图的频率位移单位

拉曼谱线位移是服从量子力学关系式$\left(\frac{\Delta E}{n}\right)$的。在拉曼谱图上一般总是用波数单位($\text{cm}^{-1}$)表示峰的位置，但有时也用频率($\omega$)单位表示，波数与频率二者的关系为

$$\nu=\frac{\omega}{c} \tag{4-29}$$

式中，$v$ 为波数 $\text{cm}^{-1}$，即每厘米的振动数；$\omega$ 为频率，即每秒的振动数；$c$ 为光速。

在拉曼谱图上，以激发光的频率位置为零。频率位移是基团频率与激发光频率之差。图 4.16 为有机化合物茚(Inclene)的激光拉曼谱图(下线)及红外光谱图(上线)。茚是芳香烃，许多锐利的强峰在拉曼光谱图上特别明显，而在红外光谱图中峰却较弱。$1450\text{cm}^{-1}$及$2950\text{cm}^{-1}$则是饱和碳氢链的特征峰。它们则相反，在拉曼图上的峰很低，而在红外图上的峰很强。

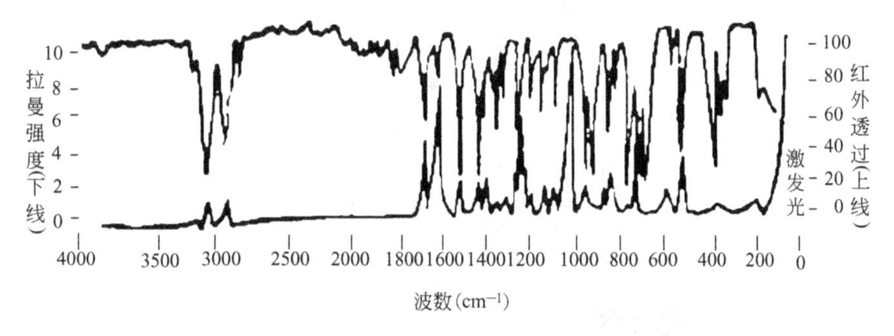


图 4.16 茚的拉曼光谱(下线)及红外光谱图(上线)

## 4.4.2 拉曼特征频率的规律

已知的拉曼特征频率有下列几种规律。

1. 饱和基团

(1) 饱和烃的 $CH_3$ 及 $CH_2$ 的碳氧伸缩振动频率(stret - ch)在拉曼光谱中很强，而其弯曲振动频率(bending)很弱。

(2) 硫氢及双硫伸缩频率在拉曼光谱上比红外光谱上强得多。

(3) 碳碳单键伸缩振动频率在拉曼光谱上很强，而在红外光谱上则较弱。

(4) 极性的氮氢及氧氢伸缩振动频率在红外光谱中很强，而在拉曼光谱上则较弱。氮氢及氧氢的弯曲频率也是如此。

(5) 含有一个或几个重原子(卤素、重金属)的谱峰在拉曼谱图上比红外谱图上更强。

2. 不饱和基团

(1) 碳碳双键及碳碳三键展示出特别强的拉曼谱峰，而红外谱峰很弱。它们附近的碳氢伸缩频率在拉曼光谱中也很强。

(2) 碳氧双键和三键，碳氧双键的频率在拉曼光谱上是很强的。

(3) 芳香环有特别明显的对称伸缩频率，在红外光谱上是很弱的，而拉曼光谱上是主要的特征峰。芳香环的不饱和双键与一般双键相同，面外弯曲振动很强。然而，环的变形振动，在拉曼光谱上比在红外光谱上弱很多。多核(指稠环)芳香烃在红外光谱图上峰很多，谱形复杂，而在拉曼光谱图上谱峰强而陡。

3. 特种基团

(1) C═O═C，C—O—C，N═C—N 等类型的基团具有一条对称及一条反对称的伸缩振动频率，前者的频率位置较后者为低，对称的伸缩振动频率在拉曼光谱上比在红外光谱上强，而反对称的伸缩振动频率则与此相反。

(2) 羟基及胺基的伸缩及弯曲振动频率均很宽。醚键和羧基的氢键频率有较大的移位。

下面将一些基团特征频率的范围如图 4.17 和图 4.18 所示。

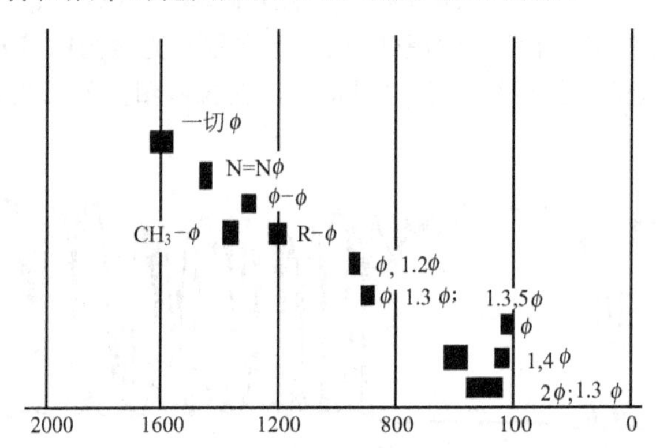


图 4.17 芳香烃的特征频率图表

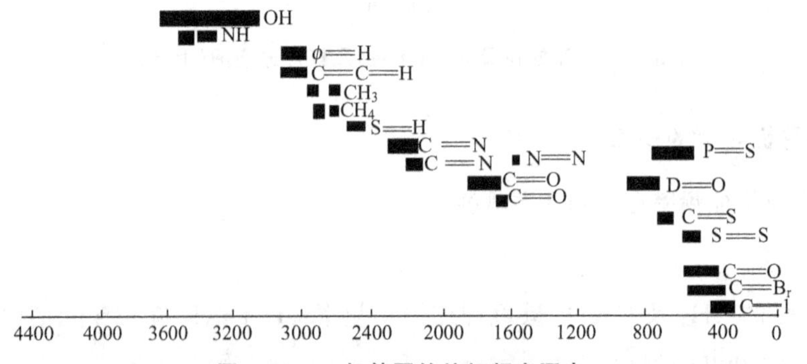


图 4.18 一般基团的特征频率图表

### 4.4.3 各类有机官能团的频率区域

1. 烷烃类

正常烷烃类包含大量的旋转异构件，它们是多组分的混合物。低级烷烃类的拉曼光谱图和红外光谱有很大的差别，而超过20个碳原子的烷烃的两种光谱相差很小。熔融物及溶液在个别场合下会有所差异，而固体试样总是符合上述规则的。

质子类型的长链烷烃类(如聚乙烯)的谱图比较简单。但是聚乙烯具有晶体和无定形两类，并且具有支链或侧链使得谱图变得复杂起来。如果将聚乙烯的拉曼光谱图与其短链同系物的谱图对照，即使晶体的短链烷烃类是聚乙烯谱图上的组成部分，但由于空间群和对称的能阶禁阻的作用，也会在谱图上出现某些短链所没有的简正频率。因为亚甲基或者真正的聚乙烯晶体都有对称中心，故在拉曼和红外两种光谱上可以禁止任何谱峰的同时出现。表4-3列出亚甲基链的拉曼光谱和红外光谱的谱峰归属。表内的CH伸缩及CH弯曲振动频率为很多饱和烃的特征频率。但是，在拉曼光谱上没有红外光谱的720$cm^{-1}$峰，而出现1300$cm^{-1}$峰。短链烃的拉曼光谱在300$cm^{-1}$以下出现些晶格的振动峰，它们随链的增长而有规律地位移，可以作为特殊烷烃的特征。一般烷烃类的特征频率如表4-4所示。很多液体烷烃在拉曼光谱图上有1075$cm^{-1}$附近的双峰，与表4-3相对照，这种裂分是由于骨架伸缩振动所致。

**表4-3 亚甲基链的振动谱峰的归属**

| 拉曼光谱 | | 红外光谱 | |
|---|---|---|---|
| 谱峰 | 归属 | 谱峰 | 归属 |
| 2926(w) | | 2924(s) | $B_{3v}$CH 伸缩 |
| 2890(s) | $B_g$CH 伸缩 | 2850(s) | $B_{2v}$CH 伸缩 |
| 2845(s) | $A_g$CH 伸缩 | | |
| 2718(w) | | | |
| 1458(w) | | | |
| 1435(s) | $A_gCH_2$ 弯曲 | 1463(s) | $B_{3v}CH_2$ 弯曲 |
| 1412(w) | $B_{2g}CH_4$ 摇摆 | 1372(m) | $R_{2v}$CH 摇摆 |
| 1293(s) | $B_{3g}CH_3$ 扭曲 | | |
| 1177(w) | $B_{1g}CH_2$ 摆动 | 720(s) | $R_{2v}CH_2$ 摆动 |
| 1126(s) | $B_{3g}$骨架 | | |
| 1062(s) | $A_g$ 骨架 | | |
| — | $A_gCH_2$ 扭曲 | | |

① 括号内字母 s—强；m—中等；w—弱

**表4-4 一般烷烃类的拉曼及红外光谱的特征频率**

| 振动模式 | 拉曼光谱($cm^{-1}$) | 红外光谱($cm^{-1}$) |
|---|---|---|
| C—H 伸缩 | 2980～2800(is) | 2980～2800(s) |
| $CH_2$ 摆动 | 无 | 720(ms) |

（续）

| 振动模式 | 拉曼光谱($cm^{-1}$) | 红外光谱($cm^{-1}$) |
| --- | --- | --- |
| $CH_2$ 扭曲 | 1300(ms) | 1400～1200(mw) |
| $CH_2$ 不对称弯曲 | 1465(s) | 1465(ms) |
| $CH_3$ 不对称弯曲 | 无 | 1380(mw) |
| $CH_3$ 摆动 | | 1135(w) |
| C—C 伸缩 | 1000(w) | 看不到 |
| C—C 扭摆① | 335～235(m) | 看不到 |
| 无归属 | 1075(双) | 无 |

注：① 扭摆：torsion；依链长而移位。

表内数据是近似的，各种激光源产生的频率数据差别不大。在很多场合下用上表对长链烷烃(聚乙烯等)可作支链鉴定。聚丙烯在拉曼光谱上出现弱的 1382$cm^{-1}$ 峰，而在红外光谱上同一位置出现强峰。这说明有叔丁基存在。另一个证明是在 1333$cm^{-1}$ 处出现拉曼强峰及红外弱峰。短链烷烃没有 1300$cm^{-1}$ 附近的峰，而聚乙烯有此峰。

具支链或侧链的烷烃类的特征频率见表 4－5。

**表 4－5　支链烷烃的拉曼光谱及红外光谱的频率数据**

| 振动模式 | 拉曼光谱($cm^{-1}$) | 红外光谱($cm^{-1}$) |
| --- | --- | --- |
| 叔 CH 伸缩 | 看不到 | 看不到 |
| 叔 CH 弯曲 | 1350(m～w) | 看不到 |
| 异丙基对称弯曲 | — | 1380(m) |
| | 很弱或没有 | 1360(m) |
| 异丙基 CC 伸缩 | 995(w) | 995(w) |
| 异丙基变形 | 1170(w) | 1170(m～s) |
| | 835～795(m～w) | 835～795(w) |
| | 1345(m～w) | 看不到 |
| 叔丁基对称弯曲 | 很弱或没有 | 1400(m～s)(双) |
| 叔丁基变形 | 1250(m～s) | 1250(m～s) |
| | 1205(m～s) | 1205(m～s) |
| | 930(m～s) | 930(w) |

值得注意的是：如果有芳香烃存在，那么 960$cm^{-1}$ 附近的峰不能作为支链烃基的证明。芳香烃的特征频率经常在 960$cm^{-1}$ 附近。

### 2. 烯烃及炔烃类

烯烃类能用 3000、1650 及 800～1400$cm^{-1}$ 附近的很强拉曼峰进行鉴定。红外光谱图中 3000$cm^{-1}$ 及 1650$cm^{-1}$ 两个峰是弱的锐峰。在 850$cm^{-1}$ 与 1000$cm^{-1}$ 间的面外弯曲强峰在拉曼谱图中不出现。如果分子具有一个对称中心，或者是处在对称环境之下，则红外及拉曼两种光谱中烯键的特征峰均转弱。

烯键峰的强度会由于受取代而转强。如氟取代的烯烃不仅造成峰的强度增加，而且会有位移。表4-6所示为烯烃及其取代产物的频率(主要是乙烯及其取代产物)。在共轭的双烯、三烯及多烯中，双键的伸缩频率是在$1600cm^{-1}$附近。

表4-6　烯烃及其取代产物的频率

| 振动模式 | 拉曼光谱($cm^{-1}$) | 红外光谱($cm^{-1}$) |
| --- | --- | --- |
| A. 丙烯($RCH=CH_g$) | | |
| CH不对称伸缩 | 2080(m) | 3080(m) |
| CH对称伸缩 | 3010(m) | 3010(m) |
| $CH_2$倍频 | 无 | 1820(m～w) |
| CC伸缩 | 640(m) | 1640(m～s) |
| $CH_2$面内弯曲 | 1300(m) | 1300(m～w) |
| CH面外弯曲 | 无 | 990(m～s) |
| $CH_2$面外弯曲 | 无 | 910(s) |
| 特殊模式 | | |
| CO CH $CH_2$面外变形 | 无 | 980及960 |
| NC CH $CH_2$面外变形 | 无 | 960(只有一个键) |
| C1 CH $CH_2$面外变形 | 无 | 895(只有一个键) |
| RO CH $CH_2$面外变形 | 无 | 815 |
| RS CH $CH_2$面外变形 | 无 | 965及860 |
| | 435(m) | — |
| B. 反式CHR CHR | | |
| CH伸缩 | 3025(m) | 3025(m) |
| CC伸缩 | 1675(m～s) | 1675(VS) |
| CH面外弯曲 | 无 | 970(s) |
| 其他模式 | | |
| RCH CH CN面外变形 | 无 | 955(m～s) |
| RCH CH C1面外变形 | 无 | 925(m～s) |
| RCH CH C1面外变形 | 490 | 890(m～s) |
| | 210 | — |
| C. 顺式CHR CHR | | |
| CH伸缩 | 3025(m) | 3025(m) |
| CC伸缩 | 1645(m) | 1645(m) |
| CH面内弯曲 | 1410(w) | 1410(m) |
| CH面外弯曲 | 无 | 690(m～s) |
| 其他模式 | | |
| 不饱和环变形 | 与环的大小有关 | 与环的大小有关 |
| | 680 | — |
| | 415 | — |
| | 295 | — |
| D. RR $CCH_2$ | | |

（续）

| 振动模式 | 拉曼光谱($cm^{-1}$) | 红外光谱($cm^{-1}$) |
| --- | --- | --- |
| CH 伸缩 | 3090(m) | 3090(m) |
| CH 弯曲倍频 | 无 | 1785(m～w) |
| CC 伸缩① | 1650(m) | 1650(m) |
| CH 面外变形 | 无 | 890(s) |
| 其他模式变形 | 435(m) | — |
|  | 395(m) |  |
|  | 260(m) | — |
| E. RROCHR |  |  |
| CH 伸缩 | 3030(m) | 3030(w) |
| CC 伸缩 | 1680(m) | 1680(w) |
| CH 面外变形 | 无 | 815(m) |
| F. RR OC RR |  |  |
| OC 伸缩 | 1680(m) | 1680(W) |

① 有负电性基团存在，增加了 CC 伸缩频动频率并减低 CH 面外弯曲频率。对不饱和基团则与此相反。

炔烃的基团频率是在 2150～2250$cm^{-1}$范围内，它们具有很强的拉曼谱峰。表 4－7 所示为炔烃类的基团频率。从表 4－7 可以看到单取代乙炔的 CH 伸缩峰在 3350$cm^{-1}$附近，而双取代是在 2305$cm^{-1}$及 2227$cm^{-1}$的双峰。共轭的或取代的炔烃的 C≡C 伸缩位置有所下降。

表 4－7　炔烃的基团频率

| 振动模式 | 拉曼光谱($cm^{-1}$) | 红外光谱($cm^{-1}$) |
| --- | --- | --- |
| CH 伸缩 | 3350(s) | 3350(m) |
| C≡C 伸缩(单烃基) | 2125～2118(s) | 2125～2118(m～w) |
| C≡C 伸缩(双烃基中出现双峰) | 2305(b)，2227(s) | 2305(w)，2227(w) |
| C≡C 伸缩(共轭芳烃及烯烃) | 2260～2090 | 2260～2090 |
| CH 弯曲 | 无 | 650～600(s) |
| CH 摇摆 | 无 | 700～625(s) |
| CH 弯曲倍频 | 1400～1200(m) | 1400～1200(m) |

3. 芳香烃及杂环烃类

与红外光谱的情况相似，芳香烃的拉曼光谱具有 3050$cm^{-1}$及 1400～1650$cm^{-1}$的锐利强峰，它们都是偏振的。表 4－8 所示为苯环及其取代衍生物的频率。由于 1600$cm^{-1}$附近也有个拉曼峰，因此与烯烃类很容易混淆。如果有红外光谱图对照，由于芳香烃在红外光谱图出现的组频和倍频(1660～2000$cm^{-1}$)在拉曼谱图上是没有的，因此很容易区别芳香烃和烯烃。此外在 1000$cm^{-1}$左右的偏振拉曼峰也是芳香烃的一个很好的特征。

表4-8 苯环及其取代衍生物的频率

| 振动模式 | 拉曼光谱(cm⁻¹) | 红外光谱(cm⁻¹) |
|---|---|---|
| A. 芳香烃具有的基团频率 | | |
| CH 伸缩 | 3080～3030(m) | 3080～3030(w) |
| 组频及倍频 | 无 | 2000～1660(w) |
| CC 伸缩 | 1650～1400(m～s) | 1650～1400①(m～s) |
| CH 面内变形 | 1400～1000(vs) | 1400～1000(vs) |
| OC 伸缩 | 1000② | 无 |
| B. 鉴定单取代环的谱峰 | | |
| CH 面外变形 | 900～860(m) | 900～860(m) |
| | 700～730(m) | 770～730(m) |
| | 570～445(m) | 574～445(m) |
| 环变形 | 无 | 710～694(s) |
| C. 鉴定1，2-双取代苯环的谱峰 | | |
| CH 面外变形 | 770～735(m) | 770～735(s) |
| D. 鉴定1，3-双取代苯环的谱峰 | | |
| CH 面外变形 | 810～750(m) | 810～750(s) |
| | 480～450(m) | 480～450(m) |
| 环变形 | 无 | 725～680(m) |
| E. 鉴定1，4-双取代苯环的谱峰 | | |
| CH 面外变形 | 860～800(m) | 860～800(s) |
| | 570～480(m) | 570～480(m) |
| F. 鉴定1，2，3-三取代苯环的谱峰 | | |
| CH 面外变形 | 810～750(m) | 810～750(s) |
| | 无 | 725～680(m) |
| G. 鉴定1，2，4-三取代苯环的谱峰 | | |
| CH 面外变形 | 900～860(m) | 900～860(m) |
| | 860～800(m) | 860～800(s) |
| H. 鉴定1，3，5-三取代苯环的谱峰 | | |
| CH 面外变形 | 900～860(m) | 900～860(m) |
| 苯环变形 | 无 | 710～650(s) |
| I. 鉴定1，2，3，4-四取代苯环的谱峰 | | |
| CH 面外变形 | 900～860(w) | 900～860(m) |
| J. 鉴定1，2，3，5-四取代苯环的谱峰 | | |
| CH 面外变形 | 900～860(w) | 900～860(m) |
| K. 鉴定1，2，4，5-四取代苯环的谱峰 | | |
| CH 面外变形 | 900～800(w) | 900～800(m) |
| L. 鉴定1，2，3，4，5-五取代苯环的谱峰 | | |
| CH 面外变形 | 900～860(w) | 900～860(m) |

① 这些谱峰强度在红外及拉曼两种光谱上情况相反。

② 除1，2，3为840cm⁻¹之外，所有取代苯的谱峰均在1000m⁻¹附近。

取代的芳香烃在 400～1000cm$^{-1}$范围内有一些特征峰出现。利用这些特征峰可以证明芳香烃的取代方式。

杂环芳香烃在结构上与芳香烃(苯为主)很近似，它们具有 3020cm$^{-1}$附近的 CH 伸缩频率及 1600cm$^{-1}$附近的环振动频率。吡啶(Pyridine)及喹啉(Quinoline)，这类杂氮芳香烃的拉曼特征峰与红外谱图接近，在 700cm$^{-1}$、1050cm$^{-1}$及 1200cm$^{-1}$附近均有特征峰。有人发表了嘧啶类(Py－rimidines)及嘌呤类(Purines)的激光拉曼谱图，但对其基团频率未作详细分析。然而，可以认为 3050cm$^{-1}$附近的强峰及 700～1400cm$^{-1}$和 1500cm$^{-1}$以及 1650cm$^{-1}$的中等强度峰是属于腺嘌呤(Adenine)、尿嘧啶(Uracil)、胞嘧啶(Cytosine)及鸟嘌呤(Guanine)的杂环的频率。这些化合物的激光拉曼光谱在溶液中显著地随 pH 的变化而变化。

4. 羧基化合物、羰基化合物、酯类及酰胺类

在拉曼光谱图上一个或几个羰基的化台物很容易用 1600～1800cm$^{-1}$的宽峰鉴定之，但它们的强度不如红外光谱。如果化合物内的羰基不止一个，则各个羰基的峰的外形及位置经常可作为鉴定化合物的标准。例如，饱和的开链酮类在 1700～1725cm$^{-1}$之间有一个羰基峰；$\alpha$ 卤素或 $\alpha$，$\alpha'$ 二卤素的取代饱和酮将使羰基的频率提高到 1725～1765cm$^{-1}$。芳香酮，二芳香酮，α、β 不饱和酮，β 双酮及醌的羰基谱蜂在 1550～1700cm$^{-1}$区域内。当酮类具有顺式—顺式及顺式—反式的构型时，拉曼谱图的 1600～1700cm$^{-1}$区域将有很强的多线谱。

羧酸在拉曼及红外两种光谱图上均在 1600～1800cm$^{-1}$区域内出现强的多重峰。然而两种谱图的区别在于拉曼谱图上的 2500～3000cm$^{-1}$伸缩振动峰很弱，而在红外谱图上却很强。有时，在拉曼谱图上出现 800cm$^{-1}$附近的强峰。如果这种羧酸溶液加以碱化，则上述谱峰立即消失，这是很好的证明。

酸酐类(Anhydrides)有两个强的羰基频率，一个在 1700～1800cm$^{-1}$，另一个 1750～1880cm$^{-1}$。此外，也存在 1000cm$^{-1}$及 1200～1300cm$^{-1}$附近的另一对谱峰。这两对谱峰的位置与酸酐类型有一定的依赖关系。

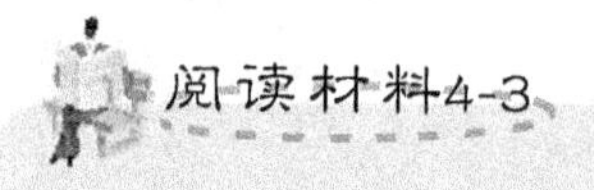


**拉曼光谱仪的几个应用案例**

案例 1：材料分析——硅薄膜晶化率的拉曼分析

研究硅薄膜材料对于改进太阳能电池生产工艺具有重要意义，探索硅薄膜的晶化特性可有助于提高电池的光电转换效率。下图为不同晶化率下硅晶体的拉曼光谱表现，以此为基准可以判断不同样品的晶化率程度。

案例 2：美国 FDA 肝素钠纯度检测

目前肝素是世界上最有效和临床用量最大的抗凝血药物，主要应用于心脑血管疾病和血液透析治疗。肝素钠原料药是标准肝素制剂的唯一有效成分。美国是肝素制剂使用的最大市场，2008 年曾经发生过中国进口的肝素钠原料药受到多硫酸软骨素(OSCS)污染，导致数人死亡的严重事件，拉曼光谱技术在当时确定污染物成分的工作中发挥了重要作用。用拉曼光谱仪可以检测肝素钠的几种主要污染物如图 4.19 所示。

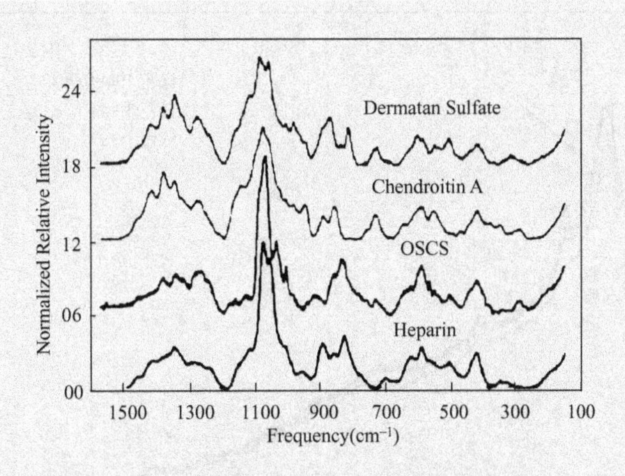


图 4.19 肝素纳及其主要污染物的拉曼光谱

案例3：识别假药——快速鉴别多潘立酮片的真伪

多潘立酮片即吗叮啉，增强胃动力，助消化的常见药物，市面上假药很多，可使用便携式拉曼光谱仪现场快速甄别，每个样品的识别时间不超过20s，正确率100%，如图4.20所示。

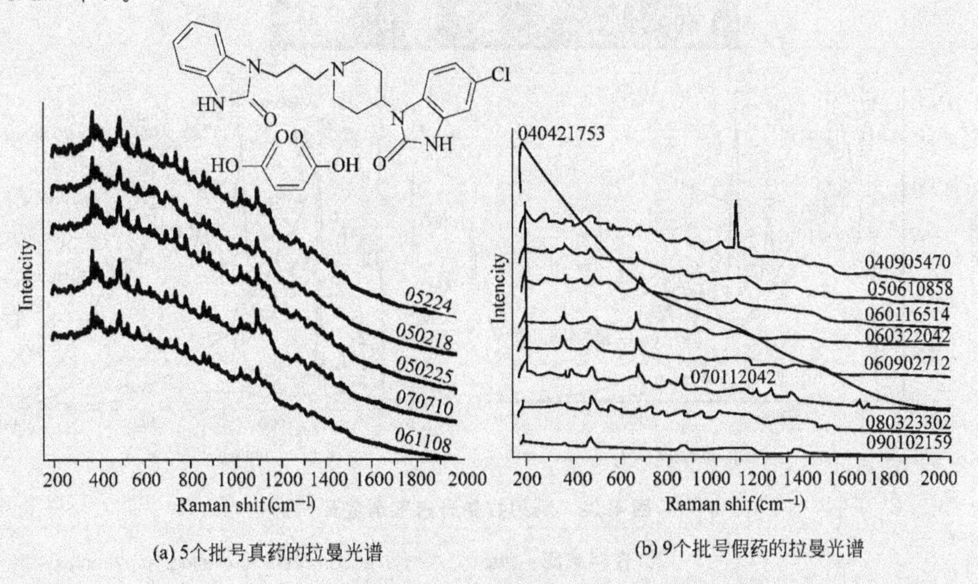


(a) 5个批号真药的拉曼光谱　　(b) 9个批号假药的拉曼光谱

图 4.20 吗叮啉的拉曼光谱

案例4：食品检测——测量三聚氰胺含量

三聚氰胺事件无需多言，拉曼光谱可以检测出含有极微量三聚氰胺的样品，从而保证奶制品的出厂检验，如图4.21所示。

案例5：宝石鉴定

市面上的宝石种类繁多，以假乱真、鱼目混珠者众，专门用于鉴定宝石的拉曼系统含400余种宝石的图谱资料，可轻易甄别诸如钻石和锆石、蓝宝石、石榴石，并且区分翡翠的等级，如图4.22所示。

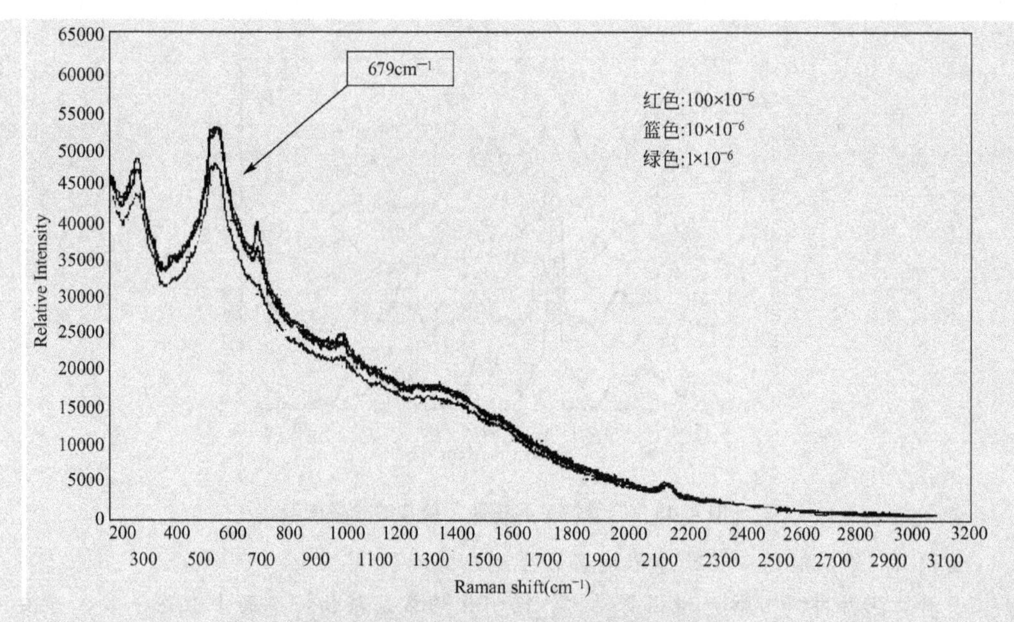


图 4.21 利用拉曼光谱鉴别三聚氰胺

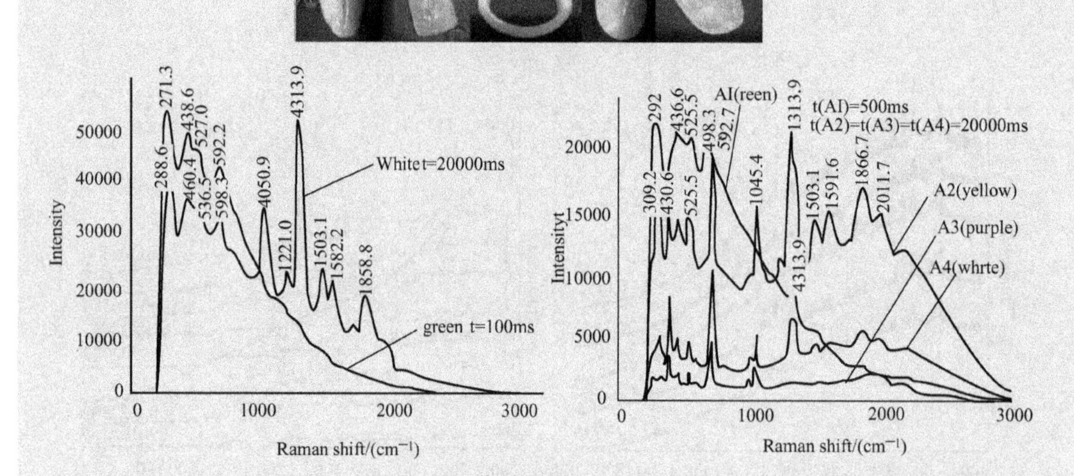


图 4.22 利用拉曼光谱鉴别宝石

资料来源：http：//www.accesslaser.cn/using.asp? nclassid=167

## 习题

1. 简要说明激光拉曼光谱法的基本原理。
2. 激光拉曼光谱仪有哪些主要组成部分，各有什么功能？
3. 退偏度与哪些因素有关？
4. 激光拉曼光谱法主要擅长的分析功能是什么？
5. 什么是频率位移？
6. 简述各类官能团的频率区域？

# 第5章 紫外—可见分光光度法

## 本章知识框架

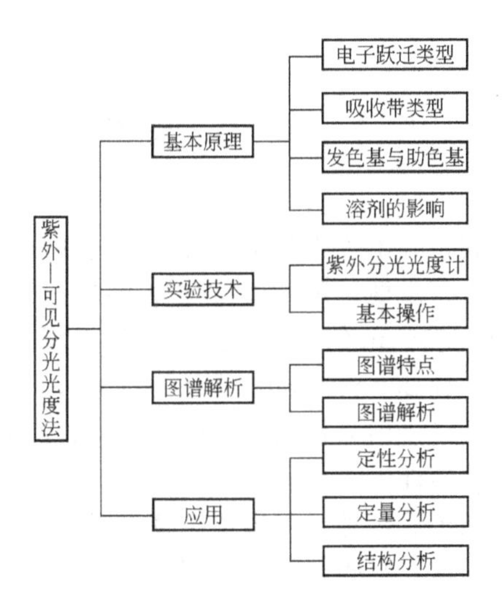


## 本章教学目标与要求

1. 掌握紫外—可见分光光度法图谱的特点、解析方法及应用。
2. 熟悉紫外—可见分光光度法的基本原理。
3. 了解紫外—可见分光光度计的结构及操作。

**导入案例**

**紫外可见分光光度法概述**

人们在实践中早已总结出不同颜色的物质具有不同的物理和化学性质。根据物质的这些特性可对它进行有效的分析和判别。由于颜色本就惹人注意，根据物质的颜色深浅程度来对物质的含量进行估计，可追溯到古代及中世纪。1852年，比尔(Beer)参考了布给尔(Bouguer)1729年和朗伯(Lambert)在1760年所发表的文章，提出了分光光度的基本定律，即液层厚度相等时，颜色的强度与呈色溶液的浓度成比例，从而奠定了分光光度法的理论基础，这就是著名的朗伯—比尔定律。1854年，杜包斯克(Duboscq)和奈斯勒(Nessler)等人将此理论应用于定量分析化学领域，并且设计了第一台比色计。到1918年，美国国家标准局制成了第一台紫外可见分光光度计。此后，紫外可见分光光度计经不断改进，又出现自动记录、自动打印、数字显示、计算机控制等各种类型的仪器，使光度法的灵敏度和准确度也不断提高，其应用范围也不断扩大。紫外—可见分光光度法从问世以来，在应用方面有了很大的发展，尤其是在相关学科发展的基础上，促使分光光度计仪器的不断创新，功能更加齐全，使得光度法的应用更拓宽了范围。

**资料来源**：http：//news. yi7. com/show - 7298. html，2011

# 5.1 基本原理

紫外—可见分光光度法属于分子吸收光谱的分析法，根据物质对紫外、可见光区辐射的吸收特性，对物质的组成进行定性、定量及结构分析的一种方法。紫外—可见光区是由三部分组成的：波长在13.6～200nm的区域称为远紫外区域，由于这个区内空气有吸收，所以又称为真空紫外区；波长在200～380nm的称为近紫外区；波长在380～780nm的称为可见光区。一般的紫外—可见光谱只包括后面两个区域，高分子一般只在近紫外区有吸收，所以本章的讨论重点是近紫外区。

当样品分子或原子吸收光子后，外层的电子由基态跃迁到激发态。不同结构的样品分子，其电子的跃迁方式是不同的，吸收光的波长范围不同和吸光的概率也不同，故而可根据波长范围、吸光强度鉴别不同物质的结构的差异。

## 5.1.1 电子跃迁类型

同原子一样，分子也具有特征能级：电子能级、振动能级和转动能级，且能级量子化，分子跃迁所需能量为能级之差

$$\Delta E=E-E'=h\mu=hc/\lambda \tag{5-1}$$

由于三种能级跃迁所需能量不同，分子受不同波长的辐射跃迁会出现在不同的光区。

电子能级为1～20eV，振动能级为0.05～1eV，转动能级为0.05eV。物质吸收紫外后引起的跃迁是电子跃迁，所以紫外光谱也称为电子光谱。紫外的能量较高，在引起价电子跃迁的同时，也会引起低能量的分子振动和转动，结果使一般光谱仪的分辨能力不足以将这些谱线分开，谱线就连成一片，表现为带状，成为较宽的谱线。

让不同波长的紫外光线连续通过样品，以样品的吸光度对波长作图，就得到了紫外吸收光谱，如图5.1所示。

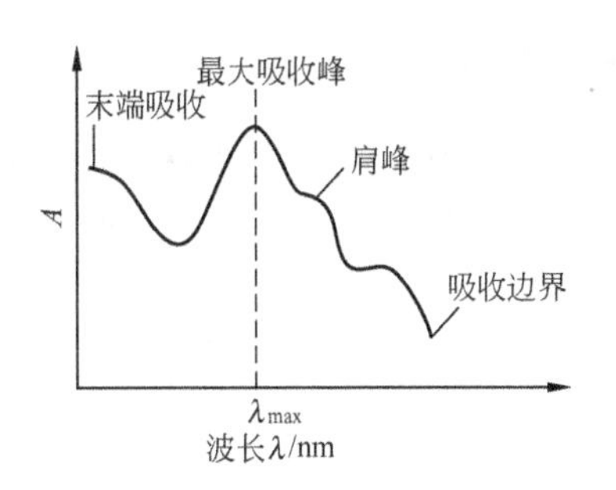

**图5.1 紫外吸收光谱示意图**

朗伯—比尔定律是紫外光谱定量分析的基础

$$A=\lg\frac{I_0}{I}=\varepsilon lc \qquad (5-2)$$

式中，$A$为吸光度；$I_0$、$I$为入射光和投射光强度；ε为摩尔吸收系数，L/mol·cm；$l$为样品的光程长(样品槽厚度)，cm；$c$为样品浓度，mol/L。

参数$\lambda_{max}$和$\varepsilon_{max}$很重要，$\lambda_{max}$即最大吸收峰位置，它用来描述某种有机物分子在紫外可见光谱中的特征吸收。$\varepsilon_{max}$表示最大吸收的摩尔吸收系数，因为ε与$A$成正比，谱图可以用ε为纵坐标，因而ε也可表示吸收峰的强度。一般地，$\varepsilon>10^4$为强吸收(ε不超过$10^5$)；$\varepsilon=10^3\sim10^4$为中等吸收；$\varepsilon<10^3$为弱吸收，由于这种跃迁的概率很小，称为禁戒跃迁。

在有机化合物分子中，价电子主要包括三种电子：形成单键的σ电子、形成双键的π电子、未成键的孤对$n$电子。通常将能量较低的分子轨道称为成键轨道，当分子吸收一定能量的辐射能时，这些电子就会跃迁到较高的能级，此时电子所占的轨道称为反键轨道。三种电子形成了五种轨道，由分子轨道理论，由成键轨道跃迁到反键轨道，即发生$\sigma\rightarrow\sigma^*$、$n\rightarrow\sigma^*$、$\pi\rightarrow\pi^*$和$n\rightarrow\pi^*$四种类型的跃迁，图5.2所示为五种轨道能级和电子跃迁示意图。这些跃迁所需要能力比较如下：

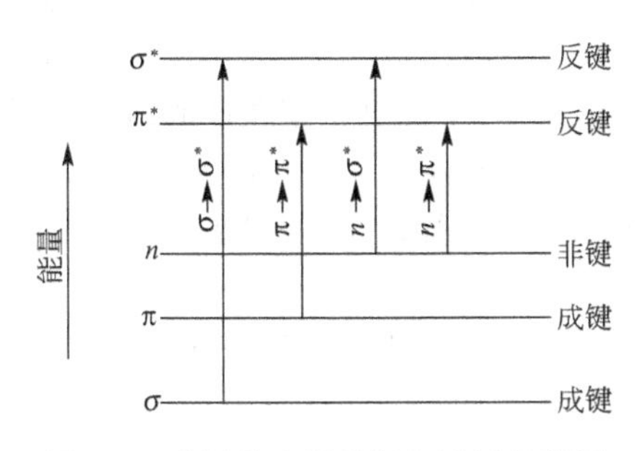

**图5.2 分子的电子能级和跃迁示意图**

$$\sigma\rightarrow\sigma^*>n\rightarrow\sigma^*>\pi\rightarrow\pi^*>n\rightarrow\pi^*$$

(1) $\sigma\rightarrow\sigma^*$跃迁：是指分子中成键σ轨道上的电子吸收辐射能后，被激发到反键$\sigma^*$轨道上。饱和烃中的C—C键是σ键，在饱和烃(甲烷，乙烷)中只有$\sigma\rightarrow\sigma^*$跃迁，跃迁所需能量$E$很高，它们的吸收光谱波长$\lambda<150$nm，即在远紫外区才能观察到，如甲烷的最大吸收峰在125nm处，乙烷在135nm处有一个吸收峰；

(2) $n\rightarrow\sigma^*$跃迁：是指分子中非键$n$轨道上的电子吸收辐射能后，被激发到反键$\sigma^*$轨道上。含O、N、S和卤素等杂原子的饱和烃的衍生物可发生此类跃迁，所需能量也较大，吸收光谱波长λ在150～250nm，C—OH和C—Cl等基团的吸收在真空紫外区域内，C—Br、C—I和C—$NH_2$等基团的吸收在紫外区域内，其吸收峰的吸收系数较低，一般小于300；

(3) $\pi\rightarrow\pi^*$跃迁：不饱和烃、共轭烯烃和芳香烃类(—C=C—，—C=O)可发生此类跃迁，跃迁所需能量$E$较小，吸收波长大多在紫外区，吸收峰的吸收系数很高，吸收光谱波长λ>200nm，如若体系共轭，$E$更小，λ更大；

(4) $n\rightarrow\pi^*$跃迁：在分子中含有孤对电子的原子和π键同时存在时(—C=N，C=O)，会发生此类跃迁；跃迁所需能量$E$最小，吸收波长在200～400nm(近紫外区)，吸收峰的吸收系数很小，一般为10～100。

### 5.1.2 吸收带类型

紫外吸收光谱是带状光谱，吸收带分为四类，其中有K带、R带、B带、E带。

(1) K吸收带：是二个或二个以上的双键共轭时，π电子向$\pi^*$反键轨道跃迁的结果，可简单表示为$\pi \to \pi^*$。由共轭烯烃和取代芳香化合物引起。特点是波长较短但吸收较强(吸收系数$\varepsilon$>10000)。

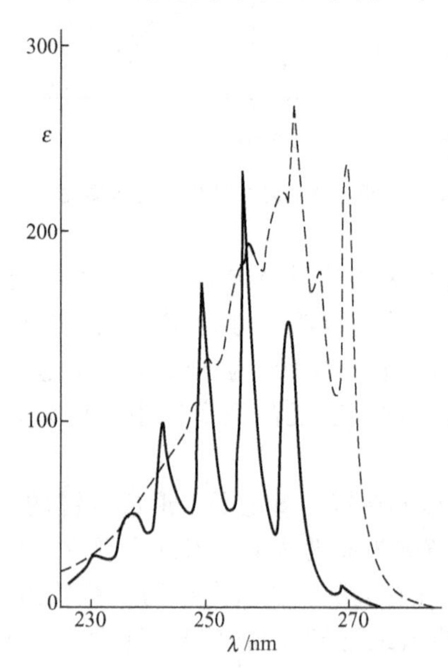


图5.3　苯和甲苯的B吸收带
(实线为苯，虚线为甲苯)

(2) R吸收带：是与双键相连接的杂原子(例如C=O、C=N、S=O等)上未成键电子的孤对电子向$\pi^*$反键轨道跃迁的结果，可简单表示为$n \to \pi^*$。由—$NO_2$、—NO、—N=N—等发色基团引起。特点是波长较长，但吸收较弱(ε<100)，属于禁戒跃迁。测定这种吸收带时需用浓溶液。

(3) B吸收带：也是苯环上三个双键共轭体系中的$\pi \to \pi^*$跃迁和苯环的振动相重叠引起的，该吸收带是芳环、芳杂环的特征谱带，吸收强度中等(ε=1000)。处于230～270nm，特点是普带较宽且含有多重峰或精细结构，最强峰约在255nm处。精细结构是由于振动次能级的影响，当使用极性溶液时，精细结构常常看不到。例如，图5.3所示为苯和甲苯的B吸收带。

(4) E吸收带：是苯环上三个双键共轭体系中的π电子向$\pi^*$反键轨道跃迁的结果，可简单表示为$\pi \to \pi^*$。与B带一样，是芳香族的特征谱带，吸收强度大(ε=2000～14000)。吸收波长偏向紫外的低波长部分，有的在远紫外区。如苯的$E_1$和$E_2$带分别在184nm(ε=47000)和204nm(ε=7000)。

以上各吸收带相对的波长位置大小为：R，B，K，$E_1$，$E_2$，但一般K和E带常合并成一个吸收带。不同类型分子结构的紫外吸收谱带种类不同，有的分子可有几种吸收谱带，例如苯乙酮，其正庚烷溶液的紫外光诺中，可以观察到K，B，R 3种谱带分别2240nm(ε>10000)，278nm(ε≈1000)和319nm(ε≈50)，它们的强度是依次下降的，其中B和R吸收带分别为苯环和羰基的吸收带，而苯环和碳基的共轭效应导致产生很强的K收带。又如甲基—丙烯基酮在甲醇中的紫外光谱(见图5.4)存在两种跃迁：$\pi \to \pi^*$跃迁在低波长区是烯基与羰基共轭效应所致，属K吸收带，$\varepsilon_{max}$>10000；$n \to \pi^*$跃迁在高波长区是羰基的电子跃迁所致，为R吸收带，$\varepsilon_{max}$<100。

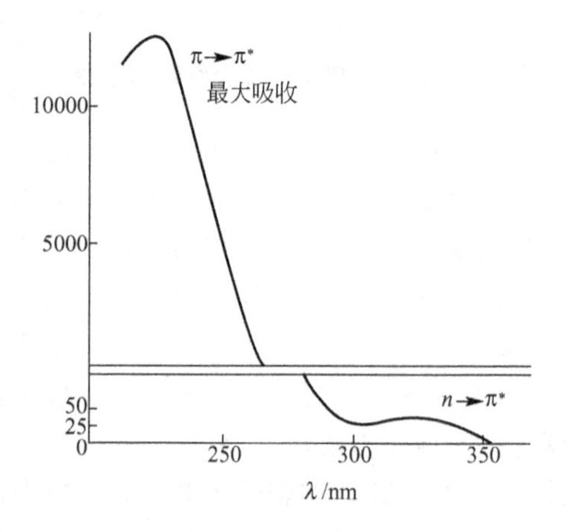


图5.4　甲基α-丙烯基酮在甲醇中的紫外光谱

### 5.1.3 发色基与助色基

凡是能导致化合物在紫外及可见光区产生的基团，如含双键、叁键基团，如乙烯基、乙炔基等，其 $\pi\rightarrow\pi^*$ 跃迁吸收位于或接近于紫外区；含杂原子双键，如硝基—$NO_2$、亚硝基 —N═O 等，不但 $\pi\rightarrow\pi^*$ 跃迁吸收位于近紫外区，而且还有波长更长的 $n\rightarrow\pi^*$ 跃迁，将以上这些基团称为发色基或生色基。如果分子中若有两个以上发色基能进一步形成共轭体系，则各个发色基团所产生的吸收带将消失，取而代之出现新的共轭吸收带，其 $\pi\rightarrow\pi^*$ 跃迁吸收波长将比单个发色基团的吸收波长长，吸收强度也将显著增强。

助色基团是指那些本身不会使化合物分子产生颜色或者在紫外及可见光区不产生吸收的一些基团，但这些基团与发色基团相连时却能使发色基团的吸收带波长向长波移，同时使吸收强度增强。通常，助色基团是由含有孤对 p 电子的杂原子或基团所组成，如—OH、—$NH_2$、—$NR_2$、—Cl 等，本身无紫外吸收，但若与双链基团相连，通过 π—p 共轭可以使双键基团离域范围扩大，形成多电子大 π 键，导致 $\pi\rightarrow\pi^*$ 跃迁的能级间隔变小、跃迁能量降低，吸收波长增大、颜色加深。

由于有机化合物分子中引入了助色基团或其他发色基团而产生结构的变化，或者由于溶剂的影响使其他紫外吸收带的最大吸收波长向长波方向移动的现象称为红移。与此相反，如果吸收带的最大吸收波长向短波方向移动，则称为蓝移。

与吸收带波长红移及蓝移相似，由于有机化合物分子结构中引入了取代基或受溶剂的影响，使吸收带的强度及摩尔吸收系数增大或减少的现象称为增色效应或减色效应。表 5－1 所示为聚合物中常见基团的紫外吸收特征波长与摩尔吸收系数。

**表 5－1 聚合物中常见基团紫外吸收特征波长与吸收系数**

| 生色团 | $\lambda_{max}$/nm | $\varepsilon_{max}$/(L·$mol^{-1}$·$cm^{-1}$) |
|---|---|---|
| C═C | 175 | 14000 |
| | 185 | 8000 |
| C≡C | 175 | 10000 |
| | 195 | 2000 |
| | 223 | 150 |
| C═O | 160 | 18000 |
| | 185 | 5000 |
| | 280 | 15 |
| C═C—C═C | 217 | 20000 |
| 苯环 | 184 | 60000 |
| | 200 | 4400 |
| | 255 | 204 |

### 5.1.4 溶剂的影响

用于紫外光谱分析的样品，一般要制成均相溶液。虽然薄膜也可以直接用于测定，但只能用于定性，因为其不均匀性会给定量带来困难。制样的首要问题是溶剂的选择，用不同溶剂所测的吸收光谱往往不同。溶剂对紫外光谱的影响主要表现为：

（1）溶剂的极性对最大吸收波长 $\lambda_{max}$ 的影响。一般来说，随着溶剂极性的增大，$\pi \to \pi^*$ 跃迁吸收峰红移（向长波方向移动），$n \to \pi^*$ 跃迁吸收峰蓝移（向短波方向移动）。

（2）溶剂的极性对光谱精细结构和吸收强度的影响。随着溶剂极性的增大，分子振动受到限制，精细结构会逐渐消失，合并为一条宽而低的吸收带。

（3）溶剂的酸碱性也有很大影响。如苯胺在中性溶液中 $\lambda_{max}=280$nm，在酸性溶液中移至 254nm。苯酚在中性溶液中 $\lambda_{max}=270$nm，在碱性溶液中移至 287nm。这是由于 pH 值的变化使—$NH_2$ 或—OH 与苯环的共扼体系发生变化，共扼发生红移，反之发生蓝移。

因此，在选择紫外光谱的溶剂时，要注意以下几点：

（1）尽量选用低极性溶剂。

（2）能很好地溶解高分子样品，并且形成的溶液具有良好的化学和光化学稳定性。

（3）溶剂在样品的吸收光谱区无明显吸收。一般来说，芳香族溶剂不宜在 300nm 以下测定，脂肪醛和酮类在 280nm 附近具有最大吸收。在近紫外区完全透明的有水、烃类、脂肪醇类、乙醚、稀 NaOH、$NH_4OH$、HCl 溶液等，大半透明的有氯仿和四氯化碳等。表 5-2 所示为紫外光谱中常用的溶剂。

表 5-2　紫外光谱分析中常用的溶剂

| 溶剂 | 使用波长范围/nm | 溶剂 | 使用波长范围/nm |
|---|---|---|---|
| 水 | >210 | 甘油 | >230 |
| 乙醇 | >210 | 氯仿 | >245 |
| 甲醇 | >210 | 四氯化碳 | >265 |
| 异丙醇 | >210 | 乙酸甲酯 | >260 |
| 正丁醇 | >210 | 乙酸乙酯 | >260 |
| 96%硫酸 | >210 | 乙醇正丁酯 | >260 |
| 乙醚 | >220 | 苯 | >280 |
| 二氧六环 | >230 | 甲苯 | >285 |
| 二氯甲烷 | >235 | 吡啶 | >303 |
| 己烷 | >200 | 丙酮 | >330 |
| 环己烷 | >200 | 二硫化碳 | >375 |

在测定样品前应先将选定的溶剂进行测试，检查是否符合要求。用 10mm 石英吸收池装溶剂，以空吸收池为参比测定。一般对波长 220～240nm，溶剂的吸收不得超过 0.4；对 241～250nm，不得超过 0.2；对 250～300nm，不得超过 0.13；对 300nm 以上，不得超过 0.05。

## 5.2 实验技术

### 5.2.1 紫外—可见分光光度计

1. 紫外—可见分光光度计构成

紫外—可见分光光度计由光源、单色器、吸收池、检测器、信号显示系统五个部分构成。图 5.5 所示为 UV754 型紫外—可见分光光度计。

(1) 光源：分光光度计中常用的光源有热辐射光源和气体放电光源两类。热辐射光源用于可见光区，如钨丝灯和卤钨灯；气体放电光源用于紫外光区，如氢灯和氘灯。氢灯和钨卤灯是常用标准氘光源，钨灯最适宜的使用波长范围为 320～1000nm。氘灯是最常用的紫外光光源，它能发出光的波长范围一般为 190～400nm，使用波长范围一般为 190～360nm，它的发光强度和灯的使用寿命比氢灯增加 2～3 倍。

图 5.5 紫外—可见分光光度计

(2) 单色器：由入射狭缝、准直镜、色散元件、聚焦透镜和出射狭缝组成。单色器是仪器的主体，其作用是将光源来的光色散成各种波长的光，以供选用。常用的有棱镜或光栅。玻璃棱镜仅适用于可见光区，天然水晶棱镜适用于紫外光区。棱镜色散范围较广，波长可覆盖 185～2500nm，而且 185～300nm 的分辨率优于光栅，但谱线排列均匀度较差，得不到均一的分辨率。在可见和近红外区的色散和分辨率的误差更大于光栅。

(3) 吸收池：用于盛放分析试样，一般有石英和玻璃材料两种。石英池适用于可见光区及紫外光区，玻璃吸收池只能用于可见光区。为减少光的损失，吸收池的光学面必须完全垂直于光束方向。在高精度的分析测定中(紫外区尤其重要)，吸收池要挑选配对。因为吸收池材料的本身吸光特征以及吸收池的光程长度的精度等对分析结果都有影响。

(4) 检测器：用于检测信号、测量单色光透过溶液后光强度变化的一种装置。常采用光电池、光电管和光电倍增管等。硒光电池对光的敏感范围为 300～800nm，其中又以 500～600nm 最为灵敏。这种光电池的特点是能产生可直接推动微安表或检流计的光电流，但由于容易出现疲劳效应而只能用于低档的分光光度计中。光电管在紫外—可见分光光度计上应用较为广泛。光电倍增管是检测微弱光最常用的光电元件，它的灵敏度比一般的光电管要高 200 倍，因此可使用较窄的单色器狭缝，从而对光谱的精细结构有较好的分辨能力。

(5) 信号显示系统：放大信号并以适当方式指示或记录下来。常用的信号指示装置有直读检流计、电位调节指零装置以及数字显示或自动记录装置等。很多型号的分光光度计装配有微处理机，一方面可对分光光度计进行操作控制，另一方面可进行数据处理。

2. 紫外—可见分光光度计的类型

(1) 单光束分光光度计。经单色器分光后的一束平行光，轮流通过参比溶液和样品溶液，以进行吸光度的测定。这种简易型分光光度计结构简单，操作方便，维修容易，适用于常规分析。

(2) 双光束分光光度计。经单色器分光后经反射镜分解为强度相等的两束光，一束通过参比池，一束通过样品池。光度计能自动比较两束光的强度，此比值即为试样的透射比，经对数变换将它转换成吸光度并作为波长的函数记录下来。双光束分光光度计一般都能自动记录吸收光谱曲线。由于两束光同时分别通过参比池和样品池，还能自动消除光源强度变化所引起的误差。

(3) 双波长分光光度计。由同一光源发出的光被分成两束，分别经过两个单色器，得到两束不同波长($\lambda_1$ 和 $\lambda_2$)的单色光；利用切光器使两束光以一定的频率交替照射同一吸收池，然后经过光电倍增管和电子控制系统，最后由显示器显示出两个波长处的吸光度差值 $\Delta A$。对于多组分混合物、混浊试样(如生物组织液)分析，以及存在背景干扰或共存组分吸收干扰的情况下，利用双波长分光光度法，往往能提高方法的灵敏度和选择性。利用双波长分光光度计，能获得导数光谱。通过光学系统转换，使双波长分光光度计能很方便地转化为单波长工作方式。如果能在 $\lambda_1$ 和 $\lambda_2$ 处分别记录吸光度随时间变化的曲线，还能进行化学反应动力学研究。

### 5.2.2 基本操作

1. 基本操作步骤

(1) 先将仪器预热至少 10 分钟，启动紫外可见分光光度计应用程序，软件将自动进入到自检画面进行光谱仪的校正。波长校正可用随机配置的镨铷(Pr－Nd)玻璃或钬(Ho)玻璃所具有的特征吸收峰来校正。吸光度的校正可通过若干物质如 $CuSO_4$、$K_2CrO_4$ 的标准溶液来进行。

校正前按仪器厂家要求的浓度配制好标准物，在一定温度(25℃)下利用不同波长测量标准吸光度值，再与仪器厂家提供的吸光度校正表对照调整即可。

(2) 进行光谱扫描。对参照物和待测物进行光谱扫描，如实地显示样品的全波长图谱并保存起来以用于分析。

2. 各类紫外—可见分光光度计的操作示例如下：

1) 754 紫外—可见分光光度计

用途：能在紫外、可见光谱区域对样品物质作定性和定量的分析。波长范围：200～800nm。

操作要点：

- 插上电源，打开开关，打开试样室盖，按“A/T/C/F”键，选择“T%”状态，选择测量所需波长，预热 30 分钟。
- 开始测量时要先调节仪器的零点，方法为：保持在“T%”状态，当关上试样室盖时，屏幕应显示“100.0”，如否，按“OA/100%”键；打开试样室盖，屏幕应显示“000.0”，如否，按“0%”键，重复 2～3 次，仪器本身的零点即调好，可以开始测量。
- 用参比液润洗一个比色皿，装样到比色皿的 3/4 处(必须确保光路通过被测样品中心)，用吸水纸吸干比色皿外部所沾的液体，将比色皿的光面对准光路放入比色皿架，用同样的方法将所测样品装到其余的比色皿中并放入比色皿架中。
- 将装有参比液的比色皿拉入光路，关上试样室盖，按“A/T/C/F”键，调到“Abs”，按“OA/100%”键，屏幕显示“0.000”，将其余测试样品一一拉入光路，记下测量数值即可(不可用力拉动拉杆)。
- 测量完毕后，将比色皿清洗干净(最好用乙醇清洗)，擦干，放回盒子，关上开关，拔下电源，罩上仪器罩。

✧ 本操作要点只针对测量吸光度而言。

2) ASPC－1810 型紫外—可见分光光度计

(1) 开机并预热。打开控制面板盖(右边盖子)，打开仪器电源开关(在仪器背面)，等待仪器自检，自检后显示主菜单，按［5］进行系统应用设置，并校正波长，返回主菜单，再预热约 30 分钟即可进行精密测定。

(2) 打开吸收池盖子，第一格放空白液，第二格至第四格依次放好样品液(记住所放顺序)，第五格放挡板。

(3) 光谱测量(多波长测定法)：

a. 在主菜单中按［2］进入光谱测量主画面。

b. 按［F3］进入样品池项，设置试样池参数："试样池：五联池；移动试样池数：5"。

c. 按［RETURN］返回光度测量主画面。

d. 按［F1］进入参数项，确认测定参数"光度方式；扫描速度；步长；波长范围(先输入较大波长)；纵坐标范围"，(若要改变参数，请按项目前的数字，如：改变光度方式按［1］，若按后屏幕下方出现输入数据提示，即按数字键输入数据，再按［↵］确认输入)。

e. 按［7］，进行暗电流校正。

f. 按［RETURN］返回光谱测量主画面。

g. 按［F3］进入样品池项，修改试样池参数："移动试样池数：1"。

h. 按［RETURN］返回光谱测量主画面。

i. 按［AUTO ZERO］进行基线校正(即空白校正)。

j. 按［F3］进入样品池项，修改试样池参数："移动试样池数：2"(根据所测样品液的位置，还可输入"3"或"4")。

k. 按［RETURN］返回光谱测量主画面。

l. 按［START］开始进行光谱测量。

m. 待屏幕显示出"请按数字键操作"时，按［F2］可查看峰值，输入阈值后按［↵］，稍候即显示峰值，按"⇐"、"⇒"查看峰、谷的数据。

n. 若要打印图谱与峰值，在此时按［F4］，确认打印机与打印纸放置无误后按［↵］确认。

(4) 光度测量(单点波长测定法)：

a. 在主菜单中按［1］进入光度测量主画面。

b. 按［F3］进入样品池项，设置试样池参数"试样池：五联池；使用试样池数(即放进吸收池的总比色皿数)：空白池校正：要；移动试样池数：5；试样池复位"(若要改变参数，请按项目前的数字)。

c. 按［RETURN］返回光度测量主画面。

d. 按［F1］进入参数项，确认测定参数"光度方式；吸收波长；系数：1.000"(若要改变参数，请按项目前的数字，如：改变光度方式按［1］，若按后屏幕下方出现输入数据提示，即按数字键输入数据，再按［↵］确认输入)。

e. 按［4］，进行暗电流校正。

f. 按［RETURN］返回光度测量主画面。

g. 待显示"请按键盘操作"时，按［START］开始进行测定，共按三次，每按一次即进行一次测定，按［START］后显示的依次是空白及第二、第三格所放的样品的测定结果，记录数据。

h. 如还需测定其他波长，则按［GOTO WL］，按数字键输入所需波长，再按［↵］确认输入，系统操作请稍候。

i. 若要打印数据，在此时按［F4］，确认打印机与打印纸放置无误后按［↵］确认。注：若数据输入错误可按［↵］取消后重新输入。

3）UV－1102 紫外可见分光光度计

（1）开机。开机前将样品室内的干燥剂取出，确认电源是否连接。打开仪器电源开关，等待仪器自检通过，自检过程中禁止打开样品室。

（2）使用。仪器自检结束后(7 个自检项目均出现 OK 字样)，按［MAIN MENU］键(主菜单)，屏幕显示如下 5 个功能项：①Phtometry(定量运算)；②Wavelength Scan(波长扫描模式)；③Time Scan(时间曲线扫描)；④System(系统校正)；⑤Data display(光度直接测量模式)。按相应选项前的数字键，即可进入该选项的下一级子菜单。

A. 定量运算 (Phtometry)

✧ 按［MAIN MENU］键，再按数字［1］键进入 Phtometry 子菜单下，选中对应的数字来选择所需的测定方式：①%T/ABS(透过率/吸光度测定模式)；②Ratio (比例测定模式)；③Concentration (浓度测定模式或标准曲线模式)；

✧ 按数字［1］键进入%T/ABS(透过率/吸光度测定)子菜单，选中对应的数字键来设定测定条件：①NUMWL(设定测试波长的数目，最多可设定 6 个不同波长)；②WL Setting(设定测试波长具体数值)；③Data Mode(选择测定吸光度或透光率)，设定完毕后单击［Enter］键确定，所有项目设定完毕后按数字［0］键确定，等待仪器调整至准备状态，此时屏幕上出现 AUTOZERO，将盛有空白溶液的比色皿放入样品室中，按［Start/Stop］键进行零点的自动调整，自动调零完成后，将样品置于光路中，再按［Start/Stop］键进行测量，仪器的显示屏自动给出对应波长的数值。

✧ 按数字［3］键进入 Concentration (浓度测定模式或标准曲线模式)，选中对应的数字来设定条件(波长数目，波长数值，标准溶液数目及浓度)，设定完毕后单击［Enter］键确定，所有项目设定完毕后按数字［0］键确定，等待仪器调整至准备状态，此时屏幕上出现 AUTOZERO，将盛有空白溶液的比色皿放入样品室中，按［Start/Stop］键进行零点的自动调整，自动调零完成后，将标准溶液置于光路中，按照浓度从低到高顺序依次按［Start/Stop］键进行测量，测量完毕后仪器将自动给出标准曲线，标准曲线下方有三项供选择：①Process(更改标准曲线的坐标和观察浓度回归曲线的数据)；②Measure(直接进入样品的测量)；③Print(打印浓度回归曲线谱图和数据)，选中对应的数字就可执行相应的功能。

✧ 如果希望返回上一级菜单，按［CLEAR RETURN］键返回，返回主菜单直接按［MAIN MENU］键。

B. (波长扫描模式)Wavelength Scan

✧ 参数修改：按［MAIN MENU］键，再按数字［2］键进入 Wavelength Scan(波长扫描模式)子菜单下，选中对应的数字来选择所需修改的内容，修改扫描的起始波长，测量模式，图谱坐标的上下限，扫描速度等。修改完毕按数字［0］键确定。

✧ 波长扫描：分别将两个比色皿装上空白溶液和样品溶液，放入比色槽中，按[Start/Stop] 键进行谱图扫描(如想终止扫描再次按 [Start/Stop] 键)，待仪器自动进行基线校正，提示拉入样品自动测试，测试完毕后有扫描图谱出现，下方有相应的数据处理选项①Process②Baseline③Print。

✧ 数据处理：按数字 [1] 键进入 Process(数据处理)，可以读峰谷值，修改坐标，显示所有数据，求一阶导数等功能。

(3) 关机。将比色皿中的溶液倒尽，然后用蒸馏水或有机溶剂冲洗比色皿至干净；关电源将干燥剂放入样品室内，盖上防尘罩。

注意事项：

① 开机前将样品室内的干燥剂取出，仪器自检过程中禁止打开样品室盖。

② 比色皿内溶液以皿高的2/3～4/5为宜，不可过满以防液体溢出腐蚀仪器。测定时应保持比色皿清洁，池壁上液滴应用擦镜纸擦干，切勿用手捏透光面。测定紫外波长时，需选用石英比色皿。

③ 测定时，禁止将试剂或液体物质放在仪器的表面上，如有溶液溢出或其他原因将样品槽弄脏，要尽可能及时清理干净。

④ 实验结束后将比色皿中的溶液倒尽，然后用蒸馏水或有机溶剂冲洗比色皿至干净，倒立晾干。关电源将干燥剂放入样品室内，盖上防尘罩。

**紫外—可见分光光度计各部件的发展**

1. 光源

紫外可见区的光源主要采用卤素钨灯和氘灯或氙灯两者组合使用。氙灯是新颖的光源，发光效率高，强度大，而且光谱范围宽，包括紫外、可见和近红外。随着发光二极管(LED)光源技术及产业的日益成熟，以LED为光源的小型便携又低廉的分光光度计已成为研究开发的热点。

2. 分光系统

扫描光栅型的分光系统常称为单色仪，固定光栅型的分光系统则接近摄谱仪。单色仪大多布置在样品室之前，固定光栅型则必须把分光系统置于样品室之后。扫描光栅型主要有单光束、准双光束和双光束。还有双波长等多种光路设计。为了进一步地提高分辨率或降低杂散光，还出现了双单色器分光光度计，其杂散光等性能是单单色器分光光度计无法企及的。

3. 光栅

光栅是分光系统的核心元件，经历了棱镜、机刻光栅和全息光栅的过程，商品化的全息闪耀光栅已迅速取代一般刻划光栅。光栅一般有平面光栅和凹面光栅两种。全息技术的长处在于成品率更高，杂散光更小，不产生伪线。目前，凹面光栅已发展出四种类型。其中的Ⅳ型可用于扫描光栅型中。因为兼具色散和聚焦两项功能，使用凹面光栅可以帮助简化扫描光栅型分光光度计的结构。Ⅲ型常称为平场型，它能使凹面光栅的像面从通常的罗兰圆变成平面，还可以同时实现消像散的设计。这对于固定光栅的光路不仅是必需的，也使固定光栅型分光光度计的分光系统简约到了极致。

4. 探测器

探测器对分光光度计的设计和性能有着重要的影响。在传统的紫外可见近红外分光光度计中，一般都将光电倍增管作为检测器，而随着阵列型光电器件技术的发展和应用，阵列型光电探测器分光光度计得到了很好的发展，其典型代表是 PDA 和 CCD，这类探测器测量速度快，多通道同时曝光，最短时间仅在毫秒量级，也可以累积光照，积分时间最长可达几十秒，可探测微弱的信号，动态范围大。

5. 软件

仪器的软件功能可以极大地提升仪器的使用性能和价值，软件已不再只是用作数值运算的附属工具，是分析仪器自动化、智能化的关键因素。软件的作用主要有控制、监测与校正、光谱采集与处理、数据存储与分析等。分光光度计的测量波长或范围的设置、光栅运动的驱动和控制、光源的自动切换、滤光片的自动选择、探测器的驱动、A/D 转换的同步、数据传输至计算机、数据写入内存、光谱或测量结果的显示．以及光谱数据的处理和分析所有这些功能都可以由软件完成。为了提高仪器的使用性能，在软件中包含了硬件的监测和校正，如光源的输出功率、波长的准确性、杂散光水平、基线校正等。

资料来源：孙向荣等．紫外可见分光光度法的应用及新进展．中国高新技术企业，2008(8)

## 5.3 谱图表示及谱图解析

让不同波长的紫外光连续通过样品，以样品的吸光度 $A$ 对波长 $\lambda$ 作图，就得到紫外吸收光谱，如图 5.6 所示。

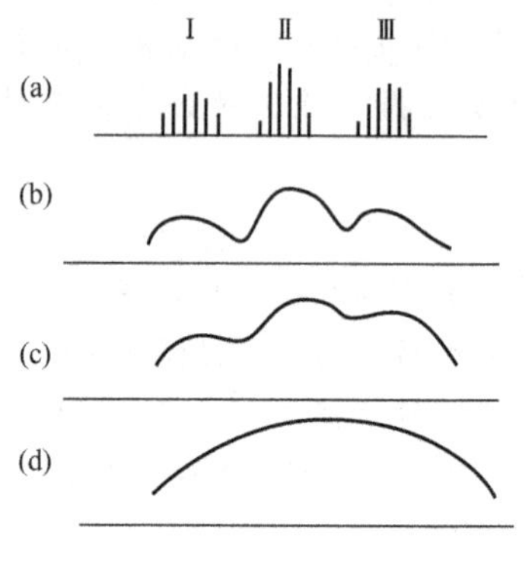


图 5.6 紫外—可见吸收光谱的特点

### 5.3.1 图谱表示及特点

紫外光的能量较高，在引起电子跃迁的同时，也会引起只需要低能量的分子振动和转动，结果导致紫外吸收光谱不是一条条的谱线，而是较宽的谱带(图 5.1)。所以在分析紫外吸收谱时，除注意谱带的数目、波长及强度外，还要注意其形状、最大值及最小值等。

一般，单靠紫外吸收光谱，无法推定分子中的官能团，但对测定共轭结构还是很有利的。把紫外吸收光谱与其他分析仪器(如红外吸收光谱、荧光光谱等)配合使用就能收到很好的效果。

图 5.6 所示为紫外—可见吸收光谱的特点。当稀薄气态分子吸收紫外辐射后，电子从基态跃迁到激发态，同时伴随有振动能级的跃迁和转动能级的跃迁，所以围绕Ⅰ、Ⅱ、Ⅲ，有一系列分立的转动能级跃迁谱线如图 5.6(a)；当浓度增大时，转动能级受限制，形成连续曲线，如图 5.6(b)；在低极性溶剂中测定紫外吸收，还能保留一些紫外吸收的精细结构(图 5.6(c))；在高极性溶剂中作图，精细结构完全消失，如图 5.6(d)。

### 5.3.2 图谱解析

可以从下面几方面来进行谱图解析：

(1) 谱带的分类和电子跃迁的方式。需注意吸收带的波长范围(真空紫外区域)、吸收系数以及是否有精细结构等。

(2) 溶剂极性大小引起谱带移动的方向。

(3) 溶液酸碱性的变化引起谱带移动的方向。

## 5.4 紫外—可见分光光度法的应用

紫外—可见分光光度法应用广泛，不仅可进行定量分析，还可利用吸收峰的特性进行定性分析和简单的结构分析，还可测定一些平衡常数、配合物配位比等。可用于无机化合物和有机化合物的分析，对于常量、微量、多组分都可测定。已经广泛应用于冶金、石油化工、化学试剂、食品、饲料、生物、医学、制药及环保等行业。

由于一般紫外可见分光光度计只能提供190～850nm范围的单色光，因此，我们只能测量 $n \to \sigma^*$ 的跃迁，$n \to \pi^*$ 跃迁和部分 $\pi \to \pi^*$ 跃迁的吸收，而对只能产生200nm以下吸收的 $\sigma \to \sigma^*$ 的跃迁则无法测量。

### 5.4.1 定性分析

紫外—可见分光光度法的定性分析主要是对某些有机化合物和官能团进行鉴定和结构分析，也用于对纯物质的鉴别和杂质的检验。由于高分子材料的紫外吸收峰通常只有2～3个，且峰形平缓，因此它的选择性远不如红外光谱。而且紫外光谱主要决定于分子中生色团和助色团的特性，而不是决定整个分子的特性，所以紫外吸收光谱用于定性分析不如红外光谱重要和准确。同时，因为只有具有双键和芳香共扼体系的高分子材料才有近紫外活性，所以紫外光谱能测定的高分子材料种类受到很大局限。已报道的某些高分子材料的紫外特性数据见表5-3。

表5-3 某些高分子材料的紫外特性

| 高分子材料 | 生色团 | 最大吸收波长/nm |
|---|---|---|
| 聚苯乙烯 | 苯基 | 270，280(吸收边界)① |
| 聚对苯二甲酸乙二醇酯 | 对苯二甲酸酯基 | 290(吸收尾部)，300① |
| 聚甲基丙烯酸甲酯 | 脂肪族酯基 | 250～260(吸收边界) |
| 聚丙烯酰胺 | 脂肪族酰胺基 | 202(最大值) |
| 聚醋酸乙烯 | 脂肪族酯基 | 210(最大值) |
| 聚(苯基—二甲基)硅烷 | 主链 $\sigma$ 共轭和苯基 $\pi$ 共轭 | 342(最大值) |
| 聚乙烯基咔唑 | 咔唑基 | 345 |

注：①两个数值出自不同的文献。

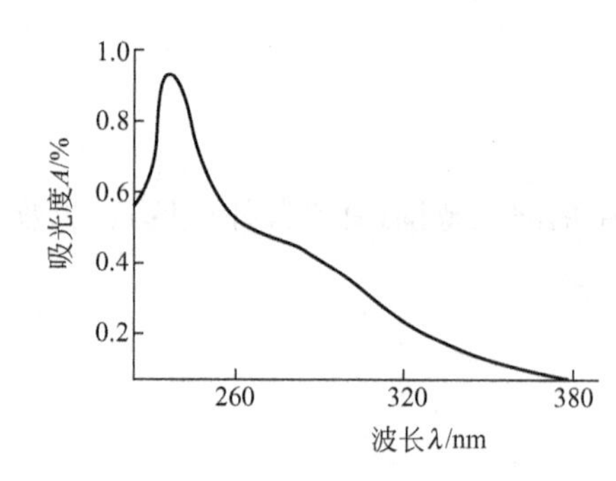


图 5.7 聚(苯基—二甲基)硅烷在环己烷溶剂中的紫外吸收光谱图

图 5.7 所示为聚(苯基—二甲基)硅烷在环己烷溶剂中的紫外吸收光谱图，这是高分子紫外光谱的典型例子。

在作定性分析时，如果没有相应高分子材料的标准谱图可供对照，也习以根据以下有机化合物中发色团的出峰规律来分析，例如：一个化合物在 220～800nm 无明显吸收，它可能是脂肪族碳氢化合物、胺、腈、醇、醚、羧酸的二缔体、氯代烃和氟代烃，不含直链或环状的共扼体系，没有醛基、酮基、Br 或 I；如果在 210～250nm 具有强吸收带($\varepsilon \approx 10000 L \cdot mol^{-1} \cdot cm^{-1}$)，可能是含有 2 个不饱和单位的共轭体系；如果类似的强吸收带分别落在 260、300 或 330nm 左右，则可能相应地具有 3、4 或 5 个不饱和单位的共轭体系；如果在 260～300nm 间存在中等吸收峰($\varepsilon \approx 200 \sim 1000 L \cdot mol^{-1} \cdot cm^{-1}$)并有精细结构，则表示有苯环存在；在 250～300nm 有弱吸收峰($\varepsilon \approx 20 \sim 100 L \cdot mol^{-1} \cdot cm^{-1}$)，表示羰基的存在，若化合物有颜色，则分子中所含共轭的发色团和助色团的总数将大于 5(某些发色团的紫外吸收特征见表 5－1)。

### 5.4.2 定量分析

在定量分析上，紫外光谱法要比红外光谱法有优势。首先紫外光谱法的灵敏度高，为 $10^{-4} \sim 10^{-5}$ mol/L，要比红外光谱法高；其次，紫外光谱法的吸收强度比红外光谱法大的多，其吸收系数 ε 最高可达 $10^4 \sim 10^5 L \cdot mol^{-1} \cdot cm^{-1}$；另外，紫外光谱法的仪器也比较简单，操作方便。

因此，紫外光谱法很适合研究共聚组成、聚合物浓度、微量物质和聚合反应动力学。其中微量物质是指单体中的杂质、聚合物中的残留单体或少量添加剂等。

1. 丁苯橡胶中共聚物的组成分析

经实验，选定氯仿为溶剂，260nm 为测定波长(含苯乙烯 25％的丁苯共聚物在氯仿中的最大吸收波长是 260nm，随苯乙烯含量增加会向高波长偏移)。在氯仿溶液中，当 λ＝260nm 时，丁二烯吸收很弱．吸光系数是苯乙烯的 1/50，可以忽略。但丁苯橡胶中的芳胺类防老剂的影响必须扣除。为此选定 260nm 和 275nm 两个波长进行测定，得到 $\Delta\varepsilon = \varepsilon_{260} - \varepsilon_{275}$，这样就消除了防老剂特征吸收的干扰。

将聚苯乙烯和聚丁二烯两种均聚物以不同比例混合，以氯仿为溶剂测得一系列已知苯乙烯含量所对应的 Δε 值，作出工作曲线(图 5.8)，只要测得未知物的 Δε 值就可从曲线上查出苯乙烯含量。

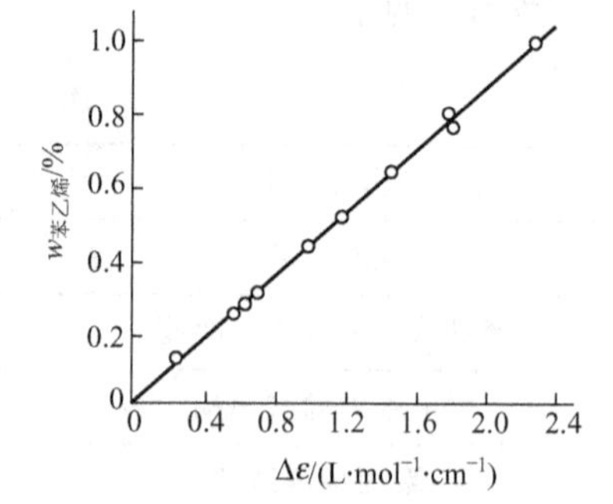


图 5.8 丁苯共聚物中苯乙烯质量分数与 Δε 的关系

2. 橡胶中防老剂含量的测定

一般生胶中都有防老剂，加工前必须测定其含量，以便在加工时考虑是否再添加。防老剂在紫外区都有特征的吸收峰，如防老剂 D 的 $\lambda_{max}=390nm$。测定时以甲苯为溶剂，防老剂 D 在甲苯中的吸收系数可用纯防老剂 D 测得。由于生胶在 390nm 有一定的背景吸收，所以测定的吸收值 $A$ 必须校正，方法是扣除未加防老剂的生胶吸收值。

3. 高聚物单体纯度的检测

大多数高聚物的合成反应，对所用单体的纯度要求很高，如聚酰胺的单体 1，6—己二胺和 1，4—己二酸，如含有微量的不饱和或芳香性杂质，即可干扰直链高聚物的生成，从而影响其质量。由于这两个单体本身在紫外区是透明的，因此用紫外光谱检查是否存在杂质是很方便和灵敏的。

又如涤纶的单体对苯二甲酸二甲酯(DMT)常混有间位和邻位异构体，虽然它们都不影响聚合，但对聚合物的性能却影响很大，所以要控制它们的最高含量。对苯二甲酸二甲酯在 286nm 有特征吸收($\varepsilon=1680L/(mol \cdot cm)$)。若含有其他二组分时，它的 $\varepsilon$ 值就降低，而且成比例地降低。通过测定未知物的 $\varepsilon$ 值，可计算出 DMT 的含量

$$\text{DMT 含量}=\frac{\varepsilon_{未}}{\varepsilon_{纯}}\times 100\%$$

式中，$\varepsilon_{未}$、$\varepsilon_{纯}$ 分别为未知物和纯 DMT 的摩尔吸收系数(以甲醇为溶剂)。

4. 反应动力学研究

利用紫外可见光谱进行聚合物反应动力学研究，只适用于反应物(单体)或产物(高分子)中的一种在这一光区具有特征吸收，或者虽然两者在这一光区都有吸收，但 $\lambda_{max}$ 和 $\varepsilon$ 都有明显区别的反应。实验时可以采用定时取样或用仪器配有的动力学附件，测量反应物和产物的光谱变化来得到反应动力学数据。

聚苯胺(PAn)作为一种导电高分子材料，在具备许多优良特性的同时，也存在着一定的不足，如在酸性溶液中和较高的阴极电位时容易发生电化学降解，这一性质对其在某些应用领域，如防腐蚀、超级电容器、二次电池和传感器等方面产生不利的影响。因此有必要对 PAn 膜的电化学降解过程及降解产物进行研究，以寻求制备更加稳定的 PAn 膜的方法。

Albertas 等在 ITO 电极上沉积 PAn 膜后移入空白溶液中，用现场紫外—可见吸收光谱法研究其在不同电极电位下的降解动力学，发现电位向正方向移动时，降解速率增加。

图 5.9 所示为采用紫外吸收光谱法现场测定苯胺电解液在循环伏安聚合过程中吸光度的变化，其中曲线 1、2 和 3 分别为苯胺溶液聚合前、循环扫描 40 次和 80 次后紫外光谱。由图中可见，由于 PAn 降解产物的存在改变了溶液组成，使紫外光谱在 220nm 和 280nm 处出现两个明显的吸收峰。

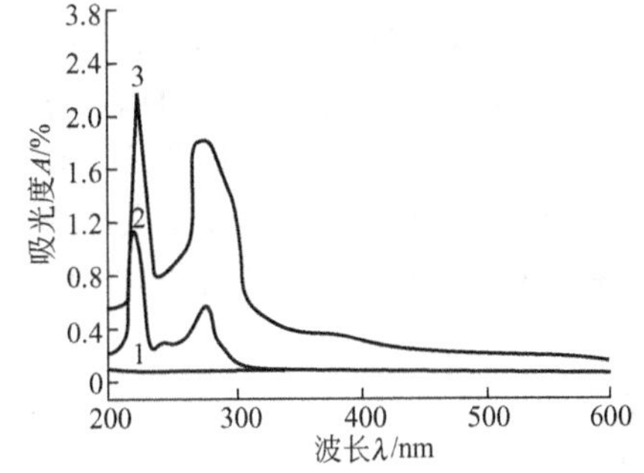


**图 5.9 聚苯胺溶液聚合前后的紫外光谱图**

### 5.4.3 结构分析

紫外光谱法是用于共轭双键测定的有效方法，典型的实例是测定聚乙炔的分子链中共轭双键的序列分布。聚氯乙烯在碱水溶液中，用相转移催化剂脱除 HCl 可生成不同脱除率的聚乙炔，HCl 脱除率取决于反应时间、反应温度及催化剂用量等。将不同 HCl 脱除率的聚乙炔样品溶于四氢呋喃中，进行 UV 测定，UV 曲线呈现出不同波长的多个吸收峰，其中连续双键数M=3，4，5，6，7，8，9，10 的最大吸收强度所对应的波长分别为 286nm，310nm，323nm，357nm，384nm，410nm，436nm，458nm，这些不同序列长度的共轭双键的吸收峰的强度不同，也就是说不同序列长度的共扼双键的含量不同(序列浓度不同)。当 HCl 脱除率增高时。$n$ 值大(序列长度大)的吸收峰的强度增大，同时 $n$ 值小(序列长度小)的吸收峰的强度减小，即聚乙炔分子链中共轭双键的序列长度大的含量增加，而序列长度小的含量减少。

总的来说，紫外光谱在高分子相料领域的应用主要是定量分析，而定性和结构分析还用得不是很多。

**一种新的驱油聚合物浓度检测技术手段**

油田驱油聚合物普遍采用淀粉—碘化镉比色法和浊度法检测，注入、产出液中聚合物浓度时存在一些不足，如淀粉—碘化镉比色法检测浓度范围小(0～20mg/L)，镉离子对实验人员和周围环境有危害，标准工作曲线制作要求极高；浊度法不适于污水配聚中聚合物浓度的检测，且受表面活性剂和碱的干扰严重，测量误差有时偏高 30%以上。20 世纪 50 年代初期，国外提出了导数光谱法，由于导数光谱测试的是吸光度对波长的导数输出信号，具有许多独特优点，在纯度试验、多组分同时测定、浑浊样品分析、消除背景干扰和加强光谱的精细结构，以及复杂光谱的辨析方面都得到广泛的应用。导数光谱作为一种新型的分析方法，已越来越受到人们的重视，并开始在聚合物定性分析上得到应用。

在导数光谱技术基础上，研究了一种聚合物驱油剂浓度检测新方法—导数紫外光谱法。并通过实验验证了导数紫外光谱法可用于测量聚合物驱油剂的浓度，疏水缔合聚合物 AP-P4 和超高相对分子量部分水解聚丙烯酰胺 MO4000 分别在 40～500mg/L 和 25～700mg/L 浓度范围内，一阶三阶导数吸光度与浓度呈良好的线性关系。

与淀粉—碘化镉比色法相比，导数紫外光谱法有更高的精密度、准确性和浓度测量范围；与浊度法相比，导数紫外光谱法在消除浊度背景方面更显优越性。此外，该方法操作简单、快速、无毒，有望成为油田聚合物驱油剂浓度检测的新方法。

**资料来源：唐恒志等．导数紫外光谱法在驱油聚合物浓度检测中的应用．石油钻采工艺，2008(3)**

1. 简要说明紫外吸收光谱的基本原理。
2. 用紫外吸收光谱研究高分子样品时，在选择溶剂时应注意哪些问题？

3. 紫外吸收光谱在高分子研究中有哪些主要用途？

4. 紫外光谱的吸收系数 $\varepsilon$ 的单位是什么？

5. 用紫外光谱测定具有长链共轭双键体系时，随着样品中双键数增加或所用溶剂的极性增加，吸收谱带向什么方向移动？为什么？

6. 乙烯的紫外吸收谱带的波长在 200nm 以下，应如何测量？

7. 聚苯乙烯、聚乙烯、聚丁二烯和聚碳酸酯四种聚合物在 200～400nm 的紫外区有吸收吗？为什么？

# 第6章 核磁共振法

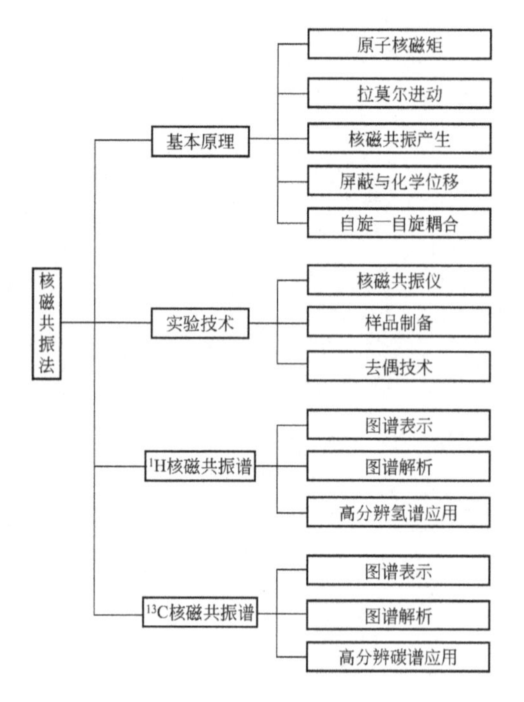


## 本章教学目标与要求

1. 掌握$^{1}$H核磁共振谱表示方法及应用。
2. 掌握$^{13}$C核磁共振谱表示方法及应用。
3. 熟悉核磁共振基本原理。
4. 了解核磁共振仪的结构及样品制备。

## 导入案例

### 核磁共振法发展概述

核磁共振是处于静磁场中的原子核在另一交变磁场作用下发生的物理现象。通常人们所说的核磁共振指的是利用核磁共振现象获取分子结构、人体内部结构信息的技术。原子核自旋产生磁矩，当核磁矩处于静止外磁场中时产生进动核和能级分裂。在交变磁场作用下，自旋核会吸收特定频率的电磁波，从较低的能级跃迁到较高能级。这种过程就是核磁共振。核磁共振现象是1946年由哈佛大学的伯塞尔和斯坦福大学的布洛赫所领导的两个小组，用不同的方法在各自的实验室里观察到的，伯塞尔使用的实验方法是吸收法，而布洛赫使用的是感应法。他们二人由于这项重大发现，共同分享了1952年诺贝尔物理学奖。

核磁共振技术主要有两个学科分支：核磁共振波谱和磁共振成像。核磁共振波谱技术是基于化学位移理论发展起来的，主要用于测定物质的化学成分和分子结构。核磁共振成像技术诞生于1973年，它是一种无损测量技术，可以用于获取多种物质的内部结构图像。最初的核磁共振技术主要用于核物理方面，现今已经被化学、食品、医学、生物学、遗传学以及材料科学等领域广泛采用，已经成为在这些领域开展研究工作的有力工具。

核磁共振分析技术是利用物理原理，通过对核磁共振谱线特征参数的测定来分析物质的分子结构与性质。它不破坏被测样品的内部结构，是一种无损检测方法。NMR的量子化学计算为天然产物的结构鉴定提供了一种新的工具。许多研究都表明NMR的量子化学模拟可以提供分子内效应、分子间效应、绝对位移值等大量信息。因此量子化学NMR计算为天然产物的结构鉴定提供了一种新的手段。NMR谱仪与高效液相色谱和电泳等分离技术的联用技术在复杂生物样品的分析中将发挥越来越重要的作用，研究的领域也会扩展到包括天然产物中的微量活性成分的测定。相信NMR技术就像是一架梯子，会使我们在化学和生命科学领域取得更多的硕果。

**资料来源**：http：//wenku.baidu.com/view/75a686e39b89680203d82541.html，2012.

核磁共振法是高分子材料分析的最重要的技术之一，是材料分子结构表征中最有用的仪器测试方法之一。核磁共振现象是1946年由Bloch和Purcell等发现的，至今，核磁共振已经得到很大发展和广泛应用。核磁共振谱(nuclear magnetic resonance，NMR)与红外、紫外光谱一样，实际上都是吸收光谱，只是NMR相应的波长位于比红外线更长的无线电波范围内，吸收电磁波的能量较小，引起的只是电子及核在其自旋态能阶之间的跃迁。

核磁共振按照被测定对象可分为氢谱和碳谱，氢谱常用$^{1}$H—NMR($^{1}$HNMR)表示，碳谱常用$^{13}$C—NMR表示，其他还有$^{19}$F、$^{31}$F、$^{15}$N及$^{29}$Si等的核磁共振谱，其中应用最广泛的是氢谱和碳谱。核磁共振还可按测定样品的状态分为液体NMR和固体NMR。测定溶解于溶剂中的样品的称为液体NMR，测定固体状态样品的称为固体NMR，其中最常用的是液体NMR，而固体NMR则在高分子结构研究中起重要作用。

在定性鉴定方面，核磁共振谱比红外光谱能提供更多的信息，它不仅给出基团的种类，而且能提供基团在分子中的位置。核磁共振谱多在液体中测定，从液体核磁共振谱中可得到多方面的结构信息，而这些信息用其他方法是难以得到的。固体核磁共振谱则是完全不同的实验技术，而且谱图的解释也是相当复杂的。在定量分析上，NMR也相当可靠，高分辨$^{1}$HNMR还能根据磁耦合规律确定核及电子所处环境的细小差别，从而成为研究高分子构型和共聚物序列分布等结构问题的有力手段。而$^{13}$C NMR主要提供了高分子C—C骨架的结构信息。宽线NMR则能研究高分子的分子运动。本章将首先介绍核磁共振波谱法的基本原理，然后简介NMR的实验技术，最后着重介绍$^{1}$HNMR和$^{13}$C NMR在高分子材料结构研究中的应用。

## 6.1 核磁共振基本原理

### 6.1.1 原子核磁矩和自旋角动量

原子核由于自旋，从而使其具有核角动量($P$)和磁矩($\mu$)，角动量是量子化的，可用下式表示：

$$P=\sqrt{I(I+1)}\hbar \tag{6-1}$$

此处，$\hbar=h/2\pi$，$h$是普朗克常量，$h=6.6256\times10^{-34}$J·s。$I$是自旋量子数，通称核自旋。核自旋有以下值，$I=0$，1/2，1，3/2，2…6(表6-1)。角动量($P$)与为自旋产生的磁矩($\mu$)有关，两者为矢量，互成正比：

$$\mu=\gamma P \tag{6-2}$$

$\gamma$是一个常数，称为核磁旋比，每种核具有不同的$\gamma$值，它决定核在核磁共振实验中检测的灵敏度，核的$\gamma$值越大，检测的灵敏度高，即共振信号越容易被观察，反之$\gamma$值小的核则是不灵敏的。

将上述式(6-1)和式(6-2)合并，则磁矩($\mu$)如式(6-3)所示

$$\mu=\gamma\sqrt{I(I+1)}\hbar \tag{6-3}$$

核自旋为0的核不具磁矩，因此不产生核磁共振信号，例如$^{12}$C和$^{6}$O。在脉冲傅里叶变换NMR仪问世后，$^{13}$C，$^{15}$N，$^{29}$Si等的核磁共振才得到广泛应用。表6-1所示为用于核磁共振的一些重要同位素的性质。

表6-1 在核磁共振谱学中若干重要原子核的性质

| 原子核 | 核自旋($I$) | 电四极矩 [eQ] [$10^{-28}m^2$] | 天然丰度/% | 相对灵敏度① | 磁旋比 $\gamma$ [$10^7T^{-1}B^{-1}$] | 核磁共振频率/MHz ($H_0$=2.3488T) |
|---|---|---|---|---|---|---|
| $^{1}$H | 1/2 | — | 99.985 | 1.00 | 26.7519 | 100.00 |
| $^{2}$H | 1 | $2.87\times10^{-3}$ | 0.015 | $9.65\times10^{-3}$ | 4.1066 | 15.351 |
| $^{3}$H② | 1/2 | — | — | 1.21 | 28.5350 | 106.664 |
| $^{6}$Li | 1 | $-6.4\times10^{-4}$ | 7.42 | $8.5\times10^{-3}$ | 3.9371 | 14.716 |
| $^{10}$B | 3 | $8.5\times10^{-2}$ | 19.58 | $1.99\times10^{-2}$ | 2.8747 | 10.746 |
| $^{11}$B | 3/2 | $4.1\times10^{-2}$ | 80.42 | 0.17 | 8.5847 | 32.084 |

（续）

| 原子核 | 核自旋 ($I$) | 电四极矩 [eQ] [$10^{-28}m^2$] | 天然丰度/% | 相对灵敏度① | 磁旋比 $\gamma$ [$10^7T^{-1}B^{-1}$] | 核磁共振频率/MHz ($H_0$=2.3488T) |
|---|---|---|---|---|---|---|
| $^{12}C$ | 0 | — | 98.9 | — | — | — |
| $^{13}C$ | 1/2 | — | 1.108 | $1.59\times10^{-2}$ | 6.7283 | 25.144 |
| $^{14}N$ | 1 | $1.67\times10^{-2}$ | 99.63 | $1.01\times10^{-3}$ | 1.9338 | 7.224 |
| $^{15}N$ | 1/2 | — | 0.37 | $1.04\times10^{-3}$ | −2.7126 | 10.133 |
| $^{16}O$ | 0 | — | 99.96 | — | — | — |
| $^{17}O$ | 5/2 | $-2.6\times10^{-2}$ | 0.037 | $2.91\times10^{-2}$ | −3.6280 | 13.557 |
| $^{19}F$ | 1/2 | — | 100 | 0.83 | 25.1815 | 94.077 |
| $^{23}Na$ | 3/2 | 0.1 | 100 | $9.25\times10^{-2}$ | 7.0704 | 26.451 |
| $^{25}Mg$ | 5/2 | 0.22 | 10.13 | $2.67\times10^{-3}$ | −1.6389 | 6.1195 |
| $^{29}Si$ | 1/2 | — | 4.70 | $7.84\times10^{-3}$ | −5.3190 | 19.865 |
| $^{31}P$ | 1/2 | — | 100 | $6.63\times10^{-2}$ | 10.8394 | 40.481 |
| $^{39}K$ | 3/2 | $5.5\times10^{-2}$ | 93.1 | $5.08\times10^{-4}$ | 1.2499 | 4.667 |
| $^{43}Ca$ | 7/2 | $-5.0\times10^{-2}$ | 0.145 | $6.40\times10^{-3}$ | −1.8028 | 6.728 |
| $^{57}Fe$ | 1/2 | — | 2.19 | $3.37\times10^{-5}$ | 0.8687 | 3.231 |
| $^{59}Co$ | 7/2 | 0.42 | 100 | 0.28 | 6.3015 | 23.614 |
| $^{119}Sn$ | 1/2 | — | 8.58 | $5.18\times10^{-2}$ | −10.0318 | 37.272 |
| $^{133}Cs$ | 7/2 | $-3.0\times10^{-3}$ | 100 | $4.74\times10^{-2}$ | 3.5339 | 13.117 |
| $^{195}Pt$ | 1/2 | — | 33.8 | $9.94\times10^{-3}$ | 5.8383 | 21.499 |

① 相对灵敏度指恒定外磁场和相等数目核与$^1H$比较。

② $^3H$是放射性的。

### 6.1.2 拉莫尔进动

1. 拉莫尔频率

在原子的经典模型中，电子在绕原子核的环形轨道上作高速回转运动。如果将整个原子放进磁场中，那么具有高速回转电子的原子等效于一个力学陀螺，也将产生进动——拉莫尔进动，如图6.1所示。

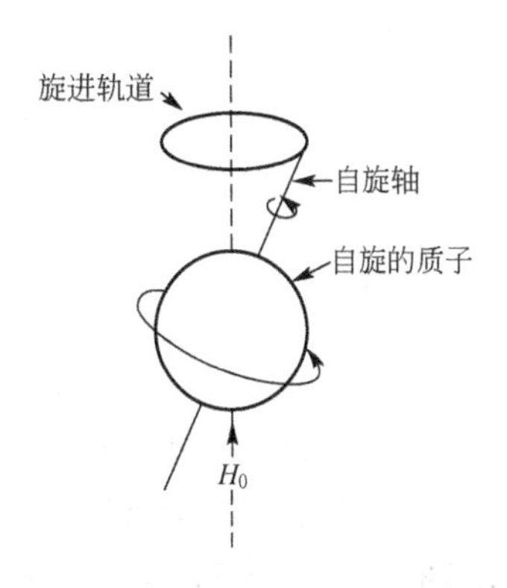


图6.1 自旋的原子核在外磁场中的进动

假设电子回转轨道半径为$r$，角速度为$\vec{\omega}$，则电子的角动量为：

$$\vec{J}=\vec{r}\times m\vec{v}=\vec{r}\times m(\vec{\omega}\times\vec{r})=mr^2\vec{\omega} \quad (6-4)$$

电子在轨道上形成环状电流，这一环状电流在磁场上的行为等效于一个磁矩为 $\vec{P}_m = iS\vec{n}$ 的磁偶极子，其中 $i$ 是电流强度，$S$ 为面积，$\vec{n}$ 为面元法线方向：

$$i=\frac{\omega}{2\pi}e,\ S=\pi r^2 \Rightarrow \left|\vec{P}_m\right| = iS = \frac{\omega}{2\pi}e \cdot \pi r^2 = \frac{e}{2m}mr^2\omega = \frac{e}{2m}\left|\vec{J}\right|$$

对于电子，其电荷为负，$\vec{n}$ 与 $\vec{\omega}$ 方向，则 $\vec{P}_m = \frac{-e}{2m}\vec{J}$。

原子放在强度为 $H_0$ 的均匀磁场中，受到的外力矩：

$$\vec{M} = \vec{P}_m \times \vec{H}_0 \Rightarrow \frac{d\vec{J}}{dt} = \vec{M} = \vec{P}_m \times \vec{H}_0 = -\frac{e}{2m}\vec{J} \times \vec{H}_0 = \left(\frac{e}{2m}\vec{H}_0\right) \times \vec{J} = \vec{\omega}_l \times \vec{J}$$

该式表明：经典原子模型所等效的力学陀螺的角动量 $\vec{J}$ 是一个绕 $\vec{H}$ 方向转动而大小不变的矢量。动量矩 $\vec{J}$ 绕着 $\vec{H}$ 以匀角速度 $\omega_l$ 进动：

$$\omega_l = \frac{e\vec{H}_0}{2m} = \gamma H_0 = 2\pi\nu_0 \qquad (6-5)$$

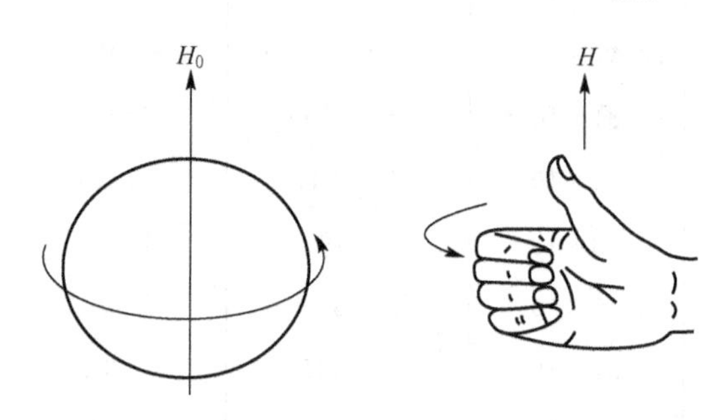


**图 6.2　进动方向和右手定则**

$\omega_l$ 称为拉莫尔频率，式中 $\nu_0$ 为进动频率。由于电子带负电，故 $\vec{J}$ 绕 $\vec{H}$ 进动的方向是逆时针的。按照量子力学理论，核磁矩相对外磁场有不同的取向，投影是量子化的，可用磁量子数 $m$ 描述，$m=I$，$I-1$，$I-2$，…，$-I$。自旋量子为 $I$ 的核在外磁场中可以有 $(2I+1)$ 个取向，每种取向各对应有一定的能量。取向可以用右手定则判定，如图 6.2 所示。

对于具有自旋量子数 $I$ 和磁量子数 $m$ 的核，其量子能级的能量可以用下式确定：

$$E = -\frac{m\mu}{I}\gamma H_0 \qquad (6-6)$$

式中，$H_0$ 是外加磁场强度，等于 $5.049\times10^{-31}\text{J}\cdot\text{G}^{-1}$；$\mu$ 是以核磁子单位表示的核的磁矩，质子的磁矩为 $2.7927\gamma$。

### 6.1.3　核磁共振的产生

一般来说，自旋量子数为 $I$ 的核的相邻两能级为：

$$E_{+1/2} = -\mu H_0 = -\gamma P H_0 = -m\frac{\gamma h}{2\pi}H_0 = -\frac{\gamma h}{4\pi}H_0$$

$$E_{-1/2} = -\mu H_0 = -\gamma P H_0 = -m\frac{\gamma h}{2\pi}H_0 = \frac{\gamma h}{4\pi}H_0$$

能级之差为：

$$\Delta E = 2\mu H_0 = \frac{\gamma h}{2\pi}H_0 = h\nu_0 \qquad (6-7)$$

若用一定量的电磁辐射照射核，当电磁辐射的能量正好等于能极差时，处于低能态的核将吸收射频能量而跃迁至高能态，这种现象称为核磁共振现象。根据公式(6-7)，如果以射频照射处于外磁场 $H_0$ 中的核，且射频频率 $\nu_0$ 恰好满足下列关系时就可发生核磁共振：

$$\nu_0=\frac{\gamma}{2\pi}H_0 \quad (6-8)$$

式(6-5)或式(6-8)就是发生核磁共振的条件。共振的物理意义在于，核自旋的跃迁仅发生于电磁波射频的频率 $\nu_0$ 与核自旋拉莫尔频率 $\omega_l$ 的匹配。此时，低能级核自旋吸收射频能量而跃迁至高能级，呈现共振信号。

联合式(6-6)可知：

(1) 对自旋量子数 $I=1/2$ 的同一核来说，因磁矩 $\mu$ 为一定值，$\gamma$ 和 $h$ 为常数，所以发生共振时，照射频率 $\nu_0$ 的大小取决于外磁场强度 $H_0$ 的大小。在外磁场强度增加时，为使核发生共振，照射频率也应相应增加；反之，则减少。表 6-2 所示为数种磁性核的旋磁比和它们发生共振时的 $\nu_0$ 和 $H_0$ 的相对值。

**表 6-2　数种磁性核的旋磁比和及共振时的 $\nu_0$ 和 $H_0$ 的相对值**

| 同位素 | $\gamma(\omega_0/H_0)$ /[r·(T·s)$^{-1}$] | $\nu_0$/MHz | |
|---|---|---|---|
| | | $H_0=1.409$T | $H_0=2.350$T |
| $^{1}H$ | 2.68 | 60.0 | 100 |
| $^{2}H$ | 0.411 | 9.21 | 15.4 |
| $^{13}C$ | 0.675 | 15.1 | 25.2 |
| $^{19}F$ | 2.52 | 56.4 | 94.2 |
| $^{31}P$ | 1.088 | 24.3 | 40.5 |
| $^{203}Tl$ | 1.528 | 34.2 | 57.1 |

(2) 对自旋量子数 $I=1/2$ 的不同核来说，若同时放入一共同的固定成磁场强度的磁场中，则共振频率 $\nu_0$ 取决于核本身磁矩的大小。$\mu$ 大的核发生共振时所需的照射频率也大；反之、则小。例如 $^{1}H$ 核、$^{19}F$ 核和 $^{13}C$ 核的磁矩分别为 2.79、2.63 和 0.70 核磁子，在场强为 $10^4$G 的磁场中，其共振时的频率分别为 42.6MHz、40.1MHz、10.7MHz。

(3) 同理，若固定照射频率，改变磁场强度，对不同的核来说，磁矩大的核共振所需磁场强度将小于磁矩小的核。

另外，选择地照射一种质子使其饱和，则与该质子在立体空间位置上接近的另一个或数个质子的信号强度增高的现象被称为 NOE 现象。

### 6.1.4　屏蔽作用与化学位移

当满足共振条件时，理想化的、裸露的氢核能够产生单一的吸收峰，但实际上并不存在裸露的氢核。在有机化合物中，氢核不但受周围不断运动着的价电子影响，还受到相邻原子的影响。当有机化合物放入强磁场中时，在外磁场作用下，氢核外运动着的电子产生相对于外磁场方向的感应磁场，起到屏蔽作用，使氢核实际受到的外磁场作用减小

$$H=(1-\sigma)H_0 \quad (6-9)$$

式中，$\sigma$ 为屏蔽常数，$\sigma$ 越大表明受到的屏蔽效应越大，它的大小与核外电子云密度成正比，取决于核所处的化学环境。共振条件修正为

$$\nu=[\gamma/(2\pi)](1-\sigma)H_0 \quad (6-10)$$

由于屏蔽作用的存在，氢核产生共振需要相对于裸露的氢核更大的外磁场强度来抵消屏蔽的影响。在有机化合物中，各种氢核周围的电子云密度不同(结构中不同位置)，共振频率有差异，即引起共振吸收峰的位移，这种现象称为化学位移，它是核磁共振谱的定性参数。

化学位移与外加磁场 $H_0$ 有正比关系。因为各种 NMR 谱仪所用的辐射频率和磁场强度有大有小，为了对化学位移取得共同标准，通常采用与标准物比较的方法即测量标准物与被测样品共振频率差。为消除不同仪器中外磁场的影响而采用无因次量 $\delta$ 表示相对位移的量，即化学位移

$$\delta=\frac{\nu_{标准}-\nu_{样品}}{\nu_{标准}}\times 10^6 \tag{6-11}$$

在实验操作中常采用下式

$$\delta=\frac{\nu_{标准}-\nu_{样品}}{\nu_{仪器}}\times 10^6 \tag{6-12}$$

式中，$\nu_{标准}$ 和 $\nu_{样品}$ 分别为标准物质和试样的共振频率。电子云越弱，化学位移 $\delta$ 越大。因为大多数的有机物核磁共振信号都出现在四甲基硅烷低场强处，因此多用四甲基硅烷为内标，将其 $\delta$ 值定为零，则大多数有机物峰的化学位移 $\delta$ 为正值。质子的 $\delta$ 值一般在 0～10 范围内，因而也采用 $\tau$ 来表示化学位移，四甲基硅烷的 $\tau$ 定为 10.00，则未知样品的为

$$\tau=10.00-\delta \tag{6-13}$$

如果化学位移用各吸收峰与 TMS(四甲基硅烷)吸收峰之间共振频率的差值 $\Delta\nu$ 表示，而不用 $\delta$，也以 Hz 为单位，则化学位移与耦合常数的差别是：前者与外加磁场强度有关，场强越大，化学位移 $\Delta\nu$ 值也越大；而后者与场强无关，只和化合物结构有关。

影响化学位移的主要因素：

(1) 电负性。在外磁场中，绕核旋转的电子产生的感应磁场是与外磁场方向相反的，因此质子周围的电子云密度越高，屏蔽效应就越大，核磁共振就发生在较高场，化学位移值减小，反之同理。在长链烷烃中—$CH_3$ 基团质子的 $\delta\approx 0.9$，而在甲氧基中质子的 $\delta=3.24\sim 4.02$。这是由于氧的电负性强，使质子周围的电子云密度减弱，使吸收峰移向低场。同样，卤素取代基也可使屏蔽减弱，化学位移增大，如表 6-3 所示。一般常见有机基团电负性均大于氢原于的电负性，因此有 $\delta_{CH}>\delta_{CH_2}>\delta_{CH_3}$。由电负性基团而引发的诱导效应随间隔键数的增多而减弱。

**表 6-3 卤素取代基对化学位移 δ 的影响**

| X | F | Cl | Br | I |
|---|---|---|---|---|
| $CH_3X$ | 4.10 | 3.05 | 2.68 | 2.16 |
| $CH_2X_2$ | 5.45 | 5.33 | 2.94 | 3.90 |
| $CHX_3$ | 6.49 | 7.00 | 6.82 | 4.00 |

(2) 电子环流效应。有些现象不能用电负性的影响解释，例如芳环上的质子由于 $\pi$ 键电子云的流动性而受到的屏蔽较小，乙炔质子的化学位移($\delta=2.35$)小于乙烯的质子($\delta=4.60$)，而乙醛中的质子的 $\delta$ 值却达到 9.79。这需要由邻近基团电子环流所引起的屏蔽效应来解释。一般来说，这种效应的强度比电负性原子与质子相连所产生的诱导效应弱，但由对质子附加了一个各向异性的磁场。因此可提供空间立构的信息。

(3) 其他影响因素。溶液中质子受到溶剂的影响，化学位移发生改变，称为溶剂效应。

可以用化学位移的数据鉴定化合物中有哪几种氢原子的基团，图 6.3 所示为聚合物中常见基团质子的化学位移。

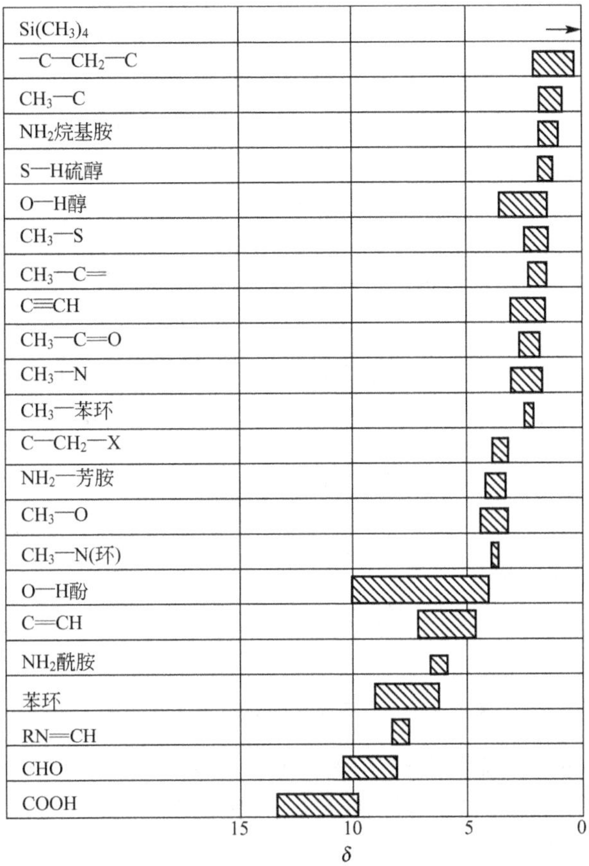

图 6.3 聚合物中常见基团的化学位移

### 6.1.5 自旋—自旋耦合

使用低分辨的核磁共振仪，所测得的谱图在相应的化学位移位置上只出现单峰，当采用高分辨的仪器后，所得的谱图在相应的化学位移位置上往往出现多重峰，谱线的这种精细结构是由于核磁与核磁间相互作用引起的能级劈裂所产生的。这种相互作用称为自旋—自旋耦合。作用的结果是峰的自旋—自旋劈裂。

以乙基(—$CH_2CH_3$)为例，—$CH_2$ 中的两个质子，其磁量子数有四种组合态，即同为正向，同为负向，以及二者相反。这四种组合态中每种的概率是相同的。它合成的总量子数对甲基的影响有三种情况：使甲基处的磁场强度增加，减小或不变。因此甲基劈裂为三个峰，且这三个峰的面积比为 1∶2∶1；同理由于—$CH_3$ 的三个质子对次甲基的影响，使次甲基劈裂为四个峰，峰面积比为 1∶3∶3∶1(见图 6.4)。其中劈裂存在着规律：当邻碳原子的氢数为 $n$ 时，劈裂后的峰数为 $n+1$，峰的相对面积比等于$(n+1)$的二次展开式的系数。

| $n$ | 峰的相对面积比 |
|---|---|
| 0 | 1 |
| 1 | 1∶1 |
| 2 | 1∶2∶1 |
| 3 | 1∶3∶3∶1 |
| 4 | 1∶4∶6∶4∶1 |
| 5 | 1∶5∶10∶10∶5∶1 |
| … | |

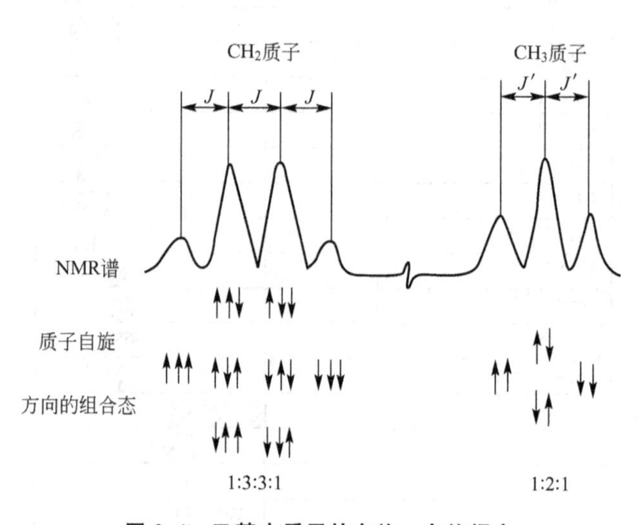


**图 6.4　乙基中质子的自旋—自旋耦合**

峰劈裂后的峰间距离，即共振频率差是衡量自旋—自旋耦合的尺度，称为耦合常数 $J$，单位为 Hz。耦合常数可分为同碳耦合常数；邻位耦合常数；远程耦合常数，芳香族及杂原子化合物的耦合常数等。

与化学位移不同，耦合常数不受外磁场强度的影响，耦合常数的大小仅与通过化学键的种类和数目有关，表示方法为：通过一键($^1J$ 或 $J$)，二键($^2J$)，三键($^3J$)或四键和五键($^4J$，$^5J$)，例如乙基中 $CH_2CH_3$ 为邻位耦合，$^3J=7Hz$。

同一个碳原子上的两个氢之间的耦合常数称为同碳耦合常数，用 $^2J$ 表示。$^2J$ 一般为负值，由于受其他因素的影响，变化的范围较大。一般来说，电负性取代基连接在—$CH_2$ 基团上使 $^2J$ 增大。对于 R—$CH_2$—X 类型的系统，$^2J$ 的值随 X 的电负性的增加而增加。

在 $^1H$ 核磁共振中，由于 $^1H-^{13}C$ 耦合概率太小，所以 $^1J$ 反映不出来；而 $^2J$ 一般是同碳上的氢，大多数是化学等价的，化学位移相同，也不易反映出来，当然，如果是环状结构，而且环不能有效翻转，也可能会反映出同碳耦合；$^3J$ 即邻碳耦合是 $^1H$ 谱中主要的研究对象。不仅在碳原子上不同取代基对耦合有影响，而且碳—碳键的键长、两个氢原子之间的夹角大小都会使 $J$ 值改变。一般来说，取代基电负性增加，$J_{顺}$ 值与 $J_{反}$ 值减小，这种关系近似于线性关系。因此，可利用这种关系研究分子的结构。

分子中相邻碳原于上的两个氢之间的耦合称为邻位耦合，用 $^3J$ 表示，可分两种类型：饱和型(H—C—C—H)和乙烯型(H—C=C—H)。在饱和体系中，两个邻碳上质子的耦合常数与两面角 $\phi$ 有关，并可用 Karpus 方程计算：

$$J_{AB}=4.2-0.5\cos\phi+4.5\cos2\phi \qquad (6-14)$$

如图 6.5 所示，$\phi$ 为两面角，$\theta$ 为邻键角。

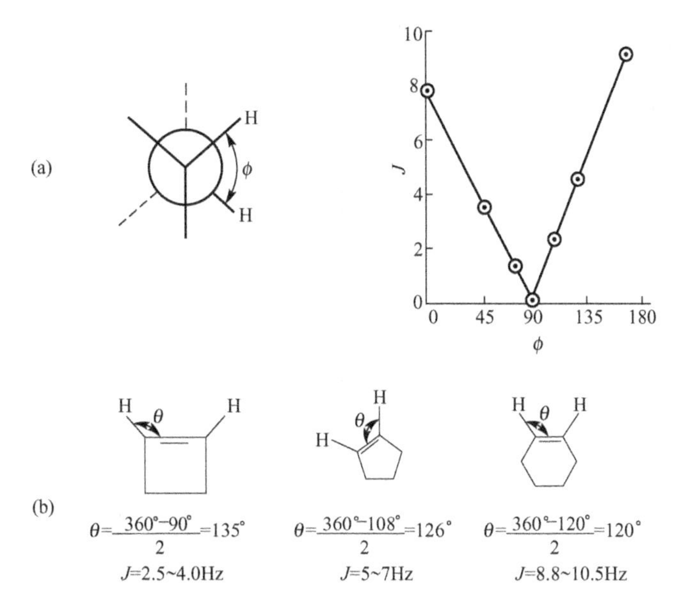


**图 6.5 耦合常数与分子结构的关系**

若与双键相连的氢之间发生耦合，则反式的耦合常数大于顺式的，而且随 $\theta$ 减小，耦合常数加大。乙烯型邻位耦合的分子中，$J_{反}$ 值总是大于 $J_{顺}$。对无环形的烯烃 $J_{反}$ 值在 9.5～19.0Hz之间，而 $J_{顺}$ 值约在－2.0～11.7Hz 之间。

所有大于 $^3J$ 的耦合称为远程耦合，其值一般比较小，约为 0～3Hz。由于 π 电子传递耦合比较有效，一般在直链体系中远程耦合很小，只有在共轭体系中才能反映出来，故远程耦合常存在于芳环体系、双键和三键体系以及环化合物中。例如苯环上的氢，邻、对、间位都可以耦合，但耦合常数差别很大，邻位是 8Hz，对位是 0.3Hz，间位是 2Hz。

各类结构中邻近的质子间的耦合常数见表 6－4。

耦合常数提供了相邻原子关系的信息，这对于高分子的剖析作用很大，但是欲进一步了解分子的结构和构型，包括高聚物的构型和构象，则需要研究耦合常数与分子结构的关系。为此先说明几个基本定义：核的等价，自旋系统，一级谱图与二级谱图。

分子中若有一组氢核的化学位移相同，而对组外的任何一个氢核只有一种耦合常数，则这组氢核就被称为“磁等价”或简称“等价”。等价氢核之间虽然也有耦合(甚至耦合常数可能很大)，但对共振谱不会发生任何影响。例如在甲基—$CH_3$ 的三个氢核的化学位移相同，但对外都只有一种耦合常数，所以甲基氢峰仅被“近邻”次甲基—$CH_2$—的氢所分裂，而甲基本身三个氢并不相互分裂。

由相互自旋—自旋耦合的质子所组成的基团，称为自旋系统。自旋体系的命名按照一般惯例用 A，B，C，…，M，N，…，X，Y，Z 来表示不同化学位移的核，用字母的角标表示磁等价的核的数目，若仅化学等价而磁不等价则在字母上加“′”区分，例如 $A_3$ 表示自旋体系有三个磁等价的 A 核，而 AA′则表示自旋体系有两个磁不等价的 A 核。若核化学位移相近则用相近字母来表示，如 ABC 是强自旋耦合体系，而 AMX 则是弱自旋耦合体系，而 ABX 则表示部分强耦合体系。

**表 6-4　主要结构类型的耦合常数**

| 结构类型 | J/Hz | 结构类型 | J/Hz |
| --- | --- | --- | --- |
| H—H | | 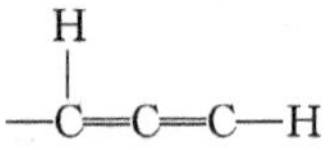 H<br>—C═C═C—H | 280　5～6 |
| 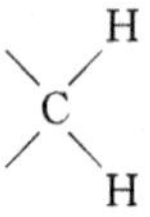 ＞C(H)(H) | | 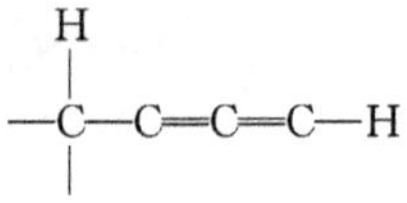 H<br>—C—C═C═C—H | ＞20　2～3 |
| 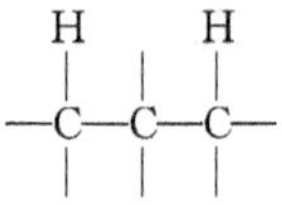 H　H<br>—C—C—C— | | 间位 | 0～7　2～3 |
| 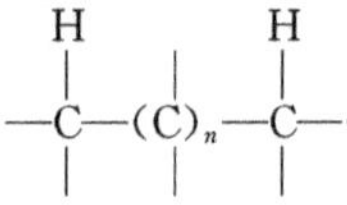 H　H<br>—C—(C)$_n$—C—($n$＞1) | | 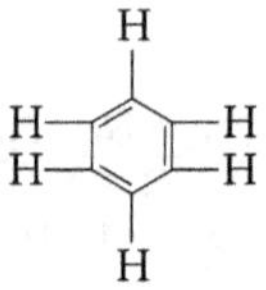 苯环(H) 对位 | 0　0.5～1 |
| 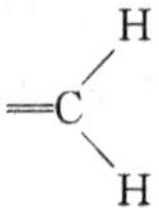 ═C(H)(H) | | 邻位 | 1～3.5 7～10 |
| 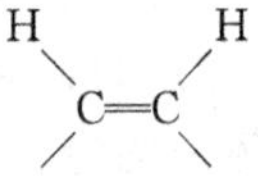 H　H<br>C═C　(顺式) | | | 6～14<br>1～2 |
| 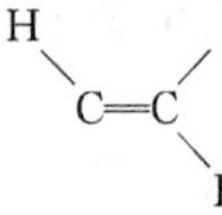 H<br>C═C　(反式)<br>H | | 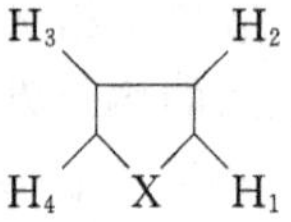 X═O<br>$H_1$—$H_2$<br>X═N<br>$H_1$—$H_2$<br>$H_3$　$H_2$<br>$H_4$　X　$H_1$ | 11～18 2～3 |
| 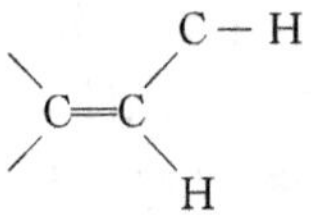 C—H<br>C═C<br>H | | X═S<br>$H_1$～$H_2$ | 4～10　5.5 |
| 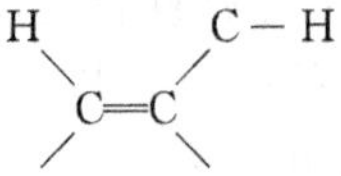 H　C—H<br>C═C | | 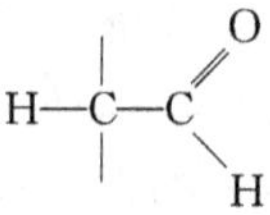 O<br>H—C—C<br>H | 0.5～3.01～3 |
| 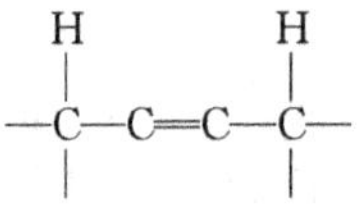 H　H<br>—C—C═C—C— | | 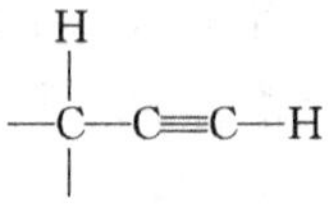 H<br>—C—C≡C—H | 0～1.6 2～4 |
| 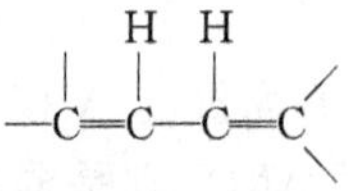 H H<br>—C═C—C═C＜ | | 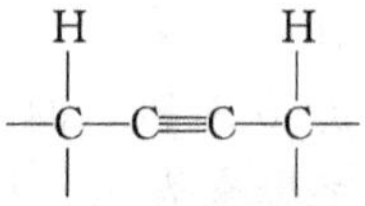 H　H<br>—C—C≡C—C— | 10～13 2～3 |

自旋体系耦合的强弱是由两个核的化学位移之差 $\Delta\lambda$ 和耦合常数比决定的，当 $\Delta\nu/J \geqslant 6$ 时，属于弱耦合体系，其谱图为一级谱图。一级谱图符合下列规则：$n$ 个磁等价的质子基团与相邻的质子基团耦合，使之分裂成 $n+1$ 个峰，峰间距为耦合常数 $J$，多重峰的强度比符合二项展开式系数，相关质子的化学位移在多重峰的中心。若一个磁等价质子基团与一种以上质子基因相互作用，峰的数目用一个乘积表示，如 $A_nM_pX_m$ 体系中，质子 A 被分裂成 $(P+1)(m+1)$ 个多重峰。随着 $\Delta\nu/J$ 值的减小，耦合强度加大，当 $\Delta\nu/J<6$ 时，属于强耦合体系，其谱图是二级谱图，二级谱图不遵守上述规则。例如，图 6.6 所示为 AB 体系的自旋分裂图，仍分裂成 4 条线，但不是等高的，而是中间 2，3 两线高。二级谱图很复杂，提高仪器的工作频率可使谱图由二级谱转化为一级谱，从而给分析工作带来方便。

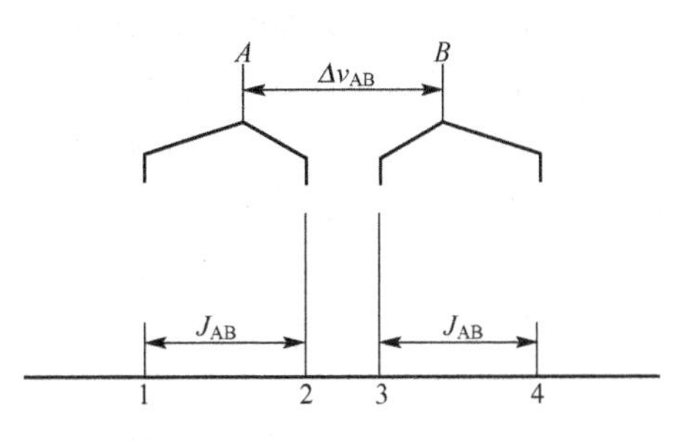


**图 6.6 AB 体系自旋分裂图**

## 6.2 实验技术

### 6.2.1 核磁共振仪

核磁共振仪主要由磁铁、探头、谱仪三大部分组成，磁铁的功用是产生一个恒定的磁场；探头用来检测核磁共振信号，它置于磁极之间；谱仪内装有射频发生器和信号放大显示装置。核磁共振谱仪的工作方式一般有两种类型，一种是连续被方式，包括连续改变频率的方式扫描及连续改变磁场的扫描，分别简称为扫频和扫场；另一种方式是脉冲傅里叶变换方式，它比连续波方式更加先进，是目前核磁共振仪中最先进的一种。

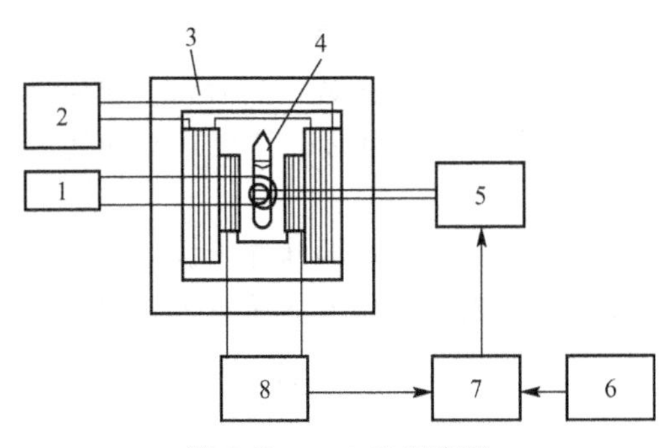


**图 6.7 NMR 仪示意图**

1—射频发生器；2—磁铁电源；
3—磁铁；4—试样管；
5—射频接收器；6—计算机；
7—数据记录仪；8—扫描发生器

图 6.7 所示为连续波核磁共振仪组成的示意图，依照核磁共振原理，仪器包括以下几部分：

(1) 磁铁。磁铁是核磁共振仪最基本的组成部分，它要求磁铁能提供强而稳定、均匀的磁场。核磁共振仪使用的磁铁有三种：永久磁铁、电磁铁和超导磁铁。由永久磁铁和电磁铁获得的磁场一般不能超过 25kG，而超导磁体可使磁场高达 100kG 以上，并且磁场稳定、均匀，目前超导核磁共振仪一般在 200～400MHz，最高可达 600MHz。但超导核磁共振仪价格昂贵，未被普遍使用。

(2) 探头。探头装在磁极间隙内，用来检测核磁共振信号，是仪器的心脏部分。探头除边括样品管外，还有发射线圈，接收线圈以及预放大器等元件。待测样品放在样品管内，再置于绕有接收线圈和发射线圈的套管内，磁场和频率源通过探头作于样品。为了使磁场不均匀而产生的影响平均化，样品探头还装有一个气动涡轮机，以使样品管能沿其纵轴以每分钟几百转的速度旋转。

(3) 射频源和音频调制。高分辨波谱仪要求有稳定的射频频率和功率，为此，仪器通常采用恒温下的石英晶体振荡器得到基频，再经过倍频、调谐和功率放大得到所需要的射频信号源。为了提高基线的稳定性和磁场锁定能力，必须用音频调制磁场。为此，从石英晶体振荡器中得到音频调制信号，经功率放大后输入到探头调制线圈。

(4) 扫描单元。核磁共振仪的扫描方式有两种：一种是保持频率恒定，线性地改变磁场，称为扫场；另一种是保持磁场恒定，线性地改变频率，称为扫频。许多仪器同时具有这两种扫描方式。扫描速度的大小会影响信号峰的显示，速度太慢，不仅增加了实验时间而且信号容易饱和；相反，扫描速度太快，会造成峰形变宽，分辨率降低。

(5) 接收单元。从探头预放大器得到的载有核磁共振信号的射频输出，经一系列检波、放大后，显示在示波器和记录仪上，得到核磁共振谱。

(6) 信号累加。若将样品重复扫描数次，并使各点信号在计算机中进行累加，则可提高连续波核磁共振仪的灵敏度。当扫描次数为 $N$ 时，则信号强度正比于 $N$，而噪声强度正比于 $\sqrt{N}$，因此，信噪比扩大了 $\sqrt{N}$ 倍。考虑仪器难以在过长的扫描时间内稳定，一般 $N=100$ 左右为宜。

将样品装在样品管内，样品管放在磁极中心，使样品管绕长轴旋转，以克服磁场不均匀所引起的峰加宽。射频振荡器不断提供能量给振荡线圈，向样品发送固定频率的电磁波。同时扫描线圈中通有变化的直流电流产生由弱到强的附加磁场。扫描过共振点时，在接收线圈中就会感应到能量吸收，并将其送到射频接收器，经放大后显示或记录下来，成为 NMR 谱。

连续波核磁共振仪的缺点是扫描速度太慢，样品用量也比较大。为了克服上述缺点，发展了傅里叶变换核磁谱仪(PFT－NMR)。

傅里叶变换 NMR 谱仪是以适当宽度的射频脉冲作为“多道发射机”，使所选的核同时激发，得到核的多条谱线混合的自由感应衰减信号，即时间域函数，然后以快速傅里叶变换作为“多道接收机”，变换出各条谱线在频率中的位置及其强度。这就是脉冲傅里叶核磁共振谱仪的基本原理。

在多自旋系统，NMR 信号是产生指数衰减交替电压干涉图，即脉冲干涉谱，每一个交替电压频率是每种核的拉莫尔频率和激发脉冲频率间的差值。图 6.8 所示为甘油的脉冲

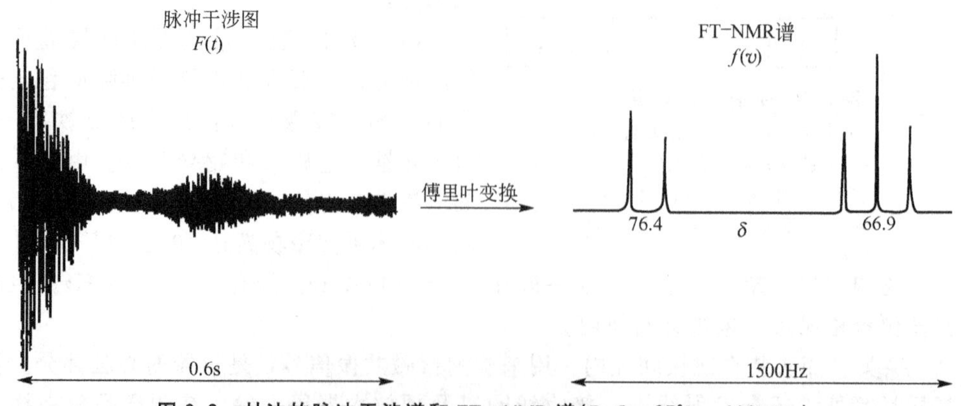


图 6.8　甘油的脉冲干涉谱和 FT－NMR 谱($D_2O$，25℃，100MHz)

干涉谱和FT－NMR谱（$D_2O$，25℃，100MHz）。

对那些核磁共振信号很弱的核，如$^{13}C$、$^{15}N$等，即使采用累加技术也得不到良好的效果，为了提高单位时间的信息量，可采用多道发射机同时发射多种频率，使处于不同化学环境的核同时共振，再采用多道接收装置同时得到所有的共振信息。例如在100MHz共振仪中，质子共振信号化学位移范围为$10\times10^{-6}$时，相当于1000Hz；若扫描速度为2Hz/s，则连续波核磁共振仪需500s才能扫完全谱，而在具有1000个频率间隔1Hz的发射机和接收机同时工作时，只要1s即可扫完全谱，显然脉冲傅里叶核磁共振谱仪的效率要高很多。另外，傅里叶变换核磁共振仪的测定速度快，不但可以用于核的动态过程、瞬变过程、反应动力学等方面的研究，还易于实现累加技术，因此，从共振信号强的$^1H$、$^{19}F$到共振信号弱的$^{13}C$、$^{15}N$都可以用来测定。

### 6.2.2 样品制备

样品必须配制成溶液才能得到高分辨NMR谱。在测试时需要注意的是，聚合物中一些常用溶剂不能用于NMR的溶液制备，如四氢呋喃、二甲苯、二氧杂环己烷、环己烷、石油醚等均含$^1H$，四氯化碳、二硫化碳等对高分子的溶解能力很有限。人们常采用氘代溶剂，如氘代氯仿、氘代丙酮、氘代二甲亚砜等，然而氘代溶剂中总会含有一些未被氘化的氢，产生残余质子峰，故而在选择溶剂时要避免试样的吸收峰与溶剂峰相重合，表6－5所示为常用氘代溶剂中残留$^1H$的共振位置。另外，由于溶液浓度常在10%以上，分辨率会很低，需要高温记谱，因而所选溶剂的沸点要高，如聚烯烃用邻二氯苯或1，2，4二氯代苯等，聚酰胺、聚酯用三氟乙酸或$AsCl_3$等为溶剂，否则必须封管才能测定。

**表6－5 常用氘代溶剂中残留$^1H$的共振位置**

| 溶剂 | 含H基团 | 化学位移(δ) |
|---|---|---|
| $CDCl_3$ | CH | 7.28(单峰) |
| $(CD_3)_2CO$ | $CD_2H$ | 2.05(五重峰) |
| $C_6D_6$ | $CH(C_6D_5H)$ | 7.20(多重峰) |
| $D_2O$ | HDO | ～5.30(单峰) |
| $(CD_3)_2SO$ | $CD_2H$ | 2.5(五重峰) |
| $CD_3OD$ | $CD_2H$ | 3.3(五重峰) |
| $C_2H_5OD$ | $CHD_2$ | 1.17(五重峰) |
| | CHD | 3.59(三重峰) |
| | OH | 不定(单峰) |
| $(CD_3)_2NCDO$ | $CD_2H$ | 2.76(五重峰) |
| | CHO | 8.06(单峰) |

进行实验时每张图谱都必须有一个参考峰，以此峰为标准求得样品信号的化学位移值，于样品溶液中加入约1%的标准参考样品就能得到相当强度的参考信号。四甲基硅烷(TMS)是一个比较理想的标准样品，在测试时TMS可直接滴加在样品管内，高温记谱时必须将TMS封装在一根毛细管中再插入样品管里，称为外标法。当用重水作溶剂时，由于TMS与重水不相溶，需用4，4－二甲基－4硅代戊磺酸钠为内标。

### 6.2.3 去耦技术

由于自旋—自旋耦合而使核磁共振信号裂分为多重峰称信号的多重性。不裂分的信号为单峰(s)。其他多重峰表示为：双峰(d)，三重峰(t)，四重峰(q)，五重峰(qui)，六重峰(sxt)，七重峰(sep)，这种表示法要求它们的间隔是相同的，即只一个耦合常数，由二个或三个不同耦合常数产生的多重峰，则以二个或三个多重峰表示，如两个双峰(dd)，或三裂双峰(ddd)。如果两个双峰的耦合常数均很类似($J_1=J_2$)，则中间峰重叠，而形成伪三重峰(t)，如图 6.9 所示。

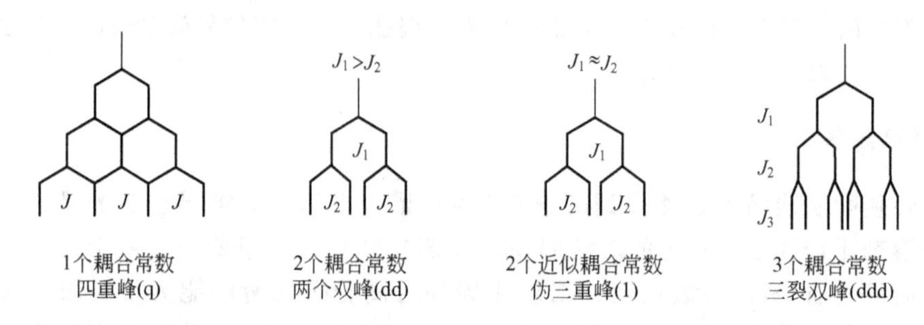


**图 6.9 四重峰(q)，两个双峰(dd)，伪三重峰(t)和三裂双峰(ddd)的峰形图示**

在某些情况下劈裂现象使 NMR 谱图过于复杂，有必要采取措施消除自旋—自旋耦合的影响，这种为简化核磁共振的谱图而把核与核之间直接或间接的相互作用去掉所采取的技术称为去耦技术。这里主要介绍三种：

(1) 双照射去耦技术。用两束射频照射分子，一是常用的射频，其吸收可测，二是较强的固定射频场。调整固定射频场的频率使之等于特定质子的共振频率，即可观察此质子与哪些磁核耦合。由于固定射频场较强，特定质子受其照射后迅速跃迁达到饱和，将不再与其他磁核耦合，得到了已经去掉此种质子耦合的去耦谱。对照去耦前后的谱图，就能找出与该质子有耦合关系的全部质子。

(2) 氘代。氘磁矩很小，要远小于质子磁矩，在很高的磁场吸收，因而在 NMR 谱中不出峰，而且它与质子的耦合是弱的，能使质子的信号变宽而不劈裂。因此用一个氘取代一个质子后，其结果是这个质子的峰及其他质子被它劈裂的信号从 NMR 谱图中消失。用氘标记可以简化谱图，例如 $CH_3$—$CH_2$—(三重峰、四重峰)变到 $CH_2D$—$CH_2$—(三重峰、三重峰)，$CH_3$—CHD—(二重峰、四重峰)变到 $CH_3$—$CD_2$—(单峰、无峰)。

实验中常用重水进行重氢交换，在样品溶液中加入几滴重水($D_2O$)，混合均匀后分子中与杂原子连接的活泼氢就能与重氢发生交换。

(3) 宽带去耦。$^{13}$CNMR 谱多采用宽带去耦(BB 去耦)，也叫质子噪声全去耦。测定噪声去耦谱时，所用去耦器的频率覆盖了全部质子的拉莫尔频率(共振频率)，故使所有 $^1$H 对 $^{13}$C 核的耦合影响全部消除，使 $^{13}$C 谱图中交迭的耦合的多重峰兼并，每个不等价的碳核在图谱上均将表现为一个单峰。另外，由于照射连结 $^{13}$C 核上的质子所产生的 NOE 现象(在核磁共振中，当分子内有在空间位置上互相靠近的两个核 A 和 B 时，如果用双共振法照射 A，使干扰场的强度增加到刚使被干扰的谱线达到饱和，则另一个靠近的质子 B 的共振信号就会增加，这种现象称 NOE)，导致 $^{13}$C 核的信号强度增强(大约增强 3 倍)，从而提高了信噪比，一般增强 1～2 倍。

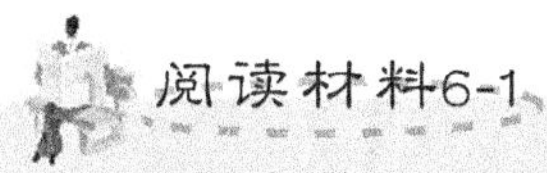


**NMR - MOUSE 便携式通用型核磁共振表面探测仪**

核磁共振作为一种物理现象被广泛地应用于物质分子性能的检测，目前已发展成为医学诊断、物质化学成分与结构分析以及化工过程分析中一种强有力的工具。此外，核磁共振还成功地应用于石油勘探中对油井壁内的油水比和空隙率的检测。在前一种情况下，进行核磁实验时被检测物体必须置于高频超导磁铁的均匀磁场中心，因而要求物体足够小以适用于磁场的大小。而后一种情况下，核磁仪能被带到现场，直接在被检测物上检测，因而被称为便携式核磁，或内外核磁(inside - out NMR)。NMR - MOUSE 正是近年来在内外核磁基础上发展起来的便携式通用型核磁共振表面探测仪，其磁场、高频探头以及控制器都远小于实验室中的高频超导核磁，能方便地携带。为达到便携目的，在 NMR - MOUSE 中用非均匀磁场取代了高频均匀磁场，因而相对于传统的核磁仪，便携式核磁仪的灵敏度有所下降。但 NMR - MOUSE 采用回波方法测量脉冲响应，在半晶聚合物和橡胶的性能测试中能获得与均匀磁场中相吻合的结果。

NMR - MOUSE 是一种基于核磁共振原理的测量探头，可以对被测量物体进行逐点分析，其无损检测和便携性为核磁共振开辟了新的应用领域，特别适用于对橡胶和塑料高分子聚合物的测量。核磁共振参数的均值和标准偏差不仅能表征最终产品，而且可以表征中间产品，因而可以用于优化生产过程和产品质量监控。此外，NMR - MOUSE 对材料的变化有足够的灵敏度，可以在相关领域用于评估材料性能，并且在非破坏实验以及实验室相关数据的基础上预测材料的使用寿命。

**资料来源：任晓红等．核磁共振对高分子材料结构的在线分析．高分子材料科学与工程，2008(1).**

## 6.3 $^{1}$H 核磁共振谱

### 6.3.1 谱图表示

用核磁共振分析化合物分子结构，化学位移和耦合常数是很重要的两个信息。在核磁共振波谱图上，横坐标表示的是化学位移和耦合常数，而纵坐标表示的是吸收峰的强度。在核磁共振测定中，外磁场强度一般高达几个特斯拉，而屏蔽常数不到万分之一特斯拉。依照式(6 - 9)可知，由于屏蔽效应而引起质子共振频率的变化量是极小的，很难分辨。这里采用相对变化量来表示化学位移的大小，选用 TMS 为标准物，把 TMS 峰在横坐标的位置定为横坐标的原点(一般在谱图右端)。其他各种吸收峰的化学位移可用化学位移参数 $\delta$ 值表示。

在$^{1}$H - NMR 谱中，耦合常数一般为 1～20Hz，图 6.10 所示为核磁共振波谱图的表示方法。

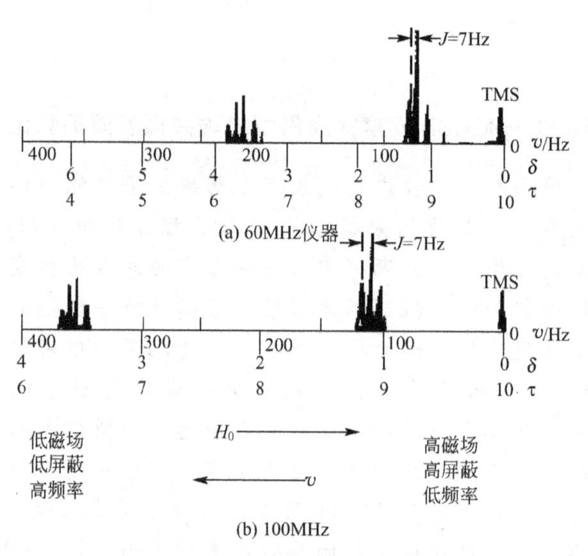


**图 6.10　核磁共振波谱图的表示方法**

### 6.3.2　谱图解析

$^1$H－NMR 谱图可以提供的主要信息是：(1)化学位移值，确认氢原于所处的化学环境，即属于何种基团；(2)耦合常数，推断相邻氢原子的关系与结构；(3)吸收峰面积，确定分子中各类氢原子的数量比。因此只要掌握这 3 个信息，特别是化学位移和耦合常数，知道分子结构之间的关系就容易解析 NMR 谱图。

谱图解析没有固定的程序，但若能注意下述几方面的特点，就会给谱图解析带来许多方便：(1)首先要检查得到的谱图是否正确，可通过观察四甲基硅烷(TMS)基准峰与谱图基线是否正常来判断。(2)计算各峰信号的相对面积，求出不同基团间的 H 原子数之比。(3)确定化学位移所代表的基团，在氢谱中要特别注意孤立的单峰，然后再解析耦合峰。(4)有条件可采用一些其他实验技术来协助进一步确定结构，如在氢谱中加入重水，可判断氢键位置等。(5)对于一些较复杂的谱图，仅仅依靠核磁共振谱确定结构会有困难，还需要与其他分析手段相互配合。

### 6.3.3　高分辨氢谱的应用

高分辨氢谱在高分子材料的定性鉴别、共聚物组成测定、高分子立构规整性测定和共聚物序列结构研究等方面有着广泛应用，下面通过一些实例来说明其应用。

(1) 判断图 6.11 的$^1$H－NMR 谱图代表(a)，(b)，(c)，(d)中 4 种化合物中的哪一种。

由于图 6.11 中有 5 组信号，因此(c)和(d)不可能。依据 $\delta=1.2$ 处的强双重峰，推测可能为(b)。再确认图中各特征。图中积分强度比为由高场到低场 3∶3∶2∶1∶5，与(b)的结构符合。各基团化学位移如下：

δ=7　δ=2.8　δ=1.2

$C_6H_5$—CH(—$CH_2$—$CH_3$)(—$CH_3$)

$CH_3$ ← δ=0.9(三重峰)（$CH_2$—$CH_3$ 中的 $CH_3$）

$CH_3$ ← δ=1.2(二重峰)

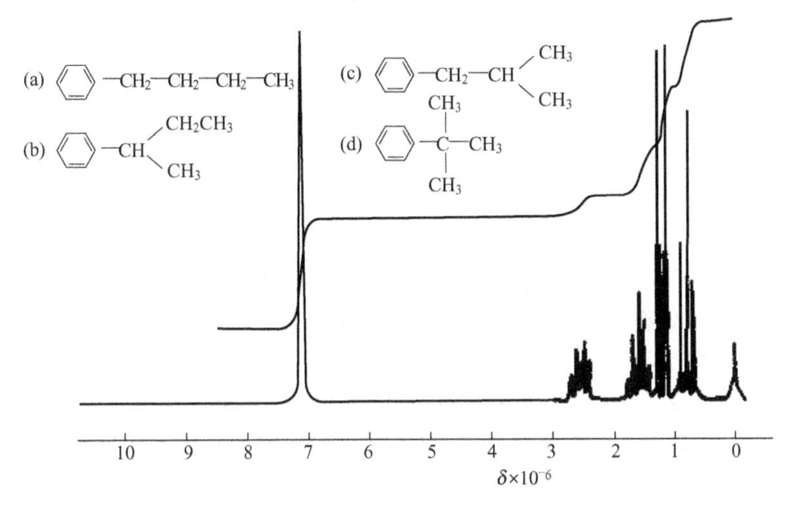


图 6.11 $^1$H-NMR 谱图

(2) 聚丙烯酸乙酯和聚丙酸乙烯酯的定性鉴别。

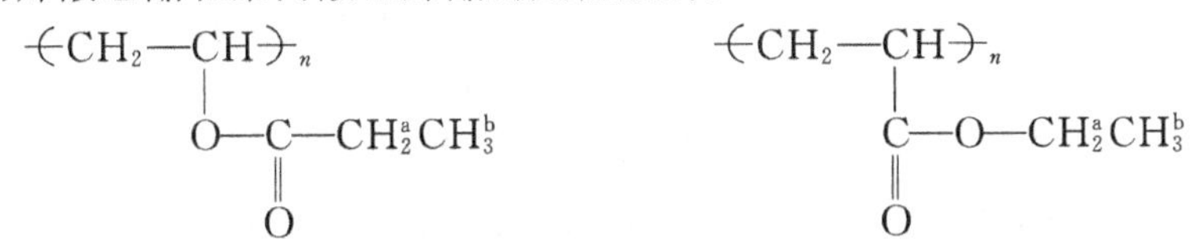

这两种高分子有相同的化学组成，即 $C_5H_8O_2$，基团也类似，利用红外光谱难于区分，而若用$^1$H-NMR 就很容易区分。在谱图上首先确认 $H_a$ 和 $H_b$ 的峰。$H_a$ 由于邻接—$CH_3$ 而被分裂成 4 重峰，而 $H_b$ 则邻接—$CH_2$—被分裂成 3 重峰，因此很容易确认。二者的差别在于聚丙烯酸乙酯中乙基是和氧相连，在聚丙酸乙烯酯中则是和羰基相连，前者的化学位移($H_b=4.12\times10^{-6}$，$H_a=1.21\times10^{-6}$)大于后者($H_b=2.25\times10^{-6}$，$H_a=1.11\times10^{-6}$)，因此很容易鉴别。

(3) 共聚物苯乙烯-甲基丙烯酸甲酯的定量测定。

对共聚物的 NMR 谱作了定性分析之后，根据峰面积与共振核数目成比例的原则就可以定量计算共聚物组成。如果共聚物中有一个组分有至少一个可以准确分辨的峰，就可以用它来代表这个组分。例如苯乙烯—甲基丙烯酸甲酯共聚物，在 $\delta=8$ 左右的一个孤立峰归属于苯环上的质子，如图 6.12 所示，用该峰可计算

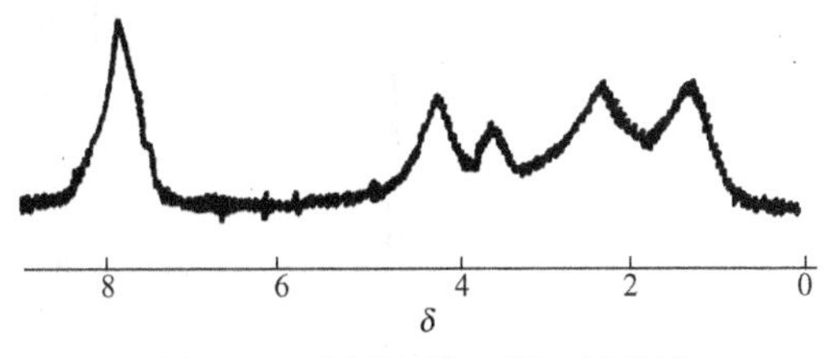


图 6.12 共聚物苯乙烯—甲基丙烯酸甲酯无规共聚物的氢谱

$$苯乙烯的摩尔分数\ x：x=\frac{8}{5}\cdot\frac{A_{苯}}{A_{总}} \tag{6-15}$$

式中，$A_{苯}$ 是 $\delta=8$ 附近峰的面积，$A_{总}$ 是所有峰的总面积，$\frac{8}{5}A_{苯}$是苯乙烯对应的峰面积。

(4) 高分子立构规整性的测定。

$^1$H-NMR 最早用于分析高分子立构规整性的典型例子是聚甲基丙烯酸甲酯(PMMA)，

它的结构如下：

$$\begin{array}{c} CH_3 \\ | \\ \text{-(}CH_2\text{—}C\text{)-}_n \\ | \\ C\text{—}O\text{—}CH_3 \\ \| \\ O \end{array}$$

PMMA 的所有不等价质子都被三个以上的碳原子链分离，所以没有自旋—自旋耦合作用，故谱图中峰的分裂是由于大分子的构型不同导致了大分子空间排列的差别而出现质子的不等价。在间同结构中，$CH_2$ 的两个质子的环境相同，只得到一个峰；在全同结构中，$CH_2$ 两个质子的环境不同，由于自旋—自旋耦合分裂成四重峰($H_a$ 有两个峰 $H_b$ 有两个峰)；在无规结构中，由于既有全同又有间同立构链段，所以出现五重峰。

虽然由于—$CH_3$ 旋转很快而不能测出其非均匀的细微环境差别，但它的化学位移差别很大，如图 6.13 所示，a 为等规 PMMA，b 为间规 PMMA，比较这两张谱图可知，—$CH_3$化学位移等规最大为 $1.33\times10^{-6}$，无规为 $1.21\times10^{-6}$，间规最小，为 $1.10\times10^{-6}$。而亚甲基的峰，由于在等规中两个氢是不等价的，因此在图 a 中表现为 AB 系统的 4 重峰；间规中两个氢是等价的，所以在 b 中为单峰，其他许多小峰则归属于无规聚合物。3 种立构对甲氧基的化学位移影响不大。依据上述分析，只要计算—$CH_3$ 的 3 个峰的强度比，就可确定聚合物中 3 种立构的比例。从上述$^1H$-NMR 的研究中，可观察到同一氢核在不同立体化学环境中的差别是很小的，因此要精确研究链结构，必须在很高的磁场强度进行，如果采用$^{13}C$-NMR 会有所改善。

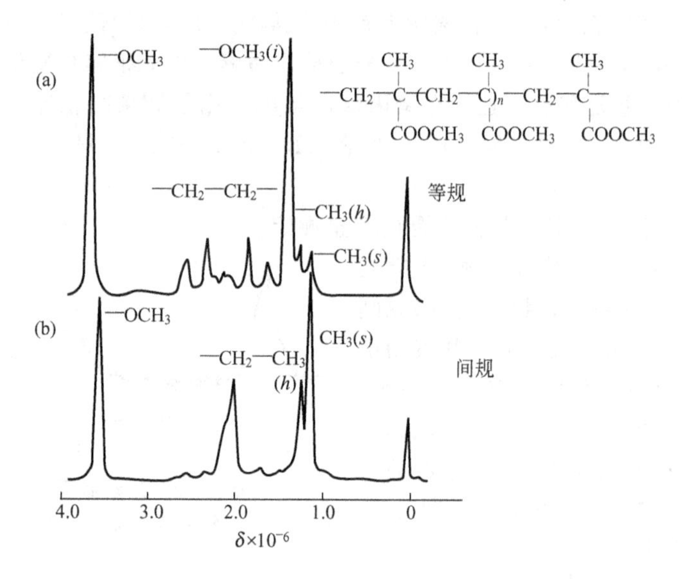


图 6.13　PMMA 的$^1H$-NMR 谱

(5) 共聚物序列结构的研究。

NMR 不仅能直接测定共聚组成，还能测定共聚序列分布，这是 NMR 的一个重要应用。在研究共聚物链结构时，首先应观察在共聚物中各重复单元可能的排布，然后做 NMR 谱图，对各峰进行指认。也就是说，能否用 NMR 来研究共聚物链结构取决于能否将不同排布的二单元体、三单元体等区分开，并能标识这些峰的归属，测量峰的强度，求出相应的序列出现的概率。最后再依照不同的聚合反应过程建立表征方法。一个例子是偏氯乙烯—异丁烯共聚物的序列结构研究，该共聚物的单体单元如下：

$$-CH_2-\overset{\displaystyle Cl}{\underset{\displaystyle Cl}{C}}- \quad (M_1) \qquad\qquad -CH_2-\overset{\displaystyle CH_3}{\underset{\displaystyle CH_3}{C}}- \quad (M_2)$$

均聚的聚偏二氯乙烯在 $\delta$ 为 4 即 $CH_2$ 处出峰，聚异丁烯在 $\delta=1.3$ 即 $CH_2$ 和 $\delta=1$ 即 $CH_3$ 处出峰。图 6.14 所示为共聚物的 60MHz $^1H-NMR$ 谱，由图可见在 $\delta=3.6$ 和 1.4 处有吸收峰，它们应分别归属于 $M_1M_1$ 和 $M_2M_2$ 两种二单元组；而在 $\delta=3$ 和 2.2 处的吸收归属于杂交二单元组 $M_1M_2$。从图 6.14 可进一步看出，a，b 和 c 区共振峰的相对强度随共聚物的组成而变，根据相对吸收强度值可以计算共聚组成。a 区有三个主要共振峰，它们对应于四单元组 $M_1M_1M_1M_1(\delta=3.86)$、$M_1M_1M_1M_2(\delta=3.66)$和 $M_2M_1M_1M_2(\delta=3.47)$。b 区有四个共振峰，对应于 $M_1M_1M_2M_1$（$\delta=2.89$）、$M_2M_1M_2M_1$（$\delta=2.68$）、$M_1M_1M_2M_2(\delta=2.54)$和 $M_2M_1M_2M_2(\delta=2.37)$。c 区的三个共振峰对应于三单元组 $M_2M_2M_1(\delta=1.56)$、$M_1M_2M_2(\delta=1.33)$和 $M_2M_2M_2(\delta=1.10)$。

由图 6.15(a)区的细节图可以看出，从 $a_1$ 峰可以分辨出几种六单元组共振吸收，即 $M_1(M_1)_4M_1(\delta=3.88)$、$M_1(M_1)_4M_2(\delta=3.86)$、$M_2(M_1)_4M_2(\delta=3.84)$；$a_2$ 峰也观察到有劈裂的迹象。

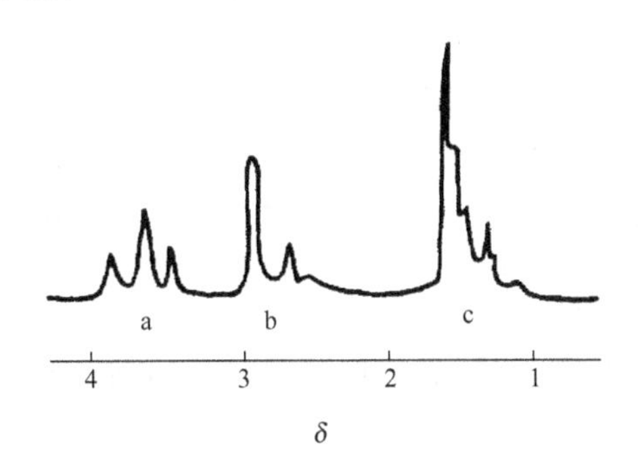


图 6.14 偏氯乙烯—异丁烯共聚物的氢谱

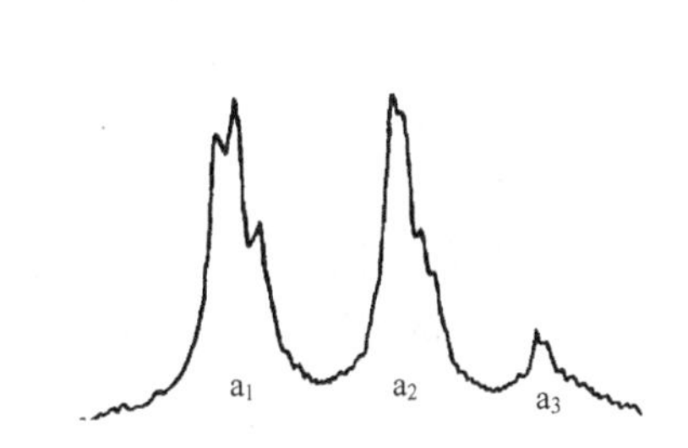


图 6.15 偏氯乙烯—异丁烯共聚物的氢谱中 a 区的细节

根据上述谱图中峰的强度可以准确计算出二单元组、三单元组、四单元组的浓度以及序列的平均长度。二单元组浓度的计算值与根据共聚理论的预计值一致，而三单元组的结果有偏差。

(6) 高聚物分子运动的研究。

核磁共振测定的峰宽和弛豫时间有关，弛豫是通过一定的无辐射的途径使高能态的核回复到低能态。依照测不准原理 $\Delta E\Delta t=h/2\pi$，弛豫时间越短谱峰越宽。在一般横向弛豫(自旋—自旋弛豫)中，气体、液体弛豫时间约为 1s，固体高聚物的是 $10^{-5}\sim10^{-3}$s，所以使用固态或黏稠液态的高聚物样品时，测得的谱线很宽，甚至几个峰会叠加在一起。随着温度升高，高分子运动逐渐加剧，弛豫时间增加，谱线形状会发生变化。若用谱线的半峰

宽 $\Delta H$ 表征峰的宽度，测定 $\Delta H$ 随温度的变化曲线，就可以研究高聚物的分子运动。例如用$^{1}H$－NMR 测定聚异丁烯，观察到 $\Delta H$ 随温度变化的曲线呈阶梯状，在－90℃，－30℃和 30～40℃3 个温度区 $\Delta H$ 值骤降即谱线变窄，表明在 $T=-90$℃时甲基开始转动，到－30℃时主链上链段开始运动，而较大链段运动则在 30～40℃。

**核磁共振在高分子材料分析中的研究**

动态核磁共振(dynamic NMR)一般用于研究物质内部分子、原子运动对核磁共振信号的影响。高分子动态 NMR 方法被用来研究高分子体系的时间相关性。可通过测定分子弛豫数据考察分子运动的速度，研究分子运动与大分子结构的内在关系。还有人研究了压力对无规聚丙烯分子链运动的影响，其平均相关时间符合 Vogel－Fulcher－Tammann－Hesse (VFTH)关系。

由于不同的组分有各自独立的 NMR 参数，多组分多相高分子材料也可以用固体 NMR 来研究。为了得到结构稳定、性能优异的多组分高分子复合材料，研究聚合物之间的相容性是非常必要的。孔旭新等通过测量$^{13}C$ 的 CP/MAS 谱、$^{1}H$ 弛豫时间 $T_1$ 及 $T_1\rho$，对一系列淀粉—丙烯酸钠接枝共聚物的相结构进行了研究。并对其结晶度和相容性水平进行了测定。林伟信等测定了不同拉伸比下的聚醚酯嵌段共聚物的$^{13}C$ NMR 谱，对其聚集态结构和分子运动进行了研究。并通过$^{1}H$ 自旋扩散实验，估算出结晶与非晶区的界面层厚度。张磊等以 C60 和聚氧化乙烯(PEO)的复合物为研究对象，系统地研究了交叉极化时间对分子间交叉极化实验的影响。指出在使用分子间交叉极化方法研究复合体系相结构时，必须考虑交叉极化时间的影响才能获得更可靠的结论。

固体二维谱可以方便地在分子水平上研究多组分多相材料相间相互作用及相容性等问题。不同组分核之间产生的交叉峰，可直观的说明组分间在分子水平的相容性。最近其又对环氧树脂与某种三嵌段共聚物的共混性、微观结构及分子链运动进行了研究。并且利用质子自旋扩散方法定量确定了其相间界面层的厚度。

**资料来源：杨伟等．固体核磁共振在高分子材料分析中的研究进展．高分子通报，2006(12).**

# 6.4 $^{13}C$ 核磁共振谱

## 6.4.1 谱图表示

有磁活性的$^{13}C$ 的天然丰度为$^{12}C$ 的 1.1%，而它的灵活度仅为$^{1}H$ 的 1.6%。与$^{1}H$ 核相比，$^{13}C$ 的总灵敏度为 1/5700，直到傅里叶变换出现之后$^{13}C$－NMR 才得以迅速发展，而目前它已在高分子材料的剖析中占有重要地位，其中原因如下：

(1) 几乎所有的高聚物的主链或者侧链上都有碳原子；(2)$^{13}C$－NMR 的化学位移范围约为 $300\times10^{-6}$，比$^{1}H$－NMR 大 20 倍，因此分辨率较高；(3)用$^{13}C$－NMR 可直接测定分子骨架，并可获得 C═O，C≡O 和季碳原子等在$^{1}H$ 谱中测不到的信息，图 6.16 所示为双酚A型聚碳酸酯的$^{13}C-NMR$和$^{1}H-NMR$谱图对照，可以说明这一点。

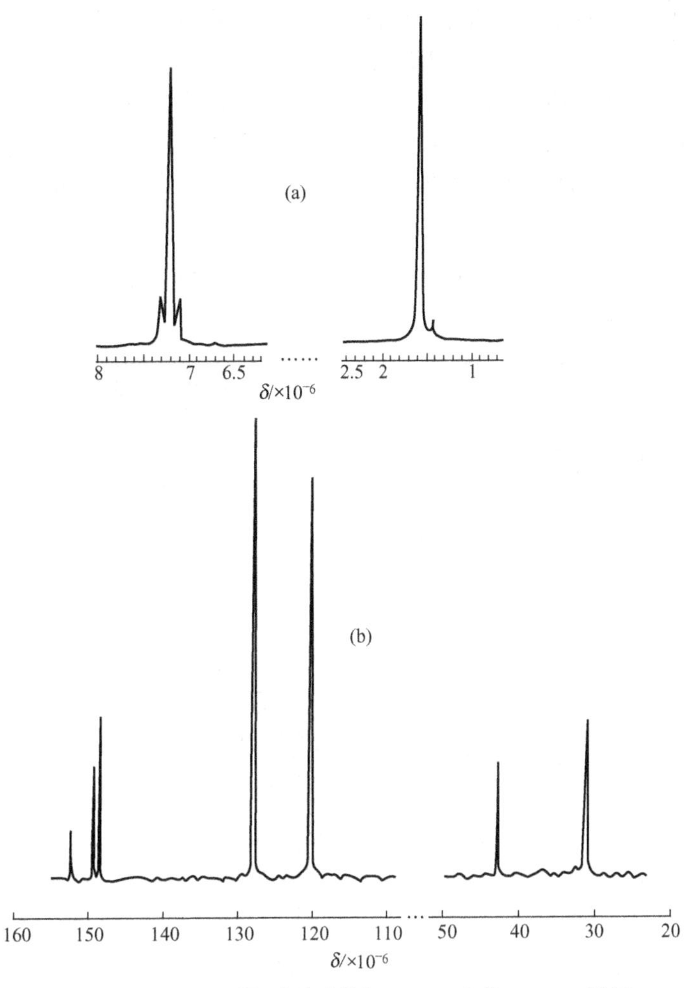


图6.16 双酚A型聚碳酸酯的$^{1}H-NMR$和$^{13}C-NMR$谱图

### 6.4.2 谱图解析

由于在$^{13}C-NMR$中，$^{13}C$与$^{13}C$之间耦合的概率太小，不可能实现，而直接与碳原子相连的氢和邻碳上的氢都能与$^{13}C$核发生自旋耦合且耦合常数很大。这样，在提供碳氢之间结构信息的同时也使谱图复杂化，给谱图解析工作带来困难。为了克服由于$^{13}C$核和$^{1}H$之间的耦合。可以采用下述几种质子去耦技术：(1)宽带去耦，在测定$^{13}C$核磁共振的同时，另加一个包括全部质子共振频率在内的宽频带射频波照射样品，使$^{13}C$与$^{1}H$之间完全去耦，这样得到的$^{13}C$谱线全部为单峰，从而使谱图简化。(2)偏共振去耦，上述方法虽使谱图简化了，但也失去了有关碳原子类型的信息，对谱峰归属的指定不利。若把另加的射频波调到偏离$^{1}H$核共振频率几百到几千Hz处，可除去$^{13}C$与邻碳原子上的氢的耦合和远程耦合，仍保持$^{1}J$的耦合，即$CH_3$为四重峰、$CH_2$为三重峰等。(3)选择性去耦，选择某一质子的特定共振频率进行照射，只对该质子去耦，采用这种方法对谱峰的指定和结构解析是很有用的。

碳谱和氢谱核磁一样可以通过吸收峰在谱图中的强弱、位置(即化学位移)和峰的自旋—自旋分裂及耦合常数来确定化合物结构。但由于采用了去耦技术，使峰面积受到一定的影响，因此与$^{1}H$谱不同，峰面积不能准确地确定碳数，因而最重要的判断因素是化学位移。在$^{13}C$中化学位移的范围扩展到$250\times10^{-6}$，因此其分辨率较高。由高场到低场各基团化学位移的顺序大体上按饱和烃、含杂原子饱和烃、双键不饱和烃、芳香烃、羧酸和酮的顺序排列，这与氢谱的顺序大体一致。$^{13}C$中一些常用基团的化学位移列如表 6-6 所示。

**表 6-6 高分子中常见基团的$^{13}C$-NMR 化学位移**

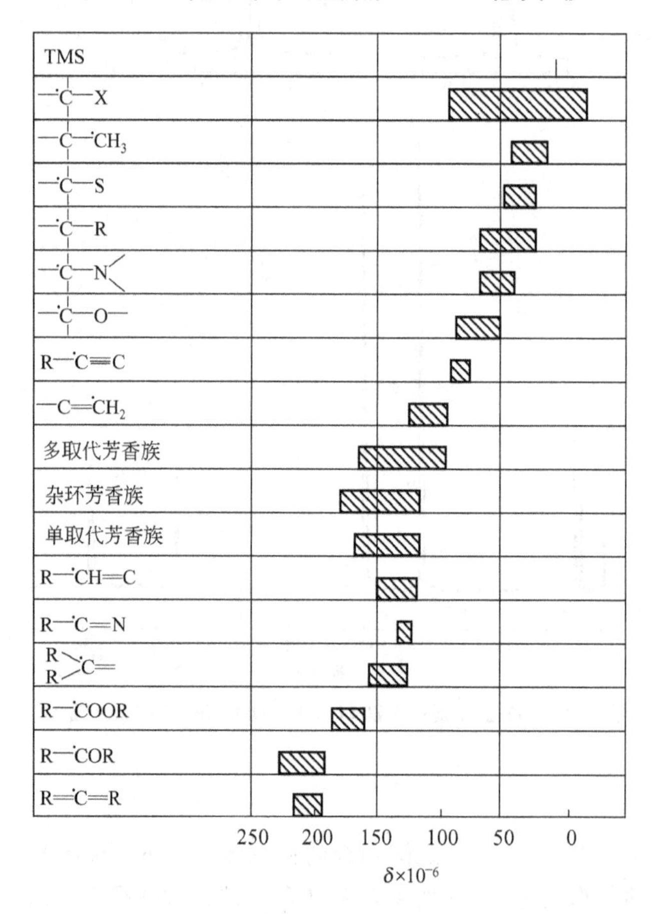


在对高分子材料做定性鉴别时也常用到标准谱图对照法，可以利用的标准$^{13}C$-NMR谱图主要有萨特勒标准图谱集，有时也会用单体模型化合物在同等实验条件下的谱图作对照。其中萨特勒标准谱图集使用时必须注意测定条件，主要有溶剂和共振频率。

### 6.4.3 高分辨碳谱的应用

1. 噪声去耦谱的分析

$^{13}C$-NMR 谱中，最普通的图谱是噪声去耦谱，称为叫质子去藕谱。测定噪声去耦谱时，所用去耦器的频率覆盖了全部质子的拉莫尔频率(共振频率)，故使所有$^{1}H$对$^{13}C$核的耦合影响全部消除，每个不等价的碳核在图谱上均将表现为一个单峰。另外，由于照射连

结$^{13}C$核上的质子所产生的NOE现象，导致$^{13}C$核的信号强度增强(大约增强3倍)，从而提高了信噪比。图6.17所示为β-紫罗兰酮的噪声去耦谱，在谱中可以观察到12条谱线。谱中最强的吸收峰是来自于1位的等价的偕二甲基。

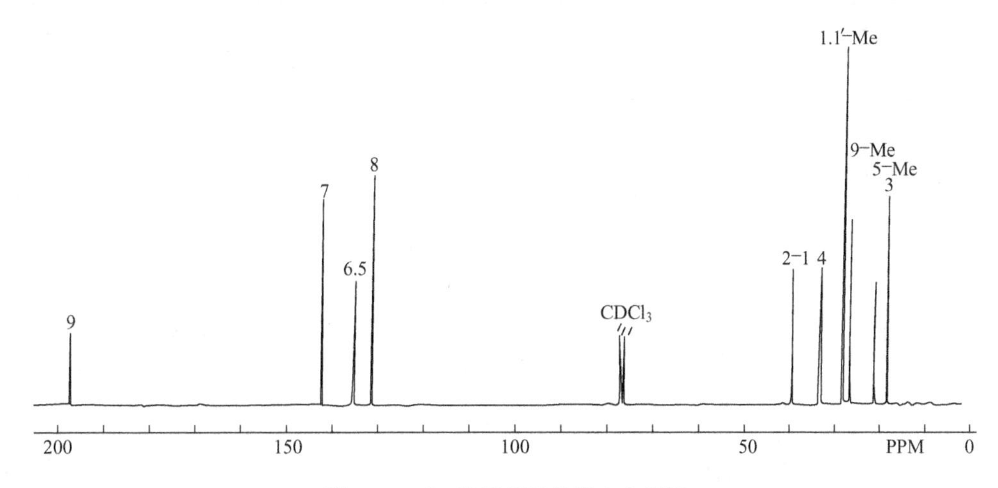


图6.17 β-紫罗兰酮的噪声去耦谱

由于所有的信号因为都是单峰，所以不能获得$^{13}C$核信号分裂程度的信息，因而不能区别伯、仲、叔碳。除此之外，信号强度和碳的数目不成比例，这是由于信号强度主要取决于各个碳的纵向弛豫时间，其值越小的碳核信号越强。羧基碳、双键季碳的弛豫时间值很大，故吸收信号非常弱。β-紫罗兰酮9，6，5位的碳核的信号强度之所以较弱就是因为上述三个碳核都是季碳的缘故。仔细观察还会发现，虽然5位，6位的两个碳核都是季碳，但两者信号强度却有较大差别，原因是5位碳核的附近存在连有多数质子的基团，所以较6位碳有较强的吸收信号。

2. 高分子立构规整性的测定

大多数均聚高分子中每个单体单元都有一个手性中心原子，如聚丙烯、聚氯乙烯等的—CH—，聚甲基丙烯酸甲酯的—C—。每个手性中心的构型有$d$和$l$两种。

构成高分子时，若链上相邻的两个单体单元取向相同，即$dd$或$ll$，则用m(meso)表示，如不同则用r(racemic)表示，于是二单元组有m和r两种，三单元组有全同mm，间同rr和无规mr三种；四单元组有全同mmm，无规mmr，rmr，mrm，mrr和间同rrr六种。

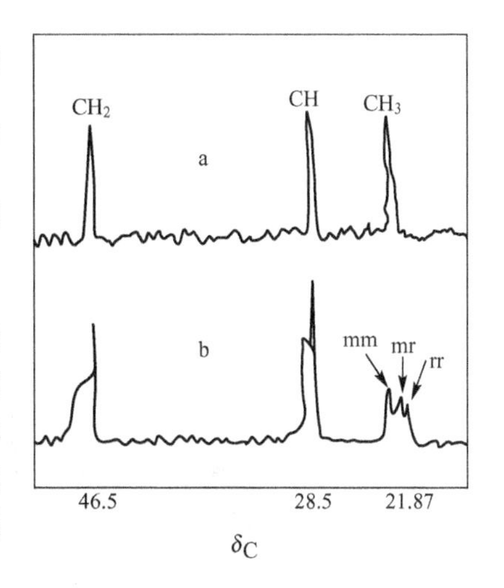


图6.18 聚丙烯的$^{13}C$-NMR谱
60℃，邻二氯苯溶液
a—浓度5%的全同聚丙烯；
b—浓度20%的无规聚丙烯

图6.18所示为聚丙烯的$^{13}C$-NMR谱，全同聚丙烯的C-NMR谱只有三个单峰，分属$CH_2$，CH和$CH_3$；间同聚丙烯也一样；无规聚丙烯的三个峰都

很宽，且分裂成多重峰。从化学位移也可以分辨不同立构体，表 6－7 所示为聚丙烯不同立构体的 $\delta$值。

**表 6－7　聚丙烯不同立构体的 $\delta$ 值**

| 立构 | $\delta_{CH_3}$ | $\delta_{CH}$ | $\delta_{CH_2}$ |
|---|---|---|---|
| 全同 | 21.8 | 28.5 | 46.5 |
| 间同 | 21.0 | 28.0 | 47.0 |
| 无规 | 20～22 | 26～29 | 44～47 |

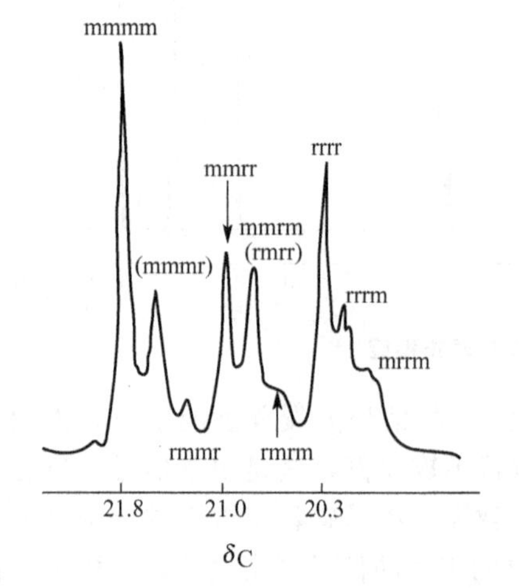


图 6.19　无规聚丙烯的$^{13}C$谱的 $CH_3$ 部分

无规聚丙烯的 α－甲基碳由于空间位置的不同，出现了三个峰，分别属 mm，mr，rr 三单元组，通过峰的面积可以求出全同度 m

$$m(\%)=\frac{mm+\frac{1}{2}mr}{mm+mr+rr}\times 100 \quad (6-16)$$

其实此 $CH_3$ 三重峰还有更精细的结构，如图 6.19 所示，从中可以识别出五单元组的吸收。

图 6.20 所示为聚甲基丙烯酸正丁酯的$^{13}C$－NMR 全去耦谱图，该化合物结构式如下：

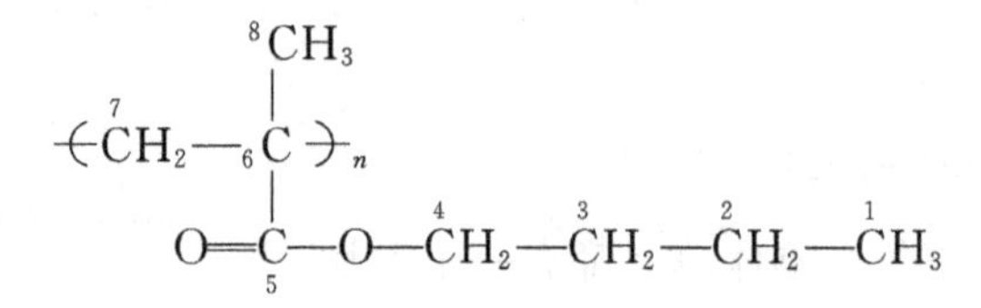


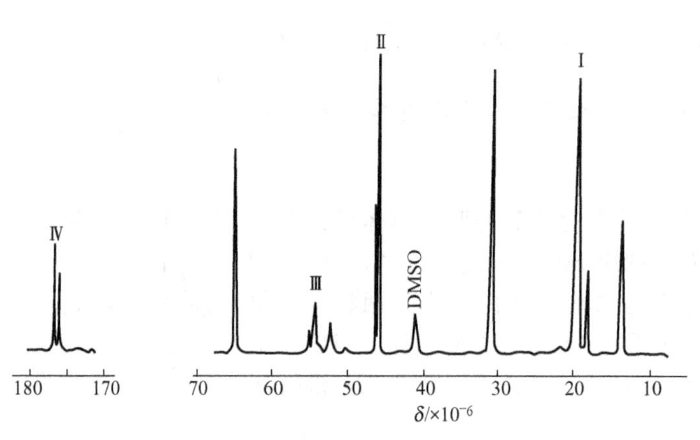


图 6.20　聚甲基丙烯酸正丁酯的$^{13}C$－NMR 全去耦谱图

图中 $\delta$ 为 13.5，18.1，30.6，64.7$\times 10^{-6}$的 4 个峰为单峰，与空间立构关系不

大，分别代表酯基上的 $C_1$，$C_2$，$C_3$ 和 $C_4$；而Ⅰ(19.3，19.7，21.8ppm)，Ⅱ(45.7，45.8，46.4ppm)，Ⅲ(52.1～55ppm)和Ⅳ(175.9，176.5，177.2ppm)4个峰组分别代表 $C_8$，$C_6$，$C_7$ 和 $C_5$，它们与分子的空间立构有关，可用来表征不同立构的聚合物。

3. 支化结构的研究

在碳谱中支化高分子和线型高分子产生的化学位移不同，因此可以用于支化结构的研究。线型聚乙烯的碳谱只在30处有一个吸收峰；支化聚乙烯的碳谱中除了 $CH_2$ 和 $CH_3$ 吸收峰外，它的支链还影响到链上 α，β，γ 位置上的碳原子的化学位移，且支链的每一个碳原子也有不同的吸收，故出现一系列复杂的吸收峰，如图6.21所示，端甲基碳受到最大的屏蔽，因而出现在高场；相反支化点 $C^0$ 的碳受到主链和侧链的去屏蔽作用，吸收峰出现在最低场。

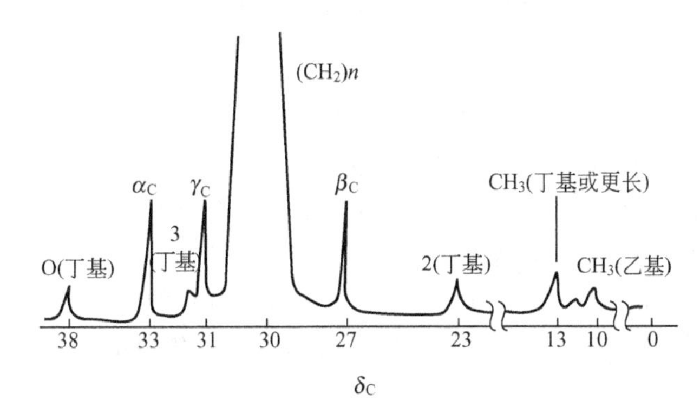


图6.21 低密度聚乙烯的典型碳谱

支链长度不同，则每个碳原子 δ 也不同。在低密度聚乙烯中，可能存在的各种支链结构及数目见表6-8，由表可知，低密度聚乙烯的主链主要是丁基，这进一步证明了有关乙基聚合链转移机理，即末端自由基“回咬”，形成了假六元环过渡态。

表6-8 支化聚乙烯中各种支链出现的可能性

| 支链结构 | 支链数目/1000个主链上碳原子 |
|---|---|
| $—CH_3$ | 0.0 |
| $—CH_2—CH_3$ | 1.0 |
| $—CH_2—CH_2—CH_3$ | 0.0 |
| $—CH_2—CH_2—CH_2—CH_3$ | 9.6 |
| $—CH_2—CH_2—CH_2—CH_2—CH_3$ | 3.6 |
| 更长支链 | 5.6 |

4. 链接方式的研究

1，4-聚氯丁二烯组要是头—尾相接的，从 $^{13}C$ 谱上可以清楚的分辨出以头—头和尾—

尾连接的顺 1，4 或反 1，4 单元。头—头键接的反 1，4 和顺 1，4 单元的吸收分别在 C1 亚甲基共振区的 38.6 和 31.4 处出现，而尾—尾连接的 1，4 单元的吸收峰出现在 28.4～28.8 处的 C4 亚甲基共振区。聚偏氟乙烯主要的链接方式是头—尾结构，偶尔也有头—头结构，这种结构会改变邻近几个单元中磁核的环境，在谱图上会出现不同于正常头—尾结构的峰。

5. 高分辨固体 NMR 在聚合物研究中的应用

固体或黏稠液体的 NMR 谱峰很宽、强度低，对于$^{13}C$ - NMR 谱原因有三：一是$^{13}C$ -$^{1}H$ 间的各向异性磁偶极—偶极相互作用；二是化学位移的各向异性；三是弛豫时间太长。前两个原因是固体 NMR 分辨率低的根本原因。谱带的宽度和形状与高分子运动状态有关，所以可用于研究本体高分子的形态和分子运动。由于非晶区分子运动更大，两个核处于一定的相对取向的平均时间减少，所以非晶区的谱线较窄，半宽高为 0.1G 或更小。而结晶区的谱线较宽，半宽高常有 10～20G。结晶度可用下式计算：

$$\frac{Xc}{1-Xc}=\frac{\text{宽谱线组分的面积}}{\text{窄谱线组分的面积}} \tag{6-17}$$

分子在固体中无法快速旋转，几乎所有的各向异性的相互作用均被保留而使谱线增宽，以致无法分辨谱线的精细结构。为此近年发展了一种高分辨固体核磁共振技术用于研究固体聚合物，一种称为 CP - MAS 的方法即“魔角旋转”(magic angle spinning，MAS)和交叉极化(cross polarization，CP)的方法，能得到高分辨的固体核磁共振谱图，这无疑对高分子的研究会有极大的帮助。另外，加上使用偶极去耦(DD)的综合技术会得到信噪比高的高分辨图谱。

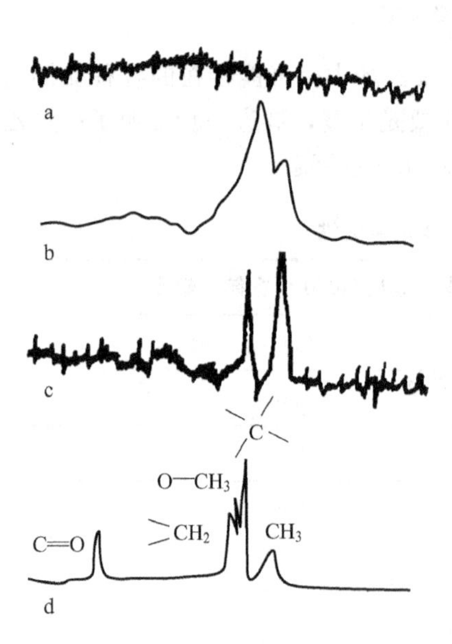


图 6.22 聚甲基丙烯酸甲酯固体$^{13}C$ - NMR 谱

(1) 魔角旋转(MAS)。理论上已证明峰宽与 $3\cos^2\beta-1$ 有关，$\beta$ 是固体样品的旋转轴与磁场的夹角。若 $3\cos^2\beta-1=0$，则 $\beta=50°44'$ 称为魔角。这样令样品在 2～3 千转/秒或更高转速下旋转，测得的峰宽会更窄。

(2) 交叉极化(CP)。采用交叉极化的方法，把$^{1}H$ 较强的自旋极化转移给较弱的$^{13}C$，可以把信号强度提高四倍。

(3) 偶极去耦(DD)。与噪声去耦不同，它需用高能辐射，频带范围达到 40～50kHz，以激发所有质子，使自旋速率大于 H - C 偶极相互作用的速度，从而消除其作用。

图 6.22 所示为同时使用 MAS/DD/CP 技术得到的高质量固体碳谱。高分辨固体核磁共振特别适于分析不能溶解的聚合物(例如交联聚合物、固化物等)和研究高分子材料在固态状态下的结构，如高分子构象、晶体形状、形态特征等。

**固体核磁共振方法研究方面的新进展**

$^{13}C$ MAS NMR 由于分辨率高而被广泛应用于多相催化反应机理、高分子和膜蛋白的结构与性能等方面的研究中。然而，$^{13}C$ MAS NMR 也存在灵敏度低的致命缺点，一般需要通过信号累加的单脉冲(single pulse，SP)实验或极化转移的交叉极化实验(cross polarization，CP)来提高其检测灵敏度。SP 实验是获得定量$^{13}C$ NMR 信息最常用的方法，然而由于受到$^{13}C$ 核自旋晶格弛豫时间($T_1$)的限制，定量 SP 实验往往是比较耗时的，因为实验要求信号累加所需的循环延迟至少要大于 $T_1$ 的5倍以上。

中科院武汉物理与数学研究所的邓风研究员和侯广进博士等人提出了一个全新的观点：在$^{13}C$ MAS NMR 的定量测量实验中，循环延迟不再受自旋晶格弛豫 $T_1$ 的约束，不必满足 $5T_1$ 的限制，这将极大地缩短实验时间，有助于提高需要长时间信号累加体系的研究效率。他们分别发展了适合于固体 NMR 中 CP 和 SP 实验的定量测量方法，包括定量交叉极化(QUCP)技术和定量单脉冲(QUSP)技术。其核心是：在常规 CP 和 SP 实验中引入宽带同核重耦技术，非一致性增强和非一致性恢复的$^{13}C$ 核自旋磁化强度将会在重新耦合的同核偶极—偶极相互作用的驱动下发生极化转移，在系统达到准平衡态时每个核自旋的磁化强度将会达到一致。理论分析和实验结果证实：针对任意设置的循环延迟，QUCP 和 QUSP 实验技术均可以获得定量的$^{13}C$ NMR 测量结果；循环延迟越短，实验效率越高，这将极大地节省实验时间。邓风研究组把该方法用于固体酸催化反应机理的研究，该方法还有望用于固态多肽和膜蛋白等生物大分子的结构和动力学研究。

**资料来源** http：//www.wipm.ac.cn/jgsz/yjdw/bpyjs/bp_gthcgzz/gthzgzz_yjjz/，2011，05

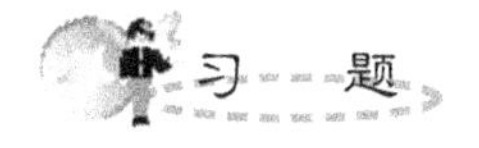


1. 核磁共振谱图的特点及其所能提供的信息是什么？

2. 核磁共振波谱定量分析的依据是什么？在定量分析时需要已知标样吗？为什么？

3. 比较$^1H$ 核磁共振波谱和$^{13}C$ 核磁共振波谱谱图表示方法、所提供的信息的异同点。

4. 用 60MHz$^1H$ 核磁共振仪器测定样品时，某共振峰的位置距 TMS 峰为 315Hz，若用$\times 10^{-6}$表示应为多少？

5. 用高分辨$^1H$ 核磁共振仪器测定聚异丁烯样品，只有两个峰，化学位移分别为 1.46 和 $1.08\times 10^{-6}$，请判别该聚合物中是否含有头—头结构？为什么？

6. 应用 NMR 研究高分子样品时应注意哪些主要问题？

7. 影响 NMR 中化学位移大小的主要因素有哪些？

8. 聚丙烯酸乙酯和聚丙酸乙烯酯

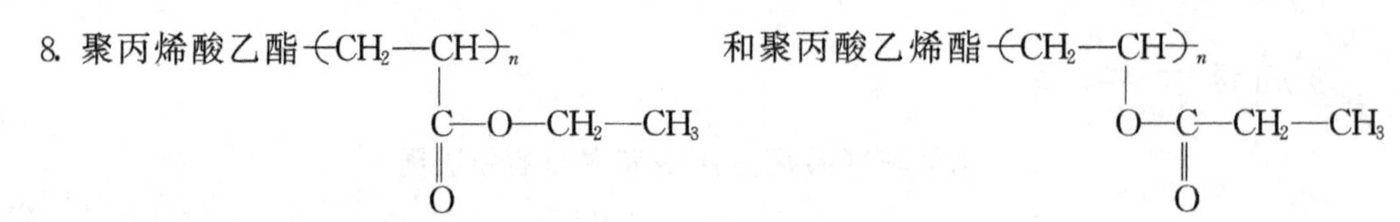


的组成相同，红外光谱也非常相似。不查看标准谱图及有关手册，根据它们各自的结构特点，是否可以应用$^1$H－NMR 把它们区别开？请说明原因。

9. 设计一个简单方案，说明如何应用 NMR 方法测定丁苯橡胶样品中丁二烯和苯乙烯的组成比。

10. 全同聚丙烯与无规聚丙烯的$^{13}$C－NMR 谱有什么不同？以三单元组的序列结构分析为例，说明如何应用$^{13}$C－NMR 测定聚丙烯的全同立构度。

# 第7章 X射线法

## 本章知识框架

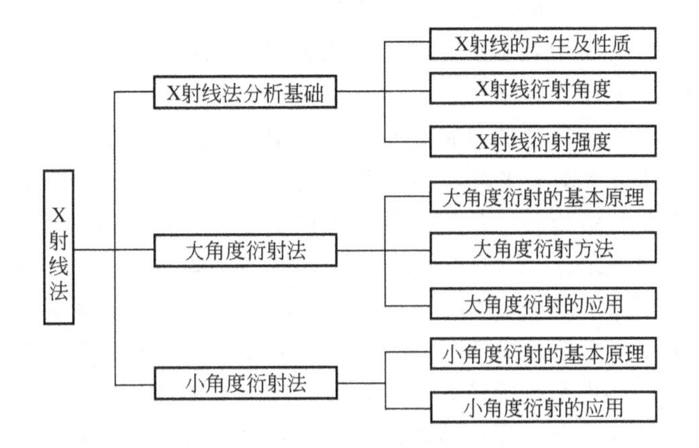


## 本章教学目标与要求

1. 掌握X射线法的特点、常见分析方法、谱图解析方法及应用。
2. 熟悉X射线衍射的基本原理。
3. 了解X射线衍射设备的结构。

## 导入案例

### X射线衍射技术的诞生

与许多人所想的不同，科学发现很少是靠着一个天才的灵光一现得到的。事实正如牛顿所讲："我是站在巨人的肩膀上"。事实上一个巨人还不够，你得站在一大票巨人肩上，否则任你聪明绝顶也是枉然。所以虽然早在1865年奥地利修道士孟德尔花了八年时间与豌豆为伴提出了遗传定律，19世纪70年代初瑞士人米歇尔在大冬天里冒着寒风抓新鲜鲑鱼分离出了DNA，遗传物质之谜仍然让许许多多的天才纠结不已。直到四十年后，人们才有足够的能力开始研究遗传物质到底是什么，又是如何编码信息的。因为这时一个直到现在也是最为强大的物质结构分析手段——X射线衍射技术崭露头角。

伦琴发现X射线的故事几乎家喻户晓，其医学上的应用也是尽人皆知，但其在科学史上的另一个极其重要的意义却并不出名。1912年，在慕尼黑，有一位叫做马克思·范·劳厄(Max von Laue)德国物理学家打算弄清楚X射线到底是光还是波。对于检测光的波动性，有一个比较经典的方法，许多人也许还记得，那就是物理教材上收录的双缝衍射实验。可见光通过两条平行的狭缝时，若光是粒子就会在远处的屏幕上显示两条亮线；但若光是波，则会产生数条衍射条纹。但是只有特定大小的狭缝才能产生可以观察到的现象。所以在劳厄之前，此类的尝试几乎全部失败了。不过这些实验也给出了许多线索，种种迹象表明X射线如果是波，则必然有着远小于可见光的波长，才使得当时的普通光学设备起不了什么作用。

受到保罗·彼得·埃瓦尔德(Paul Peter Ewald)的启发，劳厄设计出了一个巧妙的实验——将矿物晶体当做衍射装置。高质量的晶体中，相同的原子和分子以同样的模式重复排列着，几乎各处结构和性质都相同。这些原子间的空隙高度有序，而且很可能正好与X射线的波长相近。劳厄推测当X光穿过晶体的时候，可以产生波的衍射现象。但是劳厄的老板阿诺德·萨默菲尔德(Arnold Sommerfeld)听后却坚决反对，一说是他认为原子在常温下会一刻不停地进行着热振动，实际上的原子排列不够有序，不可能得到稳定的图像；另一说是他的研究表明当时制造的X射线很可能含有一系列不同波长的波，无法得到清晰的衍射点。反正无论如何，就是他认为这个实验荒诞不经，搞这玩意儿纯粹是浪费时间了。尽管如此，劳厄仍然坚信这个实验方案是靠谱的，他撇开自己的老板，偷偷地开始了这项工作。不过劳厄是个理论学家，实验几乎不会，于是招了两个助手保罗·克尼平(Paul Knipping)和沃尔特·弗里德里希(Walter Friedrich)来做。上行下效，这两个家伙也没管劳厄，就趁他不在的时候偷偷地把实验做掉了。他们用X射线从各种角度照射硫酸铜晶体，在失败过几次后终于照出了圆形排列的衍射图谱，这证明了劳厄是正确的！当然助手只是助手，实验成功了还是要向上面汇报的。劳厄知道了这个消息当然兴奋异常，再次用硫化锌晶体确证了这一点后，他们的大老板萨默菲尔德在铁证面前也痛快地承认了自己的错误，并公布了这一结果。这个巨大成功一箭三雕，既证明了X射线是波，又解决了困扰学术界两个半世纪的晶体结构问题。最后，它还提供了一种劳厄没有想到的可能——使用特定波长的X光，研究者就可以通过衍射图谱反推原子的空间排列，那就意味着人类终于可以直接地获取到物质微观结构的信息。

劳厄的成果刚刚发表，就引起了一对英国科学家父子的注意。即儿子威廉姆·亨利·布拉格(WilliamHenry Bragg，下文称布拉格)和父亲威廉姆·劳伦斯·布拉格(William Lawrence Bragg，下文称老布)。这个消息让他们很是尴尬，因为老布前不久才公然宣称X射线是粒子。布拉格非常不爽，他开始研究前人的实验数据，试图用微粒论解释劳厄的结果。这人是个名副其实的天才，14岁就进了大学，对数学、物理和化学这些很多人看着就头痛的课程都进行了深入的学习，他还是个帅哥，甚至颇有艺术细胞，名副其实的一个天之骄子。不过他最大的成就却是从这个错误的第一印象开始的。在短暂的尝试之后，敏锐的洞察力和严谨的科学态度让他果断地放弃了自己的错误观点，X射线的衍射性质说明它只能是波。布拉格进一步地利用自己的强大数学基础发展了劳厄的结果，很快就推导出了被称为布拉格公式的关系式，将X射线的波长、照射角度与晶体分子之间的距离这三者建立起了数学关系，正式为使用X射线衍射测定分子结构奠定了理论基础。随后，他把这个结果告诉了自己的父亲。老布有着丰富的X射线实验经验，才用了不到一年，就设计并制作出了第一台X射线衍射仪。两人开始迫不及待地一个个脱掉分子看似密实的外衣，一窥其曼妙的内里。此情此景是如此地诱人，一大批科学家争相围观，一个新的学科——X射线晶体学就这么诞生了。有史以来，人类第一次拥有了“看见”微观世界的能力。

**资料来源：** http：//songshuhui. net/forum/viewthread. php? tid＝12944

## 7.1 X射线法分析基础

### 7.1.1 X射线衍射简介

X射线衍射分析是晶体结构分析的主要方法，X射线衍射学(包括散射等)在科学发展史中具有重要地位。自伦琴发现X射线至今，X射线衍射学取得了巨大的发展，已广泛应用于物理学、化学、地学、生物学、医学、生命科学、材料科学等各种工程技术科学和军事科学等领域，并在工业、农业、科学技术及国防建设中发挥了非常重要的作用。

当一束X射线投射到某一晶体时，在晶体背后置一照相底片，会发现在底片上存在有规律分布的斑点，如图7.1所示。我们知道，X射线作为一电磁波投射到晶体中时，会受到晶体中原子的散射，而散射波就好象是从原子中心发出，每一个原子中心发出的散射波又好比一个源球面波。由于原子在晶体中是周期排列，这些散射球面波之间存在着固定的位相关系，它们之间会在空间产生干涉，结果导致在某些散射方向的球面波相互加强，而在某些方向上相互抵消，从而也就出现如图7.1所示的衍射现象，即在偏离原入射线方向上，只有在特定的方向上出现散射线加强而存在衍射斑点，其余方向则无衍射斑点。

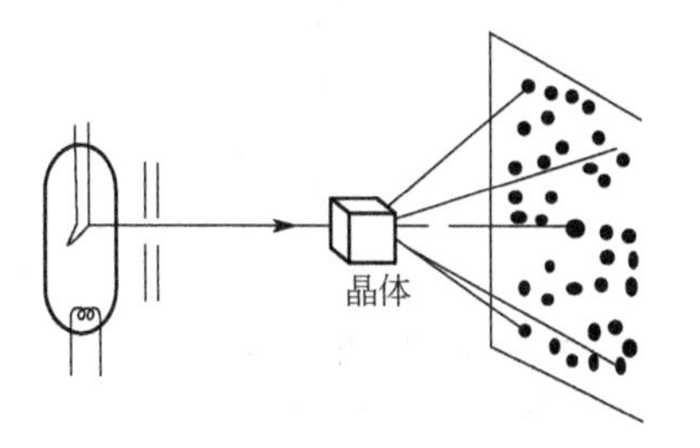


图7.1 X射线穿过晶体产生衍射

1. X射线的产生及性质

实验室中所用的X射线通常是由X射线机所产生。X射线机主要由X射线管、高压变压器、电压和电流调节稳定系统等构成。为保证X射线机的稳定工作及其运行的安全性和可靠性，必须为其配置其他辅助设备，如冷却系统、安全防护系统、检测系统等。

X射线管是X射线机最重要的部件之一。目前常见的X射线管均为封闭式电子X射线管，而大功率X射线机一般使用旋转阳极X射线管，图7.2为封闭式X射线管示意图。

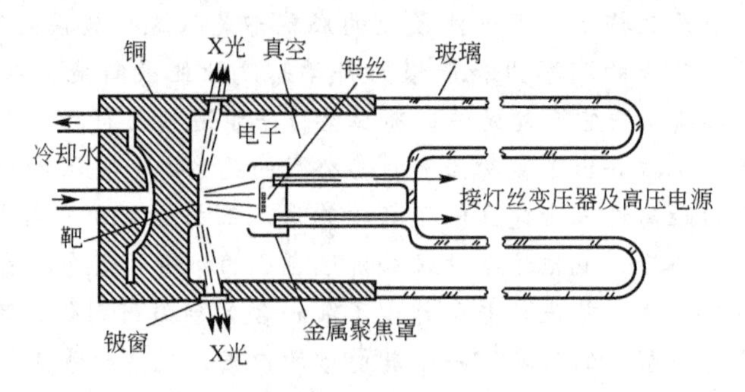


图7.2 X射线管结构

X射线管实质上就是一个真空二极管，其结构主要由产生电子并将电子束聚焦的电子枪(阴极)和发射X射线的金属靶(阳极)两大部分组成。电子枪的灯丝用钨丝绕成螺旋状，通以电流后，钨丝发热释放自由电子。阳极靶通常由传热性能好熔点高的金属材料(如铜、钴、镍、铁、钼等)制成。整个X射线管处于真空状态。当阴极和阳极之间加以数十千伏的高电压时，阴极灯丝产生的电子在电场的作用下被加速，并以高速射向阳极靶，经高速电子与阳极靶的碰撞，由阳极靶产生X射线，这些X射线通过用金属铍(厚度约为0.2mm)制成的窗口射出，即可提供给实验所用。

X射线管工作时，高速电子轰击阳极靶，一部分能量转化为X射线，而大部分能量转化为热能，使阳极靶温度急剧升高，因此为防止阳极靶过热而使X射线管损坏，必须对阳极靶进行冷却，目前主要采用循环水冷却。

由常规X射线管发出的X射线束并不是单一波长的辐射。用适当的方法将辐射展谱，可得到图7.3所示X射线强度随波长而变化的关系曲线，即称为X射线谱。实质上，这种X射线谱由两部分叠加而成，即强度随波长连续变化的连续谱和波长一定、强度很大的特征谱。但特征谱只有当管电压超过一定值$V_k$(激发电压)时才会产生，而且，这种特征谱与X射线管的工作条件无关，只取决于阳极靶的材料。不同的阳极靶材料具有其特定的特征谱线，因此，我们又将此特征谱线称为标识谱，即可以用来标识物质元素。

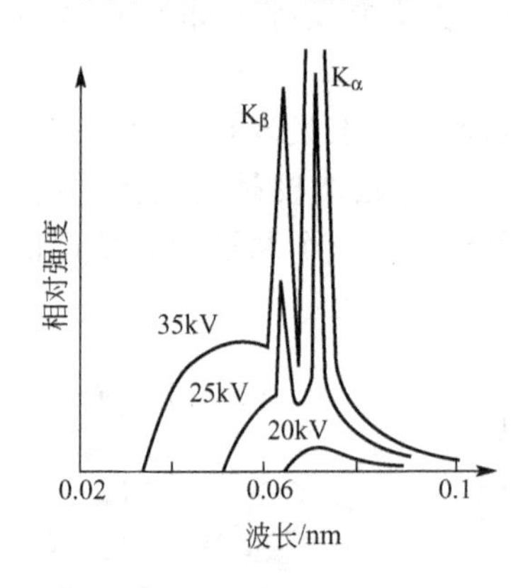


图7.3 不同高压下钼靶X射线管发出的X射线谱

通常情况下，由X射线管产生的X射线包含各种连续的波长，构成连续谱，如图7.3所示。

从图7.3可知，X射线连续谱的强度随着X射线管的管电压增加而增大，而最大强度所对应的波长$\lambda_{max}$变小，

最短波长界限 $\lambda_0$ 减小。

在X射线管中，由阴极灯丝所发射的电子经电场加速后以极高的速度撞向阳极靶，加速电子的大部分能量转化为热量而损耗，而部分动能则以电磁辐射即X射线释放。由于阴极所产生的电子数量巨大，这些能量巨大的电子撞向阳极靶上的条件和碰撞时间不可能一致，因而所产生的电磁辐射也各不相同，从而就形成了各种波长的连续X射线。

当X射线管电压一定，在高速电子发生能量转化时，某一个电子的全部动能 $E$ 完全转化为一个X射线的光量子，那么此X射线光量子的能量最大，波长最短：

$$E=\frac{1}{2}mv^2=\mathrm{e}V=h\upsilon=h\cdot\frac{c}{\lambda_0} \tag{7-1}$$

式中，$m$ 为电子质量，$v$ 为电子运动速度，e为电子电荷，$V$ 为X射线管加速电压，$h$ 为普朗克常数，$\upsilon$ 为辐射频率，$c$ 为光速，$\lambda_0$ 为短波限。由此式可得在一定管电压时，连续X射线谱的短波限 $\lambda_0$ 为

$$\lambda_0=\frac{hc}{\mathrm{e}V} \tag{7-2}$$

特征X射线为一线性光谱，由若干互相分离且具有特定波长的谱线组成，其强度大大超过连续谱线的强度并可迭加于连续谱线之上。这些谱线波长不随X射线管的工作条件而变，只取决于阳极靶物质。图7.3给出了金属Mo靶在35kV下的X射线谱。

根据原子结构壳层理论，原子核周围的电子分布在若干壳层中，处于每一壳层的电子有其自身特定的能量。按光谱学的分类，将壳层由内至外分别命名为K、L、M、N……壳层，相应的主量子数为 $n=1$，2，3，4，…。每个壳层中最多能容纳 $2n^2$ 个电子，其中处于K壳层中的电子能量最低，L壳层次之，依次能量递增，构成一系列能级。通常情况下，电子总是首先占满能量最低的壳层，如K、L层等。在具有足够高能量的高速电子撞击阳极靶时，会将阳极靶物质中原子K层电子撞出，在K壳层中形成空位，原子系统能量升高，使体系处于不稳定的激发态，按能量最低原理，L、M、N……层中的电子会跃入K层的空位，为保持体系能量平衡，在跃迁的同时，这些电子会将多余的能量以X射线光量子的形式释放，而该X射线光量子的频率为：

$$h\upsilon_{n2\to n1}=E_{n2}-E_{n1} \tag{7-3}$$

式中，$\upsilon_{n2\to n1}$ 表示电子从主量子数为 $n_2$ 的壳层跃入主量子数为 $n_1$ 壳层所释放的X射线光量子频率，$E_{n2}$ 和 $E_{n1}$ 分别为主量子数为 $n_2$ 和 $n_1$ 壳层中电子的能量。

对于从L、M、N……壳层中的电子跃入K壳层空位时所释放的X射线，分别称之为 $K_\alpha$、$K_\beta$、$K_\gamma$……谱线，共同构成K系标识X射线。类似K壳层电子被激发，L壳层、M壳层……电子被激发时，就会产生L系、M系……标识X射线，而K系、L系、M系……标识X射线共同构成了原子的特征X射线。由于一般L系、M系标识X射线波长较长，强度很弱，因此在衍射分析工作中，主要使用K系特征X射线，一般使用强度较大的 $K_\alpha$ 作为单色光源。

2. *X射线衍射角度*

射入晶体的X射线使晶体内原子中的电子发生频率相同的强制振动，因此每个原子即又可作为一个新的X射线源向四周发射波长和入射线相同的次生X射线。它们波长相同，但强度却非常弱。单个原子的次生X射线是微不足道的，但在晶体中由于存在按一定周期重复的大量原子，这些原子所产生的次级X射线会发生干涉现象。干涉是由于从不同次生光源射出的光线间存在光程差引起的，只有当光程差等于波长整数倍时光波才能互相叠加

加强，才能有足够的强度被观察到，在其余情况下则减弱，甚至相互抵消。而晶体满足这一情况的条件是布拉格导出的，称为布拉格公式。设晶体中一组间距为 $d$ 的晶面(格子面)，各点代表晶格中的原子(见图 7.4)，以 $\theta$ 角入射的 X 射线在点上产生的衍射可以看成是对于晶面的“反射”，就象可见光在镜面的反射那样。图上 A 和 B 两束光经晶面 1 和 2 反射后有相同的方向，但根据衍射几何，B 比 A 多走了 $2b$ 的路程。显然只有当这段光程差等于波长的整数倍时才会产生叠加加强，因而满足衍射的条件为

$$n\lambda=2b=2d\sin\theta \tag{7-4}$$

$$n\lambda=2d\sin\theta \tag{7-5}$$

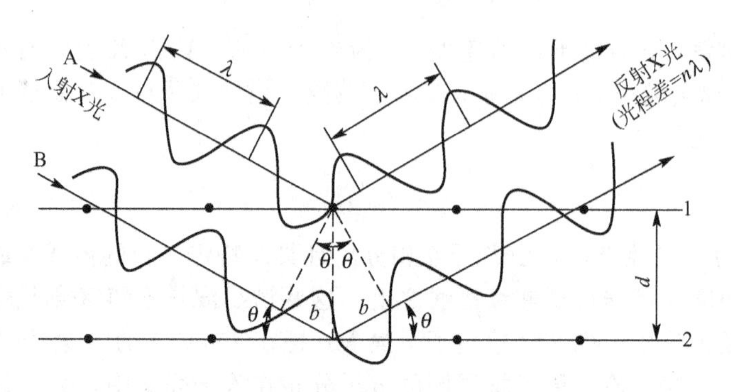


**图 7.4　晶体产生 X 射线衍射(布拉格反射)的条件**

当用单色 X 射线测定时，波长是已知的，掠射角 $\theta$ 可从实验求出，因此可求得晶面间距 $d$。式中 $n$ 为正整数，称为衍射级数。

为测量和计算方便，统一将晶面间距 $d$ 转化成干涉面间距 $\frac{d}{n}$，即把衍射级数 $n$ 的衍射转化为 1 级衍射。转化后的公式为

$$\lambda=2\frac{d}{n}\sin\theta \tag{7-6}$$

将 $\frac{d}{n}$ 用 $d'$ 代换，得：

$$\lambda=2d'\sin\theta \tag{7-7}$$

为表达方便，常将 $d'$ 改成 $d$，在实际测量和计算中应用的公式为

$$\lambda=2d\sin\theta \tag{7-8}$$

称为布拉格方程，是衍射存在的必要条件。

3. X 射线衍射强度

相干散射是 X 射线衍射的基础，我们下面所说的散射都是相干散射。X 射线入射到物质上，实际与原子中电子作用(原子核质量很大，散射可以忽略)，产生电子对 X 射线的散射。一个原子散射是原子中电子共同散射的结果。一个晶胞的散射是晶胞中原子共同散射的结果。晶体结构的周期性使晶体成为天然的三维 X 射线衍射光栅，产生分立的锐衍射斑点或衍射线条。这与布拉格方程、劳厄方程相一致。下面按电子、原子、晶胞、晶体对 X 射线衍射顺序讨论 X 射线衍射强度。

1) 自由电子散射

根据经典电动力学得到一个自由电子的 X 射线散射强度为

$$I_e = I_0 \cdot \frac{e^4}{r^2 m^2 c^4} \cdot \left(\frac{1+\cos^2 2\theta}{2}\right) \tag{7-9}$$

式中，$r$ 为观察点距散射电子距离；e、$m$ 和 $c$ 分别为电子电荷、电子质量和光速；$I_0$ 是入射光强度；$2\theta$ 为散射角，即散射波与入射波的夹角(见图 7.5)；式(7-9)称为汤姆逊(J. J Thomsom)公式，用来描述电子相干散射强度。其中 e、$m$ 和 $c$ 为已知常数，所以，当观测距离一定，入射 X 射线强度不变时，一个电子对 X 射线的散射只与 $2\theta$ 有关，将强度随 $2\theta$ 的变化绘制出来，可得到“冬瓜”形状衍射强度分布图(图 7.5)，说明经过电子散射后，X 射线强度不再均匀分布，而被偏振化了，式中$\frac{1+\cos^2 2\theta}{2}$称为偏振因数，又称偏振因子或极化因子，这一因数很重要，在所有衍射强度计算中都要考虑这个因数。

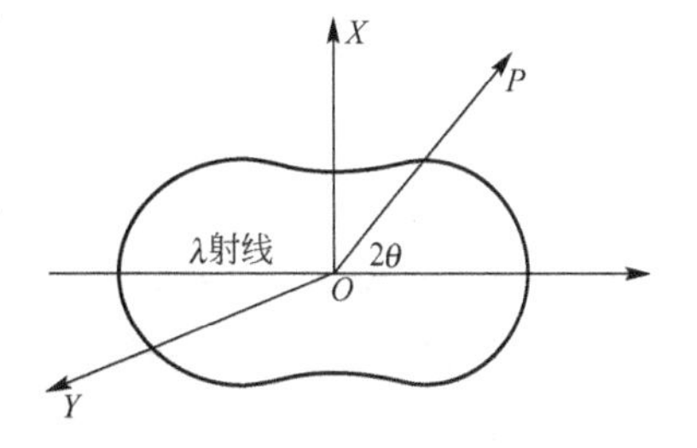


图 7.5 偏振因数随 2θ 的变化

2) 原子散射

如果 X 射线波长比原子直径大很多，可以认为原子中 $z$ 个电子集中于一点，它们的总质量为 $zm$，总电荷为 $z$e，各电子对 X 射线散射位相相同，一个原子对 X 射线散射强度为

$$I_a = I_0 \cdot \frac{(ze)^4}{r^2 (zm)^2 c^4} \cdot \left(\frac{1+\cos^2 2\theta}{2}\right) = z^2 I_e \tag{7-10}$$

式中，$r$ 为观察点距散射电子距离，$I_e$为电子散射波强度。

实际上，在 X 射线衍射中，所用波长接近原子尺度，因此不能认为原子中电子集中于一点，各电子散射波间有相位差，所以一个原子散射强度不是式(7-10)结果，而是

$$I_a = f^2 I_e \tag{7-11}$$

式中，$f=\frac{A_a}{A_e}$称为原子散射因数，$A_a$是受一个原于散射的散射波振幅，$A_e$是受一个电子散射的散射波振幅。通常 $f<z$；只有 $2\theta=0$ 时，$f=z$。不同元素的原子结构不同，原子内电子散射波位相差不相同，所以 $f$ 也不同，$f$ 反映一个原子将 X 射线向某个方向散射的效率。式(7-11)是考虑了散射波间位相差的一个原子内所有电子散射波的合成强度。

3. 结构因数

受晶胞内各个原子散射的散射波具有不同的相位，所得结果散射波是晶胞内原子散射波矢量相加。一个晶胞的散射强度为

$$I_b = F^2 I_a \tag{7-12}$$

式中

$$|F| = \frac{A_b}{A_e} \tag{7-13}$$

$A_b$是受一个晶胞散射的散射波振幅，$A_e$是受一个电子散射的散射波振幅，称 $F$ 为结构因数，又称结构振幅。

一个含有 $N$ 个晶胞的晶体对 X 射线散射，各个晶胞的散射线振幅相等、相位相同，所以晶体总散射波振幅 $A_c$是晶胞散射振幅的 $N$ 倍，散射强度为

$$I_c = N^2 I_b = N^2 F^2 I_e \tag{7-14}$$

计算结构因数就是把晶胞中各个原子的散射波作矢量和，即

$$A_b = A_e (f_1 e^{i\phi_1} + f_2 e^{i\phi_2} + \cdots + f_n e^{i\phi_n}) = F A_e \tag{7-15}$$

$$F=f_1e^{i\varphi_1}+f_2e^{i\varphi_2}+\cdots+f_ne^{i\varphi_n} \tag{7-16}$$

式中，$\phi_j$为第$j$个原子相位，$i$为虚数单位，$f_j$为第$j$个原子的原子散射因数，$n$为原子个数。$\phi_j$可表示成原子坐标$(x_j, y_j, z_j)$和晶面指数$(h, k, l)$的形式，即

$$\phi_j=2\pi(hx_j+ky_j+lz_j) \tag{7-17}$$

所以，

$$F_{hkl}=\sum_{j=1}^{n}f_je^{2\pi i(hx_j+ky_j+lz_j)} \tag{7-18}$$

$(h, k, l)$常简记为$(hkl)$。结构因数是决定衍射是否存在的充分条件，只有结构因数不为零，衍射才存在。结构因数为零时，衍射线消失，叫系统消光。下面举例说明结构因数的计算方法。

(1) 简单点阵。假定每个晶胞只有一个原子的简单点陈，原子位于原点上，坐标为(0，0，0)，$f$为原子散射因数，由式(7-18)得到这种类型晶体的结构因数为

$$F_{hkl}=fe^{2\pi i(0)}=f \tag{7-19}$$

$$F_{hkl}^2=f^2 \tag{7-20}$$

从式(7-20)结果可以看出，对于任何$(hkl)$反射都有衍射强度，没有系统消光。

(2) 底心点阵。假定每个晶胞中有两个同种原子的底心点阵，原子坐标分别为(0，0，0)，$\left(\frac{1}{2}, \frac{1}{2}, 0\right)$，把这两个原子坐标代入式(7-18)，得

$$F_{hkl}=fe^{2\pi i(0)}+fe^{2\pi i\left(\frac{h+k}{2}\right)}=f[1+e^{\pi i(h+k)}] \tag{7-21}$$

在式(7-21)结果中，当$h+k=2n$，($n$为整数)时有

$$F_{hkl}=f(1+1)=2f \tag{7-22}$$

$$F_{hkl}^2=4f^2 \tag{7-23}$$

当$h+k=2n+1$，($n$为整数)时有

$$F_{hkl}=f(1-1)=0 \tag{7-24}$$

$$F_{hkl}^2=0 \tag{7-25}$$

从以上结果可以看出，这种类型结构反射条件如下：

$(hkl)$反射，$h+k=2n$

$(hkl)$消光，$h+k=2n+1$

通过以上两例比较得出，简单点阵不产生系统消光，底心点阵$h+k=2n+1$时，产生系统消光，$l$不受限制。这种情况的系统消光是由有心点阵产生的。不同的有心点阵(面心点阵、体心点阵、底心点阵)产生不同的系统消光。与有心点阵相同，非点阵对称因素滑移面和螺旋轴的存在也会使其些类型反射消失，产生系统消光。

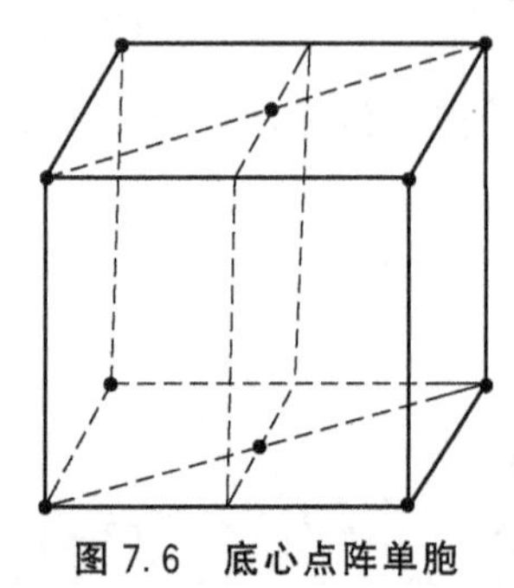

图 7.6 底心点阵单胞

既然系统消光是由点阵类型、非点阵对称因素所决定，那么不同类型系统消光就是确定点阵类型和空间群的判据。例如，我们得到晶体X射线衍射数据，如果发现所有的$(hkl)$反射都存在，可以判定这个晶体是简单点阵P，如果发现$h+k+l=$奇数的反射产生消光，可以判定这个晶体是体心点阵。

系统消光的产生从几何上是不难理解的。以底心点阵C为例，从图7.6可以看出，与简单点阵相比较，除了八个角上有一个阵点外，在上、下底心上还有一个阵点，使(010)点阵面

族之间“插进去”一族同样点阵面，如图中平行于(010)面的虚线所示，只是在 $a$ 方向平移了$\frac{1}{2}a$。插进去的面族和原有的面族一样，各面反射波的位相差为 $2\pi$，产生加强干涉。然而插进去的点阵面族与原来的点阵面族反射波的相位差为 $\pi$，这两套面族的反射正好产生相消干涉，这种干涉结果使(100)、(010)等衍射消光，(200)、(020)、(110)等反射存在。由于有心点阵C的(001)点阵面族之间没有插入点阵面，所以(002)反射不消光。

滑移面和螺旋轴所引起的系统消光，也可以作类似的解释，但理解起来不如有心点阵的系统消光那样直观。

对于通常情况下，由于聚合物X射线衍射线条很少，又比较宽化，相近峰不容易分开，给衍射线指标化带来困难。指标确定后又由于衍射线条少，很难总结出消光规律，造成确定结构对称性困难。但我们了解了消光原因，就可以从数据分析得出聚合物结构的某些特征。

4. 衍射强度公式

把理想强度用各种实验因数加以修正，得到X射线衍射实验强度为

$$I(hkl)=P\cdot L\cdot j\cdot A\cdot |F|^2\cdot e^{-2M} \tag{7-26}$$

式中，$p$ 是偏振因数，$L$ 是劳仑兹因数，$j$ 是多重性因数，$A$ 是吸收因数，$e^{-2M}$是温度因数。

(1) 劳仑兹因数 $L$。只有晶体是完善的、理想的，入射X射线束是完全平行且严格单色化时，才产生严格布拉格方程的衍射。但事实上，由于这种理想条件不存在，使衍射强度与理想条件的衍射强度不同。劳仑兹因数由三种几何因数合并产生。我们不作详细推导，只作定性讨论，给出表达式。

① 实际衍射条件对衍射强度的影响。衍射线宽与晶粒(或晶块)大小关系有以下谢乐公式：

$$B=\frac{\lambda}{L\cos\theta} \tag{7-27}$$

式中，$B$ 为衍射线半宽度(弧度)；$\lambda$ 为入射线波长(nm)；$L$ 为晶粒(或晶块)的大小(nm)；$\theta$ 为布拉格角(度)。

因此，代表衍射强度因素之一的衍射线宽度与晶粒大小和 $\cos\theta$ 成反比。

入射X射线束不是完全平行且严格单色光，使衍射线最大强度 $I_{最大}$ 正比于“入射宽度”，即正比于$\frac{1}{\sin\theta}$。

由于衍射线的积分强度正比于最大强度和衍射线半宽度，因此衍射线的积分强度正比于$\frac{1}{\sin\theta\cos\theta}$或$\frac{1}{\sin2\theta}$。

② 衍射线强度与晶粒数目(或掠射角 $\theta$)的关系。多晶X射线衍射的衍射线强度正比于参加衍射的晶粒数目。如果参加衍射的晶粒数目为 $N$，则$\frac{\Delta N}{N}$与 $\cos\theta$ 成正比。

③ 衍射弧长的衍射线强度。德拜环的单位衍射线段的积累强度是和 $2\pi R\sin2\theta$ 也就是和 $\sin2\theta$ 成反比。

将以上三种衍射几何因数合并起来即得到劳仑兹因数为

$$L=\frac{1}{\sin 2\theta}\cdot\cos\theta\cdot\frac{1}{\sin 2\theta}=\frac{1}{4\sin^2\theta\cos\theta} \tag{7-28}$$

(2) 多重性因数 $j$。多重性因数是贡献于同一反射时不同反射面的数目。凡属于同一晶型 $\{hkl\}$ 内的各个晶面族，面间距 $d_{hkl}$ 都相等，衍射角相同，所以衍射线可落在同一位置。对于运动底片照相和单晶衍射仪，同一晶型的不同 $(hkl)$ 反射不落在一起，所以多重性因数 $j=1$。然而在多晶粉末、聚合物和薄膜衍射中，$j$ 大于 1。对于完全随机的多晶粉末的 X 射线衍射，$(hkl)$ 衍射的多重性因数等于它所在晶型 $\{hkl\}$ 的等价面数。表 7－1 所列是各晶系不同衍射的多重性因数。

**表 7－1　多重性因数**

<table>
<tr><th>晶面指数</th><th>h00</th><th>0k0</th><th>00l</th><th>hhh</th><th>hh0</th><th>hk0</th><th>0kl</th><th>h0l</th><th>hhl</th><th>hkl</th></tr>
<tr><td>立方</td><td colspan="3">6</td><td>8</td><td>12</td><td colspan="3">24*</td><td>24</td><td>48*</td></tr>
<tr><td>六方、菱方</td><td colspan="2">6</td><td>2</td><td></td><td>6</td><td>12*</td><td colspan="2">12*</td><td>12*</td><td>24*</td></tr>
<tr><td>正方</td><td colspan="2">4</td><td>2</td><td></td><td>4</td><td>8*</td><td colspan="2">8</td><td>8</td><td>16*</td></tr>
<tr><td>斜方</td><td>2</td><td>2</td><td>2</td><td></td><td></td><td>4</td><td>4</td><td>4</td><td></td><td>8</td></tr>
<tr><td>单斜</td><td>2</td><td>2</td><td>2</td><td></td><td></td><td>4</td><td>4</td><td>2</td><td></td><td>4</td></tr>
<tr><td>三斜</td><td>2</td><td>2</td><td>2</td><td></td><td></td><td>2</td><td>2</td><td>2</td><td></td><td>2</td></tr>
</table>

* 注：在这些晶系的某些晶类中，同一衍射角处有 2 组反射，具有不同的结构因数。

(3) 吸收因数 A。晶体或其他样品的 X 射线吸收因数不仅取决于所含的元素种类和 X 射线波长，而且还与样品的尺寸和形状有关。有人已计算了球状和圆柱状样品的吸收因数，圆柱状样品在不同 $\mu_l r$，吸收因数与 $\theta$ 角的关系如图 7.7 所示。$\mu_l$ 是样品的线吸收系数，$r$ 是圆柱试样半径。在多晶衍射仪方法中，吸收因数为

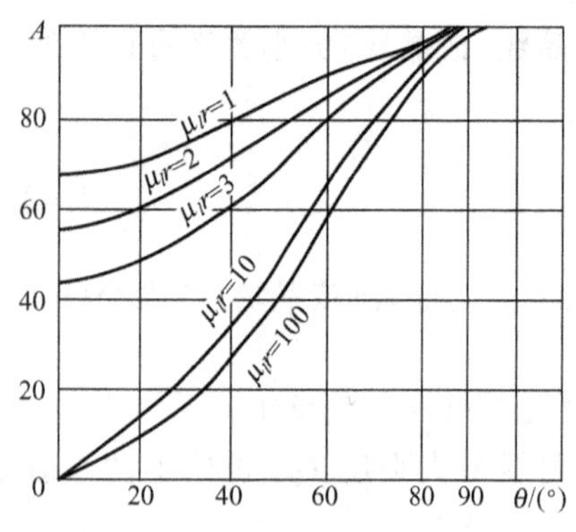


图 7.7　圆柱样品的吸收因数

$$A=\frac{1}{\mu_l} \tag{7-29}$$

其为常数，X 射线衍射强度不随衍射角 $2\theta$ 变化。

(4) 温度因子 $e^{-2M}$。由于材料中原子的热振动，使衍射强度受温度影响，温度因数为 $e^{-2M}$。$M$ 与原子离开它们的平衡位置在垂直反射面方向的均方位移(平方的平均值) $\overline{\mu^2}$ 有关，反射面的面间距 $d$ 越小，或衍射级次 $n$ 越大时，温度因数的影响也越大，即温度因数 $e^{-2M}$ 随 $\theta$ 角的增大而减小，出于原子热振动使高角衍射线强度有更大降低。

把温度因数和吸收因数结合起来考虑，温度因数 $e^{-2M}$ 与吸收因数 $A(\theta)$ 是以相反方向随 $\theta$ 角而变化的。尽管这两个因数的数值并不正好相等，但对 $\theta$ 角相差不大的衍射线，这两个因数的作用大致可以相互抵消。因此，在计算相对强度时，可以将它们忽略不计，从而大大简化计算工作。

**晶态聚合物结构的X射线衍射分析及其进展**

随聚合物材料的广泛应用，聚合物结构与性能的研究获得了迅速发展，晶态聚合物的结构研究是近年来国际上比较活跃的研究领域。晶态聚合物晶体结构的研究远比低分子要困难得多，与结晶低分子比较，晶态聚合物有以下几个特点：

(1) 聚合物晶胞是一个或若干个高分子链的链段构成，除少数天然蛋白质以分子链球堆砌成晶体外，绝大多数情况下高分子链以链段排入晶胞中，这与一般低分子以原子、离子或分子作为单一结构单元排入晶格有显著不同。

(2) 高分子链内以共价键连接，分子链间以范德华力或氢键相互作用，结晶时自由运动受阻，妨碍其规整排列，聚合物部分结晶且产生畸变晶格及缺陷。

(3) 结构的复杂性及多重性使得对聚合物结晶不仅要考虑如通常低分子结晶的微观结构参数，还要考虑结晶聚合物的宏观结构参数。

X射线衍射基本原理是当一束单色X射线入射到晶体时，由于晶体是由原子有规则排列成的晶胞组成，这些有规则排列的原子间距离与入射X射线波长有相同数量级，故由不同原子散射的X射线相互干涉叠加，在某些特殊方向上产生强X射线衍射，衍射方向与晶胞形状及大小有关，衍射强度与原子在晶胞中排列方式有关。用X射线衍射法对聚合物进行结构分析，获得的信息远比低分子少得多。原因如下：

(1) 至今尚未培养出适合于X射线衍射用的0.1mm以上单晶(生物高分子情况例外)，因此常使用单轴取向聚合物，用单晶回转法获取纤维图。但由此法得到三维反射数据很困难，除非使用双轴取向样品或固态聚合产物。

(2) 随衍射角增加，衍射斑点增宽，强度迅速下降。这是由于聚合物样品中共存着晶区及非晶区，晶区中仍包含有无序部分。

(3) 随微晶取向不完善性的增加，纤维图上衍射斑点逐渐增宽并成为一个弧。

(4) 可观察到独立反射点的数目是有限的(多者200，一般在40～100)，而低分子单晶常常是多于1000。

资料来源：黄华，郭灵虹. 晶态聚合物结构的X射线衍射分析及其进展，化学研究与应用，1998，10(2).

### 7.1.2 X射线衍射方法简介

适用于其他固体材料研究的所有X射线衍射仪器和衍射方法也都可用来研究聚合物材料。因为聚合物具有比较广泛的有序状态和结晶组织，所以，为了不同研究(如有没有结晶，结晶度，有序的情况，有序度，晶区尺寸，择优取向情况，取向度等)可以选用不同的衍射方法。在实际运用中又往往发展原有方法，设计新的实验，以便适应某种要求。

当一束单色的X射线照射到试样上时，可观察到两种过程：

(1) 如果试样具有周期性结构(晶区)，则X射线被相干散射，入射光与散射光之间没有波长的改变，这种过程称为X射线衍射效应，在大角度上测定，所以又称大角X射线衍射(WAXD)。

(2) 如果试样是具有不同电子密度的非周期性结构(晶区和非晶区)，则X射线被不相干散射，有波长的改变，这种过程称为漫射X射线衍射效应(简称散射)，在小角度上测定，所以又称小角X射线散射(SAXS)。

小分子晶体主要用WAXD研究，但对高分子材料，SAXS也相当重要。因而本章包括了这两种衍射方法。这里讨论在通常情况下对聚合物衍射最常用的方法，平板照相、德拜照相，X射线衍射仪法，这些都是大角度衍射法，小角散射，通过这几种方法可以深入理解X射线衍射原理，灵活运用其他方法。

## 7.2 大角度衍射法

### 7.2.1 大角度衍射的基本原理

根据布拉格方程式(7-8)，当衍射光源的波长$\lambda$不变时，衍射角度$\theta$越大，则$d$越小。所以，大角度衍射主要分析小分子晶体。射入晶体的X射线使晶体内原子中的电子发生频率相同的强制振动，因此每个原子即又可作为一个新的X射线源向四周发射波长和入射线相同的次生X射线。它们波长相同，但强度却非常弱。单个原子的次生X射线是微不足道的，但在晶体中由于存在按一定周期重复的大量原子，这些原子所产生的次级X射线会发生干涉现象。干涉是由于从不同次生光源射出的光线间存在光程差引起的，只有当光程差等于波长的整数倍时光波才能互相叠加，在其余情况下则减弱，甚至相互抵消。测量出衍射角度，根据布拉格方程，计算晶面间距、衍射指数和消光规律等相关信息，可确定晶体结构。

根据衍射线的强度和角度，可确定材料物相、晶粒大小、晶粒畸变等信息。

### 7.2.2 大角度衍射方法

1. 平板照相法

在聚合物X射线衍射研究中，平板照相是很有用的方法，因为一般情况下，如Cu靶，聚合物衍射都在低角区($2\theta<90°$)，特别是出现在$2\theta$小于50°以下的角度区域，平板照相正好得到这部分衍射花样。

照相光源可以用普通的衍射X射线源，如丹东仪器厂生产的JF-1型X射线晶体分析仪，由滤光片滤除$K_\beta$线或由晶体单色器单色化，用点焦点照相。如果有细焦点X射线管效果更好。利用劳厄相机，几何布置与劳厄照相的透射法相似，如图7.8所示。所不同的是，现在利用的辐射是特征X射线$K_\alpha$而不是连续谱，样品是聚合物而不是单晶。

经过滤光的入射X射线(Cu靶用Ni滤光)，经准直孔$S_1$、$S_2$和$S_3$准直，入射到样品P上。图7.8(a)所示为拉伸样品，图7.8(b)所示为未拉伸样品。样品可以是薄膜，也可以是粉末。对于合适厚度的薄膜，可以切下小块作样品，如果厚度不够，可把两层或几层叠起来，但对有取向薄膜，一定要保持各片取向一致。对于粉末材料，按图7.9(c)所示作个样品架，中间挖个2～3mm直径的圆孔，衍射时可把粉末样品压入孔中。如果是块状材料，可以用刀片切下小片作样品。聚合物纤维照相时，可以按图7.9(a)所示那样把纤维平行绕在样品框架上，也可以按图7.9(b)所示那样把一段纤维平行粘在框架上。

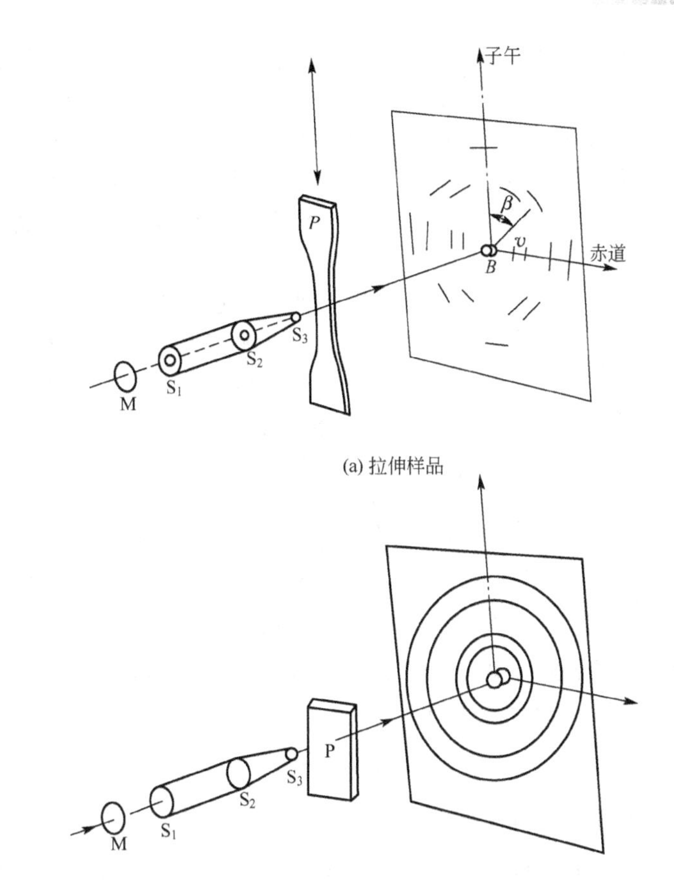


(a) 拉伸样品

(b) 未拉伸样品

**图 7.8　平板照相机几何布置**

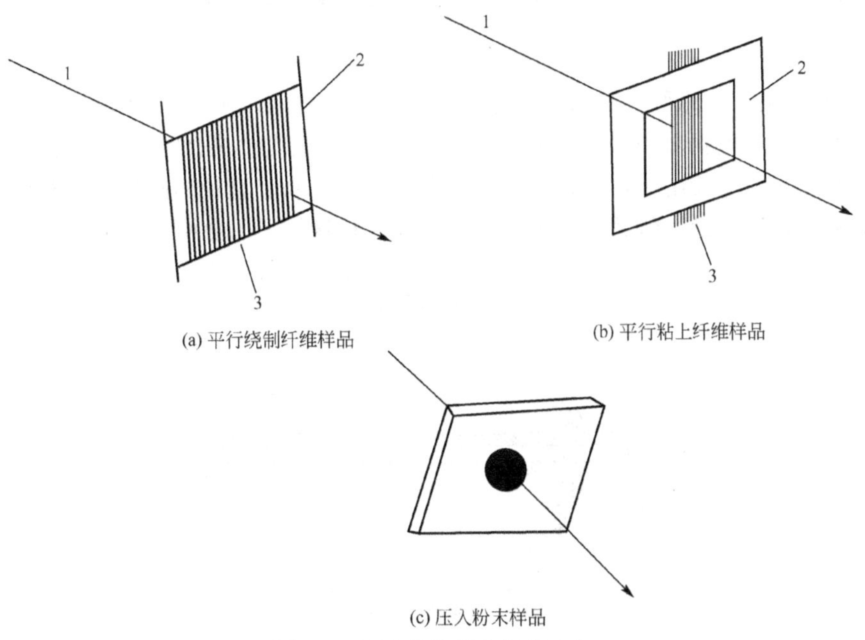


(a) 平行绕制纤维样品

(b) 平行粘上纤维样品

(c) 压入粉末样品

**图 7.9　聚合物衍射的制样方法**

在通常情况下的无取向聚合物结晶，样品是由晶区(粒)很小的多晶组成，总会有某些晶粒的($hkl$)点阵面与入射线夹角$\theta$处在满足布拉格方程位置，同其他材料的多晶一样，由于晶粒很细小，所以被X射线照射的晶粒数目很多，对于每一点阵面，一定有许多晶粒处在满足布拉格反射位置，这些衍射线形成一个衍射圆锥，圆锥以入射线方向为轴，半圆锥角等于$2\theta$(图7.10)。当衍射圆锥面和垂直于入射X射线方向的平板底片相遇时，使底片感光形成衍射环。不同的($hkl$)点阵面所产生的衍射，形成一系列的同心圆。样品无取向的平板照相，衍射花样是同心圆。

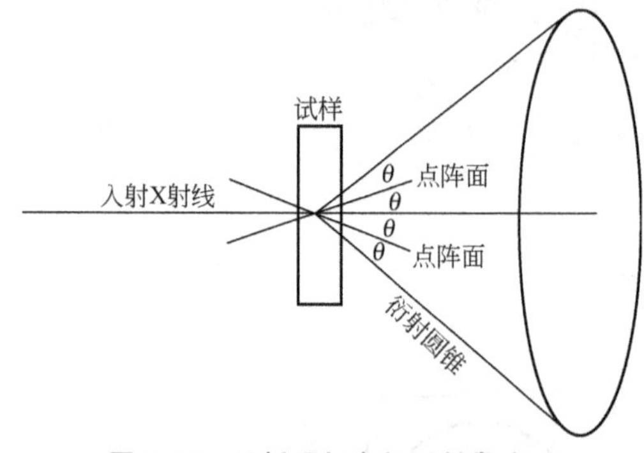

图7.10 平板照相参加反射点阵面

从以上分析，我们知道平板照相时，试样与直射光束成垂直的几何布置。这种几何布置从图7.10可以看出，参加($hkl$)反射的点阵面与样品表面的夹角都为$90°-\theta$，与试样表面平行的点阵面不能参加反射，请读者注意，这与以后讨论的衍射仪的对称反射布置几何特性正好相反。

从平板照相可以粗略计算点阵面间距。已知试样到底片的距离为$D$，某一($hkl$)衍射的衍射环半径为$L$，从图7.10可以得到

$$\tan 2\theta=\frac{L}{D} \tag{7-30}$$

利用这个公式，只要由底片上测得衍射环半径$L$，就可以求出$\theta$角，再由布拉格公式求出点阵面间距$d_{hkl}$。由于这种照相方法的试样到底片距离很难测准，$\theta$角误差比较大，因此$d$值的误差也比较大。但用这种照相可以得到许多结构信息，如取向情况、结晶情况等。如果要精确测定$d$值，或由$d$值进而求点阵参数，可以用德拜照相方法。

2. 德拜照相法

德拜-谢乐照相简称德拜照相。德拜照相使用圆筒相机，如图7.11所示。通常采用滤光片或经过晶体单色器单色化得到的特征X射线。聚合物X射线衍射研究中主要用Cu靶，点焦点，光栏一般用针孔准直管。试样做成0.5～1mm直径的圆柱状，片状材料可用刀片切下来长条形一段，断面不太圆也可以。纤维状材料可用金属框架撑起一束纤维作试

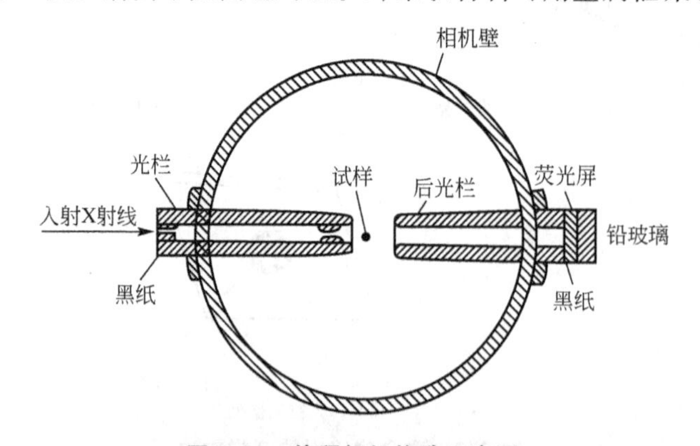

图7.11 德拜相机构造示意图

样。因为聚合物晶粒(区)很小，方向统计效果很好，照相时可以不用使样品绕轴转动，作好正中调整后，把试样固定在相机中心不动。在特殊情况下也可以直接用薄膜试样(单层或多层)，试样面与直射光束垂直放置。

虽然德拜衍射花样形成与平板照相的相同，但由于德拜相机是圆筒形，底片是长条状，紧靠着相机壁弯成圆形，底片与衍射圆锥相交成一对一对弧，所以这种照相不仅能记录到透射区的衍射，而且能记录到背射区($2\theta>90°$)的衍射，如图7.12所示。常用的德拜相机直径有57.3、114.6mm等，用57.3、114.6mm直径的德拜相机优点是：底片中线上沿底片长方向每1mm距离分别相当于2°和1°所对应的圆心角，即$4\theta$，这样给衍射花样分析带来了方便。

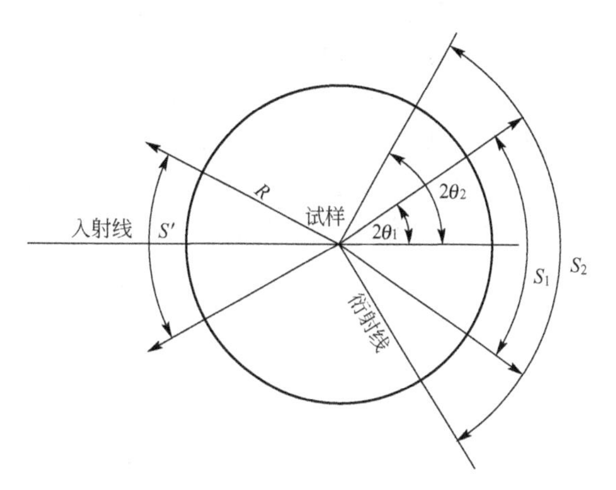


图7.12 德拜-谢乐法衍射几何

德拜照相的底片安装可以有正装法、背装法(又称反装法)和不对称装法(又称偏装法)等。正装法底片开口在出射光一侧，不对称装法的底片开口在与直射光束成垂直的方向。

根据不同需要可采用不同的安装底片方法。聚合物X射线衍射研究中德拜照相最重要的是正装底片法。不对称安装有助于求相机有效半径。在图7.12中，$R$是相机半径(单位为mm)，$S$是一对相应衍射弧线间的中线距离，其计算公式为

$$S=R\cdot 4\theta(\theta\text{单位为弧度})=\frac{4R\theta}{57.3}(\theta\text{单位为度}) \tag{7-31}$$

当$2R=57.3$时，式(7-31)为

$$S=2\theta(S\text{单位为mm，}\theta\text{单位为度}) \tag{7-32}$$

当$2R=114.6$时，式(7-31)为

$$S=4\theta(S\text{单位为mm，}\theta\text{单位为度}) \tag{7-33}$$

聚合物X射线衍射，在背射区($2\theta>90°$)很少有衍射线条出现。测量背射区衍射最好用背射底片法，量出$S'$(见图7.12)，得到$4\phi$，则

$$S'=R\cdot 4\phi(\phi\text{单位为弧度})=\frac{4R\phi}{57.3}(\phi\text{单位为度}) \tag{7-34}$$

其中

$$\phi=90°-\theta \tag{7-35}$$

由于德拜-谢乐相机是圆筒的，样品在圆筒中心，样品可以精细调整，底片可以校正，因而适合于精确测量$d$值。虽然在低角区误差比在高角区大，但与平板照相比较要精确得多。平板照相可以得到低角区的完整衍射环，而德拜照相由于底片是条状的，衍射环被截成一对一对弧，对于观察低角区的衍射“全貌”不如平板照相好，观察取向聚合物最好用平板照相。

3. 透射布置几何

入射光通过聚合物薄片样品，作垂直透射平板照相时，衍射花样主要在低角区

$(2\theta<90°)$。由于吸收作用，选择合适厚度试样可以使衍射光有最大强度，合适的样品厚度为

$$t_m=\frac{1}{\mu} \tag{7-36}$$

式中，$\mu$ 为在所用波长情况下，试样的线吸收系数。由图 7.13 可以看出，当衍射角 $2\theta$ 较大时，光束经过晶体的路程 $l_1+l_2$ 明显增加，造成 X 射线吸收增加，衍射线变宽。由于这些原因，在实际工作中，透射照相所用样品并不需要式(7-36)所决定的厚度而常采用 0.5～1.0mm 或更小的厚度。

垂直透射的几何布置不但在平板照相中采用，而且在衍射仪方法中也可采用。为了克服样品吸收造成的影响，在 X 射线衍射强度精确测量中，需要对实验强度作吸收校正。

参考图 7.13，$A$ 是入射光束的横断面积，样品的厚度为 $t$，$I_0$ 是假定无吸收情况下单位体积样品在 $2\theta$ 角处的衍射强度。于是，深入为 $x$ 处的体积元 $A\mathrm{d}x$ 的衍射强度为

$$\begin{aligned}\mathrm{d}I&=I_0A\exp[-\mu(l_1+l_2)]\mathrm{d}x\\&=I_0A\exp\left[-\mu\left(x+\frac{t-x}{\cos2\theta}\right)\right]\mathrm{d}x\end{aligned} \tag{7-37}$$

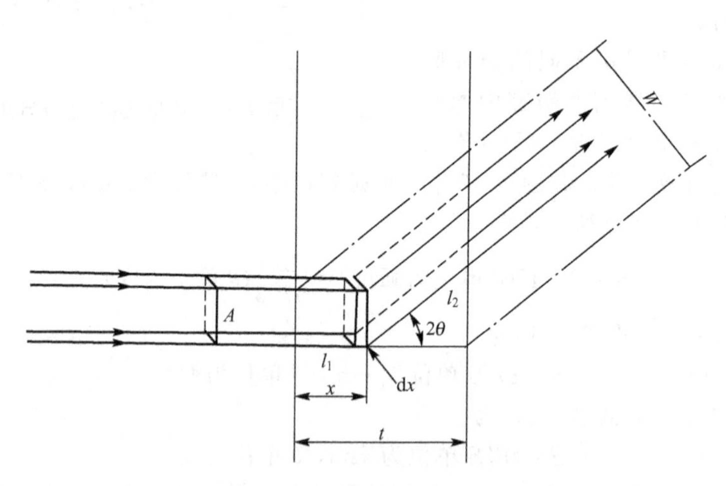


图 7.13 垂直透射法几何

对整个样品厚度积分，得到 $2\theta$ 角处的总衍射强度为

$$\begin{aligned}I_{2\theta}&=I_0A\exp(-\mu t\sec2\theta)\int_0^t\exp[-\mu x(1-\sec2\theta)]\mathrm{d}x\\&=\frac{I_0A}{\mu(1-\sec2\theta)}\exp(-\mu t\sec2\theta)\{1-\exp[-\mu t(1-\sec2\theta)]\}\end{aligned} \tag{7-38}$$

当 $2\theta=0°$时，总衍射强度为

$$I_{0°}=I_0At\exp(-\mu t) \tag{7-39}$$

式(7-39)除以式(7-38)，得到 $2\theta>0°$时的吸收校正因数为

$$\frac{I_{0°}}{I_{2\theta}}=\frac{\mu t(1-\sec2\theta)}{\exp[\mu t(1-\sec2\theta)]-1} \tag{7-40}$$

图 7.14 所示为样品与入射光束和衍射光束作对称倾斜布置的透射几何。这种布置主要适用于衍射仪，优点是可以在高位 $2\theta=90°$角度记录衍射强度。对称透射几何布置与垂

直透射的吸收校正因数不同。

由图 7.14 可以看出，入射光束断面积是 $A$，样品厚度为 $t$，在深入 $x$ 处的无限小体积元为 $A\sec\theta\mathrm{d}x$，它在 $2\theta$ 角处的衍射强度为

$$\begin{aligned}\mathrm{d}I &= I_0 A\sec\theta\exp[-\mu(l_1+l_2)]\mathrm{d}x \\ &= I_0 A\sec\theta\exp(-\mu t\sec\theta)\mathrm{d}x\end{aligned} \tag{7-41}$$

对整个样品厚度积分，得到 $2\theta$ 角处总衍射强度为

$$\begin{aligned}I_{2\theta} &= I_0 A\sec\theta\int_0^t \exp(-\mu t\sec\theta)\mathrm{d}x \\ &= I_0 At\sec\theta\exp(-\mu t\sec\theta)\end{aligned} \tag{7-42}$$

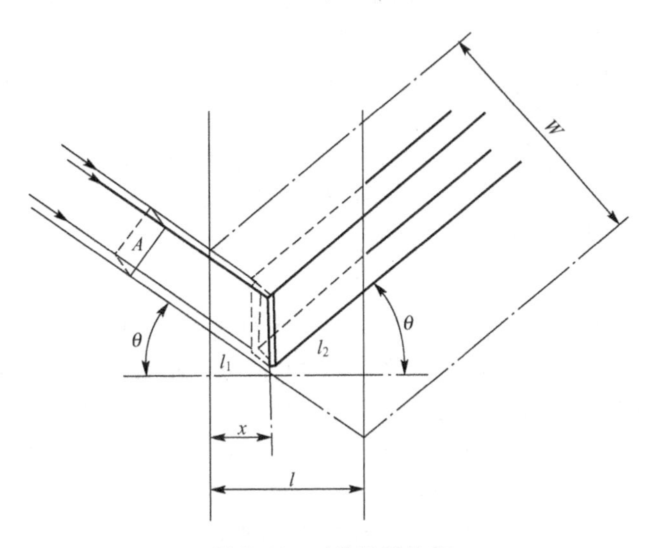


**图 7.14　对称透射几何**

于是，对称透射几何在 $2\theta>0°$时的吸收校正因数为

$$\frac{I_{0°}}{I_{2\theta}}=\frac{\exp[-\mu t(1-\sec\theta)]}{\sec\theta} \tag{7-43}$$

对称透射几何布置，样品为最佳厚度时，衍射强度最大，最佳厚度是 $\theta$ 角的函数，可以通过式(7-42)微分得到

$$t_{\mathrm{m}}=\frac{1}{\mu\sec\theta} \tag{7-44}$$

把这个结果与式(7-36)比较，可以看出对称透射几何与垂直透射几何的样品最佳厚度的差别。

4. 粉末衍射仪的衍射几何

粉末 X 射线衍射仪是目前 X 射线衍射分析中最普遍采用的 X 射线衍射分析设备。它不但适用于无机(多晶)材料，也适用于有机(多晶)材料，不但适用于结晶物质，也适用于非晶态物质，不但适用于人工合成材料，也适用于天然矿物，不但适用于小分子材料，也适用于聚合物材料，横跨多种学科，贯穿多个领域。X 射线衍射仪分析方法给出的有关材料结构信息是大量的。与衍射照相方法相比较，衍射仪测量快速，记录准确，在许多情况下已取代了照相法。在聚合物材料研究中，粉末 X 射线衍射仪与衍射照相法相结合，可以

更好地研究聚合物结构。

这里不打算详细介绍粉末衍射仪结构及各部件功能和操作，而只对测角器的衍射几何作简略介绍，并通过与平板照相比较，指出垂直透射衍射几何与对称反射衍射几何的异同。图 7.15 为粉末衍射仪构造示意图。光源 S 发出的 X 射线经索勒狭缝和 DS(发散狭缝)入射到样品上，从样品上发出的衍射 X 射线经 RS(接受狭缝)、索勒狭缝和 SS(散射狭缝)进入计数器(无衍射光束单色器情况)。样品所在角度(对直射光束)为 $\theta$ 角，计数器为 $2\theta$ 角，这是在 $\theta-2\theta$ 联合扫描时。$\theta$ 和 $2\theta$ 也可以作单独扫描，如把样品转到与直射光束垂直位置，这时 $\theta=90°$，作 $2\theta$ 扫描，衍射几何与平板照相相同，对聚合物 X 射线衍射特别适用。当 $\theta-2\theta$ 联动时，样品转过角 $\theta$，探测器转过 $2\theta$。为了满足准聚焦条件，通常总是 $\theta-2\theta$ 联合扫描，只有在特定需要时，才作 $\theta$ 或 $2\theta$ 单独扫描。

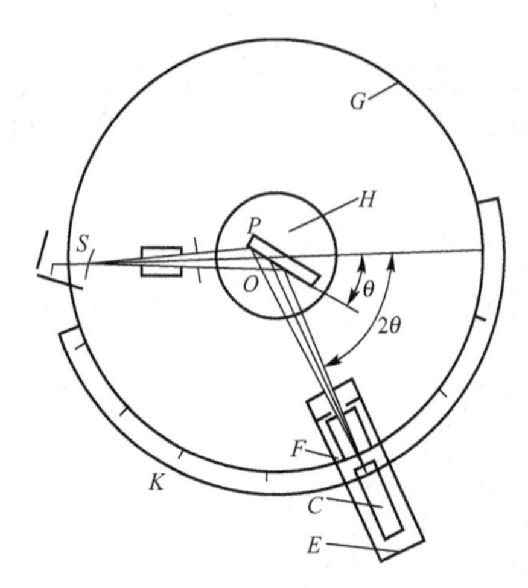

图 7.15　衍射仪构造示意图

粉末 X 射线衍射仪用计数器(探测器)计录，盖革、正比、闪烁计数器都有使用，现在常用的是闪烁计数器。在通常情况下，聚合物材料晶态和非晶态共存；聚合物晶体中，三维有序与严重的点阵畸变共存；有时候又可能一维有序、二维有序、三维有序共存。如果衍射仪用滤光片滤光，不能消除连续辐射，将使非晶散射和连续谱不易区别。所以，对于聚合物 X 射线衍射，最好用晶体单色器，如 LiF 单晶或石墨准单晶，结合脉冲高度分析器(PHA)，不但去掉了 $K_\beta$ 线，也消除了连续谱和高次谐波。

在粉末衍射仪中，晶体单色器既可放在入射线束中，也可以放置在衍射线束中，后者具有一些独特优点，特别是可以消除来自样品的荧光。图 7.16 所示为后单色器时衍射仪的衍射几何。

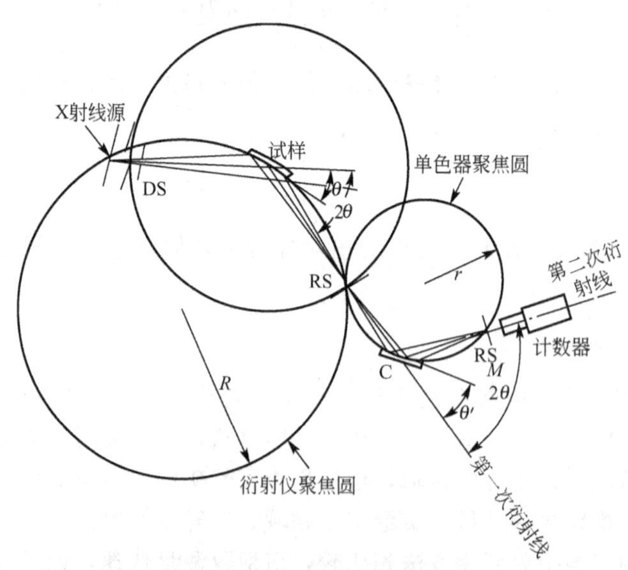

图 7.16　后单色器情况下衍射仪的衍射几何

晶体单色器对X射线的单色化作用通过布拉格衍射来实现。选定单色器单晶的强衍射面，调节单色器的这个衍射面与入射光束(对样品来说是衍射光束)的夹角$\theta'$，使$K_\alpha$(如Cu的$K_\alpha$)满足布拉格条件，$K_\beta$、连续辐射和其他散射不满足布拉格条件，得到只有$K_\alpha$(也包含$K_\alpha$的高次谐波)辐射的衍射光，实现衍射光束单色化。如石墨单色器的衍射面为0002面，$\theta'$是13.27°。

对于晶体单色器的衍射面，面间距$d$一定，由布拉格公式可知，对于一定$\theta'$，除了$n=1$外，衍射级次$n$还可以是2，3，4，…，$n$，相应的波长$\frac{\lambda}{2}$，$\frac{\lambda}{3}$，$\frac{\lambda}{4}$，…$\frac{\lambda}{n}$满足布拉格条件，通过单色器，这些高次谐波只有用脉冲高度分析器(PHA)去掉。

表7-2列出了常见的晶体单色器和衍射面，以及波长在0.154nm时的相对衍射强度。粉末衍射仪对称反射几何布置($\theta-2\theta$联动)时，与平板照相的衍射几何不同，参加反射(记录到)的点阵面总是那些与样品面平行(和接近平行)的点阵面，其他点阵面不参加反射，即不在探测器所接收到的位置。参考图7.10，如果样品在垂直样品面方向有择优取向，即从样品面到样品法线之间多晶取向不是随机的，用平板照相得到的衍射花样和衍射仪赤道扫描(对称反射)作出的衍射曲线并不一致，因为平板照相参加衍射的点阵面的几率与衍射仪情况下参加衍射的点阵面的几率不同，换句话说，平板照相参加衍射的那些晶粒不是衍射仪参加衍射的那些晶粒。平板照相的衍射几何与衍射仪垂直透射情况相同。

**表7-2 几种X射线单色化晶体的衍射面和相对衍射强度($\lambda=0.154$nm)**

| 晶体 | 衍射面 | 相对衍射强度 | 晶体 | 衍射面 | 相对衍射强度 |
|---|---|---|---|---|---|
| LiF | (200) | 93 | 铜 | (200) | 71 |
| 石墨 | (0002) | 620 | 水晶 | $(10\bar{1}1)$ | 43 |
| PET* | (002) | 115 | NaCl | (200) | 31 |
| 金刚石 | (111) | 120 | EDDT** | (020) | ～62 |
| 铅 | (200) | 24 | | | |

注：*为季戊四醇，**为酒石酸乙二胺。

晶态样品，不同的点阵面反射在不同的$2\theta$角产生锐衍射峰，如图7.17(a)所示的衍射曲线，其中也含非晶漫散射，图中的横轴是$2\theta$角，以度(°)为单位，纵轴是衍射强度，单位是每秒计数。峰顶标出的数值是点阵面间距$d$值。图7.17(b)所示为非晶态衍射曲线，没有锐衍射峰。依据这样观察，可以很容易定性地确定样品是晶态还是非晶态，或者是两者共存。

粉末衍射仪的扫描是赤道扫描，得到的衍射曲线是赤道上的强度分布，只有样品是由足够细完全随机取向的多晶组成时，赤道扫描得到的衍射强度分布才代表样品的“真实”衍射强度。如果样品有择优取向，赤道扫描的衍射强度分布不能代表样品的真实衍射强度。当以样品面法线方向为轴，把样品转过一定角度时，不同角位置的X射线衍射强度分布是不同的。用这种办法可以定性地观察样品面方向(在面内不同方向)存在的择优取向。图7.18所示拉伸$\beta$-聚丙烯沿不同方向扫描的衍射曲线。为了与平板照相对照，扫描时用垂直透射几何布置。

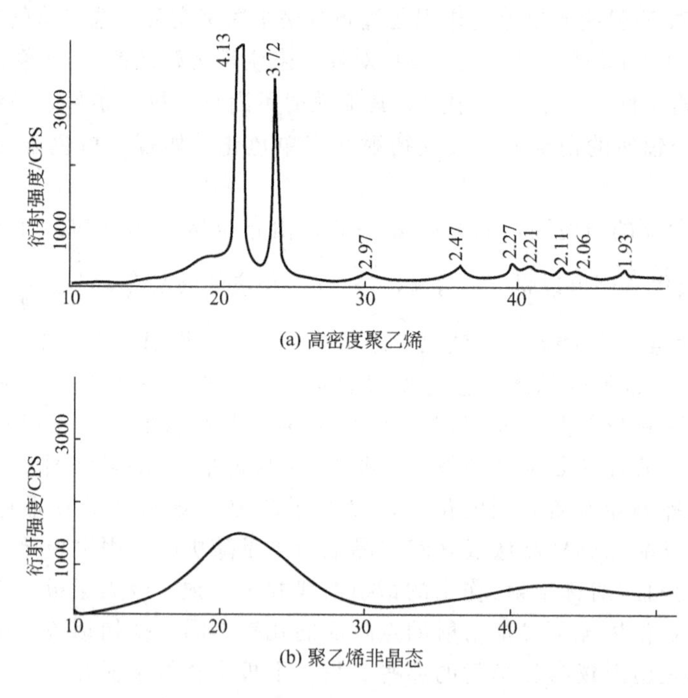


**图 7.17　晶态和非晶态聚乙烯 X 射线衍射曲线(对称反射几何)**

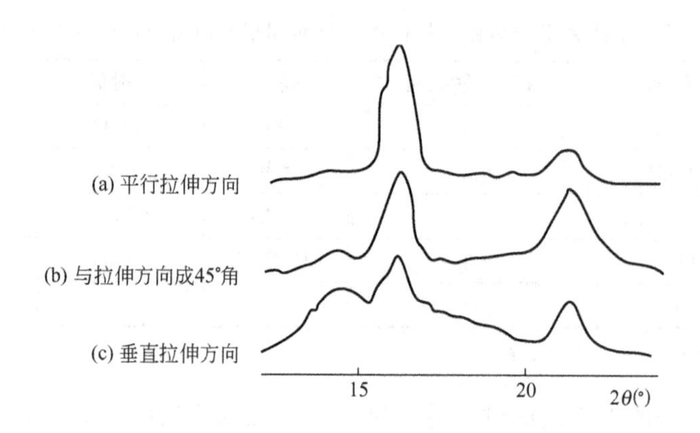


**图 7.18　拉伸 β-聚丙烯沿不同方向扫描**

5. 粉末衍射仪的聚焦

用粉末衍射仪作聚合物 X 射线衍射，可有三种放置样品的几何方式。如图 7.19 所示，(a)图是对称反射，(b)图是不对称透射，(c)图是对称透射。只有对称反射几何布置，才满足衍射仪的准聚焦条件。不对称透射和对称透射都是发散衍射光，不能使衍射光束聚焦，影响衍射线形。

对于对称反射，从焦点 X 发出的 X 射线，经过发散狭缝 $S_1$，把光束限制在一个小的发散角 $\alpha$ 内，通常用 1°，最大时可到 4°。当焦点 X 到样品 C 的距离 $|XC|$ 与样品到 F 的距离相等，$|XC|$ 和 $|FC|$ 分别与样品表面成相等角度($\theta$)时，从平板样品 C 发出的衍射线聚焦到焦点 F，实现对称反射的准聚焦。

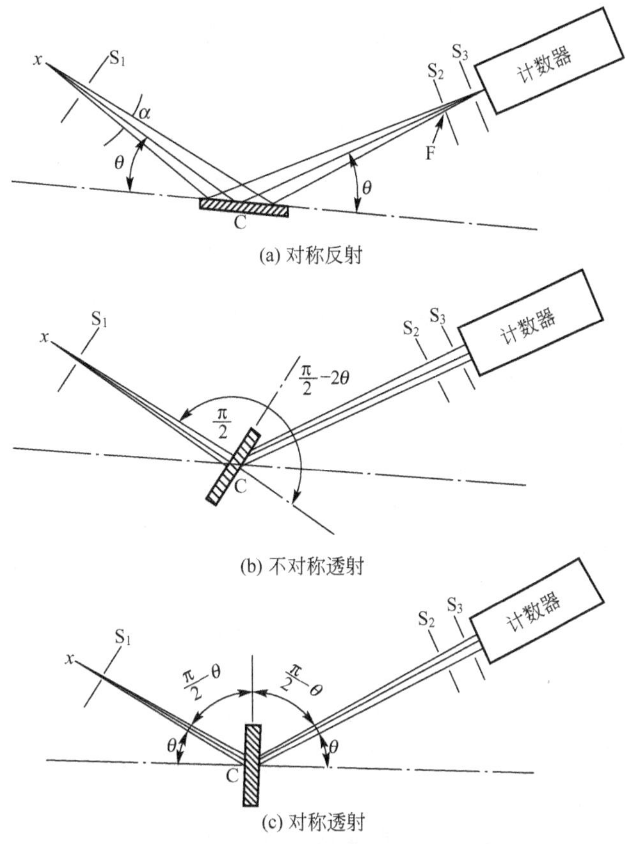


**图 7.19 粉末衍射样品的三种几何布置**

下面分析一下粉末衍射仪对称反射是如何聚焦的。如图 7.20 所示，$AB$ 是衍射仪多晶样品表面，$S$ 是光源集点，具有一定发射角的入射光束入射到样品上，中心光束为 $SO$，向上发散光束达到 $SC$，向下发散光束达到 $SD$，$SO$ 与样品表面夹角为 $\theta$ 时，$SC$ 与样品表面夹角为 $\theta+\delta$，$SD$ 与样品表面夹角为 $\theta-\delta$。参与反射的点阵面在图中用短线段代表，与样品表面夹角为 $\delta$，对于向上发散光束，反射光束与样品表面夹角为 $\theta-\delta$，对于向下发散光束，反射光束与样品表面夹角为 $\theta+\delta$，两束光(实际是一定角度分布的光)聚焦到 $F$ 点。

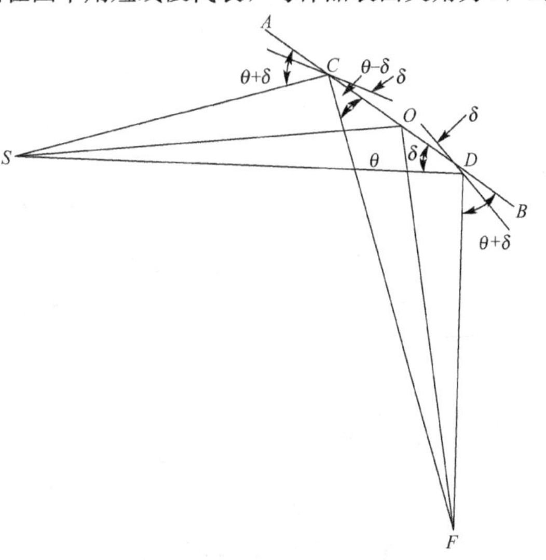


**图 7.20 粉末衍射仪对称反射布置聚焦原理**

图 7.21 所示为粉末衍射仪的对称反射聚焦几何，(a)图中实线大圆是衍射仪圆，虚线小圆是聚焦圆。对于不同的 $\theta$ 角，聚焦圆半径是不同的。衍射仪半径 $R$ 与聚焦圆半径 $r$ 关系从(b)图中可以看出为

$$\frac{R}{2r}=\cos(90°-\theta)=\sin\theta \quad (7-45)$$

$$r=\frac{R}{2\sin\theta} \quad (7-46)$$

### 7.2.3 大角度衍射的应用

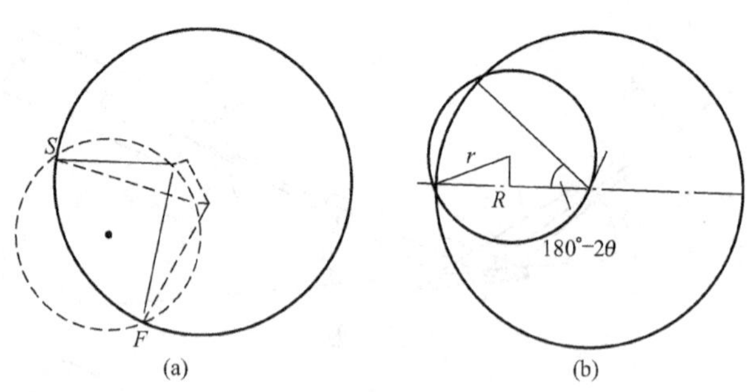


图 7.21　衍射仪聚焦圆

1. 高分子材料的定性鉴别

利用 WAXD 测定高分子的结晶结构参数常会遇到很多困难，原因如下：

(1) 衍射峰(或线条)很少，这是因为高分子结晶对称性低。衍射线强度大部分集中在低角区，以及与分子链平行的两三个衍射上，高角度反射常常由许多晶面的反射叠加而成。

(2) 峰较宽，因为晶粒小且分布宽($10^{-3}\sim10^{-6}$mm)，点阵畸变严重。

(3) 总有非晶弥散峰混于结晶峰中，峰的分离困难。即使是单晶，也有 5%～8%的非晶成分。

高分子结晶不像低分子结晶，可通过众多衍射线条的“指纹”特征就能进行定性分析，也没有系统的标准衍射数据可查，所以 X 射线方法在高分子材料的定性方面的应用是很有限的。

1) 结晶高分子与非晶高分子的区别

非晶高分子的粉末衍射图是一个弥散峰或弥散环(图 7.22)，峰的位置(约 20°)所相应的间距是分子的平均距离，约为 0.4～0.5nm，与液相中分子平均间距相同。

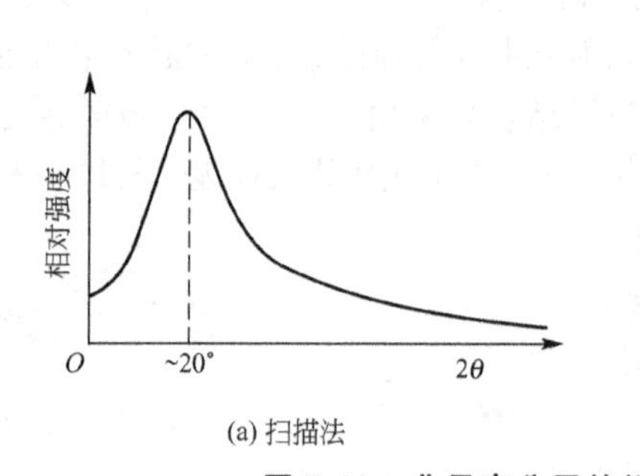


(a) 扫描法

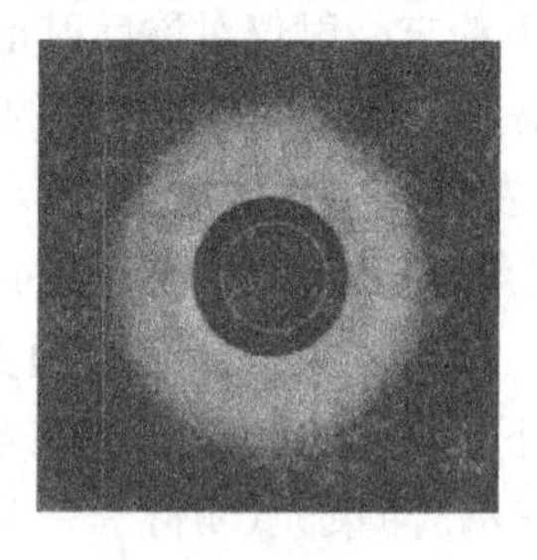

(b) 平板照相法

图 7.22　非晶高分子的粉末衍射图

而结晶高分子应有锐峰(环)，图 7.23 所示为聚对苯二甲酸乙二醇酯的例子，对于结晶更好的样品，图上每个宽峰还会进一步分开成两个或三个峰。

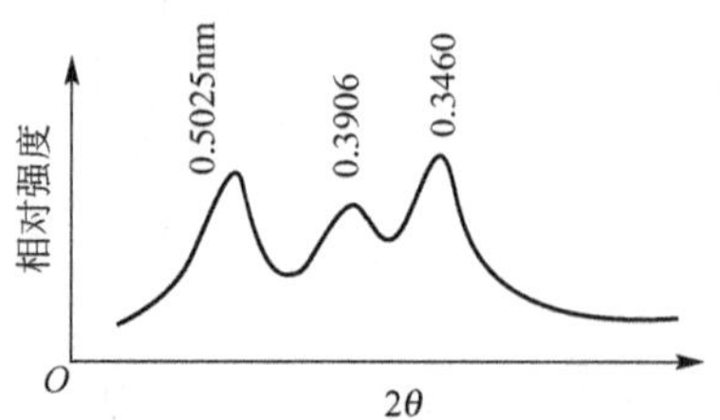


图 7.23　聚对苯二甲酸乙二醇酯的衍射曲线

比较种聚乙烯的衍射曲线(图 7.24)可见，高密度聚乙烯比低密度聚乙烯的结晶度高，结晶有序性好，因而衍射锐利，而且在高角度上还有比较弱的锐峰。两种聚乙烯的非晶漫散峰最大强度都出现在约 $2\theta=20°$处，相应的$d=0.444$nm。

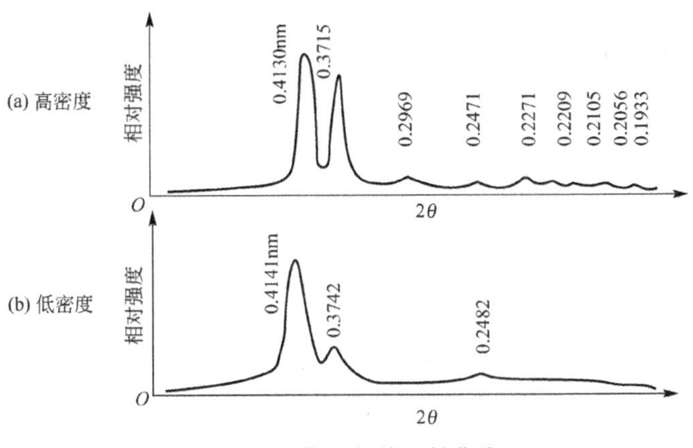


图 7.24 聚乙烯的衍射曲线

2）不同晶型的鉴别

同种聚合物在不同的结晶条件下可能会形成不同的晶型(或称变态)的晶体。典型的情况如聚丙烯和尼龙 6。

全同聚丙烯的 α 晶型属单斜晶系，是最常出现的一种，β 晶型属六方晶系，是在相当高的冷却速度下或含有易成核物质时，于 130℃以下等温结晶或在挤出成型时产生的；γ 晶型为三方晶系，只有在高压下或低分子量试样中才会形成。三种晶型的衍射图完全不同，很易识别，如图 7.25 所示。

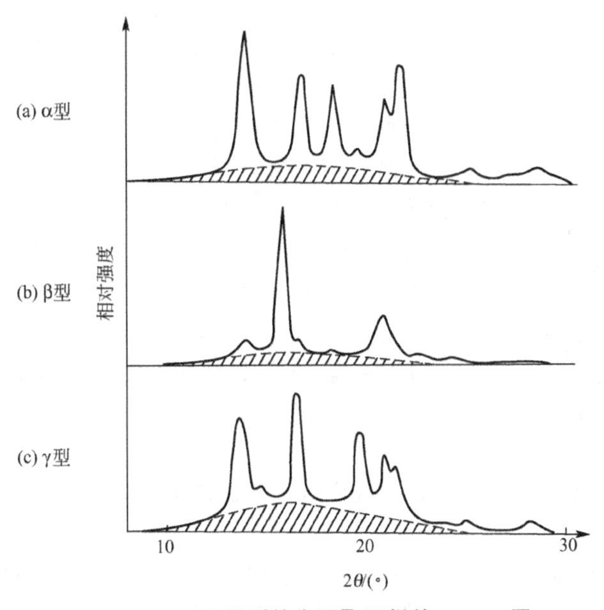


图 7.25 不同晶型的全同聚丙烯的 WAXD 图

尼龙 6 的 α 晶型和 β 晶型同属单斜晶系，它们的区别是 β 型在 $2\theta=11°$，有明显的(002)晶面的峰。γ 型是拟六方晶系，是急冷时形成的，衍射图上只出现反映分子平均间距 20°左右的一个峰，不过此峰比非晶峰要尖锐，如图 7.26 所示。

3）聚丁二烯异构体的区别

用 X 射线衍射法鉴别聚丁二烯不同异构体是十分有效的方法。各种结构聚丁二烯的

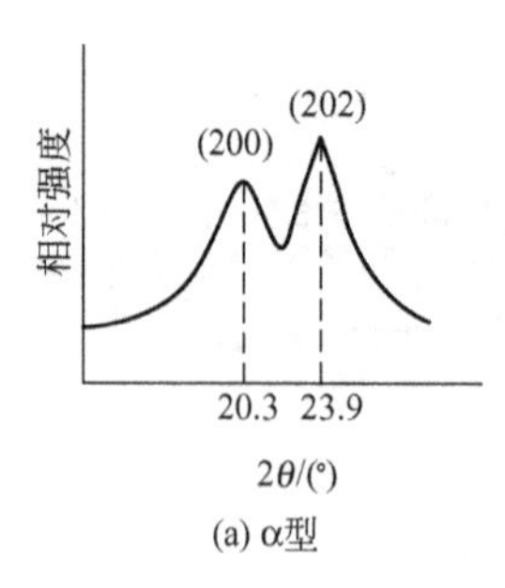

(a) α型

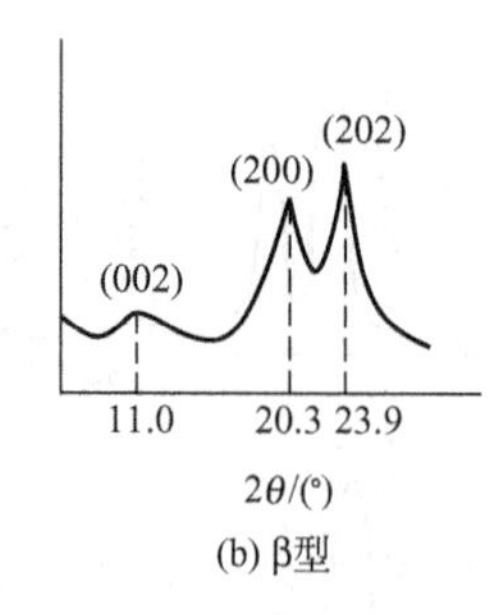

(b) β型

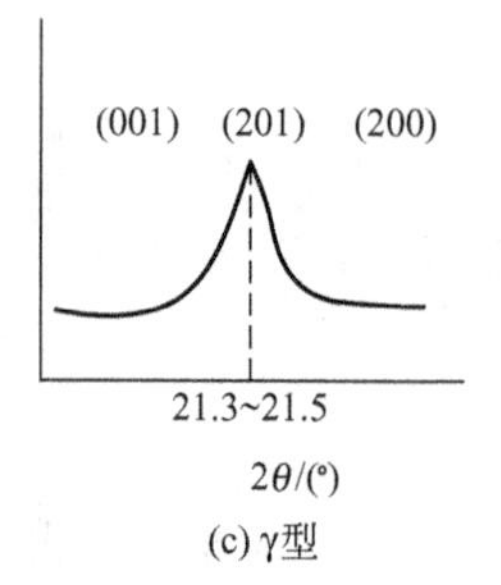

(c) γ型

**图 7.26 不同晶型的尼龙 6 的 WAXD 图**

WAXD 图如图 7.27 所示。

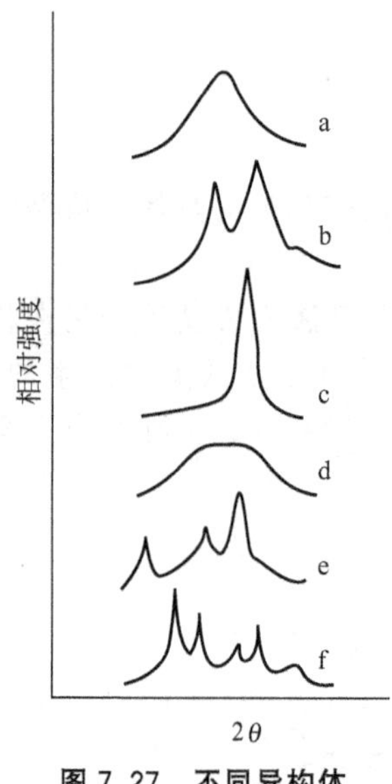


**图 7.27 不同异构体聚丁二烯的 WAXD 图**

a—无规 1，4—聚丁二烯；b—顺 1，4—聚丁二烯；c—反 1，4—聚丁二烯；d—无规 1，2—聚丁二烯；e —全同 1，2—聚丁二烯；f—间同 1，2—聚丁二烯

4）共混物与共聚物的分析

共聚物结构取决于各单体在形状和尺寸上是否相似，也与分子链侧基的大小有关，因而共聚物的 X 射线衍射图可能有以下三种情况：

(1) 两种均聚物衍射图重迭，各自的晶胞参数和衍射强度有些改变；

(2) 得到一个与各均聚物完全不同的新衍射图；

(3) 共聚后不结晶，衍射图为弥散峰。

一般来说，共混物要比共聚物简单，共混物的衍射常是各组分衍射的叠加，而且各组分对强度的贡献与组成成正比。但有时结晶生长时两组分的分子链互有扩散，则衍射图取决于共混和结晶的条件。

现以聚乙烯醇-聚丙烯腈共混物为例来说明(图 7.28)。将该共混物溶于二甲亚砜中干法纺丝，测定纤维衍射图的赤道线(零层线)。当纤维未经热处理时(图 7.28(a))，可以看出共混物保持了两组分各自的结构，尽管衍射峰略有变化；但纤维经 100℃热处理 1h 后(图 7.26(b))，衍射线条的位置和强度相对于原组分都有很大变化，说明至少在重结晶区结构有了改变。

5）添加剂分析

高分子材料中结晶性添加剂多为无机材料，衍射峰都比较锐，很容易与聚合物的衍射相区别。

当添加剂含量较低时，可能只出一两条衍射线，而且较弱。此时可以用分离方法例如焙烧法，以除去聚合物而留下添加剂，再用传统的 X 射线分析方法确定无机添加剂的组成。

2. 高聚物结晶结构的确定

到目前为止，还没有一种可靠的技术能直接测出高聚物晶体内部原子的排列情况，即使是分辨率最高的电镜，由于高聚物对电子束的不稳定性，最高能达到的分辨率也只有1～1.5nm 左右，比晶体中原子间距离大好几倍。因而晶体结构还主要依靠 X 射线技术间接推断。

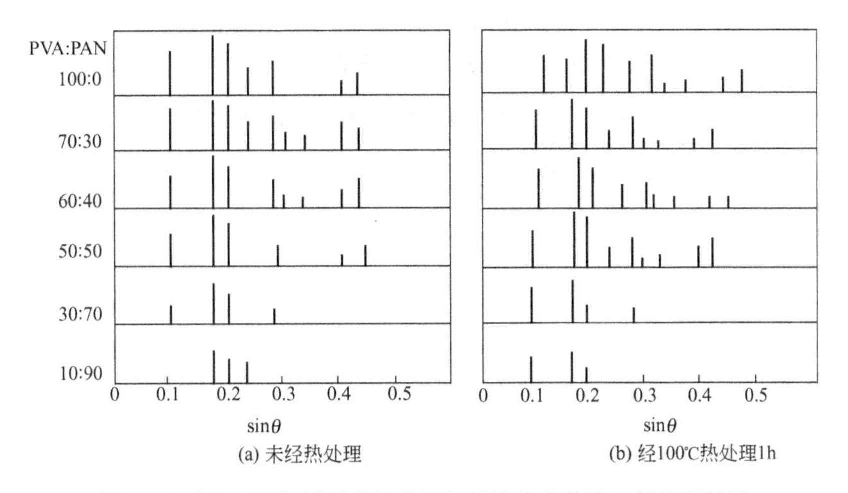


**图 7.28　聚乙烯醇-聚丙烯腈共混物纤维的赤道线 X 射线衍射图**

一般 X 射线衍射法测定晶体结构的步骤如下：

(1) 测定晶胞的形状和大小；

(2) 测定晶胞中原子数目；

(3) 将 X 射线衍射线条指标化；

(4) 测定点阵类型及对称情况；

(5) 根据衍射线条的强度测定晶胞中的原子位置。

由于高分子的结晶往往是对称性不高的晶系，分子在结晶中的排列又相当复杂，所以高分子结晶结构的完整测定是很复杂困难的事情。本节只介绍一些初步的分析方法，使读者利用实验数据，能尽可能多地获得有关高分子结晶结构的初步线索。

1) 利用粉末衍射图的分析

对粉末衍射图的线条指标化的步骤是相当烦琐的，为叙述方便，先以最简单的立方晶体为例。在立方晶体中，晶面间距为

$$d_{hkl}=\frac{a}{\sqrt{h^2+k^2+l^2}} \tag{7-46}$$

代入布拉格公式，得到

$$\sin\theta=\frac{n\lambda}{2d}=\frac{n\lambda}{2a}\sqrt{h^2+k^2+l^2}$$

$$\sin^2\theta=\frac{(n\lambda)^2}{4a^2}(h^2+k^2+l^2) \tag{7-47}$$

此式表明粉末衍射图中，任意两根不同衍射线条的位置有如下关系：

$$\sin^2\theta_1=\frac{(n\lambda)}{4a^2}\cdot m_1$$

$$\sin^2\theta_2=\frac{(n\lambda)}{4a^2}\cdot m_2$$

$$\frac{\sin^2\theta_1}{\sin^2\theta_2}=\frac{m_1}{m_2} \tag{7-48}$$

式中，$m=h^2+k^2+l^2$为正整数。$m$为正整数意味着对每一线条的 $\sin^2\theta$ 值，找到最简单的整数比关系，就可以将线条指标化。在寻找这些整数比时，须注意不应该使不可能出现的

线条出现，如 $m=7$、15、23 等，因它们不能使 $h$、$k$、$l$ 全为整数。

一个实例列于表 7-3。注意此法无法区别某些晶面，如(002)、(200)和(020)。

**表 7-3　对立方晶体的线条指标化的一个实例**

| 线条号 | $\sin^2\theta$ | $m=h^2+k^2+l^2$ | $\lambda^2/4a^2$ | $a$/nm | ($hkl$) |
|---|---|---|---|---|---|
| 1 | 0.140 | 3 | 0.0466 | 0.357 | (111) |
| 2 | 0.185 | 4 | 0.0463 | 0.358 | (200) |
| 3 | 0.369 | 8 | 0.0462 | 0.359 | (220) |
| 4 | 0.503 | 11 | 0.0457 | 0.361 | (311) |
| 5 | 0.548 | 12 | 0.0456 | 0.361 | (222) |
| 6 | 0.726 | 16 | 0.0454 | 0.362 | (400) |
| 7 | 0.861 | 19 | 0.0453 | 0.362 | (331) |
| 8 | 0.905 | 20 | 0.0453 | 0.362 | (420) |

再以六方晶体为例，根据晶面间距公式：

$$d_{hkl}=\{[4/(3a^2)](h^2+k^2+hk)+(l^2/c^2)\}^{-1/2} \tag{7-49}$$

代入布拉格公式，得到

$$\sin^2\theta=A(h^2+hk+k^2)+Cl^2 \tag{7-50}$$

式中，$A=\lambda^2/(3a)^2$，$C=\lambda^2/(4c)^2$。

首先找与($hk0$)对应的线条，因为这些晶面的 $l=0$，所以

$$\sin^2\theta=A(h^2+hk+k^2) \tag{7-51}$$

于是可以按立方晶体那样去分析，即

$$\frac{\sin^2\theta_1}{\sin^2\theta_2}=\frac{m_1}{m_2},\quad A=\frac{\sin^2\theta}{m}$$

式中，$m=h^2+hk+k^2$。

具体做法是列一个表(表 7-4)，求出每根线条的 $\frac{\sin^2\theta}{m}$ 值，找出相同的 $\frac{\sin^2\theta}{m}$ 值(即 $A$ 值)，从而这几根线条的指标也就确定了。

**表 7-4　对六方晶体的线条指标化实例的第一步**

| 线条号 | $\sin^2\theta$ | $\frac{\sin^2\theta}{3}$ | $\frac{\sin^2\theta}{4}$ | $\frac{\sin^2\theta}{7}$ | ($hk0$) |
|---|---|---|---|---|---|
| 1 | 0.097 | 0.032 | 0.024 | 0.014 | — |
| 2 | 0.112* | 0.037 | 0.028 | 0.016 | (100)或(010) |
| 3 | 0.136 | 0.045 | 0.034 | 0.019 | — |
| 4 | 0.209 | 0.070 | 0.052 | 0.030 | — |
| 5 | 0.332 | 0.111 | 0.083 | 0.047 | (110) |
| 6 | 0.390 | 0.130 | 0.098 | 0.056 | — |

这样求出 $A=0.112$ 或 0.111。接着，用类似方法，从下式求 $C$(见表 7-5)：

$$\sin^2\theta-A(h^2+hk+k^2)=Cl^2 \tag{7-52}$$

表 7-5 对六方晶体的线条指标化实例的第二步

| 线条号 | $\sin^{2\theta}$ | $\sin^{2\theta}-A$ | $\sin^{2\theta}-3A$ | $(hkl)$ |
|---|---|---|---|---|
| 1 | 0.097* | | | (002) |
| 2 | 0.112 | 0.000 | | (100)或(010) |
| 3 | 0.136 | 0.024* | | (101)或(011) |
| 4 | 0.209 | 0.097* | | (102)或(012) |
| 5 | 0.332 | 0.221* | | (110)或(103) |
| 6 | 0.390* | 0.278 | 0.054 | (004) |

从表 7-5 中带“*”的各数据，可以找到如下规律：

$$0.024=C(1)^2,\ 0.097=C(2)^2$$

$$0.211=C(3)^2,\ 0.390=C(4)^2$$

故而 $C=0.024$，各线条的归属也就清楚了。

对于四方晶体、正交晶体也可以用类似的方法分析，利用的关系式如下：

对四方晶系

$$\sin 2\theta=A(h^2+k^2)+Cl^2$$

对正交晶系

$$\sin 2\theta=Ah^2+Bk^2+Cl^2$$

2) 纤维衍射图的初步解释

利用单晶旋转法可以测定等同周期，如果分别测定了晶体的各轴向的等同周期，同时也就可确定各轴间的夹角。但在通常情况下，很难得到足够大的能作 X 射线衍射的聚合物单晶，而且 X 射线束与单晶的对准也困难。因而高分子常用纤维衍射代替单晶旋转法。

纤维是高度单轴取向的材料，它的衍射照相与旋转中单晶的情况相同。聚合物经单轴拉伸取向后，晶面分为两类，一类垂直于拉伸轴，另一类平行于拉伸轴，但没有一定的方向，因此纤维就满足了单晶旋转的条件。当入射的 X 射线垂直于拉伸轴的方向投射到样品时，就产生所谓“纤维衍射图”，得到的图案与旋转单晶的图案一样。图 7.29 所示为全同聚丙烯的纤维衍射图。

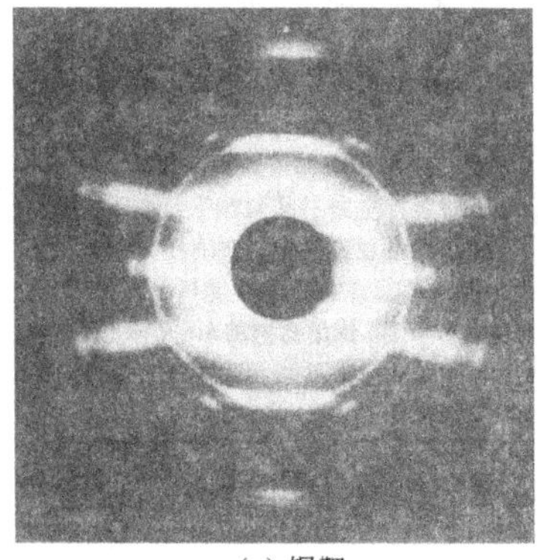

(a) 钢靶　　(b) 锈靶

图 7.29 高度取向全同聚丙烯的纤维衍射图

(1) $c$ 轴等同周期。从纤维衍射图的层线间的距离可以计算沿分子链方向(即纤维轴)

的等同周期。假定取向轴为 $c$ 轴，则从层线号数可以得到($hkl$)中的第三个指数 $l=0$，$\pm1$，$\pm2$。

(2) 在构象重复距离中单体单元的数目。子午线的衍射是由垂直于纤维轴的平面产生的，因而它反映了实际分子构象中在这个方向上的重复距离。有时该重复距离就等于单体单元长度，有时可能等于几个单体单元的总长度。因而根据子午线衍射开始于第几层线，可以推算出在构象重复距离中单体单元的数目。

(3) 等同周期与分子构象的关系。根据键长键角和假定平面锯齿形构象，可以计算出纤维轴的等同周期。如果计算值与实验值相符，说明假定的构象正确。如果计算值略大于实验值，可能是链发生扭转或疏松折叠构象，从两值的差别大小可以评价扭转或疏松折叠的程度；另一个可能是链晶胞对主轴有些倾斜。如果计算值远大于实验值，则可能是螺旋链构象。

例如已知聚乙烯纤维衍射图的1层线到零层线(赤道线)的距离 $y=22.77\text{mm}$，照相机半径 $r_F=30\ \text{mm}$，则等同周期为

$$C=\frac{l\lambda}{\sin[\tan^{-1}(y/r_F)]}=0.255\text{nm} \tag{7-53}$$

根据C—C键长0.154nm和四面体键角109.5°，理论单体单元长度为0.25nm，所以可以确定聚乙烯分子在晶体中采取平面锯齿形构象。

又如尼龙6，对于α型单斜晶体，$a=0.956\text{nm}$，$b=1.724\text{nm}$(链轴)，$c=0.801\text{nm}$，$\beta=67.5$。(在单斜晶胞中须定义 $b$ 轴为链轴)；而对于β型单斜晶体，$b=1.688\text{nm}$。很显然在β型晶体中分子链略有扭转或弯曲。

再如全同聚丙烯，观察到等同周期为0.65nm，说明不是平面锯齿形构象，而是$(TG)_3$构象(即$3_1$螺旋)，键角比109.5°略大。各种螺旋构象的等同周期的理论值示于图7.30。

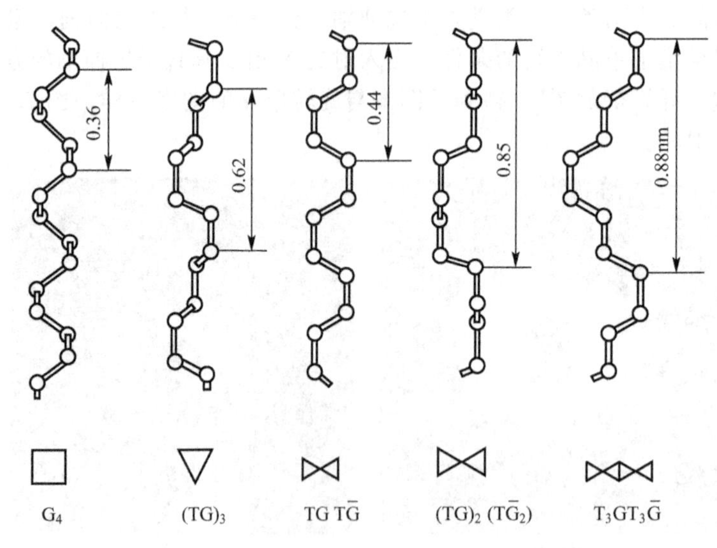


**图7.30 常见的螺旋构象与根据错开原理预计的等同周期**

T—反式构象；G、$\overline{G}$—百旁式构象

(4) 赤道线衍射点与分子构象的关系。从赤道线衍射点得到的 $d$ 值，能用于分析锯齿

形构象的宽度，指示邻近链间侧基原子和骨架原子之间的距离。

(5) 每个晶胞内的重复单元数。如果测得结晶密度，可以用下式算出晶胞中所含的重复单元数 $Z$ 或链数 $N$：

$$Z=\frac{dM_0}{V\times 6.023\times 10^{23}} \tag{7-54}$$

式中，$d$ 为结晶密度，$g/cm^3$；$M_0$ 为重复单元的摩尔质量，g/mol；$V$ 为晶胞的体积，$cm^3$。

例如聚乙烯，根据它的衍射图与饱和烃十分类似的特点(见图 7-31)，利用试差法，从已知的饱和烃结晶结构参数出发，很快就可以确定聚乙烯的 $a=0.740$nm，$b=0.493$nm，$\alpha=\beta=\gamma=90°$，加上从纤维衍射图测得的 $C=0.2534$nm，从而可求出晶胞体积。聚乙烯的密度实测为 0.96，代入上式后，得

$$Z=\frac{0.740\times 0.943\times 0.2534\times 0.96}{14\times 1.66\times 10^{-3}}=3.82\approx 4 \tag{7-55}$$

因此，一个晶胞内含有两根分子链，相当于 4 个重复单元—$CH_2$—，如图 7.31 所示。图 7.32 所示为聚乙烯的晶胞结构。反过来，用 $Z=4$ 代入上式，可求出完全结晶的密度为 $1.01g/cm^3$。

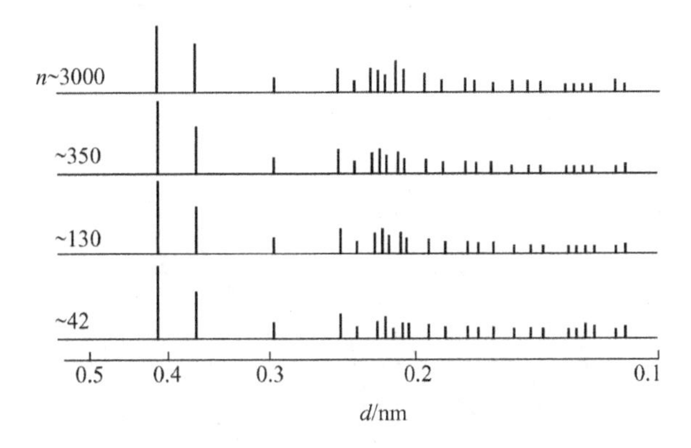


图 7.31 未取向聚乙烯和饱和烃的 X 射线衍射图的比较

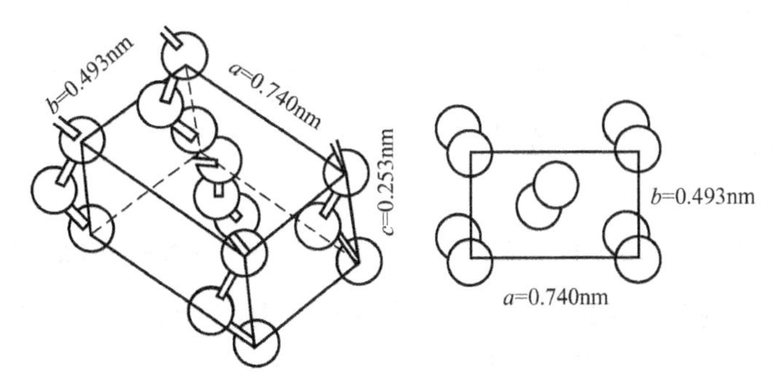


图 7.32 聚乙烯的晶胞结构

(6) 衍射强度提供的信息。首先初步检查某些衍射点是否比其他的强，强衍射表明这

些晶面上电子密度较大，意味着有更多原子在这些晶面上。那些特别强的衍射常常就是分子链所在的平面的衍射，尤其是有 P、S 等重元素的分子链。含芳环的平面也有很强的衍射。

其次检查有些衍射点是否系统地缺少。因为从晶体不同部位的衍射会干涉甚至相互抵消，从而使某些衍射点(或线条)消失，中心点阵、螺旋、滑移面的存在会引起这种现象。

3) 纤维衍射图的进一步分析

现以正交晶体的赤道线的指标化为例。赤道衍射是($hk0$)晶面的衍射。在正交晶体中，晶面间距为

$$d_{hkl}=\left(\frac{h^2}{a^2}+\frac{k^2}{b^2}\right)^{-1/2}=\frac{a}{\left[h^2+\dfrac{k^2}{b^2/a^2}\right]^{1/2}} \tag{7-56}$$

取对数得

$$\log d=\log a-\frac{1}{2}\log\left[h^2+\frac{k^2}{(a/b)^2}\right] \tag{7-57}$$

指定 $b/a$，可以计算不同的 $h$、$k$ 时的 $\log d$(注意：$\log d$ 值会带有 $\log a$)。以 $h$、$k$ 对 $\log d$ 作图，$\log d$ 为横坐标，作图时原点取作 $\log a$(可避免未知数 $\log a$)，这样就得到赫耳戴维(Hull－Davey)图(图 7.33)。

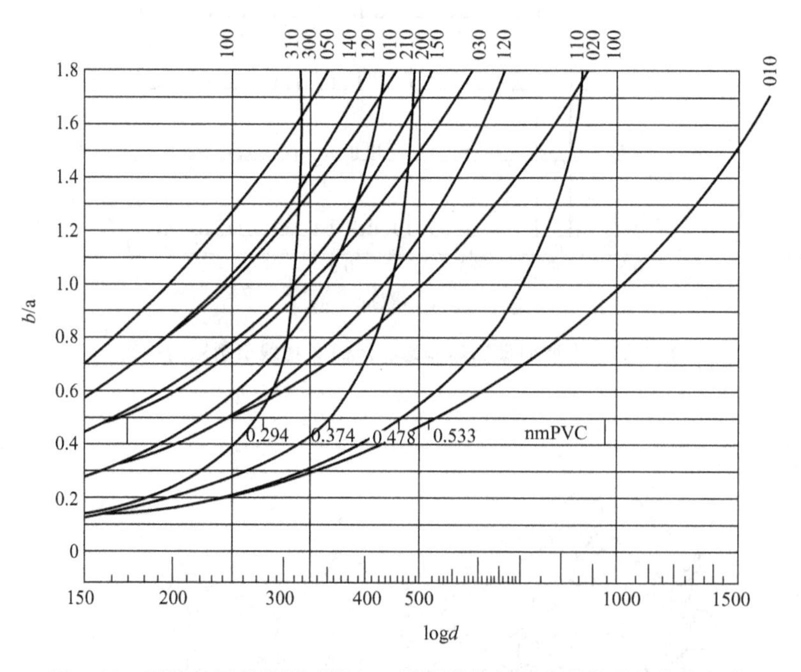


**图 7.33　利用赫耳戴维图对聚氯乙烯纤维衍射图赤道线的线条指标化**

将测得的 $d$ 值取对数在硬纸条上标出相应的点，刻度与赫耳戴维图的横坐标的刻度相同。把纸条水平放在图上，在水平和垂直两个方向移动纸条，一直到如图 7.33 所示，纸条上画的点都落在曲线上为止。于是得到 $b/a$ 及相应的衍射指数 $h$、$k$，实现了赤道斑点(或线条)的指标化。有了 $b/a$，又有了赤道衍射指标，即可求出晶胞常数 $a$、$b$。

## 7.3 小角度衍射法

在高分子凝聚态体系中，常常形成多相的结构。如聚乙烯、聚丙烯、聚酰胺、聚对苯二甲酸二乙酯和高抗冲聚苯乙烯等，前一例中是晶相、非晶相和中间相，后一例中则是橡胶增韧的粒子相分散在聚苯乙烯的基体连续相中，当然在粒子与基体之间亦存在界面相；在高分子溶液和胶体中，前者尽管在热力学上属均相，但每个高分子局域的微区内，高分子链密度显然大于微区外，对后者胶体来说，其分散相粒子则分散在连续相基体之中。上述所有这些分散的微区，相尺寸通常在nm～$\mu$m之间，微区大小、形状以及多分散性均将对高分子物性产生巨大的影响，例如，球形血红蛋白与镰刀形血红蛋白，前者是正常的，后者则致命。又如，松散形朊病毒与团聚形朊病毒，前者无害，后者则导致疯牛病和早老痴呆症等。

对于上述微区研究的科学依据是区内和区外存在着密度差$\Delta\rho_a$或电子密度涨落$\Delta\rho_c$，X射线小角散射正是根据这个密度差才给出关于微区大小、形状和多分散性等的有关信息；当分散相微区间存在相干时，在X射线小角散射图上也会得到反映，即所谓超结构凝聚态，如多孔材料的相关长度、层状堆砌相态的长周期等。通常研究胶体或多相体系的方法很多，如利用黏度、光散射、渗透压、表面张力、超离心法和电子显微镜等，但是这些方法制备试样均需技巧，而对X射线小角散射法(SAXS)来说，试样要求较为宽容，可以是液体、固体、晶体、非晶体或它们之间的混合体，也可以是包留物和微孔型材料等，所以一般来说，试样可以不作破坏就进行测定，而且还可反复使用或供其他测量使用。

从SAXS的原理来讲，在分析其所得结果时应予注意的有两条：

(1) 根据Bahinet光学倒易原理，即一个两相体系，若各相原来占有的空间互相倒易替换，这在散射上是不可区分的，当然通过其他相关信息，可以从两者之中取其一。

(2) 不可能准确地区别粒子形状和多分散性之间造成的散射。换言之，粒子大小分布与形状效应导致的散射具有等价性。

(3) 难以分辨散射是由各个独立粒子给出的总结果，还是存在粒子间的干涉。当然，稀释体系属前者，而致密体系则归属后者。

SAXS基本上是连续弥散形曲线或离散的峰形曲线，或是两者复合的叠加线。连续曲线主要来自大量粒子独立散射的结果或大量粒子的无规则相干散射的结果；离散散射则主要来自大量粒子由于一定规则组合而产生的有规则相干散射的结果，通常SAXS出现在0.1°到几度范围里，零位方向由于散射线与入射线重合，故不可测，当散射角超过5°后，小角散射强度基本上已趋近于零。从原理上来说，粒子的小角散射和晶体的广角衍射是不同的。

### 7.3.1 小角度衍射的基本原理

1. 散射角参数

通常在X射线散射中散射角被记为$2\theta$，即入射线与散射线或衍射线之间的夹角。但由于在文献中X射线小角散射的散射角参数表达不完全一致，故在本书中以下列三个主要

的角参数 $s$、$S$ 和 $m$ 来表示，它们之间的光路关系如图 7.34 所示，数学关系如下

$$s=|\rho_{hkl}|=2\sin\theta/\lambda\approx 2\theta/\lambda \tag{7-58}$$

$$S=2\pi s\approx 4\pi\theta/\lambda \tag{7-59}$$

$$m=2a\sin\theta\approx 2a\theta=a\lambda s \tag{7-60}$$

式中，

$$\rho_{hkl}=(S_{hkl}-S_0)/\lambda \tag{7-61}$$

因散射出现在小角度部分，故上式中可近似取 $\sin\theta\approx\theta$。

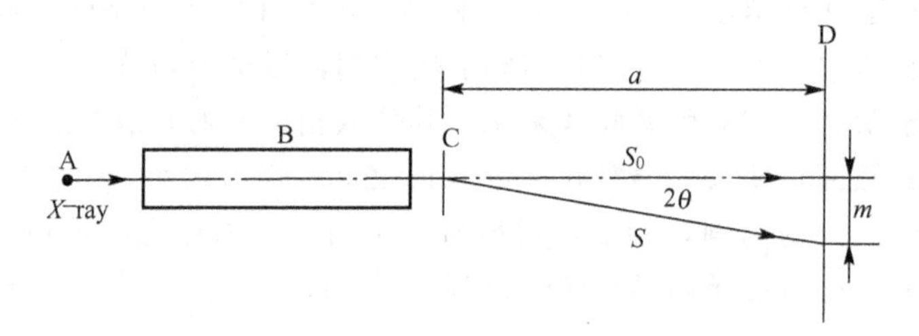


**图 7.34　SAXS 光路示意图**

A—X 射线源；B—光路准直系统；C—试样；D—底片或计数管；$a$—试样与底片间的距离

2. 小角散射的强度

在 SAXS 中，除 Lorentz 因子外其余三个均可忽略，这是因为散射角小，入射和散射的吸收因子 $A$ 均相同，偏振因子基本不变，且 $P\approx 1$；进而，微区结构在小角度所产生的散射通常与原子排列的规整性以及 Bragg 衍射晶面之间并不相关，所以，多重性因子 $j\approx 1$。由于存在微区的不均性，所以小角散射就可用球对称的结构因子来表示，即用 $F(s)$代替 WAXS 中的 $F(hkl)$，于是 SAXS 的强度可写为

$$I(s)=\langle L\cdot F^2(s)\rangle \tag{7-62}$$

式中，$L$ 类似于 WAXS 中的 Lorentz 因子，但在 SAXS 中则与实验条件以及微区粒子等的形状等参数有关。例如，SAXS 的积分强度当用针孔光栏时，$L\propto S^{-2}$；当用无限长狭缝光栏时，$L\propto S^{-1}$；当使用狭缝光栏时，若测量的是杆形粒子的断面，则 $L\propto S^1$，若测量的是片形粒子的厚度，则 $L\propto S^2$。在许多文献中，直接应用相关的参数而并不用 $L$。

3. 绝对强度的测定

可以与入射 X 射线强度项作对比的可测散射强度可视之为绝对强度，相对的强度数据仅用于测量高分子体系有关的几何参数(如长度、面积和体积等)，而绝对强度数据则可获知有关质量的参数(如分子量和电子密度分布等)。通常由于入射 X 射线强度远高于散射强度，进而在同一试样的测量中，散射强度随 $2\theta$ 的变化也可达 $10^5\sim10^6$ 数量级，所以在实际测量时，在技术上要作恰当的调节，如用衰减片或换挡测量等。读者如需要，可查阅相关实验专著。P. H. Hermans 等人曾用金属溶胶标样作为散射强度的参比物，O. Kratky 等人用金溶胶标样，它们的散射能力可以多年保持不变，并可用下式准确计算：

$$(\rho_1-\rho_2)^2\omega_1\omega_0 \tag{7-63}$$

式中，$\rho_0$ 和 $\rho_1$ 分别为溶剂和溶质的电子密度(e・mol/cm$^3$)，$\omega_0$ 和 $\omega_1$ 则分别为相应的体积分数。现在可以方便使用的是 PE 标样(如 Lupolen 1811M，片厚为 2mm)。有了标样，每次测量得到的散射强度就可作归一化处理。

4. 光栏

最初SAXS的基本理论是以点光源为基础发展起来的，然而针孔光栏光强太弱，SAXS本身又很弱，所以为提高实验的准确性，就采用了狭缝光栏，随之带来的问题就是要对狭缝光栏所造成的与原始理论的偏差进行校正。在这方面，已有许多基础工作，下面就择要进行介绍。

(1) 狭缝K度无限制且宽度可忽略。实测强度$\tilde{I}(S)$与点光源等价强度$I(S)$之间存在下列关系：

$$\tilde{I}(S)=\int_0^{\infty}W(\phi)I[(S^2+\phi^2)^{1/2}]\mathrm{d}\phi \tag{7-64}$$

式中，$W(\phi)$是与光栏系统有关的权重函数，$\phi$是与$S$同量纲的辅助积分变量。当狭缝为无限长且宽度极窄时，$W(\phi)=1$，于是可得到式(7-53)的解为

$$I(S)=-\frac{2}{\pi}\int_0^{\infty}\frac{\tilde{I}'[(S^2+t^2)^{1/2}]}{(S^2+t^2)^{1/2}}\mathrm{d}t \tag{7-65}$$

式中，$\tilde{I}'[(S^2+t^2)^{\frac{1}{2}}]$是$\tilde{I}(S)$对$S$的导函数。A. Cuinier等人以及随后的O. Kratky等人均对此进行了消模糊处理，即由狭缝光栏带来的误差应作校正，具体细节读者可查相关文献。

(2) 任意高度的窄狭缝。若上文$W(\phi)$可采用下列形式：

$$W(\phi)=\frac{2p}{\sqrt{\pi}}\exp(-p^2\phi^2) \tag{7-66}$$

$$I(S)\simeq\frac{1}{p\pi^{1/2}}\left(\frac{\tilde{I}(S)}{S}+\int_S^{\infty}\frac{\mathrm{d}u}{(u^2-S^2)^{3/2}}\cdot S\cdot\tilde{I}(S)\right) \tag{7-67}$$

O. Kratky等人得到：

$$I(S)=-\frac{\exp(p^2S^2)}{P\pi^{1/2}}\int_0^{\infty}\frac{N'[(S^2+t^2)^{1/2}]}{(S^2+t^2)^{1/2}}\mathrm{d}t \tag{7-68}$$

式中，

$$N(S)=\tilde{I}(S)\exp(-p^2S^2),\quad N'=dN(S)/\mathrm{d}S \tag{7-69}$$

P. W. Schmit直接将$\tilde{I}(S)$与$I(S)$以下式相互联系：

$$I(S)\simeq\frac{1}{p\pi^{1/2}}\left\{\frac{\tilde{I}(S)}{S}+\int_S^{\infty}\frac{\mathrm{d}u}{(u^2-S^2)^{3/2}}\cdot\left|S\cdot\tilde{I}(S)-u\tilde{I}(n)\exp[-p^2(u^2-S^2)]\right|\right\} \tag{7-70}$$

(3) 狭缝有确定的宽度。通常狭缝的宽度远小于其长度，故在校正时总被忽略，但在作准确测量时，因狭缝宽度引起的实测强度的模糊效应就必须进行消模糊处理。O. Kratky等人在研究空气溶胀再生纤维素时，对Bragg间距大于1000Å的散射角强度进行了狭缝宽度的校正。

若实测强度为$\tilde{I}(S)$，试样的散射强度为$I(S)$，在测定面位置处入射线的线形为$Q(S)$，则它们之间的卷积关系为：

$$\tilde{I}(S)=\int_{-\infty}^{+\infty}I(S-x)Q(x)\mathrm{d}x \tag{7-71}$$

将 $I(S-x)$ 以 $S$ 作 Taylor 级数展开，则有：

$$\tilde{I}(S)=\int_{-\infty}^{+\infty}\left[I(S)-I'(S)\cdot x+I''(S)\cdot\frac{x^2}{2}-\cdots\right]Q(x)\mathrm{d}x$$
$$=I(S)-I'(S)\cdot\langle x\rangle+I''(S)\frac{x^2}{2}-\cdots \quad (7-72)$$

然后将原点移至 $Q(x)$ 的重心 $x=\langle x\rangle$，再经相应的变换即得

$$I(S)=\tilde{I}(S)-\left[\frac{\tilde{I}(S+\xi)+\tilde{I}(S-\xi)}{2}-\tilde{I}(S)\right] \quad (7-73)$$

式中，$\xi=(\langle x^2\rangle)^{1/2}$。

对于狭缝的长度和宽度，可以分别进行校正，其最后的结果与两者校正的顺序无关。

5. 散射能力与散射不变量

1）物系的散射能力

对任何物系来说，其产生 X 射线散射总是与物系内存在某种不均匀结构分布有关。若对此不均匀性不作任何特殊的假定，则惟一可以作为确定参数的就是电子密度的均方涨落 $\langle(\rho-\langle\rho\rangle)^2\rangle$，此参数被 V. Luzzati 等人称之为物系的散射能力，它与散射强度 $I_n$ 之间的关系如下：

$$\langle(\rho-\langle\rho\rangle)^2\rangle=\left(\frac{4\pi}{i_e N^2}\right)\frac{1}{\mathrm{d}a\lambda^3}\int_0^{\infty}I_n(m)\mathrm{d}m \quad (7-74)$$

式中各参数按 O. Kratky 和 G. Miholic 的定义为：$m$ 为在底片平面处入射 X 射线与散射线间的距离(cm)；$I_n=\nu\eta i_n=\lambda^2 i_e\eta i_n$，$\tilde{I}_n=\gamma\eta\tilde{i}_n=\lambda^2 i_e\eta\tilde{I}_n$；$i_n$ 为归一化绝对强度；$\gamma=\lambda^2 i_e$（$\lambda$ 单位为 Å）；$\lambda$ 为 X 射线波长(cm)；$i_e=7.9\times10^{-26}$，为 Thomson 自由电子的散射常数；$\eta$ 为试样厚度(电子数/cm²)；$d$ 为试样厚度(cm)；$\alpha$ 为试样到检出器之间距离(cm)；$N$ 为 Avogadro 常量。

电子密度的相对均方涨落则为

$$\frac{\langle(\rho-\langle\rho\rangle)^2\rangle}{\langle\rho\rangle}=\frac{4\pi}{\gamma\eta}\int_0^{\infty}s^2 I_n(s)\mathrm{d}s$$
$$=\frac{2\pi}{\gamma\eta}\int_0^{\infty}s\tilde{I}_n(s)\mathrm{d}s \quad (7-75)$$

注意 $\rho$ 的单位是 e · mol/cm，而 $\rho'$ 则是 e/Å³。

2）散射不变量 $Q$ 或 $\tilde{Q}$

G. Porod 定义散射不变量如下：

对针孔光栏

$$Q_s=\int_0^{\infty}s^2 I(s)\mathrm{d}s \quad (7-76)$$

对狭缝光栏

$$\tilde{Q}_s=\int_0^{\infty}sI(s)\mathrm{d}s \quad (7-77)$$

此量为实验可测量(零位不可测，但可由物系结构组成推知，使用绝对单位)，用它即可求得电子密度的均方涨落。此外，该量还有许多重要的应用，如测量粒子的平均尺寸、相关长度和空穴的内表面积等。

不论 $Q$ 所用的角参数如何表达，总有：

$$\tilde{Q}=2Q \tag{7-78}$$

即角参数可用 $m$、$\theta$、$S$ 和 $s$，但总可成立相应的平行关系，例如：

$$Q_m=\int_0^{\infty} m^2 I(m)\mathrm{d}m,\quad \tilde{Q}_m=\int_0^{\infty} mI(m)\mathrm{d}m \tag{7-79}$$

这些平行方程之间存在下列关系：

$$\begin{cases} Q_m/Q_s=(\alpha\lambda)^3, & \tilde{Q}_m/\tilde{Q}_s=(\alpha\lambda)^2 \\ Q_m/Q_\theta=(2\alpha)^3, & \tilde{Q}_m/\tilde{Q}_\theta=(2\alpha)^2 \\ Q_\theta/Q_s=(\lambda/2)^3, & \tilde{Q}_\theta/\tilde{Q}_s=(\lambda/2)^2 \\ Q_S/Q_s=(2\pi)^3, & \tilde{Q}_S/\tilde{Q}_s=(2\lambda)^2 \end{cases} \tag{7-80}$$

仍需提醒的是 $Q$ 与 $\tilde{Q}$ 在极小角区与很大角区的测定均有问题，前者不可测，后者则测不准。通常从外推线来获得全部角区的散射。从理论上讲，全倒易空间里的零位散射可以从物系结构组成推得，而散射的大角尾区则可从 Porod 得出的 $m^4 I(m)$或渐近线束推得。

### 7.3.2 小角度衍射的应用

SAXS 能用于研究数纳米到几十纳米的高分子结构，如晶片尺寸、长周期、溶液中聚合物分子的回转半径、共混物和嵌段共聚物的层片结构等。

1. 长周期和晶片厚度

根据统计结果，在结晶高分子的折叠链晶片中，一个分子来回折叠不会超过 3～4 次，晶片与晶片之间必然存在一定间距，该间距是链端及链从一个晶片到另一个晶片的过渡部分，为非晶区。在 SAXS 测定中，从散射峰值求得的间距 $L$ 并不是晶片厚度 $D$，而包括了这部分非晶区 $d$，被称为长周期(见图 7.35)，故 $L=D+d$。

只有在单晶的情况下才能得到晶片厚度 $D$。例如，使聚乙烯单晶的板面几乎平行于 X 射线，即在极小角度下进行测定，结果如图 7.36，左边第一个散射峰位于 $14'$，右边第一个散射峰位于 $13'$，从而求得平均厚度 $\overline{D}=38.5\text{nm}$。由于晶片厚度存在分布，$D$ 和 $L$ 不像晶格的定义那么严格，都只是统计平均值。

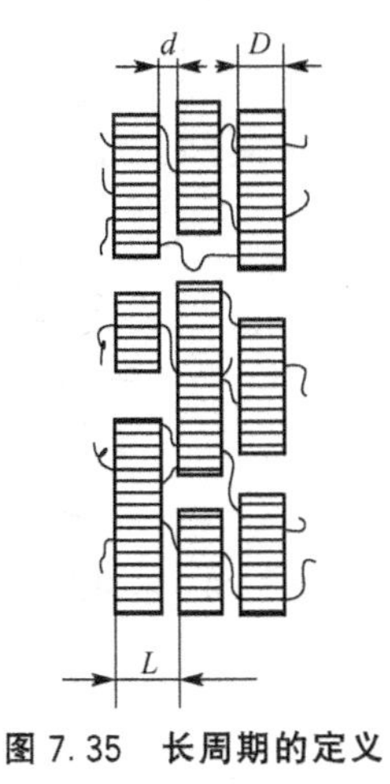


图 7.35 长周期的定义

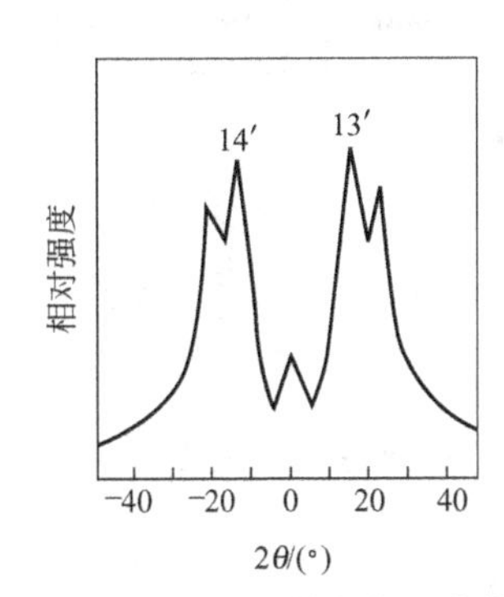


图 7.36 聚乙烯单晶的小角 X 光散射图

由于散射角非常小，$\sin 2\theta \approx 2\theta$，定义散射角 $\varepsilon = 2\theta$，则布拉格公式可改写为

$$n\lambda = L\varepsilon \tag{7-81}$$

这是用于计算长周期的基本公式。

图 7.37 所示为测定长周期的一个实例，偏氯乙烯-氯乙烯共聚物的长周期随组成的改变而改变，因而通过长周期的测定可分析组成比。

2. 晶片的形态

SAXS 能提供晶片宽度、倾斜度和规整性等方面的信息。晶片较宽，散射为斑点；晶片较窄时，散射成为带状(图 7.38)。当晶片倾斜时，散射花样也倾斜，倾斜方向为晶片的法线方向(图 7.39)。当晶片规整性不好时，斑点变大(图 7.40)。

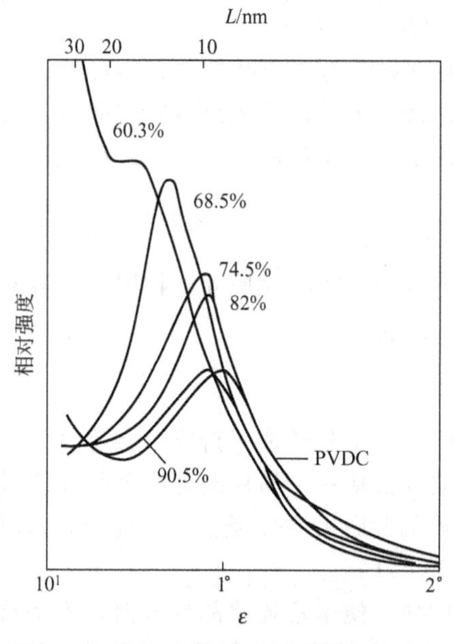


图 7.37 偏氯乙烯-氯乙烯共聚物的小角

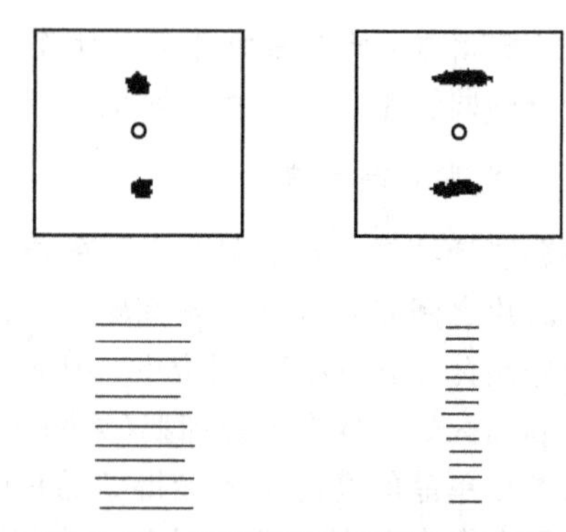

图 7.38 不同宽度晶片的 SAXS 图

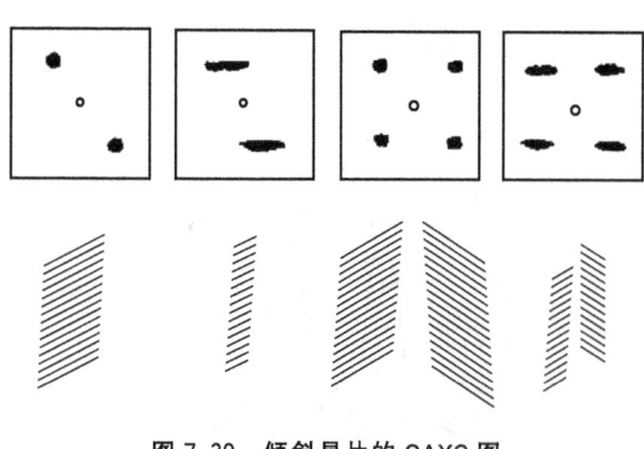

图 7.39 倾斜晶片的 SAXS 图

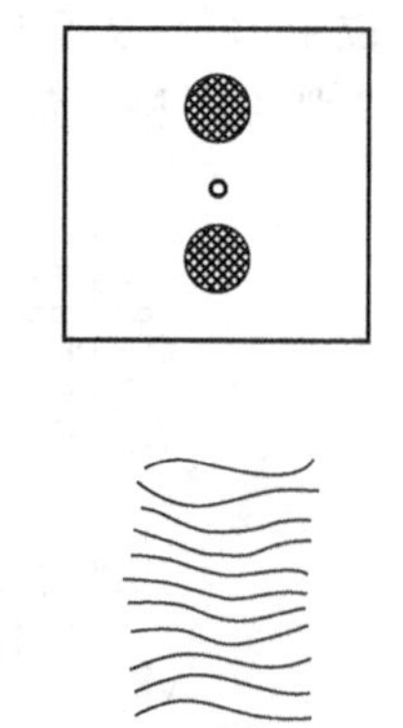

图 7.40 不规则晶片的 SAXS 图

3. 球晶的形变

SAXS 能用于观察球晶的形变过程。以聚乙烯醇的取向薄膜为例(图 7.41)，未拉伸时，

散射花样是圆环，表明是未形变球晶；在低拉伸倍数(如20%)下，散射花样成为椭圆，说明球晶只是均匀地形变，此时观察到长周期在拉伸方向上增大，在垂直方向上缩小；在较大的拉伸倍数下，散射环分裂成弧，晶片方向产生明显改变，弧的角度表明了晶片倾角的分布；当进一步增加拉伸倍数时，弧退化成层状散射点，指示晶片垂直于取向方向而排列。

用SAXS研究聚乙烯模塑样条(厚度0.3mm)冷拉时的结构，发现可以分为三个区。A区未形变，B区是过渡区，形变逐渐加大，C区为细颈化区，基本上成为纤维状结构。

4. 粒子尺度的测定

小角散射中心强度与粒子尺度有如下关系：

$$I=Mn^2\varphi(\varepsilon) \tag{7-82}$$

式中，$I$为测得的强度；$M$为体系中的粒子数；$n$为每个粒子中电子的数目；$\varphi(\varepsilon)$为与形状大小有关的函数。

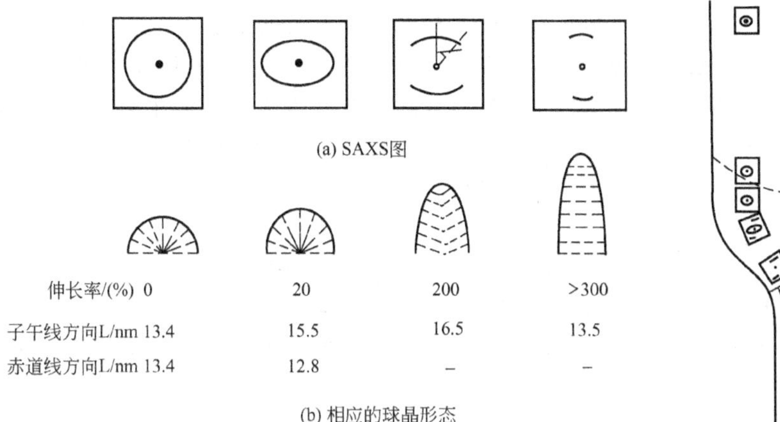


图7.41 不同拉伸比的聚乙烯醇薄膜的小角X射线散射结果

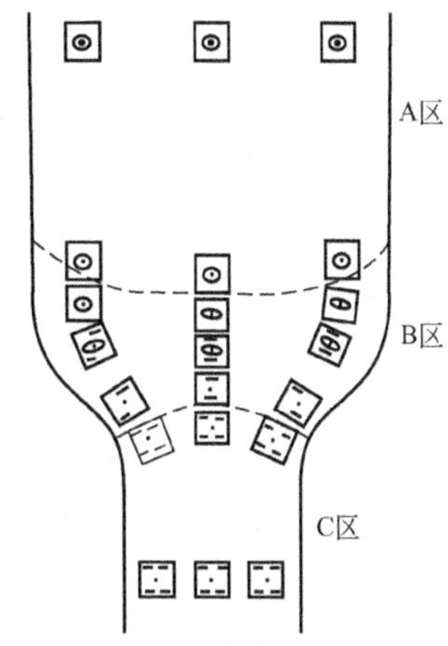


图7.42 冷拉聚乙烯样条的SAXS图

对于不规则粒子，$\varphi(\varepsilon)$可用回转半径$R_0$表达如下：

$$\varphi(\varepsilon)=\exp\left(-\frac{4}{3}\cdot\frac{\pi R_0^2\varepsilon^2}{\lambda^2}\right) \tag{7-83}$$

式中，$\varepsilon$为散射角。

将$\varphi(\varepsilon)$表达式代入前式，并取对数，得

$$\ln I=C-\frac{4}{3}\pi R_0^2\varepsilon^2 \tag{7-84}$$

式中，$C$为常数。

以$\ln I$对$\varepsilon^2$作图，从斜率可求得$R_0$。因为$R_0$是一个估算值，所以称为尺度而不称为尺寸。

**X射线普通衍射和小角度衍射的区别**

小角度X射线衍射和普通X射线衍射，这是X射线衍射的两个应用方向。它们的英文名称分别是Small Angle X-ray Scattering (SAXS，X射线小角度衍射)和Wide Angle X-ray Scattering (WAXS，X射线广角衍射)。无论中子衍射、电子衍射还是X射线

衍射，其原理都能用布拉格方程来解释，具体的应用场合则因为入射线的本质和被检测样品的本质不同而有所区别。

从布拉格方程：

$$2d\sin\theta=n\lambda$$

我们可以看到这里有三个变量：入射线经过样品时的光程差$D$(对于一般晶体材料，主要由面间距$d$决定；对于胶体颗粒，主要由颗粒电子密度起伏决定)；入射角度$\theta$和入射射线的波长$\lambda$。电子衍射和普通X射线衍射的区别在于入射线本质不同；普通X射线衍射和小角度X射线衍射在于样品对光程差的贡献不同。

1. X射线衍射与电子衍射

要区分小角度X射线衍射和普通X射线衍射，可以先考察X射线衍射和电子衍射的区别。采用厄瓦尔德倒易球描述的二者的衍射机理。电子波长特别小，使得倒易球截得的倒易点阵为二维阵列，而所有参与衍射的晶面与电子束的夹角基本都在2°以内，或者说基本平行。如金的晶胞参数为$a=0.4078$nm，200kV下的电子波长为0.00251nm，计算得金密排面(111)的衍射角$q=0.205°$。X射线波长与晶体的晶胞尺寸相当，一个衍射角度一般只能激发一个晶面的衍射。为了让所有晶面参与衍射，就必须让倒易球和倒易点阵相互旋转，从而获得大角度范围的衍射谱图。

2. SAXS与WAXS

现在固定X射线波长不变，均为Cu的$K_a=0.154$nm，设想如果被检测的样品不是粉晶样品，也不是大块单晶(如单晶衬底和金属)，而是晶胞巨大的无机化合物、高分子乃至生物分子这样的具有胶体尺度的样品，常规X射线衍射能获得怎样的谱图和分析出怎样的结论呢?

胶体尺度的样品具有如下两个性质：一是统计上各向同性，二是长程无序。人们所关心的内容已经转变为大晶胞无机化合物、高分子、生物分子的结构、固体物质的微空穴和粒子(沉淀相、溶质富集区)的大小、形状及分布等。

应当知道，晶体结构作为X射线的衍射光栅是基于晶体中的电子与X射线相互作用这个前提的。小晶胞晶体材料中电子密度虽然也是有起伏的，也是不均匀的，但是却是周期有序的，因此在普通X射线衍射中晶体的面间距贡献了光程差。分散在溶剂中的各向同性长程无序的胶体颗粒，如中空纳米管、空心球、固体物质的微空穴和粒子(沉淀相、溶质富集区)等电子密度却是不均匀的，因此在X射线小角度散射中，不均匀的电子密度分布贡献了光程差。

已经知道当入射角非常小的时候，X射线相干散射变得非常微弱，胶体颗粒对X射线散射可以这样想象：样品中的电子与入射X射线频率发生共振并发出二次相干波，发生小角度散射。

我们先考察单个小颗粒散射现象。假设小颗粒内部两个电子具有散射角$2q$和一个波长的光程差。该颗粒所有电子在$2q$方向的光程差涵盖任一位相，总体衍射强度将为零。如果减小散射角$2q$，则各散射波将趋于同位相而互相加强，散射最强将发生在0°，然后按统计规律递减。

再考虑把上述小颗粒换成直径很大的颗粒如胶体颗粒。同样一个波长的光程差在很小的角度范围就能出现，对应的散射强度曲线将变得陡峭。最终，那些尺寸远远大于X

射线波长的颗粒将产生X射线小角度散射现象。

基于上述考虑，可以通过计算来预测任何颗粒的衍射曲线形状。反过来，根据测得的X射线小角度衍射谱，就能推知被测样品的颗粒形状、分布等信息。对于各向同性材料，必须计算每一个方向的散射然后平均。由颗粒的几何形态可推导颗粒电子密度分布函数$\rho(r)$，进而可以计算散射曲线。

对于胶体颗粒均匀分布的无限稀溶液，可以将计算结果简单叠加。

X射线小角度衍射分析的难点在于通过衍射谱推导颗粒形状、尺寸、质量乃至电子密度分布等信息。通常需要找到一个模型颗粒在实验误差范围内尽可能拟合实验曲线。拟合越精确，拟合的角度范围越大，分析工作难度越大，价值也越大。但有些参数无需模型就能通过曲线总体形态分析出来。

**资料来源**：http://bbs.zaizhiboshi.com/read.php?tid=1145

## 习题

1. 简要说明X射线衍射法的基本原理。
2. 大角度衍射和小角度衍射在应用上有什么区别？
3. 结构测定时，衍射强度和衍射角度哪个是主要参考因素？
4. 大角度衍射主要完成高分子材料的哪些分析？
5. 如何判断高分子材料的结晶度？

# 第8章

# 元素分析的波谱方法

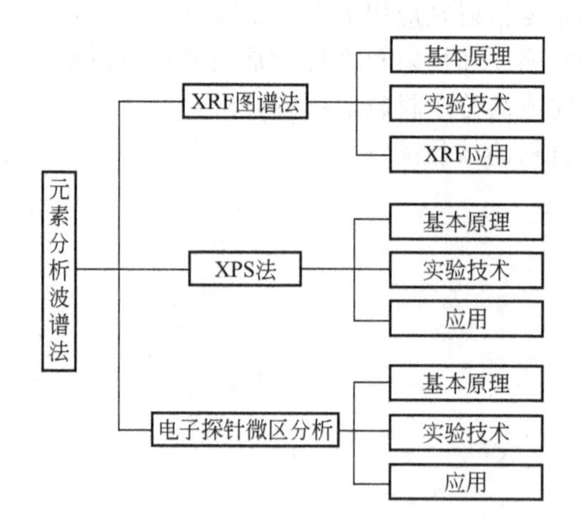


## 本章教学目标与要求

1. 掌握XRF法、XPS法和电子探针微区分析的应用。
2. 熟悉XRF法、XPS法和电子探针微区分析的基本原理。
3. 了解XRF法、XPS法和电子探针微区分析的实验技术。

## 导入案例

**微区成分分析技术**

微区成分分析主要指利用电子束与试样微区（尺寸为10nm～1μm）相互作用后所产生的信号进行成分分析。微区成分分析技术在物理学、化学、地学、材料科学、生命科学等领域内，得到了广泛的应用。

电子束微区成分分析一般在透射电子显微镜、扫描电子显微镜或专门的扫描透射电镜内进行。早期的电子探测束X射线微分析仪发展到目前和具有成分分析功能的扫描电镜日益接近，可以归并为一类。微区成分分析的仪器主要有X射线谱仪和电子能量损失谱仪。

X射线谱仪：有X射线波谱法和X射线能谱法两类。

X射线波谱法是20世纪50年代开始发展起来的方法，目前主要在扫描电镜中应用。利用标识X射线进行成分分析的依据是莫塞莱定律：标识X射线的频率的平方根近似和原子序数有线性关系。测定标识X射线波长(或频率)的原理是布拉格方程。X射线波谱仪中的分光晶体(如LiF单晶)按不同的布拉格角将不同波长的X射线光子反射到正比计数器中进行计数，得到X射线波谱。根据标识X射线峰的位置确定试样中存在何种元素，根据峰的高度确定此种元素的成分。

X射线能谱法是20世纪70年代发展起来的方法，目前不仅在扫描电镜中而且在透射电镜中都得到广泛的应用。X射线能谱仪主要由锂漂移硅固体探测器、放大器和多道脉冲高度分析器组成。入射X射线光子在极短的时间内在锂漂移硅中激发出许多电子-空穴对，电子-空穴对的数目和入射光子能量成正比，输出的脉冲信号高度也和光子能量成正比。多道分析器按脉冲高度(即光子能量)在相应的能量通道中进行计数，得到X射线能谱。根据标识X射线峰的位置和峰的面积确定某种元素的含量。

电子能量损失谱是利用磁棱镜(或其他电子能量分析器)获得的透过薄试样的电子按能量分布的曲线，一般100keV量级电子透过试样后损失的能量较小，因此用能量损失为横坐标表示透射电子的能量分布，得到电子能量损失谱。透射电子在磁棱镜的磁场中发生偏转，给定磁场后只有一种能量的电子才能通过磁棱镜出口进入电子探测器，依顺序改变磁场后即可得到透射电子的能量损失谱。

**资料来源：http：//www.hudong.com/wiki/，2011.**

常用于高分子材料元素分析的波谱方法主要有X射线荧光光谱、X射线光电子能谱和电子探针微区分析。X射线荧光光谱是用X射线轰击样品，测定放出的荧光X射线；X射线光电子能谱是用X射线轰击样品，测定释放的电子能量；而电子探针微区分析是用电子束轰击样品，测定释放的特征X射线。它们与紫外光谱一样是电子光谱，但它们都是电子发射光谱，而紫外光谱是电子吸收光谱。这三种方法都与内层电子有关，因而能用于元素分析。一般都用于固体样品，主要用于表面分析。但其仪器设备都比较昂贵，难以作为日常分析的方法。除此之外，还有火焰发射光谱、原子吸收光谱和中子活化分析等，限于篇幅，此处不予介绍。

# 8.1 X射线荧光光谱法

## 8.1.1 基本原理

X射线荧光(XRF)是当原级X射线照射样品时，受激原子发射的二次X射线。该X射线可被探测，并以谱的形式记录下来。其中的峰即谱线是各原子的特征，与元素有一一对应的关系，表明样品中含有相应的元素。因此，解谱即可对样品进行元素分析。另外，荧光X射线的强度与元素的含量有关，确定荧光X射线的强度与浓度的关系，就可以对元素进行定量分析，这就是X射线荧光光谱分析的理论依据。

X射线是电磁辐射的一部分，具有波、粒二重性。作为粒子，它通过具有基本能量单位$E$而没有静质量的粒子即光子传播。在真空中，所有光子都以光速$c$直线传播，被看作X射线束；作为波，X射线以波的形式传播，具有代表场强的波峰和波谷，以频率$\nu$和波长$\lambda$彼此相随并总是垂直于光束的方向。H. G. Moseley发现，荧光X射线的波长$\lambda$与元素的原子序数$Z$有关，其数学关系为

$$\lambda=K(Z-S)^{-2} \tag{8-1}$$

式中$K$，$S$常数随谱系($K$，$M$，$N$)确定。

根据量子理论，X射线可以看成由一种量子或光子组成的粒子流，每个光子具有的能量为

$$E=h\nu=\frac{hc}{\lambda} \tag{8-2}$$

式中，$h$为普朗克常数($h=4.1357\times10^{-18}\text{keV}\cdot\text{s}$)，$c$为光速($c=2.9979\times10^{8}\text{m/s}$)。X射线光子具有千电子伏特的能量范同(0.1～100keV)。能量与波长可按下式转换：

$$E=\frac{1.2397}{\lambda} \tag{8-3}$$

X射线荧光是原子内产生变化所致的现象。一个稳定的原子结构由原子核及核外电子组成。其核外电子都以各自特有的能量在各自的固定轨道上运行，内层电子(如K层)在足够能量的X射线照射下脱离原子的束缚，释放出来，电子的释放会导致该电子壳层出现相应的电子空位。这时处于高能量电子壳层(如L层)的电子会跃迁到该低能量电子壳层来填补相应的电子空位。由于不同电子壳层之间存在着能量差距，这些能量上的差值$\Delta E$以二次X射线的形式释放出来，不同的元素所释放出来的二次X射线具有特定的能量特性。这一个过程就产生我们所说的X射线荧光(XRF)。图8.1为荧光X射线和俄歇电子产生过程示意图。

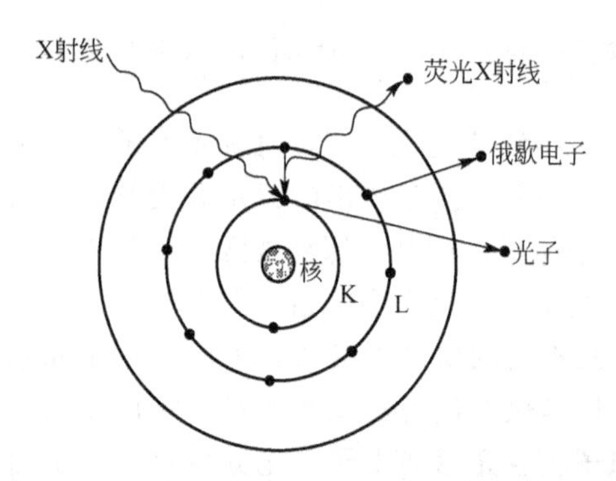


图8.1 荧光X射线和俄歇电子产生过程示意图

由于原子中电子的能态是量子化的，是一种元素所有原子的特征，因此以上述方式发射的X射线光子具有独特的能量，这些光子就形成了X射线光谱中强度最大、明显分离的线或

峰，代表了元素的特征，因而，线性光谱又称特征光谱。

### 8.1.2 实验技术

根据测定物理量的不同，X射线荧光光谱仪可分为波长色散型和能量色散型两种。图8.1为典型的X射线荧光光谱仪原理示意图，X射线从X射线管发出，经过光学滤光系统处理后到达样品(样品通常处在氦气保护、真空或是直接在空气中)，然后到达检测器，转换成电信号由计算机系统收集，进行定性或定量分析。

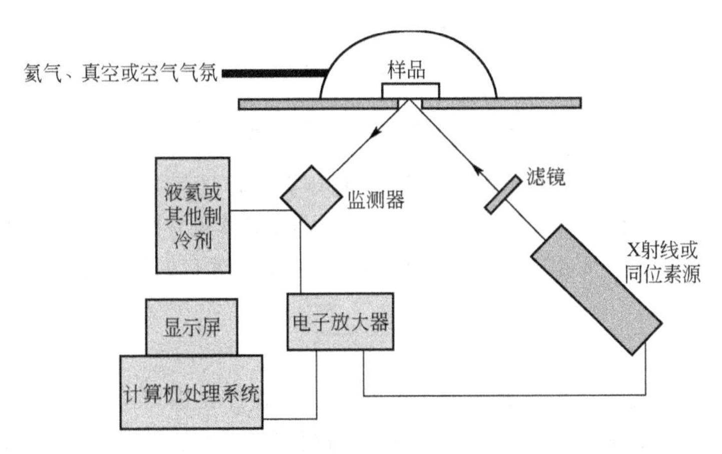


**图8.2 典型XRF的原理示意图**

XRF分析是发生在样品近表层约100$\mu$m厚的范围内，通常并不损耗样品。这种分析方法不仅速度快，而且可广泛用于各类样品分析。固体样品无需或稍加制备后即可用于测定。一般是采用高分子固体样品，对于颗粒和模塑物，最好先模压成圆盘状。但要注意在模压时某些有机物可能会迁移到表面，如果不严重，可以用车床车去表面层，测定暴露的内层。除轻元素外，原子序数大于11的所有元素(大于6的元素也有可能)都可被探测。该方法的灵敏度可至$\mu$g/g级，基体效应被校正后，其分析结果的精度高，准确度也好。

基于上述原因，XRF已成为一种著名的光谱化学分析方法。它在材料工业生产、矿产资源勘探以及环境监测方面发挥着重要作用。估计在世界各地使用的X射线光谱仪约有15000台。其中，80%作为分析晶体的波长色散型仪器，采用Si(Li)探测器的能量色散型仪器仅占20%。然而，由于能量色散型谱仪能快速获得全谱，所以，目前其增长速度约为波长色散型谱仪的四倍多。

### 8.1.3 应用

XRF在材料科学与工程领域有广泛的应用，近年来在纳米材料的研究中也发挥了重要作用。由于测得的荧光X射线的波长和强度与元素所处的化学状态无关，因此该方法只应用于元素的定性和定量分析。

高分子材料和单体中一般含有微量或痕量元素。图8.3所示为塑料样品的XRF光谱图，由图可以看出，在2.6keV、3.7keV、4.5keV处出现较强的能谱峰，分别对应于Cl、Ca和Ti的$K_\alpha$峰，说明此塑料制品中含有Cl、Ca和Ti元素。此外，XRF还可以分析塑料制品中重金属的含量，其结果可为塑料的循环使用提供重要参数。

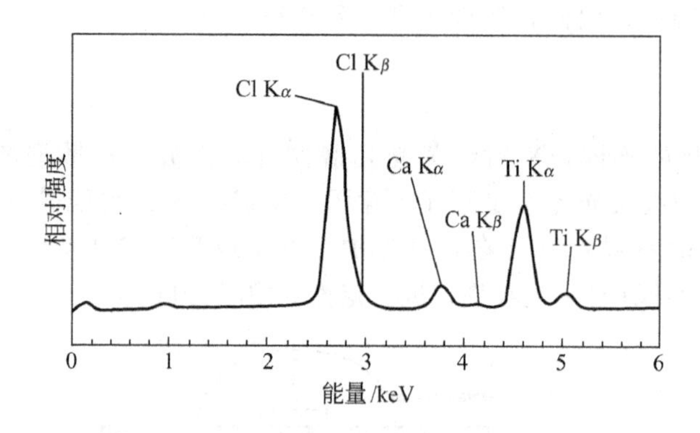


图 8.3 塑料样品的 XRF 光谱图

XRF 除了可以对元素进行定性分析和定量分析外，还可以分析薄膜的厚度。X 射线荧光光谱法进行厚度定量分析的依据是：厚度为 $t$ 的薄膜元素的荧光 X 射线荧光强度与无限厚(实际达到饱和厚度即可)薄膜元素的荧光 X 射线强度有如下关系：

$$\frac{I_t}{I_\infty}=1-e^{kt} \tag{8-4}$$

式中，$k$ 为与薄膜有关的一个常数。比较荧光光线的强度，即可分析出薄膜的厚度。

在聚烯烃中氯以两种形式存在，一种是以有机键合的形式存在，这一部分氯用 X 射线荧光光谱测定不困难；另一种是以无机化合物形式存在的，这一部分氯的测定中，模压前先将聚烯烃粉末与氢氧化钾的乙醇溶液混合，再于 105℃下干燥，测定结果列于表 8 - 1 中，由表可见，经碱处理的聚烯烃有较高的氯含量。

表 8 - 1 用 X 射线荧光光谱法测定聚烯烃中氯含量的实验结果

| 实验序号 | 氯含量/$10^{-6}$ | |
|---|---|---|
| | 样品未经碱处理 | 样品经碱处理 |
| 1 | 510 | 840 |
| 2 | 422 | 552 |
| 3 | 440 | 730 |
| 4 | 497 | 650 |
| 5 | 460 | 882 |

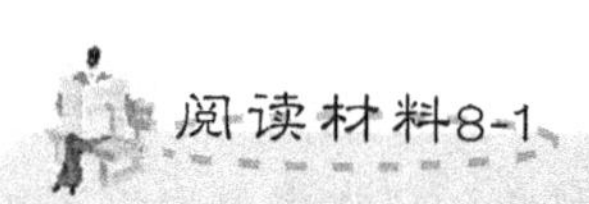


**XRF 在聚合物样品中重金属元素的定量分析可行性研究**

X 荧光光谱法(XRF)具有制样简单、非破坏性、分析速度快、重现性好等特点，能进行多元素测定，已广泛地应用于地质、冶金、化工、材料等领域。欧盟 RoHS 指令对涉及的塑料样品严格限制其中 Cr(六价)、Hg、Pb、Cd 等重金属的含量，采用 XRF 分析方法，不必对样品进行化学前处理，即避免了由于样品消解、稀释、定容等环节中的操作不当而造成的误差。因此，XRF 分析方法在 RoHS 分析领域应当具有广泛的应用。

然而，XRF方法本身也存在自身的分析缺陷，主要体现在：首先，检出限较高，难以实现痕量分析，通常为$10^{-6}$量级；其次，方法本身受基体效应影响较大，样品中包含的其他元素、样品颗粒度及化学种态的差异对谱峰位、谱形和强度的变化对分析结果都会产生较大的影响。因此，XRF分析中尽量要采用基体匹配的标准物质作工作曲线，否则会严重影响分析结果。

研究采用配有偏振光系统的能量色散X荧光光谱法，分别对聚丙烯(PP)和工程塑料(ABS)基体的标准物质样品建立标准曲线，考察了样品颗粒度(片状和粒状)、基体(PP和ABS)等因素对测量结果的影响，较为全面地研究了XRF分析方法用于RoHS检测中的定量分析可行性。

样品颗粒度结果表明，X荧光强度随颗粒的减小而增大，所有片状标样的X荧光计数强度均高于相应的粒状标样，且两种样品中4种元素的测量结果差别均在14%左右，证实了这种差别是由样品的粒度效应引起的，且粒度效应对此4种重金属元素的影响基本相同。

相对于形态对测量结果的影响，基体效应对测量的影响显得更为复杂。因此，在XRF分析中对标准样品的要求更高，需要标准样品的化学组成和物理性质与待测样品严格一致。在本文研究中，尽管PP和ABS同为塑料基体，它们对测量结果产生最大的偏差达20%，因此，若想实现XRF在RoHS检测中的准确定量分析，必须选择基体严格匹配的标准物质。

由于XRF方法需要基体严格匹配的标准物质，因此，该方法通常做为定性比较或粗筛选方法，在计量领域只是通常用于标准物质的均匀性检验，难以实现准确定量分析，因此其在计量领域中的应用受到一定的限制，本文进一步证明了在RoHS检测中XRF方法对标准样品的依赖性。为了实现可靠的XRF测量结果，应尽可能多的选用不同塑料基体的标准样品，经拟合后做为实际样品测量的校准曲线。

**资料来源：冯流星等. 荧光光谱法在聚合物样品中重金属元素的定量分析可行性研究. 计量学报，2010(5).**

## 8.2 X射线光电子能谱

光电子能谱最初是由瑞典科学家K. Siegbahn等经过约20年的努力而建立起来的，因其在化学领域的广泛应用，被称为化学分析用电子能谱(ESCA)。由于最初的光源采用了铝、镁等的特性软X射线，该技术又称为X射线光电子能谱(x-ray photoelectron spectroscopy，XPS)。1962年，英国科学家D. W. Turner等建造出以真空紫外线作为光源的光电子能谱仪，在分析分子内价电子的状态方面获得了巨大成功，同时又用于固体价带的研究，与X射线光电子能谱相对照，该方法称为紫外线电子能谱(UPS)。

### 8.2.1 基本原理

X射线光电子能谱法(XPS)又称化学分析用能谱法(ESCA)，是一种很常用的高分子表面分析技术。基本原理基于光的电离作用。当聚合物用单色X射线照射时，光子与聚合物表面的原子内层电子发生碰撞，X 射线的能量一部分被用于克服电子的结合能，使电子脱离轨道成为光电子，另一部分转化为光电子的动能，使其成为激发态的离子，这一过程是光电离效应，服从爱因斯坦关系式：

$$E_B = h\nu - E_K \tag{8-5}$$

式中，$E_B$是电子结合能，等于电离能；$h\nu$ 是入射光电子能量；$E_K$是射出光电子的能量。

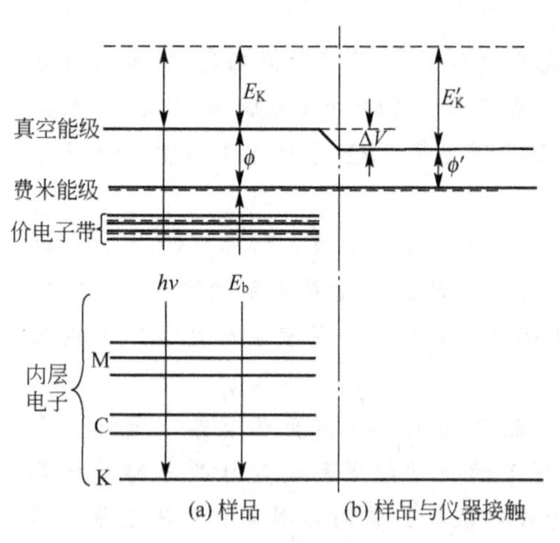


图 8.4　光电子能谱中各种能量关系

对于固体样品，计算结合能的参考点不是选用真空中静止的电子，而是选用费米(Fermi)能级，即固体样品中某个轨道电子的结合能，是指它跃迁到费米能级所需的能量，而不是跃迁到真空静止电子所需的能量。所谓费米能级，相当于温度 0K 时固体能带中充满电子的最高能级。固体样品中的电子由费米能级变到真空中静止电子所需的能量称为逸出功，又称功函数。因此，对于固体样品来说，X 射线的能量将分配在：①内层电子跃迁到费米能级所需的能量；②电子由费米能级进入真空静止电子态所需的能量，即克服功函数；③自由电子所具有的动能。图 8.4 所示为这几种能量的关系，式(8－5)应变为

$$h\nu = E_B + E_K + \phi \tag{8-6}$$

式中，$\phi$ 为样品功函数。

在 X 射线光电子能谱仪(XPS)中，固体样品和仪器样品架保持良好接触，设 $\phi'$为仪器材料的功函数，如果 $\phi > \phi'$，便会在样品和仪器之间产生一个接触电势 $\Delta V$：

$$\Delta V = \phi - \phi' \tag{8-7}$$

该电势将加速电子的运动，使自由电子的动能从 $E_K$增加到 $E'_K$(见图 8.4b)。因

$$E_K + \phi = E'_K + \phi' \tag{8-8}$$

将式(8－8)代入式(8－6)，得到固体样品光电子能量公式为

$$h\upsilon = E'_K + E_B + \phi'$$

$$E_B = h\upsilon - E'_K - \phi' \tag{8-9}$$

固体样品的功函数随样品而异，而仪器的功函数 $\phi'$是一个定值，约 4eV。如果 $\phi'$已知，由 XPS 测出光电子能量 $E'_K$便可得到固体样品的结合能 $E_B$。各种原子、分子的轨道电子的结合能是一定的，这样可以用 XPS 来鉴别各种原子或分子。

由上可知，XPS 是在已知激发源的能量和仪器功函数之后，准确测出光电子的动能，由光电子能量公式求得该电子的结合能，从而获得样品表面的重要信息。

入射 X 射线的能量是恒定的，一般用较软的 $MgK_\alpha$线(1253.7eV，0.99nm)或 $AlK_\alpha$线(1468.6eV，0.83nm)。只要测得发射电子的动能，便可求出电子的结合能。而电子的结合能与原子序数及轨道有关，从而可以进行元素的定性定量分析。所得的 XPS 图谱是以电离的电子数(相对值)对它们的能量(动能或相应的结合能)作图的。

上述能量关系只是在能量不损失的情况下才成立。对于高分子固态样品(不能用溶液，因为溶剂分子会干扰测定)，只有在表面非常薄的一层(约 2nm)上才允许电子离开而不损失能量。因此，XPS 只适合于研究固体高分子材料的表面。

其实，入射 X 射线不仅会引起内层电子光电离，而且会伴随着价电子从占有能级激发

到空能级(称为振激)，或价电子的电离(称为振离)，如图 8.5 所示。从而使内层电子所带动能 $E_K$ 相应减少，即主峰位移，同时出现振激伴峰，这样相应于图 8.5 三种不同的相互作用方式，XPS 峰的位置提供了内层电子结合能、价电子结合能和不同轨道之间的能量差的信息。内层电子的峰强最大，因为按照一般规律，电离能越接近入射光能量时越有效。内层电子就属于这种情况，而价电子的电离能很小，只消耗入射能量的一小部分，所以电离的可能性较小。

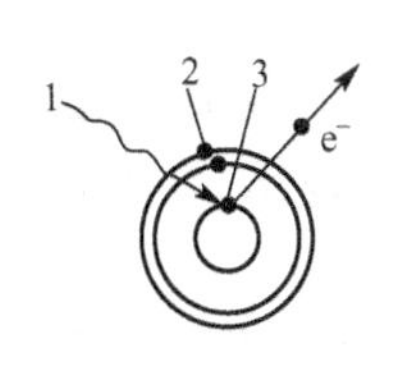

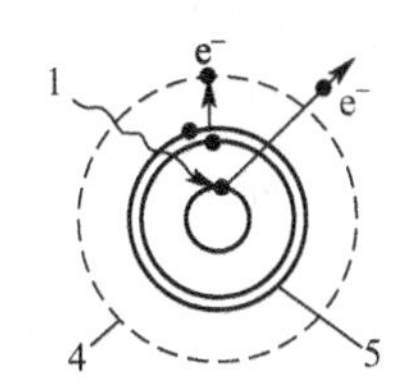

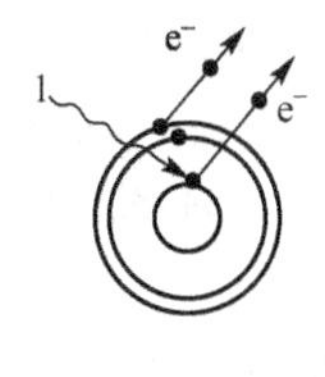


**图 8.5　X 射线与原子中电子的相互作用**

1—X 射线；2—价电子；3—内层电子；
4—空能级；5—占有能级

另一方面，内层电子峰的宽度除了与入射光宽度(对单色 $AlK_\alpha$线为 0.55eV)和仪器有关外，还取决于电子离开后留下正电空穴的寿命($10^{-17}$～$10^{-13}$s)。对于中等原子序数的原子，可计算电子峰的宽度为 0.1～1eV，可与入射光宽度相当。

高分子材料样品可直接用薄膜或粉末，粉末状样品可放在双面胶带上。研究表明涂层时不必剥离涂层。试样最小厚度为 10nm 左右，面积 0.2$cm^2$。电子能谱实际上是一种非破坏性测试方法。

### 8.2.2　实验技术

XPS 是一种对样品表面敏感，主要获得样品表面元素种类、化学状态及成分的分析技术，特别是对各种元素的化学状态的鉴别。其特点如下：①分析层薄；②分析元素广；③主要用于样品表面的各类物质的化学状态鉴别，能进行各种元素的半定量分析；④具有测定深度-成分分布曲线的能力；⑤由于 X 射线不易聚焦，故其空间分辨率较差，约在 μm 级；⑥数据收集速度慢，对绝缘样品有一个充电效应问题。

X 射线光电子能谱仪主要由 X 射线源、能量分析器和探测器构成，此外还有真空、电气等系统。

1. X 射线源

在光电子能谱工作中，常用的 X 射线管的阳极靶材料有 Mg、Al 等。Mg 和 Al 的特征 $K_\alpha$线能量分别为 1254eV 和 1487eV。X 射线进入样品室之前要使其单色化。

2. 能量分析谱

XPS 中多采用静电式球偏转型电子能量分析器。两个同心的金属半球构成一个球形电容器，当电子进入球形电容器电场后，由于电场对不同能量的电子有不同的偏转作用，使能量不同的电子运动轨道相互分离。

3. 探测器和显示记录系统

光电子能谱仪常用通道电子倍增器作探测器，并采用相应的显示、记录等系统。

要获得一张高质量的 XPS 谱图，必须采用正确的样品制备方法。不当的样品制备方法将导致灵敏度低、分辨率差，甚至得出错误的结果。XPS 对分析的样品有特殊的要求，一般只能进行固体样品的分析。由于样品需要在真空中传递和放置，一般都要进行以下预处理：

(1) 由于样品要通过超高真空隔离阀送进样品分析室，因此尺寸必须符合要求。对于块状和薄膜样品，长宽小于 10mm，高小于 5mm。对于体积大的样品应做适当处理，使其大小

合适。对于粉末样品通常有两种样品制备方法：一是用双面胶直接将粉体固定在样品台上，这种方法用样量少、简便易行，但胶带成分可能会产生干扰；二是把粉末样品压成薄片，再固定到样品台上，该法获得的信号强度比前者高得多，但用样量大，抽真空时间长。

(2) 如果样品中有挥发性物质，应先除去，以减少抽真空的时间。另外，表面不清洁的样品不能直接进入样品室，要先用油性溶剂清洗掉样品表面的油污，再用乙醇清洗掉有机溶剂，然后自然晾干。

(3) 由于光电子带有负电荷，所以即使在微弱磁场下也会发生偏转，最后不能到达分析器，得不到正确的 XPS 谱。当样品的磁性很强时，还可能引起分析器头及样品架磁化。因此，有磁性的样品绝对不能进入分析室，必须将样品退磁之后才可进行 XPS 分析。

实验的主要困难是，高分子的导电性很差，发射电子留下的正电穴不能很快流向电极而导致表面静电积累，使得发射的电子在穿过此静电层时损失一部分能量。需要用校正方法减少表面电荷积累。此外应注意以下方面：

(1) 用样品表面均匀的真空泵油自然污染而出现的 C(1s)峰(结合能在 285.0eV 左右)为矫正参考峰。如果与样品的 C(1s)峰相混淆，可以延长样品在仪器真空中放置时间来使峰增大而得到分辨。

(2) 用稳定的金属氧化物(如 $Al_2O_3$、$Cr_2O_3$、$SiO_2$ 等)或聚四氟乙烯等与样品共同研细搅匀制样。相应的 Al(2p)、Cr(2p3/2)、Si(2p)和 F(1s)等可作为矫正峰。

(3) 样品表面真空喷涂镀金。金的喷涂量要合适(约 $10\mu m/cm^2$)，在表面形成许多小金点，过多时原表面暴露太少会使峰强度太弱。

(4) 用电子枪中和表面荷电效应。

### 8.2.3 应用

#### 1. 高分子材料表面的元素成分分析

目前，在表面分析技术中，XPS 是应用最广泛的方法之一，不仅可以定性分析测试样品组成(除了 H、He 以外的所有元素)、化学价态等，还可以利用每个元素的特征结合能来鉴别材料中的化学成分。对于不同的物质，XPS 的表面检测深度不同，如对于无机物约为 2nm，对于有机物和高聚物一般小于 10nm，表面检测灵敏度≤$1\times10^{-2}$单层。图 8.6 所示为含有不同助剂的两种聚乙烯薄膜的宽扫描谱图。

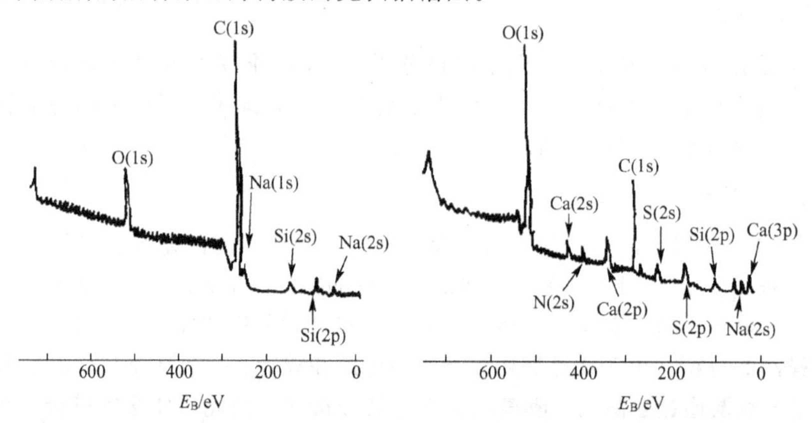


图 8.6 含有不同助剂的两种聚乙烯薄膜的宽扫描 XPS 谱图

如果进行样品表面下深度层次的分析，可通过改变光电子逸出样品表面的发射角的方法来实现；或者采用氩离子刻蚀的方法，这种方法是使用氩离子枪在样品上不断刻蚀出新的表面层，然后再做 XPS 分析，从而获得深度方向上的信息。但这种处理对高分子材料往往破坏组成材料的本性，导致样品发生诱导还原作用、离子注入及表面损伤等。

2. 化学位移和高分子材料的定性鉴别

虽然射出光电子的结合能主要由元素的种类和激发轨道所决定，但由于原子外层电子所处化学环境不同，电子结合能存在一些微小的差异。这种结合能上的微小差异被称为化学位移，它取决于原子在样品中所处的化学环境。一般来说，原子获得额外电子时，化合价为负，结合能降低；反之，该原子失去电子时，化合价为正，结合能增加。利用化学位移可检测原子的化合价态和存在形式。除了化学位移，固体的热效应与表面荷电效应等物理因素也可能引起电子结合能的改变，从而导致光电子谱峰位移，称为物理位移。在应用 XPS 进行化学分析时，应尽量避免或消除物理位移。利用化学位移可对高分子进行定性鉴别，表 8-2 是乙烯类聚合物中 αC(1s)化学位移的某些例子。

**表 8-2 某些乙烯类聚合物相对聚乙烯的 XPS 化学位移**

| 高分子 | 取代基 | αC(1s)的化学位移/eV① |
|---|---|---|
| 聚乙烯 | —H | 0.0 |
| 聚氟乙烯 | —F | 3.1 |
| 聚氯乙烯 | —Cl | 1.8 |
| 聚乙烯醇 | —OH | 1.9 |
| 聚丙烯 | $—CH_3$ | −0.1 |
| 聚 1-丁烯 | $—C_2H_5$ | −0.2 |
| 聚苯乙烯 | $—C_6H_5$ | −0.6 |

① 注：正值表示增加结合能(电离能)。

从表 8-2 可以看出，在聚氟乙烯中每个氟原子对 αC 化学位移的贡献达到 3eV，即使是 βC(1S)峰也位移了+0.8eV。所以 ESCA 特别适合用于研究含氟高分子，也适合分析含 O、N 和 Cl 的高电负性取代基的高分子。

图 8.7 所示为两种含 O 高分子的 XPS 谱图，对氧化甲烯—氧化乙烯共聚物，C(1s)有两个峰，氧化乙烯单元的峰在 285eV，而氧化甲烯在 288eV，后者的强度比前者大一个数量级，比共聚组成一致的醋酸纤维素的 C(1s)峰要复杂的多，285eV 的肩峰来自酯族基团，287eV 的主峰来自酯键，而 289eV 的肩峰来自羧基。这两种高分子的一个共同特点是分子中氧与碳之比很大，从谱图上可以明显地看出这一点。

对于不饱和侧链或骨架的高分子材料，由于 $\pi\rightarrow\pi^*$ 跃迁往往会出现较强的振激伴峰，该振激伴峰可用于鉴别高分子材料中的不饱和体系。从图 8.8 可以看出，利用振激伴峰很容易区别聚乙烯和聚苯乙烯，聚二甲基硅氧烷和聚二苯基硅氧烷。

聚碳酸酯和聚苯醚有很相似的 XPS 图谱，两者都有相对较强的振激伴峰。区别是聚苯醚只有一个 O，所以 O(1s)峰较尖锐，聚碳酸酯的碳酸酯基中的 C(1s)峰出现在 287eV，并有一个不太明显的肩峰(图 8.9)。

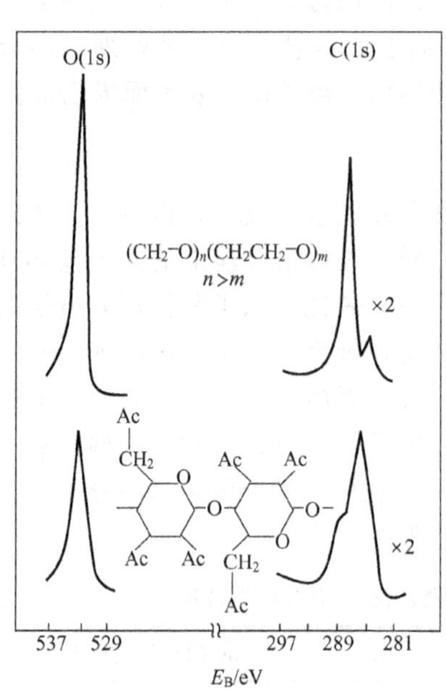


**图 8.7 氧化甲烯—氧化乙烯共聚物和醋酸纤维素的 XPS 图谱**

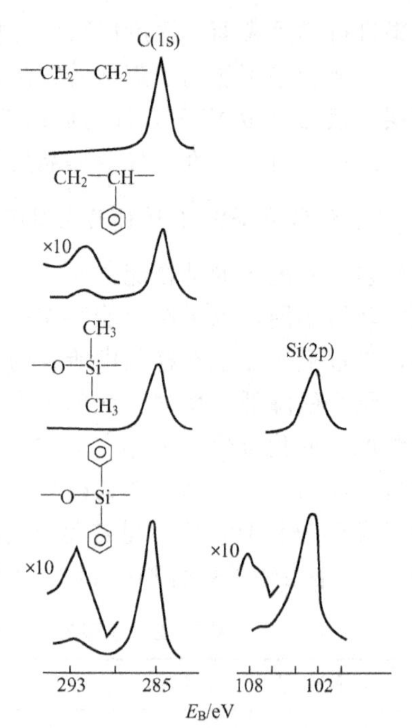


**图 8.8 聚乙烯和聚苯乙烯、聚二甲基硅氧烷和聚二苯基硅氧烷的 XPS 图谱**

含氮高分子的两个例子是尼龙 6 和聚丙烯腈，图 8.10 是其 XPS 图谱。由于两者均为饱和烃的链结构，故它们都不存在振激伴峰。利用 N(1s)峰可以区分它们，酰胺和氰基的氮间有 1eV 左右的化学位移(氰基较低)。对于尼龙 6，主碳峰归属于脂肪碳，而在约 287eV 处的肩峰归属于酰胺的碳。对于聚丙烯腈，有三种不同环境的碳，而且量相等，所以出现等高的多重峰。聚丙烯腈图谱有一个弱的氧峰，表明在加工过程中表面有某些氧化降解。

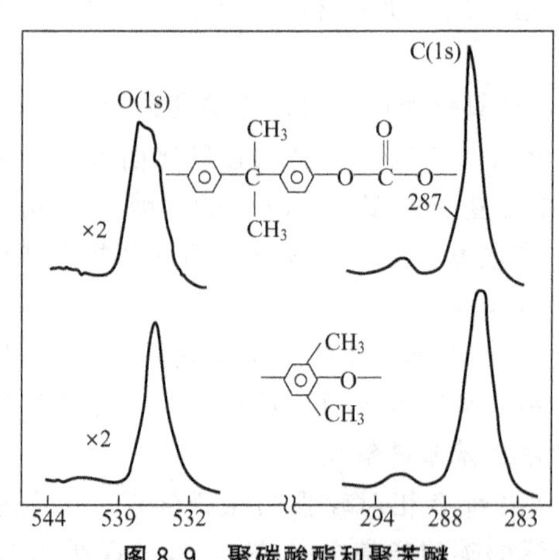


**图 8.9 聚碳酸酯和聚苯醚的 XPS 图谱**

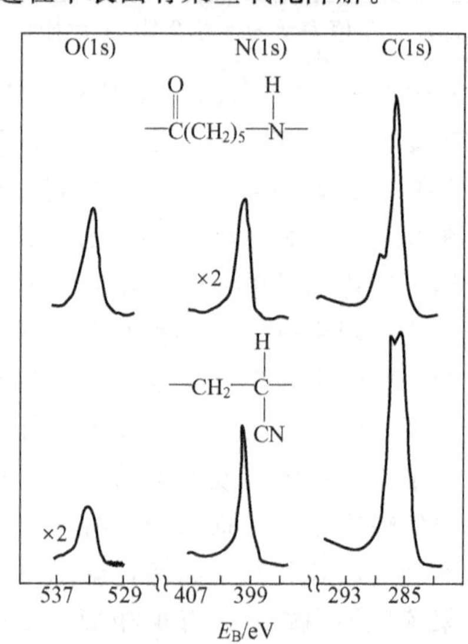


**图 8.10 尼龙 6 和聚丙烯腈的 XPS 图谱**

3. 共聚物组成的定量分析

XPS对元素进行半定量分析的理论依据是：经X射线辐射后，在一定范围内，从样品表面射出的光电子强度与样品中该原子的浓度呈线性关系。鉴于光电子的强度不仅与原子浓度有关，还与光电子的平均自由程、样品表面的光洁度、元素所处的化学状态、X射线源强度及仪器的状态有关，因此，XPS一般不能得到元素的绝对含量，得到的只是元素的相对含量。目前从XPS定量分析所能达到的准确度来看，还是居于半定量的水平。

在XPS的定量分析方法中，原子灵敏度因子法是一种比较简单且分析结果较令人满意的方法，其数学模型为

$$c_x = \frac{I_x/S_x}{\sum_i I_i S_i} \tag{8-10}$$

式中，$c_x$为样品中任一组分的相对原子浓度，$I$为光电子峰强度，$S$为原子灵敏度因子，下标$x$代表被测原子，$i$代表被测样品中所有组成元素。部分元素的$S$值可以通过文献查出。

在实际样品分析中，只要测得各元素的光电子峰面积，再查出所测元素的$S$值，按式(8-10)很快就可求出各组分的相对浓度。图8.11所示为用原子灵敏度因子法对聚四氟乙烯进行定量分析的一个实例。分析结果见表8-3。

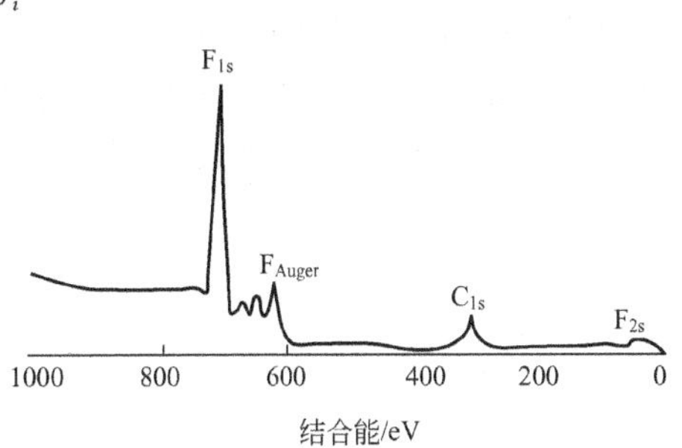


**图8.11 聚四氟乙烯的定量分析(用$F_{1s}$和$C_{1s}$峰)**

**表8-3 聚四氟乙烯的XPS定量分析结果**

| 样品 | 组成 | 原子百分数/(%) | |
|---|---|---|---|
| | | 理论值 | 实验值 |
| 聚四氟乙烯 | C | 33.3 | 32.3 |
| | F | 66.7 | 67.7 |

4. 价带峰分析

当原子内层的光电子能谱不能提供足够的信息时，可研究价带谱。由于价电子的结合能相当低，因而要获得一个比较满意的信噪比的价带谱需长时间的累加测量。价带谱中具有最低结合能的峰，又可认为是研究对象的第一电离势大小的度量。图8.12所示为聚乙烯的价带谱，它出现在XPS谱中结合能很低的区域，可将该区域分为三个区：第一区产生了C—H键，可以分辨出有四个弱峰(见图中箭头)；第二区有两个强的C—C［C(2s)］价带，成键带在18.8eV，反键带在13.2eV；第三区是上述两类键的非弹性散射电子产生的弱峰。

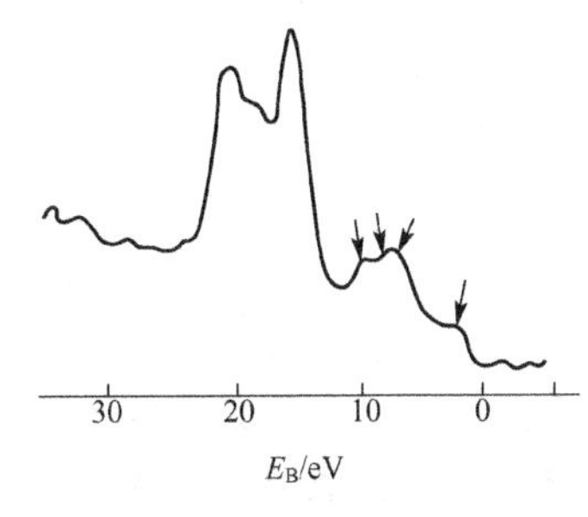


**图8.12 聚乙烯的价带谱**

5. 高分子材料特种表面研究

由于XPS技术具有很高的表面分析灵敏度，并可对表面深度分析，因而特别适于研究一些高分子材料的特种表面，如表面改性、表面富集和表面老化等。因为这些表面组成和结构的变化，内表面渗透到亚表面及本体，导致在一定区域里材料具有不均一性，这种不均一性采用其他方法难以测定，只有XPS

技术才有可能将表面不均一性鉴别出来。下面以高分子材料表面老化研究为例进行介绍。

在许多实际应用中，高分子材料都在大气中老化降解而破坏。应用 XPS 研究可了解高分子材料在大气中老化降解的情况。图 8.13 所示为高密度聚乙烯大气老化的实验结果。此实验在三种情况下进行：①阳光阴影下老化；⑦在 lmm 厚的硼硅酸玻璃载片下老化；③完全暴露在阳光下老化。三种老化条件通风都是良好的，总共老化时间为三个月。然后取样进行 XPS 测试。从图 8.13(a)所示的原始材料谱图看，只有一个 $C_{1s}$ 峰，结合能在 285.0eV 处，$O_{1s}$信号显示出有微量氧化物，$O_{1s}/C_{1s}$强度比小于 0.5%。大气老化 3 个月后，图 8.13(b)表明氧含量增加，$O_{1s}/C_{1s}$强度比增加到 8%(电子发射角 $\theta$ 为 60°)，而电子发射角 $\theta$ 为 20°时，$O_{1s}/C_{1s}$强度比为 9%，说明氧分布表里是不均一的，表面浓度大于本体。图 8.13(c)中 $O_{1s}/C_{1s}$强度比约为 24%，与角度无关，说明聚合物氧化降解加快，而且氧在表里分布是均匀的。图 8.13(d)中 $O_{1s}/C_{1s}$强度比约为 50%，与角度无关，说明完全暴露大气老化速度更快，而且氧在表里分布是均一的。通过 XPS 的测定，就把大气环境条件对高分子材料老化速度的影响检测出来了。

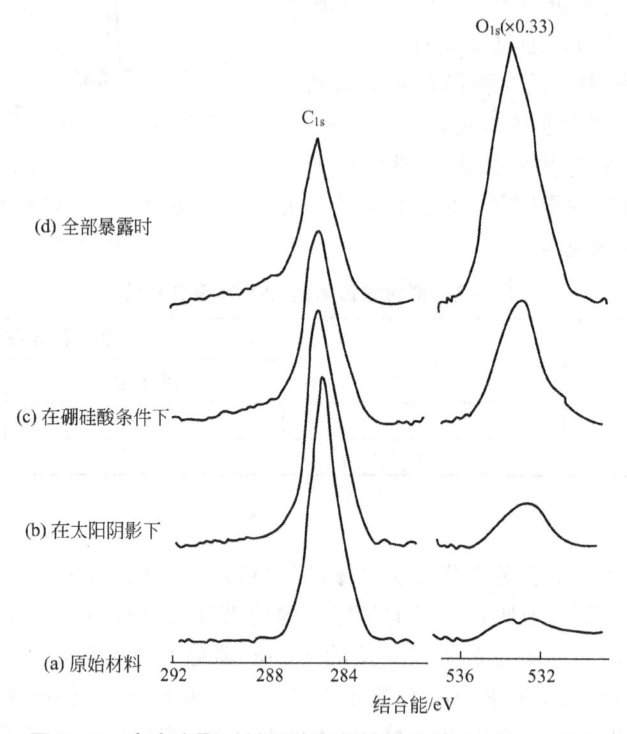


**图 8.13 高密度聚乙烯及其老化的样品的 $O_{1s}$ 和 $C_{1s}$ 图谱**

阅读材料8-2

### FA 共聚物表面组成的 XPS 分析

固体材料表面化学组成与结构影响着材料的许多性质，如粘接性、生物共容性、耐腐蚀性、润滑性和润湿性等，聚合物的表面能除了与表面化学组成有关外，还与分子链在表面的排列堆积以及分子链的末端基团等因素有关。含氟材料具有极低的表面能和优异的表面性能，通过细乳液聚合的方法合成了 FA/MMA/BMA 三元共聚物乳液，发现低含氟量下共聚物依然体现出较强的憎水和憎油性能，这与含氟基团的表面富集排列有关。角变换 X 射线光电子能谱(XPS)是表征含氟聚合物的表面微相结构的有效方法，通过它不仅可以得到表面元素的组成信息，还能得到距离表面不同深度的组成信息。

通过不同元素的 XPS 结合能谱图的谱峰面积积分，可对表面元素组成进行定量分析，在 FA/MMA/BMA 共聚物 XPS 谱图(见图 8.14)中，元素 F 所处分子链的化学环境相似，结合能在 689.3eV 附近呈单峰分布；酯基上的两个 O 的结合能谱峰位置距离较近，在 689.3eV 附近重叠成一个单峰，对于 C 而言，主要有六种不同的化学环境，位置在 284～295eV 范围内呈现多峰分布。

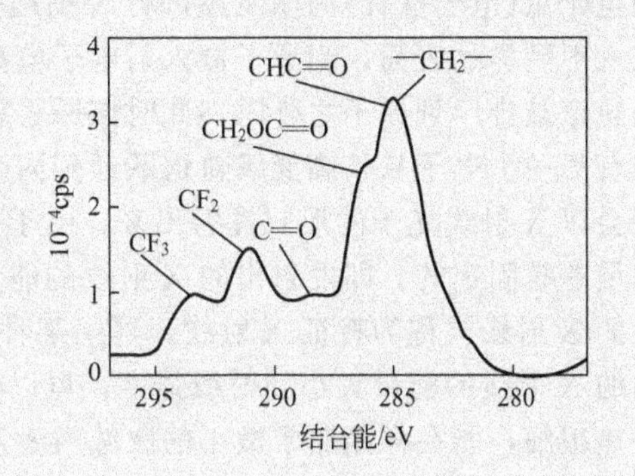


图 8.14 共聚物的 $C_{1s}$ 图谱

已知共聚物涂膜在 120℃ 退火处理 24h 后，表面元素组成与本体实际组成差别较大，F 在表面的组成远高于本体组成，而 C 和 O 在表面的含量低于本体组成，当共聚物中 F、C 和 O 的含量分别为 5.8%、71.9%和 13.9%时，表面层含量分别为 25.2%、59.7%和 13.9%。随着本体中氟元素含量的增加，表面氟元素含量也进一步增大，当本体中氟元素含量达到 25.0%时，表面氟元素的含量为 45.7%，这与接触角的表征结果相吻合(共聚物都具有较强的憎水憎油性能，并随着含氟单体用量的增加，涂膜表面与水和油的接触角都增大)。聚合物表面能的降低取决于表面氟元素含量的增加，由 XPS 测得的数据证实了共聚物在成膜退火过程中，表面层出现相分离，含氟基团在表面产生明显富集现象。

资料来源：张庆华等. 采用 XPS 与接触角法研究氟聚合物表面结构与性能. 高等学校化学学报，2006(4).

## 8.3 电子探针微区分析

电子探针微区分析又称电子探针 X 射线微区分析。它是用非常细的电子束入射到样品表面，激发样品使之发射出特征 X 射线，再用某种探测装置探测发射出来的 X 射线，根据所探测到的 X 射线的能量大小和射线强度，以确定样品所含元素的种类和含量。实际分析中，是将 X 射线探测器与电子光学系统组装到一起，如现代一些扫描式电子显微镜商品仪器已具备这方面功能。在扫描电镜样品腔的一个备用出口上安装检测器，并连接一套独立的仪器，就可以收集和处理 X 射线。由于元素分析和形貌研究可以同时进行，所以其应用范围得到扩大。

该方法的优点是：分析灵敏度高，最低验出含量可达 $10^{-19}$g；可定性定量检测大部分元素，并能进行多元素同时分析(用能谱仪进行分析时，只要它们的含量足够高)；基本上不破坏样品结构，通常不需对样品进行化学处理。

但该方法不能区别离子、非离子和同位素；不能测定原子序数非常低($Z<4$)的元素；

该方法只能测定出样品中元素的有无及其含量，而通常不能鉴别出其化学状态；只属一种表面分析技术。

### 8.3.1 基本原理

电子探针X射线微区分析(electrron probe X－ray microanalysis)，是以电子枪产生的细电子束(电子探针)为激发源进行X射线分析的一种微区分析方法。就是用非常细的电子束入射到样品表面，当原子被入射电子电离，即它的轨道电子被入射电子撞击，从它所在的轨道被排斥到原子之外时，此时该原子就处于激发状态。为了使原子保持稳定状态，就会有另一个电子从较高能级轨道跃迁到内壳层的空位置上，在这个过程中，其多余的能量就会以X射线光子的形式发射出来。由于每个轨道的能量是一定的，因此，两轨道之间的能量差是固定的，即发射出的X射线的能量对于某种元素来说是固定的，这种具有特定能量的X射线被称为特征X射线。再用某种探测装置探测发射出来的X射线，根据所探测到的X射线的能量大小和射线强度，可以确定样品所含元素的种类和含量。电子束可以被聚焦很细，能在样品非常微小的区域内激发出X射线，从而分析出该区域内的元素组成。这种很细的电子束称为电子探针，这种分析方法即称为电子探针X射线微区分析，又称X射线微区分析(X－ray microanalysis)、电子探针分析(electrron probe analysis)或电子微束分析(electron microbeam analysis)等。

据玻尔原子模型，原子中的电子是分布在不同的电子轨道上，聚集在一起的轨道组成的壳层按照距离原子核远近的不同，从里向外将这些壳层标记为K、L、M、N、O等壳层。如果L、M、N能量层的电子向最内的K层跃迁，放出的特征X射线即称为$K_\alpha$、$K_\beta$、$K_\gamma$线，类似地有$L_\alpha$、$L_\beta$等。一个元素会有一系列的特征X射线，称为线系，其中$K_\alpha$、$K_\beta$是最常见的。

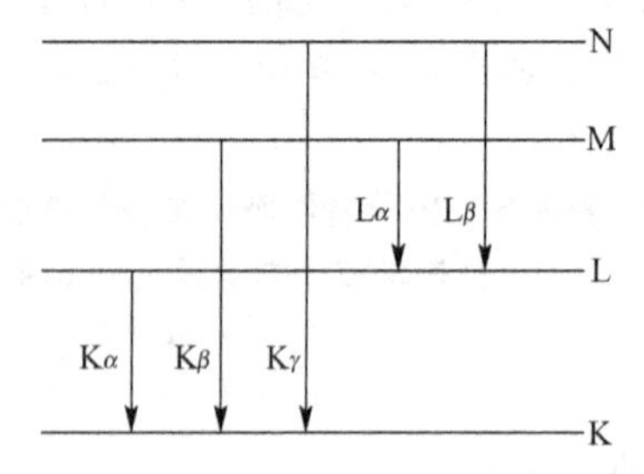

图8.15　原子的能量层间某些可能的电子跃迁及所释放的特征X射线

由于临界激发能是将轨道电子击出原子之外所需的能量，因此它差不多等于该电子所在壳层及其外面的所有壳层的轨道能量之和。如铀的$K_\alpha$线的临界激发能为115.6keV，而它的$K_\alpha+L_\alpha+M_\alpha$线的能量之和为98.4＋13.6＋3.2＝115.2keV，两者差不多相等。图8.15所示为原子的能量层间某些可能的电子跃迁及所释放的特征X射线。

如果入射电子不是撞击到轨道电子上，而是靠近原子核通过，这些电子在带正电荷的原子核周围的电场中有可能失去其部分能量或全部能量，这些能量也以X射线光子的形式释放出来，这种电子在电场中失去的能量可以从0到入射电子的初始能量的整个能量范围内变化，因此释放出的X射线光子也具有各种不同的能量，结果得到的是一个连续的X射线谱。从连续X射线谱只能得到平均原子序数而不能测得是什么元素。对于每一种元素，存在着一个产生特征X射线的临界加速电压值(对应于临界电离能)，如对钴为6.9keV。从图8.15可以看出，5keV操作电压时只有连续X射线，10keV时出现了特征$K_\alpha$和$K_\beta$线，它们叠加在连续X射线上，连续X射线形成了背底。因此，测定前要先知道所测元素的临界电离能，据此确定操作电压。

根据测定特征X射线的波长或能量，又可以将电子探针X射线微区分析分为X射线波长色散谱和X射线能量色散谱两种方法。它们的基本原理如下。

### 1. X射线波长色散谱

X射线波长色散谱(WDS)是电子探针微区分析的最早形式，它通过X射线的波长测定来分析样品的元素组成。

图8.16所示为WDS的原理图。X射线在晶体中衍射的规律可以用布拉格(Bragg)方程来描述，即入射到衍射晶体的X射线的波长满足下式要求时，才能被强烈地衍射：

$$n\lambda = 2d\sin\theta \tag{8-11}$$

式中，$n$是正整数，$\lambda$为被衍射的X射线的波长，$d$为衍射晶体的晶格距离，$\theta$为射入衍射晶体的X射线的入射角。如果衍射晶体相对于样品的位置确定下来，即确定了X射线的入射角$\theta$，因同一晶体的晶格距离是一定的，因而能被衍射的X射线的波长就能计算出来。在实际操作中，是在某一定的角度范围内反复调节晶体的位置，直到获得强度最大的峰。但是晶体位置能够调节的范围是有限的，故只能测定有限的几种元素。为了扩大测量的范围，在一个波谱仪上常常配备有几个具有不同晶格距离的晶体，使得在有限的角度范围内可以测定更多的元素。表8-4列出了几种常用的衍射晶体。为了得到好的分辨率和高效率的衍射，要求晶体是高质量的，没有裂缝或污点。

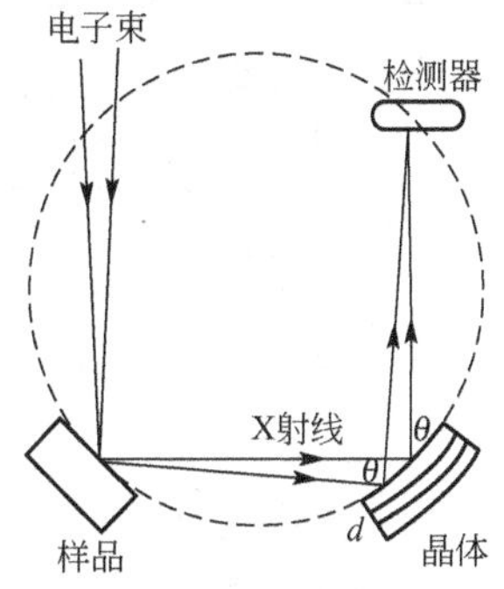


**图8.16 WDS原理图**

**表8-4 波谱仪中几种常用的衍射晶体**

| 衍射晶体 | 衍射波长范围/(Å) | 分析元素原子序数范围 | | |
|---|---|---|---|---|
| | | $K_\alpha$ | $L_\alpha$ | $M_\alpha$ |
| 氯化钠(NaCl) | 0.9～5.3 | 16～37 | — | — |
| 氟化锂(LiF) | 1.0～3.8 | 19～35 | 51～92 | — |
| 锗(Ge) | 1.1～6.0 | 16～34 | — | — |
| 酒石酸乙二胺(EDT) | 1.4～8.3 | 14～22 | — | — |
| 磷酸二氢铵(ADP) | 1.8～10.3 | 12～21 | — | — |
| 正酞酸氢铷(RbAP) | 2～18 | 11～14 | — | — |
| 季戊四醇(PET) | 2.0～7.7 | 14～26 | 37～65 | 72～92 |
| 石膏 | 2.6～15 | 11～14 | — | — |
| 正酞酸氢钾(KAP) | 4.5～15 | 11～14 | — | — |
| 邻苯二酸铷(RAP) | 5.8～23 | 9～15 | 24～40 | 57～79 |
| 肉豆蔻酸盐(MYR)* | 17.6～70 | 5～9 | 20～25 | — |
| 硬脂酸盐(SET)* | 22～88 | 5～8 | 20～23 | — |

WDS的主要特点是能量分辨率高(约为10eV)，分析精度高(0.1%～0.2%)，分析浓度极限可达(200～750)×$10^{-6}$甚至更小，可分析范围宽(从$Z=4$的Be开始)，图谱失真小。但测定速度慢(10～30min)，对样品有损伤(由于收集效率低，必须用大的束流)。

### 2. X射线能量色散谱

X射线能量色散谱(EDS)是通过对X射线能量的测定来分析样品的元素组成的。

图 8.17 所示为 EDS 检测器的工作原理图。X 射线经过薄的铍窗口进入被液氮冷却的掺杂了锂(或硼)的硅晶体(又称锂漂移硅晶体)中，这是一个反向偏压的 n－p 二极管。当 X 射线进入硅晶体时，在半导体内引起电离，产生电子-空穴对，在外电场作用下，这些电子和空穴分别移向置于晶体两端的正、负极板，在外电路中形成电脉冲。根据半导体物理，其脉冲幅度的大小与电子-空穴对数目的多少成正比，与进入探测器晶体的 X 射线的能量成正比，有如下关系式：

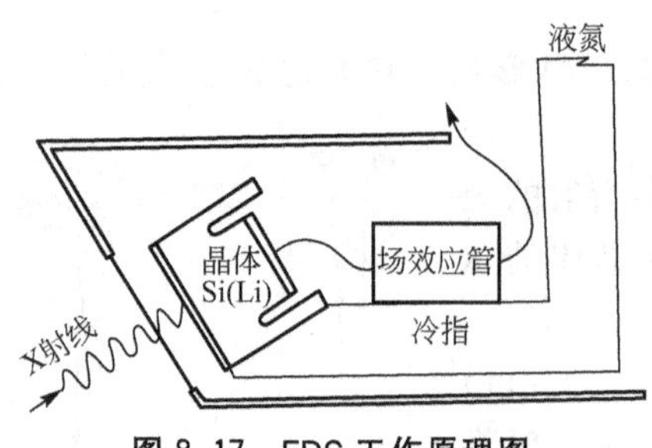

图 8.17　EDS 工作原理图

$$n=E/e \tag{8-12}$$

式中，$n$ 为电荷脉冲幅度，$E$ 为 X 射线能量，$e$ 为产生一个电子-空穴对所需的平均能量。

显然电荷脉冲幅度与入射的 X 光子的能量成正比。接着电荷脉冲信号经过场效应管转变为电压脉冲，再经前置放大器放大后，在多通道分析器中由模/数转换器转换成数字信号，送入多通道分析器的相应通道，显示或记录成图谱。

低温冷却(常为－190℃)晶体和场效应管是减少噪声的必不可少的重要条件。由于需要密封而采用了铍窗，从而使 EDS 只能分析 Z＝11 的钠以上的元素。近来发展的无窗检测器可扩展到分析铍以上的元素。EDS 的主要特点是分析速度快(约 100s)，收集效率高，可用小束流，对样品的损伤小。但能量(150eV)、分析浓度($1000\times10^{-6}$)和分析精度(0.5%～5%)等都不如 WDS。

### 8.3.2　实验技术

电子探针仪是由电子光学系统、扫描系统、X 射线检测系统、图像显示记录系统、真空系统等几部分组成，与扫描电镜的差别仅是用 X 射线检测仪取代了扫描电镜的电子探测仪，其余部分基本都相似。图 8.18 为电子探针分析仪示意图。

常用的电子源为钨丝灯电子枪，当钨丝被加热到 2700K 左右时，产生热电子发射。灯丝的负高压(10～30kV)使电子加速形成电子束而射出电子枪。电子束通过第一、第二电子透镜(静电透镜或磁透镜)的作用，聚焦成直径为 0.1～1μm 的细电子束轰击试样表面，穿透深度为 1～3μm。电子偏转线圈能使聚焦电子束在试样表面一定范围内往复扫描。若进行扫描观察，可直接显示出试样表面 $1\mu m^2$ 至数 $mm^2$ 内元素分布状态。

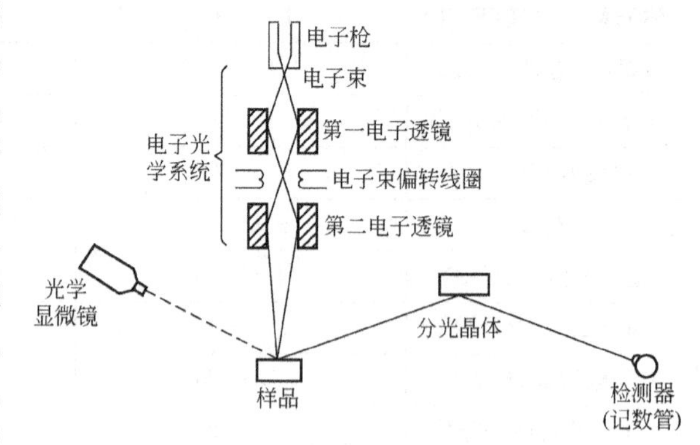

图 8.18　电子探针分析仪示意图

光学显微镜用于目视选择试样表面的分析区域，还可用来对电子轰击激发的光发射情况等进行光学观察。

电子束轰出试样后，使试样表面微区内各种元素的原子被激发而产生特征 X 射线，X 射线束通过分光晶体的衍射作用，使各种波长的 X 射线按不同的衍射角彼此分开，形成按一定波长顺序排列的 X 射线光谱。因此转动分光晶体以改变衍射角，同时以 2 倍于分光晶体的转速转动检测器中的记数管，就可以依次测量出各种元素所产生的X射线的波长和强度，借此进行元素的定性与定量分析。

实际分析中，是将X射线探测器与电子光学系统组装到一起，譬如将X射线探测器组装到电子显微镜的电子光学系统中，电子枪发射出的电子束被聚焦后投射到样品表面，激发样品产生X射线。

### 8.3.3 应用

与其他分析方法相比，电子探针X射线微区分析具有如下特点：①能把对样品的成分分析和形态结构观察结合起来。②分析的区域微小，分析时所使用的电子探针的直径非常小，最小的可达几个纳米(nm)。③分析灵敏度高。④可测元素的范围广。⑤分析结果与元素在样品中的化学状态无关，通常也不需对样品进行化学处理。⑥能进行多元素同时分析。只要样品含量足够高，可同时测定原子序数大于10的所有元素。⑦X射线谱比其他光谱简单，且与元素的原子序数密切相关，因而借此很容易鉴别所探测到的元素。因此其在地质、冶金、地物等部门用来对矿物、原料、陶瓷、半导体、金属等材料以及生物制品等进行分析。但是由于其仪器结构复杂，价格昂贵，故目前未能普及使用。

1. 定性分析

在确定样品中的某一元素时，应使与该元素有关的所有K、L、M标识线同时在图谱上找到与之对应的峰。值得注意的是不同元素的峰线有时会互相重叠或影响，在这种情况下，可以用线系中的另一个峰来鉴别。例如，对应硫($K_\alpha$波长为0.53731nm)和钼($K_\alpha$波长为0.54144nm)，当钼的$K_\alpha$峰完全被硫的$K_\alpha$峰覆盖时，可以用钼的$K_\beta$(0.51771nm)来鉴别钼，它的峰强度虽然只有钼$K_\alpha$的45%，但它与硫峰是完全可以区分开的。在分析中还必须注意，有些元素的较高级线系也可以被激发出来，一般峰较弱，不要把它们误作新的元素。

在给各线峰确定归属时，还要考虑到同一电子层内线峰强度的比值应当是一个恒定值。当每个系列中最高峰的强度为1时，同一系列各峰之间存在如下关系：

K系——$K_\alpha : K_\beta = 1 : 0.2$

L系——$K_\alpha : K_{\beta1} : K_{\beta2} = 1 : 0.7 : 0.2$

M系——$M_\alpha : M_\beta = 1 : 0.6$

当确定了某一元素的一系列峰后，它们之间的关系接近于这些比值，否则就应怀疑存在着另一元素或做了错误的判断。

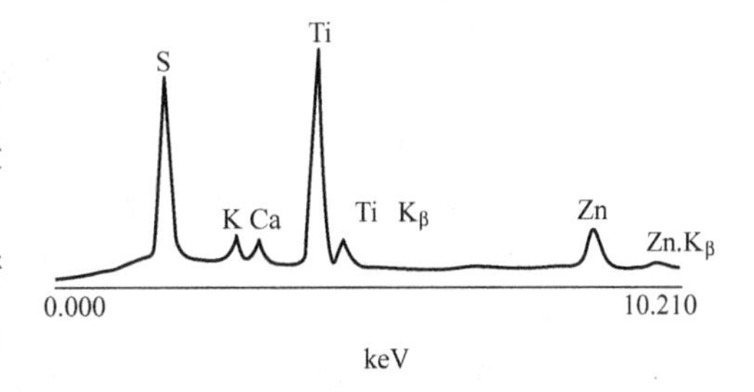


图8.19 硫化橡胶的EDS图

图8.19所示为硫化橡胶的能谱图，峰所对应的元素直接标在图上，$K_\beta$线也给予标明，未注明的是$K_\alpha$线。硫化橡胶中含有多种元素，用EDS法测定是很方便的。

电子探针微区分析常见的一种应用是研究聚合物中的杂质。例如，用于研究聚丙烯薄膜中鱼眼的成因。经窄电子束分析发现，如图8.20所示，鱼眼中心的微粒含有高浓度的钠和氯(图8.20(a))，微粒外为聚丙烯而谱图没有明显的峰(图8.20(b))，与纯氯化钠的谱图(图8.20(c))比较可知，该微粒就是氯化钠。

杂质对纤维加工也是有害的，会产生竹节丝。EDS 法可以确定这些杂质的化学组成，如图 8.21 所示。

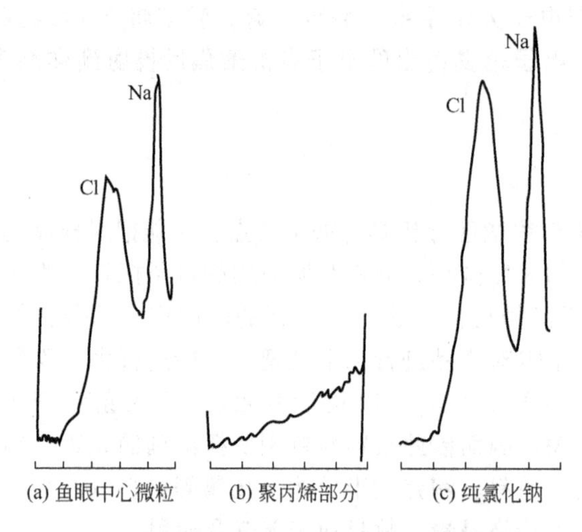


图 8.20　聚丙烯薄膜中鱼眼的电子探针微区分析

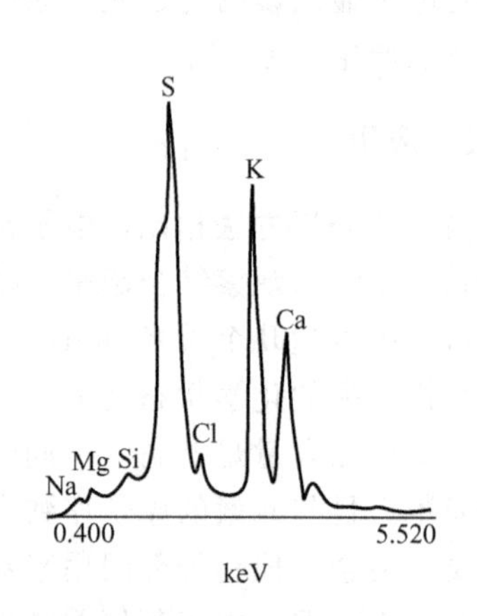


图 8.21　芳纶中杂质的 EDS 图

2. 定量分析

如果只需要粗略测定元素含量，可用“设窗”的方法进行半定量分析，就是在已收集好的谱图上把特定峰用两条垂线框在“窗”内，然后用软件程序扣除背底后得到谱峰的面积。由于这个面积不仅仅依赖于样品的组分，还涉及到仪器因素，所以计算结果不能告诉我们元素的实际含量，而只得到元素的相对比值。

定量分析必须把未知元素的 X 射线强度与已知标样的 X 射线强度作比较来测定含量，且要求该未知元素的 X 射线强度与样品中其他成分的强度无关。例如，标样中某一元素的含量为 100%，其强度值也定为 100%，当把被测样品中同一元素的强度与之比较时，只占标样峰强度的 50%，则未知标样中该元素的含量为 50%。

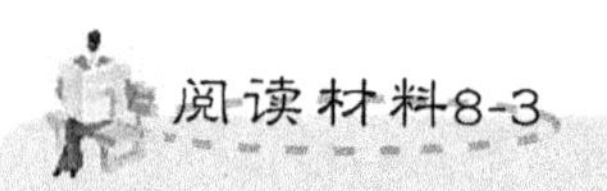


**EPMA－1610 型电子探针的主要应用**

EPMA－1610 型电子探针主要由五道波谱仪组成。与能谱相比，波谱具有如下优点：更好的谱峰分辨率，对微量元素有更好的灵敏度；有利于轻元素分析；改善 X 射线面分布的峰背比，能获得更好的定量分析结果。

1. 定性分析

点分析：将电子束固定在样品某一点上，进行定性或定量分析，称为点分析。该方法用于显微结构的成分分析，对材料晶界、夹杂、析出相、沉淀物、奇异相等进行研究。

线分析：电子束沿一条分析线进行扫描，能获得元素及其含量的线分布。电子探针的线分析与能谱相比，优势在于对微量元素偏析的测量方面。

面分析：将电子束沿样品表面扫描，可以获得元素的面分布。研究材料中夹杂、析出及元素偏析常用此方法。

2. 定量分析

定量分析的目的是得到试样中某元素的质量分数，它的依据是某元素的X射线强度与该元素在试样中的质量分数成比例。电子探针中常用的两种定量分析方法有ZAF法和工作曲线法。

ZAF法是电子探针中最常用的一种定量分析方法，特点是必须全元素测量，定量分析准确度高。如果在相同的电子探针分析条件下，同时测量未知试样和已知成分的标样中A元素的同名X射线强度，经过修正计算就可得出试样中A元素的相对百分含量

$$C_{unkA}:C_{stdA}=G(I_{unkA}/I_{stdA})\cdot C_{stdA}$$

式中，$G$为修正系数，使用基体校正法(ZAF法)时

$$G=G_Z\cdot G_A\cdot G_F$$

式中，$G_Z$为原子序数修正系数；$G_A$为吸收修正系数；$G_F$为荧光修正系数。

ZAF法测量时必须谨记以下几点：①标准样品必须搜峰，而未知样品不允许搜峰；②根据定性分析谱图，设定合理的背底波长范围；③未知样品与标准样品保持相同的测量条件；④最大束斑直径为50 μm，要想得到平均成分，则最好多测量几点。

工作曲线法也是电子探针中比较常用的一种定量分析方法。优点是可以单元素测量，准确度比ZAF法高，只需要测量目标元素的X射线强度；缺点是搜集到一组成分已知且可用来做工作曲线的组合标样不易。

资料来源：吴园园等．电子探针分析方法及在材料研究领域的应用．电子显微学报，2010(6)．

1. 简要说明XRF和XPS的基本原理。

2. X射线具有很强的穿透能力，但以X射线作激发源的XPS却是一种表面分析仪器，请分析其原因。

3. XPS中的化学位移是如何产生的？它在聚合物结构分析中有何作用？

4. 高分子材料在存放及使用过程中，在热、氧、臭氧、紫外线等外界因素作用下常常会发生氧化断裂而老化。试问聚乙烯样品表面老化前后的XPS图谱会有哪些变化？请说明原因。

5. 简要说明如何应用XPS对高分子材料进行定量分析。

6. 简要说明如何应用表面分析能谱对高分子材料样品表面下不同深度的物质进行定性定量分析。

7. 简述WDS和EDS的原理及特点。

# 第9章 流变学分析法

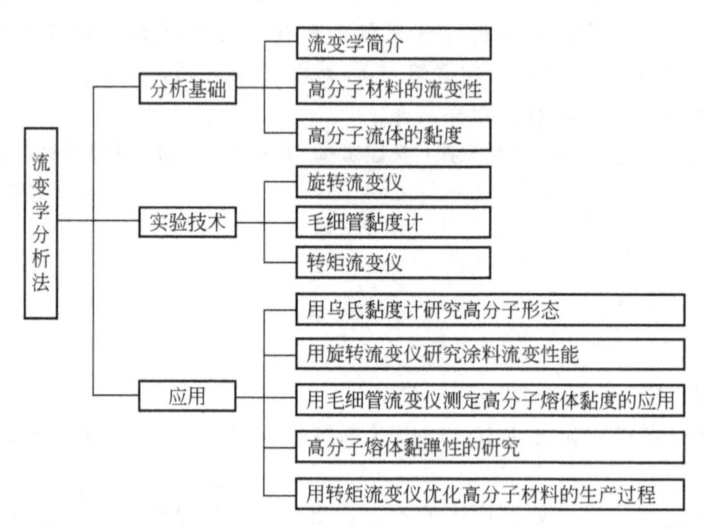


## 本章教学目标与要求

1. 了解流变学概念，了解高分子材料的流变性质与黏度。
2. 熟悉流变学分析技术，了解旋转流变仪、毛细管黏度计、转矩流变仪的应用。
3. 熟悉流变学分析法在高分子材料研究中的应用。

导入案例

**瓶盖的注塑和压制工艺**

瓶盖是一个经常被消费者忽视的细节，但对于厂商，这却是个大问题。

意大利捷飞特的李克平先生对瓶盖和瓶盖模具有着多年的研究，“生产盖看上去很简单，但是，塑料瓶盖模具的制造蕴藏着很高的专业技术”。捷飞特公司以设计和制造多腔位、高精度、热流道的注塑模具著称。2000年捷飞特公司研制出64腔快速成型瓶盖模具，并在Nestal快速注塑机上实现3秒一个开合，创造了64腔等级的瓶盖模具开合周期的世界纪录。“欧洲许多塑料瓶盖生产厂家追求的是在确保瓶盖物理功能的情况下，尽量减轻瓶盖克重、提高生产率，以便降低成本增加市场份额。”捷飞特公司顺应市场需求，开发出MIWA系列瓶盖。以MIWA L3P为例，28mm，仅有1.5～1.6g，比传统的PET瓶塑料瓶盖轻1g，这种瓶盖只要旋转90°就可以打开，开启扭矩低，老少适宜。目前，已有7套捷飞特公司提供的这种64腔瓶盖模具在娃哈哈集团使用。捷飞特公司还发明了非旋转双料注塑模具的专利技术，用于一次性生产带衬垫瓶盖。这一发明大大节省了带垫瓶盖对生产设备的投资。带垫瓶盖的传统生产是由注塑瓶盖设备、注塑或滴塑衬垫设备以及组装设备来实现，用捷飞特公司的双料注塑模具，可在原有的注机上增加一个注塑单元即可轻而易举的实现带垫瓶盖的生产。

萨克米SACMI的压制瓶盖是另外一种技术，它与传统的注塑瓶盖不同，是第一个将压塑制盖设备推向市场的机械制造商。萨克米旋转式液压机使得模具简单化，因此压缩成型所需要的投资成本远少于注塑成形的成本。由于萨克米同时完全自行设计和制造塑胶盖模具，使其具有较大的整体优势。根据萨克米的介绍，这种压制瓶盖非常适合圆形瓶盖的生产。萨克米在7月份ProPak展出了每分钟生产600个的打盖机，但他们最快的产品达到了每分钟1200个，目前已经有7台这种产品售出。

注塑和压制瓶盖代表了两种不同的工艺，前者可以买各种模具，进行灵活的式样设计，可以设计相对复杂的盖子，但模具成本较高；而压制瓶盖则相对成本较低。

请思考：注塑工艺和压制工艺在物料的流动上有何不同，物料的流变性能对工艺的影响程度如何？

资料来源：http://www.51pla.com/html/newstech/220/22045_1.htm，2010

## 9.1 流变学分析基础

### 9.1.1 流变学简介

流变学是研究材料流动和变形的科学。流动是液体的属性，而变形是固体(晶体)的属性。液体流动时，主要表现出黏性行为，产生永久变形并消耗一部分能量。固体变形时，主要表现出弹性行为，产生弹性形变并储存能量，外力撤消时，弹性变形恢复并释放储能。

理想情况下，液体流动时遵从牛顿流动定律($\sigma=\eta\dot{\gamma}$)，所受的剪切应力与剪切速率成正比，且流动过程总是一个时间过程。一般固体变形时遵从胡克定律($\sigma=E\varepsilon$)，所受的应力与形变量成正比，其应力、应变之间的响应为瞬时响应。

遵从牛顿流动定律的液体称牛顿流体，遵从胡克定律的固体称胡克弹性体。牛顿流体与胡克弹性体是两类性质被简化的抽象物体，实际材料往往表现出远为复杂的力学性质。如沥青、黏土、橡胶、石油、蛋清、血浆、食品、化工原材料、泥石流、地壳，尤其是形形色色高分子材料和制品，它们既能流动，又能变形；既有黏性，又有弹性；变形中会发生黏性损耗，流动时又有弹性记忆效应，黏、弹性结合，流、变性并存。对于这类材料，需要用流变学对其进行研究。

### 9.1.2 高分子材料的流变性质

高分子材料流变学是研究高分子流体(主要指高分子熔体和高分子溶液)在流动状态下的非线性黏弹行为以及这种行为与材料结构及其他物理、化学性质的关系。

流变学对于高分子材料来说极其重要。在把高分子材料加工制造成产品的过程中，几乎都要涉及到流动。在注模、压模、吹塑、压延、冷成型以及纤维纺丝等过程中，聚合物的流动行为都很重要。在为加工作准备的聚合物材料的配制过程中，流变性质同样也很重要，混炼和挤出造粒工艺便是这方面典型的例子。

高分子科学的其他方面，有许多也涉及流变学。例如，许多高分子涂料是在带搅拌的反应釜中由单体乳液制得的，得到的胶乳流经管道，最终成为涂料。利用一些涂布工艺可将它们涂在制品的表面上，此时，对胶乳的流变性质也必须严格控制。在挤出机的前段和注塑机中，当物料尚未软化成液体时，物料粉体的流变性质也很重要。

流变行为还会影响最终产品的力学性质，例如，分子取向对模塑产品、薄膜和纤维的力学性质有很大的影响，而取向的类型和程度主要是由加工过程中流动场的特点和聚合物的流动行为所决定的。

高分子材料的流变性质非常复杂，它除了具有复杂的剪切黏度行为外，还表现出有弹性、法向应力和显著的拉伸黏度。而且，所有这些流变性质又都依赖于剪切速率、分子量、聚合物的结构、各种添加剂的浓度以及温度等。

### 9.1.3 高分子流体的黏度

对于大多数的高分子流体来说，流变学分析主要就是黏度的测量，通过对这些流体黏度的测量，可以分析各种与流变性质有关的物理性质。

1. 流体的黏度及分类

黏度是流体黏性的度量。对于流体来说，每一运动较慢流体层都是在运动较快的流体层带动下才运动的，运动较快层则受到慢层的阻碍，使之无法运动更快。作相对运动的两层流体接触面上存在一对等值而相反的作用力来阻碍两相邻流体层作相对运动，流体的这种性质称为黏性。黏性产生的根本原因在于分子的不规则运动和流体层分子间吸引力。

牛顿流体的黏度不随剪切应力和剪切速率的大小而改变，始终保持常数，其流动行为

服从牛顿流动定律

$$\sigma=\eta\dot{\gamma}=\eta\frac{\mathrm{d}\gamma}{\mathrm{d}t} \tag{9-1}$$

式中，$\sigma$ 为流体流动时的剪切应力；$\dot{\gamma}=\mathrm{d}v_x/\mathrm{d}y=\mathrm{d}(\mathrm{d}x/\mathrm{d}t)/\mathrm{d}y=\mathrm{d}(\mathrm{d}x/\mathrm{d}y)/\mathrm{d}t=\mathrm{d}\gamma/\mathrm{d}t$，为流体流动时的剪切速率(速度梯度)；$\eta$ 为流体的黏度(剪切黏度)，其国际单位为 $\mathrm{N\cdot s/m^2}$，即 $\mathrm{Pa\cdot s}$。

绝大多数高分子流体的流动行为不符合牛顿流动定律，被称为非牛顿流体。非牛顿流体包括假塑性流体、膨胀性流体和宾汉流体，它们的流动曲线如图9.1所示。假塑性流体的黏度随剪切速率的增大而减小(称为切力变稀)，膨胀性流体的黏度随剪切速率的增大而增大(称为切力变稠)，而宾汉流体在应力低于一定值的情况下不发生流动，表现为胡克弹性体。

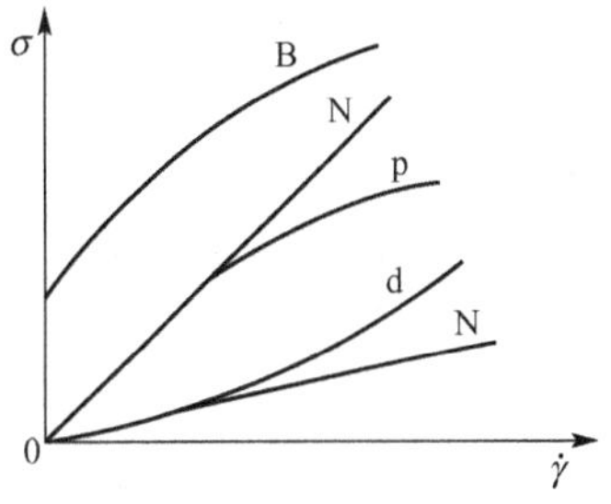

**图9.1 各种流体的流动曲线**

N—牛顿流体；p—假塑性流体；d—膨胀性流体；B—假塑性宾汉流体

2. 高分子溶液黏度的表征

在研究高分子溶液的黏度时，通常并不是直接使用溶液的黏度 $\eta$(本体黏度、绝对黏度)，而是经常采用以下几种表示黏度方法。

(1) 相对黏度 $\eta_r=\eta/\eta_0$，$\eta$ 是溶液的黏度，$\eta_0$ 是溶剂的黏度，$\eta_r$ 表示溶液黏度相对于溶剂黏度的倍数。

(2) 增比黏度 $\eta_{sp}=(\eta-\eta_0)/\eta_0=\eta_r-1$，它表示在溶剂黏度的基数上，溶液黏度增大的倍数。

(3) 比浓黏度 $\eta_{sp}/C$，表示高分子在浓度为 $C$ 的情况下对溶液增比黏度的贡献。其数值随浓度的改变而改变。

(4) 比浓对数黏度 $\eta_{inh}=\ln\eta_r/C$，它是高分子在浓度为 $C$ 的情况下对溶液黏度的贡献的另一种表示形式。

(5) 特性黏数 $[\eta]=(\eta_{sp}/C)_{C\to0}=(\ln\eta_r/C)_{C\to0}$，$[\eta]$ 定义为在溶液浓度无限稀释时的比浓黏度或比浓对数黏度，其数值不随浓度而变，在规定的浓度及溶剂中，它决定于高分子的结构及分子量，故可用作高分子的特征值，常用来反映同类高分子分子量的大小。$[\eta]$ 与高分子的分子量之间的经验关系 $[\eta]=kM^{\alpha}$ 称为 Mark-Houwink 方程，其中，$k$ 和 $\alpha$ 为两个常数。

3. 高分子熔体黏度的表征

高分子熔体和浓溶液都属于非牛顿流体，其剪切应力对剪切速率作图得不到直线，即其黏度有剪切速率依赖性。因此在实际工作中，除了牛顿黏度之外，还定义了另外几种黏度。

当 $\dot{\gamma}$ 很小或把 $\dot{\gamma}$ 外推到无限小时液体具有牛顿性，由流动曲线的初始斜率可得到牛顿黏度，它是把 $\dot{\gamma}$ 外推到0得到的，称作零切黏度，以 $\eta_0$ 表示。

$$\eta_0=\left(\frac{\mathrm{d}\sigma}{\mathrm{d}\dot{\gamma}}\right)_{\dot{\gamma}=0} \tag{9-2}$$

在一定剪切速率下的黏度有两种定义方法。常用到的是表观黏度，它定义为给定的剪切速率在流动曲线上对应点与原点连线的斜率，以 $\eta_a$ 表示，即

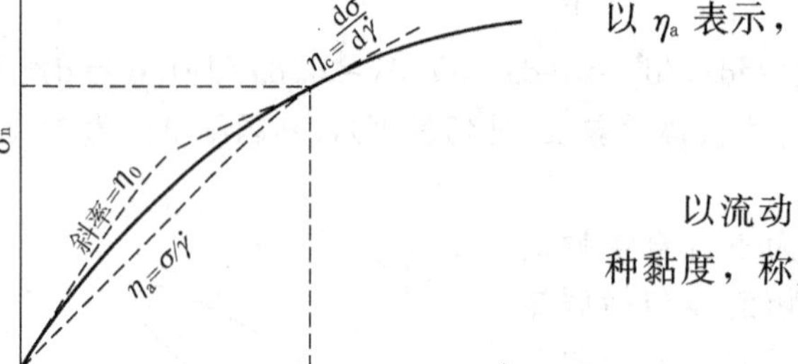


图 9.2　从流动曲线上确定 $\eta_0$、$\eta_a$ 和 $\eta_c$

$$\eta_a=\sigma/\dot{\gamma} \tag{9-3}$$

以流动曲线在 $\dot{\gamma}$ 点的切线斜率可定义另一种黏度，称为微分黏度或稠度，以 $\eta_c$ 表示。

$$\eta_c=\left(\frac{d\sigma}{d\dot{\gamma}}\right)_{\dot{\gamma}} \tag{9-4}$$

各种黏度在流动曲线上的表示如图 9.2 所示。

## 9.2　流变学分析实验技术

### 9.2.1　旋转流变仪

旋转流变仪是现代流变仪中的重要组成部分，它依靠旋转运动来产生简单剪切流动，可以用来快速确定材料的黏性、弹性等各方面的流变性能。

旋转流变仪一般是通过一对夹具的相对运动来产生流动的。引入流动的方法有两种：一种是驱动一个夹具，测量产生的力矩，称为应变控制型；另一种是施加一定的力矩，测量产生的旋转速度，称为应力控制型。实际用于黏度等流变性能测量的几何结构有同轴圆筒、平行板和锥板等。

1. 同轴圆筒黏度计

同轴圆筒黏度计(流变仪)的结构原理如图 9.3 所示，两个同轴圆筒的半径分别为 $R_1$(内筒)和 $R_2$(外筒)，内筒浸入液体长度为 $L$。一般内筒静止，外筒以角速度 $\omega$ 旋转。选择外筒旋转的目的就是要保证在较大的旋转速率下也尽可能保持筒间的流动为层流。一般同轴圆筒间的流场是不均匀的，即剪切速率随圆筒的径向方向变化。当内、外筒间距很小时，同轴圆筒间产生的流动可以近似为简单剪切流动。因此同轴圆筒流变仪是测量中、低黏度均匀流体的最佳选择，但它不适用于聚合物熔体、糊状和含有大颗粒的悬浮液。

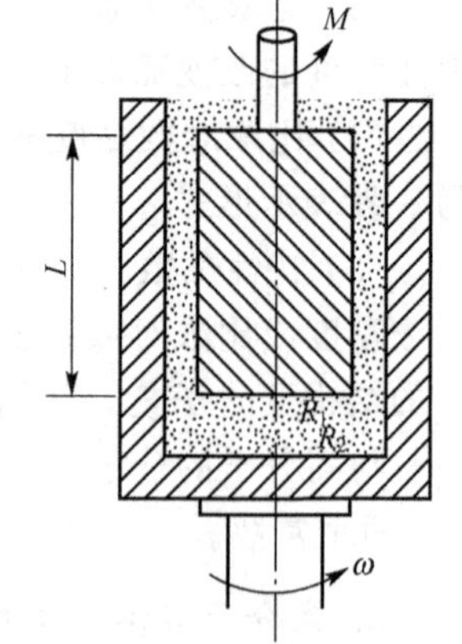


图 9.3　同轴圆筒黏度计的结构

测量出内筒上的转矩 $M$ 就可以计算液体的黏度

$$\eta=\frac{M}{4\pi L\omega}\left(\frac{1}{R_1^2}-\frac{1}{R_2^2}\right) \tag{9-5a}$$

考虑到内筒末端流体会产生一个附加转矩，相当于内筒比原来增加了一个长度 $L_0$，因此式(9-5a)可以改写为

$$\eta=\frac{M}{4\pi(L+L_0)\omega}\left(\frac{1}{R_1^2}-\frac{1}{R_2^2}\right) \tag{9-5b}$$

式中，$L_0$ 可由改变内筒浸没长度的测量结果外推至浸没长度为零的方法估算。更为简便的方法是用一个已知黏度的液体来标定黏度计的仪器常数 $B$，然后用下式计算黏度

$$\eta=B\frac{M}{\omega} \tag{9-6}$$

式中，$B=(1/R_1^2-1/R_2^2)/4\pi L$。这样只要测量的液体体积不变，就可以用式(9-6)进行计算。

2. 锥板黏度计

锥板结构是黏弹性流体流变学测量中使用最多的几何结构，其结构如图 9.4 所示。很少量的样品置于半径为 $R$ 的圆形平板和锥板之间，锥板的顶角很小(通常 $\theta<4°$)。在外边界，样品应该有球形的自由表面。对于黏性流体，锥板也可以置于平板下方，锥板或平板都可以旋转。

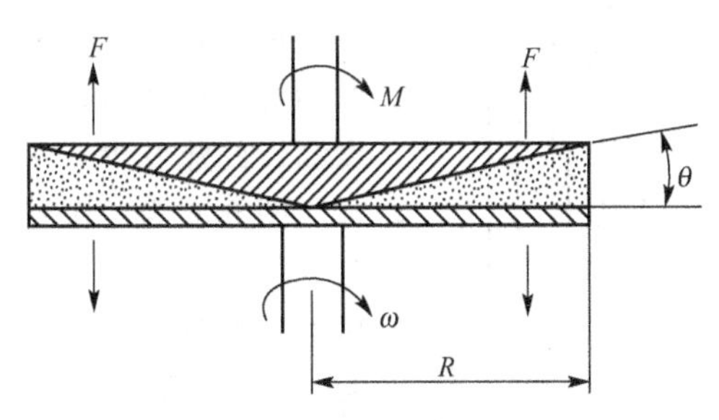


图 9.4 锥板黏度计工作原理

锥板结构是一种理想的测量结构，它主要的优点在于剪切速率恒定，在确定流变学性质时不需要对流动动力学作任何假设，不需要流变学模型；测试时仅需要很少量的样品；体系可以有极好的传热和温度控制；末端效应可以忽略。

在确定的转速 $\omega$ 下测量转矩 $M$，就可按公式计算黏度

$$\eta=\frac{M}{b\omega} \tag{9-7}$$

式中，$b=2\pi R^3/3\theta$ 是仪器常数。

3. 平板黏度计

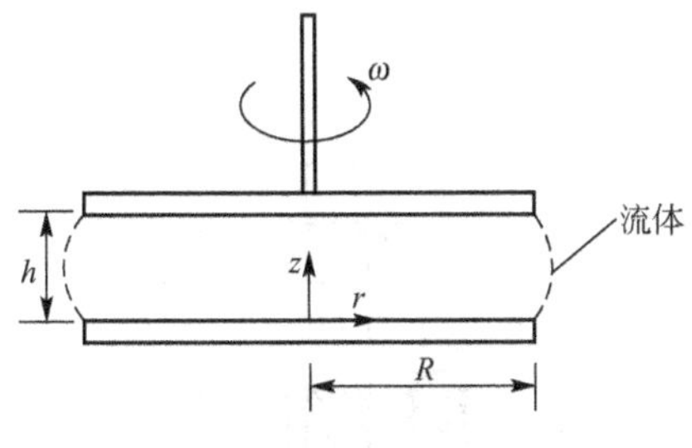


图 9.5 平行板黏度计工作原理

与锥板结构相同的是平行板结构，它主要用来测量熔体流变性能。平行板的结构如图 9.5 所示，它由两个半径为 $R$ 的同心圆盘构成，间距为 $h$，上下圆盘都可以旋转，扭矩和法向应力也都可以在任何一个圆盘上测量。边缘表示了与空气接触的自由边界。在自由边界上的界面压力和应力对扭矩和轴向应力测量的影响一般可以忽略。这种结构对于高温测量和多相体系的测量非常适宜。平行板间距可以很容易地调节：对于直径为 25mm 的圆盘，经常使用的间距为 1～2mm，对于特殊用途，也可使用更大的间距。

在低剪切速率下，平板黏度计计算黏度的公式为

$$\eta=\frac{2Mh}{\pi R^4\omega} \tag{9-8}$$

### 9.2.2 毛细管黏度计

毛细管黏度计是目前发展得最成熟、应用最广的流变测量仪之一，其主要优点在于操作简单，测量控确，测量范围宽。毛细管黏度计可分为两类：一类是压力型毛细管流变仪，通常简称为毛细管流变仪，另一类是重力型毛细管流变仪，如乌氏黏度计等。

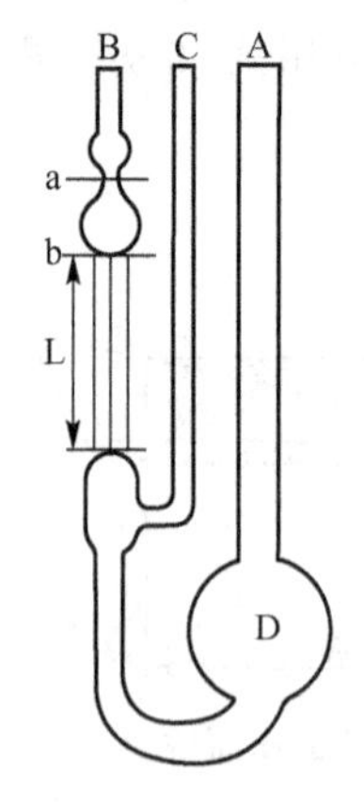

图 9.6 乌氏黏度计

1. 乌氏黏度计

液体的绝对黏度测量都非常繁琐，对于使用黏度法测定聚合物分子量而言，并不需要测定溶液的绝对黏度，只需测定溶液和溶剂的相对黏度即可，而乌氏黏度计是最适宜使用于高分子溶液相对黏度测量的流变仪。

图 9.6 为一个普通的三支管玻璃乌氏黏度计。它具有一根内径为 $R$、长度为 $L$ 的毛细管，毛细管上端有一个体积为 $V$ 的小球，小球上下有刻线 a 和 b。实验前，黏度计底部大球 D 内存有待测溶液，实验时，C 管密闭，从 B 管开口处抽气吸溶液至刻线 a 之上，随后将 C 管通大气，这样毛细管下端的液面下降，与 D 内液面相平。使 B 管通大气，任毛细管上的溶液自然流下，记录液面流经 a 及 b 线的时间 $t$。设溶剂流下的时间为 $t_0$，则溶液与溶剂流经时间之比就是相对黏度

$$\eta_r = \frac{\eta}{\eta_0} = \frac{t}{t_0} \tag{9-9}$$

通过不断的稀释 D 内的溶液，就可以用一支乌氏黏度计测量一系列浓度的相对黏度，在浓度很稀的情况下，就可以通过作图外推或拟合的方法计算出特性黏数 $[\eta]$，而 $[\eta]$ 是与高分子的分子量之间有对应关系的，利用它就可以求得聚合物的平均分子量。

2. 熔融指数仪

熔融指数仪属于一种固定压力型的毛细管流变仪，其结构如图 9.7 所示。这种毛细管流变仪结构简单、价格较低、使用方便，主要用于高分子材料黏度的分档，在高分子材料工业中的应用非常普遍。

所谓熔融指数是指在一定的温度和负荷下，聚合物熔体每 10min 通过规定的标准口模的质量，其单位为 g/(10min)，常用 MI 或 MFI 来表示。对于同一种聚合物而言，在相同的条件下，流出量越多，熔融指数越大，说明其流动性好。但对于不同的高聚物，由于测定时所规定的条件不同，因此，

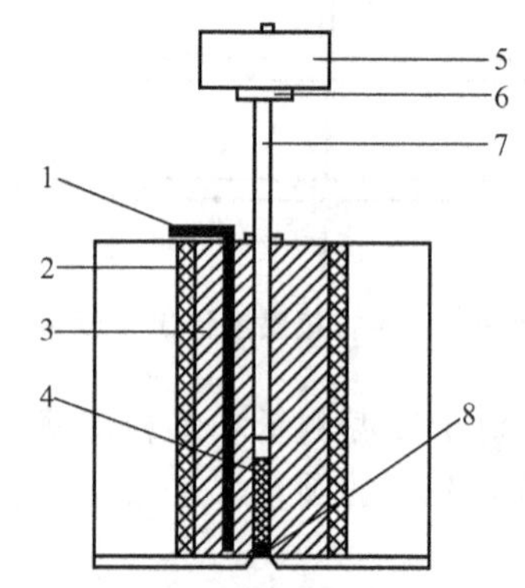

图 9.7 熔融指数仪的结构示意图
1—温度计；2，3—隔热层；4—料筒；5—砝码；6—砝码托盘；7—活塞；8—标准口模

不能用其大小直接进行比较。

3. 毛细管流变仪

压力型毛细管流变仪既可以测定聚合物熔体在毛细管中的剪切应力和剪切速率的关系，又可以根据挤出物的直径和外观以及在恒定应力下通过改变毛细管的长径比来研究熔体的弹性和不稳定流动(包括熔体破裂)现象，从而预测聚合物的加工行为，作为选择复合物配方、寻求最佳成型工艺条件和控制产品质量的依据，此外，还可为高分子材料加工机械和成型模具的辅助设计提供基本数据，并可用作聚合物大分子结构表征研究的辅助手段。

根据测量对象的不同，压力型毛细管流变仪又可分为恒压型和恒速型两类。恒速型毛细管流变仪的构造如图 9.8 所示，其核心部件是位于料筒下部的给定长径比的毛细管，料筒周围为恒温加热套，料筒内物料的上部为液压驱动的柱塞。

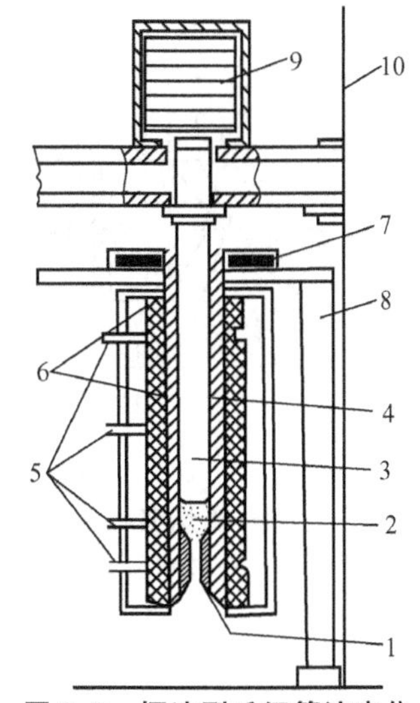


**图 9.8 恒速型毛细管流变仪结构示意图**

1—毛细管；2—物料；3—柱塞；4—料筒；5—热电偶；6—加热线圈；7—加热片；8—支架；9—负荷；10—仪器支架

物料经加热变为熔体后，在柱塞高压作用下从毛细管中挤出，由此可测量物料的流变性。毛细管流变仪检测到的是不同柱塞下降速度 $v$ 时所施加的挤压载荷 $F$。由 $v$ 和 $F$ 可计算流体的相关流变性质。

### 9.2.3 转矩流变仪

转矩流变仪记录物料在混合过程中对转子或螺杆产生的反扭矩以及温度等随时间的变化，可研究物料在加工过程中的分散性能、流动行为及结构变化，同时也可作为生产质量控制的有效手段。转矩流变仪是一种相对流变仪，它不是直接测量各种流变学指标，而是对实际生产过程进行模拟，它与实际生产设备(密炼机、挤出机等)结构类似，且物料用量少，特别适宜于生产配方和工艺条件的优选。

转矩流变仪的基本结构可分为微机控制系统、机电驱动系统、可更换的实验部件等三部分，一般根据需要配备密闭式混合器或螺杆挤出器。

密闭式混合器如图 9.9 所示，它相当于一个小型的密炼机，由一个“∞”字型的可拆卸混合室和一对以不同转速、相向旋转的转子组成。在混合室内，转子相向旋转，对物料施加剪切作用，使物料在混合室内被强制混合；两个转子的速度不同，在其间隙中发生分散性混合。

采用混合器测试时，物料加入到密炼室中，通过转子与混合室壁之间的混炼、剪切，实现物料的塑化，直至达到均匀状态。物料对转子凸棱的反作用力由传感器测量，转换成转矩值，形成转矩随时间的变化曲线(流变图)，曲线描述了聚合物在密炼过程中经历的热机械历史。根据转矩随时间的变化曲线，可对物料的流变行为与加工性能进行评价。

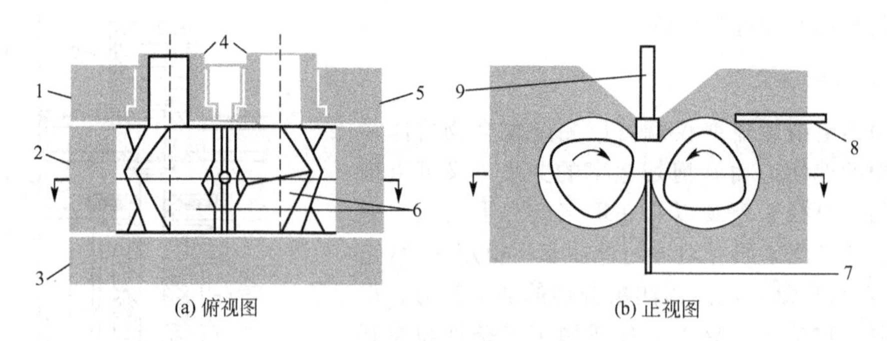


**图 9.9　密闭式混合器示意图**

1—密炼室后座；2—密炼室中部；3—密炼室前板；4—转子传动轴承；
5—轴瓦；6—转子；7—熔体热电偶；8—控制热电偶；9—上顶栓

# 9.3　流变学分析法的应用

## 9.3.1　用乌氏黏度计研究高分子形态

乌氏黏度计可以用来测量高分子的平均分子量，其基本原理就是在特性黏数的基础上，利用 Mark - Houwink 方程计算高分子的黏均分子量。

高分子的分子形状对高分子溶液的黏度有很大影响，所以，黏度法除了可以测定高分子的黏均分子量以外，还可以表征聚合物的分子形态。

1. 测定高分子的支化度

线型聚合物和支化聚合物在溶液中的流体力学体积（$[\eta]M_\eta$）不同，对溶液黏度的贡献的大小也不同，即溶液的特性黏数不同。相同平均分子量下，支化聚合物的流体力学体积较小，其溶液的特性黏数也较小。随着大分子链的支化程度的增加，溶液的特性黏数值降低，降低值越大，高分子的支化程度越大。因此，求出支化聚合物和其线型聚合物的特性黏数 $[\eta]$ 和 $[\eta]_0$，即可得高分子的支化度

$$G=\frac{[\eta]}{[\eta]_0} \tag{9-10}$$

2. 研究聚合物的分子链尺寸

在 $\theta$ 体系中，高分子溶液的特性黏数 $[\eta]_\theta$、分子量和分子无扰尺寸（末端距 $h_0$，旋转半径 $R_0$）存在如下关系

$$R_0=0.62(M[\eta]_\theta)^{\frac{1}{3}} \tag{9-11}$$

在非 $\theta$ 体系中，高分子链的有扰尺寸和无扰尺寸存在如下转换关系

$$R=R_0\left(\frac{[\eta]}{[\eta]_\theta}\right)^{0.45} \tag{9-12}$$

因此，只要知道高分子的分子量，测定$\theta$体系和一般体系中的特性黏数，就可求得高分子链的有扰和无扰尺寸。

### 9.3.2 用旋转流变仪研究涂料流变性能

流变学对涂料行业是非常重要的，因为在涂料的使用过程中有各种形变过程。图9.10所示为不同情况下涂料所经受的剪切速率范围。

涂料在使用过程中所遇到的问题，如沉积、下垂、平整性、遮盖力、稳定性等，可以用不同的流变学手段来表征。研究各种因素对其流变性能的影响，可以为涂料的生产提供可靠依据，为施工提供详细指导。

水溶性丙烯酸树脂的黏度与使用的温度有关，利用圆筒型旋转流变仪测定其在不同温度下的黏度值，得到的结果如图9.11所示。这一结果能帮助涂装过程中涂料温度的确定与控制。

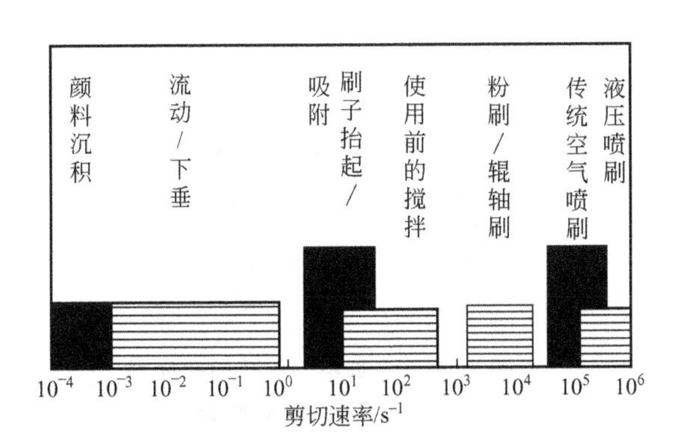


图9.10 涂料使用中所受到的剪切速率范围

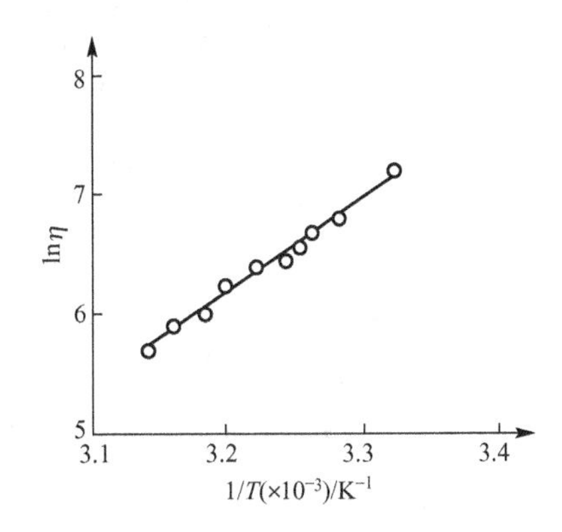


图9.11 水溶性丙烯酸树脂黏度与温度的关系

### 9.3.3 用毛细管流变仪测定高分子材料熔体黏度的应用

毛细管流变仪的最广泛的应用是测定零切黏度以及测定剪切黏度物随各种高分子结构参数(如分子量、分子量分布、支化度)与流场参数(如剪切速率、温度、压力)的变化规律。通过测定可建立它们之间的定量关系式，得到理论模型的各项常数。由于高分子熔体流变性质与其各级结构都有密切的关系，因此通过测定其黏度对高分子材料的合成、制备与加工都有指导意义。

1. 研究添加剂含量对高分子材料工艺与性能的影响

在橡胶的各种添加剂中，炭黑是必不可少的，而且添加量也较大。炭黑胶料的流动性在工艺上是很重要的，它影响着各步反应，从而最终决定制品性能。

用毛细管流变仪研究不同HAF(高耐磨炉黑)含量的胶料的黏度，如图9.12所示。从实验结果可以看出：炭黑分数增加，体系黏度随之上升，其原因在于炭黑粒子吸附的分子链数增多而使体系的流动阻力升高。

从图9.12中还可以看出，随着剪切力的提高，炭黑胶料的黏度呈下降趋势，这是由

于在高的剪切速率和剪切力的作用下，炭黑与胶料形成的网络结构被破坏，致使炭黑胶料黏度下降。

在塑料中最常用的一种添加剂就是碳酸钙，为了研究碳酸钙对塑料熔体流变性能的影响，用毛细管黏度计测试碳酸钙填充聚丙烯体系的黏度，如图 9.13 所示。

从图 9.13 中可以看出：相同碳酸钙含量时，体系黏度随剪切速率的增加而减小；而且在高的剪切速率下黏度降低得更为迅速，说明在高的剪切速率下体系的非牛顿性更为明显。

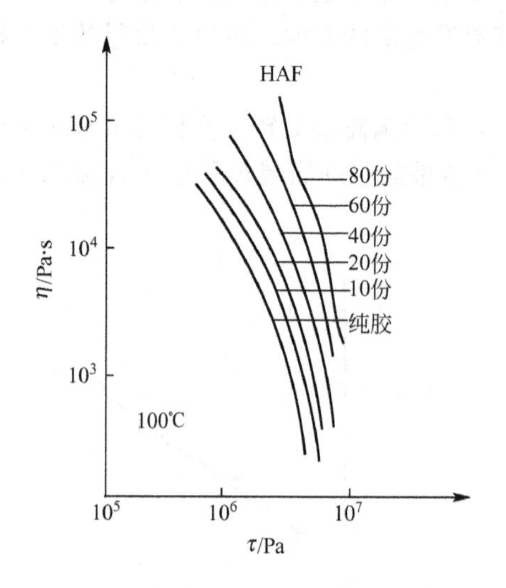


**图 9.12　炭黑含量对胶料黏度的影响**

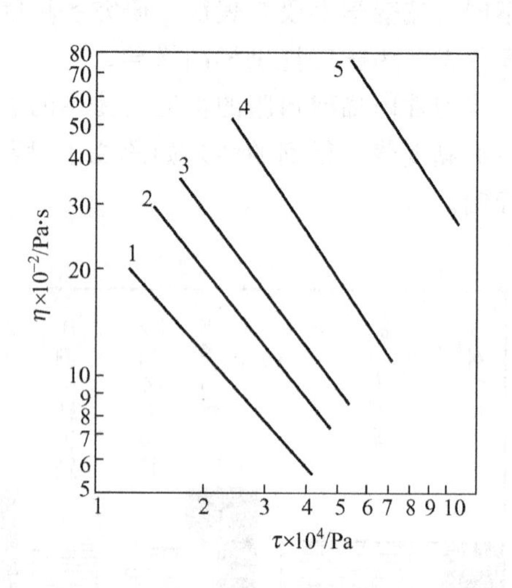


**图 9.13　添加不同份数的碳酸钙的聚丙烯的流变曲线**

1—10 份；2—20 份；3—30 份；4—40 份；5—70 份

随着碳酸钙含量的增加，曲线向上移动，黏度增大。这是因为碳酸钙是不可形变的固体颗粒，其流动性能很差，碳酸钙的加入增加了体系的刚性，增大了流动阻力，导致体系黏度迅速上升。填充塑料这一特点在成型加工中应特别引起注意，否则工艺条件选择不当时就有可能因为黏度过高、压力过大而损坏设备，并引发事故。

2. 研究材料对温度的敏感性

不同的高分子材料，由于其结构不同，在升温过程中表现出来的流变性能也不相同。通常情况下，把随温度变化时黏度变化大的材料称为温敏性材料；把温度变化时黏度变化小的材料称为切敏性材料。对切敏性材料而言，显然只通过升温的方法改善加工性能是不合适的，这既浪费能源，又不能达到相应目的。对于此类材料，在加工中不能只单纯提高温度，而是应通过改变剪切速率或改变配方等方法来改善加工性能。

高分子材料都是在熔融状态下加工的，所以首先应选择加工温度。加工温度必须使物料完全熔融，增加流动性，易于加工，但是温度又不能高于物料的分解温度。在对一种物料进行加工之前，首先应进行流变性能测试，观察物料在几个不同温度下的流变性能，以选择最适宜的加工温度。

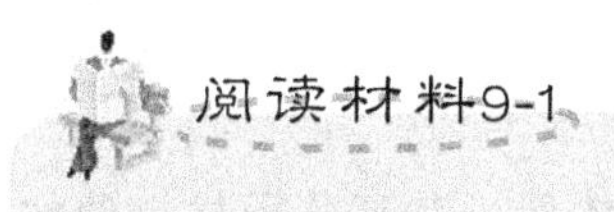


## 温度对聚合物黏度的影响

从分子运动角度来看，黏度与流动机理如内摩擦、扩散、取向等有关，而受温度的影响更显著。一般黏度随温度的提高而降低。当温度升高时，链段活动能力增加，体积膨胀，分子间相互作用减小，流动性增大。在温度比 $T_g$ 高得多的情况下，聚合物熔体(包括橡胶在内)与温度的依赖关系与低分子一样，可用 Arrhenius 方程表示：

$$\eta = A\exp[\Delta E_\eta/(RT)]$$

式中，$A$ 为物质有关的常数；$R$ 为气体常数；$T$ 为绝对温度；$\Delta E_\eta$ 为黏流活化能。$\Delta E_\eta$ 意味着使一个分子克服了周围分子对它的作用力以便更换位置所需的能量。$RT$ 则为分子热运动的能量。黏度取决于这两个能量的比值，提高温度可以使黏度下降。对极性高分子来说，分子间相互作用力大，黏流活化能较大，因此，黏度也大，比如丁腈橡胶和氯丁橡胶的 $\Delta E_\eta$ 就比顺丁橡胶、天然橡胶的大得多。

为了方便起见，常把指数方程写成对数形式：

$$\ln\eta = \ln A + \Delta E_\eta/(RT)$$

如果以 $\ln\eta$ 对 $1/T$ 作图，则得一条直线，斜率为 $\Delta E_\eta/R$，如图 9.14 所示。黏流活化能 $\Delta E_\eta$ 越大，直线的斜率越大，也就是说温度对黏度的影响很大；反之，如果黏流活化能 $\Delta E_\eta$ 小，斜率也小，表观黏度随温度的变化就不大。橡胶的黏流活化能很小，而刚性较大的聚氯乙烯、醋酸纤维素等都较高。

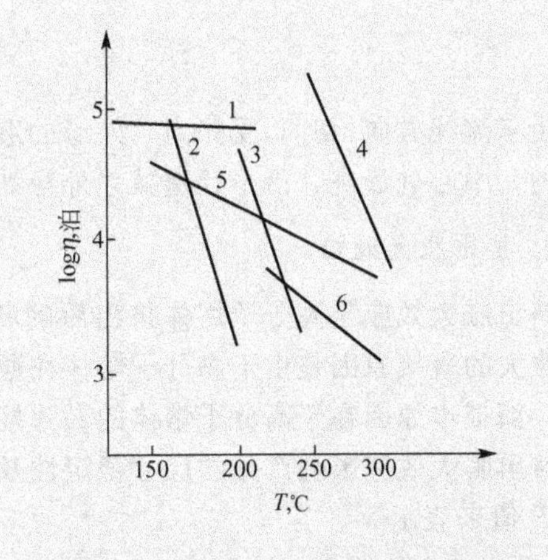


**图 9.14　聚合物黏度对温度的依赖关系**

1—天然橡胶；2—醋酸纤维素；3—有机玻璃；4—聚碳酸酯；5—聚乙烯；6—聚酰胺

温度对橡胶黏度的影响不大，这保证了橡胶具有较稳定的加工性能，因为加工时，胶料温度上升，但黏度的变化不大，质量就比较稳定。

除橡胶外，在塑料加工中，特别是聚苯乙烯、聚氯乙烯、聚碳酸酯这类刚性聚合物，因为黏流活化能特别大，黏度对温度就非常敏感，增高温度可以大大降低熔体的黏度。所以生产中采用较高的加工温度，并且极其注意温度的控制与调节，因为微小的温度波动，就可能导致黏度发生很大变化，从而影响产品的稳定性。但橡胶均为柔性分子链，温度对黏度的影响要小得多，仅靠提高温度来降低黏度是不适宜的。要降低橡胶的黏度，使其容易加工，关键在于降低分子量，因而橡胶加工的塑炼过程，对降低黏度具有决定性作用。

**资料来源：金日光．高聚物流变学及其在加工中的应用，化学工业出版社，1986.**

### 9.3.4 高分子熔体黏弹性的研究

高分子熔体的黏弹性是高分子材料的流动性与变形性的综合体现，在高分子材料的加工中，黏弹性主要体现为包轴效应(爬杆效应、韦森堡效应)、挤出胀大效应(巴拉斯效应)和熔体破裂效应(不稳定流动)。包轴效应可采用旋转流变仪来分析，挤出胀大效应和熔体破裂效应可用毛细管流变仪来进行研究。

1. 包轴效应

高分子熔体或溶液受到向心力的作用，液面在转轴处是上升的，在转轴上形成相当厚的包轴层，称为包轴效应。

包轴效应是由于聚合物的弹性所引起的。由于靠近转轴表面的线速度较高，分子链被拉伸取向缠绕在轴上，距离转轴越近的高分子拉伸取向的程度越大。取向大的分子，其链段有自发恢复到蜷曲构象的倾向，但此弹性回复受到转轴的限制，使这部分弹性性能表现为一种包轴力，把熔体分子沿轴向上挤，形成包轴层。从受力的情况来看，就是切向和法向受力不同，形成了应力差。

利用锥板黏度计可以测定法向应力差值，由锥板黏度计测定转矩 $M$ 和轴向力 $F$，第一法向应力差 $N_1$ 可以表示为：

$$N_1=\frac{2F}{\pi R^2} \tag{9-13}$$

由于流线方向(切向)受张力，外缘的液体必然向内挤压，结果造成对锥板和平板表面的压力，中心处最高，沿半径递减，外缘处为零。总的轴向力 $F$ 为这一压力的总和。

2. 挤出胀大效应

挤出胀大效应是高分子熔体挤出后的断面尺寸比模口尺寸大，造成尺寸膨胀的现象。挤出胀大的直接原因是由于高分子熔体在通过狭长流道从模口挤出后不保持直线型流动造成的，而根本原因在于高分子熔体的黏弹性。

挤出胀大效应影响产品的尺寸稳定性及表面光滑状况。挤出胀大的程度可以用挤出胀大比 $B$ 值来表示

$$B=\frac{D_{max}}{D_0} \tag{9-14}$$

式中，$D_0$ 为模口直径；$D_{max}$ 为出口膨胀处最大直径，它可以通过照相法或激光扫描法测定。

$B$ 值的大小受很多因素影响，如填料的含量、填料的弹性性能及设备参数、剪切速率、加工温度等。图 9.15 所示为某 HDPE 试样挤出胀大比与毛细管长径比 $L/D$ 的关系。从图中可看出，当 $L/D$ 值较小时，随着长径比增大，挤出胀大减小，表明毛细管越长，物料在入口区形成的弹性形变得到更多的松弛。当 $L/D$ 值较大时，挤出胀大比几乎不变，说明入口区的影响已不明显，此时，挤出胀大主要来自于毛细管内稳定剪切流动造成的分子拉伸与取向。

图 9.16 所示为挤出胀大比与剪切速率及挤出温度的关系。当毛细管长径比 $L/D$ 确定

时，挤出胀大比随剪切速率升高而增大，随温度升高而降低，这符合高分子熔体弹性的变化规律。

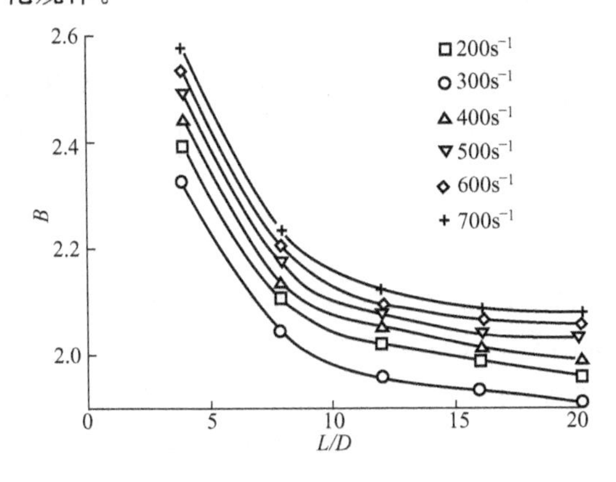


图 9.15 HDPE 在 180℃ 时的 $B$ 与 $L/D$ 的关系

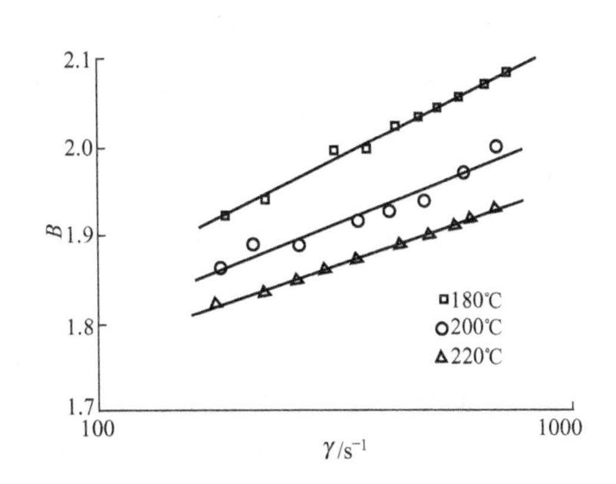


图 9.16 HDPE 在毛细管($L/D=20$)挤出时 $B$ 与剪切速率的关系

3. 熔体破裂效应

高分子熔体从口模挤出或毛细管流变仪测量时，当挤出速度超过某一临界剪切速率时，就容易出现弹性湍流，导致流动不稳定，使挤出物表面粗糙。随着挤出速度的增大，可能分别出现波浪形、鲨鱼皮形、竹节形、螺旋形畸变，最后导致完全无规则的挤出物断裂，称之为熔体破裂效应。

熔体破裂效应可归为两类：一类称为 LDPE(低密度聚乙烯)型，破裂的特征是先呈现粗糙表面，当挤出剪切速率超过临界剪切速率时发生熔体破裂，呈现无规破裂状。属于此类的材料多为带支链或大侧基的聚合物。另一类称为 HDPE(高密度聚乙烯)型，熔体破裂的特征是先呈现粗糙表面，而后随着剪切速率的提高逐步出现有规则的畸变，如竹节形、螺旋形畸变等。剪切速率很高时，出现无规破裂。属于此类的材料多为线形分子聚合物。

### 9.3.5 用转矩流变仪优化高分子材料的生产过程

随着人们对转矩流变仪应用研究的深入和功能的拓展，它已成为高分子材料共混及实验流变学中不可缺少的重要工具，可广泛用于原材料和生产工艺的研究、开发与产品质量控制等领域。

1. 原材料的检验与研究

聚乙烯有很多种类型，它们结构上的差异导致转矩流变仪的扭矩曲线不同。图 9.17 所示为三种 PE 的流变图。从图中可以看出，高转速时 LLDPE 的扭矩曲线最高，LDPE 的扭矩曲线最低；此外，LLDPE 比 HDPE 的剪切敏感性更强，两条扭矩曲线在 10min 的高

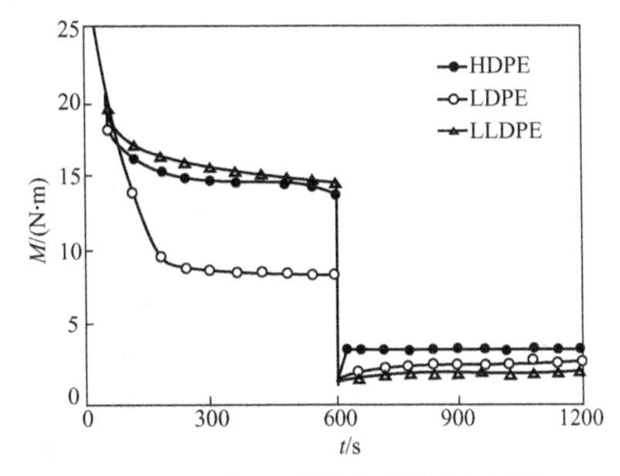


图 9.17 三种 PE 的扭矩曲线(流变图)

转速混合期间发生了交叉，这在其他流变实验中是难以观察到的。而在低转速条件下，LLDPE 和 LDPE 的扭矩曲线的位置发生了交换，这与毛细管流变仪、旋转流变仪的黏度曲线是相吻合的。

天然橡胶作为一种天然产品，产地不同，其分子量及分布等也会有差异，从而会影响如混炼消耗的能量、炭黑混入时间、硫化性能等加工性能，因此，很有必要利用转矩流变仪来区分不同产地的天然橡胶。

2. 加工过程的模拟与分析

转矩曲线可用来研究聚合物的交联反应(如橡胶的硫化、热固性塑料的固化及热塑性塑料的交联等)以及温度、交联剂类型与用量等因素对交联反应的影响。聚合物发生交联反应时，高分子链由线形结构转变成为三维的网状结构，体系的黏度增大，转矩也随之升高，因此可采用转矩曲线出现上升作为交联反应开始的标志。此外，转矩上升的速率可以反映交联反应速率的快慢。

图 9.18 所示为不同温度对交联聚乙烯(XLPE)反应速率的影响。从图中可看出，温度为 140℃时，交联反应开始的时间最长，反应速率最小；温度为 160℃时，交联反应开始的时间最短，反应速率最大；温度为 150℃时则介于两者之间。

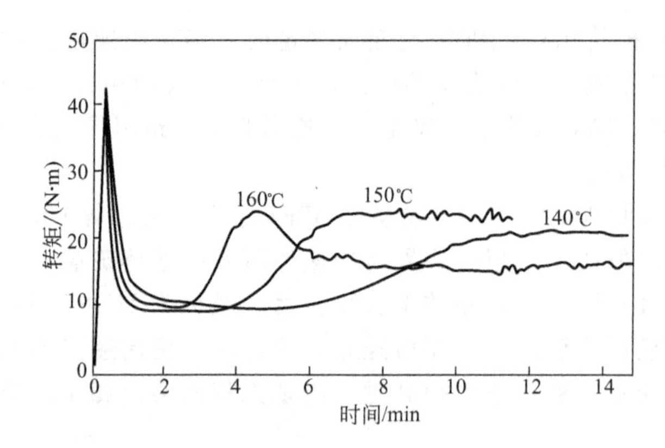


**图 9.18 温度对交联聚乙烯反应速率的影响**

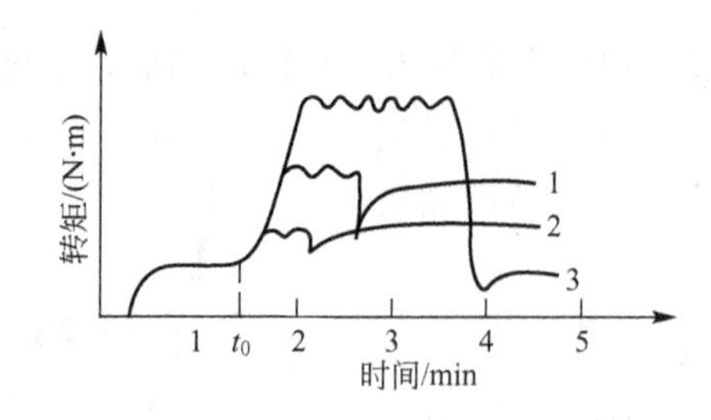


**图 9.19 原料中加入三种增塑剂后不同的流变曲线**

$t_0$：加入增塑剂的时间

1—DOP(邻苯二甲酸二辛酯)；2—DBP(邻苯二甲酸二丁酯)；

3—DIOP(邻苯二甲酸二异辛酯)

聚合物加工中一般都需要添加一定量的增塑剂使产品达到使用要求的性能，可以用转矩流变仪观察增塑剂与原料的混合时间和混合效果。不同品种的增塑剂被高聚物吸收的快慢程度是不同的，用转矩流变仪可以模拟增塑剂的分散快慢、增塑剂与聚合物的相互作用等情况，从而为加工中选择增塑剂进行指导。图 9.19 所示为 PVC 中加入不同增塑剂后的流变图，从图中可以看出，加入的第三种增塑剂的分散速度最慢，但是达到平衡转矩时的转矩值是最低的。

## 习题

1. 为什么要对高分子材料进行流变学分析?
2. 高分子溶液和熔体的黏度如何表示?
3. 比较三种不同的旋转流变仪的特点，说明它们的使用范围。
4. 分析旋转流变仪、毛细管黏度计、转矩流变仪测量指标的差异，从其测量原理上说明差异的原因。
5. 用乌氏黏度计研究高分子形态的原理是什么?
6. 思考对高分子材料还能进行哪些流变学分析。

# 第10章 凝胶渗透色谱法

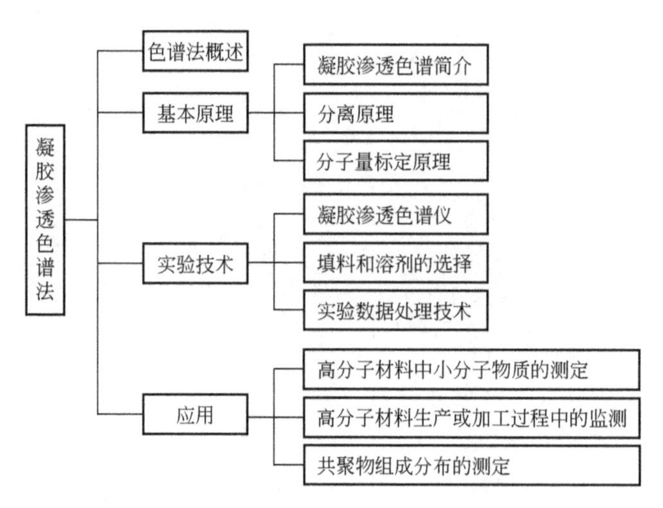


## 本章教学目标与要求

1. 了解色谱分析法，熟悉凝胶渗透色谱的基本原理。
2. 了解凝胶渗透色谱仪，掌握凝胶渗透色谱的实验数据处理技术。
3. 熟悉凝胶渗透色谱法在高分子材料研究中的应用。

## 导入案例

**Shimadzu 公司推出快速分析塑料添加剂凝胶渗透色谱仪**

Shimadzu 科学设备公司推出一种用于超微量物质如塑料和合成聚合物中不纯物质和添加剂快速分析的凝胶渗透色谱仪(GPC)和质谱仪。GPC - AccuSpot - AXIMA 含有高分辨率的 GPC 系统，AccuSpot 全自动碎片收集和识别设备，以及 AXIMA 系列的 MALDI - TOF 质谱仪。

时至今日，使用 GPC - MALDI 对聚合物和塑料进行分析的步骤仍然需要大量的时间和精力。为了让此工艺完全自动化，Shimadzu 重新设计了用于 MS 分析的高能液态层分析检测系统 AccuSpot，使其与标准 GPC 有机溶剂相容。此设备将 GPC 洗提液与 MALDI 基体溶液相混并自动在将溶液沉积于 MALDI 目标样品上，从而提高了工艺效率和生产率。

在 GPC - AccuSpot - AXIMA 系统的协助下，研究学者们可自动地从分离样品中取出最多 384 个 1μL 的样品。这消除了在手工工艺中的不确定性。它大幅度地降低了操作所需要的时间(从约 10 小时降低至 3 小时)。此外，智能“聚合物分析”软件计算了单体单元分子量、端基质量、多分散性和平均分子量。

GPC - AccuSpot - AXIMA 可提供更多微量组分的详细分析，而这在之前由于离子抑制是无法检测到的。它可协助检测到会影响材料特性，如耐久性和磨损性的物质。

资料来源：机械研究与应用，2008 年 6 期.

# 10.1 色谱法概述

色谱法，又称层析法，是一种物理化学分离和分析方法。这种分离方法基于物质溶解度、蒸汽压、吸附能力、立体化学或离子交换等物理化学性质的微小差异，根据其在两相之间的分配系数的不同，使组分在两相间进行连续多次分配，达到彼此分离的目的。早期色谱只是一种分离方法，随着技术的发展，当今的色谱法都包括分离和检测两个部分，同时实现分离和分析，因而通常称为色谱分析。

色谱分析创始于 20 世纪初。1906 年俄国植物学家 Tswett 将碳酸钙放在直立玻璃管中，从顶端倒入植物叶子的石油醚提取液，然后用石油醚冲洗。植物提取液中不同颜色的色素在管中迁移速率不同，形成不同颜色的色带，因而这种分离方法被命名为“色谱法”。随着这种技术的不断发展，色谱法大量用于无色物质的分离，“色谱”已失去原来的含义，但色谱法名称却一直沿用下来。

色谱分离体系包含两个相，两相中的一个是固定的，称为固定相，另一个是流动的，称为流动相，当两相作相对运动时，反复多次地利用混合物中所含各组分分配平衡性质的差异，最终达到彼此分离的目的。

色谱法种类很多，命名也比较乱，根据不同标准可以对色谱法进行不同的分类。

按流动相与固定相聚集态，色谱法可分为气相色谱、液相色谱和超临界流体色谱三种。又由于固定相只能有两种聚集态，即固态和液态，而流动相则可能是气体、也可能是液体和超临界状态流体，所以总归起来共有五种色谱技术，即气—固色谱法、气—液色谱法、液—固色谱法、液—液色谱法和超临界流体色谱法。

按固定相的所处状态，色谱法可分为柱色谱法、平板色谱法等。柱色谱法将固定相装在管子中，色谱过程也在管子中进行。柱色谱法应用非常广，色谱柱按照特点又可以分为填充柱、毛细管柱、微填充柱等。平板色谱法也称开床式色谱法，凡是固定相成平板状的色谱都叫平板色谱，如纸色谱、薄层色谱、薄膜色谱等。

按色谱过程的分离机制可分为吸附色谱法、分配色谱法、离子交换色谱法、尺寸排除色谱法及亲合色谱法等类型。

Tswett 实验中将碳酸钙置于玻璃管中，因此是柱色谱法，玻璃管为色谱柱。管中填充的碳酸钙为固定相，用于冲洗样品的溶剂为流动相，由于该实验用液体作流动相，固体作固定相，因此为液—固色谱法。当试样进入色谱柱以后，由于其中的各种色素受到固定相吸附的作用不同，被固定相滞留强的组分随流动相迁移较慢，而被固定相滞留较弱的组分则迁移较快，这种组分迁移速率的差异导致组分的分离，因此，它属于吸附色谱法。在一定的时间内，组分可在色谱柱内形成彼此分开的谱带，如果洗脱时间足够长，被分离的组分会随流动相先后流出柱外。

## 10.2 凝胶渗透色谱基本原理

### 10.2.1 凝胶渗透色谱简介

凝胶渗透色谱(gel permeation chromatography，GPC)是按分子大小进行分离的色谱方法。它采用填充有专用凝胶的色谱柱，按照分子渗透入凝胶和从凝胶中分析出的能力的不同进行分离，因而得名。凝胶渗透色谱是液相色谱的一种，由于它可以用来快速、自动地测定分子量和分子量分布，并同时测定聚合物溶液中包含的小分子组分(如添加剂和杂质等)，它还可以用作制备窄分布聚合物试样的工具，以及作为分离和分析低分子液体化合物的工具，因此，其应用越来越广泛。

在凝胶渗透色谱的发展过程中，产生过许多名称，如凝胶过滤色谱、凝胶色谱、分子筛色谱、体积排除色谱等。这些名称有的是基于分离过程的机理，有的是基于分离对象或分离介质的考虑。现在大部分的场合都通用凝胶渗透色谱或体积排除色谱(size exclusion chromatography，SEC)。

### 10.2.2 分离原理

凝胶渗透色谱的分离机理众说不一，有体积排除、限制扩散、流动分离等各种解释。实验证明，体积排除的分离机理起主要作用，因此，它才被称为体积排除色谱。

GPC 分离的核心部件是一根装有多孔性凝胶载体的色谱柱，凝胶的表面和内部含有大量的彼此贯穿的孔，如图 10.1 所示。设柱子的总体积为 $V_t$，它包括了凝胶的骨架体积 $V_g$，凝胶颗粒内部的微孔体积 $V_i$，以及凝胶颗粒间空隙体积 $V_0$，即

$$V_t = V_g + V_i + V_0 \tag{10-1}$$

进行测试时，以待测试样的某种溶剂充满色谱柱，使之占据固体颗粒之间的全部空隙和颗粒内部的孔洞，然后把以同样溶剂配成的试样溶液自柱头加入，再以这种溶剂自头至尾淋洗。在凝胶渗透色谱中，滞留在凝胶颗粒内部微孔中的溶剂为固定相，由式(10-1)可知，其体积即为$V_i$；凝胶颗粒间空隙中的溶剂为流动相，其体积为$V_0$。

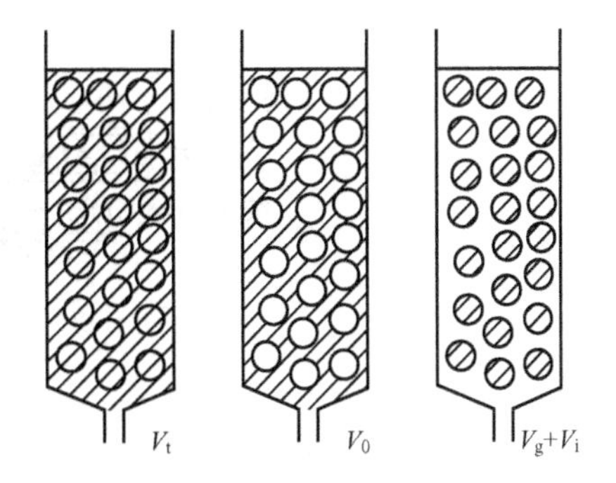


图 10.1 凝胶渗透色谱柱组成与容积示意图

色谱柱中液体一直由新鲜注入的溶剂驱动向末端流动，溶剂流动的速度是恒定的。对于一个单分散试样，从溶液试样进柱开始，到溶液(实际是溶质分子)流出色谱柱所经历的时间代表了溶质分子在色谱柱中停留的时间，称为保留时间，记为$t$；从色谱柱的尾端接收淋出液，自溶液试样进柱到被淋洗出来，所接收到的淋出液的总体积称为该溶质的淋出体积，记为$V_e$。对于一个多分散试样，保留时间与淋出体积均是针对溶液中的某一级分而言的。

每个凝胶颗粒都含有许多大小不均、深浅不一的微孔。溶剂分子很小，可以从孔内自由出入，但对溶质分子来说，情况就不同了。大的溶质分子完全不能进入凝胶颗粒的微孔内，而被颗粒外的流动相携带从凝胶颗粒间隙通过，首先流出柱子，$V_e=V_0$。体积极小的溶质分子能够像溶剂分子一样扩散到所有凝胶颗粒的微孔中，并能均匀地分布在凝胶内部和外部的液相中，因而在柱内保留较长时间，最后流出，其淋出体积相当于柱内总空间体积，$V_e=V_0+V_i$。中等大小的分子只能扩散进入部分孔径大小相应的凝胶微孔中，因而在大分子与小分子之间流出，其淋出体积$V_e=V_0+V_i'$。这里$V_i'$是对一定大小的溶质分子来说可以渗透进去的那部分微孔体积。$V_i'$是总的孔体积$V_i$的一部分，是溶质分子量的函数，为此定义分配系数

$$K=\frac{V'_i}{V_i}=\frac{V_e-V_0}{V_i} \tag{10-2}$$

则

$$V_e=V_0+V'_i=V_0+KV_i \tag{10-3a}$$

$$K=\frac{V_e-V_0}{V_i} \tag{10-3b}$$

当溶质分子相当大时，$V_e=V_0$，则$K=0$；当溶质分子相当小时，$V_e=V_0+V_i$，则$K=1$；当溶质分子大小适中而能进入部分相应的微孔内时，$0<K<1$。

以上的讨论中，若溶液是单分散的，则它的保留时间和淋出体积都是一个值，而若溶液是多分散的(如高分子溶液)，则在不同时刻就会有不同分子量的组分淋出，对应的时间就是相应组分的保留时间，相应组分的保留时间内淋出的溶液体积就是对应组分的淋出体积。根据上面对$K$值的分析可知，分子量愈大，其淋出体积愈小，保留时间越短，因此，整个多分散样品经凝胶渗透色谱分离后，组分以分子量递减的顺序，先后离开色谱柱，达到分离的目的。图 10.2 简单地说明了凝胶渗透色谱的分离原理与过程。

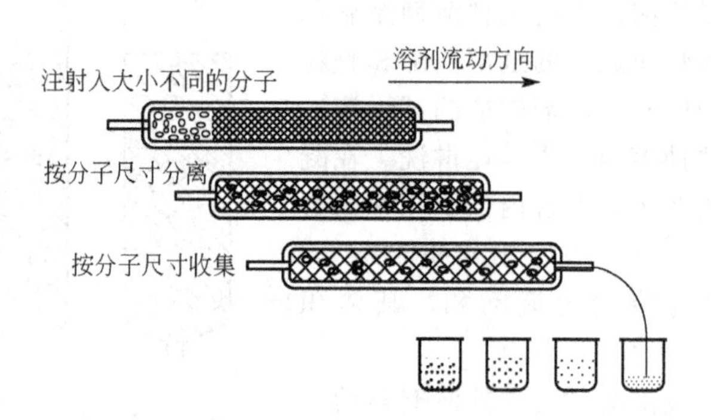


图 10.2　GPC 分离原理示意图

### 10.2.3　分子量标定原理

多分散试样在凝胶渗透色谱柱中被分离后，可按照淋出的先后次序收集到一系列分子量从大到小的组分。实验证明，当仪器和实验条件确定后，溶质的淋出体积与其分子量是对应的，利用这一关系可以相对确定溶质的分子量，这称为凝胶渗透色谱的分子量标定原理。

淋出体积与分子量的对应关系可用某种函数来表示，其中，最方便的是用多项式函数，在简化的情况下，淋出体积与分子量 $M$ 有如下的线性关系

$$\lg M = A - BV_e \tag{10-4a}$$

由于色谱柱内液体流动速度是恒定的，因此保留时间与淋出体积之间呈直接对应关系，因此，式(10－4a)也可以用保留时间来表示为

$$\lg M = a - bt \tag{10-4b}$$

式中，$A$、$B$、$a$、$b$ 为与溶质、溶剂、仪器条件等相关的常数。这些常数可以通过测定一组分子量不等的同类单分散标准样品的淋出体积和分子量的方法加以确定，这个过程叫做凝胶渗透色谱的标定过程，而通过实验测得的曲线称为标定曲线。

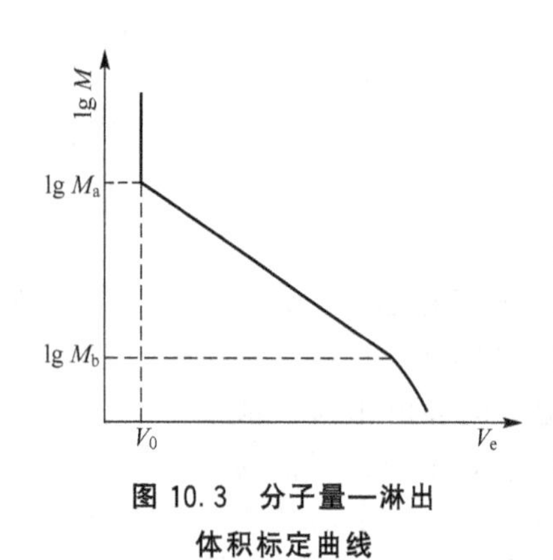


图 10.3　分子量—淋出体积标定曲线

图 10.3 所示为一个典型的分子量—淋出体积的标定曲线，从图上可见，$\lg M - V_e$ 关系只在一段范围内呈直线，当 $M > M_a$ 时，直线向上翘，变得与纵轴相平行。这就是说，此时淋出体积与溶质的分子量无关。实际上，这时的淋出体积就是载体的空隙体积 $V_0$。因为分子量比 $M_a$ 大的溶质全都不能进入孔中，而只能从粒间通过，故它们具有相同的淋出体积。这意味着此种载体对于分子量比 $M_a$ 大的溶质没有分离作用，$M_a$ 称为该载体的渗透极限。$V_0$ 值即是根据这一原理测定的。另外，当 $M < M_b$ 时，直线向下弯曲，也就是说，当溶质的分子量小于 $M_b$ 时，其淋出体积与分子量的关系变得很不敏感。说明这种溶质分子的体积已经相当小，其淋出体积已经接近 $V_0 + V_i$ 值。用一种小分子液体作为溶质，其淋出体积可看作是 $V_0 + V_i$，由此可测 $V_i$ 值。显然，标定曲线只对分子量在 $M_a$ 和 $M_b$ 之间的溶质适用，这种载体只能测定分子量大于 $M_b$ 和小

于 $M_a$ 的试样。$M_b \sim M_a$ 称为载体的分离范围，其值决定于载体的孔径及其分布。目前的仪器精度分离上限可达 1000 万，下限在 1000 左右。

## 10.3 凝胶渗透色谱实验技术

### 10.3.1 凝胶渗透色谱仪

凝胶渗透色谱仪(GPC 仪)由输液系统、进样系统、色谱柱、检测系统和记录系统五部分组成，如图 10.4 所示。

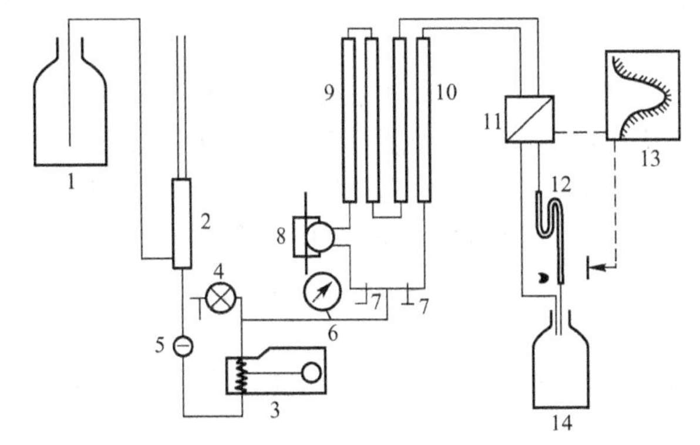


**图 10.4 GPC 仪结构单元与工作流程示意图**

1—贮液瓶；2—除气器；3—输液泵；4—放液阀；
5—过滤器；6—压力指示器；7—调节阀；8—六通进样阀；
9—样品柱；10—参比柱；11—差示折光检测器；
12—体积标记器；13—记录仪；14—废液瓶

由贮液瓶出来的溶剂经加热式除气器脱去所溶气体，经过滤器除去杂质后进入输液泵，由泵压出的溶剂通过流速调节阀分别进入参比流路和样品流路。在参比流路中，溶剂经参比柱、差示折光检测器的参比池进入废液瓶。在样品流路中，溶剂携带着由进样阀注入的试样进入色谱柱，试样经色谱柱分离后仍由溶剂携带经差示折光检测器的样品池，进入虹吸式体积标记器。差示折光检测器则将浓度检测信号输入记录仪，体积标记器每充满一定体积(3mL 左右)虹吸一次，以光电信号输入记录仪，在淋出曲线上作一相应标记，这样在记录纸上就能得到反映试样分子量分布情况的凝胶渗透色谱图。

1. 输液系统

输液系统包括溶剂储存器、脱气装置和输液泵。

溶剂储存器一般为耐腐蚀的不锈钢瓶或玻璃瓶，容量大，一般为 10～20L 左右，以避免不同批号溶剂纯度不同而造成误差。脱气装置一般采用连续式加热法除气，也可用间歇式的抽真空或超声波脱气法，其目的在于除去溶解在溶剂中的空气，以免影响分离效率和基线的稳定性。输液泵要求耐高压、耐腐蚀、流量稳定、压力平稳，以免影响谱峰的重现性和增大检测器噪声。

2. 进样系统

GPC 仪的进样装置有注射式进样和进样阀进样两类，由机械装置控制，从配制好的溶液中取固定量的样品，注入色谱柱中。现在GPC仪的进样器主要选用高压六通阀，它可以很方便地设定不同容积的进样量。

3. 色谱柱

凝胶渗透色谱柱大都采用内径7～10mm，内壁抛光的不锈钢直管，柱长一般为600～1200mm，也可按需要串联起来使用。

4. 检测器

凝胶渗透色谱仪的检测器包括检测各级分含量的浓度检测器及检测各级分分子量大小的分子量检测器。

目前应用最广泛的浓度检测器是差示折光检测器。差示折光检测器通过连续测定淋出液折射率的方法来测定试样的浓度，它是一种通用型检测器，只要待测样品与流动相折射率不同均能检测，灵敏度可达$10^{-9}$g/mL。其缺点是对温度变化很敏感，因此要求很高的温控精度。其他的浓度检测器还有紫外光度检测器和红外吸收检测器。

分子量检测方法有间接和直接两种。间接法即淋出体积标记法，这种方法是依据凝胶渗透色谱分子量标定原理来进行检测的。如果用一系列已知分子量的标准样品标定色谱柱，那么只要测得未知样品的淋出体积，就可从标定曲线上查得相应的分子量。体积标记的方法一般有虹吸法、计滴法及保留时间法。

直接法是采用自动黏度计或小角激光散射光度计来直接检测分子量，在此不做详细介绍。

### 10.3.2 填料和溶剂的选择

1. 填料

凝胶渗透色谱的填料就是各类凝胶，商品凝胶渗透色谱填料品种繁多，根据填料性质分为各种类型，它们的色谱性能、使用范围和条件各不相同。凝胶填料的色谱性能主要有渗透极限、分离分子量范围、固流相比、吸附性、柱效等。它们决定于填料的结构，如粒度、比表面积、孔径和孔径分布、孔体积、溶胀因子等。

根据强度不同，凝胶可分为软质凝胶、半硬质凝胶及硬质凝胶三种类型。软质凝胶机械强度低，不耐高压；半硬质和硬质凝胶机械强度高，适用于高压液相色谱。按化学成分，凝胶分为有无机和有机凝胶。有机凝胶的热稳定性、机械强度、化学稳定性较差，但柱效高，一般要用湿法装柱。无机凝胶都是硬胶，强度高、稳定性好，但柱效较低。根据有机胶的制备方法和孔穴结构差异，凝胶可分为均匀、半均匀和非均匀三种凝胶。均匀有机凝胶的交联度比较低，在溶剂中溶胀，由于结构均匀而呈透明状。半均匀胶交联度高，不能充分溶胀，机械强度好，呈乳白色半透明状。非均匀胶呈白色不透明状，它的机械强度高、溶胀小。无机凝胶按其结构都属于非均匀胶。根据凝胶对溶剂的适用范围，还可以分为亲水性、亲油性和两性凝胶。亲水性凝胶主要用于生化样品的分离分析；亲油性凝胶应用于合成高分子材料分析。无机胶通常是两性的，既可用于水又可用于有机溶剂。

常用硬质凝胶主要包括多孔硅胶和多孔玻璃。多孔硅胶是一种广泛采用的无机凝胶，以硅酸钠或乙氧基硅烷为原料制备。多孔玻璃是和多孔硅胶相似的无机凝胶，它的特点是孔径分布很窄，分离选择性强，但填料易碎，不易装填紧密，柱效较低。无机凝胶的主要缺点是存在吸附效应，通常采用硅烷化处理消除吸附性。无机凝胶能用有机溶剂、水、酸性水溶液作淋洗剂，但不能用强碱性溶剂(pH>8)。

半硬质交联聚苯乙烯是一种应用很广的有机凝胶，它是苯乙烯和二乙烯基苯的共聚物，常用于有机溶剂系统，除丙酮、乙醇等强极性溶剂外，其他有机溶剂均可使用。它的溶胀和收缩性较小，可用于高速液相色谱。其化学稳定性很好，适用碱性溶剂，能耐150℃高温。商品聚苯乙烯凝胶有粗粒度(37～76μm)和细粒度(10μm)两类，这类凝胶的特点是孔径分布比较宽，因而分子量分离范围比较大，约在 $10^2$ ～$5\times10^6$ 之间，固流比0.7～1.3。半硬质凝胶还有聚甲基丙烯酸乙二酯凝胶等。

交联葡聚糖是发展最早、使用最广的有机软质凝胶，商品牌号 Sephadex。它是用细菌发酵方法以蔗糖为培养基制备成的高分子量葡聚糖，然后用盐酸降解成平均分子量为 $4\times10^4$～$20\times10^4$ 的葡聚糖，以环氧氯丙烷交联成体型结构。这种凝胶适用于水、二甲亚砜、乙二醇及低级醇等溶剂，主要用于分离生物高分子，如蛋白质、核酸、酶以及多糖类。其他软质凝胶有天然的琼脂糖凝胶、合成的交联聚丙烯胺凝胶等，它们适用于水溶液体系。

2. 溶剂

凝胶渗透色谱分离与试样、固定相、流动相之间相互作用无关，但要求凝胶的孔径和孔径分布与试样分子量大小和分子量分布相匹配。用作流动相的溶剂必须能溶解样品，且与固定相凝胶有某些相似性质，能浸润凝胶，防止凝胶吸附作用。当采用软性凝胶时，选用溶剂能使凝胶溶胀，因为软性凝胶孔径大小是溶剂吸留量的函数。溶剂黏度影响柱效，由于高分子量试样扩散系数小，高黏度溶剂限制扩散作用，因此，应选用黏度尽可能低的溶剂。溶剂还要与检测器匹配，目前凝胶渗透色谱最常用的差示折光检测器，溶剂与待测试样折光指数相差越大越好；若采用紫外检测器，应使用无紫外吸收的溶剂。凝胶渗透色谱分离，常采用升高柱温以增加样品溶解度，降低溶剂黏度，增加分子扩散，提高分离度和分析速度，因而经常选用较高沸点的溶剂。

根据凝胶渗透色谱对溶剂的基本要求，除一般液相色谱常用溶剂，例如正己烷、环己烷、苯、卤代甲烷、水、二甲亚砜、二氧六环、四氢呋喃外，还使用一些其他液相色谱很少采用的溶剂，例如氯代苯、氯代甲苯、间甲苯酚、邻氯苯酚等，它们大多数是各种聚合物的良溶剂。

### 10.3.3 实验数据处理

1. 凝胶渗透色谱图

凝胶渗透色谱图(GPC 谱图)的横坐标代表色谱保留值，即样品的淋出体积或保留时间，它表征样品不同的级分，根据分子量的标定原理，它也是样品的分子量的表征。谱图纵坐标为淋出液的浓度，与该级分的样品量有关，表征的是该组分下样品的重量分数。图 10.5 所示为典型的 GPC 谱图。

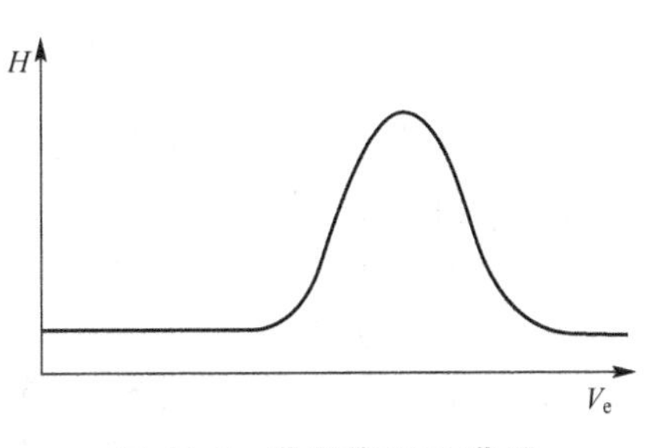


**图 10.5 典型的 GPC 谱图**

对于单分散性的高分子样品，理论上，GPC 谱图上应该呈现为一条直线峰，但由于试样在流动时会受到各种因素的影响，以至使它沿着流动方向发生扩散，从而造成即使是分子量完全均一的试样，淋出液浓度对淋出体积的谱图中也会有一个分布。但谱图上的峰值仍能表征样品的分子量，其 GPC 曲线可用高斯分布函数表示。

对于多分散性样品，其 GPC 曲线是许多单分散样品分布曲线的叠加，曲线下的面积正比于样品量，是各单分散性样品量的总和。这种曲线的形状不一定与高斯分布函数一致，而是跟样品的分子量分布状态有关。因此，GPC 曲线的峰位并不直接表示样品的平均分子量，而是需要经过一系列数据处理才能获得。

2. 普适标定原理

若不采用分子量检测器测量分子量，则由 GPC 谱图计算样品的分子量的关键是把 GPC 曲线中的淋出体积或保留时间转换成相应的分子量，这可以用分子量标定曲线来进行换算。

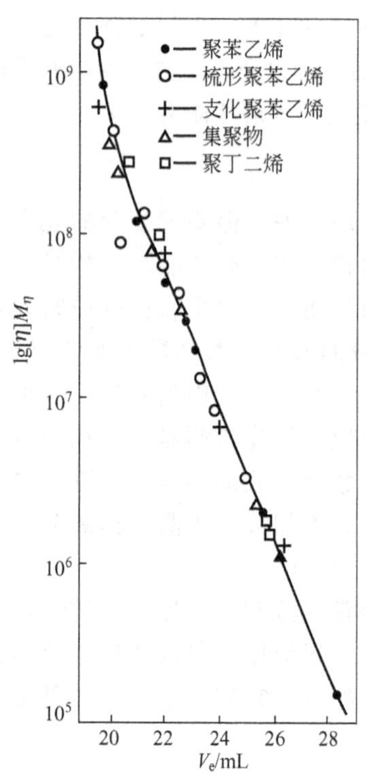

图 10.6 GPC 的普适标定曲线

标定曲线是用单分散的试样或窄分布的试样进行标定的，但只有很少的高聚物能制得窄分布的标准试样，不同的高聚物由于分子链形态不同，致使它们相同分子量的级分淋出体积相差很大。因此依靠某种聚合物标样标定的方程来确定其他高聚物色谱图的分子量会导致严重误差。按照 Einstein 黏度定律，$[\eta]M_\eta$ 可视为高分子的流体力学体积，大量实验证明，各种不同的高聚物通过同一根色谱柱所得的 $\lg([\eta]M_\eta)$ 与淋出体积 $V_e$ 的关系几乎在同一直线上，如图 10.6 所示。因此 $[\eta]M_\eta$ 是 GPC 的一个普适参数，即两种单分散高聚物在溶液中具有相同的流体力学体积，即

$$[\eta]_1 M_1 = [\eta]_2 M_2 \tag{10-5}$$

按以下公式可推出普适标定方程

$$[\eta]_1 = k_1 M_1^{\alpha_1+1} = k_2 M_2^{\alpha_2+1} \tag{10-6}$$

式(10-6)两边取对数，得

$$\lg k_1 + (\alpha_1+1)\lg M_1 = \lg k_2 + (\alpha_2+1)\lg M_2 \tag{10-7}$$

如果已知标准物和待测高聚物的 $k$、$\alpha$ 值，就可以由已知分子量的标准样品 $M_1$ 标定待测样品的分子量 $M_2$。

3. 平均分子量的计算

单分散样品只要测出 GPC 谱图就可以从图上读出横坐标值，然后直接从标定曲线上查出对应的相对分子量。

多分散试样计算平均分子量有两种方法：一种是定义法，另一种是函数法。

(1) 定义法。将 GPC 曲线沿横坐标分成 $n$ 等分(如图 10.7所示)，即相当于把样品分成 $n$ 个级分，每个级分的淋出体积相等，则各级分的重量分数可由下式求出：$W_i = H_i / \sum H_i$。根据统计平均分子量的定义，可得到数均分子量和重均分子量

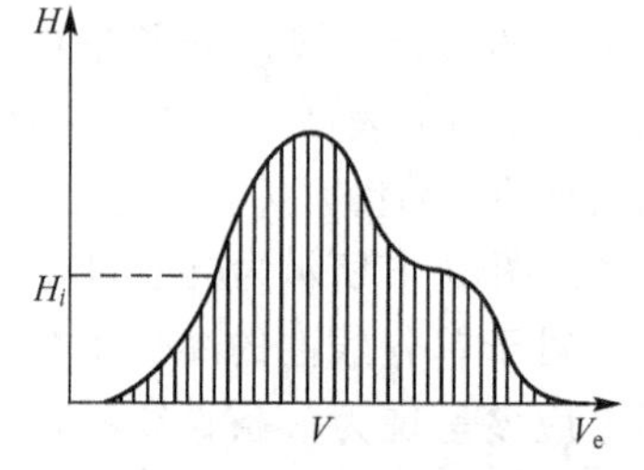

图 10.7 GPC 谱图分割

$$M_n = \left(\sum \frac{W_i}{M_i}\right)^{-1} = \frac{\sum H_i}{\sum H_i / M_i} \tag{10-8a}$$

$$M_w = \sum W_i M_i = \frac{\sum H_i M_i}{\sum H_i} \tag{10-8b}$$

这种计算方法的优点是可以处理任何形状的GPC曲线的数据，但要注意选取数据的点数，太多和太少都不合适。一般如果要求精度达到2%，对$M_n$、$M_w$和$M_\eta$来说，只要选择20个数据点即可，要计算$M_z$时则需要选取40个点。

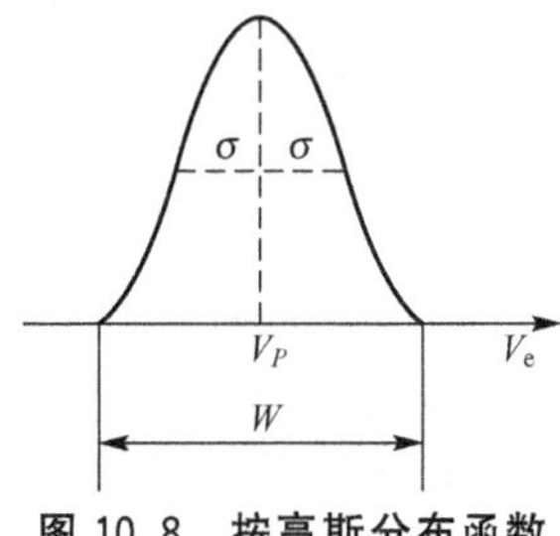

图10.8 按高斯分布函数处理GPC谱图

(2) 函数适应法。这种方法是先选择一种能描述GPC曲线的函数，然后再依据此函数与分子量的定义求出样品的各种平均分子量。由于许多高聚物的GPC谱图是对称的，近似于高斯分布(正态分布)，如图10.8所示，因此可以用高斯分布函数来处理，由以下公式计算平均分子量：

$$M_n = M_p \exp(-\sigma^2 B^2 / 2) \tag{10-9a}$$

$$M_w = M_p \exp(\sigma^2 B^2 / 2) \tag{10-9b}$$

式中，$M_p$为峰值对应的分子量；$\sigma$为标准偏差，等于峰宽的1/4；$B$为标定曲线的斜率。

**聚合物分子量分布分析的色谱方法标准化**

在聚合物的分子量分布测定方面，目前国内外现行的标准主要有GJB 1965—1994《端羟基聚丁二烯分子量及分布测定 凝胶渗透色谱法》、SH/T 1759—2007《用凝胶渗透色谱法测定溶液聚合物分子量分布》、GB/T 21863—2008《凝胶渗透色谱法(GPC) 用四氢呋喃作淋洗液》、ISO 13885-1—2008《涂料和清漆用黏合剂 凝胶渗透色谱法(GPC)第1部分：用四氢呋喃(THF)作淋洗液》、ISO 13885-2—2008《涂料和清漆用黏合剂 凝胶渗透色谱法(GPC)第2部分：用$N$，$N$-二甲基乙酰胺(DMAC)作淋洗液》、ISO 11344—2004《合成生橡胶 用凝胶渗透色谱法测定溶液聚合物分子量的分布》、DIN55672-1—2007《凝胶渗透色谱仪 第1部分，用四氢呋喃作淋洗液》、DIN55672-2—2007《凝胶渗透色谱仪(GPC) 第2部分，用$N$，$N$-二甲基乙酰胺(DMAC)作淋洗液》、DIN55672-3—2007《凝胶渗透色谱仪 第3部分：用水作淋洗液》GJB 1965—1994采用四氢呋喃作为淋洗液；SH/T 1759—2007等同采用国际标准ISO 11344—2004，采用四氢呋喃作为淋洗液；GB/T 21863—2008则等同采用德国标准DIN55672-1—2007。总的来说，目前的国内外标准主要涉及了分别采用四氢呋喃、$N$，$N$-二甲基乙酰胺(DMAC)和水作为淋洗液时，用凝胶渗透色谱测定聚合物分子量分布的方法。对于不同的材料，测试方法在细节上略有差异，但基本过程都大体相同。

**资料来源：胡净宇、梅一飞、刘杰民．色谱在材料分析中的应用，化学工业出版社，2011.**

# 10.4 凝胶渗透色谱法的应用

凝胶渗透色谱已经成功地应用于测定高聚物的分子量及其分布，使其在高分子材料的研究和应用中成为必不可少的手段之一。采用凝胶渗透色谱分离技术，在高分子材料研究方面还有许多特殊应用。

## 10.4.1 高分子材料中小分子物质的测定

高分子材料的使用性能和寿命很大程度上是与其含有的助剂和是否残存未聚合的单体等小分子物有关，由于这些小分子物质的含量很低，有时还是多种化合物的混合物，这种情况下采用光谱法测定比较困难，而采用 GPC 分析显然非常理想，这是因为这些小分子添加剂与高分子的流体力学体积(分子量)相差甚远，用 GPC 可同时分析而不必预先分离。

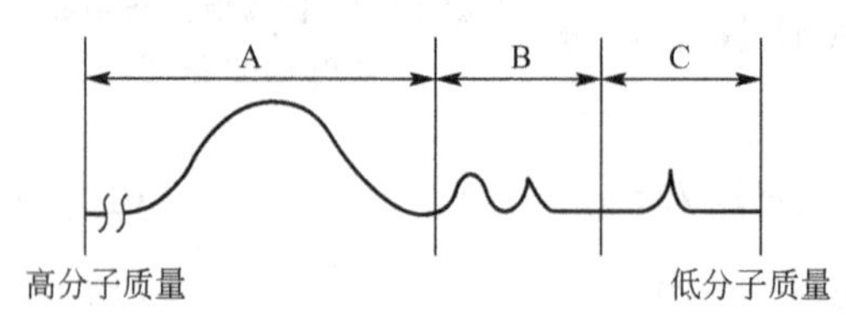

图 10.9 高分子材料 GPC 谱图分区

如图 10.9 所示，一般来说，从高分子材料的 GPC 谱图中可明显看到三个区域：A 区为高分子，B 区为添加剂、齐聚物，C 区为未反应的单体和低分子量污染物如水等。

1. 高分子材料助剂的研究

一般实际使用的高分子材料都不是单纯的聚合物，而是添加了各种助剂的材料。助剂的添加在高分子工业中有着举足轻重的作用，它在很大程度上决定了高分子加工性能的好坏，也决定了高分子材料的价值与寿命。大部分助剂都是小分子化合物，在 GPC 谱图上小分子量段出峰，若采用相关仪器对其进行分析，就可以确定其成分与含量。

图 10.10 所示为某种含有环氧化物和酯的聚酯材料的 GPC 谱图，谱图上有三个峰，分别拿三种纯物质作 GPC 谱图(图 10.11)进行对照，会发现三个峰出峰基本在相同位置。

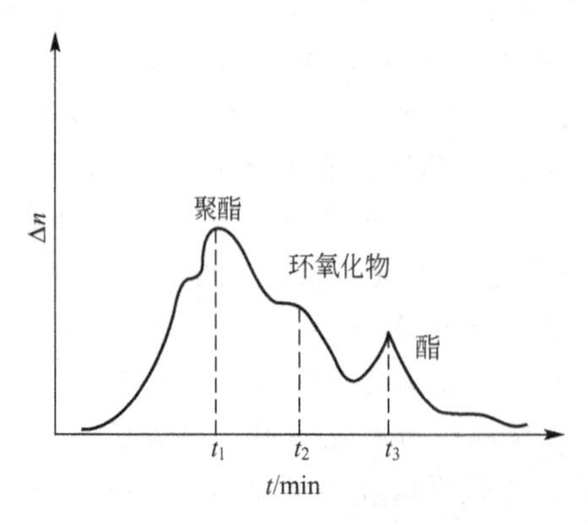

图 10.10 聚酯混合物的 GPC 谱图

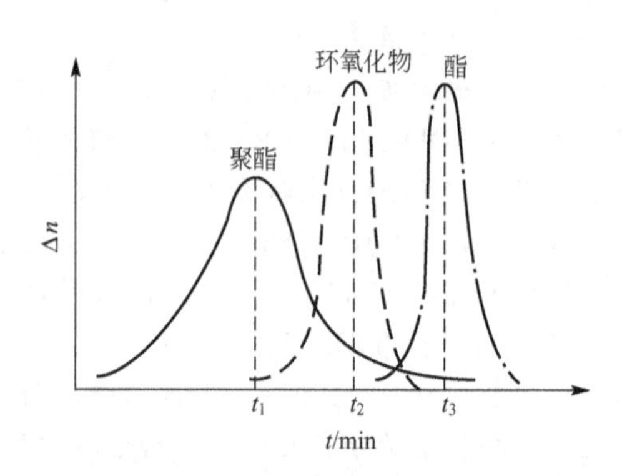

图 10.11 各纯物质的 GPC 谱图

图 10.12 所示为用二苯基乙二酮作内标物的聚苯乙烯的 GPC 曲线，采用内标可以

方便地进行定量分析。只要先用一系列已知增塑剂含量的样品作标准，求出增塑剂与内标物峰面积之比与增塑剂含量之间的关系，即可用内标法测出未知样品中增塑剂的含量。

2. 高分子材料中小分子物质的定性鉴别

凝胶渗透色谱法和其他色谱方法一样也可以用淋出体积进行物质定性鉴别，或分离后用红外等方法鉴定高分子材料中小分子物质，这里介绍一种称为强化法的便利方法。如果能预测某未知峰可能归属于某化合物，则将该化合物加入到试样中，比较加入前后的谱图变化。如果未知峰被强化，即只改变高度，而不改变形状或位置，则未知物很可能就是该物质，如图 10.13 所示。

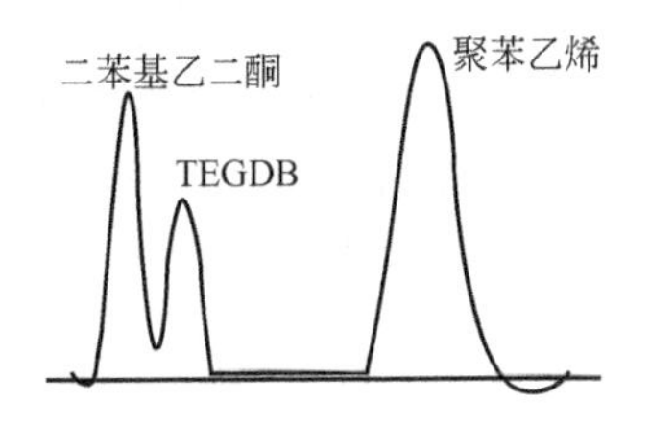


**图 10.12 用二苯基乙二酮作内标物的聚苯乙烯的 GPC 曲线**

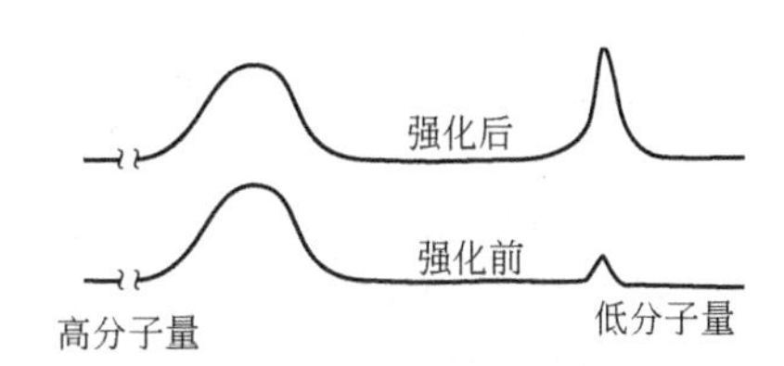


**图 10.13 用强化法鉴别高分子材料中的小分子化合物的示意图**

3. 高分子材料降解老化的研究

高分子材料在使用过程中，由于受到光、热、氧、臭氧和微生物等作用，会产生断链、交联等反应，形成老化现象，其中断链使分子量减小，交联使分子量增大。用 GPC 可以观察材料的老化过程，研究老化机理。以高密度聚乙烯为例，在耐候试验的不同阶段取样分析，GPC 谱图示如图 10.14 所示，结果表明聚乙烯降解严重，必须加适量抗氧剂以提高耐候性。若进一步做配方研究，还可以为选择抗氧剂的品种和添加量提供依据。

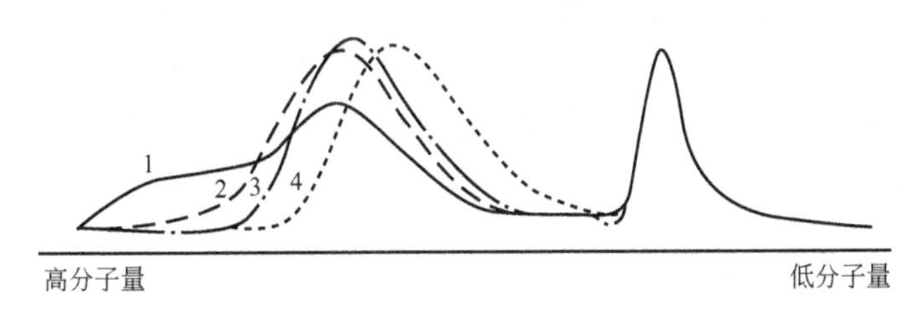


**图 10.14 在耐候试验不同阶段的高密度聚乙烯样品的 GPC 谱图**

1—开始时；2—第一阶段；3—第二阶段；4 一最后阶段

### 10.4.2 高分子材料生产或加工过程中的监测

1. 丁苯橡胶在塑炼时分子量分布的变化

用 GPC 研究高聚物的加工过程中，可以在加工过程中不断取样分析，以确定最佳工艺条件。橡胶制品在生产过程中，一般要进行塑炼，不同种类的橡胶原料在塑炼过程中分子

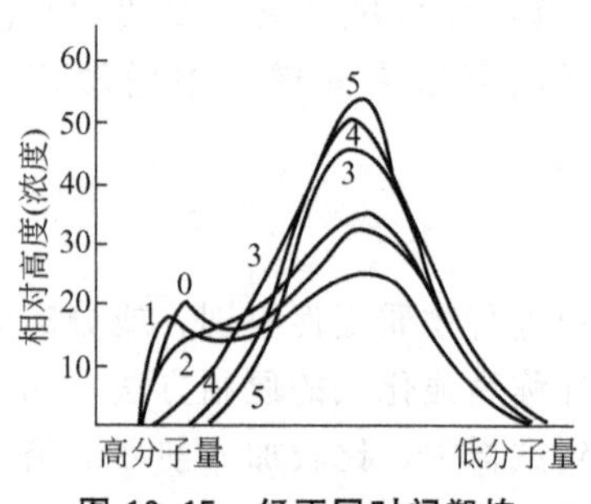


图 10.15 经不同时间塑炼后的丁苯胶的 GPC 谱图

塑炼时间：0—0min；1—4min；2—5min；3—25min；4—120min；5—180min

量分布的变化是不同的。例如，在丁苯橡胶塑炼过程中定量取样分析，结果如图 10.15 所示。随混炼时间增加，高分子量组分裂解增加，GPC 曲线向低分子量方向移动，约经 25min 后，较高分子量组分已几乎完全消失。如果塑炼的目的只是为了减少该组分的量，那么塑炼 25min 已足够，超过 25min 会白白浪费生产时间。这样通过 GPC 数据，可帮助操作人员确定塑炼时间以增加效率和产量。

2. 涂料制备过程中的质量控制

在涂料工业中常遇到同一配方在不同厂或同一厂不同批次的产品质量不同的情况，以及产品在储存期间质量发生变化的问题。这些情况用传统的质量控制方法往往不易察觉，而 GPC 法有助于解决这类问题。根据不同厂家制造的化学组成相同的各种原料的 GPC 曲线可以判断原料质量的好坏，以及对本厂生产是否有不利的影响。由分布曲线还可以判断原料的一致性。

GPC 法用于质量控制时，首先要确定具有良好性能且适用于既定用途的原料，以它定出标准谱图，然后将各生产批次的谱图与之比较，达到快速质量控制。

3. 聚合物聚合方法的选择

聚合过程是合成高分子材料的重要步骤，聚合方式的选择会直接影响产品的分子量及分子量分布，进而影响产品的性能。用凝胶渗透色谱分析不同聚合过程的产品分子量分布，可为选择合适的聚合方法提供依据。

用凝胶渗透色谱法分析不同聚合方法制取的聚乙烯醇(PVA)的分子量分布，结果如图 10.16 所示。

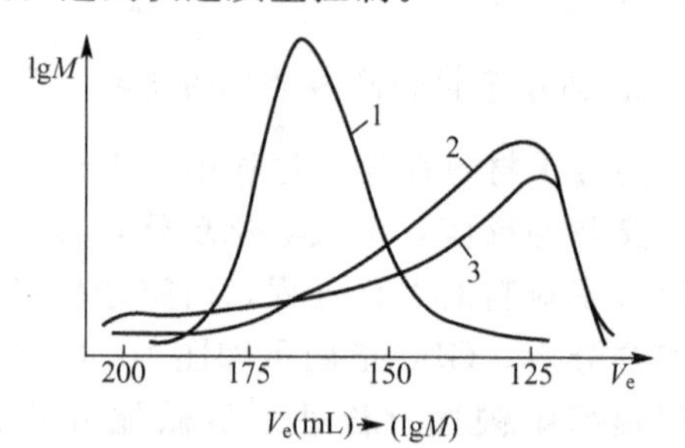


图 10.16 用不同方法制得的 PVA 分子量分布曲线

1—本体聚合；2—溶液聚合；3—悬浮聚合

由图可见，本体聚合所制得的聚合物分子量低且分布窄，适于作纺织纤维—维纶(聚乙烯醇缩甲醛纤维)的原料。

### 10.4.3 共聚物组成分布的测定

共聚物除了分子量的多分散性以外，还有组成的多分散性。分子量分布和组成分布都是影响共聚物产品性能的重要因素。用凝胶渗透色谱研究共聚物不仅可以缩短分析时间，而且可以提高分离效率。将凝胶渗透色谱配以其他检测方法，就可以快速而细致地同时测定共聚物的组成分布及分子量分布。

下面对采用双检测器凝胶渗透色谱仪测定共聚物组成分布的方法作一简单介绍。对检测器的要求视待分析共聚物而定，如果共聚物由 A 与 B 两种单体共聚而成，理想的检测器是其一仅对 A 组分敏感，另一仅对 B 组分敏感，那么，问题就十分简单。将两检测器串联于 GPC 仪后，事先用 A 与 B 的均聚物分别标定其浓度与信号(峰面积)的关系，求出比例常数。

然后分析共聚物，一次实验可同时得到两条浓度曲线，分别表达组分 A 与 B。由信号与浓度间的比例常数即可算得两种组分各在共聚物中的含量以及含量与淋出体积的关系。

图 10.17 所示为一种丁苯共聚物的 GPC 谱图，采用双检测器来研究其共聚物组成和分子量分布。其中，UV 检测器只对于苯乙烯结构单元敏感，RI 检测器对丁二烯和苯乙烯结构单元都敏感。对 UV 检测器和 RI 检测器的输出信号进行数据处理可以得出，共聚物的分子量分布较宽，但组成分布相对较为均匀。

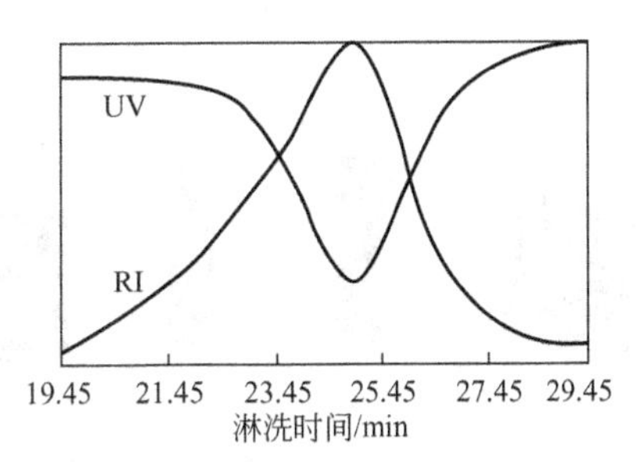


**图 10.17 丁二烯—苯乙烯共聚物的 GPC 谱图**

UV—紫外线检测器；

RI—差示折射检测器

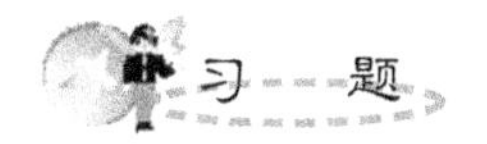

## 习　题

1. 色谱分析的主要作用是什么？说明其分类。
2. 用体积排除理论说明 GPC 的分离过程。
3. 用 GPC 测量分子量时，为什么要进行标定？
4. 简述 GPC 色谱柱的填料和溶剂选择原则。
5. 为什么要进行普适标定？
6. 举例说明 GPC 在材料研究中的应用。

# 第11章

# 热分析法

## 本章知识框架

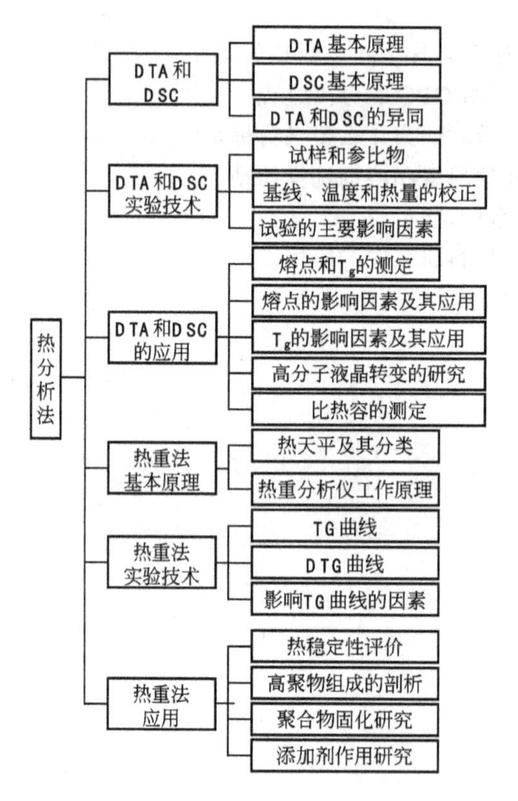


## 本章教学目标与要求

1. 熟悉DTA和DSC的基本原理及异同点，掌握试样的装样原则及试样皿和参比物的选择，熟悉基线、温度和热量的校正方法，掌握实验的主要影响因素。

2. 熟悉DTA和DSC在熔点及$T_g$测定方面的应用，了解其在高分子液晶转变及比热容测定方面的应用。

3. 了解热重法的基本原理，掌握TG曲线及其影响因素，掌握DTG曲线的特点。

4. 掌握TG曲线在热稳定评价方面的应用，熟悉其在高聚物组成剖析方面的应用，了解其在聚合物固化研究及添加剂作用研究方面的应用。

导入案例

**热分析技术在芳纶纤维中的应用研究**

1. DTA在芳纶纤维结构研究中的应用

差热分析(DTA)是在相同的程序控制温度变化下，测量样品与参比物之间的温差$\Delta T$和温度$T$之间关系的热分析方法。DTA在高分子材料中的应用特别的广泛。由于芳纶纤维在实际使用时，不可避免地会遭受热、光等诸多因素的影响，纤维结构与性能将会有一定的改变，所以使用热分析方法对芳纶纤维的结构进行研究就成为了很有必要的手段。

澳大利亚国防科学技术组织(ADSTO)的Brown J R和Ennis B C利用DTA对Kevlar49和Nomex的耐高温性进行评价。结果显示，100℃左右纤维上吸收的水分失去，300℃附近有玻璃化温度出现。从DTA曲线上，看到Kevlar49在560℃有个结晶熔点，590℃有一急剧的热降解峰，而Nomex则没有熔融峰出现，只有在440℃附近出现了热降解。对Kevlar49的热分析发现它的氧化反应比热降解更容易进行，而Nomex则相反。

2. DSC和TG在芳纶纤维结构中的应用

差示扫描量热法(DSC)是在程控温度下测量保持样品与参比物温度恒定时输入样品和参比物的功率差与温度关系的分析方法。热重法(TG)是在程序控制温度下测量物质质量与温度关系的一种技术。人们广泛应用热重法来研究高分子材料的热稳定性，如添加剂对热稳定性的影响，高分子材料含湿量和添加剂含量的测定，反应动力学的研究，共聚物、共混物体系的定量分析，聚合物和共聚物的热裂解以及热老化的研究等等。

美国加州大学的Lynn Penn对Kevlar49纤维的物化性能进行了测试。TG曲线显示在氮气中460℃以上Kevlar49才开始有质量损失。DSC也证实了此点，Kevlar纤维在氮气中489℃开始降解，空气中362℃开始降解。

为了研究Kevlar纤维的热失重性以及测试氛围对结果稳定性的影响，有人采用了高分辨率的TG仪，测试范围25～900℃。Kevlar在氮气或者空气中进一步降解，900℃时在空气中的降解比例和碳的产量比在氮气中高。空气中Kevlar初始降解温度为520℃，最大降解速率为8.2%/min，氮气中对应的指标为530℃和3.5%/min。

国内方面，国防科工委军材专家组的赵稼祥等人对美国Kevlar织物进行了性能测试。其中对Kevlar织物热重分析数值显示，100℃热失重1.8%，300℃时为4.0%，500℃时为6.0%，580℃时热失重为100%。热重分析表明Kevlar布的热分解温度为538℃，失重50%的温度为555℃，最大失重速率温度为550℃。DSC曲线表明，一直到600℃，Kevlar布没有吸热峰与放热峰。

资料来源：张美云．热分析技术在芳纶纤维中的应用研究．造纸科学与技术．2009年第6期

热分析法起源于1887年Chatelier开创的差热分析。最早多应用于化学分析，20世纪60年代，热分析技术开始广泛应用于高分子材料分析。

热分析是指在程序控温下，测量物质的物理性质与温度关系的一类技术。通过检测品本身的热力学性质或其他物理性质随温度或时间的变化，来研究物质结构的变化和化学反

应。此处所说的物理性质包括质量、温度、热焓、尺寸、力、光、电、磁等，对应的热分析方法分别为热重法、差热分析法、差示扫描量热法、热膨胀法、热机械法、热光法、热电法、热磁法等。本章重点讨论高分子材料分析中应用最广的差热分析法(DTA)、差示扫描量热法(DSC)和热重法(TG)。

## 11.1 差热分析法和差示扫描量热法

### 11.1.1 基本原理

1. *差热分析法的基本原理*

传统的DTA的基本原理是，将试样与惰性参比物置于以一定速率加热或冷却的相同温度状态的环境中，记录下试样和参比物之间的温差 $\Delta T$，并对时间或温度作图，得到DTA曲线。

图11.1所示为传统DTA主要部分示意图，将试样和参比物并放在位于加热炉中部的按一定速度升温或降温的均温块上，均温块使得试样和参比物处于同一温度。当试样和参比物不发生物理或化学变化时，无热效应发生，试样和参比物温度相等，示差热电势($\Delta T$)始终为定值，此时得到的DTA曲线为一直线。没有热效应的DTA曲线称为基线。

当试样在某一温度下发生物理和化学反应时，则会放出或吸收一定的热量，此时示差热电势就会偏离基线，出现差热峰。DTA曲线如图11.2所示，横坐标为温度 $T$ 或时间 $t$，纵坐标为试样与参比物的温差 $\Delta T$。

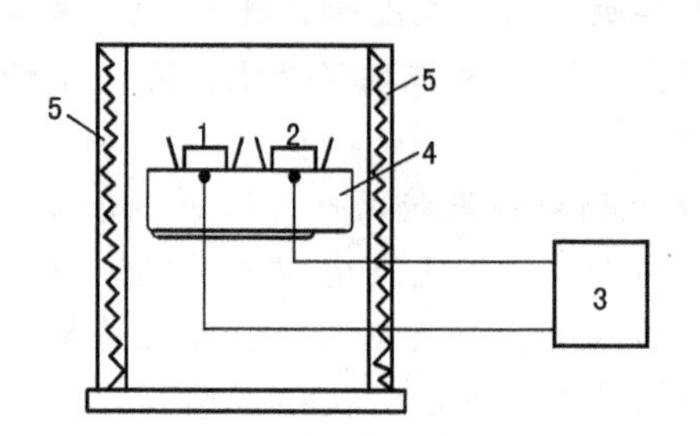


**图11.1 传统DTA主要部分示意图**

1—试样；2—参比物；3—差热放大器；
4—均温块；5—加热器

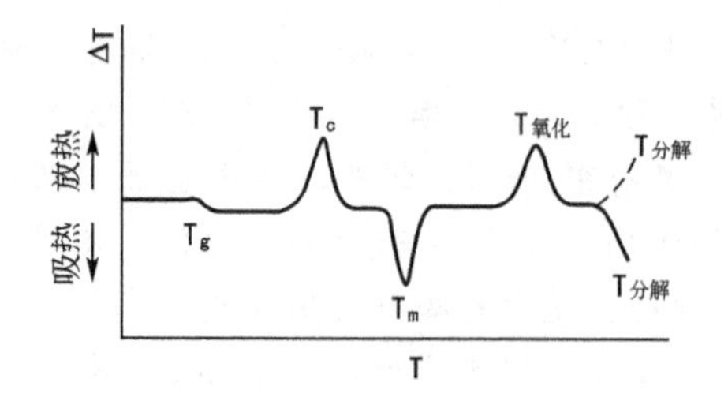


**图11.2 典型的DTA曲线**

2. *差示扫描量热法的基本原理*

DSC仪则分为两种，一种是热流型，另一种是功率补偿型。两者的最大差别在于结构设计原理上的不同。两种DSC的主要部分示意图如图11.3所示。

热流型DSC的原理与DTA类似，只是测温元件是贴附在样品支持架上，而不像传统DTA那样插在样品或参比物内。由于这种设计减少了样品本身所引起的热阻变化的影响，定量准确性较DTA好，所以又被称为定量DTA。

功率补偿型DSC的原理是，在程序升温(或降温、恒温)的过程中，始终保持试样与

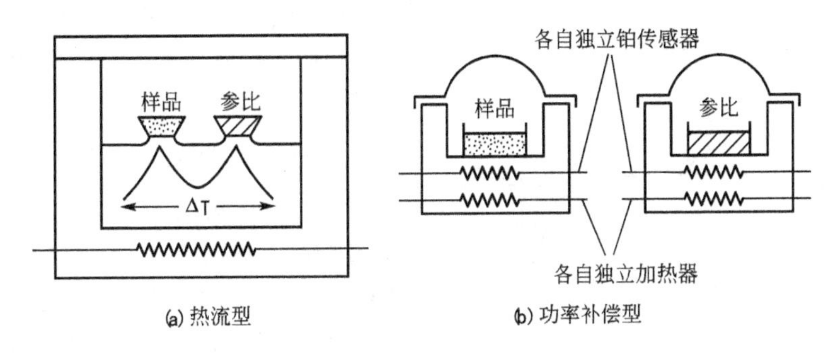


图 11.3 两种 DSC 主要部分示意图

参比物的温度相同，为此试样和参比物各用一个独立的加热器和温度检测器。当试样发生吸热效应时，由补偿加热器增加热量，使试样和参比物之间保持相同温度；反之当试样产生放热效应时，则减少热量，使试样和参比物之间仍保持相同温度。然后将此补偿的功率($\Delta W$)直接记录下来，它精确地等于吸热和放热的热量，因此可以记录热流速率($\mathrm{d}H/\mathrm{d}t$ 或 $\mathrm{d}Q/\mathrm{d}t$)对温度的关系曲线，即 DSC 曲线。

DSC 仪器的工作原理如图 11.4 所示。图中第一个回路是平均温度控制回路，它保证试样和参比物能按程序控温速率进行。检测的试样和参比物的温度信号与程序控制提供的程序信号在平均温度放大器处相互比较，如果程序温度高于试样和参比物的平均温度，则由放大器提供更多的热功率给试样和参比物，以提高它们的平均温度，与程序温度相匹配，这就达到程序控温过程。第二个回路是补偿回路，当试样产生放热或吸热反应时，试样和参比物产生温差，此时，由差示温度放大器及时输入功率以消除此差别。

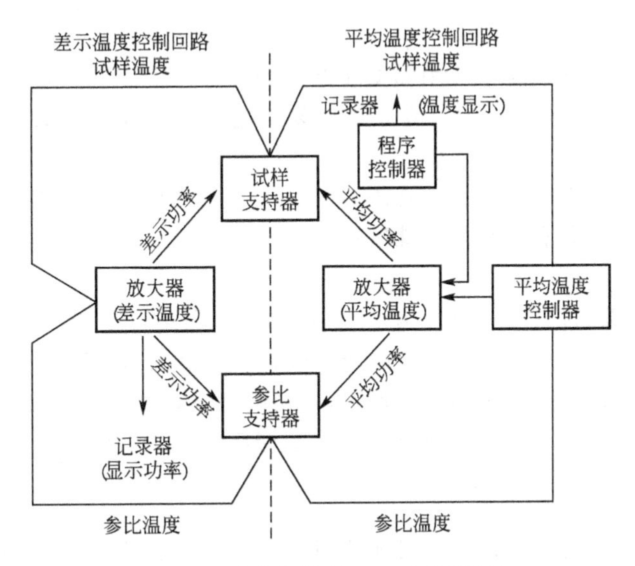


图 11.4 功率补偿型 DSC 仪器原理图

图 11.5 所示为典型的 DSC 曲线。横坐标为温度 $T$ 或时间 $t$，纵坐标为补偿功率 $\Delta W$ 或热流速率 $\mathrm{d}H/\mathrm{d}t$。由于各仪器的 DTA/DSC 曲线的吸热(放热)方向不同，所以曲线上必须注明吸热(放热)方向。

由图 11.2 DTA 曲线和图 11.5 DSC 曲线可以发现，DTA/DSC 可为我们提供以下主

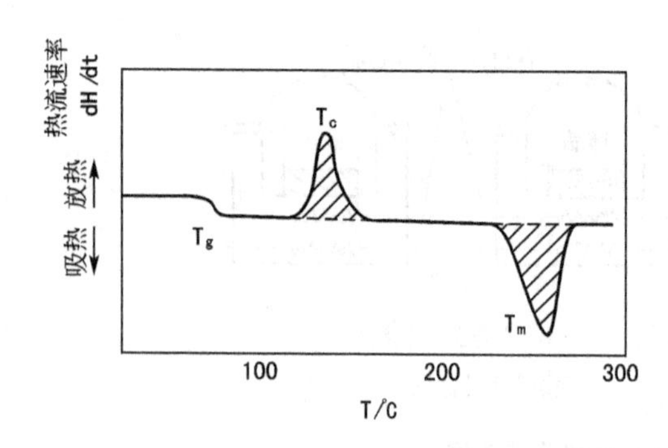


图 11.5　典型的 DSC 曲线

要信息：①热事件开始、峰值和结束的温度；②热效应的大小和方向；③参与热事件的物质的种类和量。

3. DTA 和 DSC 的异同

由图 11.2 和图 11.5 可见，两种曲线所测的转变和热效应是类似的。不同的是，DTA 一般用于定性测定转变温度(峰的位置)，因为 $\Delta T$ 与试样的堆砌紧密程度、传热速度和比热容等有关，用峰面积定量处理的精度较差，但 DTA 可测定到 1500℃以上。DSC 宜用于定量工作，因为峰面积直接对应于热效应的大小，但温度最高能到 700℃左右。总的来说，DSC 的分辨率、重复性、准确性和基线稳定性都比 DTA 好，更适合于有机和高分子物质的研究；而 DTA 更多用于矿物、金属等无机材料的分析。

### 11.1.2　实验技术

1. 试样和参比物

1）装样原则

除气体外，固态、液态或浆状样品都可以用于测定。装样的原则是尽可能使样品既薄又广地分布在试样皿内，以减少试样与皿之间的热阻。薄膜、纤维、片状、粒状等较大的试样都必须剪或切成小粒或片，并尽量铺平。

2）试样皿

高分子样品一般使用铝皿，使用温度应低于 500℃，否则铝会发生冷流而变形。超过 500℃时，可用铂或氧化铝皿。要注意，铝皿易与熔化的金属形成合金，也易被 P、As、S、$Cl_2$、$Br_2$ 侵蚀。

挥发性液体不能用普通试样皿，必须采用耐压(0.3MPa)的密封皿。

测沸点时要用盖上留有小孔的特殊试样皿。

3）参比物

DTA 常用经高温焙烧的 α－$Al_2O_3$ 作参比物，由于 $Al_2O_3$ 与高聚物的比热容和热导率相差较大，近来也有人采用硅氧烷、间苯二酸，甚至聚对苯二甲酸乙二醇酯的无峰区作参比。参比物在所测温区内必须是热惰性的，热容量和热导率应与试样匹配。

DSC 可不用参比物，只在参比池放一个空皿即可。

2. 基线、温度和热量的校正

仪器在刚开始使用时或经过一段时间使用后都须进行这三项校正，以保证谱图数据的准确性。

1）基线校正

基线校正是在所测温度范围内，当样品和参比池都未放任何东西时，进行温度扫描，得到的谱图应当是一条直线。如果有曲率或斜率甚至出现小吸收峰或放热峰，则需要进行仪器的调整、修正及炉子的清洗，使基线平直，否则仪器不能正常使用。

2）温度和热量的校正

一般采用99.999%的高纯铟进行温度和热量的校正。在校正温度时，由于不同加热速率的校正值是不同的，所以必须选用测定时所用速率来校正。

峰面积 $A$ 与热量 $\Delta H$ 成正比，

$$\Delta H = k \cdot \frac{A}{m}$$

式中，$m$ 为样品质量，$k$ 为仪器常数。

用已知质量的高纯铟的熔化峰面积和铟的熔比热求出 $k$ 值，然后再利用该 $k$ 值计算未知物的热效应。$k$ 值根据仪器的状态或测定条件的变化会有稍微的改变，因而 $k$ 值应在与测定样品的同样条件下测定。

功率补偿型 DSC 由于采用动态零位平衡原理，即始终保持试样和参比物的温差为零，所以仪器常数 $k$ 与温度变化无关，$k$ 为常数。此时，热量校正只需单点校正，如用金属铟测其熔融热应与标准物铟熔融热 28.45J/g 相符即可。温度校正一般采用两点校正，即在测试范围内找两个标准物质，使实测熔融热与标准物熔融热相同即可。

3. 主要影响因素

1）样品量

$\Delta H = K \cdot \frac{A}{m}$ 也可写成 $A = \frac{\Delta H \cdot M}{K}$，即峰面积与样品量成正比。样品量应根据热效应的大小来调节。一般样品量以 5～10mg 为宜，对于热效应很大的样品，可用热惰性物质（如 $\alpha-Al_2O_3$）稀释。一般来说，样品较少，分辨率较高，但灵敏度下降，如图 11.6 所示。

另一方面，样品量对所测转变的温度值也有影响。以铟为例，随样品量的增加，峰起始点温度基本不变，但峰顶温度增加，峰结束温度则增加更多，如图 11.7 所示。

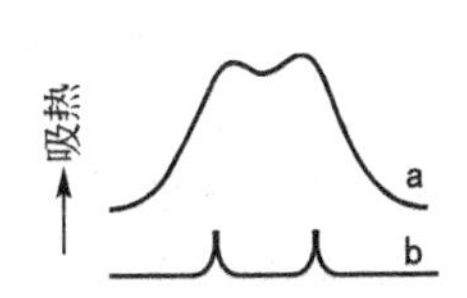


图 11.6　不同样品量对曲线的影响

a—样品量多；b—样品量少

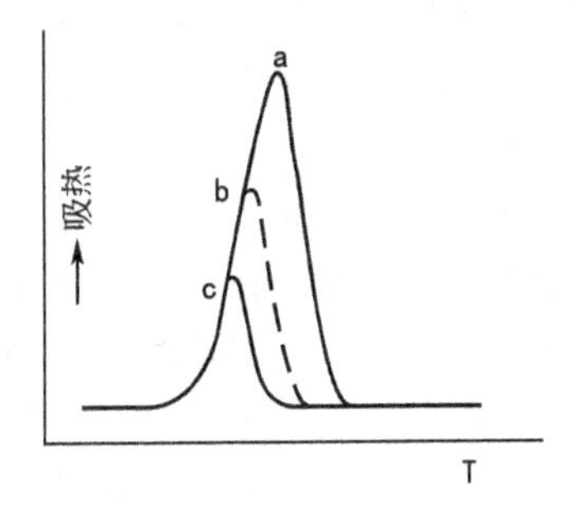


图 11.7　铟的量对曲线温度的影响

2）升温速率

通常的升温速率范围是 5～20℃/min。一般来说，升温速率越快，分辨率下降，而灵敏度提高。灵敏度和分辨率常是一对矛盾，也就是说，提高灵敏度，要采用较多的样品量和较快的升温速率，而提高分辨率则相反，必须采用较少的样品量和较慢的升温速率。由于增大样品量对灵敏度影响较大，对分辨率影响较小，而加快升温对两者影响都大。因此，人们一般选择较慢的升温速率（以保持好的分辨率），而以适当增加样品量来提高灵敏度。

如图 11.8 和图 11.9 所示，随着升温速率的增加，熔化峰起始温度变化不大，而峰顶和峰结束温度提高，峰形变宽。由此可见测定时若改变升温速率，重新校正温度是必不可少的工作。

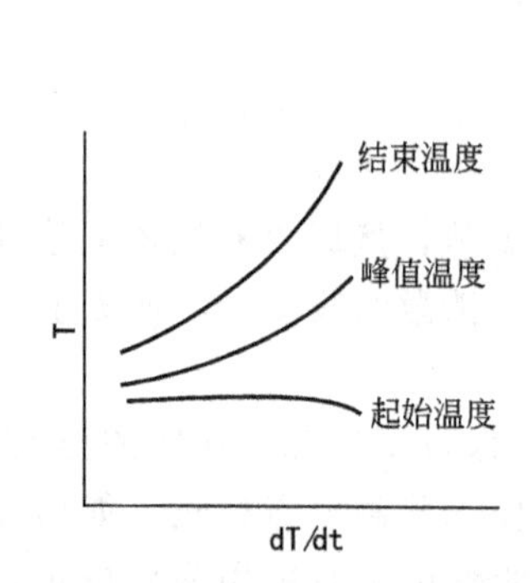


图 11.8 升温速率对峰位置的影响

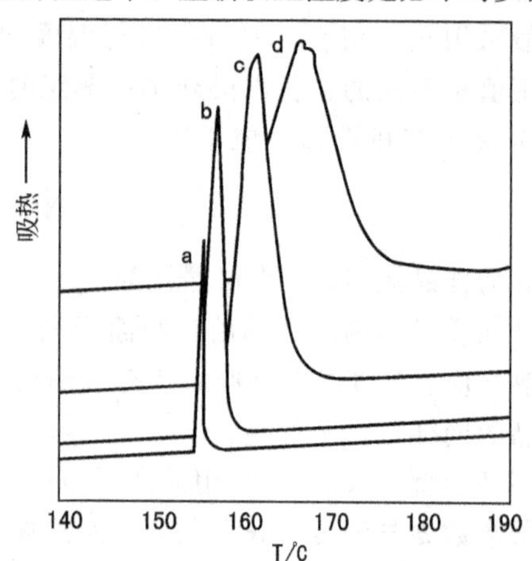


图 11.9 铟在不同升温速率下的 DSC 曲线
a—5℃/min；b—20℃/min；c—60℃/min；
d—120℃/min 温度校正在 20℃/min 下进行

3）气氛

一般使用隋性气体，如 $N_2$、Ar、He 等。既减少或避免了氧化反应，也减轻了试样挥发物对检测器的腐蚀。气体流速必须恒定，否则会引起基线波动。一般情况下，气体流速控制在 20～40mL/min。

气体性质对测定也有显著影响，要引起注意。如 He 的热导率比 $N_2$、Ar 的热导率约大 4 倍，所以使用 He 时，低温 DSC 冷却速度加快，测定时间缩短。但因 He 的热导率高，峰检测灵敏度降低，仅为 $N_2$ 中的 40%左右，因此在 He 中测定热量时，要先用标准物重新标定核准。在空气中测定时，要注意氧化作用的影响。有时可通过比较在 $N_2$ 和空气中的 DSC 曲线，来解释某些氧化反应。

4）重复扫描

由于聚合物中微量水、残留溶剂等杂质的存在，以及复杂的历史效应的影响，第一次升温扫描时常有干扰。消除干扰的方法之一是重复扫描，将第一次扫描作为样品的预处理(也可以在 DSC 仪外进行预处理)，测定降温曲线或第二次升温曲线。

粉末样品或未退火的样品，在测 $T_g$ 时会有干扰。经第一次升温至稍高于 $T_g$，再测降温曲线或再次升温时，由于样品颗粒间及颗粒与试样皿间的接触更紧密，以及消除应力历史等原因，可以得到可靠的 $T_g$ 值。降温曲线上 $T_g$ 的位置能重现升温曲线上 $T_g$ 的位置。

对于熔化峰，情况要复杂一些。第一次扫描熔化峰较宽，且基线较为不平。冷却时需过冷才出现结晶峰。而第二次升温时，熔点明显降低，第三次升温后熔点位置不再变化。但扫描次数增加，峰面积减小，意味着存在分解。

### 11.1.3 DTA/DSC 的应用

1. 熔点和玻璃化转变温度的测定

1）熔点的测定

典型的 DSC 熔融曲线如图 11.10 所示。即使是纯物质铟的熔融曲线也不会是通过熔点温度的一条谱线，而是有一定宽度的吸热峰。如何通过 DSC 曲线确定高分子的熔点至今没有统一规定，但根据要求不同，确定熔点有以下几种方法。

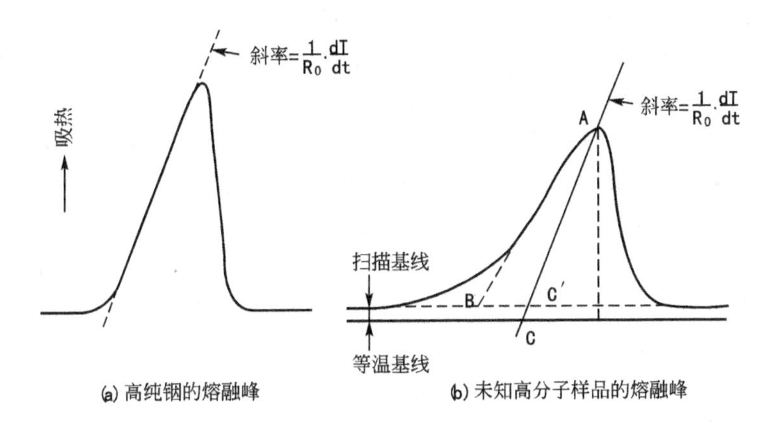


图 11.10 典型 DSC 熔融曲线及熔点的确定

(1) 从未知高分子样品的熔融峰的峰顶作一条直线，其斜率等于同样测定条件下中高纯铟的熔融峰前沿的斜率$\frac{1}{R_0}\cdot\frac{\mathrm{d}T}{\mathrm{d}t}$，其中 $R_0$ 是试样皿与样品支持器之间的热阻，它是热滞后的主要原因，如图 11.10(a)所示。这条直线与等温基线的交点 C 是真正的熔点，其测定误差不超过±0.2℃。这只有在需要非常精密地测定熔点时才用此法确定熔点。一般情况下，该直线与扫描基线的交点 C′已经能给出足够精确的熔点值。

(2) 以峰前沿的切线与扫描基线的交点 B 为熔点，这是目前最通用的确定熔点的方法。

(3) 直接以峰顶 A 点为熔点。由于高分子的峰形复杂，常难以作切线，所以此法更为便利，但必须注意样品量对峰温有影响。

2) 玻璃化转变温度的测定

高分子材料的玻璃化转变 DSC 曲线如图 11.11 所示。高分子的玻璃化转变在 DSC 曲线上表现为基线偏移，出现一个台阶。转变温度 $T_g$ 的确定，一般用曲线前沿切线与基线的交点 B 或中点 C，个别情况也用交点 D。

2. 熔点的影响因素及其应用

1) 影响熔点的因素

(1) 过热和熔融—再结晶。聚合物的熔融会被一些现象复杂化。最重要的两种现象是过热和加热过程中的熔融—再结晶。过热是指样品加热的速度过快，熔融边缘不能逐渐地向中心推移，一部分来不及熔化的内部结构处于过热状态，熔融因此发生在比正常情况更高的温度下。熔融—再结晶是指加热过程中，结晶部分地或全部熔融后，再结晶成更稳定的形式，然后在较高温度下又熔融。

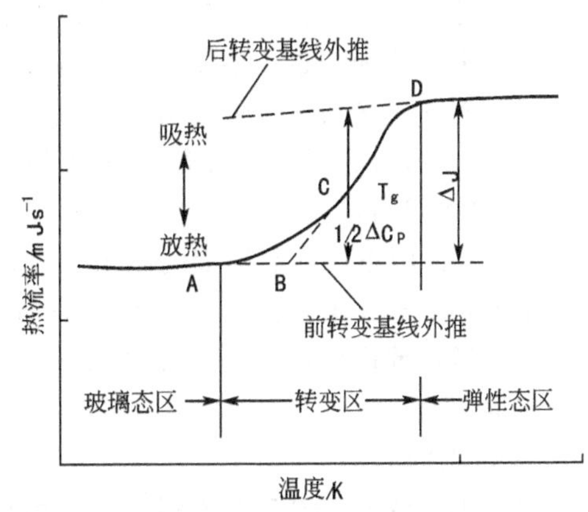


图 11.11 高分子材料的玻璃化转变 DSC 曲线

上述两种现象都会使熔点移向更高的温度，此时测得的熔点不能表征原样品的特性，而取决于发生的过程。

(2) 平衡熔点。由于普通高分子体系处于非平衡态，同一种高分子因制备方法不同而有不同结晶状态，也会得到不同的熔点。因此，评价高分子的熔融性质必须用平衡熔点，只有它才不受样品制备方法和测定条件的影响。高分子的平衡熔点($Tm_0$)定义为，与高分子熔体平衡的一组大晶体的熔点。在平衡熔点下熔融的晶体是该高分子最完善的结晶，具有最小的完善自由能。一般高分子测得的熔点低于平衡熔点，是由于晶粒小且不同程度地不完善。

(3) 结晶形态。在不同的升温速率下，伸直链结晶的熔点最高，由溶液生成的单晶熔点最低，不同形态的聚乙烯结晶熔点可相差多达25℃。因此，在高压下结晶制备伸直链晶体，这种晶体非常接近于热力学平衡条件，在很缓慢的加热条件下(避免过热)，得到与平衡熔点非常接近的熔点值。

(4) 结晶温度。高分子的熔点与结晶形成的温度有关，结晶温度越高，形成的结晶越完善，因而熔点越高。

(5) 晶片厚度。晶片越厚，熔点越高。实验证明，高分子晶片的厚度是由结晶温度决定的。对于高分子单晶，厚度随结晶温度的增加而基本上按指数规律增加。

(6) 分子量。高分子熔点随分子量增大而增加，直至临界分子量时即可忽略分子链“末端”(相当于一种杂质)的影响，此后熔点与分子量无关。将分子量外推到无穷大时求得的熔点，可以认为是平衡熔点。

(7) 加热速率。在测定熔点时，样品被加热到熔点的过程中，将经过熔点以下0～40℃的温区，该温区称为退火区。样品可能会发生退火，即结晶结构会发生重组，重组的结果是增加了晶片的厚度。增加的量取决于样品经过退火区所花的时间。慢扫描时，样品在退火区逗留时间足够长，晶片加厚较多，新的结晶要在更高的温度下才能熔化。快扫描时，样品在退火区只停留在很短时间，所以可以认为晶片很少或没有增厚，样品保持原来的熔点。而在中等速率扫描时，可以观察到两个峰，低温峰为原有结晶的熔融峰，高温峰为退火后结晶的熔融峰。注意加热太快会产生过热也能使峰向高温移动。

(8) 热历史。熔融并不是结晶的逆过程，结晶包括成核和生长两步，这两步都需要适当的过冷，因此都可能产生历史效应。

一个结晶高分子的最初热历史是与成核和结晶动力学有关的，总的来说，冷却速率越快，结晶越小越不完善，结果是熔点越低。实际上聚合物结晶总是处于各种亚稳态。高分子材料的生产或加工过程中常要经过各种热处理，相当于退火。小分子结晶很易退火到平衡完善化而损失热历史，但高分子结晶很少能退火到这个程度，这意味着退火是在原先热历史(可能还有应力历史、形态历史和结构历史)上叠加退火历史。这使得实际高分子材料的DSC曲线相当复杂。

(9) 应力历史。结晶形变的结果一般是晶粒尺寸变小，熔点理应下降，但实际上由于在无定形相中分子取向的亚稳定性，取向高分子样品的DSC熔点反而提高。如尼龙、涤纶等纤维经拉伸取向后，熔融吸热峰分裂为双峰，比正常熔点高的峰被认为是取向无定形区的解取向峰。

2) 熔点的应用

(1) 结晶高分子的定性鉴别。根据熔点，可以对结晶高分子进行定性鉴别。图11.12所示为7种结晶高分子组成的混合物样品的DSC曲线。在图上出现了7个峰，每个峰对应于一种高分子的熔融，峰的位置互不干扰。

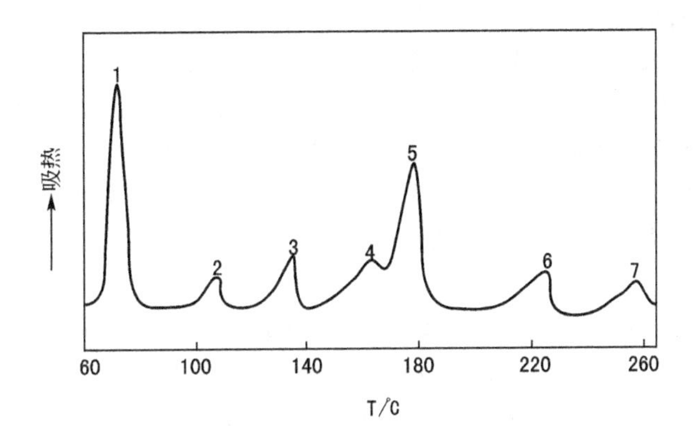


**图 11.12 七组分高分子混合物的 DSC 曲线**

1—聚乙二醇；2—LDPE；3—HDPE；4—PP；5—POM；6—尼龙 6；7—PET

(2) 无规共聚物和共混物的区分。根据熔点，可以判断体系是无规共聚物还是共混物。因为无规共聚物只有一个熔点，而共混物的各组分有各自的熔点，它们分别接近于均聚物的熔点。根据峰面积和物质量的关系，还能进行共混物或共聚物中组成的定量分析。

(3) 工业上的应用实例。用 DSC 测定结晶高分子材料的熔点，还可以成为工业上一种快速的质量控制分析方法。图 11.13 所示为两批用做黑色鞋跟的聚乙烯样品的 DSC 曲线。这两批样品的熔融指数和密度都符合要求，但一种质量好，易于抛光，而另一种质量差不易抛光。由图 11.13 可清楚地看出，质量好的那种材料中所含的高熔点聚乙烯较多，而且含有少量聚丙烯(熔点 165℃)。

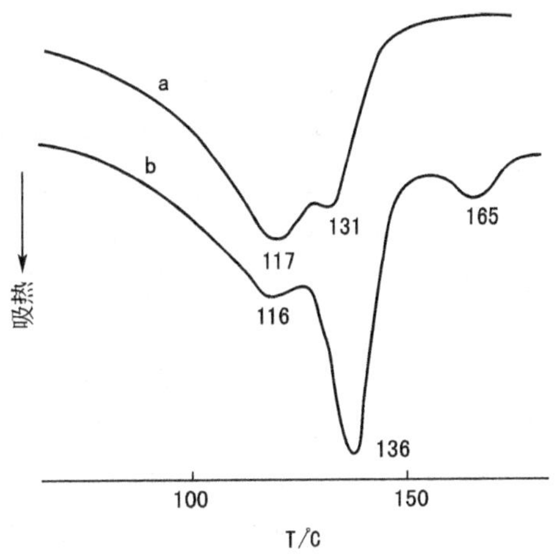


**图 11.13 两批 PE 样品的 DSC 曲线**

3. 玻璃化转变温度的影响因素及其应用

1) 影响玻璃化转变温度的因素

(1) 化学结构。具有僵硬的主链或带有大的侧基的聚合物将具有较高的 $T_g$；链间具有强吸引力的高分子，不易溶胀，有较高的 $T_g$；在分子链上挂有松散的侧基，是高分子结构变得松散，即增加了自由体积，使得 $T_g$ 降低。通常，无侧基碳链聚合物，聚乙烯、顺式 1，4 -聚丁二烯具有很低的 $T_g$，带有取代基、苯基、氯基或带有甲酯基等立体效应使主链运动困难，$T_g$ 升高。聚甲基丙烯酸甲酯类聚合物由于含有柔性酯侧基，随着侧基的增大，分子间距增大，相互作用减弱，并产生“内增塑”作用，$T_g$ 反而下降。

(2) 分子量。一般情况下，随分子量增加，$T_g$ 升高，当分子量超过一定程度后，$T_g$ 不再随分子量的增加而明显增加。因为分子链两头各有一端基链段，它的活动能力比两边受牵制的链段来得大，它将贡献一定的自由体积，分子量越低，端基链段比例越高，所以

$T_g$ 越低，随分子量增大，端基链段减少，所以 $T_g$ 逐渐增大。

(3) 结晶度。随结晶度的提高，不同聚合物的 $T_g$ 变化不同。如：聚对苯二甲酸乙二醇酯、等规聚苯乙烯、等规甲基丙烯酸甲酯等，随结晶度提高，$T_g$ 升高。这是因为这些高聚物中填料较多，增加了无定形分子链运动的阻力，从而使 $T_g$ 升高。聚 4-甲基戊烯的 $T_g$ 随结晶度的增加而降低。这是因为提高结晶度使"低 $T_g$"等规部分增加，而"高 $T_g$"间规部分减少，从而使 $T_g$ 降低。有些聚合物如等规聚丙烯、聚三氟氯乙烯等结晶度对 $T_g$ 的影响可以忽略，这是因为结晶度的提高并不影响该聚合物无定形部分软硬程度。

(4) 结晶历史。结晶历史对玻璃化转变影响很大。首先，理论上玻璃化转变的比热容变化应当正比于无定形相所占分率，但实际上常有偏差；其次，$T_g$ 受晶区的影响很大，晶区使 $T_g$ 增加的有聚苯乙烯、聚对苯二甲酸乙二醇酯，减少的有对苯二甲酸乙二醇酯与癸二酸乙二醇酯的共聚物，不变的有聚氧化丙烯；第三，经常观察到玻璃化转变区由于部分结晶的存在而加宽(可以解释为无定形区相畴尺寸变小，相当于样品颗粒尺寸变小)；第四，在无定形均聚物中通常有滞后效应峰，在部分结晶聚合物中却没有。

(5) 交联固化。聚合物的交联固化会导致 $T_g$ 升高。

(6) 退火历史。一旦样品的链段运动被冻结在亚稳态，它会一直保持这个状态直至解冻，但用退火或力学形变的方法可以叠加上新的历史效应。低于 $T_g$ 的退火是人们常研究的内容。起先观察到应力历史被释放出来，不同的结构会在不同的退火时间中解冻；经长时间退火后应力历史被消除，出现了由于慢冷却快加热的那种滞后吸热峰。

(7) 热历史。热历史体现在制备样品时的冷却速率上。当制样的冷却速率较小时，会出现吸热的"滞后峰"，反之则出现放热峰，只有当样品的冷却速率与测定的加热速率相同时，才有标准的转变曲线。

受热历史影响，$T_g$ 变化范围为 10～30℃。当加热速率与冷却速率相近时，不出现明显的热效应；当加热速率与冷却速率不同时，出现放热或吸热峰。为了避免热历史的影响，冷却速率应与加热速率一致。

(8) 应力历史。储存在样品中的应力历史，在玻璃化转变区会以放热或膨胀的形式释放。制样时压力越大，释放压力的放热峰越大。零压力时的滞后吸热峰是由于慢冷却的热历史引起的。随着压力增加，玻璃化转变的起始温度降低，但结束温度却没有变化，从而转变区加宽。

(9) 形态历史。当样品的表面积与体积之比很大时，样品的形状变得重要。比如聚苯乙烯珠状样品的尺寸小于微米时，玻璃化转变的开始温度大为降低，而结束温度基本不变，从而转变区变宽，但第二次扫描时差别完全被消除。因此，测定粉末样品时，要注意形态的效应。

2) 玻璃化转变温度的应用

根据 $T_g$ 可初步判定聚合物的结构。共聚物的 $T_g$ 决定于结构单元的组成比，以及不同的结构组成。

无规共聚物或均聚物只有一个 $T_g$ 转变。当两种或多种互不相容的聚合物混合时，各个相区保持各自母体聚合物的 $T_g$ 转变。大多数共混物、嵌段物、接枝物都呈现出两个主要的 $T_g$ 转变。

以丁腈橡胶为例，$T_g$ 随丙烯腈含量而变，当丙烯腈含量在 20%～30%范围时能观

测到两个 $T_g$，其他含量只观测到一个 $T_g$。图 11.14 所示为乳液聚合的丁腈橡胶的 DTA 曲线。由图可看出，两条曲线上均出现两个 $T_g$，但是图上的 $T_g$ 并不与单独丁二烯和丙烯腈均聚物所得的 $T_g$ 相对应，因此不能说是完全的嵌段共聚物。同时又能说明丙烯腈含量在 36%以下，成分比不同的两相是不相容的，而且两个 $T_g$ 向均聚物 $T_g$ 略有靠近。

对于完全嵌段的共聚物，可观察到各成分均聚物的 $T_g$。图 11.15 所示为苯乙烯—丁二烯嵌段共聚物的 DSC 曲线，高温段对应于苯乙烯的 $T_g$，在低温段对应丁二烯的 $T_g$。由图可见，随苯乙烯含量的减少，丁二烯的 $T_g$ 增大，苯乙烯的 $T_g$ 减小。

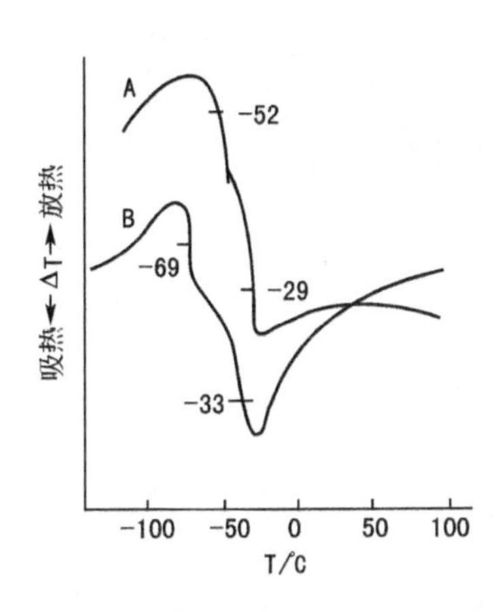


图 11.14 不同丙烯腈含量的丁腈橡胶的 DTA 曲线

A—29.3%；B—20.0%

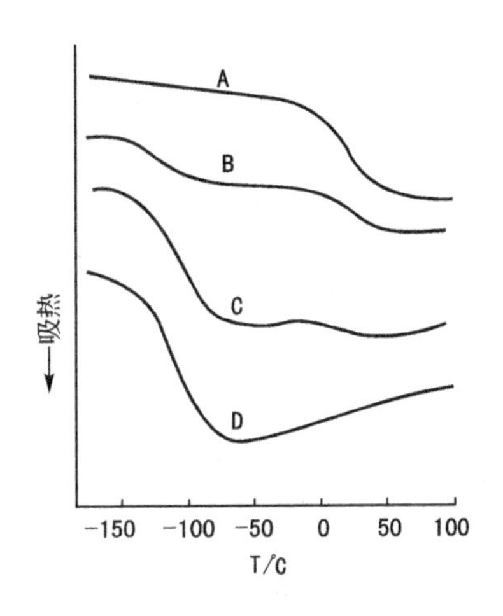


图 11.15 苯乙烯—丁二烯嵌段共聚物的 DSC 曲线

苯乙烯含量(摩尔比)：

A—100%，B—55%，C—19%，D—0%

再以丁二烯和异戊二烯的均聚物、共聚物以及共混物的 DSC 曲线为例，均聚物丁二烯 $T_g$ 均为−95℃，异戊二烯为−57℃；共聚物 $T_g$ 介于二均聚物之间，并随丁二烯含量增加向低温移动；共混物则仍保留其原组分的 $T_g$，因此一般可用此法区别共聚物和共混物。

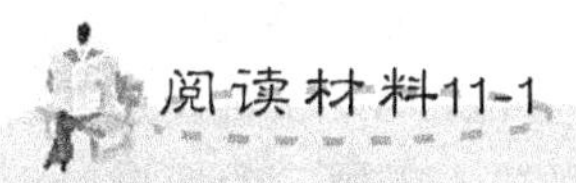


### 用差热分析法评选氯丁橡胶(CR)防老剂

用 DTA 法在空气和氮气气氛中测定含各种防老剂的胶样，前者得到明显的氧化峰，其 $T_p$ 约为 160～250℃，后者却无任何反应峰(见图 11.16)。这说明在空气气氛中该放热峰是 CR 氧化所造成的。

由图 11.17 可见，未加防老剂的 CR，$T_p$ 为 165℃，而加防老剂的 $T_p$ 都较高，并随其含量的增加而增高。含不同防老剂样品的曲线形状大致相同。在防老剂含量较低时，曲线上升较明显；当防老剂含量超过 0.5%，曲线渐趋平缓，说明防老剂含量再增大已无明显效果。加入防老剂可使 $T_p$ 升高，说明防老剂起到了延缓氧化的作用。许春华等曾用比较氧化峰温度高低的方法来评价防老剂效果的优劣。但该法具有局限性，如图 11.17 所示，含各种防老剂样品的 $T_p$ 十分接近时，则难以断言哪一种防老剂较好。

图 11.17 中含防老剂 264 和 A01 的样品 $T_p$ 很低，与空白样品的接近，与其他曲线相差较大，但不能由此断言它们的防老化效果不好。这与防老剂本身的热稳定性有关。DTA 实验是在程序升温状态下进行的，CR 氧化峰峰温为 160～250℃，在此温度下防老剂本身的挥发、降解和分解等均会影响它的防老化效果。

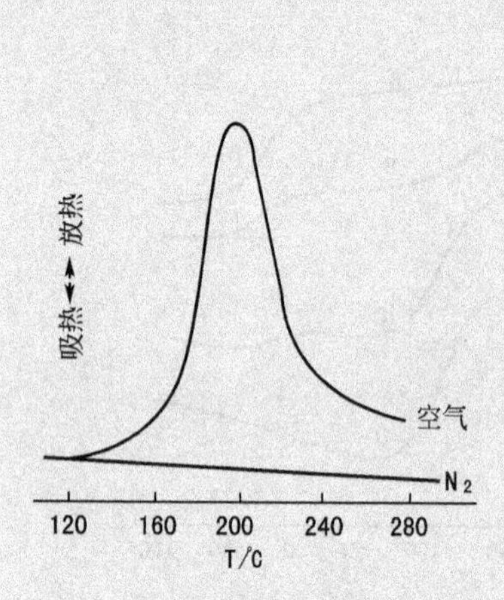


图 11.16　CR 在空气和氮气气氛下的 DTA 曲线

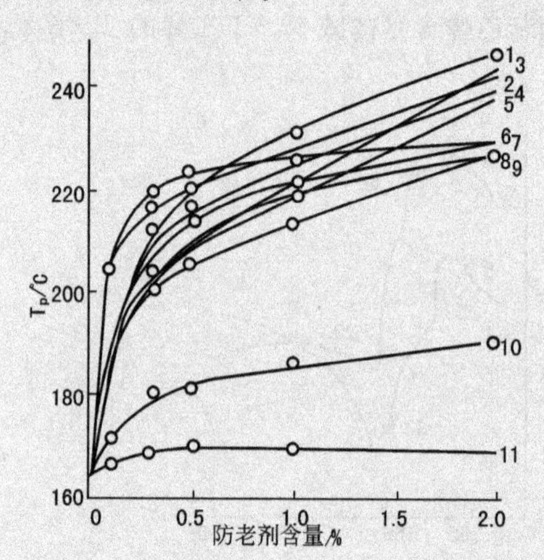


图 11.17　CR 样品的 $T_p$ 与防老剂含量的关系

防老剂类型：1—1010；2—吩噻嗪；3—KY-405；4—3114；5—1076；6—CA；7—KY-82；8—甲叉 4426-S；9—ODA；10—A01；11—264

资料来源：李萍等．用差热分析法评选 CR 防老剂．工业与技术开发

4．高分子液晶转变的研究

DSC 是研究高分子液晶的有效手段。热致性高分子液晶在熔融后不形成各向同性的熔体，而是先形成混浊的有序流体，称为液晶态。只有在更高的温度下才转变为清亮的熔体，此转变温度称为清亮点或介晶—各向同性转变温度 $T_{MI}$。图 11.18 所示为热致液晶聚芳酯的 DSC 曲线。其各向同性熔体转变的湿度为 174℃，在第二个熔融峰温 139℃～174℃之间存在着液晶态。液晶转变热很小，通常不大于 0.2J/g，远比熔融热小。此外，不少热致液晶高分子的分解温度低于清亮点，液晶态出现在熔点与分解温度之间，因此观察不到清亮点。

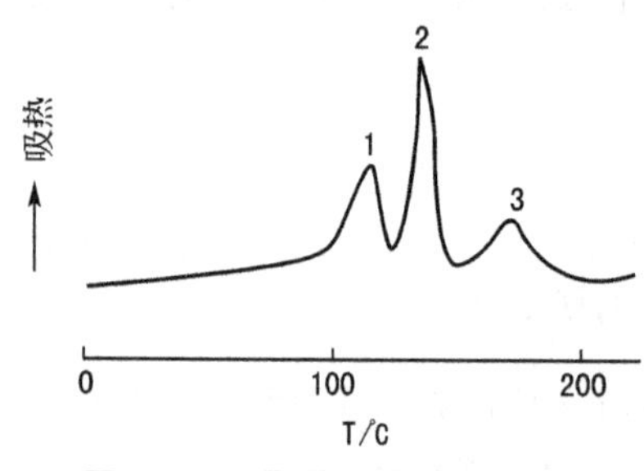


图 11.18　聚芳酯的 DSC 曲线

1、2—熔融双峰；3—清凉点

5．比热容的测定

1）直接计算法

DSC 曲线的纵坐标为 $dH/dt$，即样品的吸热（放热）速率，该速率除以升温速率 $dT/dt$，

即为样品的热容，用 $c_p$ 表示。比热容 $c=c_p/m$。

$$c_p=\frac{dH}{dt}\div\frac{dT}{dt}=\frac{dH}{dT}$$

$$c=\frac{c_p}{m}=\frac{dH}{dT}\cdot\frac{1}{m}$$

由上两式变换得

$$\frac{dH}{dt}=mc\frac{dT}{dt}$$

由于DSC曲线的纵坐标 $dH/dt$，升温速率 $dT/dt$，以及样品质量极易获得，故很容易求出材料的比热容。

2）比例法

比例法较第一种方法复杂，但测定结果更加准确。首先在相同条件下对样品和标准物进行温度扫描，然后量出二者纵坐标进行计算。标准物常用蓝宝石，其热容已知。

用样品的热焓变化率 $\frac{dH}{dt}=y=mc\frac{dT}{dt}$ 除以 $\frac{dH}{dt}=y'=m'c'\frac{dT}{dt}$，得

$$\frac{c}{c'}=\frac{ym'}{y'm}$$

式中，$y$ 为样品在纵坐标上的偏离，$y'$ 为蓝宝石在纵坐标上的偏离。从图11.19中量出 $y$ 和 $y'$ 的高度，代入上式即可算出样品的比热容 $c$。

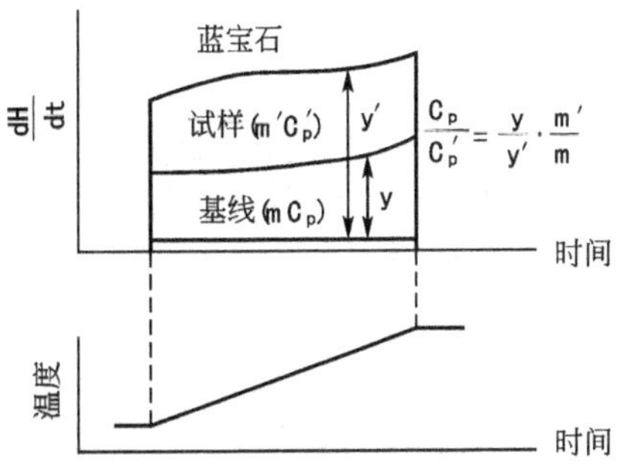


图11.19 用DSC比例法测定比热容

### 用DSC研究NR与其他橡胶的共混相容性

橡胶并用是改善橡胶制品某些性能的常用手段。并用胶的相容性直接影响并用效果。如果共混组分的分子链能相互渗透、分散形成分子水平的均一相，则为相容体系；若并用组分的分子各自聚集成相区，从而使高聚形成多相的体系，则为不相容体系。采用热分析测定共混物的 $T_g$ 是研究其相容性的方法之一。若为均相的相容体系，由于链均匀分布，仅有一个 $T_g$ 值；若为多相的不相容体系，则应有两个以上的 $T_g$ 值。廖建和等采用DSC研究NR/NBR和ENR/NBR共混物，结果表明无论是NR含量为25%或75%的共混物，都存在三个 $T_g$ 值，这三个 $T_g$ 值与原来NR和NBR的 $T_g$ 几乎相同，这说明两种组分的分子并不存在分子水平上的相互渗透，所以各自保持共混前的形态。而经过环氧化的NR(ENR)/NBR的共混物，无论ENR的含量为25%或75%的共混物，都仅明显地展现一个 $T_g$ 值，由此证明了NR与NBR共混不相容，ENR与NBR共混能完全相容。

资料来源：曾宗强．热分析技术在天然橡胶研究中的应用．热带农业工程，2005.

# 11.2 热 重 法

## 11.2.1 基本原理

1. 热天平及其分类

热重法是在程序控温下，测量物质的质量变化与温度(或时间)的关系。热重法的使用起源于1915年日本科学家本多光太郎用电炉把普通天平的一端围起来用于研究$MnSO_4 \cdot 4H_2O$，$CaSO_4 \cdot 2H_2O$，$CaCO_3$和$CrO_3$的热失重过程。现代热重仪形式多样，设计精密，自动化程度高，但基本原理仍是本多光太郎发明的“热天平”。

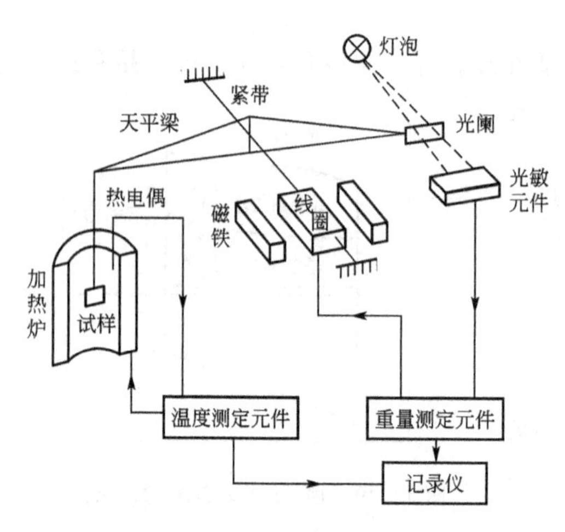

图 11.20 零位法热天平原理示意图

热天平有零位法和变位法两种。所谓变位法，就是根据天平梁的倾斜度与质量变化成比例的关系，用差动变压器等检知倾斜度，并自动记录。所谓零位法，是采用差动变压器法、光学法或电触点法测定天平梁的倾斜度，并用螺线管线圈对安装在天平系统中的永久磁铁施加力，使天平梁的倾斜复原。由于对永久磁铁所施加的力与质量变化成比例，这个力又与流过螺线管线圈的电流成比例，因此只要测量并记录电流，便可得到质量变化的曲线，其原理如图11.20所示。

2. 热重分析仪工作原理

热重分析仪的简单工作原理以P-E公司生产的TGS-2为例加以说明，如图11.21所示。

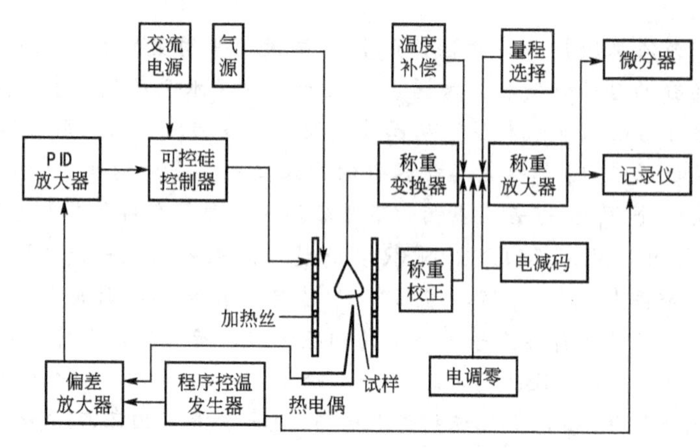

图 11.21 热重分析仪的简单工作原理图

图中左边部分的试样在程序控温下工作。它是把程序发生器发生的控温信号与加热炉中控温热电偶产生的信号相比较，所得偏差信号经放大器放大，再经过PID(比例、积分、微分)调节后，作用于可控硅触发线路以变更可控硅的导通角，从而改变加热电流，使偏差信号趋于零，以达到闭环自动控制的目的，使试验的温度严格地按给定速率线性升温或降温。

图中右边为天平检测部分，试样质量变化，通过零位平衡原理的称重变换器，把与质量变化成正比的输出电流信号，经称重放大器放大，再由记录仪或微处理机加以记录。

图中其他为热重天平辅助调节部分。温度补偿器是校温时用的；称量校正器是校正天平称量准确度用的；电调零为自动清零装置；电减码为如需要可人为扣除试样重量时用；微分器可对试样质量变化作微分处理，得到质量变化速率曲线，即微商热重曲线。

### 11.2.2 实验技术

#### 1. TG 曲线

TG 曲线记录的是质量—温度，质量保留百分率—温度或失重百分率—温度的关系。

1) 关键温度表示

失重曲线上的温度值常用来比较材料的热稳定性，所以如何确定和选择十分重要，至今还没有统一的规定。如图 11.22 所示的关键温度表示是目前大家比较认可的确定方法。图中 A 点为起始分解温度，是 TG 曲线开始偏离基线点的温度；B 点为外延起始温度，是曲线下降段切线与基线延长线的交点。C 点为外延终止温度，是这条切线与最大失重线的交点。D 点是 TG 曲线到达最大失重时的温度，称为终止温度。E、F、G 分别为失重率为 5%、10%、50%时的温度，失重率为 50%的温度又称半寿温度。

图中，B 点温度重复性最好，多用它表示材料的稳定性。由于 A 点比较简单，也有用 A 点的，但此点受影响因素较多，准确性欠佳。由于曲线下降段切线不好划，所以美国 ASTM 规定把过 5%与 50%两点的直线与基线的延长线的交点定义为分解温度；而国际标准局(ISO)规定，把失重 20%和 50%两点的直线与基线的延长线的交点定义为分解温度。

2) 失重量表示

图 11.23 所示为 TG 曲线失重量表示示意图。由图可见，A 点至 B 点失重率为(99.5－50)/100＝49.5%，C 点至 D 点失重率为(50－24.5)/100＝25.5%。

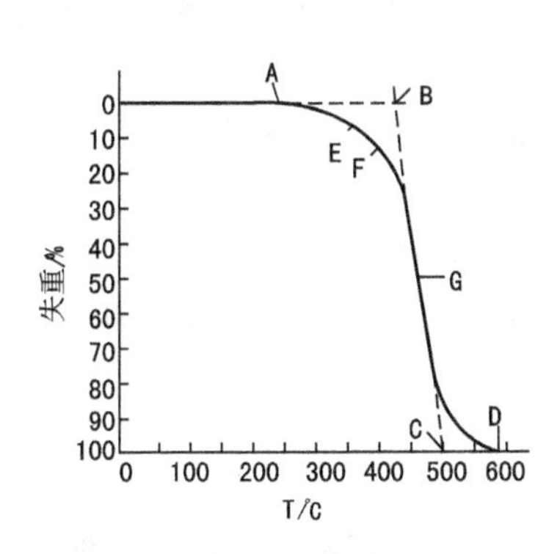


**图 11.22 TG 曲线关键温度表示示意图**

A—起始分解温度；B—外延起始温度；C—外延终止温度；D—终止分解温度；E—分解 5%温度 F—分解 10%温度；G—分解 50%温度

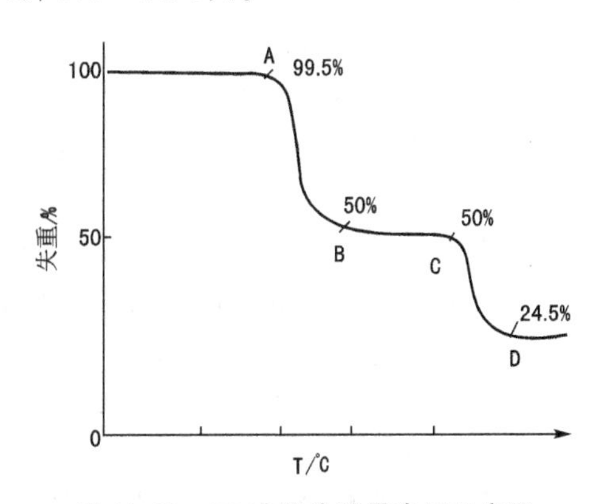


**图 11.23 TG 曲线失重量表示示意图**

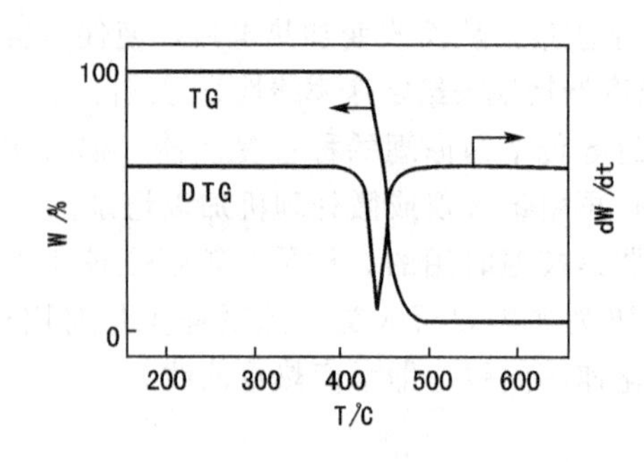


图 11.24 尼龙 66 的 TG 曲线和 DTG 曲线

2. DTG 曲线

如果将质量对温度求导，便得到质量变化速率与温度的关系，称为微商热重法，英文简写为 DTG。将同一高聚物的 TG 曲线和 DTG 曲线画于同一个图中，如图 11.24 所示。

由图 11.24 可发现，DTG 曲线有如下主要特点：

(1) DTG 曲线以峰的最大值为界把热失重分为两个部分，区分各个反应阶段，峰顶点与 TG 曲线的拐点相对应。

(2) DTG 曲线的峰数与 TG 曲线的台阶数相等。

(3) DTG 曲线能够准确反映出样品的起始反应温度、反应终止温度。峰处代表达到最大反应速率的温度，能方便地为反应动力学计算提供反应速率数据。

(4) DTG 曲线峰面积与样品对应的重量变化成正比，可进行精确的定量分析。

(5) DTG 曲线与 DSC 曲线具有直接可比性。

(6) DTG 曲线对失重过程的表达不如 TG 曲线那样形象、直观。

3. 影响 TG 曲线的因素

1) 升温速率

升温速度越快，温度滞后越严重，即分解反应随升温速率的加快而移向高温区。例如聚苯乙烯在 $N_2$ 气中分解 10%，当以 1℃/min 升温速率测定时，测得的分解温度为 357℃；而当升温速率为 5℃/min 时，分解温度为 394℃，两者相差达 37℃。

一般以较慢的升温速率为宜。过快的升温速率有时会导致丢失某些中间产物的信息，比如对含水化合物，慢升温可以检测出分步失水的一些中间物。

2) 样品量

样品量从三个方面影响 TG 曲线：

(1) 样品产生热效应时会使样品温度偏离线性程序温度，从而改变 TG 曲线的位置。样品量越大，这种影响越大。

(2) 样品在反应时产生的气体通过粒子间空隙向外扩散，样品量越大，传质阻力越大。

(3) 样品量大，整个样品内的温度梯度就大。样品导热性差时尤其如此。

由于以上三个原因，加之天平灵敏度较高(0.1g)，所以，进行热重法测定时，样品量一定要少，一般 2～5mg。粒度也以越细越好，而且要尽可能将样品铺平。样品较多或粒度较大，一般会使分解反应移向高温。

3) 试样皿

试样皿要求耐高温，对试样、中间产物、最终产物和气氛都是惰性的，即不能有反应活性和催化活性。常用的试样皿材质有铂金、陶瓷、石英、玻璃、铝等。不同的样品要采用不同材质的试样皿，如：碳酸钠会在高温时与石英、陶瓷中的 $SiO_2$ 反应生成硅酸钠，所以像碳酸钠一类碱性样品，测试时不要用铝、石英、玻璃、陶瓷试样皿。铂金试样皿对有加氢或脱氢的有机物有活性，也不适合作含磷、硫和卤素的聚合物样品。

4）气氛

气氛对 TG 曲线影响显著。图 11.25 所示为不同气氛下 $CaCO_3$ 的 TG 曲线。由图可看出，$CaCO_3$ 在真空、空气、$CO_2$ 三种气氛中的分解温度相差近 600℃。再比如 PP，在空气中，150～180℃ 即产生氧化增重，而如果在 $N_2$ 中，则完全不会增重。

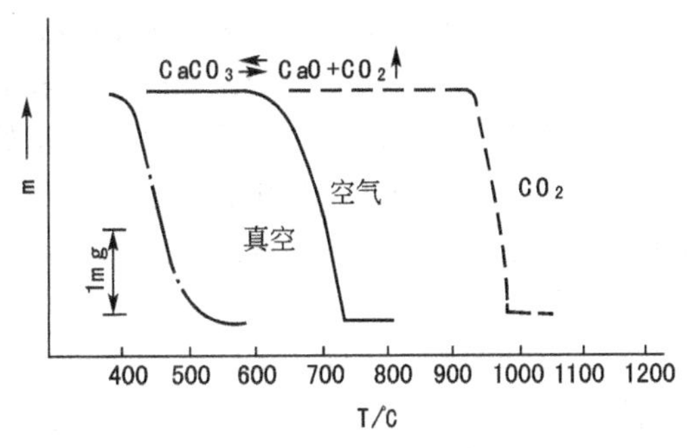


图 11.25　$CaCO_3$ 在不同气氛下的 TG 曲线

此外，在静态气氛中，产物气氛浓度的增加会降低反应速度，所以要得到好的重现性，必须使用严格控制的动态气氛。气体流速增大，表观增重增加。一般情况下，气流速度为 40mL/min。

5）震动

由于是连续测定质量，因振动而引起天平静止点的变化会被记录下来，因此，热重法天平比一般天平要求更严格地防震。

6）浮力

浮力的变化是由于升温使试样周围气体热膨胀从而产生相对密度变化而引起的。例如，在 300℃时的浮力可降低到常温(25℃)时浮力的一半，900℃时可降低到约四分之一。因而浮力的变化，将影响测定的准确性。比如一个重 8g、体积 3mL 的坩埚，由于加热时浮力的减小，将引起表观增重 2.5～5.4mg。校正方法是做空白实验，即空载热重实验，画出校正曲线，消除表观增重。

7）挥发物冷凝

分解产物从试样中挥发出来，往往能在低温处再冷凝，从而影响测定准确性，如果冷凝在试样皿壁上，则会造成失重结果偏低。当再次升温时，冷凝物又挥发，又会产生假失重。解决办法，一是加大气体流速，及时带出挥发物；二是尽量使用较浅的试样皿。

### 11.2.3　TG 的应用

1. 热稳定性的评价

评价高分子材料热稳定性最简单、最直接的方法是将不同材料的 TG 曲线画在同一张图上，直观地进行比较。图 11.26 所示为同样条件测定的五种高分子的热重曲线。由图可知，聚甲基丙烯酸甲酯 PMMA、聚乙烯 PE 和聚四氟乙烯 PTFE 可以完全分解，但稳定性依次增加。PMMA 分解温度低是因为其分子链中叔碳和季碳原子的键易断裂所致，PTFE 由于链中 C—F 键键能大，因此热稳定性大大提高。聚氯乙烯稳定性较差，它的分解分两步进行，第一个失重阶段是脱 HCl，发生在 200～300℃，由于脱 HCl 后分子内形成共轭双键，热稳定性增加(TG 曲线下降缓慢)，直至较高温度(约 420℃)下大分子链才裂解，形成第二个失重阶段。聚酰亚胺 PI 由于含有大量的芳杂环结构，直到 850℃才分解了

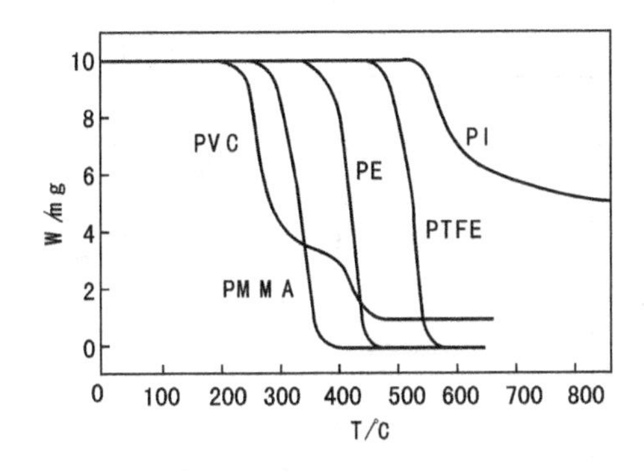


图 11.26　同样测定条件下五种高分子的热重曲线

40%左右，热稳定性较强。

Newkirk采用在$N_2$中快速升温到340℃，再降低升温速率的方法得到多种高分子材料的TG曲线，如图11.27所示。从曲线的相对位置很容易获得材料热稳定性的相对次序：聚甲基丙烯酸甲酯<聚苯乙烯<聚酯和尼龙<聚乙烯<双酚A型聚碳酸酯。

在比较热稳定性时，除了比较开始失重的温度外，还要比较失重速率。图11.28所示为三种高分子材料的TG曲线。从起始失重温度看，显然c的热稳定性最好，而a与b虽然起始温度相同，但a的失重速率比b大，因而a的热稳定性最差。

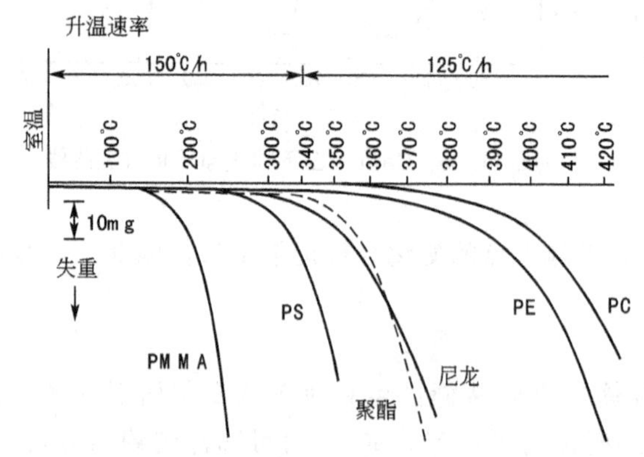


图11.27 Newkirk提出的各类高分子材料热稳定性比较

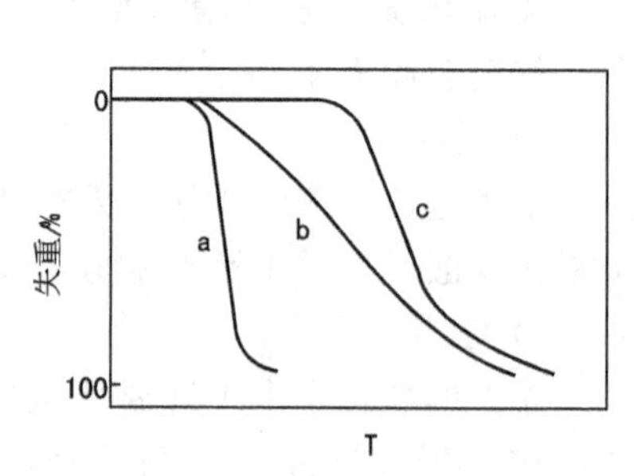


图11.28 热稳定性比较示意图

2. 组成的剖析

1) 添加剂和杂质的分析

TG用于分析高分子材料中各种添加剂和杂质比一般方法要快速、方便。

添加剂和杂质可分为两类，一类是挥发性的，如水、增塑剂等，它们在树脂分解之前已先逸出；另一类是无机填料，如二氧化硅、玻璃纤维等，它们在树脂分解后仍然残留。

图11.29所示为玻璃钢的TG曲线。曲线中有三个拐点，分别对应于失水(100℃附近失水2%)和树脂在400～600℃之间的两步分解(树脂共失重80%)，最后不分解的是玻璃(玻璃失重18%)。

图11.30所示为用$SiO_2$和炭黑填充的聚四氟乙烯的TG曲线(样品质量10mg，升温速度5℃/min)。首先在$N_2$中加热到600℃，残留物是两种填料的混合物，然后改为在空气中继续加热到700℃，烧掉炭黑。这样就能分别对炭黑和$SiO_2$进行定量。

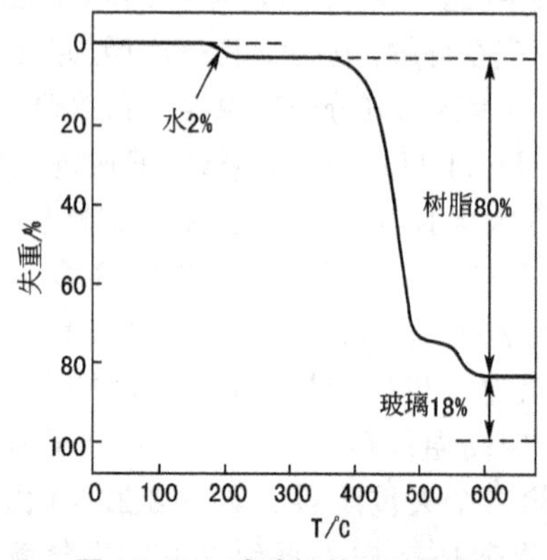


图11.29 玻璃钢的TG曲线

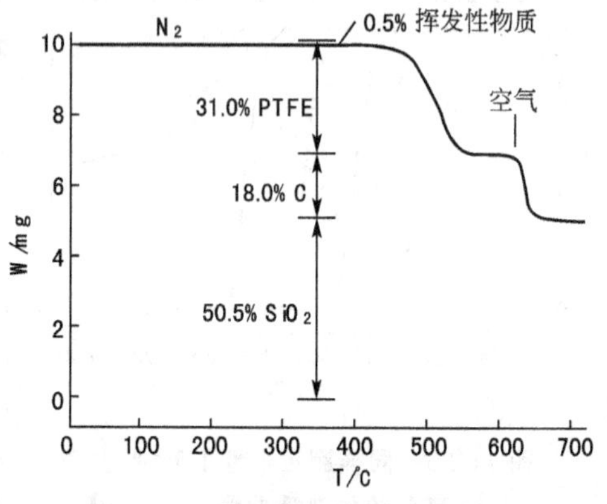


图11.30 聚四氟乙烯的TG曲线

图 11.31 所示为填充了油和炭黑的乙丙橡胶的 TG 和 DTG 曲线。首先在 $N_2$ 中测定乙丙共聚物和油的含量(升温到 400℃左右)，然后切换成空气烧掉炭黑(升温到 600℃左右)，从而可以获得炭黑的量，最后未能分解的残渣约为 0.5%～2%。

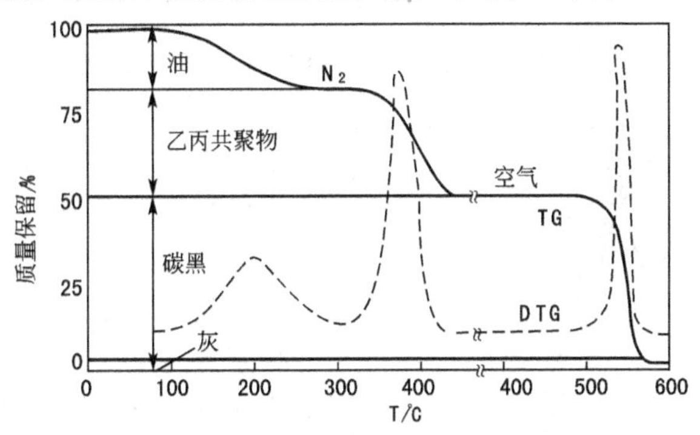


图 11.31 乙丙橡胶的 TG 和 DTG 曲线

2) 共聚物和共混物的组成分析

共聚物的热稳定性总是介于两种均聚物的热稳定性之间，而且随组成比的变化而变化。图 11.32 所示为苯乙烯均聚体与 α-甲基苯乙烯的共聚物(包括无规和本体共聚)的 TG 曲线。由图可以看到，无规共聚物 TG 曲线 b 介于均聚物 a 和均聚物 d 之间，且只有一个分解过程；嵌段共聚物 TG 曲线 c 也介于 a 和 d 之间，但有二个分解过程，因此该热重分析能快速、方便地判断无规共聚物还是嵌段共聚物。

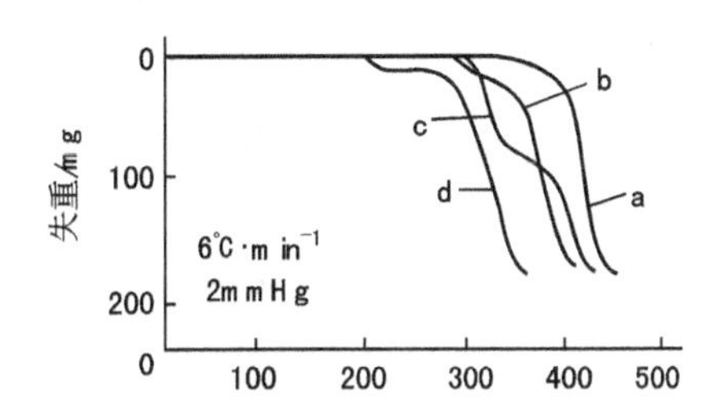


图 11.32 苯乙烯-α-甲基苯乙烯的共聚物的 TG 曲线

a—聚苯乙烯 b—苯乙烯-α-甲基苯乙烯的无规共聚体
c—苯乙烯-α-甲基苯乙烯的本体共聚体
d—聚 α-甲基苯乙烯

有些共聚物还可以通过 TG 曲线获得组成比。图 11.33 所示为 EVA 的 TG 曲线，由图可看出，初期失重是由于释放乙酸，每摩尔醋酸乙烯酯释放 1 摩尔乙酸，在 $N_2$ 中缓慢升温(升温速率 5℃/min)，在乙酸逸出后能得到很好的拐点，从而能准确计算醋酸乙烯酯的含量。与化学法等其他方法相比，TG 法测定 EVA 的组成是最快速、最精确的。

图 11.34 所示为共混物的 TG 曲线。由图可看出，共混物的各组分失重温度没有太大变化，但共混物出现各组分的失重，而且是各组分纯物质的失重乘以百分含量叠加的结果。

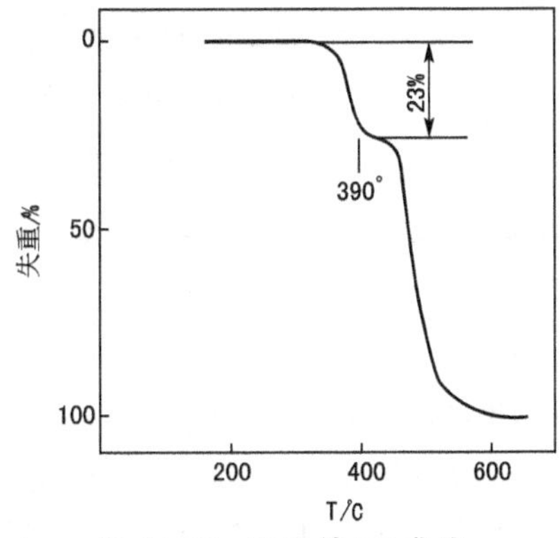


图 11.33 EVA 的 TG 曲线

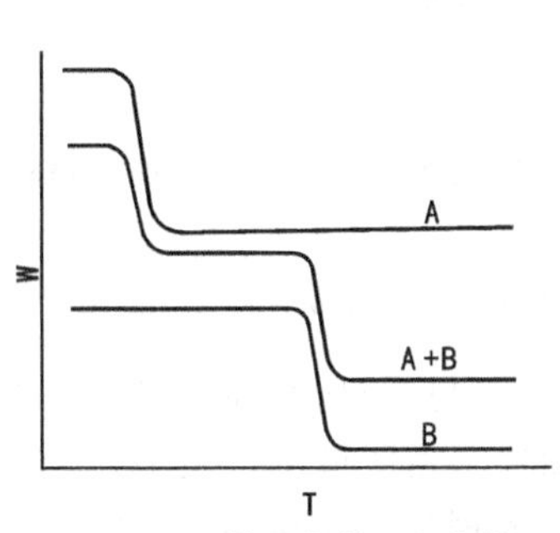


图 11.34 共混物的 TG 曲线

**用 TG 曲线研究聚酰胺固化环氧树脂的热分解**

聚酰胺固化环氧树脂分别在空气和氮气气氛下不同升温速率的 TG 曲线如图 11.35 和图 11.36 所示。

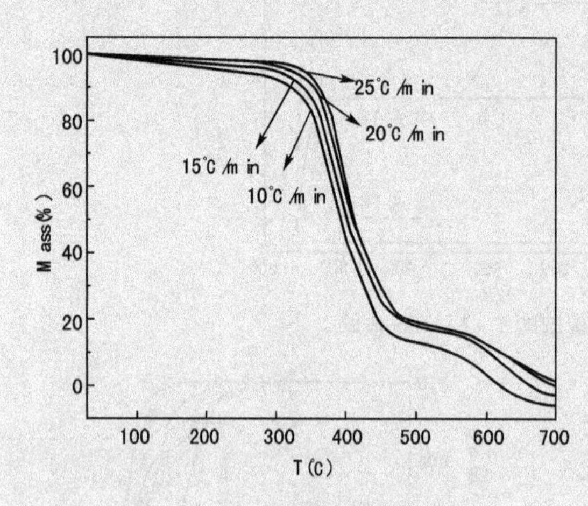


图 11.35 聚酰胺固化环氧树脂的 TG 曲线(空气气氛)

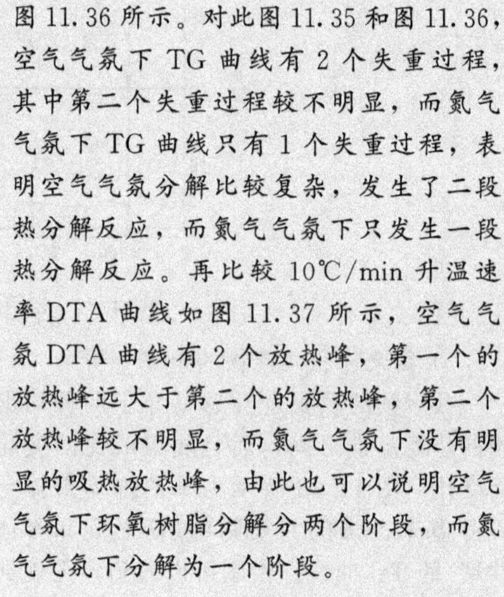

对此图 11.35 和图 11.36，空气气氛下 TG 曲线有 2 个失重过程，其中第二个失重过程较不明显，而氮气气氛下 TG 曲线只有 1 个失重过程，表明空气气氛分解比较复杂，发生了二段热分解反应，而氮气气氛下只发生一段热分解反应。再比较 10℃/min 升温速率 DTA 曲线如图 11.37 所示，空气气氛 DTA 曲线有 2 个放热峰，第一个的放热峰远大于第二个的放热峰，第二个放热峰较不明显，而氮气气氛下没有明显的吸热放热峰，由此也可以说明空气气氛下环氧树脂分解分两个阶段，而氮气气氛下分解为一个阶段。

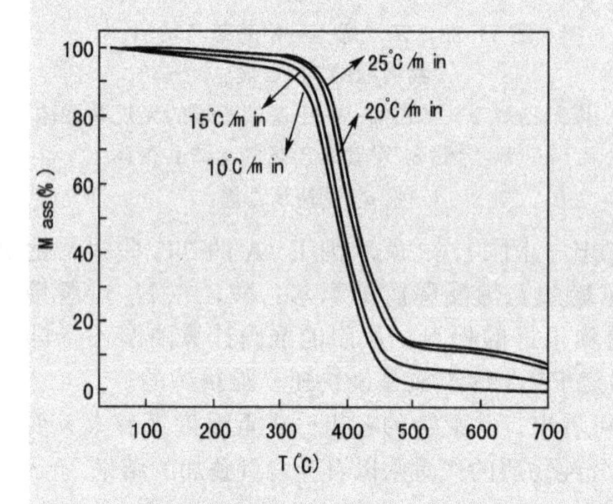


图 11.36 聚酰胺固化环氧树脂的 TG 曲线(氮气气氛)

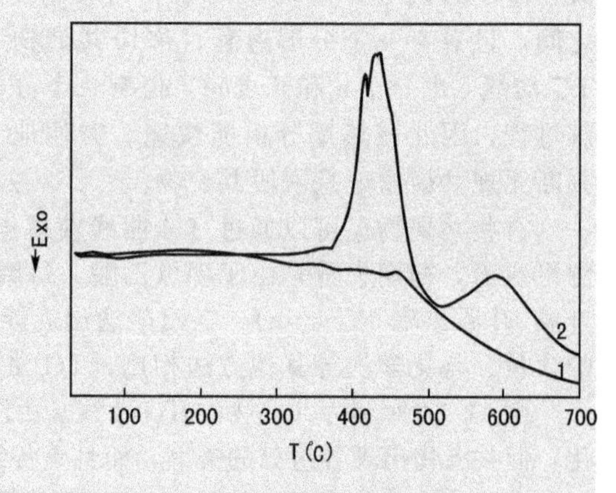


图 11.37 聚酰胺固化环氧树脂 10℃/min 升温速率 DTA 曲线

1—氮气气氛；2—空气气氛

资料来源：王鸿波等. 聚酰胺固化环氧树脂的热分解动力学研究. 胶体与聚合物. 2011

3. 聚合物固化研究

热重法可以用于研究固化过程中失去低分子物的缩聚反应。图 11.38 所示为酚醛树脂固化 TG 曲线。由图可见，在 140～240℃之间的一系列等温固化过程中，固化程度随固化温度的提高而增加，而在 260℃时固化程度反而下降。这是利用酚醛树脂固化过程中生成水，测定脱水失重量最多的固化温度，其固化程度必然最佳，从而确定 240℃为该树脂最佳固化温度。另外，从图中还可以看出，不同固化温度的酚醛树脂，相同固化时间，其热稳定性的优劣次序，自上而下热稳定性逐渐提高。

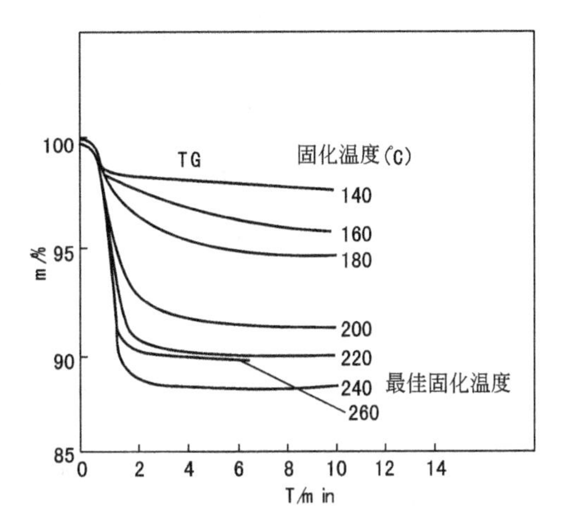


图 11.38 酚醛树脂固化 TG 曲线

4. 添加剂作用研究

1) 增塑剂

聚合物中常用的增塑剂，其用量和品种对材料作用效果明显。图 11.39 所示为测定 PVC 中增塑剂邻苯二甲酸二辛酯的含量，也可以确定 PVC 的组成比。两种材料虽然同是 PVC，但软硬不同，用途不同，增塑剂含量差别很大，前者为 29%，后者为 8%。

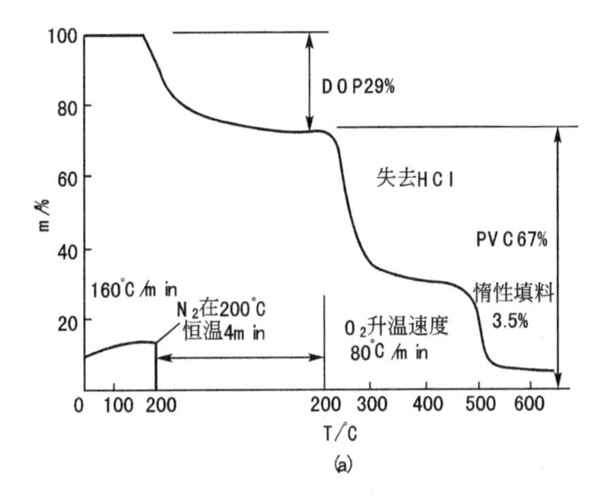


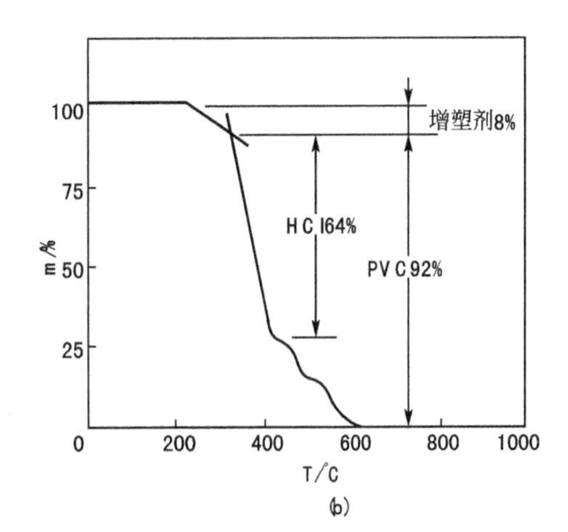


图 11.39 测定 PVC 中增塑剂的 TG 曲线

2) 发泡剂

发泡剂的性能和用量直接影响泡沫材料的性能和制造工艺条件。图 11.40 所示为两种 PE 泡沫塑料的 TG 曲线，180℃以前升温速率为 100℃/min，180～210℃升温速率为 5℃/min，210～700℃升温速率为 50℃/min。两种泡沫材料所用发泡剂相同，均为 CBA，但用量分别为 5.5%和 14.5%。除测定发泡剂含量外，还可以获得适宜的发泡成型温度条件，图中可见，在 200℃左右的温度是该发泡剂发泡成型的最佳温度。

3) 阻燃剂

阻燃剂在聚合物材料中有特殊效果，阻燃剂的种类和用量选择适当，可大大改善聚合物的阻燃性能。图 11.41 所示为不含阻燃剂和含阻燃剂的聚丙烯的 TG 曲线。由图可见，加阻燃剂的聚丙烯从分解温度看明显高于不加阻燃剂的，加阻燃剂的 PP 热稳定性大大提高，而阻燃剂的用量却只有 0.5%。

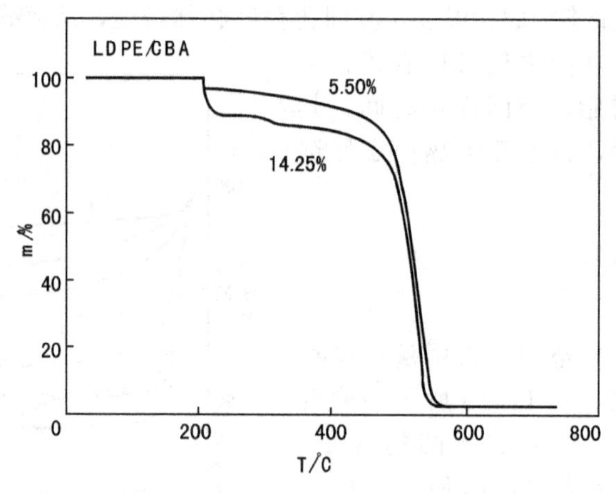


图 11.40 两种 PE 泡沫塑料的 TG 曲线

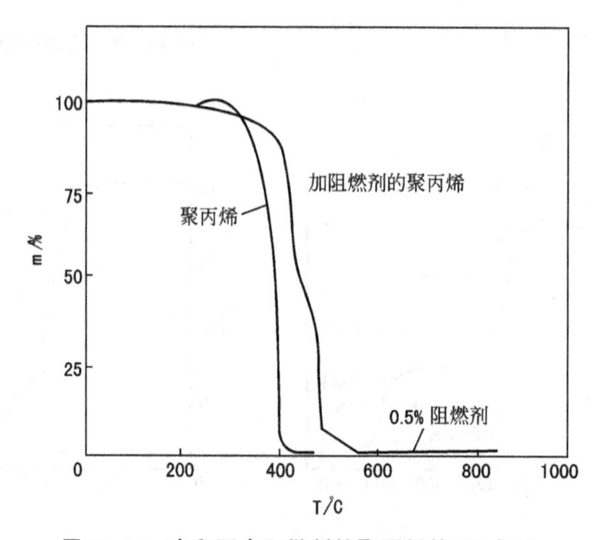


图 11.41 含和不含阻燃剂的聚丙烯的 TG 曲线

## 热重分析技术研究 PAMS 降解温度

1. 升温速率对降解温度的影响

利用 TG 测量 PAMS(聚-α-甲基苯乙烯)样品在不同升温速率条件下降解温度的变化，实验结果如图 11.42 所示。图中的 TG 曲线中，20 和 30℃/min 对应的曲线基本重合，说明 PAMS 样品升温速率在 20 和 30℃/min 时，降解温度基本相同，即升温速率不影响降解的温度范围，低于 20℃/min 时，随着升温速率升高，降解温度升高。热重微分曲线(DTG)中，峰位置反映了降解温度，峰高相当于降解速率。另外，升温速率降低后，可看到比较精细的结构，如初始失重处的小峰，升温速率 5℃/min 比较明显，而 10℃/min 以上便不明显了。

2. PAMS 起始降解温度

PAMS 起始降解温度关系到热降解过程中升温速率选择和平衡温度的控制，不包括原料中残留溶剂或小分子的挥发温度。图 11.42 说明起始温度与升温速率有关，如果升温速率无限小，即在每一个温度保持足够的时间平衡，可得到 PAMS 的起始降解温度。PAMS 样品热失重分析过程中，快速升温后保持平衡，平衡温度为 220～260℃。平衡温度为 220℃时，温度稳定性差，230℃的实验结果如图 11.43 所示。图中，因仪器受干扰较严重(如实验室水压和电压变化等)，温度出现起伏，但温度平衡段还是能提供部分有用信息。在 230℃时，PAMS 样品已经开始降解，DTG 曲线说明降解速率非常低，随着时间增加，降解速率逐渐减慢。240℃以后，降解较明显。所以，PAMS 样品起始降解温度在 230℃附近。

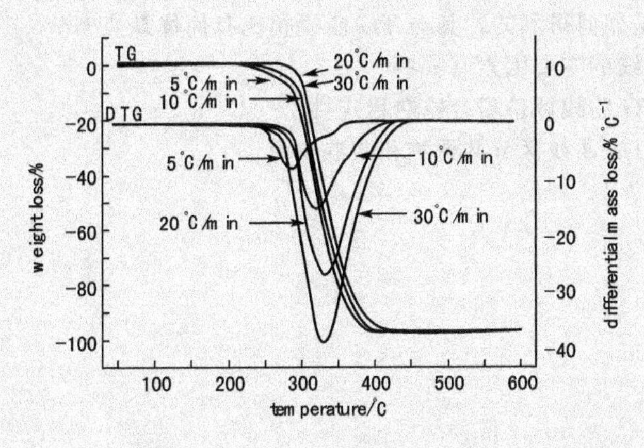


图 11.42 PAMS 样品在不同升温速率下的 TG 和 DTG 曲线

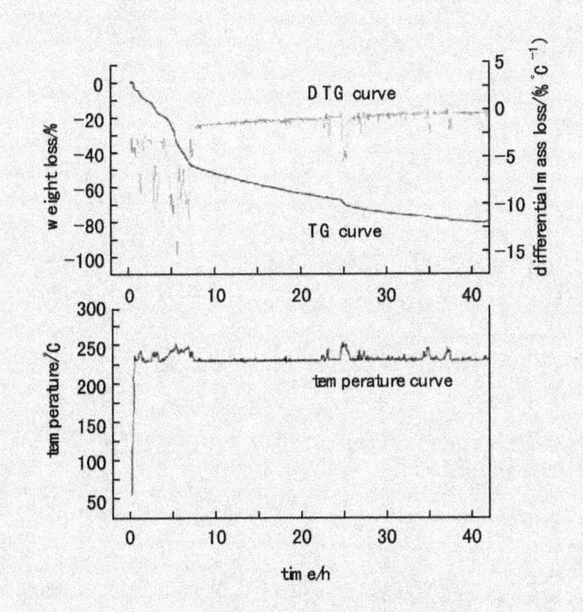


图 11.43 PAMS 样品在 230℃平衡的 TG 和 DTG 曲线

资料来源：张占文等．热重分析技术研究聚-α-甲基苯乙烯降解温度．强激光与粒子束．2010

## 习　题

1. 功率补偿型DSC比热流型DSC和DTA的优越性主要体现在哪些地方？
2. 回答DSC和DTA的参比物选择原则。
3. DSC和DTA的仪器如何进行基线、温度和热量的校正？
4. DSC和DTA的主要影响因素有哪些？
5. 如何利用DSC和DTA曲线测定高聚物熔点或$T_g$？
6. 如何利用DSC和DTA曲线区分无规共聚物和共混物？
7. DTG曲线是如何得到的？其与TG曲线相比有何优缺点？
8. 影响TG曲线的主要因素有哪些？
9. 如何利用TG曲线评价聚合物热稳定性？
10. 如何利用TG曲线区分共聚物和共混物？

# 第12章 显微分析法

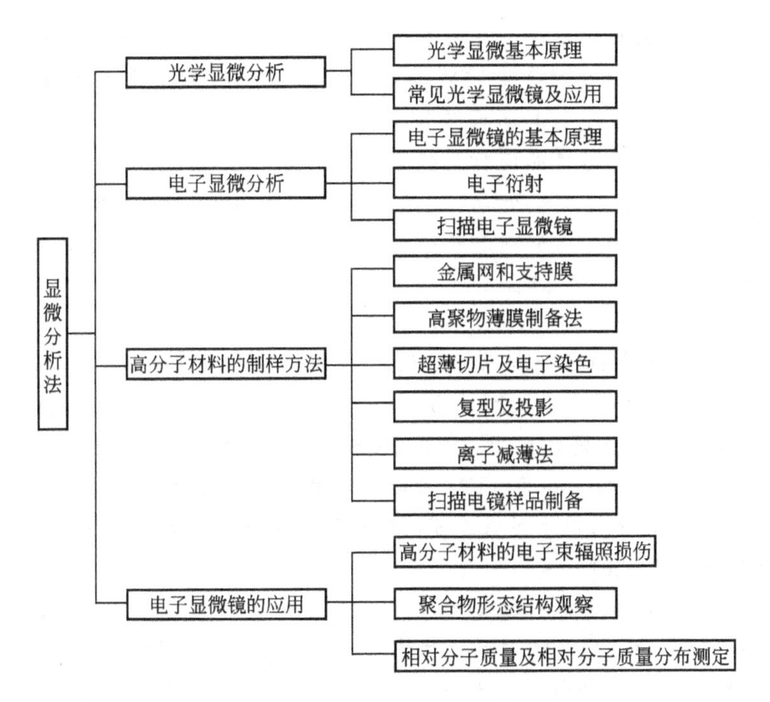


## 本章教学目标与要求

1. 掌握显微分析法的特点、用途及样品制备方法。
2. 熟悉光学和电子显微镜的基本原理。
3. 了解常见光学显微镜、透射电镜和扫描电镜的结构及操作。

## 导入案例

### 高分子聚合物的结构形貌

高分子聚合物的结构形貌分为微观结构形貌和宏观结构形貌。微观结构形貌指的是高分子聚合物在微观尺度上的聚集状态，如晶态，液晶态或无序态(液态)，以及晶体尺寸、纳米尺度相分散的均匀程度等。高分子聚合物的微观结构状态决定了其宏观上的力学、物理性质，并进而限定了其应用场合和范围。宏观结构形貌是指在宏观或亚微观尺度上高分子聚合物表面、断面的形态，以及所含微孔(缺陷)的分布状况。观察固体聚合物表面、断面及内部的微相分离结构，微孔及缺欠的分布，晶体尺寸、性状及分布，以及纳米尺度相分散的均匀程度等形貌特点，将为我们改进聚合物的加工制备条件，共混组分的选择，材料性能的优化提供数据。

高分子聚合物结构形貌的表征方法

1. X射线衍射

利用X射线的广角或小角度衍射可以获取高分子聚合物的晶态和液晶态组织结构信息。有关内容参见高分子聚合物的晶态和高分子聚合物液晶态栏目。

2. 扫描电镜(SEM)

扫描电镜用电子束扫描聚合物表面或断面，在阴极射线管上(CRT)产生被测物表面的影像。对导电性样品，可用导电胶将其粘在铜或铝的样品座上，直接观察测量的表面；对绝缘性样品需要事先对其表面喷镀导电层(金、银或炭)。目前HITATCH有一种台式扫描电镜可以对绝缘样品进行直接观测。

用SEM可以观察聚合物表面形态；聚合物多相体系填充体系表面的相分离尺寸及相分离图案形状；聚合物断面的断裂特征；纳米材料断面中纳米尺度分散相的尺寸及均匀程度等有关信息。

3. 透射电镜(TEM)

透射电镜可以用来表征聚合物内部结构的形貌。将待测聚合物样品分别用悬浮液法、喷物法、超声波分散法等均匀分散到样品支撑膜表面制膜；或用超薄切片机将高分子聚合物的固态样样品切成50nm薄的试样。把制备好的试样置于透射电子显微镜的样品托架上，用TEM可观察样品的结构。利用TEM可以观测高分子聚合物的晶体结构、形状、结晶相的分布。高分辨率的透射电子显微镜可以观察到高分子聚合物晶的晶体缺陷。

4. 原子力显微镜(AFM)

原子力显微镜使用微小探针扫描被测高分子聚合物的表面。当探针尖接近样品时，探针尖端受样品分子的范德华力推动产生变形。因分子种类、结构的不同，范德华力的大小也不同，探针在不同部位的变形量也随之变化，从而“观察”到聚合物表面的形貌。由于原子力显微镜探针对聚合物表面的扫描是三维扫描，因此可以得到高分子聚合物表面的三维形貌。

原子力显微镜可以观察聚合物表面的形貌，高分子链的构象，高分子链堆砌的有序情况和取向情况，纳米结构中相分离尺寸的大小和均匀程度，晶体结构、形状、结晶形成过程等信息。

5. 扫描隧道显微镜(STM)

同原子力显微镜类似，扫描隧道显微镜也是利用微小探针对被测导电聚合物的表面进行扫描，当探针和导电聚合物的分子接近时，在外电场作用下，将在导电聚合物和探针之间，产生微弱的“隧道电流”。因此测量“隧道电流”的发生点在聚合物表面的分布情况，可以“观察”到导电聚合物表面的形貌信息。

扫描隧道显微镜可以获取高分子聚合物的表面形貌，高分子链的构象，高分子链堆砌的有序情况和取向情况，纳米结构中相分离尺寸的大小和均匀程度，晶体结构、形状等。和原子力显微镜相比，扫描隧道显微镜只能用于导电性的聚合物表面的观察。

6. 偏光显微镜(PLM)

利用高分子液晶材料的光学性质特点，可以用偏光显微镜观测不同高分子液晶，由液晶的织构图象定性判断高分子液晶的类型。

7. 光学显微镜

金相显微镜可以观测高分子聚合物表面的亚微观结构，确定高分子聚合物内和微小缺陷。体视光学显微镜通常被用于观测高分子聚合物体表面、断面的结构特征，为优化生产过程，进行损伤失效分析提供重要的信息。

使用体视显微镜时需要注意在取样时不得将进一步的损伤引入受观测的样品。使用金相显微镜时，受测样品需要首先在模具中固定，然后用树脂浇铸成圆柱形试样。圆柱的地面为受测面。受测面在打磨、抛光成镜面后放置于金相显微镜上。高分子聚合物亚微观结构形貌的清晰度取决于受测面抛光的质量。

**资料来源**：http://www.juzhi.com.cn/biaozheng/jiegoubiaozheng.htm

人类探索未知世界的有两个方向——很远和很小物质世界的探索。人类无法用肉眼实现，这需要一种工具——望远镜和显微镜。探索微观世界的工具和方法是我们这里关注的问题。

约在四百年前眼镜片工匠们开始创制放大镜。当时的放大镜的放大倍数只有35倍。但是这种原始的尝试已将人类的视力引向了微观世界的广阔领域。由此人们开始探索物质世界的微细构造。在这种欲望下，人类从简单的单透镜学会组装透镜具组，甚至学会透镜具组、棱镜具组和反射镜具组的综合使用。就这样最原初的显微镜创造出来了(见图12.1)。这类工具促进了几何光学、波动光学、变换光学和光谱学的理论知识的进展。在实践中，R. 霍克(Hoock)、M. 马尔辟基(Malpighi)、R. 格拉夫(Graaf)、列文虎克(Leauwenhoeck)已用放大数百倍的显微镜发现植物细胞、动物的精子、红细胞、胃、肺的组织结构，以及卵泡的发育过程。

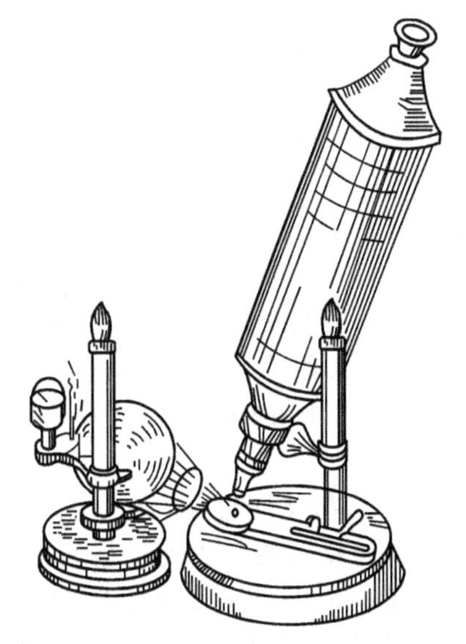

图12.1 R. 霍克用以发现“细胞”的显微镜

17世纪末到18世纪初叶荷兰物理学家惠更斯(Huygens)为显微镜的发展作出了杰出的贡献。目前市场出售的惠更斯目镜就是现代多种目镜的原型。这时的光学显微镜已初具现代显微镜的基本结构。

19世纪末德国学者E. 阿贝(Abbe)奠定了光学显微镜的成像原理。从此能够制造和使用油浸系物镜，使光学显微镜的分辨本领已达到了最高极限。

20世纪中叶制造的以短波长、高能量的光线作光源的荧光显微镜和紫外光显微镜的基本结构仍是传统显微镜。只是由于光源的波长的缩短而提高了显微镜的分辨本领。沿着这个方向的革命性进展应算电子显微镜的出现。其实电子显微镜的基本结构原理仍与光学显微镜相同。只是它的光源是高能电子束，从而聚光镜和透镜是强大的电磁感应圈。

从前人类的视力借助于光学显微镜能分辨相距$3\times10^{-4}$mm的两个质点的话，那么应用电子显微镜已能分辨出相距$1\times10^{-7}$mm的两个质点。

配合显微镜技术的发展，将人类视力已引向材料的微米和纳米尺度。显微镜必将为人类认识和改造客观世界作出重大贡献。

## 12.1 光学显微镜分析

### 12.1.1 基本原理

上文介绍过光学显微镜及其部件的发展历史和发展趋势。下面着重介绍现代光学显微镜的各种部件种类、结构和性能。

1. 目镜

目镜(eyepiece)是显微镜里物镜成像光具组所造成的物像的放大镜。现代光学仪器厂家日新月异地生产着种类繁多、用途广泛的各种显微镜目镜。但是从基本结构分析的话，目镜可分为两大类。各种特殊目镜是在这两类目镜类型中附加一些光具而已。

最早出现的而且目前仍为常用的目镜叫惠更斯(Huygens)目镜。另一种目镜叫冉斯登(Remsden)目镜。

1）惠更斯目镜

惠更斯目镜由两块同类光学玻璃研制成的单面凸透镜片组成。接近眼球的透镜称为接目透镜。其平面向外，凸面向物镜方向。第二片透镜称为会聚透镜，也称场镜。其凸面也是向着物镜方向装置的。二者中间装有一个金属环。这既是视场光阑，也是消杂光光阑。与此同时在这个金属环上可以放置十字划线玻片，血细胞计数玻片，目镜测微尺。甚至可以粘贴一根毛发充作指示针。这金属环可以上下推动，将指针、划线调到目镜焦距上。会聚透镜的焦距等于接目透镜焦距的三倍。两透镜之间的间隔距离为接目透镜焦距的两倍。关于惠更斯目镜的成像原理在这里没有必要赘述，惠更斯目镜是现代目镜的代表型或基础型目镜。

2）冉斯登目镜

冉斯登目镜与惠更斯目镜不同之处在于前者的接目透镜和场透镜的凸面向里，整个目镜的第一焦平面处于物镜的像焦平面上。这种目镜能校正彗差和像散，但不能校正球差和位置色差。目前这种目镜很少使用。只是加进刻度玻板等测量光具而使用。

3）补偿目镜

补偿目镜(compensating eyepiece)配合复消色差物镜(apochromat)使用时，能够消除色差得到清晰图像。补偿目镜的接目透镜是由一片正透镜和一片负透镜用加拿大树胶粘合而成腔合透镜组制成的。这种胶合透镜组是用阿贝数不同而曲率半径相同的不同光学材料粘合的，通常称为消色差透镜。其中正透镜是用冕玻璃，负透镜是用燧火石玻璃研制的。胶合透镜能消除两种不同波长的色光所造成的横向色差和球差。所以这种目镜能补偿物镜仍未能消除的色差和像差。补偿目镜的外壳上面刻有放大倍数和识别符号如 10×K。如果想用普通显微镜配备照像系统进行显微摄影时，最好使用补偿目镜配以复消色差物镜并供给蓝色或绿色单色光源(拍黑白胶片)。

4）高接目点广视野平像场目镜

Opton 公司为配合其镜筒的无限远色差校正系统而同时出售广视野目镜。这是一种视野直径 25mm，高接目点(带眼镜者不必摘下眼镜可观察)和视野张角 54°的目镜。这种目镜也属补偿目镜的类型，对于长时间观察者来说，视野平坦而宽广、免于疲劳。

5）测微目镜

目镜筒里装有测微尺的目镜。目镜测微尺也可以装进任何倍数的任何种类的目镜筒内的视场光栏上。

6）测角目镜

测角目镜(goniometerokular)是一种视野里装有十字划线而镜体外壳上有 360°刻度的圆盘的目镜。当使用时外壳固定不动。先记录十字划线处的角度。再旋转内壳使十字划线对准所要测定的标本的角边。测出所旋转的数值即得到测角。这是较粗糙的测角法，就像测微尺所得粗糙的长度一样。

7）投影目镜

投影目镜(projection eyepiece)也有几种形式。一种投影目镜与普通目镜相似，只是刻有“proj”字样。这种目镜用于显微分光光度计的分光器内部。旧式投影目镜的接目透镜上片装有折射棱镜或小反射镜。目镜上方出射的物像反射到屏幕上便于讲课、示教和绘图。近年来出厂的投影目镜的折射棱镜上方装有体视影屏或电视发生装置，这就更加便于众人观察。

2. 物镜

物镜(objective)是光学显微镜成像系统中决定其解像能力即分辨率或叫分辨本领的最关键部件。由于研磨透镜的质料和设计精度不同，物镜的性能和价格有很大差别。例如，复消色差物镜或熔融水晶制作的物镜都是光学显微镜部件中最昂贵的部件。因此如何选购和如何使用，如何保养这种部件，使之发挥其最高效能，这些对用户来说是重要的问题。为此需要有足够的基本知识。

物镜透镜的质料有普通光学玻璃、萤石、水晶。质料的性质可从物镜镜体外刻出的字样识别。普通光学玻璃制造的透镜一般来说在物镜上不带标记，而用萤石制造的物镜则有“Flour”字样。像萤石透镜和水晶透镜可以透射紫外线或近紫外线。而光学玻璃透镜则吸收此类短波谱线。

除了透镜质料外，透镜的组装方式和透镜组间距的可调性也决定物镜的性能。现代物镜中，通常是由 3～5 片透镜组装而成。这种物镜的分辨本领较差，色差、球差等像差也大。较好的物镜则由 7～9 片质料好的透镜或透镜组组合而成。最前端的所谓前透镜(frontal lens)

的直径只有0.7～0.8mm。前透镜用粘合剂镶入金属框中，这个透镜比金属框稍许缩进，以防机械损伤。但是透镜与金属框之间的粘合剂不耐较长时间浸泡于有机溶媒中。前透镜上方的其他透镜组被安装在可变距的几套套筒中。透镜组间距是可用镜体上的滚花纹螺纹圈调动。镜体外壳上刻的“Apoch”为复消色差物镜性能标记，Oel或Water意味着物镜是油浸或水浸镜。Glyc表示用甘油浸没的物镜。不带Oel、Wat或Glyc字样的话，物镜属于干燥系物镜。其他数字表示放大倍数、镜口率、镜筒长度以及要求使用盖玻片厚度等性能。

现代显微镜生产厂家出产的高倍率物镜如干燥系20×、40×，油浸系90×、100×，水浸系60×、70×，甘油浸系32×、60×、100×物镜前端都有伸缩弹簧。当物镜接触载玻片时轻轻缩进，以免机械损伤。

1）消色差物镜

消色差物镜(achromat)能够消除光谱中红光和青光所形成的色差，但不能消除其他谱线在成像过程中所造成的像差。这种物镜与补偿目镜配用时可达到消色差物镜所要求的光学效能。这种物镜镜体上刻有Achr，10×1N.A.0.2，40×N.A.0.65，100×N.A.1.3Oel等字样。

2）复消色差物镜

复消色差物镜(apochromat)是性能最高的物镜。其透镜质料好，设计精度高，复合透镜数量多因而能消除可视光中黄、红、蓝即包括几乎所有可视谱线在成像过程中所造成的色差。所谓色差就是不同波长的光线透过透镜时由于它们的折射率不同所造成的成像平面的差异。复消色差物镜由于复合透镜组的性能将不同波长谱线的成像平面调到同一平面上使物像变得清晰。

复消色差物镜如果配用补偿目镜时就能够达到光学显微镜的最高效能。尤其孔径光阑，视场光阑、消杂光光阑和聚光镜的经口率等其他光具组再加上适当的高性能滤光片相配合时可以达到最理想的使用效能。复消色差物镜的镜体上刻有Apoch 90×或100×NA1.3或1.4Oel等字样。平场复消色差物镜则刻有Planapo字样。

3）荧石物镜

透镜全用荧石制造的本身不发荧光的物镜。这种物镜的透镜片数较少。因此当作普通可见光显微镜观察时性能较差。但是用于荧光显微镜时由于紫外光和近紫外光的应用，提高了显微镜分辨本领。如果荧石物镜(fluoremat)不能到手时，也可用消色差物镜代替。荧石物镜镜体上刻有Fluor字样。Opton公司新近出售的平场荧石消色差物镜刻有Plan-Neo-Fluar字样，平场荧石消色差偏光物镜则刻有Plan-Neofluar-Pol字样。

4）单色物镜

单色物镜(monochromat)是透镜全用熔融水晶制作的允许紫外光全量透过的贵重物镜。这是专为紫外光显微镜或紫外光显微分光光度计设计制造的。这种物镜一时不能到手时，可用复消色差物镜替代。

5）相差物镜

相差物镜(phasencontrast objective)的，一个透镜片上喷涂着一层环状金属膜板叫位相板。位相板是相差显微镜的关键部件。它和相差显微镜的光镜上的环状光阑相配合使用。相差物镜的外壳上刻有英文或德文的ph、俄文的红字为标记，同时刻有放大倍率和镜口率。

3. 聚光镜

古老的显微镜只是为了弥补入射光量的不足，安装了会聚透镜。现代显微镜随着整个光学系统的不间断的改进，聚光镜(condenser)性能的提高受到显微镜设计者的重视。

1）阿贝氏照明装置

阿贝氏照明装置(Abbe′s illuminating apparatus)是传统显微镜的聚光器。其主要构成部件为聚光镜、虹彩即孔径光阑。该支架的下端还装有个反射镜。反射镜的一面为平面镜，而另一面为凹面镜。聚光器支架以齿条、齿轮相衔接的导轨连接在显微镜镜臂下端，在栽物台的下方。侧方有调节旋钮可作垂直方向上的升降调节。虹彩是用外面的把柄开大或闭合虹彩孔径。聚光镜由 2～3 块透镜组成。前端透镜即面向物镜的透镜上面为平面。这种聚光镜的镜口率为固定不变的。装上前透镜时镜口率为 1.4，而卸下它的时后镜口率下降，适用于低倍长焦距物镜观察。

2）消色差等光程聚光器

Opton 公司出售的消色差等光程聚光器(achrornatic aplanatic condenser)，均带有自动或手动旋摆的前端透镜。其孔径数值为 0.6、0.9，以确保从低倍到高倍物镜的视野中均能得到最好的照明。

3）消球差等光程聚光器

原苏联基辅光学厂出售的 MBИ－6 大型显微镜的聚光器称为消球差等光程聚光器(aplanat pancratic condenser)。MBИ－6 的主机架镜座上装有可变可调中心视场光阑。填上以球形燕尾槽连接可变孔径可调中心孔径光阑。与此相对应的是消球差等光程聚光器，这是一种固定在可升降的支架上的管状聚光镜。聚光镜的前端透镜可以拆卸。但是不必拆卸前端透镜的情况下聚光镜用其本身的滚花螺纹环调节镜口率。这种聚光镜的镜口率可调范围为从 0.16 到 1.4 的连续梯度数值。在使用各种不同镜口率的物镜时极为方便调准相应的聚光器镜口率。这比自动摆出、手动摆出前端透镜的聚光器使用起来方便得多。

4）暗视野聚光器

暗视野聚光器(dark field condenser)的光路中从光源发射的直射光束绝对不能进入物镜，而只有从聚光镜的球面反射的反射光或衍射光才照射到标本细节上。由标本上射出的光束进入物镜前透镜。因此暗视野集光镜反应的物像只是物体细节的所有侧面的影像。这种聚光镜在全暗的视野中影映出物体的形象，以此提高显微镜的分辨本领到 0.13μm。

4. 光阑

光学显微镜的早期阶段中把光阑(diaphragm)当作只能调节入射光光量的遮光光阑使用。波动光学的进展和显微镜技术的进步，使人们越来越重视显微镜成像过程中光阑的重要性。

1923 年德国学者库勒(Kóhller)创造了正确使用光阑实现显微镜视野最佳照明的库勒照明法。这种有效利用光学显微镜光源的照明法是至今在显微镜技术中不可缺少的经典方法。

所谓光阑，从广义的角度可指一切限制入射光束断面的框孔都可认为光阑。其中像聚光镜、物镜、目镜、镜筒等都是。但是在显微镜技术中，只把那些专门限制和调节入射光束的断面、光通量的可变光阑或限制视野范围以及在视野范围内的固定框孔叫光阑。

光阑的几何光学原理在光学显微镜的光学系统成像质量方面极为重要。较先进的显微镜的光阑配置都是按成像光路的最佳方案设计的。因此正确使用各种光阑才能充分发挥先进仪器的最好效能。这是因为在显微镜下观察的物体都是具有三维结构、立体外形的实物。但是成像光束通过物镜所给出的是平面像。所以必然从不同层次平面上入射的光束造成不清晰的物像即像差。在调整这种像差方面光阑具有重要作用。

接下来讲述孔径光阑(aperture diaphragm)、视场(视野)光阑(field diaphragm)和消杂光光阑。

1）孔径光阑

决定透过物镜而成像所必需的光束断面的光阑叫孔径光阑(aperture diaphragm)。如果孔径光阑过大，不能限制从物体各点发出的立体角相异的断面积很大的光束而照射到物镜前透镜的时候，那么在成像断面上出现许多层次重叠的共轭点。这就造成不准确的不特别清晰的球面差很大的物像。为什么有些显微镜观察者看到标本似乎很清晰，但一拍照就出现不十分清楚的照片呢？问题的关键之一就是没有充分掌握成像原理和孔径光阑的正确使用方法。

如果孔径光阑闭锁得过小，那么成像光束所必需的光通量不足，使物像变暗，结果降低高质量物镜的有效性能。因此只有熟练地、正确地使用孔径光阑的孔径适度和位置时才能将高档显微镜高效利用。

光学显微镜的孔径光阑一般都装在阿贝氏照明装置中。传统显微镜的虹彩便是孔径光阑。

2）视野光阑

凡是限定从物平面发出的光束的入射视野角和出射视野角的光阑全叫视野光阑(field diaphragm)。换句话可以说限制标本面的大小范围的光阑就是视野光阑(或视场光阑)。传统显微镜的视野光阑设在目镜的镜体内部，在场透镜和接目透镜之间。这种视野光阑的主要作用是限制主光束的出射视野角。现代显微镜的视野光阑大多设在主机架底座光孔上。

3）消杂光光阑

这是限制成像光束以外的非相关光束的光阑。惠更斯目镜以及其他多种目镜的镜体内的固定的视野光阑同时也是消杂光光阑。

显微镜成像过程中消杂光的重要性不可忽视。所有生产厂家无例外地在制造显微镜时都把物镜镜体内表面、镜筒内表面、目镜镜体内表面、照相接筒、照相暗箱内以及一切接触成像光束的表面都作得粗糙，并且涂有黑色吸光涂料。因此人们需要自制显微照相接筒、照相接圈等部件时必须考虑消杂光的问题。

4）测量用可变光阑

测量用可变光阑(variable meassuringdiaphragm)是新式显微分光光度计必备的光阑。实际上就是视野光阑。用这种光阑可向光电倍增管输送不同断面光束。测量用光阑的光阑板上穿有孔径由 0.5μm 到 10μm 光束的固定光阑和有一个最大到 0.25μm 的显微光束的可变光阑。

### 12.1.2 常见光学显微镜及应用

#### 1. 偏光显微镜法观察聚合物球晶结构

晶体和无定形体是聚合物聚集态的两种基本形式，很多聚合物都能结晶。聚合物在不同条件下形成不同的结晶，比如单晶、球晶、纤维晶等等，聚合物从熔融状态冷却时主要生成球晶。球晶是聚合物中最常见的结晶形态，大部分由聚合物熔体和浓溶液生成的结晶形态都是球晶。结晶聚合物材料的实际使用性能(如光学透明性、冲击强度等)与材料内部的结晶形态、晶粒大小及完善程度有着密切的联系，如较小的球晶可以提高冲击强度及断裂伸长率。例如球晶尺寸对于聚合物材料的透明度影响更为显著，由于聚合物晶区的折光指数大于非晶区，因此球晶的存在将产生光的散射而使透明度下降，球晶越小则透明度越高，当球晶尺寸小到与光的波长相当时可以得到透明的材料。因此，对于聚合物球晶的形态与尺寸等的研究具有重要的理论和实际意义。

球晶是以晶核为中心对称向外生长而成的。在生长过程中不遇到阻碍时形成球形晶体；如在生长过程中球晶之间因不断生长而相碰则在相遇处形成界面而成为多面体，在二度空间下观察为多边体结构。由分子链构成晶胞，晶胞的堆积构成晶片，晶片迭合构成微纤束，微纤束沿半径方向增长构成球晶。晶片间存在着结晶缺陷，微纤束之间存在着无定形夹杂物。球晶的大小取决于聚合物的分子结构及结晶条件，因此随着聚合物种类和结晶条件的不同，球晶尺寸差别很大，直径可以从微米级到毫米级，甚至可以大到厘米。球晶尺寸主要受冷却速度、结晶温度及成核剂等因素影响。球晶具有光学各向异性，对光线有折射作用，因此能够用偏光显微镜进行观察，该法最为直观，且制样方便、仪器简单。聚合物球晶在偏光显微镜的正交偏振片之间呈现出特有的黑十字消光图象。有些聚合物生成球晶时，晶片沿半径增长时可以进行螺旋性扭曲，因此还能在偏光显微镜下看到同心圆消光图像。对于更小的球晶则可用电子显微镜进行观察或采用激光小角散射法等进行研究。

2. 相差显微镜法观察高分子合金的织态结构

1）高分子合金的织态结构

从传统上说，合金是指金属合金，即在一种金属元素基础上，加入其他元素，组成具有金属特性的新材料。所谓高分子合金是由两种或两种以上高分子材料构成的复合体系，并非指真正含金属元素的高分子化合物，而是指不同种类的高聚物，通过物理或化学方法共混，以形成具有所需性能的高分子混合物新材料。在高分子合金中，不同高分子的特性可以得到优化组合，从而显著改进材料的性能，或赋予材料原不具有的性能。

高分子合金制备简易，并且随着组分的改变，可以得到多样化的物理性能。制备高分子合金的方法主要分化学方法和物理方法两大类。其中物理方法比较简单，如溶液共混法，即将两种以上高分子溶液混合在一起，然后蒸去溶剂即可以得到混合均匀的高分子合金；熔融共混法，即将两种以上高分子加热到其熔融温度以上，采用机械搅拌的方法让其混合均匀，然后冷却即得到高分子合金。化学方法主要有共聚、接枝和嵌段等方法；所谓共聚是指在合成过程中引入第二、第三单体，这样聚合得到主链含有不同单体重复单元的聚合物；接枝是指在某一聚合物主链上，采用共价键联接的方法将另一种聚合物的链段键接上去，形成了一种带支链结构的聚合物；嵌段聚合物指两种以上不同聚合物的线性链间有共价键相连而形成的含多组分聚合物。

与绝大多数金属合金都是互容的均相体系不同的是，大多数高分子合金都是互不相容的非均相体系，而组分的相容性从根本上制约着合金的形态结构，是决定材料性能的关键。如何改善共混物组分间的相容性，进而进行相态设计和控制，是获得有实用价值的高性能高分子合金材料的一个重要课题。对合金的织态结构形态、尺寸的研究对制备高性能高分子合金具有重要的意义。高分子合金织态结构的研究方法主要有电子显微镜法、光学显微镜法、光散射法和中子散射法等。光学显微镜法最为简单易行和直观，其中相差显微镜(也称相衬显微镜)适合于观察 0.5mm 以上的相态结构。

2）相差显微镜原理

相差显微镜是荷兰科学家 Zermike 于 1935 年发明的，用于观察未染色标本的显微镜。

活细胞和未染色的生物标本，因细胞各部细微结构的折射率和厚度的不同，光波通过时，波长和振幅并不发生变化，仅相位发生变化(振幅差)，这种振幅差人眼无法观察。而相差显微镜通过改变这种相位差，并利用光的衍射和干涉现象，把相差变为振幅差来观察活细胞和未染色的标本。相差显微镜和普通显微镜的区别是：用环状光阑代替可变光阑，用带相板的物镜代替普通物镜，并带有一个合轴用的望远镜。

普通的显微观察是根据物体对光线的不同吸收来区别的，即图像的反差是由光的吸收差异产生的。对于单色光的场合，样品各个结构部分由于对光线吸收大小不同而显示出不同的亮度，也就是振幅的差别；在采用白光照明的场合则还会由于对不同光谱吸收的不同而改变光谱成分，从而显示出不同的颜色。这种能引起光线振幅变化的物体称为振幅物体。另有一类物体，它们是完全透明的，而由于不同折射率的结构组成。由于不吸收光线，不能产生明暗或色彩反差，其结构不能被普通显微镜识别，但由于物体中不同结构部分具有不同的折射率，使光线通过物体后产生一定的相位差，这类物体称为相位物体。表 12－1所示为振幅物体与相位物体间的区别和观察方法。

**表 12－1　振幅物体与相位物体**

| 物体类型 | 定义 | 观察方式 | 观察原理 |
|---|---|---|---|
| 振幅物体 | 能引起光线振幅变化的物体称为振幅物体。 | 普通显微镜 | 根据物体对光线的吸收差异来区别：<br>单色光：样品各个结构部分由于对光线吸收大小的不同而显示出不同的亮度，也就是振幅的差别；<br>白光：除了因对同种光谱的吸收差异而产生振幅的差别外，还由于对不同光谱的吸收不同而改变光谱的成分，从而显示出不同的颜色。 |
| 相位物体 | 完全透明，不吸收光线，不能产生明暗或色彩反差，其结构不能被普通显微镜识别；但由于物体中不同结构部分具有不同的折射率，使光线通过物体后产生一定的相位差，这类物体称为相位物体。 | 相差显微镜 | 相位差不能被眼睛所识别，也不能在照相材料上形成反差，但通过一定的光学装置将相位差转变为振幅差后，就可以进行观察。 |

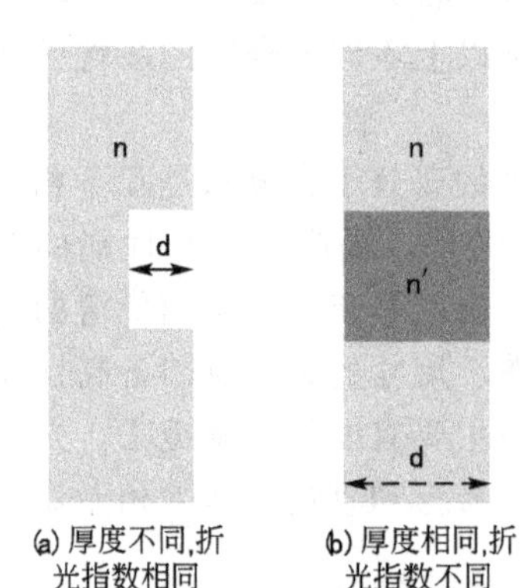

(a) 厚度不同,折光指数相同　(b) 厚度相同,折光指数不同

**图 12.2　相位物体**

当光线穿过一折射率为 $n$，厚度为 $d$ 的物体时，光程长度为 $nd$，其物理意义是光线穿过这一物体所需的时间。图 12.2 中 $a$ 表示同一种物质，其折射率为 $n$，但不同地方物质的厚度不一样，物体在 $M_0$ 处有一深度为 $d$ 的微小凹口。此时通过物体其他地方与通过凹口处的光线的光程差为 Δ，$\Delta=(n-1)d$。图 12.2 中 $b$ 为另一种情况，试样的厚度相同为 $d$，但不同的地方又不同的物质组成，其折射率不同，某部分的折射率为 $n'$，周围部分的折射率为 $n$，其中光程差为 $\Delta=(n'-n)d$。但是，光程差不能被眼睛所识别，也不能在照相材料上形成反差。相差显微镜的基本原理是，把透过样品的可见光的光程

差变成振幅差，从而提高了各种结构间的对比度，使各种结构变得清晰可见。光线透过样品后发生折射，偏离了原来的光路，同时被延迟了 1/4 波长，如果再增加或减少 1/4 波长，则光程差变为 1/2 波长，两束光合轴后干涉加强，振幅增大或减小，提高反差。

相差显微镜(见图 12.3)将光程差变为振幅差的工作是由一个相环和相板完成的，它们可以将直接通过物体的直接光和衍射光区分开来，并进行干涉成像。环形光阑(相环)位于光源与聚光器之间，作用是使透过聚光器的光线形成空心光锥，焦聚到样品上。相板在物镜中加了涂有氟化镁的相板，可将直射光或衍射光的相位推迟 1/4 波长，从而使像的反差(对比度)大幅度增强。带有相板的物镜称为相差物镜。当光学系统性能良好时，人眼能分率的最小反差约为 0.02。

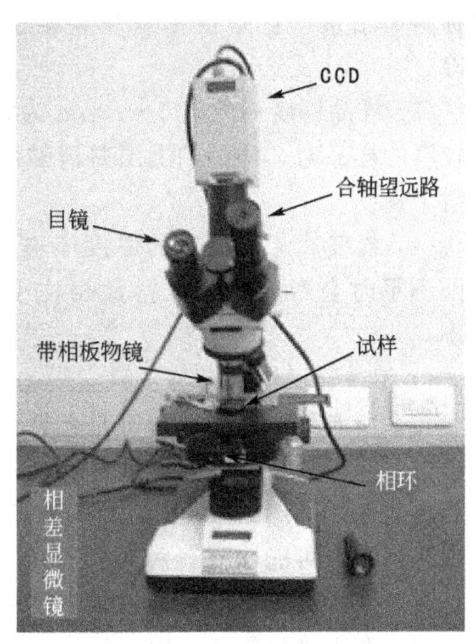

图 12.3 相差显微镜

一般的相差聚光器上都装有数个环状光阑可以方便地进行转换，而相板是装在物镜中的，因此环状光阑必须与物镜匹配，即在使用时应选择与物镜上号码相同的环状光阑。

环状光阑的像必须与相板共轭面完全吻合，才能实现对直射光和衍射光的特殊处理。否则应被吸收的直射光被泄掉，而不该吸收的衍射光反被吸收，应推迟的相位有的不能被推迟，这样就不能达到相差镜检的效果。相差显微镜配备有一个合轴调节望远镜，用于合轴调节。使用时拨去一侧目镜，插入合轴调节望远镜，旋转合轴调节望远镜的焦点，便能清楚看到一明一暗两个圆环。再转动聚光器上的环状光阑的两个调节钮，使明亮的环状光阑圆环与暗的相板上共轭面暗环完全重叠，如图 12.4 所示。调好后取下望远镜，换上目镜即可进行镜检观察。

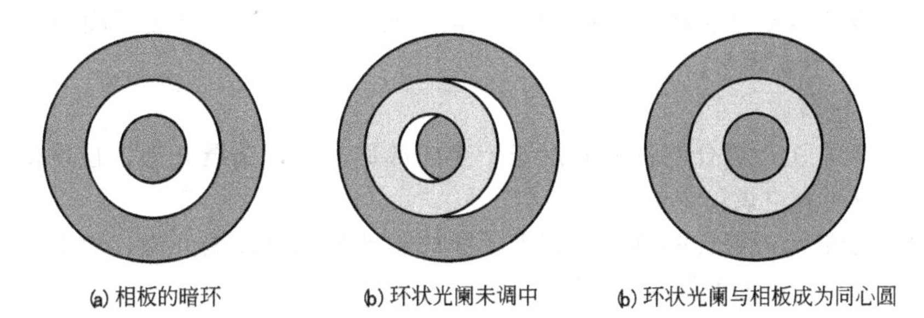


图 12.4 相板和环状光阑的调节

另外，由于使用的光源为白光，常引起相位的变化，为了获得良好的相差效果，相差显微镜要求使用波长范围比较窄的单色光，通常是用绿色滤光片来调整光源的波长。

3) 相差显微镜使用中的几个问题

(1) 视场光阑与聚光器的孔径光阑必须全部开大，而且光源要强。因环状光阑遮掉大部分光，物镜相板上共轭面又吸收大部分光。

(2) 晕轮和渐暗效应。在相差显微镜成像过程中，某一结构由于相位的延迟而变暗时，并不是光的损失，而是光在象平面上重新分配的结果。因此在黑暗区域明显消失的光会在较暗物体的周围出现一个明亮的晕轮，这是相差显微镜的缺点，它妨碍了精细结构的观察。当环状光阑很窄时晕轮现象更为严重。相差显微镜的另一个现象是渐暗效应或称为作用带，它是指相差观察相位延迟相同的较大区域时，该区域边缘会出现反差下降。

(3) 样品厚度一般以 5～10μm 为宜，否则会引起其他光学现象，影响成像质量。当采用较厚的样品时，样品的上层是清楚的，深层则会模糊不清并且会产生相位移干扰及光的散射干扰。

(4) 载玻片、盖玻片的厚度应遵循标准，不能过薄或过厚。当有划痕、厚薄不匀或凹凸不平时会产生亮环歪斜及相位干扰。玻片过厚或过薄时会使环状光阑亮环变大或变小。

4) 相差显微镜在高分子科学中的应用

几乎所有的高分子材料都是无色透明的，在普通显微镜中不能形成反差。由于高分子合金中不同组分折光指数不同，因此可以采用相差相微镜进行观察，其适用的折射率差值一般在 0.002～0.004 以上。大多数实际的共混高聚物的织态结构要更复杂些，通常也没有这样规则，可能出现各种过渡形态，或者几种形式同时存在。特别对于一个组分能结晶、或者两个组分都能结晶的共混高聚物，则其聚集态结构中又增加了晶相和非晶相的织态结构，变得更为复杂。由于当光线透过结晶聚合物试样时在晶相和非晶相之间也存在相位差，可以用相差显微镜进行观察。

5) 制样

(1) 采用溶液共混的方法制备一系列聚苯乙烯和聚甲基丙烯酸甲酯的混合甲苯溶液：

首先将 12.5mg 的聚苯乙烯和 12.5mg 聚甲基丙烯酸甲酯分别溶于 25mL 的甲苯溶液中得到浓度为 0.5mg/mL 的聚苯乙烯甲苯溶液和聚甲基丙烯酸甲酯甲苯溶液；按 PS∶PMMA＝1∶9、PS∶PMMA＝3∶7、PS∶PMMA＝5∶5、PS∶PMMA＝7∶3、PS∶PMMA＝9∶1 于 10mL 容量瓶内配制聚苯乙烯和聚甲基丙烯酸甲酯的混合甲苯溶液。例如：分别吸取 1mL0.5mg/mL 的聚苯乙烯甲苯溶液和 9mL0.5mg/mL 的聚甲基丙烯酸甲酯甲苯溶液放入 10mL 的容量瓶中混合均匀。

(2) 制备合金薄膜样片：

① 用滴管吸取上述混合溶液滴几滴于干净的载玻片上，铺展开来，让甲苯溶液自然挥发完全，再置于真空烘箱中干燥 1 小时。

② 用滴管吸取上述混合溶液滴几滴于干净的载玻片上，铺展开来，盖上盖玻片，置于真空烘箱中于 120°C 退火处理 2 小时。

6) 显微观察

(1) 接通相差显微镜电源，把光源亮度调整到合适的强度

(2) 把待观察的载玻片样品放到载物台上，选择 10 倍数的物镜，并选用与物镜配套的环状光阑，将物镜调到较接近于试样。

(3) 取出一个目镜，插入合轴望远镜，调节望远镜聚焦螺旋使能清楚观察到物镜相板与环状形光阑的像，将环状光阑调整到与相板同心。取下对合轴望远镜，换上显微镜目镜。

(4) 聚集观察，调节显微镜载物台的上下调节钮，先粗调(眼睛从侧面看着物镜端部，注意不要让物镜碰到样品)，再细调到能清晰的观察到样品。可利用工作台纵向、横向移动手轮来移动样品，观察不同区域的分相情况。

(5) 观察、对比不同配比的样品在相态结构上的区别。

7) 照相与记录

在配有CCD照相机的相差显微镜上对不同配比的合金薄膜的织态结构进行照相和记录。

### GE推出超高分辨率3D光学显微镜

Applied Precision公司(API，通用电气医疗集团下属公司)近日宣布推出了一台高性能的显微镜系统DeltaVision OMX Blaze。这台仪器采用专利的超快速结构照明模块和先进的高速照相机，首次提供了大范围的活细胞3D超高分辨率荧光图像。因此，这种显微镜能够分辨出的细胞间结构的细节比此前任何光学显微镜都高。

DeltaVision OMX Blaze系统突破在于对运动的物体使用结构照明，包括活细胞。此前使用结构照明的商品光学显微镜只能对固定或非移动的样本进行成像。它的图像获取速度让研究人员能够在三维空间内追踪活细胞内的标记蛋白，而分辨率接近分子水平。这意味着使用者可以开始回答新型的研究问题，如细胞中的某些结构如何工作，它们如何相互作用，以及事件持续多长时间。

这台仪器的特点包括：超高分辨率，能够对最小0.1$\mu$m的物体成像；对比度是传统显微镜的8倍；同时观察两种荧光波长的能力，用于双色图像；以及每秒对样本进行一组15片的3D成像——这是迄今为止在商品显微镜上实现的罕见的高速度。

API高级应用主管Paul Goodwin认为："这是相当奇妙的感觉，能看到活细胞的运动图像，且细节水平比之前任何人见到的都高。研究人员对这个成像技术的进步感到兴奋不已。有了OMX Blaze，我们可以开始回答之前不能回答的问题。"

作为概念验证，由加州大学戴维斯分校的Hsing-Jien Kung教授领导的生物光子学科学技术中心(CBST)的生物医学科研人员近来使用这种工具首次对活的肿瘤细胞内部的纳米尺寸的区室的运动进行了成像。这些区室捕捉细胞器和高分子从而提供给溶酶体，它们是一个称为自体吞噬的细胞间回收过程的关键组成部分。

"高分辨率、活细胞成像技术的开发可以让我们加快对这种难以捉摸的过程的理解，为自体吞噬调控剂的开发铺平了道路，" Kung说。

CBST的科研副主任Frank Chuang也认为："这个工具帮助我们观察正在发生的生物过程。它的科研应用潜力非常令人激动，包括检测细胞如何对化学疗法做出响应、研究耐辐射的机制，以及研究病毒如何从一个细胞转移到另一个细胞"。

总部位于华盛顿西雅图郊外的Applied Precision公司开发并制造高分辨率及超高分辨率的显微镜仪器，让研究人员能够以其他类型显微镜无法实现的规模来研究细胞过程。2011年4月，通用电气医疗集团收购了该公司。

**资料来源**：http://optics.ofweek.com/2011-11/ART-250003-8110-28587524.html

# 12.2 电子显微镜分析

## 12.2.1 电子显微镜的基本原理

### 1. 电子束及电镜

自17世纪初发明光学显微镜以来，人们第一次看到了细胞这个生物单元，促进了科学的发展。但光学显微镜的分辨本领最多不能超过2000Å，从理论上讲，无法看到尺寸小于光波长二分之一的物体。20世纪20年代，发现电子流也具有波动的性质，是一种电磁波，其波长比光波短10万倍以上，如果能够制成一台用电子束成像的电子显微镜，分辨本领便可大大提高。自1932年德国Ruska和Knoll研制出第一台电子显微镜，迄今已80余年，经过半个多世纪的发展，今天的透射电子显微镜(TEM)不仅是一台放大率可达100万倍以上，可以直接分辨小到1～2Å的单个原子的显微镜，并且还能进行纳米尺度的晶体结构及化学组成分析，成为全面评价固体微观结构的综合性仪器。

电子显微镜利用电磁透镜使电子束聚焦成像，具有极高的放大倍数和分辨率，可以洞察物质在原子层次的微观结构。但是高聚物和生物大分子主要由轻元素组成，轻元素原子对电子的散射很弱，这种分子的结构本身又容易在电子束的照射下产生损伤，因此像的反差及清晰度不高。英国医学研究委员会分子生物实验室的AKlug傅士，把衍射原理与电子显微学巧妙地结合在一起，发展了一整套图像处理方法，把生物标本的电子显微像的分辨率提高到可以观察生物分子内部结构的水平，并用它研究了核酸—蛋白质构成的染色体的结构，对细胞分化和癌症起因的探讨会有重要作用，因而获得了1982年诺贝尔化学奖。这也为从分子水平上阐明高聚物的结构和搞清高聚物结构与性能的关系开辟了新的前景。

### 2. 放大倍数及分辨率

分辨本领是能够清楚地分辨物理细节的本领，通常以能够分清两点的最小间距δ来衡量，δ越小，能分清的物理细节越细，分辨本领就越高

$$\delta=0.61\lambda/n\sin\alpha \quad (12-1)$$

式中，$n$为物体所处媒质的折射率，$\lambda$为光波的波长，$\alpha$为入射光束与透镜光轴间的夹角。

对光学显微镜来讲，玻璃透镜的折射率为$n=1.5$，$\sin\alpha\leqslant1$，因此$\delta\approx0.5\lambda$。对电镜、磁透镜的$n=1$，$\alpha$为$10^{-2}\sim10^{-3}$弧度，则$n\sin\alpha\approx10^{-2}\sim10^{-3}$。电子显微镜中电子的波长很短，当加速电压为100kV时，$\lambda$为0.0037nm，比光学显微镜波长小10万倍。因此电镜的分辨率比光学显微镜高近千倍，目前可达$1\lambda$。

实际上两点能否分开与观察者的视力有关，肉眼一般可以分开明视距离25cm处的间距为0.1～0.2mm的两点，更小的细节就需要用放大镜或显微镜来放大到用肉眼能察觉的程度。因此，显微镜的放大倍数应为

$$M=\delta_{眼}/\delta_{o}M \quad (12-2)$$

光学显微镜的分辨率($\delta_{o}M$)为光波波长的一半(约为2000Å)，取眼睛的分辨率为$\delta_{眼}=0.2$mm，因此光学显微镜最大放大倍数为1000倍。超过这个数值并不能得到更多的信息，

而仅仅是将一个模糊的斑点再放大而已。多余的放大倍数称为空放大。为了看清楚原子，电镜必须有优于 2.5Å 的原子尺寸的分辨率和 50 万～100 万倍的放大倍数，否则就不能在底片上记录下原子的存在。目前 200kV 电镜的技术水平已达到放大倍数 100 万倍，点分辨率 1.9Å，晶格分辨率 1.4Å。目前最高水平仪器的晶格分辨率可达 0.5Å，基本可以在底片上记录下原子的存在，清晰地反映原子在空间的排列。

3. 透射式电子显微镜(TEM)的成像原理和成像衬度

1) 透射式电子显微镜(TEM)的构造

电子显微镜的结构和光学显微镜相似，由电子枪、聚光镜、样品室、物镜、投影镜和照相室组成。表 12-2 所示为光学显微镜和电子显微镜的比较。图 12.5 所示为光学显微镜和电子显微镜光路构造示意图。

表 12-2 光学显微镜和电子显微镜的比较

| | 光学显微镜 | 电子显微镜 |
|---|---|---|
| 光源 | 可见光 | 电子射线 |
| 介质 | 大气中 | 真空($10^{-5}$～$10^{-7}$ Torr[1)]) |
| 波长 | 4000～6000Å | 0.037Å(在 100kV 下) |
| 分辨率 | 2000Å | 2Å |
| 试样支持 | 玻璃载片 | 塑胶或碳支持膜 |
| 聚焦 | 玻璃透镜 | 电磁透镜 |

JEOL-2010 高分辨分析型透射电子显微镜的外形和结构如图 12.6 所示。电子显微镜

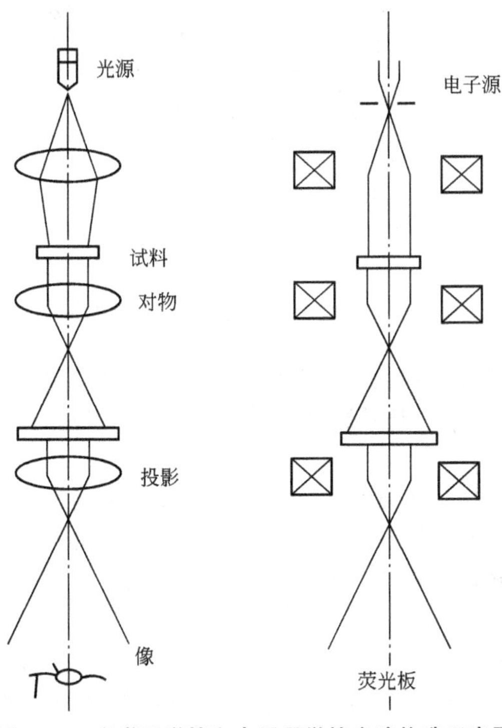


图 12.5 光学显微镜和电子显微镜光路构造示意图

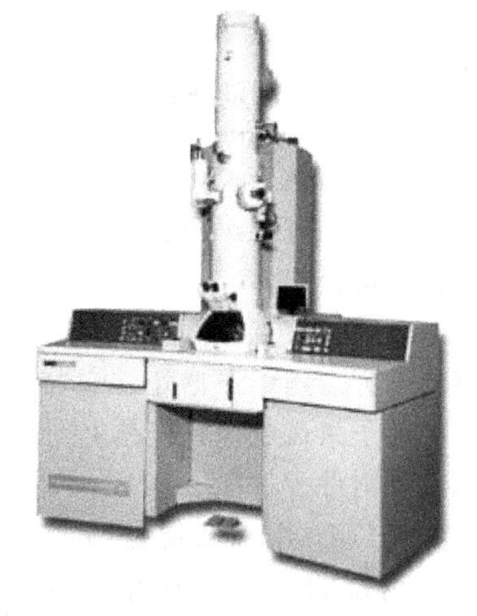

图 12.6 JEOL-2010 型透射电子显微镜

的结构由照明系统、成像系统、观察和记录系统组成。照明系统是由电子枪和聚光镜组成，成像系统由物镜、中间镜和投影镜组成，观察和记录系统包括观察室、荧光屏和照相底片暗盒等。

电子枪是由阴极、阳极和栅极组成(见图 12.7)。一般用钨丝作阴极，当在阴极和阳极之间加上高压，再加上灯丝电流以后，即可从钨丝发出电子束，通过阳极孔，照射到样品上。近年来又发展了 $LaB_6$ 灯丝及场发射电子枪，可以得到更好的效果。一般电镜的加速电压为 50～200kV。1000kV 以上的电镜为超高压电镜，电压越高，电子束对物质的穿透能力越强，可以观察较厚的样品，并且电子束对物质的辐照损伤越小。

电镜中用来使电子束聚焦的是电磁透镜。根据电子光学原理，当线圈中通电周围将形成磁场，从线圈中心轴上某一点发出的电子，在磁场中沿螺旋线轨迹前进，然后聚焦在中心轴上的另一点。如图 12.8 所示，由 $P$ 点以不同发射角发射的电子经过同样时间 $T$，沿透镜中心轴所前进的距离相等都会聚在 $P'$ 点上。也就是说，长螺旋管所产生的均匀磁场有聚焦成像作用，对电子来说，磁场显示出透镜的作用，其焦点 $f$ 为：

$$\frac{1}{f}=0.02\times\frac{(IN)^2}{Vd}F \qquad (12-3)$$

式中，$V$ 为电压，$d$ 为极靴孔径，$I$ 为电流，$N$ 为线圈匝数，$F$ 为透镜结构因数。

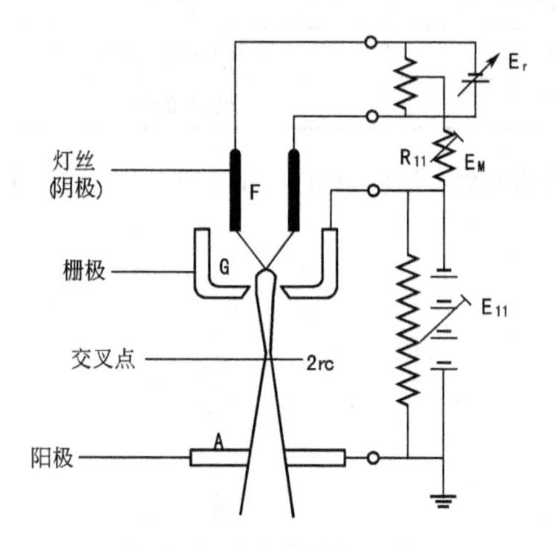


图 12.7　电子枪结构示意图

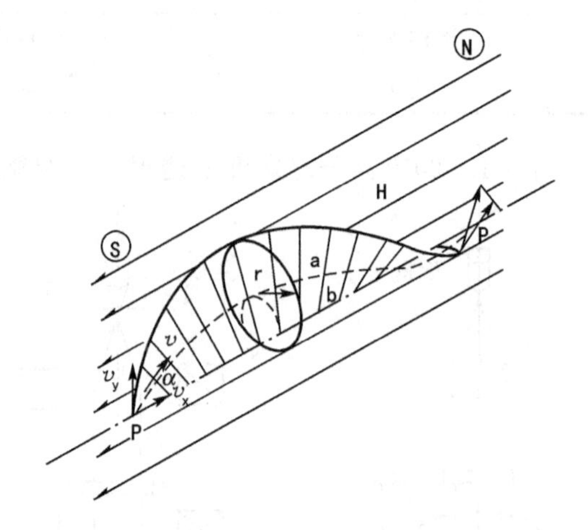


图 12.8　电子在磁场中的螺旋线前进轨迹

对一个透镜来说，$N$、$V$、$d$、$F$ 为固定数值；电流 $I$ 为可调值，因此改变电流，可以方便地调整透镜的焦距。在理想的情况下，电镜中的物镜、中间镜、投影镜可以借用光学薄透镜成像公式。

电镜中的聚光镜是用来聚拢电子束和调节电子束强度的。一般采用双聚光镜系统，第一聚光镜为短焦距强透镜，它将电子束斑直径缩小几十倍，而第二聚光镜采用长焦距透镜，将电子束斑成像到样品上，从而使聚光镜和样品之间有足够的工作距离，以便放置试样和各种附件。

物镜($M_o$)用来获得被检物的正确的一次放大像和衍射谱，它决定显微镜的分辨率，是电镜的心脏。中间镜($M_i$)是个可变倍率的弱透镜，它的作用是把物镜形成的一次中间像或衍射谱投射到投影镜的物面上。投影镜($M_p$)把中间镜形成的二次像及衍射谱放大到荧光屏上，形成最终放大的电子像及衍射谱。一般具有 2～3 个聚光镜和 4～6 个物镜加投影镜。电镜的总放大倍数等于成像系统各透镜放大倍数的乘积，即：

$$M=M_o \times M_i \times M_p \tag{12-4}$$

图 12.9 所示为电子显微镜三级放大成像的光路图。如果是晶体试样，电子透过晶体时产生衍射现象，在物体后焦面上形成衍射谱，如将中间镜励磁减弱，使其物平面与物镜的后焦面重合，则中间镜便把衍射谱投影到投影镜的物平面，再由投影镜投到荧光屏上，得到晶体二次放大的衍射谱。因此电镜可以作为电子衍射仪使用。

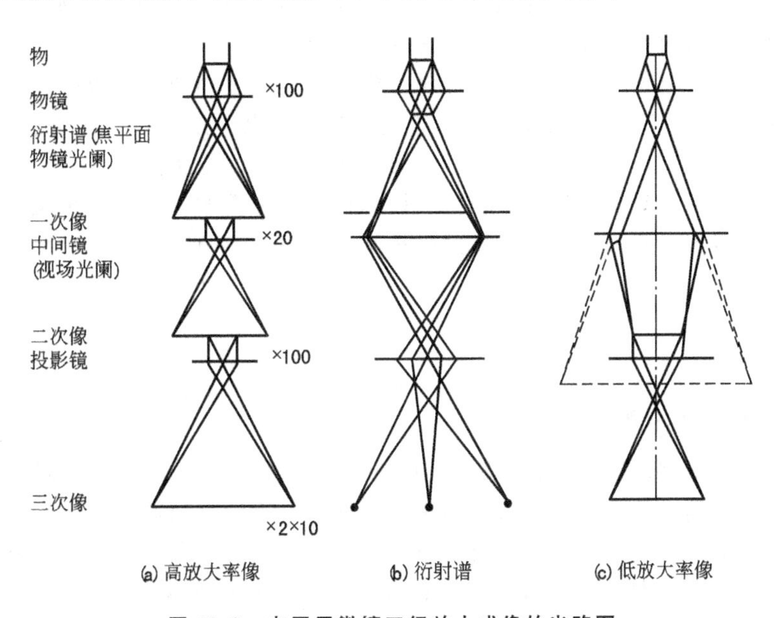


**图 12.9 电子显微镜三级放大成像的光路图**

光学显微镜所用光源为可见光，能在空气中传播。而电子束是一种粒子流，当它进入物体后，和物质内的电子和原子发生作用而散射，所以只能透过极薄的物体。空气对电子起阻碍作用，因此，电镜内必须保持高真空，一般为 $10^{-5}\tau$ 或更高。另外为了防止污染，也要将真空度提高，使气氛中的碳氢化台物的成分减低。

样品的插入方式分为顶插式和侧插式两种。不同型号电子显微镜的样品台可以作到大角度(60°)的倾斜和 360°旋转。

2) TEM 电子像的衬度

像的分辨率、放大倍数和像的衬度是显微镜的三大要素，如果像不具备足够的衬度，即使电子显微镜具有很高的分辨率和放大倍数，人的眼睛也不能分辨。一幅高质量的图像必须具备以上三方面的要求。

当电子束照射到样品上以后，可以产生吸收电子、透射电子、二次电子、背散射电子和 X 射线等信号。利用这些信号成像，可以得到不同的图像。透射电子显微镜是利用透射电子成像的。这里发生吸收、干涉、衍射和散射四种物理过程，电子显微镜所形成的图像主要有振幅衬度和位相衬度。振幅衬度又包括质厚衬度和衍射衬度。

质厚衬度：电子在试样中与原子相碰撞的次数愈多，散射量就愈大，散射的概率与试样厚度成正比。另一方面，原于核愈大，试样的密度也愈大，所带的正电荷及价电子数就愈多，散射愈多。因此，总散射量正比于试样的密度和厚度的乘积，即试样的“质量厚度”试样中各个部位质量厚度不同，引起不同的散射。当散射电子被物镜光阑挡住，不能参与成像时，则样品中散射强的部分在像中显得较暗，而样品中散射较弱的部分在像中显得较亮。试样中质量厚度低的地方，由于散射电子少，透射电子多而显得亮些，反之，质量厚度大的区域则暗些。由于质量厚度不同形成的衬度称为质厚衬度。

衍射衬度：在观察结晶性试样时，由于布拉格反射，衍射的电子聚焦于物镜的一点，被物镜光阑挡住，只有透射电子通过光阑参与成像而形成衬度，这样所得到的像称为明场像。当移动光阑，使透射电子被光阑挡住，衍射的电子通过光阑成像，则可得到暗场像，由晶体不同部位的衍射不同而形成衬度，称为衍射衬度。

位相衬度：入射电子束中的电子在与试样中原子碰撞过程中产生散射，位相衬度的本质是从试样的各个原子散射的次波的干涉效应引起的。电子波与入射电子波产生位相差，在非高斯聚焦的情况下，在像平面上干涉而形成的衬度称为位相衬度。

在电子显微像中，对于大尺寸的结构，振幅衬度是主要的；对于微小尺寸的结构，位相衬度的重要性增加，而当观察轻元素的极小细节(10Å 以下)时，位相衬度就几乎成为唯一的反差来源。

### 12.2.2 电子衍射

#### 1. 电子衍射与 X 射线衍射

由图 12.9 电子显微镜成像的光路图可以看到，只要改变显微镜的中间镜电流，将中间镜励磁减弱，使其物平面与物镜后焦面重合，则中间镜便可把衍射谱投影到投影镜的物平面，再由投影镜投影到荧光屏上，可以很容易地得到试样的电子衍射谱。电子衍射的几何光学与 X 射线完全一样，都遵守劳厄方程或布拉格方程所规定的衍射条件和几何关系，但与 X 射线有两点不同。

首先，由于电子(加速电压～100kV)的波长比 X 射线短得多，根据布拉格方程 $2d\sin\theta=\lambda$，电子衍射的衍射角 $2\theta$ 也要小的多。其次，由于物质对电子的散射比对 X 射线的散射几乎强一万倍，所以电子衍射的强度要高得多，照相时间要比 X 射线短得多。X 射线的曝光时间以小时计，而电子衍射以秒、分计。

波长短决定了电子衍射的几何特点，它使单晶的电子衍射图变得和倒易点阵的一个二维断面完全相似，可以得到比 X 光衍射更多的信息，使得晶体几何关系的研究变得方便多了。电子散射强，决定了电子衍射的光学特点，即衍射束强度有时与透射束强度相当，必须考虑它们之间的交互作用(多次衍射及动力学衍射效应)，对于一些涉及衍射强度的计算，如计算原子在单胞中的位置等工作产生很大困难。虽然目前发展了动力学衍射理论，但是很烦琐，不能普遍应用。另外，由于电子在物质中的穿透力有限，比较适合于研究表面结构。电子衍射对于研究微小晶体的结构具有特别重要的作用。它可以把几十纳米大小的微小晶体的显微像和衍射分析结合起来，具有突出的优点。

#### 2. 晶体对电子的散射

晶体内部质点的排列是有规则的，结构上的这种规则性使散射波在一些方向互相加强，成为衍射波。在其他方向则相互干涉而抵消。把晶体的衍射看做是点阵平面的反射，则可写出布拉格方程为：

$$2d\sin\theta=\lambda \tag{12-5}$$

其中，$d$ 是点阵平面间距，是晶体的特征。波长 $\lambda$ 是入射电子波的特征。衍射角 $2\theta$ 是入射电子波、衍射波、晶体间的相互取向关系。

由于电子的波长很短，衍射角小，试样到底片的距离很大，可以把布拉格方程简化。如图 12.10 所示，设电子束通过试样后产生透射电子束 $OO_2$ 和衍射电子束 $OG_2$，$OO_2$ 为试样到底片的距离，称为相机长度，$R$ 为底片上中心束斑到衍射斑点的距离，$2\theta$ 为入射束与衍射束间的夹角，则：

$$R/L=\tan 2\theta \tag{12-6}$$

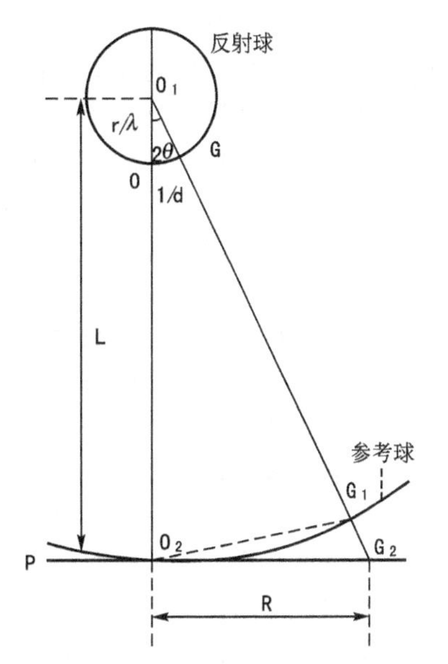

图 12.10 电子衍射的几何关系

因 $\theta$ 角很小，$\tan 2\theta\approx 2\theta\approx\sin 2\theta$，代入布拉格方程：$\lambda=2d\sin\theta=d\tan 2\theta=dR/L$，所以，

$$L\lambda=Rd \tag{12-7}$$

这便是电子衍射几何分析的基本关系式。$L$、$\lambda$ 的数值由衍射实验条件确定。$L\lambda$ 叫作相机常数，可采用内标的方法求出。用真空镀膜仪将内标物质如 Au，直接喷镀到试样上，同时得到待测样品与内标的衍射图。从金衍射环的 $Rd$（其中 $d$ 为已知，$R$ 从实验得出）可以求出仪器的 $L\lambda$。也可以用相同的聚焦和拍照条件拍照待测样品与标样的电子衍射谱得到。为了能准确地测定 $L\lambda$ 值，可使用多晶内标，得到一系列衍射环，量出这些环的直径 $2R$，再以 $1/d$ 对 $R$ 作图，得出直径的斜率即为 $L\lambda$ 的倒数。

电子衍射可提供晶体的衍射束方向和衍射强度两方面资料。用衍射的方法测定晶体结构分两种情况。

(1) 测定晶体的点阵类型：只要测定线条或衍射斑点的位置，将其指标化，即可由此求出物质的晶胞参数和晶系。

(2) 测定晶胞中的原子位置：需要根据衍射束的强度进行计算，计算方法与 X 射线衍射相同。

目前，衍射结构分析可分为电子衍射、X 射线衍射和中子衍射。但其物理本质不同。散射电子的是原子的静电场分布 $\phi(\gamma)$；散射 X 射线的是外圈电子密度 $\rho(\gamma)$；而中子散射是核密度 $\delta(\gamma)$ 的散射。但衍射理论的数学计算原理是相同的。电子衍射在不计衍射强度的分析中具有优越性。但由于多重散射，在涉及衍射强度的分析中需要进行复杂的动力学处理，实际应用较困难。

3. 选区电子衍射

根据阿贝成像理论，当一平行光束照射到一光栅上，除了透射束(即零级衍射束)外，还会产生各级衍射束，经过透镜的聚焦作用，在其后焦面上产生衍射振幅的极大值。每一个振幅的极大值都可看做是次级振动中心，由这里发出的次级波在像平面上相干成像。即透镜的成像过程可分为两个过程：第一个过程是平行光束受到物质的散射作用而分裂为各级衍射谱(在物镜的后焦面上)，即由物变换到衍射谱的过程；第二个过程是各级衍射谱经过干涉重新在像平面上会聚成诸像点，即由衍射谱重新变换到物(像是放大了的物)的过程。这个原理完全适用于电子显微镜成像作用，晶体对于电子束就是一个三维光栅。

在电镜中，物镜产生的一次放大像还要经过中间镜和投影镜的放大作用而在荧光屏上得到三次放大像。中间镜的物面与物镜的像面相重，而投影镜的物面又与中间镜的像面相重。这样，中间镜把物镜产生的放大像投影到投影镜的物面上，再由投影镜把它投射到荧光屏上。既然在物镜的后焦面上有衍射振幅的极大值，就可以通过减弱中间镜电流增大物距，使中间镜的物面不再与物镜的像面相重，而与物镜的后焦面相重，这样就把物镜产生的衍射谱投射到投影镜的物面上了，再由投影镜把它投射到荧光屏上，从而得到两次放大了的电子衍射谱，如图 12.9 所示。由于在电镜中成像和形成电子衍射谱的过程中，使用的透镜电流强度不同，图像在镜体中旋转的角度不同，使用旧型号的电镜时，会产生图像与衍射图方向的旋转。但新型号的电镜如 JEM－2010，在仪器设计上已经克服了这种角度的旋转。图像和电子衍射谱具有完全的对应关系。

为了在电子显微镜中选择成像的视场范围(也就是产生衍射的晶体范围)，可在试样上放置一个光阑，只让电子束照射到待研究的视场内。因为一般选择的视场范围很小，视场光阑都放置在物镜的像平面处(图 12.9)。即通过选择一次放大像的范围来限制成像或产生衍射的试样范围。由于选区的尺寸可以很小，很容易得到单晶的电子衍射图，可把晶体的像和衍射对照进行分析，从而得出有用的晶体学数据。

4. 小角度电子衍射

在研究高分子结构时，经常会遇到要用电子衍射方法测量晶面间距为几百 Å 甚至到 1000Å 的衍射斑点或衍射环，一般这些衍射斑点距中心束斑为 0.3nm 左右，显然不能分辨，需要进行高分散或小角度电子衍射。

关掉物镜，减弱第二聚光镜电流，使其欠焦。再经中间镜及投影镜放大 $M_i \times M_p$ 倍，有效衍射长度可增大到几米到几十米，达到高分散的要求。与 X 光小角度衍射对比，细电子束是用磁透镜聚焦得到的，高分散率是用磁透镜放大得到的，电子束的强度损失小，电子衍射强度高。而 X 射线小角度衍射则不是如此，细的 X 射线束是靠一系列狭缝的准直作用得到的，高分散率是靠拉长衍射距离得到的，强度损失很大，摄谱往往需要几十甚至几百小时，而电子衍射仅需几秒。

5. 扫描电子衍射

扫描电子衍射是将电子束与物质作用产生的衍射电子束，经扫描线圈的偏转作用，逐个扫过入射光阑，进入电子能量分析仪。不同能量的电子在静电场或磁场的作用下产生不同程度的偏转而分散开来。再用能量选择光阑把无能量损失的弹性散射电子挑选出来，经探测器接受并转换为电脉冲信号，经放大和整理后再在显像管的荧光屏上显示出来，可以直接得到弹性散射的电子衍射图，可用来作瞬间电子衍射，适用于研究全过程仅为几秒钟的反应过程中的结构变化。由于可以直接得到衍射强度数据，便于进行数据处理和定量分析工作。

### 12.2.3 扫描电子显微镜(SEM)

1. SEM 的原理及构造

扫描电子显微镜的成像原理与透射电镜不同，是利用扫描电子束从固体表面得到的反射电子图像，在阴极摄像管(CRT)的荧光屏上扫描成像的。

从阴极发出的电子受5～30kV高压加速，经过三个磁透镜三级缩小，形成一个很细的电子束，聚焦于样品的表面。入射电子与试样中的原子相互作用而产生二次电子。这些二次电子经聚焦、加速(10kV)后打到由闪烁体、光电倍增管组成的探测器上，形成二次电子信号。此信号随试样表面形貌、材料等因素而变，产生信号反差经视频放大后，调制显像管亮度。由于显示器的偏转线圈电流与扫描线圈中的电流同步，因此显像管荧光屏上的任一点的亮度便与试样表面上相应点发出的二次电子数一一对应。结果像电视一样，在荧光屏上形成一试样表面的像，图像可直接观察也可照相，如图12.11所示。

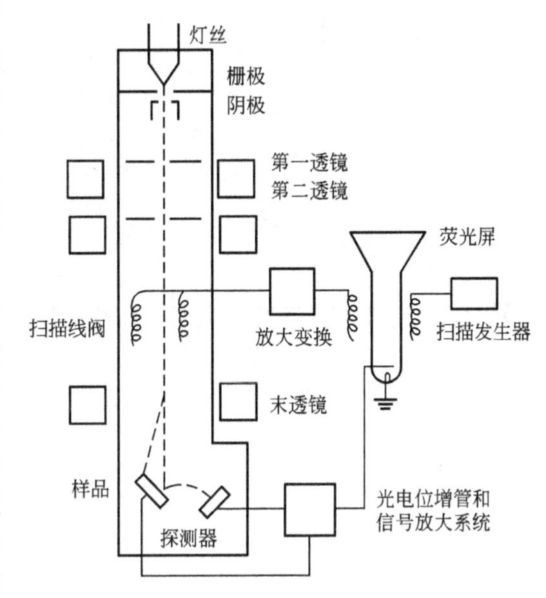


图12.11 扫描电子显微镜结构示意图

图像放大倍数由显像管屏幕尺寸和电子探针扫描区的尺寸之比来决定(长度比)。当显像管显示面积不变时，调节样品高度，改变镜筒内扫描线圈的扫描电流，就可以方便地改变图像的放大倍数。扫描电镜的分辨率主要取决于信噪比、电子束斑的直径(一般为3～7nm)和入射电子束在样品中的散射。此外，电源的稳定度、外磁场的干扰等也对分辨率有影响。一般扫描电镜的分辨率为7nm左右。

2. SEM成像衬度

表面形貌反差：电子束照射到试样表面上产生的二次电子与电子束斑相对于试样的入射角有关，入射角越大，二次电子的产率越高，倾斜入射时发出的二次电子多于垂直入射时发出的二次电子量。对凹凸不同的试样表面，各个部位发出的二次电子信号强度差异很大，又由于检测器的位置是固定的，样品表面不同部位发出的二次电子相对于检测器的角度不同，因而形成试样表面形貌衬度。

原子序数反差：由于二次电子的产率与样品所含元素的原子序数有关，如试样表面不同部位的元素不同，则会产生原子序数反差。

电压反差：当电子束照射具有一定电位分布的试样时，由于负电位发射二次电子多，正电位发射二次电子少，形成电压反差。试样导电性如果不好或具有锋利边缘时，针形尖端可局部产生电荷积累区，产生电场集中，局部发亮，为此对不导电材料(如高分子材料)，需要在试样表面喷镀一层金属层(金、钯或碳膜均可)，镀层厚度为100Å左右为宜。

入射电子与试样相互作用，除产生二次电子外，还可产生背散射电子、吸收电子、透射电子、俄歇电子、X射线及阴极荧光等信号，经相应的探测器接受放大后，可获得由各种不同信号形成的图像，如二次电子像、吸收电子像、背散射电子和俄歇电子像等。由于上述各种信号在试样中的散射范围不同，所以分辨率也不同。在加速电压为20～30kV时，二次电子的分辨率约为几纳米。X光像的分辨率在微米的范围，背散射电子像的分辨率在两者之间。

阅读材料12-2

**全息液晶/聚合物光栅形貌的扫描电子显微分析**

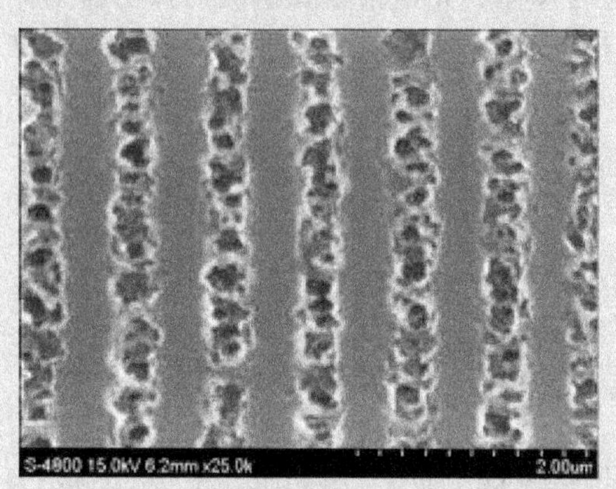


图 12.12 全息液晶/聚合物光栅的扫描电镜照片

全息液晶/聚合物光栅是由液晶和聚合物周期性分布的光学器件，采用扫描电子显微镜对全息液晶/聚合物光栅的形貌进行检测。测试时，首先要将光栅样品盒打开，将光栅膜浸泡在甲醇中24h以上，甲醇将溶解液晶分子，最终剩下聚合物。将聚合物膜烘干，进行表面喷金处理后，即可进行扫描电镜的检测，其检测结果如图12.12所示。图中有空洞的地方是液晶被抽走后留下的，空洞富集的区域就是液晶区，没有空洞的区域是致密聚合物区。

资料来源：长春理工大学材料化学教研室科研数据

## 12.3 高分子材料的制样方法

### 12.3.1 金属载网和支持膜

在光学显微镜下研究各种对象时，试样是放置在玻璃载玻片上。但在电镜下，由于电子束的穿透能力很弱，不能采用玻璃片作为支持物，而是采用一种很薄的电子透明的薄膜附着在金属网上作为支持膜。

图 12.13 电子显散镜常用的各种形状金属载网

常用的金属载网是直径为3mm的铜网。其网孔的样式随制作方法和所观察的试样不同而有差异，如图12.13所示。对超薄切片试样，多用每英寸200目的载网，以保证70%以上的电子光束通过。对粉末样品一般以网孔小为宜，可增加支持膜的牢固性。

支持膜应当易被电子穿透，有足够的机械强度，耐电子束轰击，并具有化学稳定性。由于任何材料制成的膜都或多或少会造成某种程度的电子散射而降低试样的反差和结构分辨率，因此，支持膜不应太厚，一般在200Å以下为宜。对较厚的试片，有时也可不用支持膜，将试片直接放在金属载网上观察。

一般支持膜采用聚乙烯醇缩甲醛(formvar)、火棉胶、聚乙烯醇和乙酸纤维素，用0.2%～0.5%的溶液在蒸馏水表面成膜。

碳膜作为支持膜具有许多优点，原子序数小、透明性好、均匀、容易制作、易固定试样、耐热和耐酸性好，是很好的支持膜。可用真空镀膜机喷镀200Å左右厚度的碳膜而制得。但当观察小于20Å的细小结构时，碳粒子的结构会干扰观察结果。为了观察原子像，目前发展了氧化铍和石墨单晶支持膜，也可用微栅支持膜。

通常formvar支持膜厚度约在200Å时才足够稳定。而最薄的切片大约在100Å左右。在电镜观察时，支持膜必然使切片的背景加强，而降低试样的反差。也就是说，支持膜散射了大量电子而使切片背景的透明度降低。为了克服这个缺点，当然最彻底的办法是不用支持膜。可是很薄的样品如果没有支持膜托着，又经不起电子束的直接轰击。微栅支持膜则即可起到支持作用，又不至于降低试样的反差。

微栅的制备原理是，首先在玻璃片上形成微小水珠，再在它上面覆盖一层塑胶稀薄溶液，待溶剂挥发后，形成薄的塑胶膜。其中对应原先各个水珠位置形成小孔，如图12.14所示。图12.15所示为微栅孔支持膜的电镜照片。

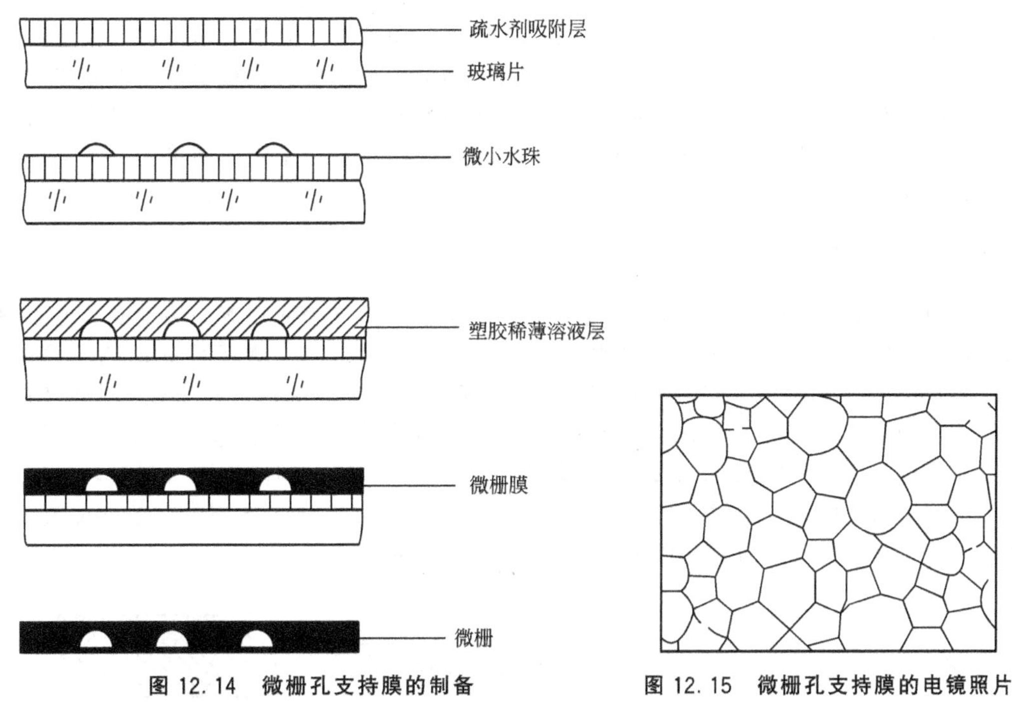


图12.14 微栅孔支持膜的制备

图12.15 微栅孔支持膜的电镜照片

### 12.3.2 高聚物薄膜制备法

由高分子试样0.1%～0.5%的稀溶液在水面或甘油表面制成薄膜，或直接滴在带有支持膜的铜网上，待溶剂挥发后，即可得到适于观察的试片。对于不能溶解或不宜溶解的粉末试样，可制成悬浮液，再滴膜。

### 12.3.3 超薄切片及电子染色

1. 超薄切片技术

透射电镜试样的厚度一般不能超过500Å。超薄切片技术是为电镜观察提供极薄的切片样品的专门技术。首先将1mm×1mm的样品包埋在与其硬度相当的环氧树脂材料中，以便固定样品，然后在超薄切片机上切成500Å厚的试片。由于高分子样品在室温下硬度比较小，有弹性，不易得到薄且不变形的切片。近年，发展了冷冻超薄切片技术采用冷冻超薄切片机，可以在－100℃的低温下切片，冷冻超薄切片的试样可不必包埋，直接用薄膜或块状样品，在玻璃化温度以下切片。目前超薄切片是研究本体高聚物内部结构的主要方法。

2. 电子染色技术

因为一般高聚物的密度在1g·cm$^{-3}$左右，所以衬度较弱。为了研究100Å以下的结构，必须提高衬度。为此，采用电子染色的方法。

对一般生物样品采用正染色，是利用铅、铀、镧等重金属对被检物进行电子染色。使试样的某些结构比较疏的部位吸收重金属，而增加密度，而不改变试样的形态，从而提高反差。

目前对高分子材料使用较多的染色剂是四氧化锇和四氧化钌。它们可与含双键的高聚物反应，将重原子锇或钌连接到高聚物上增加材料的散射能力，具有较好的染色效果。

为了在分子水平上阐明微细结构，近年来广泛采用负染色的方法。用密度比粒子高的化学物质把粒子包围起来，使视野中映现出在黑色背景上显眼的白色粒子。这种方法中粒子与染色剂没有产生任何反应，负染色从本质上说并没有进行染色，为“负反衬法”具体的作法是把试样和磷钨酸(中性)混合起来，然后载于支持膜上，干燥后即可上机观察，能立体地观察粒子。

### 12.3.4 复型及投影

为了观察断面或自由表面结构，可采用复型的方法将试样表面喷镀一层碳或其他可剥落的材料，使样品表面结构复印在碳膜上。图12.16所示为真空镀膜机的结构示意图。图12.17所示为二级表面复型过程示意图，将碳膜从试样上剥离后，观察复型碳膜的结构。为了增加复型的反差，可采用重金属投影。在一定角度下，喷镀Au、Pt、Cr等重金属，以显示样品的凹凸情况(图12.18)。萃取复型是在从试样上剥离复型材料时，试样表面的细小粒子可黏敷到复型膜上(图12.19)，在电镜下可直接观察复型膜上的样品复型。试样在电镜下极为稳定，但要注意在复型过程中出现假象。

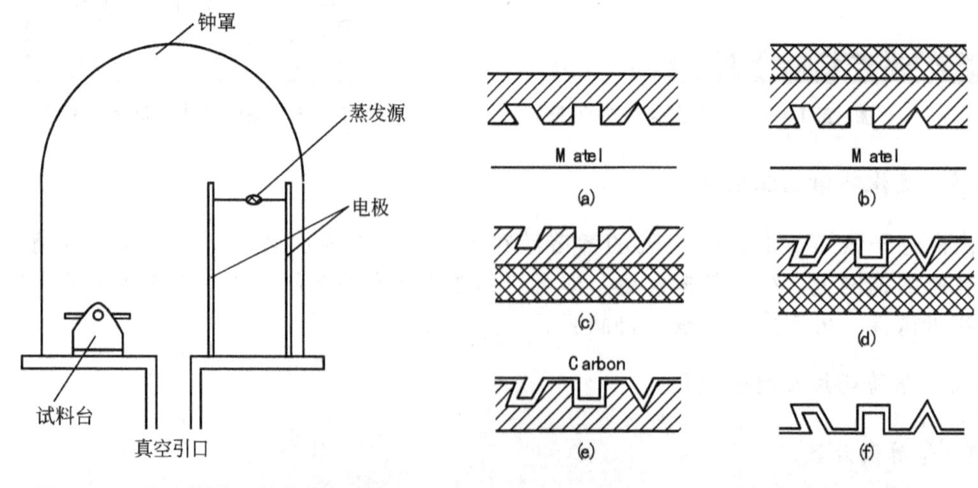


图12.16 真空镀膜机的结构示意图

图12.17 二级表面复型过程示意图

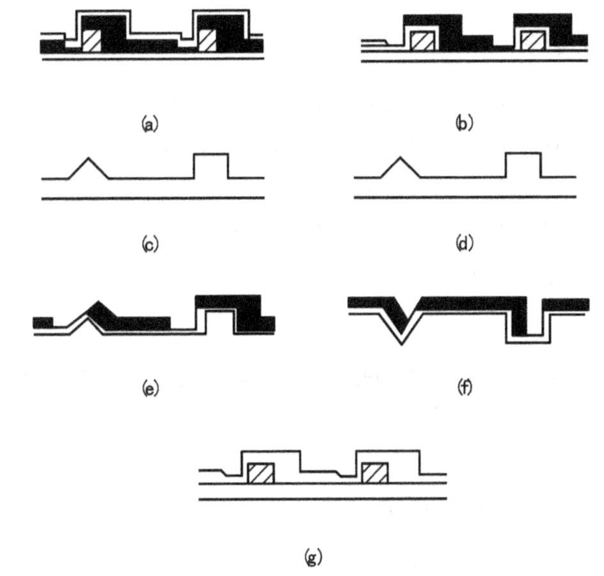

图 12.18 表面复型加投影

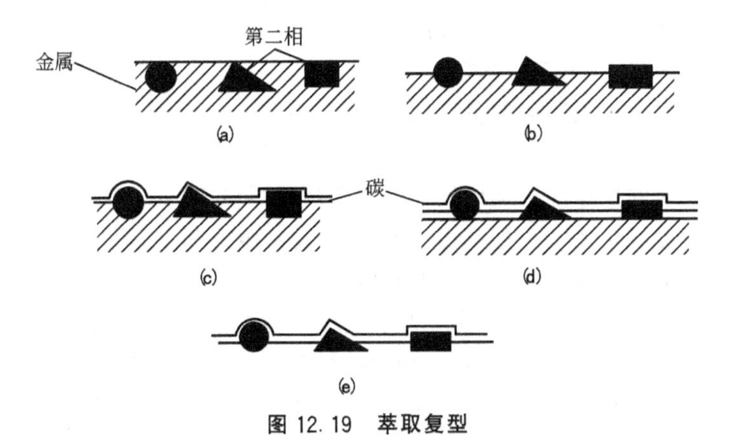

图 12.19 萃取复型

一般对投影金属的要求是，要有大的散射电子能力和高密度，喷镀的粒子尺寸比较小。铂、钨和铀的粒子尺寸＜25Å，而铬和金的粒子大些，为 50～100Å。在电子流的作用下金属粒子不会粒化，具有化学稳定性，易于蒸发喷镀。

### 12.3.5 离子减薄法

对本体高聚物可用一种带电原子或分子的束流（$O_3^-$ 或 $Ar^+$）对试样表面进行轰击。由两侧电极处投射来的 $Ar^+$ 离子束流，与试样表面呈 $\varphi$ 角的方向打到旋转的试样 $s$ 上，被轰击表面的原子一层层剥落。由于试样的聚集态结构不同，材料的密度不同，因而 $Ar^+$ 离子对试样表面不同部位的蚀刻速度不同，从而可显示其内在的结构在电镜下观察被轰击后的试样表面的复型，可给出试样内部和表面的结构。

如果对试样表面进行长时间的轰击，直到适于电镜观察的厚度，或轰击到试样穿孔，然后直接在电镜下观察试片，或观察孔周围具有一定厚度的部位，可直接拍照试样内部结构的电镜照片，这种方法称为离子减薄。

### 12.3.6 扫描电镜样品制备

扫描电镜样品应具有导电性，以便把照射到试样表面的电子束的电子传导出来，否则电子在试样表面集中，形成电荷积累而不能成像。高聚物试样导电性差，需要在试样表面喷镀一层导电层，一般采用金、铂或碳等材料。由于扫描电镜观察的是试样的表面，电子束不需透过试样，因此试样不必太薄，试样制备简单，试样尺寸可在几毫米至几厘米的范围。对一些薄膜或断口可直接观察。

## 12.4 电子显微镜在聚合物上的应用

### 12.4.1 高分子材料的电子束辐照损伤

由于高分子材料对电子束的照射比较敏感，其晶体结构在电子束的照射下很易被破坏，电子显微术在高分子上的应用受到极大的限制。将样品从开始接受电子照射到晶体完全被破坏为止所接受的电子，以每平方厘米的库仑数为单位的量定义为该样品的极限照射剂量来衡量聚合物的耐电子束辐照能力。

对一个晶体来讲，极限照射剂量 TEPD(N，$e \cdot nm^{-2}$)是其失去所有结晶衍射所需的电子辐照剂量。

聚合物对电子束的稳定性很强地依赖于聚合物的热稳定性。聚合物材料的耐电子束辐照的能力与熔融温度成正比。一般高分子材料的最大照射剂量在 $0.8C \cdot cm^{-2}$以下。由此限制了高分子材料的高分辨电子显微像的分辨率。

为了从原子或分子水平上研究高分子材料的聚集态结构，人们采用某些减少电子辐照损伤的高分辨电子显微像的拍摄方法，已成功地拍得高分子材料的晶格像。如以 PEK 为对象。采用最小剂量装置，成功地拍摄了沿＜010＞及＜001＞方向的高分辨晶格像和结构像。

### 12.4.2 聚合物形态结构观察

电子显微镜可将微小物体放大几十万倍甚至上百万倍，可以分辨零点几个纳米的结构，无疑是研究聚合物形态结构的最有力工具。自 1957 年 A. Keller 等人应用电子显微镜观察到 PE 的单晶体以来，由于显微镜在阐述高分子的聚集态结构本质上作出了重要贡献。不仅能够给出聚合物结晶体的外形，而且还可以应用高分辨电子显微学，直接观察到二维晶格像和二维结构像，直接给出分子和原子在空间排列的二维投影。

1. 结晶聚合物的形态结构

电子显微镜照片可以清楚地看到组成结构的形态及生长条件。

2. 非晶聚合物的形态

应用电子显微镜对常温下处于非晶态的高聚物如 PS、PC、PET、PVC 等的形态结构研究，在文献中有大量报道。

3. 多组分聚合物的形态

电镜也是研究高聚物合金、共聚共混物微相结构的有力工具。图 12.20 所示为

EPDM/PP共混型热塑弹性体的扫描电镜照片。白色区域为 PP 的骨架，而黑区域为被溶剂提取 FPDM 橡胶后的孔洞。图 12.21 所示为玻璃纤维/环氧树脂复合材料断面的 SEM 照片。可清晰地看出玻璃纤维在环氧树脂中的分布。这些材料的电镜研究对加工及结构性能关系研究具有重要意义。

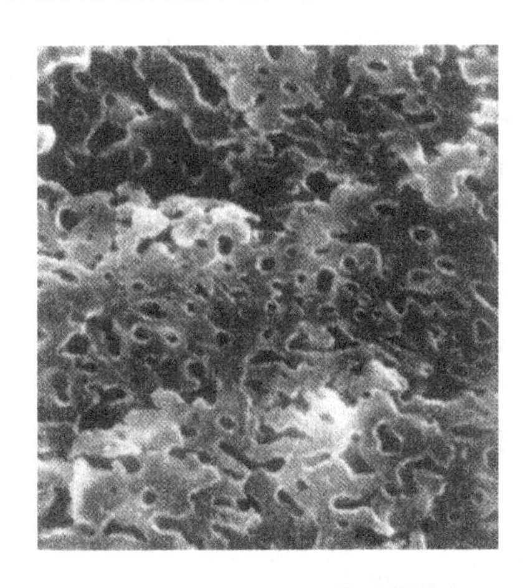

图 12.20　EPDM/PP 共混型热塑弹性体的扫描电镜照片

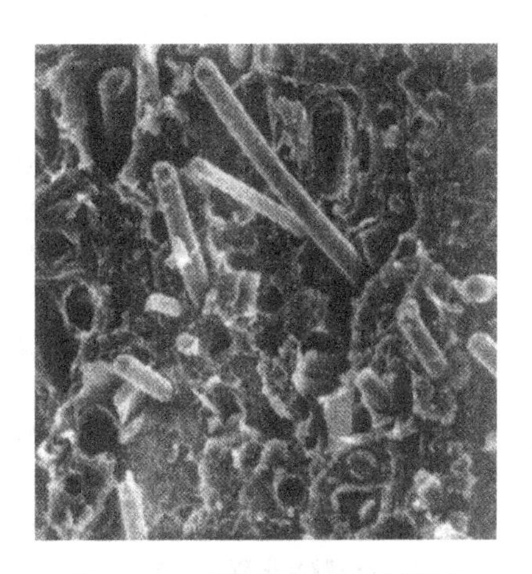

图 12.21　玻璃纤维/环氧树脂复合材料断面的 SEM 照片

### 12.4.3　分子量及分子量分布的测定

一般高聚物的分子量及分子量分布的测定主要采用渗透压法、黏度、扩散、光散射及超离心沉降等方法。这些方法对分子量极大的聚合物遇到一定困难，测量的准确度不高。对于分子量极高的样品也可采用电镜法测定。

用电镜法测定处于玻璃态的聚合物的分子量已有文献报道。选择适当比例的良溶剂、沉淀剂为混合溶剂，配制高聚物的极稀溶液，用喷雾的方法，将其分散匀微小的雾珠使每个雾珠中包含一个或不包含大分子，从而得到单分子分散的球粒。如分子量为 $5\times10^5$ 的单分子球粒的尺寸约为 100Å 左右，在电镜下极易看到。应用电镜直接测量球粒尺寸，可计算分子量及分子量分布。分子量越大，观察越容易，测量误差也越小。

## 习　题

1. 简要说明光学显微成像的基本原理。
2. 光学显微镜的物镜有哪些种，各有什么特点?
3. 像差显微镜的基本工作原理是怎样的?
4. 电子显微镜分辨率高于光学显微镜的原因是什么?
5. 电子衍射在高分子材料分析中有什么作用?
6. 扫描电子显微镜在高分子材料分析中有哪些应用?
7. 介绍几种高分子材料显微分析样品的制备方法。

# 参考文献


[1] 汪昆华，罗传秋，周啸．聚合物近代仪器分析［M］．2版．北京：清华大学出版社，2000.
[2] 刘世宏，王当憨，潘承璜．X射线光电子能谱分析［M］．北京：科学出版社，1988.
[3] 董炎明．高分子材料实用剖析技术［M］．北京：中国石化出版社，2005.
[4] 曾幸荣．高分子近代分析测试技术［M］．广州：华南理工大学出版社，2007.
[5] 潘文群．高分子材料分析与测试［M］．北京：化学工业出版社，2005.
[6] 董炎明．高分子分析手册［M］．北京：中国石化出版社，2004.
[7] 张倩．高分子近代分析方法［M］．成都：四川大学出版社，2010.
[8] 朱诚身．聚合物结构分析［M］．北京：科学出版社，2010.
[9] 张美珍，柳百坚．聚合物研究方法［M］．北京：中国轻工业出版社，2006.
[10] 沈德炎．红外光谱法在高分子研究中的应用［M］．北京：科学出版社，1982.
[11] 殷敬华，莫志深．现代高分子物理学［M］．北京：科学出版社，2001.
[12] 沈其丰．核磁共振碳谱［M］．北京：北京大学出版社，1988.
[13] 洪少良．有机物剖析基础［M］．北京：化学工业出版社，1988.
[14] 周玉．材料分析方法［M］．3版．北京：机械工业出版社，2011.
[15] 黄新民．材料分析测试方法［M］．北京：国防工业出版社，2011.
[16] 王晓春．材料现代分析与测试技术［M］．北京：国防工业出版社，2010.

# 北京大学出版社材料类相关教材书目

| 序号 | 书　　名 | 标准书号 | 主　　编 | 定价 | 出版日期 |
|---|---|---|---|---|---|
| 1 | 金属学与热处理 | 7-5038-4451-5 | 朱兴元，刘　忆 | 24 | 2007.7 |
| 2 | 材料成型设备控制基础 | 978-7-301-13169-5 | 刘立君 | 34 | 2008.1 |
| 3 | 锻造工艺过程及模具设计 | 978-7-5038-4453-5 | 胡亚民，华　林 | 30 | 2012.3 |
| 4 | 材料成形 CAD/CAE/CAM 基础 | 978-7-301-14106-9 | 余世浩，朱春东 | 35 | 2008.8 |
| 5 | 材料成型控制工程基础 | 978-7-301-14456-5 | 刘立君 | 35 | 2009.2 |
| 6 | 铸造工程基础 | 978-7-301-15543-1 | 范金辉，华　勤 | 40 | 2009.8 |
| 7 | 铸造金属凝固原理 | 978-7-301-23469-3 | 陈宗民，于文强 | 43 | 2014.1 |
| 8 | 材料科学基础（第 2 版） | 978-7-301-24221-6 | 张晓燕 | 44 | 2014.6 |
| 9 | 无机非金属材料科学基础 | 978-7-301-22674-2 | 罗绍华 | 53 | 2013.7 |
| 10 | 模具设计与制造 | 978-7-301-15741-1 | 田光辉，林红旗 | 42 | 2013.7 |
| 11 | 造型材料 | 978-7-301-15650-6 | 石德全 | 28 | 2012.5 |
| 12 | 材料物理与性能学 | 978-7-301-16321-4 | 耿桂宏 | 39 | 2012.5 |
| 13 | 金属材料成形工艺及控制 | 978-7-301-16125-8 | 孙玉福，张春香 | 40 | 2013.2 |
| 14 | 冲压工艺与模具设计(第 2 版) | 978-7-301-16872-1 | 牟　林，胡建华 | 34 | 2013.7 |
| 15 | 材料腐蚀及控制工程 | 978-7-301-16600-0 | 刘敬福 | 32 | 2010.7 |
| 16 | 摩擦材料及其制品生产技术 | 978-7-301-17463-0 | 申荣华，何　林 | 45 | 2010.7 |
| 17 | 纳米材料基础与应用 | 978-7-301-17580-4 | 林志东 | 35 | 2013.9 |
| 18 | 热加工测控技术 | 978-7-301-17638-2 | 石德全，高桂丽 | 40 | 2013.8 |
| 19 | 智能材料与结构系统 | 978-7-301-17661-0 | 张光磊，杜彦良 | 28 | 2010.8 |
| 20 | 材料力学性能（第 2 版） | 978-7-301-25634-3 | 时海芳，任　鑫 | 40 | 2015.5 |
| 21 | 材料性能学 | 978-7-301-17695-5 | 付　华，张光磊 | 34 | 2012.5 |
| 22 | 金属学与热处理 | 978-7-301-17687-0 | 崔占全，王昆林等 | 50 | 2012.5 |
| 23 | 特种塑性成形理论及技术 | 978-7-301-18345-8 | 李　峰 | 45 | 2019.7 |
| 24 | 材料科学基础 | 978-7-301-18350-2 | 张代东，吴　润 | 36 | 2012.8 |
| 25 | 材料科学概论 | 978-7-301-23682-6 | 雷源源，张晓燕 | 36 | 2013.12 |
| 26 | DEFORM-3D 塑性成形 CAE 应用教程 | 978-7-301-18392-2 | 胡建军，李小平 | 34 | 2012.5 |
| 27 | 原子物理与量子力学 | 978-7-301-18498-1 | 唐敬友 | 28 | 2012.5 |
| 28 | 模具 CAD 实用教程 | 978-7-301-18657-2 | 许树勤 | 28 | 2011.4 |
| 29 | 金属材料学 | 978-7-301-19296-2 | 伍玉娇 | 38 | 2013.6 |
| 30 | 材料科学与工程专业实验教程 | 978-7-301-19437-9 | 向　嵩，张晓燕 | 25 | 2011.9 |
| 31 | 金属液态成型原理 | 978-7-301-15600-1 | 贾志宏 | 35 | 2011.9 |
| 32 | 材料成形原理 | 978-7-301-19430-0 | 周志明，张　弛 | 49 | 2011.9 |
| 33 | 金属组织控制技术与设备 | 978-7-301-16331-3 | 邵红红，纪嘉明 | 38 | 2011.9 |
| 34 | 材料工艺及设备 | 978-7-301-19454-6 | 马泉山 | 45 | 2011.9 |
| 35 | 材料分析测试技术 | 978-7-301-19533-8 | 齐海群 | 28 | 2014.3 |
| 36 | 特种连接方法及工艺 | 978-7-301-19707-3 | 李志勇，吴志生 | 45 | 2012.1 |
| 37 | 材料腐蚀与防护 | 978-7-301-20040-7 | 王保成 | 38 | 2014.1 |
| 38 | 金属精密液态成形技术 | 978-7-301-20130-5 | 戴斌煜 | 32 | 2012.2 |
| 39 | 模具激光强化及修复再造技术 | 978-7-301-20803-8 | 刘立君，李继强 | 40 | 2012.8 |
| 40 | 高分子材料与工程实验教程 | 978-7-301-21001-7 | 刘丽丽 | 28 | 2012.8 |
| 41 | 材料化学 | 978-7-301-21071-0 | 宿　辉 | 32 | 2015.5 |
| 42 | 塑料成型模具设计 | 978-7-301-17491-3 | 江昌勇，沈洪雷 | 49 | 2012.9 |
| 43 | 压铸成形工艺与模具设计 | 978-7-301-21184-7 | 江昌勇 | 43 | 2015.5 |
| 44 | 工程材料力学性能 | 978-7-301-21116-8 | 莫淑华，于久灏等 | 32 | 2013.3 |
| 45 | 金属材料学 | 978-7-301-21292-9 | 赵莉萍 | 68 | 2012.10 |
| 46 | 金属成型理论基础 | 978-7-301-21372-8 | 刘瑞玲，王　军 | 38 | 2012.10 |
| 47 | 高分子材料分析技术 | 978-7-301-21340-7 | 任　鑫，胡文全 | 66 | 2012.10 |
| 48 | 金属学与热处理实验教程 | 978-7-301-21576-0 | 高聿为，刘　永 | 35 | 2013.1 |
| 49 | 无机材料生产设备 | 978-7-301-22065-8 | 单连伟 | 36 | 2013.2 |
| 50 | 材料表面处理技术与工程实训 | 978-7-301-22064-1 | 柏云杉 | 30 | 2014.12 |
| 51 | 腐蚀科学与工程实验教程 | 978-7-301-23030-5 | 王吉会 | 32 | 2013.9 |
| 52 | 现代材料分析测试方法 | 978-7-301-23499-0 | 郭立伟，朱　艳等 | 36 | 2015.4 |
| 53 | UG NX 8.0+Moldflow 2012 模具设计模流分析 | 978-7-301-24361-9 | 程　钢，王忠雷等 | 45 | 2014.8 |

如您需要更多教学资源如电子课件、电子样章、习题答案等，请登录北京大学出版社第六事业部官网 www.pup6.cn 搜索下载。

如您需要浏览更多专业教材，请扫下面的二维码，关注北京大学出版社第六事业部官方微信（微信号：pup6book），随时查询专业教材、浏览教材目录、内容简介等信息，并可在线申请纸质样书用于教学。

感谢您使用我们的教材，欢迎您随时与我们联系，我们将及时做好全方位的服务。联系方式：010-62750667，童编辑，13426433315@163.com，pup_6@163.com，lihu80@163.com，欢迎来电来信。客户服务 QQ 号：1292552107，欢迎随时咨询。

| 66 | 材料科学基础 | 978-7-301-28510-7 | 付华　张光磊 | 59 | 2018.1 |
|---|---|---|---|---|---|
| 67 | 功能材料专业教育教学实践 | 978-7-301-28969-3 | 梁金生 | 45 | 2018.2 |
| 68 | 复合材料导论 | 978-7-301-29486-4 | 王春艳 | 35 | 2018.9 |

如您需要更多教学资源如电子课件、电子样章、习题答案等，请登录北京大学出版社第六事业部官网 www.pup6.cn 搜索下载。

如您需要浏览更多专业教材，请扫下面的二维码，关注北京大学出版社第六事业部官方微信（微信号：pup6book），随时查询专业教材、浏览教材目录、内容简介等信息，并可在线申请纸质样书用于教学。

感谢您使用我们的教材，欢迎您随时与我们联系，我们将及时做好全方位的服务。联系方式：010-62750667，童编辑，13426433315@163.com，pup_6@163.com，lihu80@163.com，欢迎来电来信。客户服务 QQ 号：1292552107，欢迎随时咨询。